中文版

Axure RP 8.0 原型设计从入门到精通

张志科◎编著

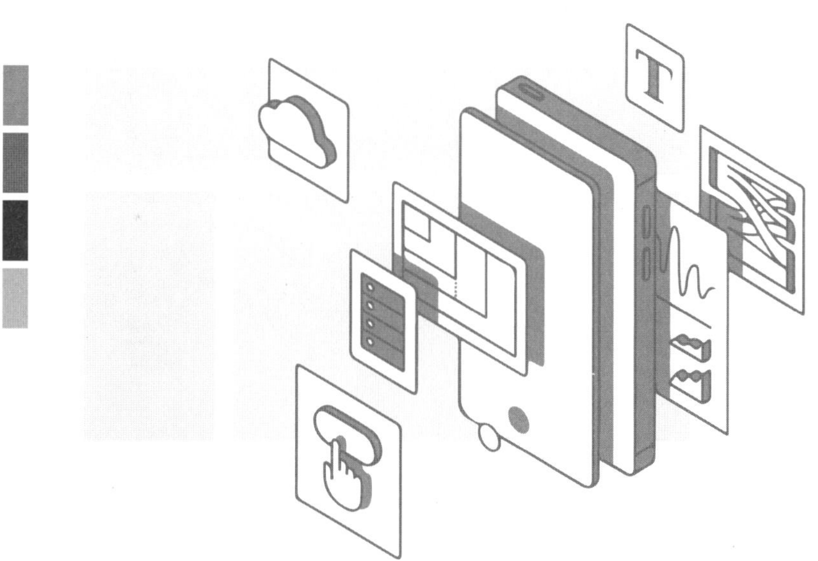

清华大学出版社
北 京

内 容 简 介

本书图文并茂，通过140个精美、实用的原型设计案例，详细介绍了Axure RP 8的使用方法和原型制作技巧。本书知识性、实用性和可操作性较强，案例选取上着眼于专业性和实用性，内容层面上涉及网站、手机端、微信及游戏等方面的制作，且每个案例都给出了案例描述、思路分析和操作步骤。读者一个个参照学习，即可快速掌握Axure的设计精髓，解决实际工作应用中的诸多难题。

本书可作为产品经理、交互设计师、UI设计师、用户体验师、需求分析师、可用性专家、市场运营人员等学习参考使用。

图书在版编目（CIP）数据

Axure RP 8.0中文版原型设计从入门到精通/张志科编著. —北京：清华大学出版社，2019
ISBN 978-7-302-52363-5

Ⅰ. ①A…　Ⅱ. ①张…　Ⅲ. ①网页制作工具　Ⅳ. ①TP393.092.2

中国版本图书馆CIP数据核字（2019）第039031号

责任编辑：贾小红
封面设计：刘　超
版式设计：魏　远
责任校对：马子杰
责任印制：杨　艳

出版发行：清华大学出版社
网　　址：http://www.tup.com.cn，http://www.wqbook.com
地　　址：北京清华大学学研大厦A座　　**邮　　编：**100084
社 总 机：010-62770175　　**邮　　购：**010-62786544
投稿与读者服务：010-62776969，c-service@tup.tsinghua.edu.cn
质量反馈：010-62772015，zhiliang@tup.tsinghua.edu.cn
印 装 者：三河市铭诚印务有限公司
经　　销：全国新华书店
开　　本：185mm×260mm　　**印　　张：**30.25　　**字　　数：**790千字
版　　次：2019年8月第1版　　**印　　次：**2019年8月第1次印刷
定　　价：89.80元

产品编号：074108-01

前　　言

在现代企业中，尤其是互联网企业，无论企业规模大小，时间都意味着金钱。开发出的产品不符合最初的要求，不满足用户期待，会白白浪费大量的人力物力。所以决策者在将产品推向市场之前，都希望最大程度地了解最终的产品到底是什么样子的，但是又不能投入时间真正地做出一个真实的产品。所以，模型就成了最好的帮手。建筑行业中的设计图、汽车行业中的概念车、零售行业中小规模局部上市的一些实验商品，以及手机行业中的工程原型机，都是建模的好例子。

本书就是要向大家介绍如何使用 Axure RP 8 软件制作移动互联网的网站原型。例如，如何制作一个微信联系人对话框，如何制作一个类似 iOS 里面拖动的橡皮筋效果。本书通过 140 个热门、经典、流行的具体应用案例，让读者熟悉整个建模的过程，从而利用 Axure RP 8 这个神奇的工具，将自己的想法转化成可以向别人介绍的逼真的原型。然后通过这个原型，获得企业内部的资源支持或项目主导者的认可，讨论并确认需求，甚至获得潜在投资人的支持，把握一个机会。

如果你的原型就是用来跟你熟识的一些产品经理和工程师进行沟通交流，那么也许一个非常简单的用于示意的原型图就足够了。因为你们彼此了解，很多的沟通可以通过语言和默契来完成，甚至不需要原型。

如果你的原型是用来跟上司提案用的，那么就要做得相对详细一些，尤其是涉及用户交互和流程的部分。要让他们清楚地了解，你的这个页面是做什么的，怎么用，如何展现每个细节。尤其是在产品立项或者阶段性审核的时候，原型做得越详细，证明准备得越充分，也就越容易面对质疑，最终获得认可。注意，“细节决定成败”这句话，其实应该是“关键的细节决定成败”，并非所有细节都要在模型阶段进行展现。

如果你的原型是给客户提案用的，那么这个时候在制作上就要尽可能的详细。因为你希望客户能够说一句：“这就是我想要的，就照着这个去做就可以了。”有了客户的确认，你才能放心地制作和开发，才不会在最后要面对客户的一句：“这不是我们开始说的啊？”既然客户是消费者，那么就一定要尽量让他们在开始阶段就了解自己买了什么东西。笔者强烈建议在进行互联网开发工作时，能够在合同之外附上客户确认过的高保真原型图，以给项目的最终审批设定一个双方共同认可的标杆，避免损失和误解。

最后，最重要的一点，也是建议：如果你自己做原型时都觉得做得太过复杂，想不清楚，那么也就到了适可而止的时候了。毕竟，原型只是表达方式之一，你可以用文字、视频、面对面的交流、比喻、类比，甚至是采用与另外一个网站直接做对比的方式把你的想法阐述清楚。很多伟大的创意和想法不是用 PPT 表达的，那么很多精彩的设计自然也可以不完全靠原型来展现。

为鼓励读者多思考，勤实践，本书部分案例只给出了案例描述和思路分析，而将详细的设计过程放在了资源包里。读者尽量先根据思路提示进行独立设计，然后再扫描图书封底二维码，下载学习资源包，参照其中的标准步骤进行学习，加深实践认知。

下面让我们开始使用强大的 Axure RP 8 开启原型设计之路吧。

编者

目 录

第 1 部分 入门起点篇

第 2 部分 基础知识篇

第 3 部分 进阶提高篇

第 4 部分 核心技术篇

第5部分　高手终极篇

入门起点篇

第1章 进入角色

1.1 Axure RP 8 概述

Axure RP 是美国 Axure Software Solution 公司旗舰产品，是一款专业的快速原型设计工具，让负责定义需求和规格、设计功能和界面的专家能够快速创建应用软件或 Web 网站的线框图、流程图、原型和规格说明文档。作为专门的原型设计工具，它比一般创建静态原型的工具如 Visio、Omnigraffle、Photoshop、Illustrator、FireWorks、Dreamweaver、Visual Studio 要快速、高效，同时支持多人协作设计和版本控制管理，并且支持 Windows 和苹果 Mac 双系统。

Axure 已被一些大公司采用。Axure RP 的使用者主要包括用户体验设计师、交互设计师、商业分析师、信息架构师、可用性专家、产品经理、IT 咨询师、界面设计师等，另外，架构师、程序开发工程师也在使用 Axure。

在互联网行业中，产品经理的一项重要工作，是进行产品原型设计（Prototype Design）。而产品原型设计最基础的工作，就是结合批注、大量的说明以及流程图绘制框架图，将自己的产品原型完整而准确地表述给 UI、UE、程序工程师、市场人员，并通过会议进行沟通，反复修改 prototype 直至最终确认，开始投入执行。

1.2 Axure RP 8 安装与汉化

1. Axure PR 8 安装

（1）在 Axure 官网（https://www.axure.com.cn）上找到 Axure RP 8下载地址，下载到本地，打开“Axure8 安装包”文件夹，双击 setup.exe 文件开始安装向导，进入提取文件界面，如图 1-1 所示。

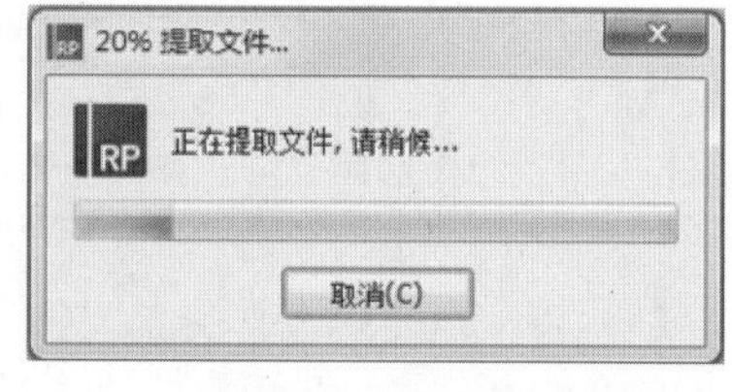

图 1-1　提取文件

（2）提取文件后，进入欢迎安装界面，如图 1-2 所示，根据向导单击 Next 按钮跳到下一步界面。

（3）在“许可证协议”界面，选中“I Agree”复选框，如图 1-3 所示。Next 按钮呈可用状态，单击 Next 按钮。

（4）进入“选择路径”界面，默认安装路径为 C 盘，可以根据自己的需要来选择安装路径，如图 1-4 所示。单击 Next 按钮。

（5）在“程序快捷方式”界面，设定 Axure 工具在开始菜单中显示的名称，一般默认设置，如图 1-5 所示。单击 Next 按钮。

（6）这一步不需要任何的配置，如图 1-6 所示，直接单击 Next 按钮即可跳转到下一步。

图 1-2　欢迎安装界面

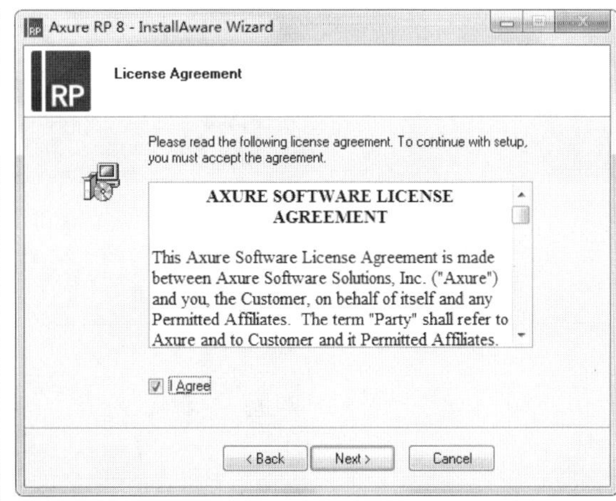

图 1-3　“许可证协议”界面

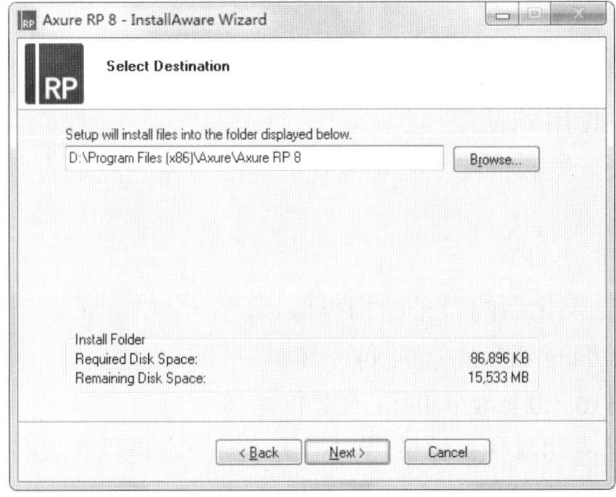

图 1-4　选择路径

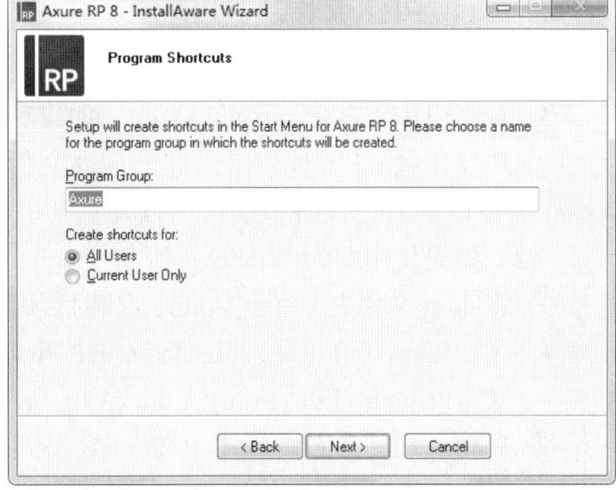

图 1-5　设置程序快捷方式

（7）这一步配置需要几分钟的时间，请耐心等待进度条加载完成，如图 1-7 所示。

图 1-6　完成 Axure PR 8 安装向导界面

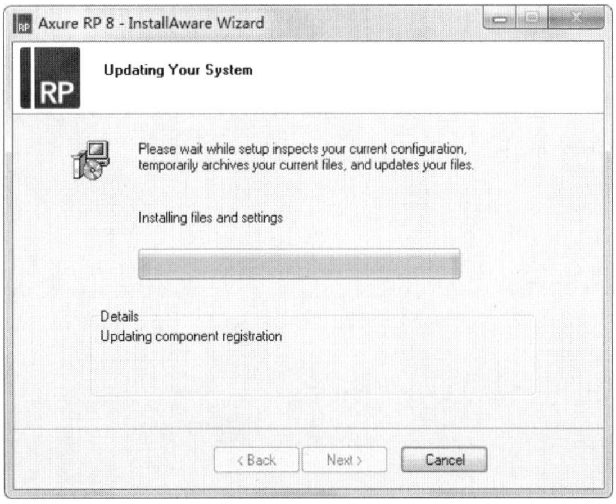

图 1-7　更新你的系统界面

（8）加载完成后，已成功完成了 Axure RP 8 的安装，如图 1-8 所示。接下来即可正常使用 Axure RP 8 工具进行原型制作。

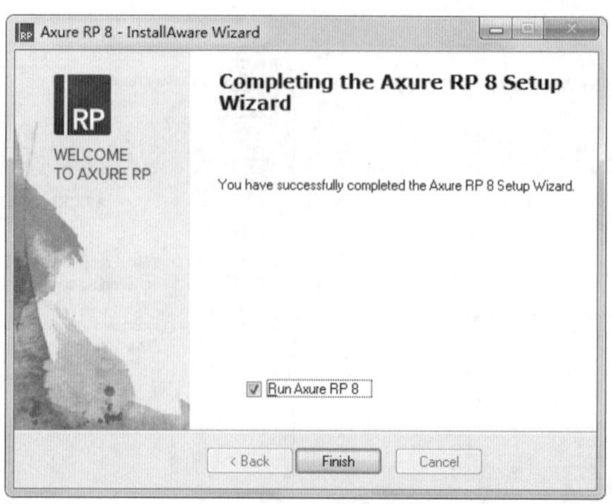

图 1-8　完成安装界面

2. Axure RP 8 汉化

（1）Axure RP 8 软件汉化方法

① 首先退出正在运行中的 Axure（如果正在使用）。

② 将汉化包.rar 文件解压，得到 lang 文件夹，然后将其复制到 Axure 安装目录，默认安装 Axure 后是没有 lang 文件夹的，所以要复制进去。

（2）如果使用的为 Windows 版

① 将 lang 文件夹复制到 Axure 安装目录下，汉化后的目录结构类似。

- C://Program Files/Axure/Axure RP Pro 8.0/lang/default（64 位系统）
- C://Program Files (x86)/Axure/Axure RP Pro 8.0/lang/default（32 位系统）

② 启动 Axure 后看到简体中文界面，说明已成功汉化；如果仍为英文，则一定是汉化文件位置不正确。

（3）如果使用的为 MAC 版

① 在“应用程序”文件夹中找到 Axure RP 8.app 程序，然后右击，在弹出的快捷菜单中选择“显示包内容”命令，然后依次打开 Contents/Resources 文件夹。

② 将 lang 文件夹复制到这个目录下。

③ 启动 Axure 后看到简体中文界面，说明已成功汉化；如果仍为英文，则一定是汉化文件位置不正确。

第 2 章

熟 悉 兵 器

2.1 工 作 环 境

Axure 的工作环境可进行可视化拖曳操作，可轻松快速地创建带有注释的线框图。无须编程就可以在线框图中定义简单链接和高级交互。Axure 可一体化生成线框图、HTML 交互原型、规格说明 Word 文档。下面对 Axure RP 8 的工作环境进行简单介绍，如图 2-1 所示。

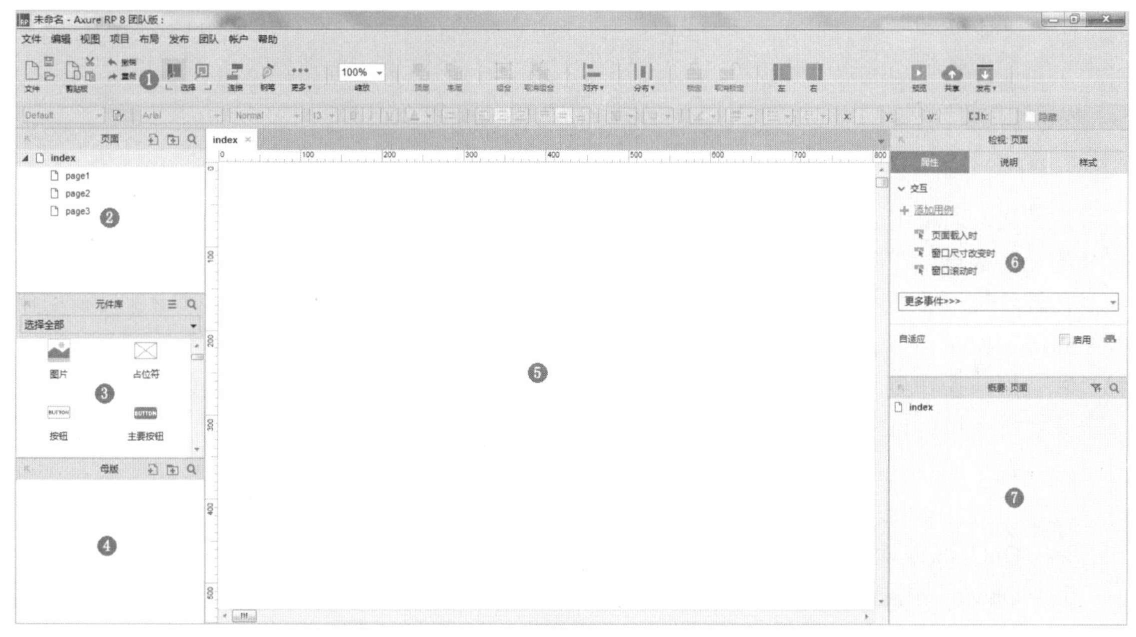

图 2-1 Axure RP 8 工作环境

1. 主菜单工具栏

执行常用操作，如文件打开、保存、格式化控件、输入原型、输出格式等操作。鼠标移到工具图标上都有对应的提示。

2. 页面

所有页面文件都存放在这个区域，可以进行增加、删除、重命名、查看页面操作，也可以通过鼠标拖动调整页面顺序以及页面之间的关系。

3. 元件库

所有软件自带的元件和加载的元件库都在这里，可以执行创建、加载、删除元件库的操作，可根据需求显示全部元件或某一类型的元件，还可以导入需要的元件库。

4. 母版

可以创建或删除类似页面头部、导航栏重复出现在每一个页面的对象，可将其绘制在母版里面，然后加载到需要显示的页面中，这样在制作原型时就不用再重复这些操作。

5. 页面编辑区

页面编辑区是用来绘制产品原型的操作区域，放置在这个区域的各个组件将会生成为 HTML 出现在原型中。

6. 检视：页面

（1）属性：可设置当前页面的属性，设置页面加载时触发的事件和交互样式。

（2）说明：为元件添加说明，可设置说明文字的样式，也可自定义字段。

（3）样式：可设置元件的位置和尺寸、填充、阴影、边框、圆角半径、不透明及其他样式。

7. 概要：页面

主要展示元件的层次关系，可以通过拖曳调整元件的顺序。

2.2 交互设计

控件交互面板用于定义线框图中控件的行为，包含定义简单的链接和复杂的 RIA 行为，所定义的交互都可以在以后生成的原型中进行执行操作。

在控件交互面板中可以定义控件的交互，交互由事件（Events）、场景（Cases）和动作（Actions）组成。

- 用户操作界面时就会触发事件，如鼠标的 OnClick、OnMouseEnter 和 OnMouseOut。
- 每个事件可以包含多个场景，场景也就是事件触发后要满足的条件。
- 每个场景可执行多个动作，例如，打开链接、显示面板、隐藏面板、移动面板。

（1）目前 Axure PR 8 支持的事件如下。

- OnClick：鼠标单击。
- OnMouseEnter：鼠标的指针移动到对象上。
- OnMouseOut：鼠标的指针移出对象外。
- OnFocus：鼠标的指针进入文字输入状态（获得焦点）。
- OnLostFocus：鼠标的指针离开文字输入状态（失去焦点）。
- OnPageLoad：页面或模块载入。

大多数对象只具备常见的 3 种触发事件：OnClick、OnMouseEnter 与 OnMouseOut，一些特殊的控件可触发的事件有些不同。

- 按钮控件只有 OnClick。
- 单选按钮和复选框则具有 OnFocus、OnLostFocus。
- 文本框、文本域、下拉列表框、列表框则具有 OnKeyUp、OnFocus、OnLostFocus。
- 页面加载或模块被载入时则发生 OnPageLoad。

（2）动作名称。

- Open Link in Current Window：在当前窗口打开一个页面。

- Open Link in Popup Window：在弹出的窗口中打开一个页面。
- Open Link in Parent Window：在父窗口中打开一个页面。
- Close Current Window：关闭当前窗口。
- Open Link in Frame：在框架中打开一个页面。
- Set Panel state(s) to State(s)：为动态面板设定要显示的状态。
- Show Panel(s)：显示动态面板。
- Hide Panel(s)：隐藏动态面板。
- Toggle Visibility for Panel(s)：切换动态面板的显示状态（显示/隐藏）。
- Move Panel(s)：根据绝对坐标或相对坐标来移动动态面板。
- Set Variable and Widget value(s) equal to Value(s)：设定变量值或控件值。
- Open Link in Parent Frame：在父页面的嵌框架中打开一个页面。
- Scroll to Image Map Region：滚动页面到 Image Map 所在位置。
- Enable Widget(s)：把对象状态变成可用状态。
- Disable Widget(s)：把对象状态变成不可用状态。
- Wait Time(s)：等待多少毫秒（ms）后再进行这个动作。
- Other：显示动作的文字说明。

2.3　实 用 技 巧

1. 页面移动

当设计页面很大时，为了选取不同位置的元件，须使用垂直与水平的滚动条来定位，使得选取元件的动作变慢，操作起来也不方便。可以这样，将鼠标光标聚焦在主操作区，按住键盘上的空格键，此时鼠标光标会切换成手状，这样就可以像在 PDF 文件中那样抓着画面任意滑动，方便操作，而且不会打乱任何元件的位置。

2. 组件重叠时选取下层的元件

当多个组件重叠时，选取下层组件会很不方便，此时可以先选取最顶层组件，隔一会后以左键按一下顶层组件，再放开鼠标左键时，就可以穿透上层组件，选取到位于下层的组件。这种方法只适用于两层的情况，超过两层时，可在“概要：页面”区域选择需要选择的元件。

3. 引用其他软件的内容

例如 Word、PowerPoint、Excel、Visio、Photoshop 等直接贴到 Axure RP 中。一般来说，文本信息会变成文本块，其他类型的内容会变成图片。例如 Axure RP 中的表格功能是比较弱的，可以先在 Word 文档编辑区中将表格样式设计好，然后再截图插入 Axure RP 中；当然也可以先复制 Axure RP 中的元件，然后粘贴到其他软件中。

4. 单选按钮组效果

单选按钮顾名思义只能选择一项，Axure RP 中默认每项之间是相互独立的，即每项都可以单击并选中。选择编辑区中所有的单选按钮，单击鼠标右键，在弹出的快捷菜单中选择“设置单选按钮组”命令，设定单选按钮的组。这样当这些单选按钮输出到原型时，就会形成真正意义上的单选功能。

5. 重用类似的交互设计代码

如需添加一连串类似的事件交互，可以在“属性”面板中选择某个事件 Case，单击鼠标右键，在弹出的快捷菜单中选择“复制”命令，复制事件，选择须添加事件的元件，在“属性”面板中的事件上单击鼠标右键，在弹出的快捷菜单中选择“粘贴”命令，粘贴交互事件，然后在粘贴的交互事件中进行修改即可，这样可以快速地完成对象的交互设置。

6. 在刚开始设计时应注意模板的设置

如果一开始可以整理出哪些界面区块未来将是共享区块，如页首、页尾、导航条等，就开始建立模板，可以节省其他页面设计的重复工作。在设计过程中经常需要复制粘贴的部分就是要留意的对象，而且多用模板可以加快生成的原型页面的打开速度。模板管理起来也很方便，拖曳即可使用，“添加到页面”可以一次添加很多页面，“从页面中删除”也可以一次从多个页面中移除，如果要更改类似于 ICON 图表，只需在模板中修改，所有页面即可同步更新。

7. 只更新当前页面到原型

当设计的项目很大时，生成原型的速度会慢很多，如果只是修改了其中的某个页面，只需重新生成当前页面，不用全部重新生成。在生成菜单，选择将当前页面重新生成为原型，或者直接按 Ctrl+F5 快捷键，Axure RP 不会产生任何对话框，只会感觉到鼠标指针闪了一下，此时，再回到原型上去重新加载这一页就会看到已经更新的页面。需要注意的是，重新加载时不要刷新，有时候刷新会加载不成功，可以先点击到其他页面再点回来即可。

8. 用内部框架来嵌入 Flash

内部框架组件可用来插入 Axure RP 目前不支持的内容，例如 Flash，只要在内部框架组件上连续单击鼠标左键两下，就可以选择想要加载到框架的网页，如果要建立一个包含 Flash 对象的 HTML 文件，就可以将对象的页面地址嵌入到内部框架，这样即可在原型中呈现。

9. 原型中元件上文字的复制

在 Axure RP 中，在组件上输入文字内容生成原型之后，无法直接利用鼠标左键来选取文字进行复制，除文本块组件外。一种变通的方法是，在原型页面上全选整个画面，然后贴到 Notepad 或 Word 中，这样能将整个页面中的文字都选取出来并进行复制。

10. 在外部链接增加变量当参数传递

Axure RP 可以指定外部链接为某个 URL+变量，但是这个指定方式是固定的，无法随着 Axure RP 的内部变量的变化而变化。指定外部链接的方式是在链接属性对话框中，选择第二种链接方式——链接到外部网址或文件，输入网址，如 http://www.url.com?keyword=variable。

另外一种实现方式是通过多事件交互设计来完成的，例如要模拟链接到不同的 url1、url2、url3（或者同一个 url 但是带不同参数），可以分别设定 OnClick 事件的 case1、case2、case3 来实现不同的条件链接到不同页面。

11. Axure RP 生成原型放到网站上读取中文名称页面的诀窍

Axure RP 生成原型时，如果左侧站点页面列表是用中文命名的，在本地计算机上可以正常点选链接，但是加载到网站上就会发生无法读取的情况，单击左侧选项，右侧无法显示对应的页面和数据。这个问题出在上传到网站上的方法以及网站所在服务器操作系统是否支持中文。以操作系统来区分，把原型上传到网站上的方法如下：

（1）Web 放在 Windows 操作系统（已经支持中文），可以直接把原型复制到网站可读取的目录之下，这样不会有问题。

（2）Web 放在 Linux 之类的操作系统（必须支持中文），采用 FTP 上传时，必须将 FTP 的传输模式改成 UTF8，否则当 FTP 以其他编码传输到 Linux 上时，Apache 是无法辨认出这种编码的文件的。

12. Axure RP 中文输入问题的解决方法

Axure RP 在中文环境的兼容性上并没有问题，可以输入中文，也可以显示中文，唯一会跟中文环境有不兼容的情况是，有些元件无法正常输入中文，如复选框/单选按钮/表格/矩形/形状按钮等。此时可以尝试以下几种方法：

（1）按 Ctrl+S 快捷键保存，很多时候保存之后，在元件上就可以输入中文了。

（2）再单击一次文字输入位置，确认切换至正确的输入法之后，再单击一次该元件的输入位置，然后继续输入。

（3）以文本块元件来代替，有时候多加一个文本块元件虽然会增加选择组件的难度，但可以提高工作效率。

（4）在记事本或者 Word 中先输入好文字信息，复制后再进行粘贴。

13. 减小原型文件大小提升加载速率

设计的页面原型大到一定程度时，Axure RP 的操作速度会减慢，计算机资源消耗大，操作起来不太顺手。

下面的方法可以使原型文件变小：

（1）尽量重用对象，发挥好模板的功能，增加页面元素重复使用率，减少对象的数量，这个是最有效的提升效率的方法。

（2）尽量减少使用表格和菜单元件，因为它们的共同特性是每一个小格就是一个实体页面对象，在 Axure RP 中输出的原型都是比较消耗资源的。

（3）对嵌入 Axure RP 的图片做优化。在编辑区中选择“图片”元件，单击鼠标右键，在弹出的快捷菜单中选择“优化图片”命令来优化图片，这样以降低图片质量来减小原型文件的大小。

（4）切割原型。如果网站的框架定好了，便可以将网站原型切割成几个 RP 文件单独进行设计。待各部分设计完成后，再以导入的方式合并所有的 RP 文件，导入的方法是选择“文件”|“从 RP 文件导入”命令。

14. Axure RP 文件损坏恢复

毁损的原因可能是计算机硬盘造成，或者 Axure RP 软件本身的问题，避免这个问题最好的办法是经常备份文件，或者使用 Axure RP 的“恢复文件”功能来取回过去自动备份的 RP 文件。通过“文件”|“恢复文件”的功能（前提是开启了自动保存功能，“文件”菜单>自动保存），回滚到以前的设计版本，可以选择要恢复的几天前的版本，选择之后再另存为新的文件即可。

第2部分

基础知识篇

第 3 章

直 言 不 讳

3.1 网站注册界面

案例描述

在注册页面输入“用户名”“密码”“手机号”，单击“立即注册”按钮，弹出注册成功信息，如图 3-1 所示。

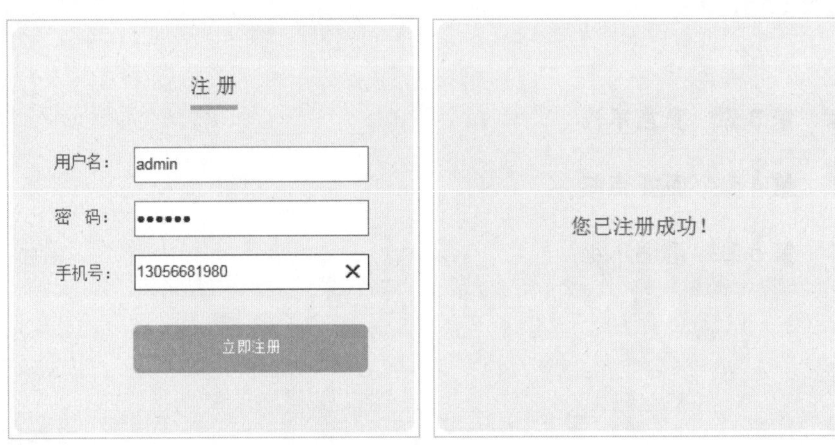

图 3-1 注册页面

思路分析

- 使用“文本标签”“文本框”“按钮”元件，设置“密码文本框”类型为“密码”。
- 为“立即注册”按钮添加“鼠标单击时”事件，当用户名为 connie，密码为 12345678 时，登录成功。

操作步骤

（1）选择“文件”|“新建”命令，新建一个 Axure 的文档。

（2）在“元件库”面板中将“动态面板”元件拖入编辑区中，在工具栏中设置 x 为 50，y 为 45，“宽度”为 350，“高度”为 340，在右侧“检视：动态面板”区域设置名称为 register，如图 3-2 所示。

（3）双击“动态面板”元件，弹出“面板状态管理”对话框，在“面板状态”选项组中单击“添加”按钮添加状态，并设置名称分别为“填写信息”和“注册成功”，如图 3-3 所示。

（4）双击“填写信息”状态，进入“register/填写信息（index）”编辑区，在“元件库”面板中将“矩形 2”元件拖入编辑区中，在工具栏中设置“宽度”为 350，“高度”为 340，在右侧单击“样式”标签切换至“样式”面板，设置“圆角半径”为 8，如图 3-4 所示。

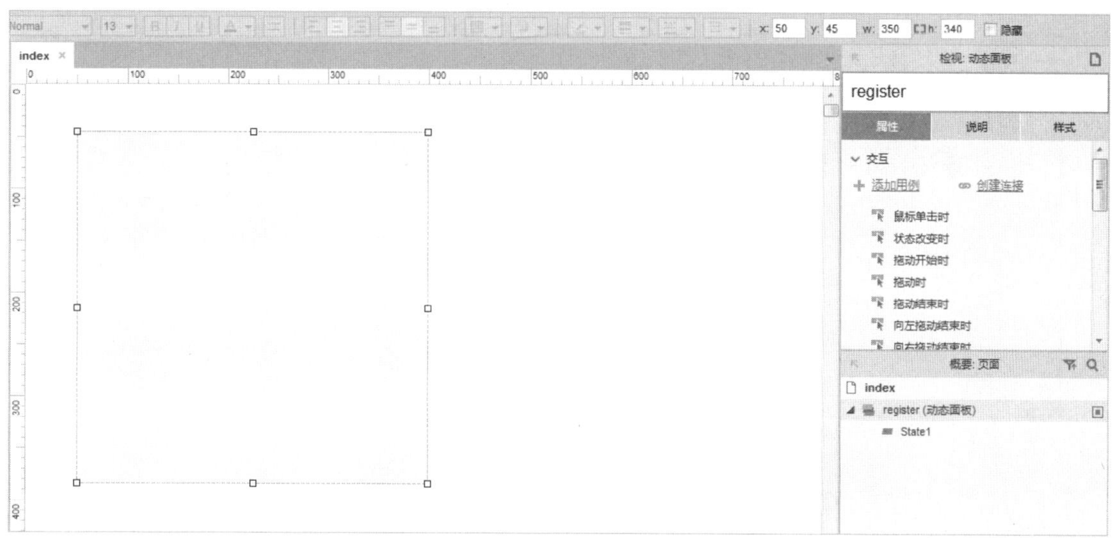

图 3-2　设置动态面板

图 3-3　添加面板状态

图 3-4　设置矩形

（5）在“元件库”面板中将“文本标签”元件拖入编辑区中，双击并输入“注册”，在工具栏中设置 x 为 155，y 为 40，如图 3-5 所示。

图 3-5　设置标签文本

（6）在“元件库”面板中将“矩形 3”元件拖入编辑区中，在工具栏中设置 x 为 155，y 为 66，“宽度”为 42，“高度”为 4，设置“填充颜色”为橙色（#FF9900），如图 3-6 所示。

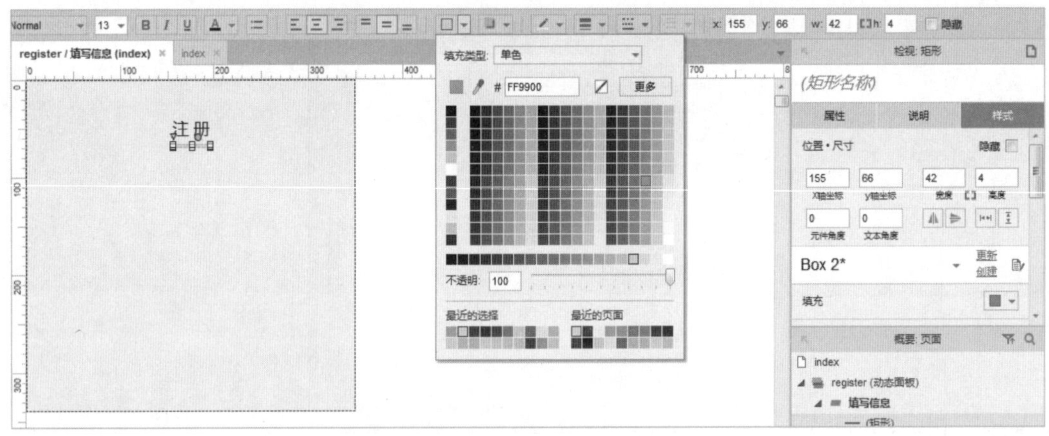

图 3-6　设置矩形元件

（7）用同样的方式分别拖入 3 个“文本标签”元件和 3 个“文本框”元件，将其放在编辑区适当的位置，在右侧“检视：文本框”区域设置 3 个文本框名称分别为 user、password、telephone，如图 3-7 所示。

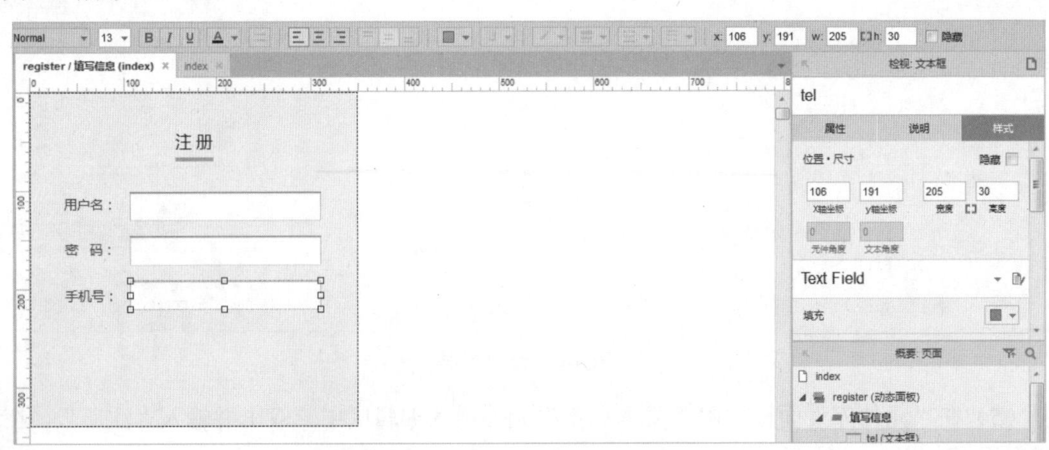

图 3-7　拖入元件并设置其属性

（8）选择“password 文本框”元件，在右侧“属性”面板的“文本框”区域设置“类型”为“密码”，如图 3-8 所示。

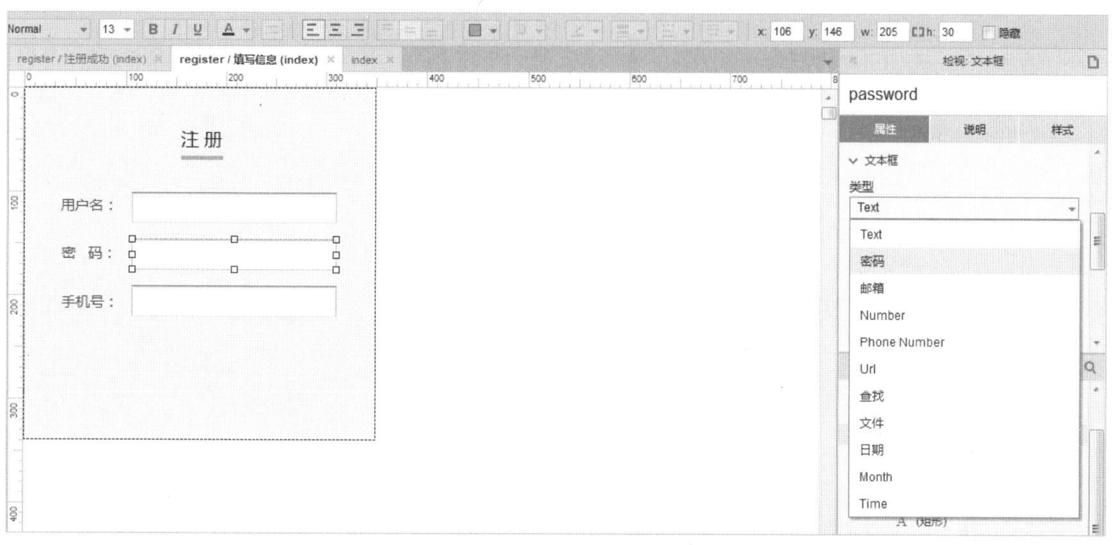

图 3-8　设置“password 元件”类型

（9）在“元件库”面板中将“主要按钮”元件拖入编辑区中，双击输入“立即注册”，在工具栏中设置 x 为 105，y 为 250，“宽度”为 205，“高度”为 40，设置“填充颜色”为橙色（#FF9900），如图 3-9 所示。

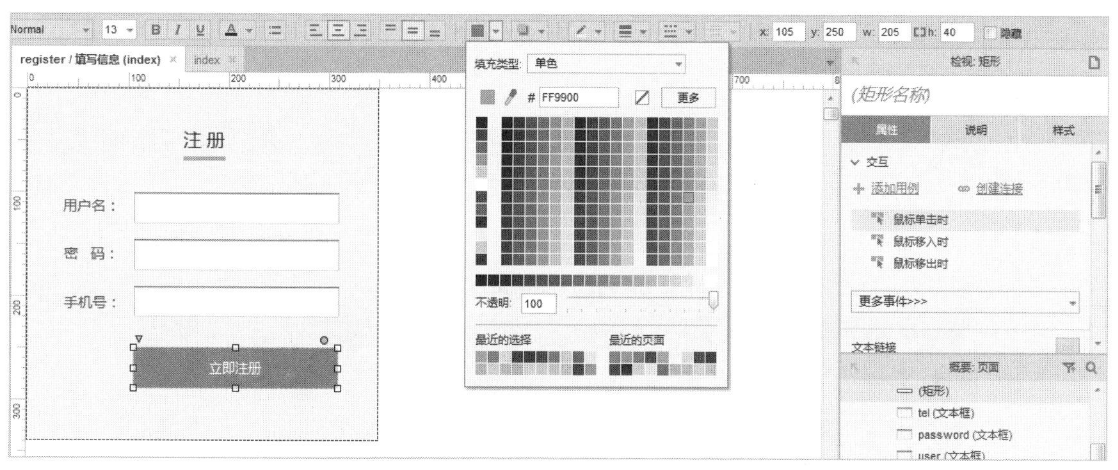

图 3-9　设置按钮

（10）选择“矩形”元件，按 Ctrl+C 快捷键进行复制，单击 index 标签进入 index 编辑区，双击“动态面板”元件，在弹出的“面板状态管理”对话框中双击“注册成功”选项，进入“register/注册成功（index）”编辑区，按 Ctrl+V 快捷键粘贴复制的元件，如图 3-10 所示。

（11）双击“矩形”元件，输入“您已注册成功！”，选择“矩形”元件，在工具栏中设置“字体尺寸”为 16，如图 3-11 所示。

（12）单击“register/填写信息（index）”标签，进入“register/填写信息（index）”编辑区，选择“按钮”元件，在右侧“属性”面板中选择“鼠标单击时”事件，弹出“用例编辑<鼠标单击时>”对话框，单击“添加条件”按钮，弹出“条件设立”对话框，设立 user 不等于空，password 不等于空，tel 不等于空，如图 3-12 所示。单击“确定”按钮，返回至“用例编辑<鼠标单击时>”对话框。

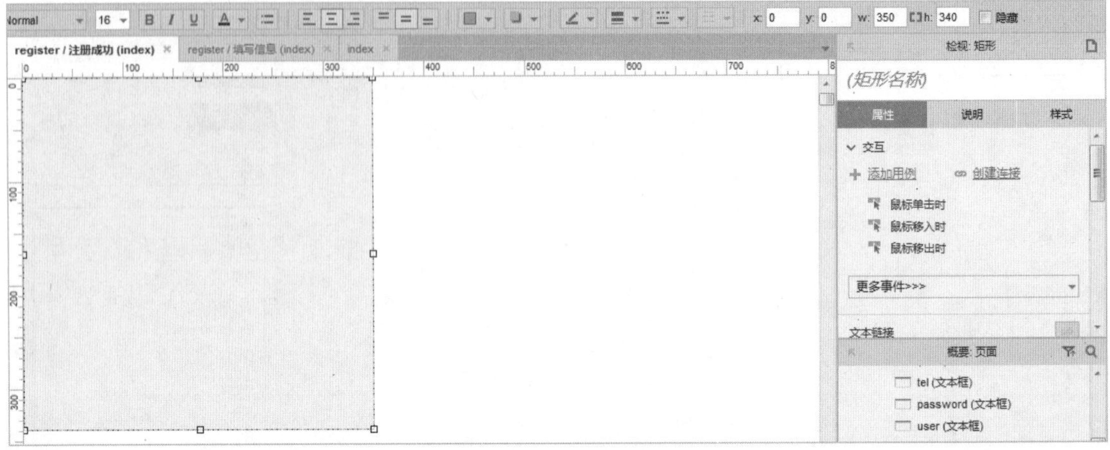

图 3-10　设置矩形

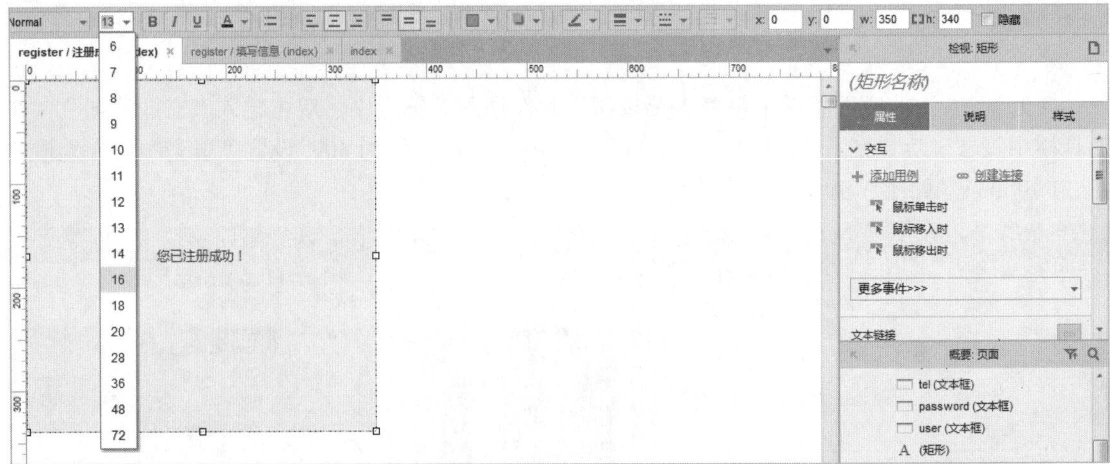

图 3-11　设置文本

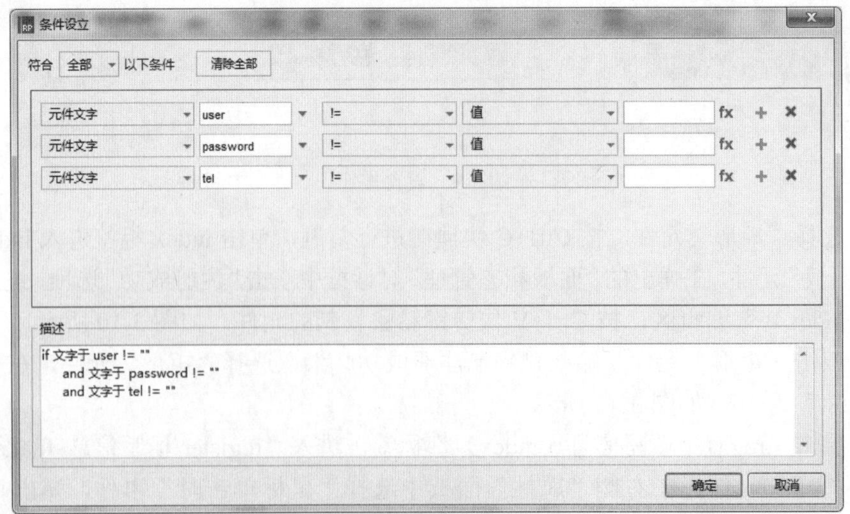

图 3-12　设置条件

（13）在左侧“添加动作”区域选择“设置面板状态”选项，在右侧“配置动作”区域选中“register（动态面板）”复选框，在下方设置“选择状态”为“注册成功”，如图 3-13 所示。单击“确定”按钮，返回至“register/填写信息（index）”编辑区中。

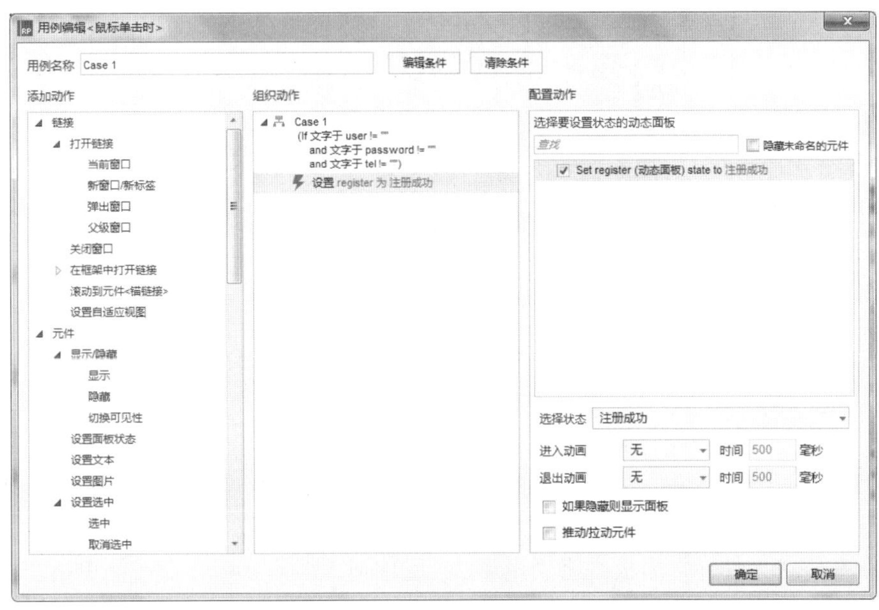

图 3-13 设置面板状态

（14）单击 index 标签切换至 index 编辑区中，按 Ctrl+S 快捷键，以“3.1”为名称保存该文件，然后按 F5 键预览效果，如图 3-14 所示。

图 3-14 最终效果

3.2 用户登录界面

案例描述

登录功能是任何产品都必不可少的，原型设计过程中都需要制作登录页面，在制作好的登录页面输入用户名和密码（初始用户：connie，密码：12345678），单击“登录”按钮进行登录，如图 3-15 所示。

图 3-15　登录页面

思路分析

➢ 使用“文本标签”“文本框”“按钮”元件，设置“密码文本框”类型为“密码”。

➢ 设置“登录”按钮的“鼠标单击时”事件，添加用例，当用户名为 connie，密码为 12345678 时，登录成功。

操作步骤

（1）选择“文件”|“新建”命令，新建一个 Axure 的文档。

（2）在左侧“元件库”面板中将“矩形 2”元件拖入编辑区中，在右侧单击“样式”标签切换至“样式”面板，在“位置 • 尺寸”区域设置“x 轴坐标”为 100，“y 轴坐标”为 80，“宽度”为 450，“高度”为 300，如图 3-16 所示。

图 3-16　设置矩形位置尺寸

（3）单击“填充”右侧的“填充颜色”下三角箭头，弹出颜色面板，在“填充类型”下拉列表框中选择“渐变”选项，切换至渐变面板，单击下方的颜色滑杆左侧色块，设置颜色为浅蓝色（#66CCFF），同样单击右侧色块，设置颜色为蓝色（#336699），并在“样式”面板中设置“圆角半径”为 5，如图 3-17 所示。

（4）在“元件库”面板中将“文本标签”元件拖入编辑区中，并双击使其进入编辑状态，输入“用户登录”，在工具栏上单击 Bold 图标设置文本为粗体，单击“文本颜色”右侧下三角箭头，在弹出的颜色面板中选择白色色块，并设置“x 轴坐标”为 200，“y 轴坐标”为 120，如图 3-18 所示。

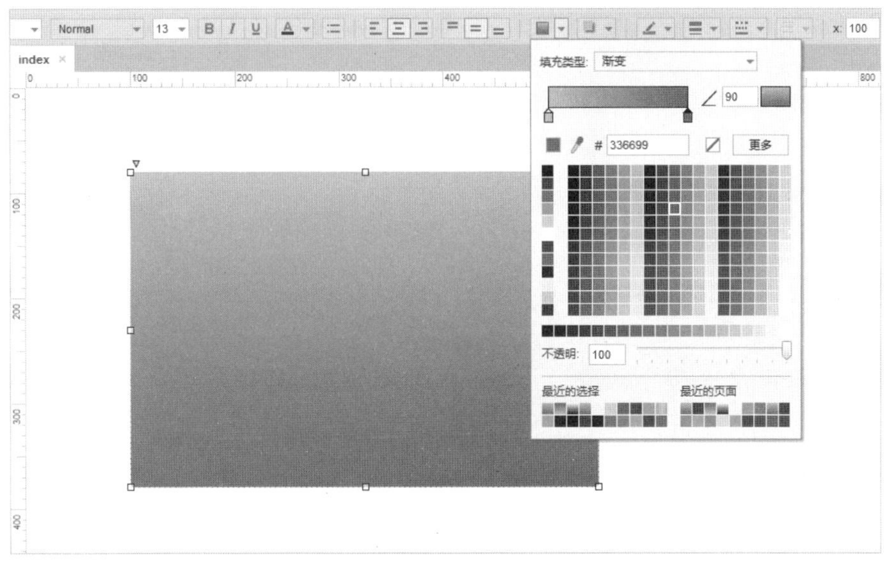

图 3-17　设置矩形填充颜色和圆角半径

图 3-18　设置“文本标签”元件

（5）用同样的方式分别拖入 3 个“文本标签”元件和 2 个“文本框”元件，将其放在编辑区适当的位置，并设置“文本颜色”为白色，其中一个“文本标签”放在下方设置为隐藏，作为提示信息，如图 3-19 所示。

图 3-19　在编辑区中拖入元件

（6）选择“用户名文本框”元件，在右侧“检视：文本框”中，将文本框名称设置为 username，用同样的方法将密码文本框的名称设置为 password，单击“属性”选项卡切换至“属性”面板，在“文本框”区域设置“类型”

为“密码”，如图 3-20 所示。

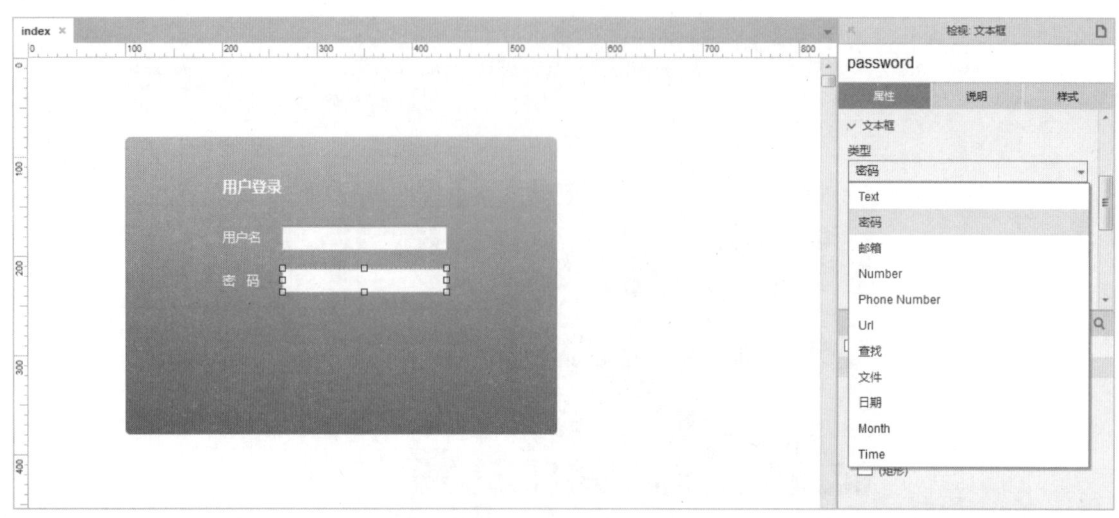

图 3-20　设置文本框名称并设置类型

（7）在“元件库”面板中将“主要按钮”元件拖入编辑区中适当的位置，并双击使其进入编辑状态，输入“登录”，并填充从#FFCC66 到#FF6600 的渐变色，如图 3-21 所示。

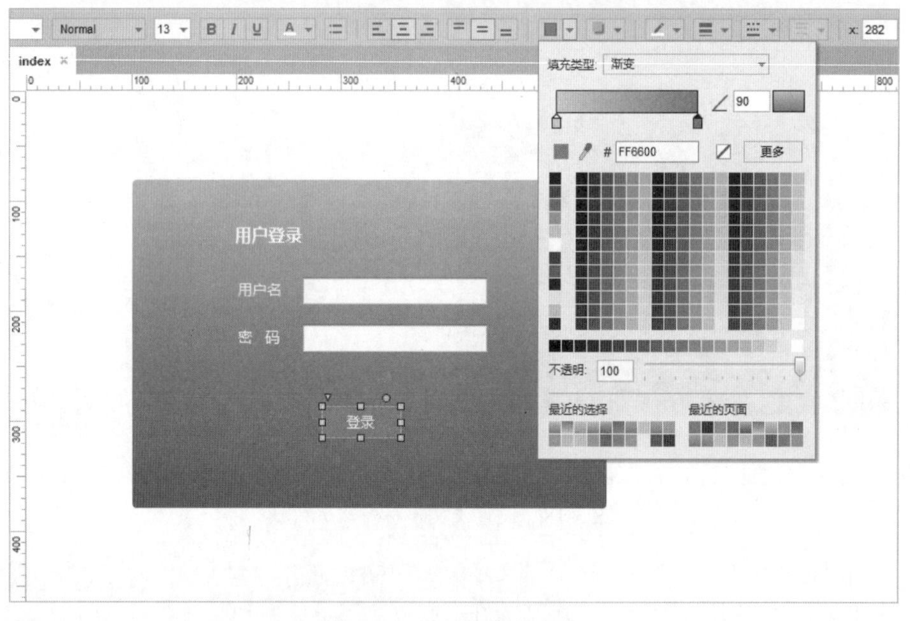

图 3-21　设置按钮渐变色

（8）在编辑区中选择“登录按钮”元件，在右侧“属性”面板中的“添加用例”区域双击“鼠标单击时”，弹出“用例编辑<鼠标单击时>”对话框，在上方单击“添加条件”按钮，弹出“条件设立”对话框，单击 this 右侧的下三角箭头，在弹出的下拉菜单中选择 username 选项，“值”设置为 connie，单击右侧的➕按钮新建一条，用同样的方法，设置“元件文字”为 password，“值”为 12345678，如图 3-22 所示。

（9）按 Ctrl+S 快捷键，以“3.2”为名称保存该文件，然后按 F5 键预览效果，如图 3-23 所示。

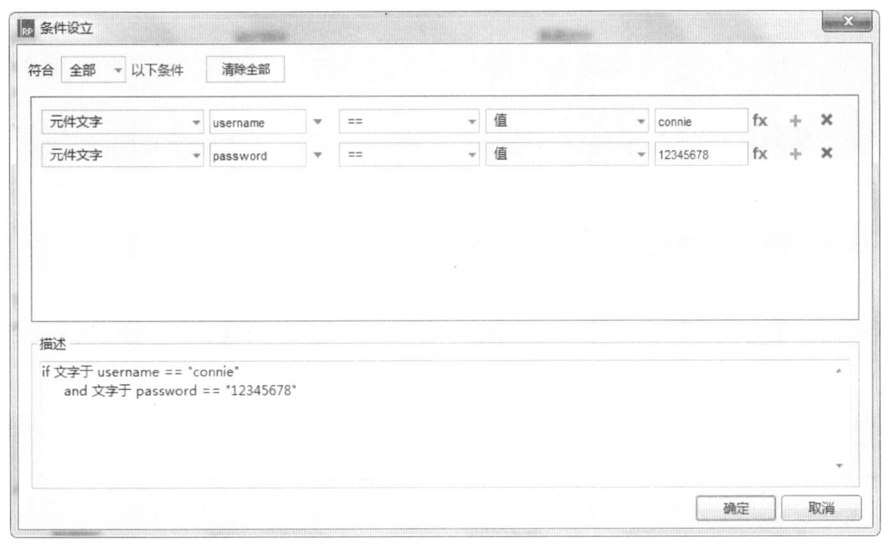

图 3-22　设立条件

图 3-23　最终效果

3.3　找 回 密 码

案例描述

找回密码分为 3 个步骤，首先输入用户名和验证码，单击“下一步”按钮，进入重置密码页面（见图 3-24），然后输入重置密码，单击“下一步”按钮进入密码重置成功页面，最后提示密码重置成功。

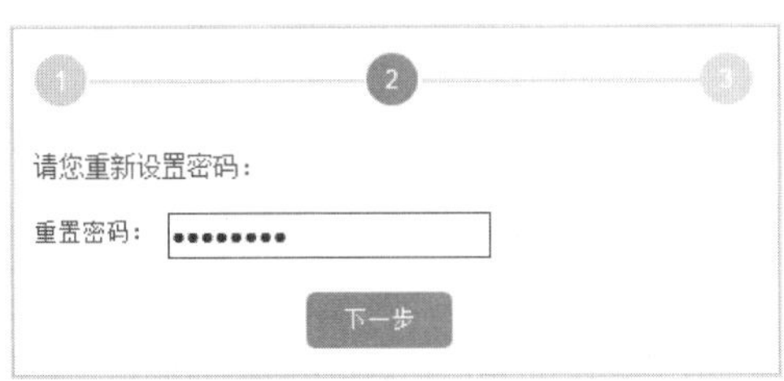

图 3-24　重置密码页面

思路分析

- 为“按钮”元件添加“鼠标单击时”事件。
- 设置动态面板状态。

操作步骤

（1）选择“文件”|“新建”命令，新建一个 Axure 的文档。

（2）在左侧“元件库”面板中将“动态面板”元件拖入编辑区中，在工具栏中设置 x 和 y 均为 45，“宽度”为 390，“高度”为 60，在右侧“检视：动态面板”区域设置名称为 number，如图 3-25 所示。

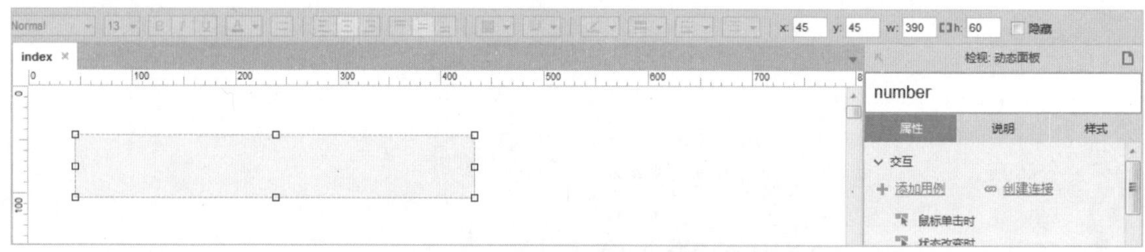

图 3-25 设置动态面板

（3）双击“动态面板”元件，弹出“面板状态管理”对话框，在“面板状态”选项组中单击两次“添加”按钮，添加两个面板状态，如图 3-26 所示。

图 3-26 添加面板状态

（4）双击 State1 面板状态，进入 number/State1（index）编辑区，在左侧“元件库”面板中将“椭圆形”元件拖入编辑区中，在工具栏中设置“x 轴坐标”和“y 轴坐标”分别为 0 和 16，“宽度”和“高度”均为 30，“填充颜色”为橙色（#FF6600），“线段颜色”为无，“文本颜色”为白色，如图 3-27 所示。

（5）在左侧“元件库”面板中将“水平线”元件拖入编辑区中，在工具栏中设置 x 和 y 均为 31，“宽度”为 150，“线段颜色”为灰色（#D7D7D7），“线宽”为第 2 个选项，如图 3-28 所示。

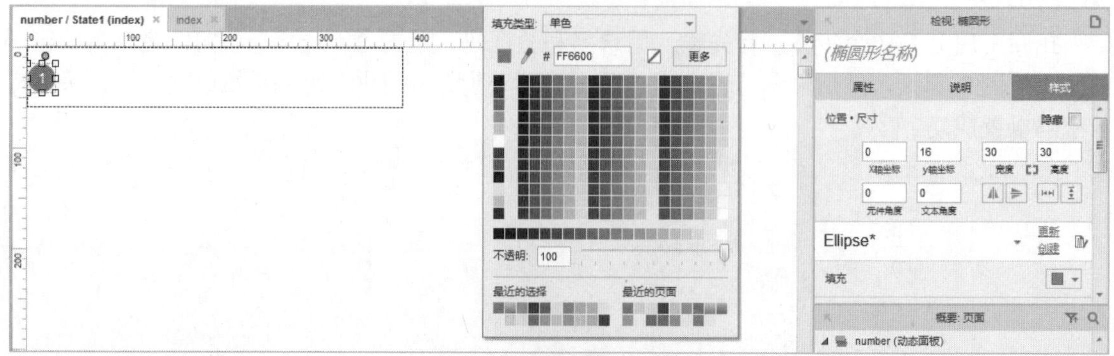

图 3-27 设置“椭圆形”元件

（6）复制“椭圆形”元件和“水平线”元件，并修改其颜色和内容，如图 3-29 所示。

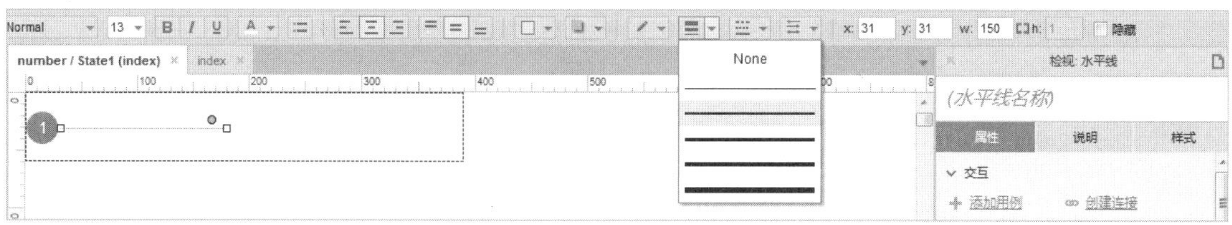

图 3-28　设置“水平线”元件

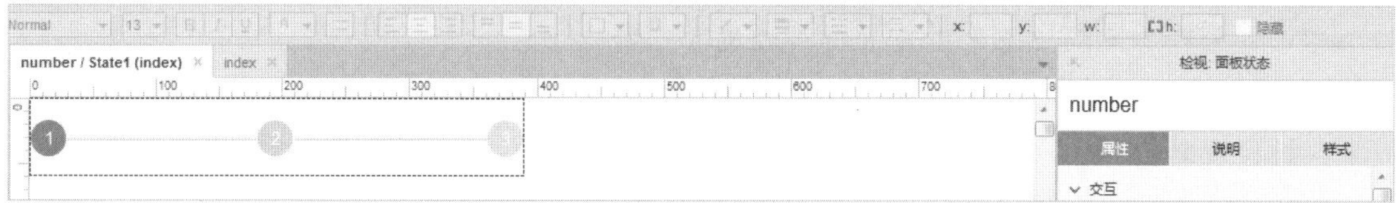

图 3-29　复制元件

（7）在编辑区中按 Ctrl+A 快捷键全选元件，并按 Ctrl+C 快捷键复制元件，然后单击 index 标签切换至 index 编辑区中，双击“动态面板”元件，在弹出的“面板状态管理”对话框中双击 State2 选项，进入 number/State2（index）编辑区，按 Ctrl+V 快捷键粘贴复制的元件，修改其“填充颜色”和“线段颜色”，如图 3-30 所示。

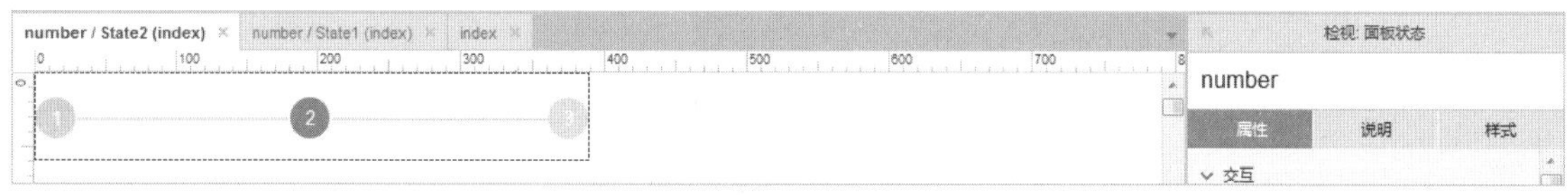

图 3-30　复制元件

（8）用同样的方式复制/粘贴元件到 number/State3（index）编辑区，并修改“填充颜色”和“线段颜色”，效果如图 3-31 所示。

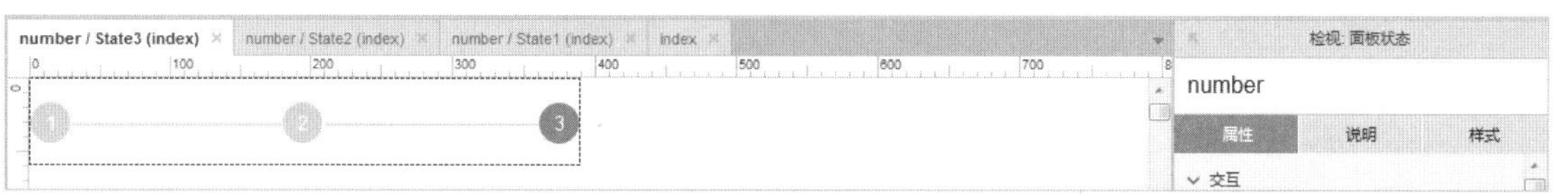

图 3-31　复制元件

（9）单击 index 标签进入 index 编辑区中，在左侧“元件库”面板中将“动态面板”元件拖入编辑区中，在工具栏中设置 x 和 y 分别为 45 和 115，“宽度”为 390，“高度”为 135，在右侧“检视：动态面板”区域设置名称为 content，如图 3-32 所示。

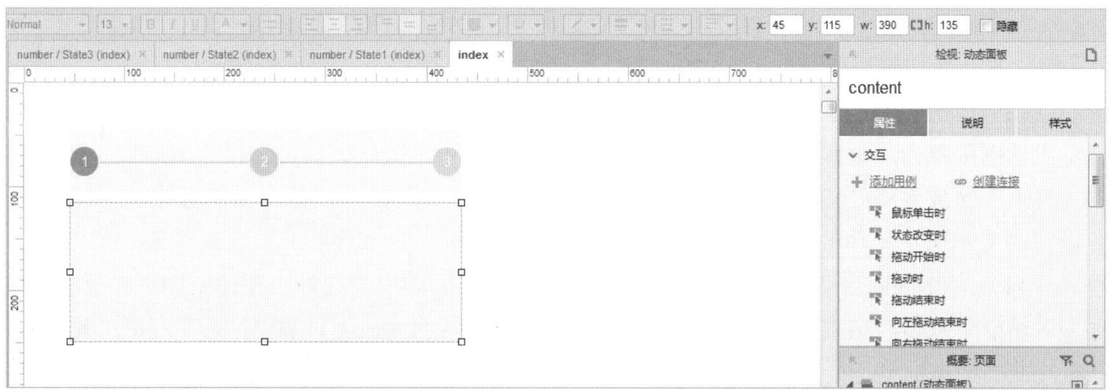

图 3-32　设置“动态面板”元件

（10）双击“动态面板”元件，在弹出的“面板状态管理”对话框中单击两次“添加”按钮添加两个面板状态，并设置其名称分别为“输入用户名”“重置密码”“完成”，如图 3-33 所示。

图 3-33　添加面板状态

（11）双击“输入用户名”面板状态，进入“content/输入用户名（index）”编辑区，在左侧“元件库”面板中将“文本标签”和“文本框”元件分别拖入编辑区中适当的位置，并调整大小，在右侧“检视：文本框”区域设置名称为 userName，如图 3-34 所示。

（12）在左侧“元件库”面板中将“主要按钮”元件拖入编辑区中适当的位置，双击输入“下一步”，在工具栏中设置 x 和 y 分别为 148 和 75，“宽度”为 79，“高度”为 30，“文本颜色”为白色，“填充颜色”为橙色（#FF6600），如图 3-35 所示。

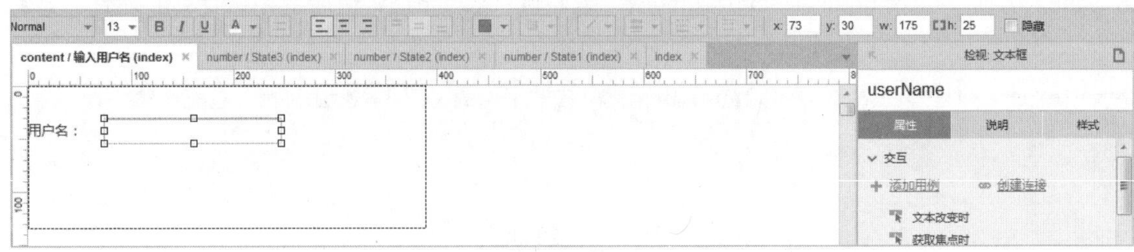

图 3-34　设置“文本标签”和“文本框”元件

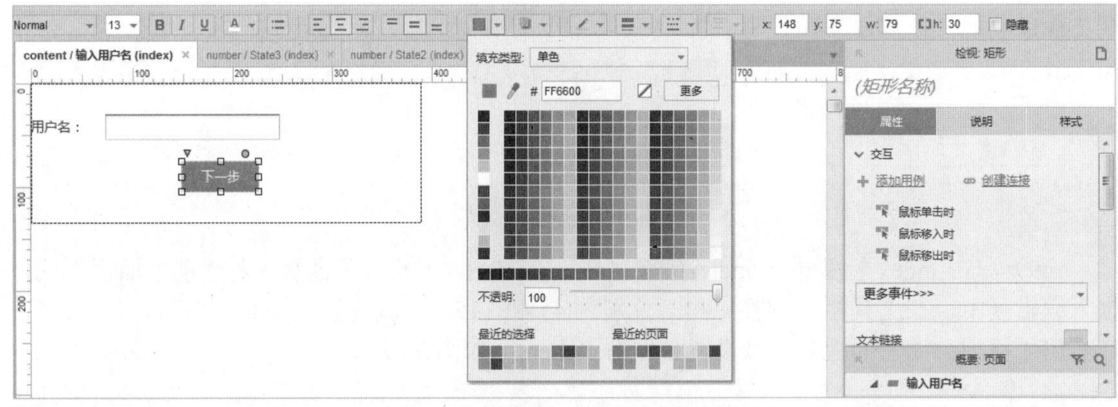

图 3-35　设置“主要按钮”元件

（13）单击 index 标签进入 index 编辑区，双击“动态面板”元件，在弹出的“面板状态管理”对话框中双击“重置密码”面板状态，进入“content/重置密码（index）”编辑区，在左侧“元件库”面板中将“文本标签”“文本框”“主要按钮”元件分别拖入编辑区中适当的位置，并设置“文本框”元件的名称为 setPwd，如图 3-36 所示。

（14）单击 index 标签进入 index 编辑区，双击“动态面板”元件，在弹出的“面板状态管理”对话框中双击“完成”面板状态，进入“content/完成（index）”编辑区，在左侧“元件库”面板中将“文本标签”元件拖入编辑区中适当的位置，在工具栏中设置“字体尺寸”为 16，“字体颜色”为橙色（#FF6600），如图 3-37 所示。

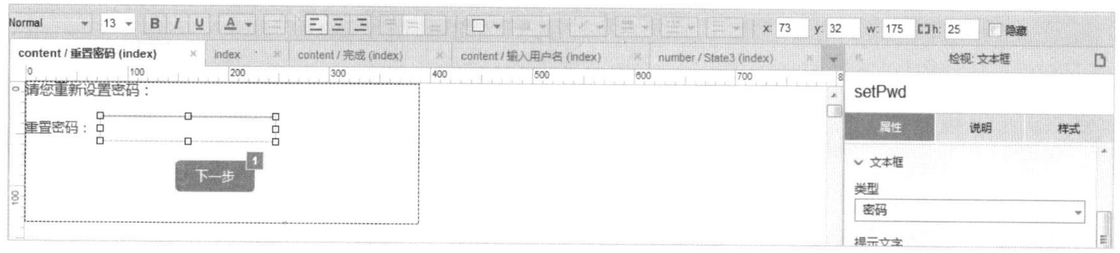

图 3-36　设置“文本框”名称

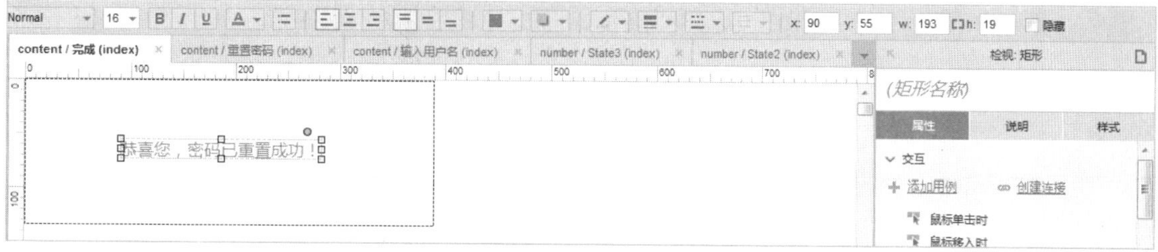

图 3-37　设置“文本标签”字体尺寸和颜色

（15）单击 index 标签进入 index 编辑区中，双击“content 动态面板”元件，在弹出的“面板状态管理”对话框中双击“输入用户名”面板状态，进入“content/输入用户名（index）”编辑区，选择“按钮”元件，在右侧“属性”面板中选择“鼠标单击时”选项，弹出“用例编辑<鼠标单击时>”对话框，在左侧“添加动作”区域选择“设置面板状态”选项，在右侧“配置动作”区域选中“number（动态面板）”复选框，设置“选择状态”为 State2，如图 3-38 所示。

图 3-38　添加动作

（16）在右侧“配置动作”区域选中“content（动态面板）”复选框，设置“选择状态”为“重置密码”，如图 3-39 所示。单击“确定”按钮返回至“content/完成（index）”编辑区中。

（17）用同样的方法为“重置密码”面板状态添加动作，如图 3-40 所示。单击“确定”按钮返回至“content/完成（index）”编辑区中。

图 3-39　添加动作

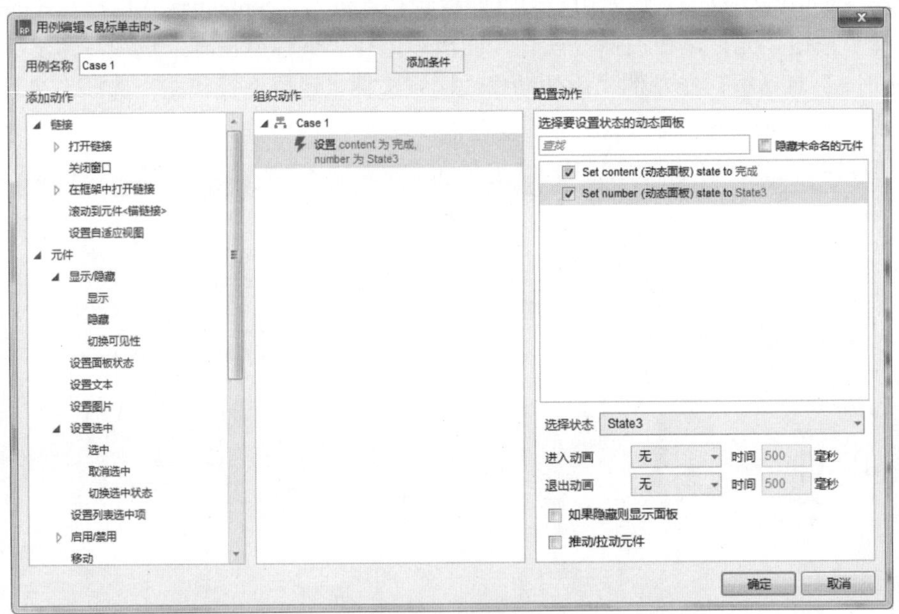

图 3-40　添加动作

（18）单击 index 标签返回至 index 编辑区中，按 Ctrl+S 快捷键，以“3.3”为名称保存该文件，然后按 F5 键预览效果，如图 3-41 所示。

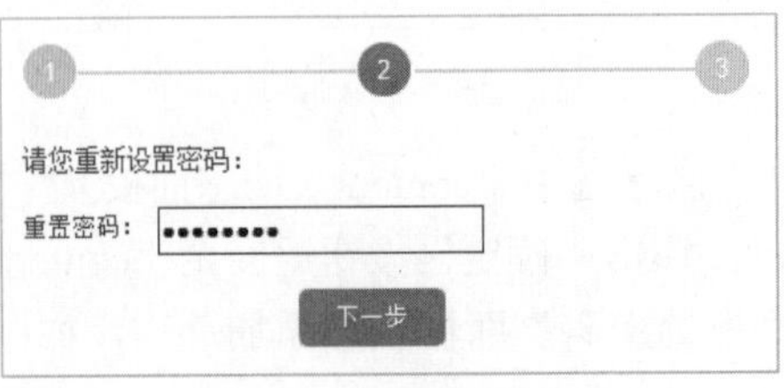

图 3-41　最终效果

3.4 精美提交按钮

案例描述

当单击“提交”按钮时，橙色边框白色填充的按钮会变成橙色填充的按钮，然后变成圆形按钮，最后变回橙色带√的按钮，如图 3-42 所示。

图 3-42 提交按钮

思路分析

- 为动态面板设置 3 个状态：白色按钮→橙色按钮→圆环进度条。
- 为动态面板设置“鼠标单击时”的动作。

操作步骤

（1）选择“文件”|“新建”命令，新建一个 Axure 的文档。

（2）在左侧“元件库”面板中将“矩形 1”元件拖入编辑区中，在右侧“检视：矩形”区域设置名称为 submit，单击“样式”选项卡切换至“样式”面板，在“位置·尺寸”区域设置“x 轴坐标”为 80，“y 轴坐标”为 50，“宽度”为 350，“高度”为 120，如图 3-43 所示。

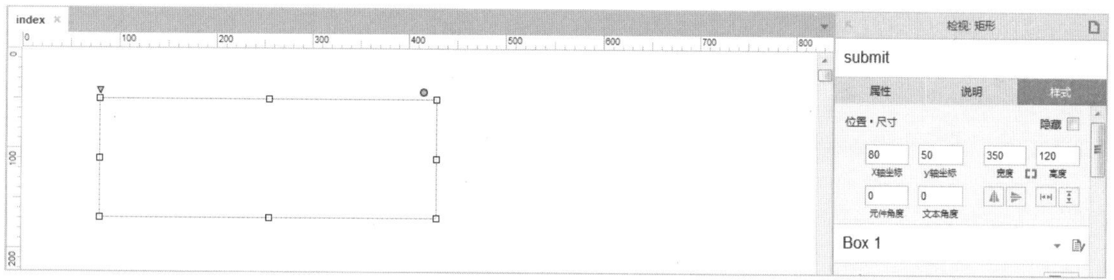

图 3-43 设置矩形

（3）在下方“边框”右侧单击“线宽”右侧的下三角按钮，在弹出的下拉菜单中选择第 3 个选项，单击“线段颜色”下三角按钮，在弹出的颜色面板中选择橙色色块（#FF6600），设置“圆角半径”为 120，如图 3-44 所示。

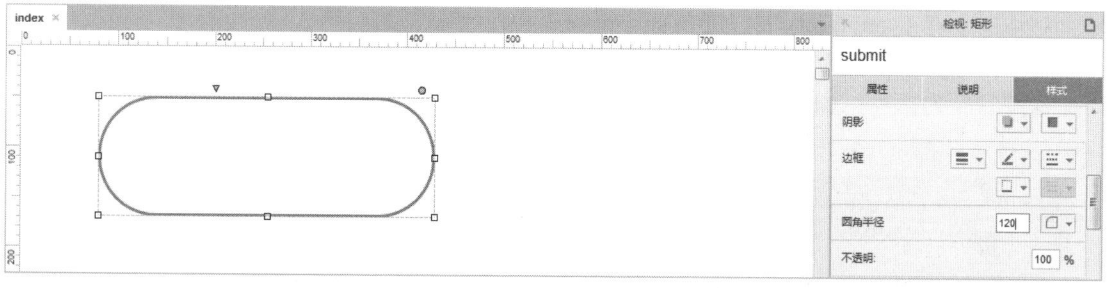

图 3-44 设置线段颜色

（4）在“矩形 1”元件上单击鼠标右键，在弹出的快捷菜单中选择“转换为动态面板”命令，如图 3-45 所示，将其转换为动态面板，在右侧“检视：动态面板”区域设置名称为 submit。

（5）双击“submit 动态面板”，弹出“面板状态管理”对话框，在“面板状态”选项组中单击两次+按钮，添加两个面板状态，并分别命名为 white、orange 和 circle，如图 3-46 所示。

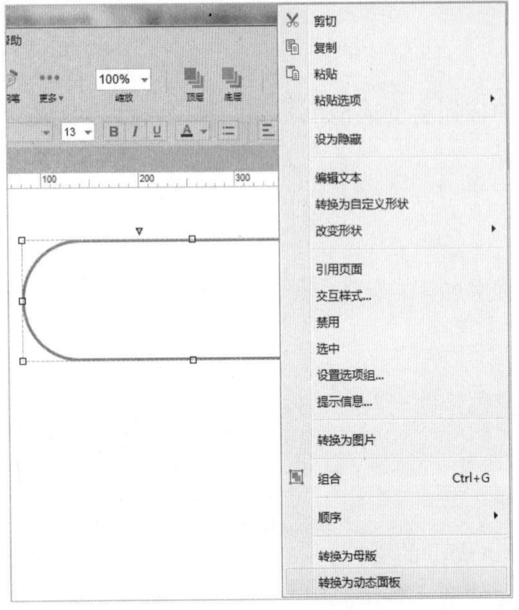

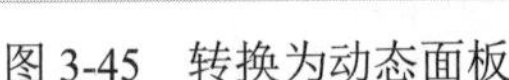
图 3-45　转换为动态面板

图 3-46　添加面板状态

（6）双击 white 选项，进入 submit/white（index）编辑区，双击矩形元件，输入内容“提交”，在右侧“检视：矩形”区域设置名称为 submit_btn1，单击“样式”标签切换至“样式”面板，设置“字体”为“微软雅黑”，“字体尺寸”为 50，“文本颜色”为橙色（#FF6600），如图 3-47 所示。

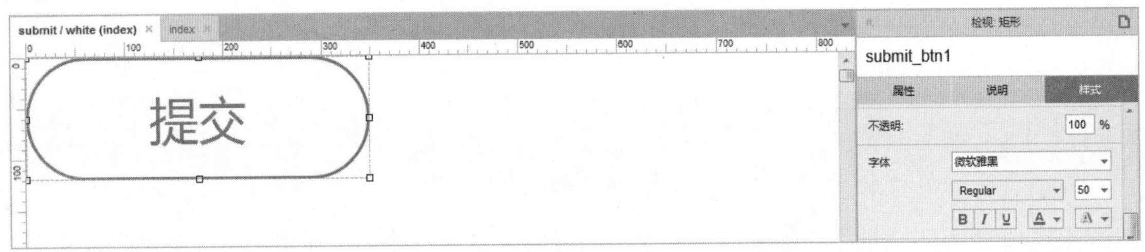

图 3-47　设置文本样式

（7）单击 index 标签切换至 index 编辑区，双击 submit 动态面板，在弹出的“面板状态管理”对话框中双击 orange 选项，进入 submit/orange（index）编辑区，将 white 状态面板中的矩形复制到 orange 状态面板编辑区中，修改其名称为 submit_btn2，“填充颜色”为橙色（#FF6600），“文本颜色”为白色，如图 3-48 所示。

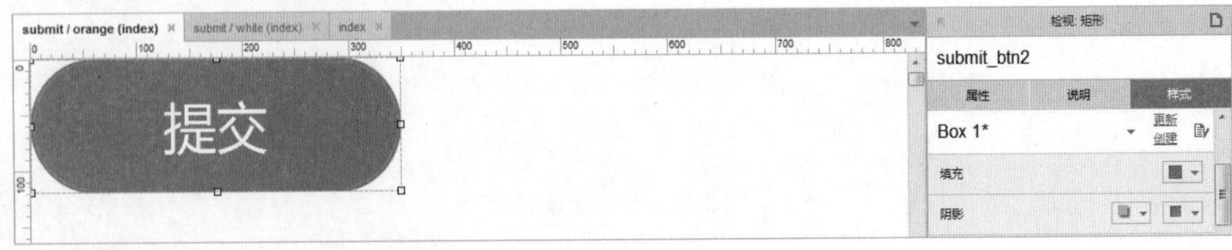

图 3-48　修改 orange 状态面板中矩形样式

（8）单击 index 标签切换至 index 编辑区，双击 submit 动态面板，弹出“面板状态管理”对话框，在“面板状态”区域双击 circle 选项，进入 submit/circle（index）编辑区，将“矩形 2”元件拖入编辑区中，在右侧“样式”面板的“位置 • 尺寸”区域设置“x 轴坐标”为 115，“y 轴坐标”为 0，“宽度”和“高度”均为 120，如图 3-49 所示。

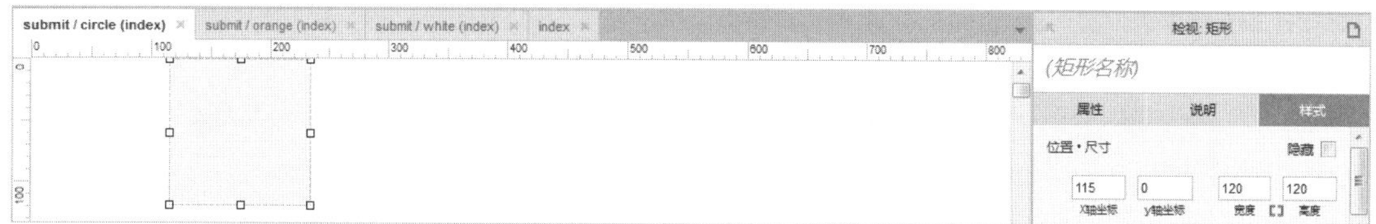

图 3-49　设置矩形样式

（9）在下方设置“填充颜色”为橙色（#FF6600），“圆角半径”为 60，在“检视：矩形”区域设置名称为 orange_circe，效果如果 3-50 所示。

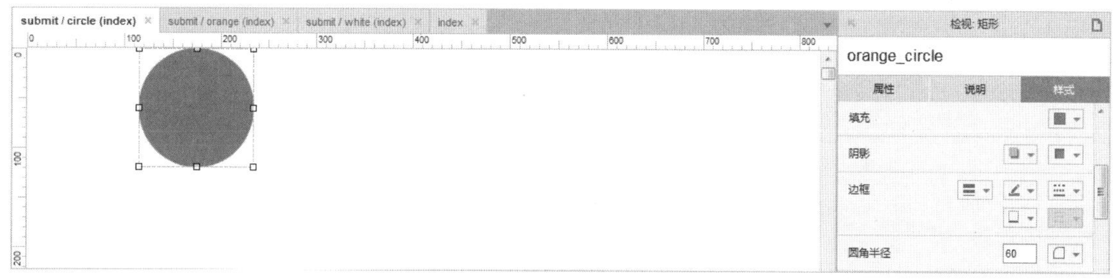

图 3-50　设置矩形填充颜色

（10）拖入“矩形 1”元件到矩形上，并双击使其进入编辑状态输入√符号，在右侧“样式”面板中设置“x 轴坐标”为 150，“y 轴坐标”为 33，“宽度”为 50，“高度”为 55，设置元件“填充颜色”为无，边框“线段颜色”为无，如图 3-51 所示。

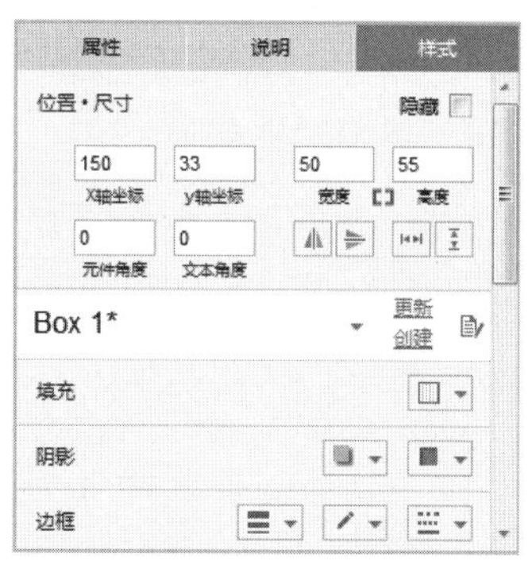

图 3-51　设置样式

（11）在工具栏中设置“字体系列”为 Ravie，“字体类型”为 Blod，“文本颜色”为白色，在“检视：矩形”区域设置名称为 hook，并在“样式”面板中选中“隐藏”复选框隐藏 hook 元件，如图 3-52 所示。

（12）单击 index 标签进入 index 编辑区，单击“属性”标签切换至“属性”面板，在“交互”区域双击“鼠标单击时”选项，弹出“用例编辑<鼠标单击时>”对话框，如图 3-53 所示。

（13）在左侧“添加动作”区域选择“设置面板状态”选项，在右侧“配置动作”区域选中“当前元件”复选框，在下方设置“选择状态”为 orange，“进入动画”为“逐渐”，“时间”为 500 毫秒，如图 3-54 所示。

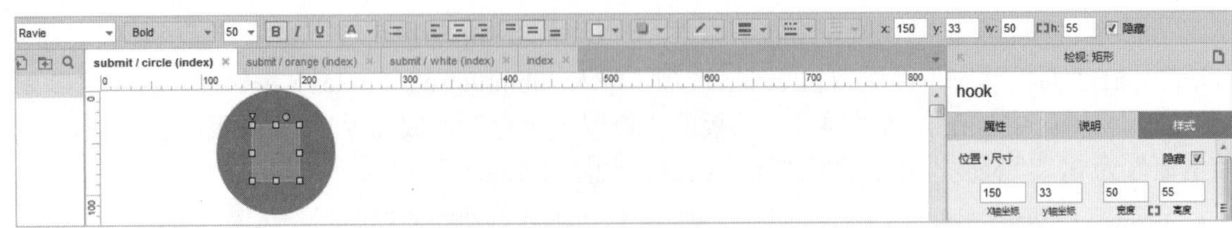

图 3-52　设置文本样式

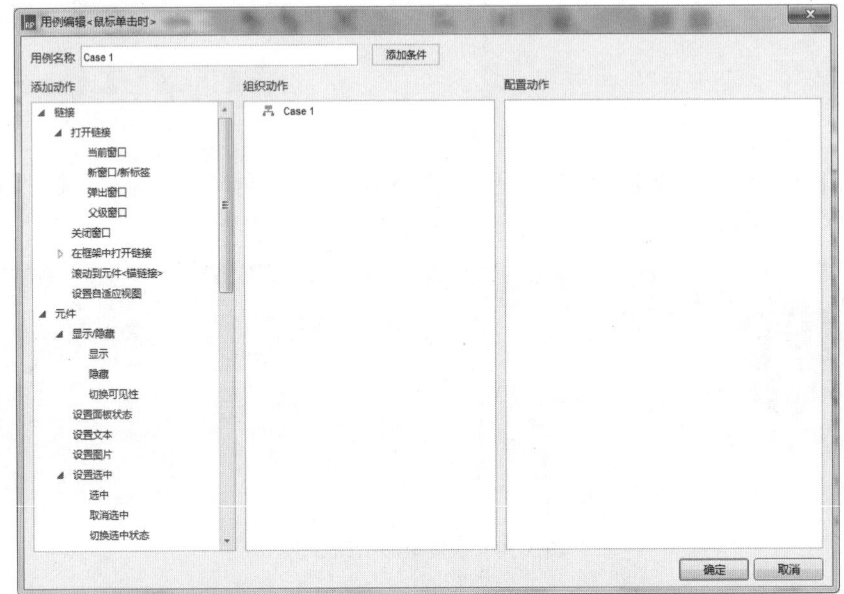

图 3-53　“用例编辑<鼠标单击时>”对话框

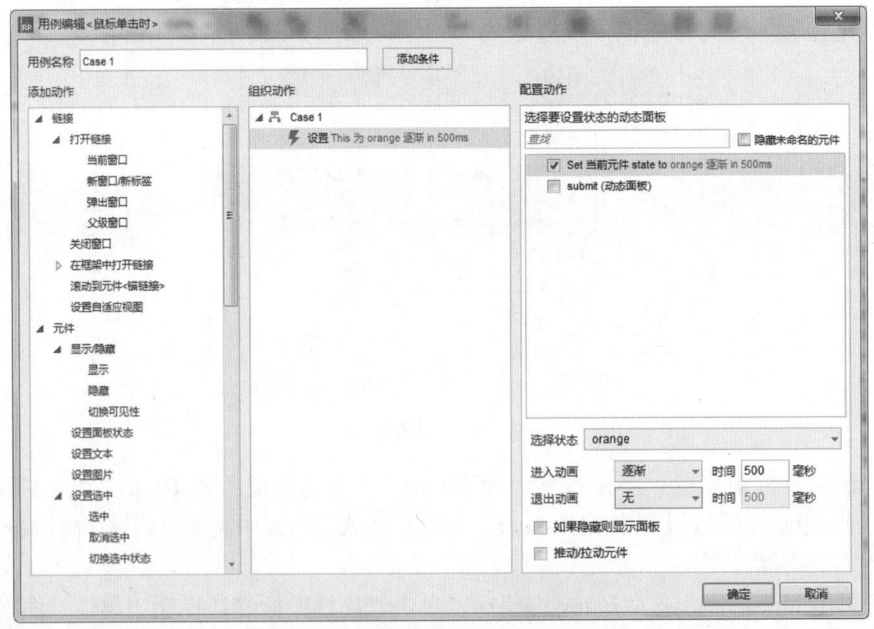

图 3-54　设置“动态面板”的动作

（14）在左侧“添加动作”区域选择“等待”选项，在右侧“配置动作”区域设置“等待时间”为 100 毫秒，如图 3-55 所示。

图 3-55　设置“等待”的动作

（15）在左侧选择“设置尺寸”选项，在右侧选中“submit_btn2（矩形）”复选框，在下方设置“宽”为 120，“高”为 120，“锚点”为“中心”，“动画”为“缓慢进入”，“时间”为 200 毫秒，如图 3-56 所示。

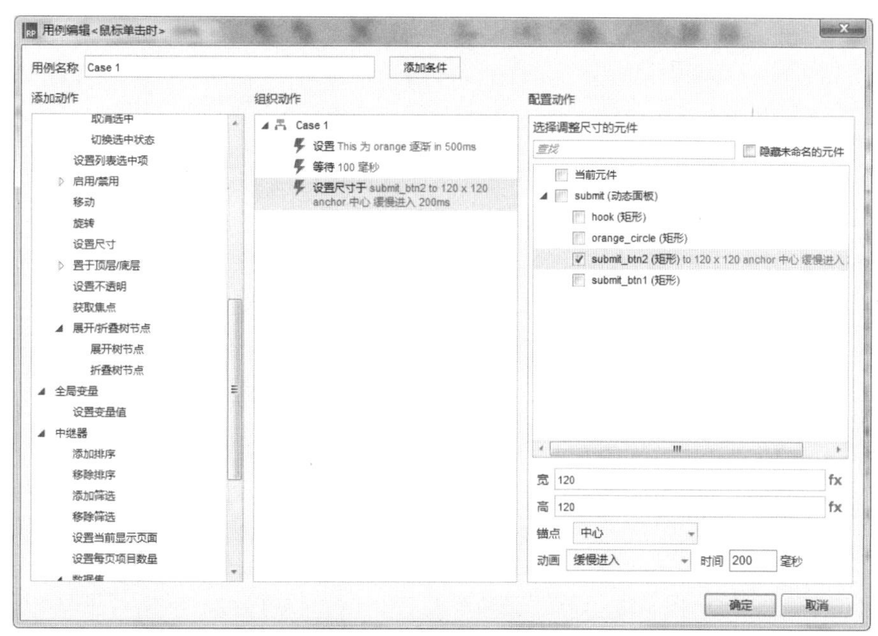

图 3-56　设置元件尺寸

（16）在左侧选择“设置面板状态”选项，在右侧选中“submit（动态面板）”复选框，设置“选择状态”为 circle，“进入动画”为“逐渐”，“时间”为 500 毫秒，“退出动画”为“逐渐”，“时间”为 500 毫秒，如图 3-57 所示。

（17）用同样的方法设置其他动作，如图 3-58 所示。单击“确定”按钮返回至编辑区中。

图 3-57　设置“动态面板”动作

（18）按 Ctrl+S 快捷键，以“3.4”为名称保存该文件，然后按 F5 键预览效果，如图 3-59 所示。

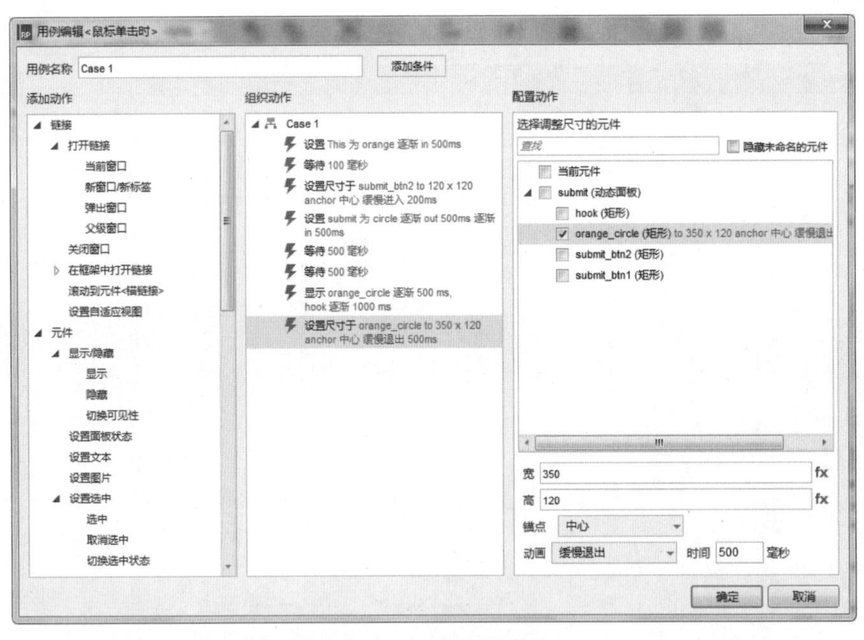

图 3-58　设置其他动作

提交

图 3-59　最终效果

3.5　文本框边框变色

案例描述

在搜索框中，当搜索框获取焦点时，文本框边框变成蓝色；当失去焦点时，变回灰色，如

图 3-60 所示。

图 3-60　文本框边框变色

思路分析

- 输入框的样式在两种不同状态下切换，可以通过交互样式来实现。
- 当文本框获取焦点时，设置选中时的样式。
- 当文本框失去焦点时，设置未选中时的样式。

操作步骤

（1）选择“文件”|“新建”命令，新建一个 Axure 的文档。

（2）在左侧“元件库”面板中将“图片”元件拖入编辑区中，双击并导入图片文件，在工具栏中设置 x 和 y 分别为 240 和 55，“宽度”为 240，“高度”为 82，在右侧“检视：图片”区域设置名称为 logo，如图 3-61 所示。

图 3-61　导入图片

（3）在左侧“元件库”面板中将“矩形 1”元件拖入编辑区中，在右侧“检视：矩形”区域设置名称为 border，在工具栏中设置 x 和 y 分别为 85 和 150，“宽度”为 500，“高度”为 35，“线段颜色”为灰色（#B3B3B3），如图 3-62 所示。

图 3-62　设置“矩形”元件

（4）在右侧“属性”面板中的“交互样式设置”区域单击“选中”超链接，弹出“交互样式设置”对话框，选中“线段颜色”复选框，单击右侧的“线段颜色”下三角按钮，在弹出的颜色面板中输入颜色值为#3388ff，如图 3-63 所示。单击“确定”按钮返回至编辑区中。

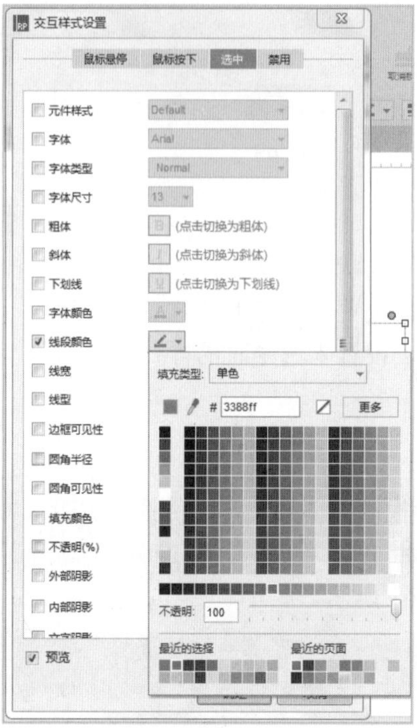

图 3-63　设置线段颜色

（5）在左侧“元件库”面板中将“文本框”元件拖入编辑区中，在工具栏中设置 x 和 y 分别为 86 和 151，“宽度”为 498，“高度”为 33，在右侧“检视：文本框”区域设置名称为 search_txt，在“属性”面板中选中“隐藏边框”复选框，如图 3-64 所示。

图 3-64　设置文本框

（6）在“交互”区域双击“获取焦点时”选项，弹出“用例编辑<获取焦点时>”对话框，在左侧“添加动作”区域选择“选中”选项，在右侧“配置动作”区域选中“border（矩形）”复选框，如图 3-65 所示。单击“确定”按钮返回至编辑区中。

（7）在右侧“属性”面板中双击“失去焦点时”选项，弹出“用例编辑<失去焦点时>”对话框，在左侧“添加动作”区域选择“取消选中”选项，在右侧“配置动作”区域选中“border（矩形）”复选框，如图 3-66 所示。单击“确定”按钮返回至编辑区中。

（8）在左侧“元件库”面板中拖入“矩形 2”元件至编辑区中，在工具栏中设置 x 和 y 分别为 584 和 150，“宽度”为 98，“高度”为 35，在右侧“检视：矩形”区域设置名称为 btn，如图 3-67 所示。

图 3-65　添加动作

图 3-66　添加动作

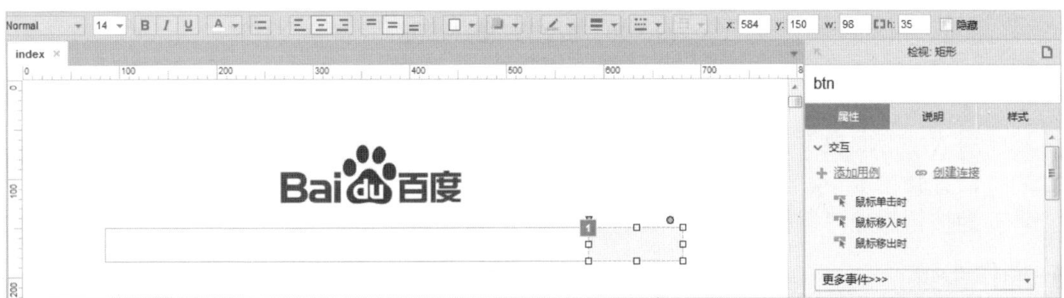

图 3-67　拖入“矩形 2”元件

（9）双击“矩形 2”元件，使其呈编辑状态，输入“百度一下”，在工具栏中设置“字体尺寸”为 14，“文本颜色”为白色，“填充颜色”为蓝色（#317ef3），如图 3-68 所示。

图 3-68　设置按钮

（10）按 Ctrl+S 快捷键，以“3.5”为名称保存该文件，然后按 F5 键预览效果，如图 3-69 所示。

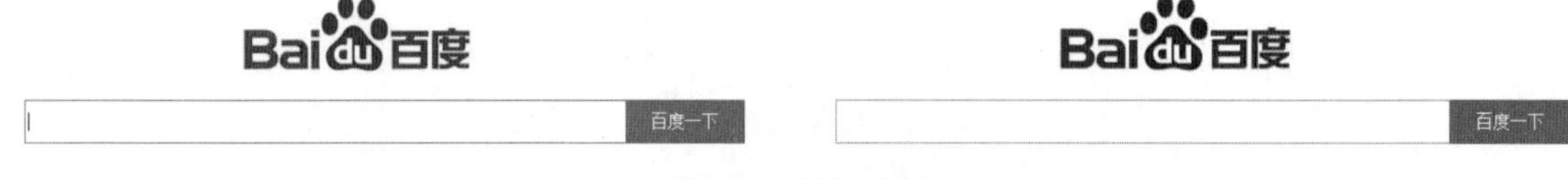

图 3-69　最终效果

3.6　带遮罩层的弹窗

案例描述

单击“登录”按钮，弹出带遮罩层的对话框（见图 3-70），且背景半透明遮盖页面，当页面上下左右滚动时，对话框始终在浏览器中保持水平和垂直居中，在对话框中单击“关闭”按钮，关闭对话框。

图 3-70　带遮罩层的对话框

思路分析

- 用“动态面板”元件实现遮罩层和弹窗。
- 设置弹窗水平、垂直居中固定到浏览器。
- 为按钮添加“鼠标单击时”事件，添加显示/隐藏动作。

操作步骤

（1）选择“文件”|“新建”命令，新建一个 Axure 的文档。

（2）在左侧“元件库”面板中将“矩形 1”元件拖入编辑区中，在工具栏中设置 x 和 y 均为 0，“宽度”和“高度”为电脑屏幕分辨率 1360×768，在编辑区单击鼠标右键，在弹出的快捷菜单中选择“转换为动态面板”命令，将“矩形”元件转换为动态面板，如图 3-71 所示。

图 3-71　转换为动态面板

（3）在右侧“检视：动态面板”区域设置名称为 shade，双击“动态面板”元件，在弹出的“面板状态管理”对话框中双击 State1 选项，如图 3-72 所示，进入 shade/State1（index）编辑区中。

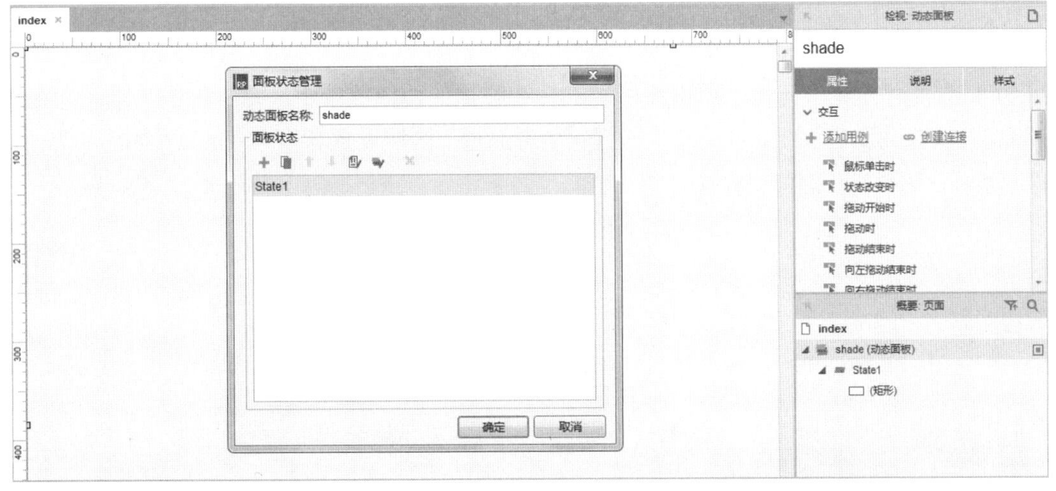

图 3-72　“面板状态管理”对话框

（4）在编辑区中选择“矩形”元件，单击右侧“样式”标签切换至“样式”面板，单击“填充颜色”按钮，弹出颜色面板，选择灰色（#D7D7D7）色块，设置“不透明”为 50，如图 3-73 所示。

（5）单击 index 标签切换至 index 编辑区，在左侧“元件库”面板中将“图片”元件拖入编辑区中，双击“图片”元件，弹出“打开”对话框，选择要导入的素材图片，单击“打开”按钮即可导入图片，并设置其大小和位置，如图 3-74 所示。

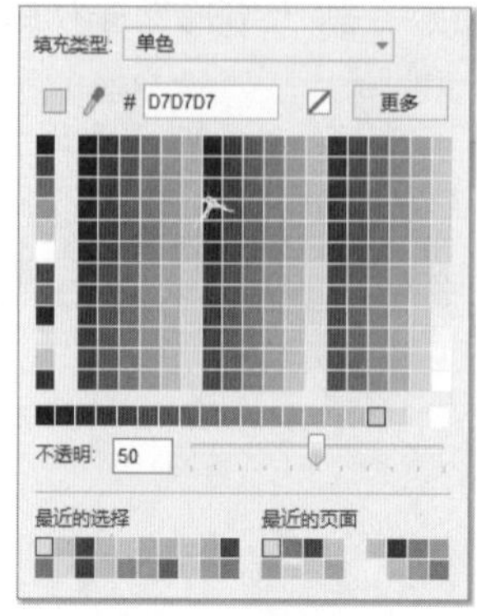

图 3-73　颜色面板

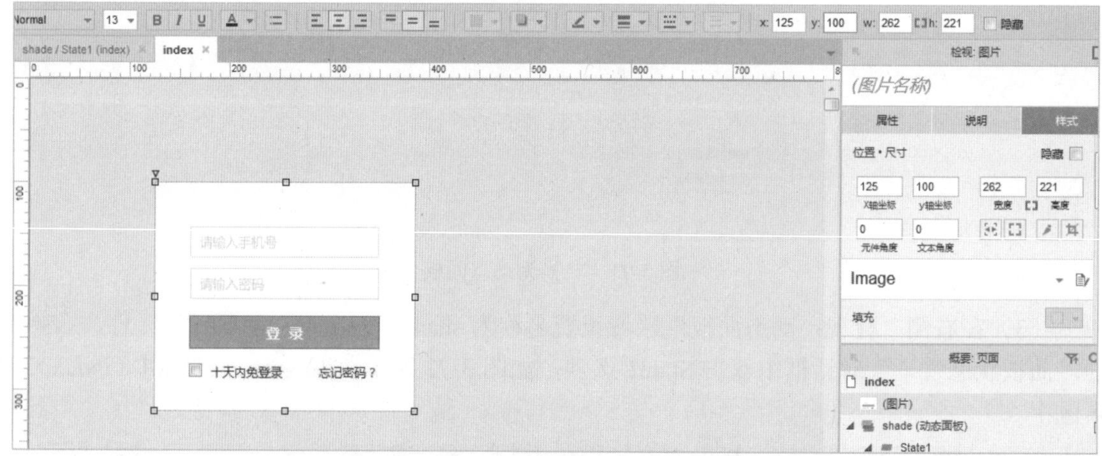

图 3-74　导入图片

（6）选择“图片”元件，单击鼠标右键，在弹出的快捷菜单中选择“转换为动态面板”命令，将图片转换为动态面板，在右侧“检视：动态面板”区域设置名称为 dialog，如图 3-75 所示。

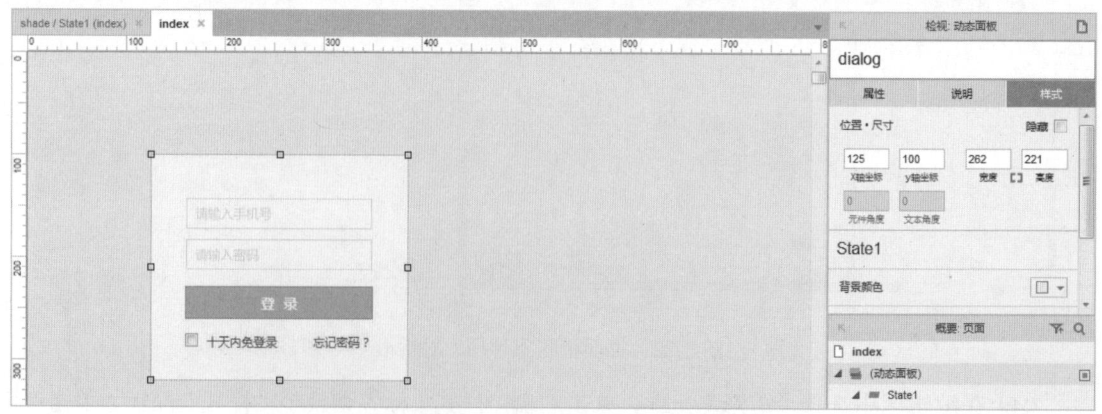

图 3-75　转为动态面板

（7）双击“dialog 动态面板”元件，在弹出的“面板状态管理”对话框中双击 State1 选项，进入 dialog/State1（index）编辑区中，在素材文件夹中按 Ctrl+C 快捷键复制要导入的素材图片，返回至编辑区中按 Ctrl+V 快捷键粘贴，并调整其大小和位置，在右侧“检视：图片”区域设置名称为 close，如图 3-76 所示。

（8）选择“close 图片”元件，在右侧单击“属性”标签切换至“属性”面板，双击“鼠标单击时”选项，弹出“用例编辑<鼠标单击时>”对话框，在左侧“添加动作”区域选择“隐藏”选项，在右侧“配置动作”区域选中“dialog（动态面板）”和“shade（动态面板）”复选框，如图 3-77 所示。单击“确定”按钮返回至编辑区中。

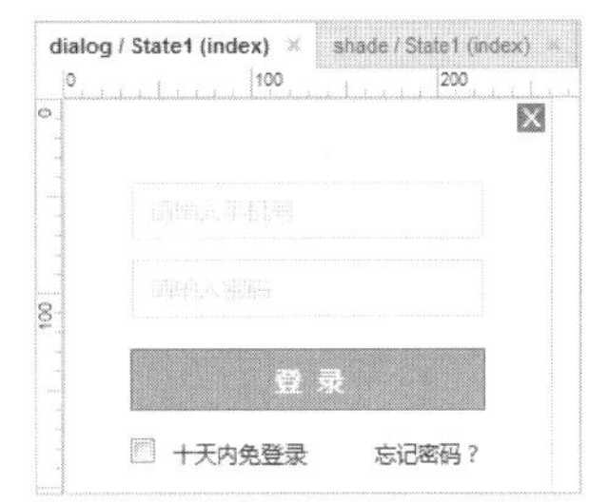

图 3-76　复制粘贴图片

图 3-77　设置隐藏动态面板

（9）单击 index 标签切换至 index 编辑区中，选择“dialog 动态面板”元件，在右侧“属性”面板中单击“固定到浏览器”超链接，如图 3-78 所示。

（10）弹出“固定到浏览器”对话框，选中“固定到浏览器窗口”复选框，在“水平固定”和“垂直固定”选项组中均选中“居中”单选按钮，如图 3-79 所示，单击“确定”按钮返回至编辑区中。

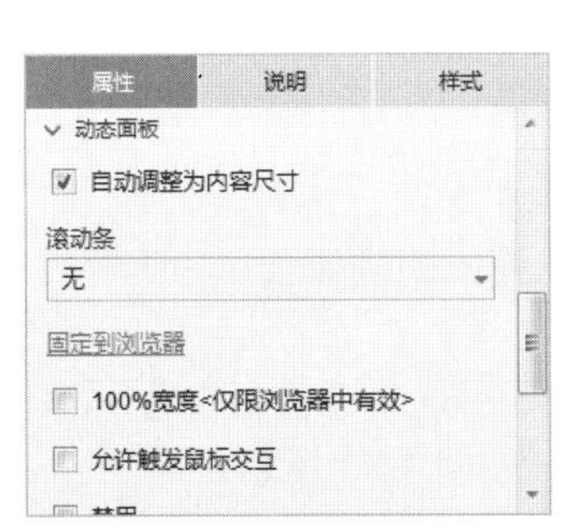

图 3-78　固定到浏览器

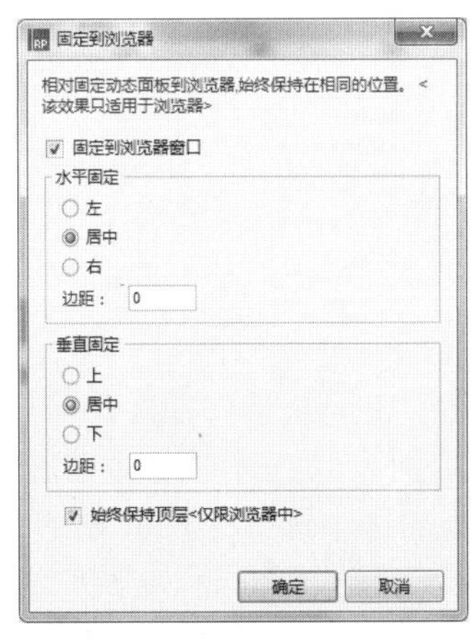

图 3-79　设置固定到浏览器

（11）从“元件库”面板中拖入“主要按钮”元件至编辑区中，双击使其呈编辑状态，输入“登录”，在工具栏中设置 x 和 y 分别为 290 和 137，“宽度”和“高度”分别为 140、40，“填充颜色”为红色（#dc5c5c），如图 3-80 所示。

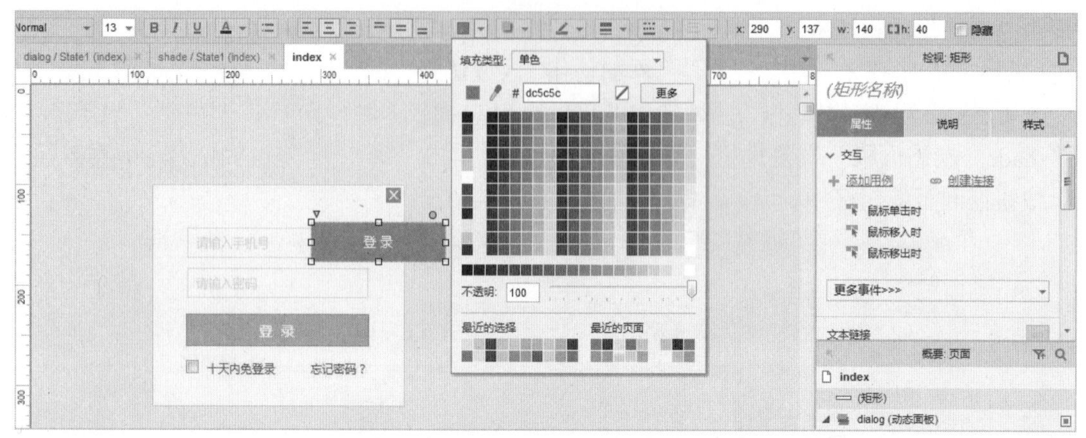

图 3-80　设置“按钮”元件

（12）在右侧“检视：矩形”区域设置名称为 btn，在“属性”面板中双击“鼠标单击时”选项，弹出“用例编辑<鼠标单击时>”对话框，在左侧“添加动作”区域选择“显示”选项，在右侧“配置动作”区域选中“dialog（动态面板）”和“shade（动态面板）”复选框，如图 3-81 所示。单击“确定”按钮返回至编辑区中。

图 3-81　设置显示动态面板

（13）选择“btn 矩形”元件，单击鼠标右键，在弹出的快捷菜单中选择“顺序”|“置于底层”命令，如图 3-82 所示，将按钮置于底层。

（14）在编辑区中选择“shade 动态面板”元件和“dialog 动态面板”元件，在右侧单击“样式”标签切换至“样式”面板，选中“隐藏”复选框，如图 3-83 所示。

（15）按 Ctrl+S 快捷键，以“3.6”为名称保存该文件，然后按 F5 键预览效果，如图 3-84 所示。

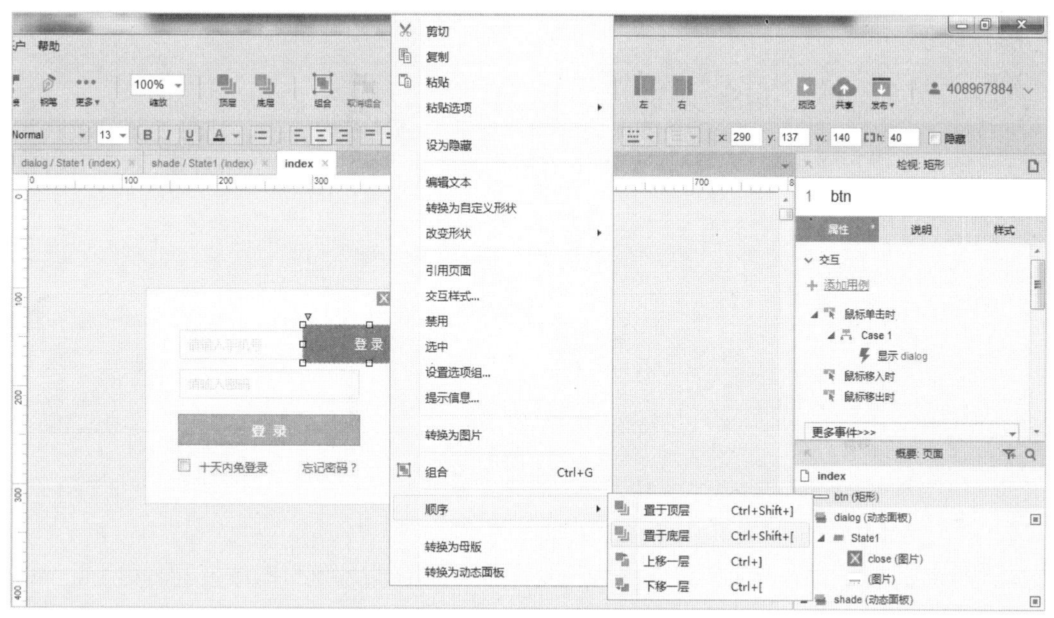

图 3-82　置于底层

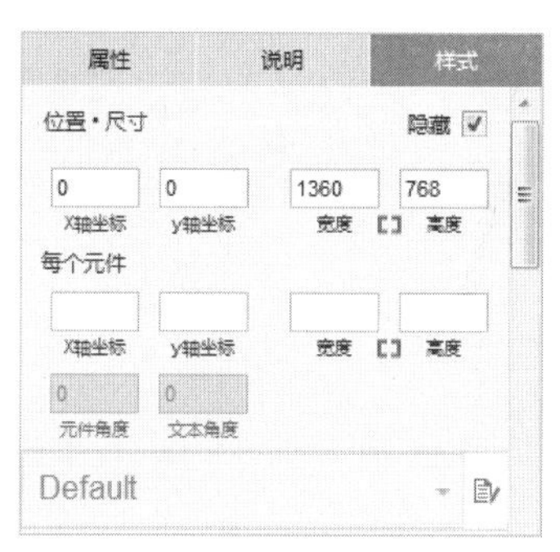

图 3-83　选中“隐藏”复选框

图 3-84　最终效果

3.7　邮箱格式验证

案例描述

在邮箱输入框中输入的字符包含“@”和“.”两个字符，则提示“邮箱格式正确！”；否则提示“邮箱格式错误！”，如图 3-85 所示。

图 3-85　邮箱格式验证

思路分析

- 为“文本框”元件添加“文本改变时”事件。
- 添加判断条件，通过输入的字符是否是数字或字符且是否包括“@”和“.”来判断。
- 通过截取的字符串长度是否大于 0 来判断邮箱格式是否正确。

操作步骤

（1）选择“文件”|“新建”命令，新建一个 Axure 的文档。

（2）在左侧“元件库”面板中将“文本标签”元件拖入编辑区中，双击使其呈编辑状态，输入“邮箱：”，在右侧单击“样式”标签切换至“样式”面板，在“位置•尺寸”区域设置“x 轴坐标”为 80，“y 轴坐标”为 80，如图 3-86 所示。

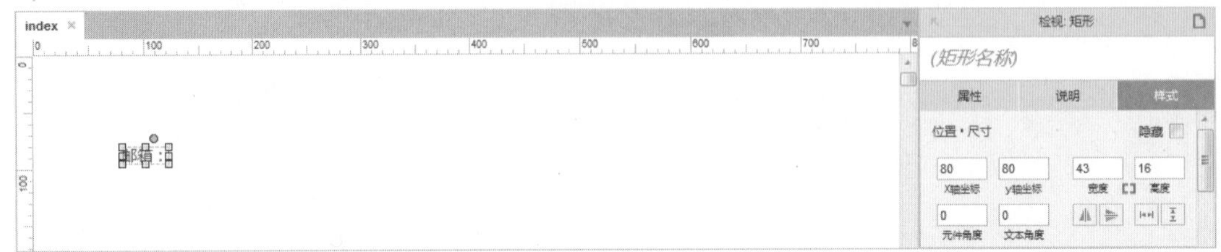

图 3-86　设置文本标签

（3）在左侧“元件库”面板中将“文本框”元件拖入编辑区中，在工具栏中设置 x 为 140，y 为 75，“宽度”为 230，“高度”为 25，在右侧“检视：文本框”区域设置名称为 email，如图 3-87 所示。

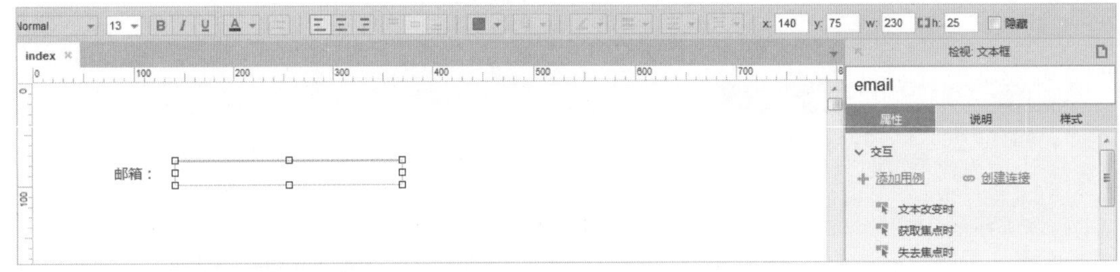

图 3-87　设置文本框

（4）在左侧“元件库”面板中将“文本标签”元件拖入编辑区中，双击删除文本标签默认文字，在右侧“检视：矩形”区域设置名称为 tips，在工具栏中设置 x 为 400，y 为 80，“文本颜色”为红色（#FF0000），如图 3-88 所示。

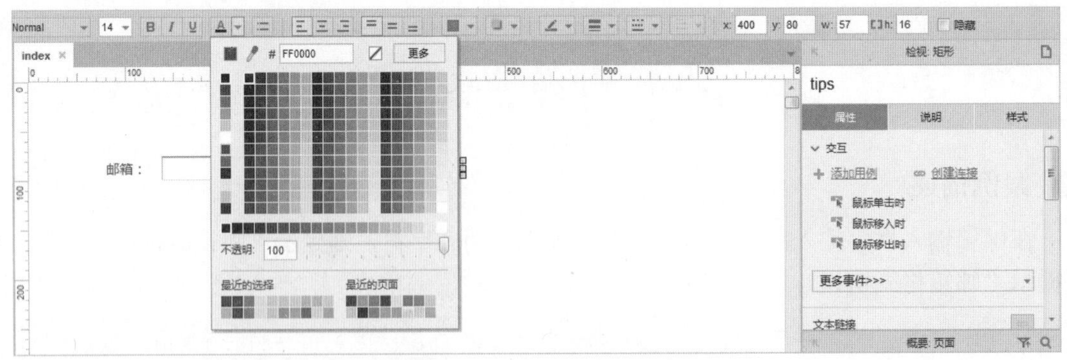

图 3-88　设置文本标签

（5）在编辑区选择“email 文本框”元件，在右侧“属性”面板中双击“文本改变时”选项，弹出“用例编辑<文本改变时>”对话框，单击“添加条件”按钮，弹出“条件设立”对话框，在第一个下拉列表框中选择“值”，单击文本框右侧的 fx 按钮，弹出“编辑文本”对话框，在下方单击“添加局部变量”超链接，设置 LVAR1 等于“元件文字”email，在上方插入函数，如图 3-89 所示。单击“确定”按钮返回“条件设立”对话框。

图 3-89　插入函数

（6）在第二个下拉列表框中选择“是”，第三个下拉列表框中选择“字母或数字”，如图 3-90 所示。

图 3-90　设立条件

（7）单击右侧“添加行”按钮，添加一行，在第一个下拉列表框中选择“值”，单击文本框右侧的 fx 按钮，弹出“编辑文本”对话框，在下方单击“添加局部变量”超链接，设置 LVAR1 等于“元件文字”email，在上方插入函数，如图 3-91 所示。单击“确定”按钮返回“条件设立”对话框。

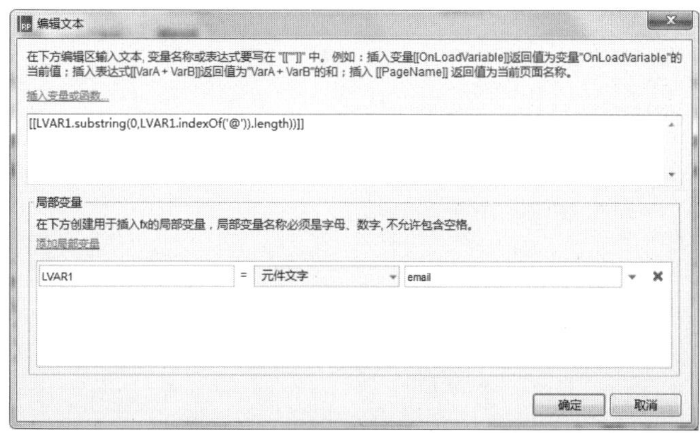

图 3-91　插入函数

（8）在第二个下拉列表框中选择“>”，第三个下拉列表框中选择“值”，在最后的文本框中输入 0，如图 3-92 所示。

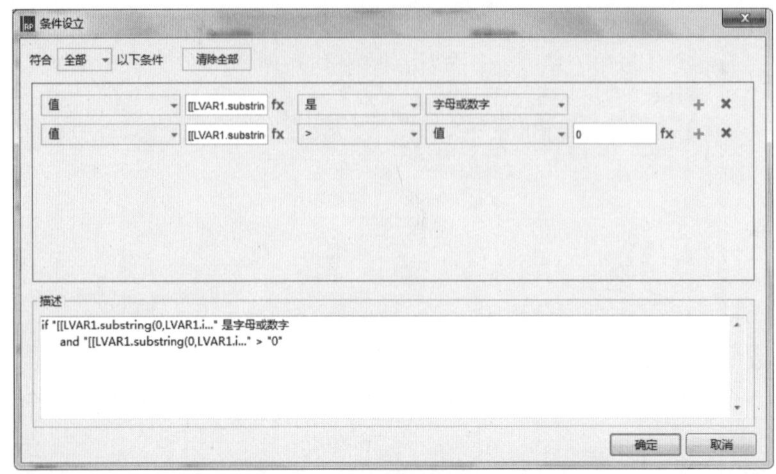

图 3-92 设立条件

（9）用同样的方法添加行，设置条件，分别判断“@”和“.”之间的字符与“.”之后的字符长度，函数设置如图 3-93 和图 3-94 所示。单击两次“确定”按钮返回至“用例编辑<文本改变时>”对话框。

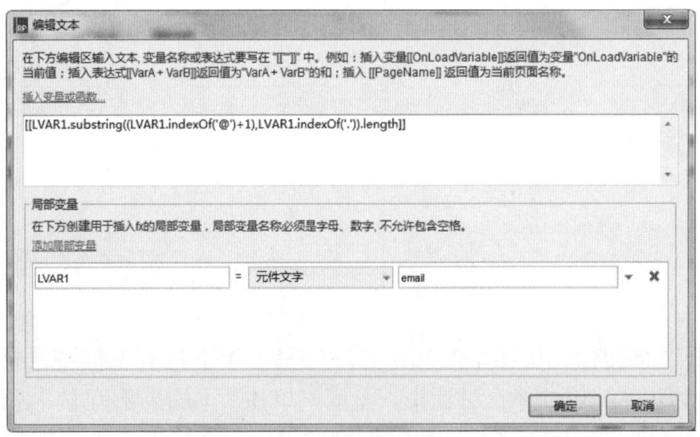

图 3-93 插入函数

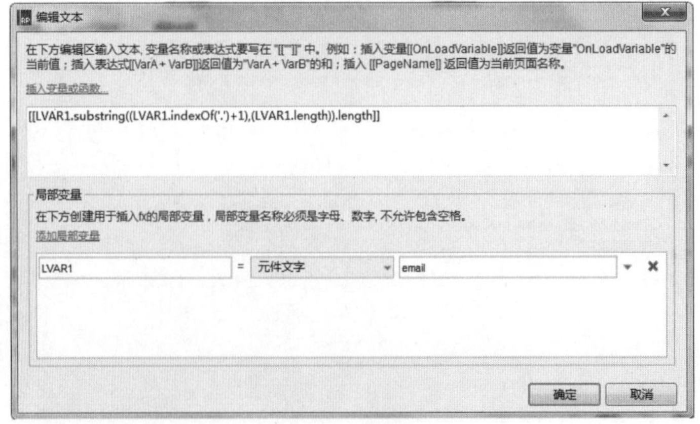

图 3-94 插入函数

（10）在左侧“添加动作”区域选择“设置文本”选项，在右侧“配置动作”区域选中“tips（矩形）”复选框，设置文本值为“邮箱格式正确！”，如图 3-95 所示。单击“确定”按钮返回至编辑区中。

图 3-95　设置文本值

（11）再次双击“文本改变时”选项添加用例 2，弹出“用例编辑<文本改变时>”对话框。按照步骤（10）的操作设置文本值为“邮箱格式错误！”，如图 3-96 所示。单击“确定”按钮返回至编辑区中。

图 3-96　设置文本值

（12）按 Ctrl+S 快捷键，以“3.7”为名称保存该文件，然后按 F5 键预览效果，如图 3-97 所示。

图 3-97　最终效果

3.8　验证手机号码

案例描述

当输入的手机号码格式错误时，显示“输入有误”；否则提示“输入正确”，如图 3-98 所示。

手机号码：13509877678 ✕ 输入正确　　手机号码：11333829109 ✕ 输入有误

图 3-98　验证手机号码

思路分析

- 限制文本框内可输入文字位数最多 11 位。
- 根据案例描述进行条件判断。
- 设置当全部条件满足时，提示“输入正确”。
- 设置必要条件不满足时，提示“输入有误”。

本案例的具体操作步骤请参见资源包。

3.9　账号登录验证

案例描述

- 当用户名和密码为空时，单击“登录”按钮则提示“请输入用户名和密码！”。
- 当用户名为空时，登录则提示“请输入账号”。
- 当密码为空时，登录则提示“请输入密码”。
- 当用户名和密码不为空，但输入的用户名和密码与设置的账号密码不一致时，登录则提示“请输入正确的账号和密码”。
- 当输入的用户名和密码与设置的用户名和密码一致时，登录则提示“正在输入……”，如图 3-99 所示。（本实例用户名和密码默认为 admin/123456）

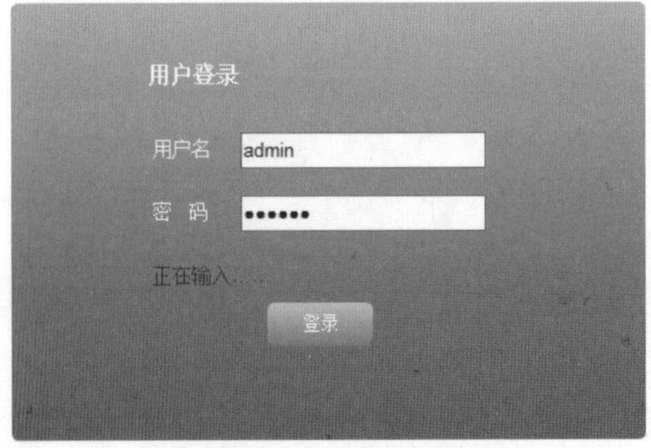

图 3-99　用户登录界面

思路分析

添加“鼠标单击时”交互动作，为“用户名”和“密码”添加判断条件；当条件不满足时，提示相应的异常信息；当条件满足时，提示正在登录。

本案例的具体操作步骤请参见资源包。

3.10 自定义复选框

案例描述

单击复选框时，呈选中状态；再次单击呈取消选中状态，如图 3-100 所示。

√ 我已阅读并同意《开发者门户协议》　　□ 我已阅读并同意《开发者门户协议》

图 3-100 自定义复选框

思路分析

- 为“矩形”元件添加“鼠标单击时”事件。
- 当复选框为空时，设置文本值为√；当复选框等于√时，设置文本框为空。

本案例的具体操作步骤请参见资源包。

第 4 章

画 龙 点 睛

4.1　添加文本链接

案例描述

单击页面中的部分文字超链接，链接到新的页面，如图 4-1 所示。

图 4-1　链接到新的页面

思路分析

- 为文本的部分文字创建连接。
- 设置“打开位置”为“新窗口/新标签”。

操作步骤

（1）选择“文件”|“打开”命令，打开素材文件夹第 4 章 4.1.rp 文件，如图 4-2 所示。

（2）在左侧“元件库”面板中将“复选框”元件拖入编辑区中，双击并输入“我已阅读并同意《当当交易条款》”，在工具栏中设置 x 和 y 分别为 275 和 318，在右侧“属性”面板中选中“选中”复选框，如图 4-3 所示。

（3）在左侧“页面”面板中选择 index，单击鼠标右键，在弹出的快捷菜单中选择“重命名”命令，输入“注册当当网”，如图 4-4 所示。

（4）用同样的方法将 page1 页面重命名为“当当交易条款”，如图 4-5 所示。

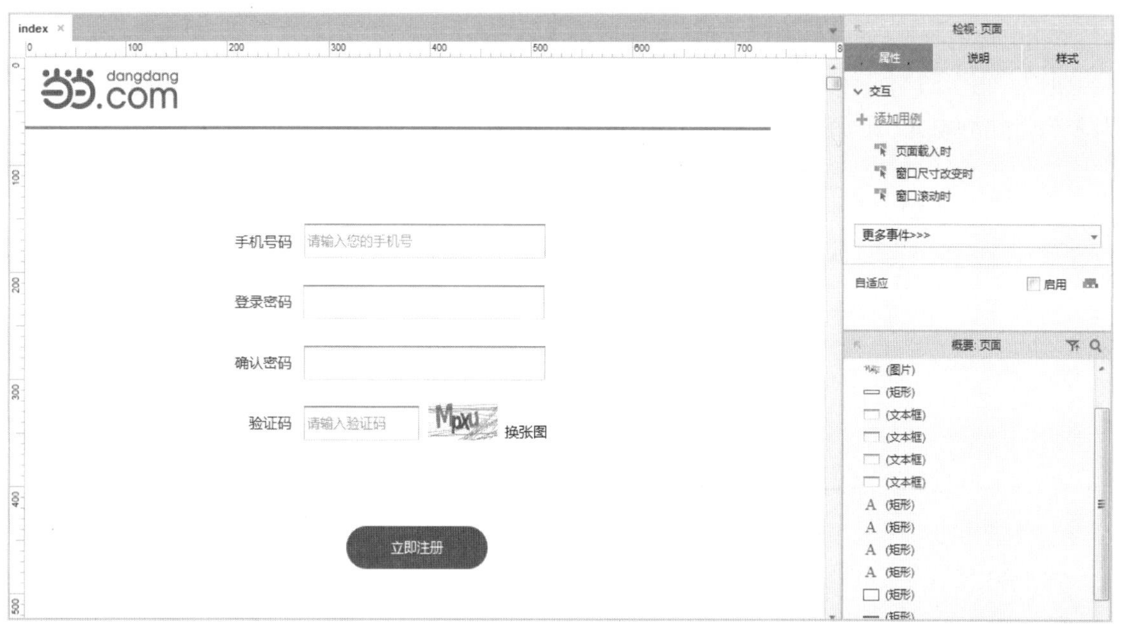

图 4-2　打开素材文件

图 4-3　拖入“复选框”元件

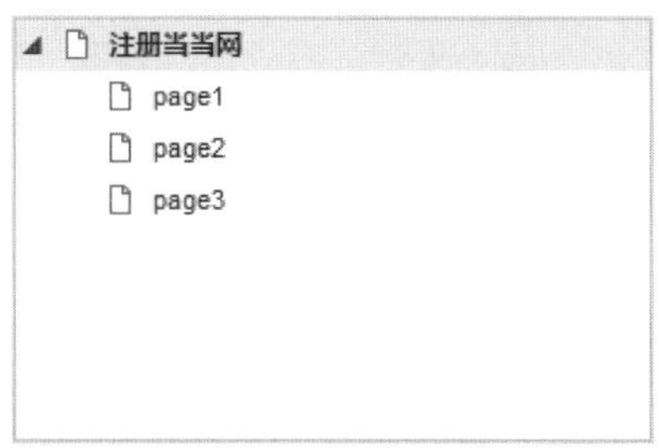

图 4-4　重命名页面

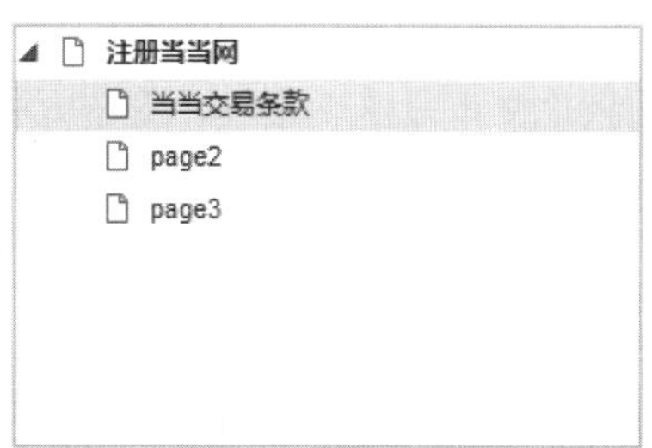

图 4-5　重命名页面

（5）双击“当当交易条款”页面，切换至“当当交易条款”编辑区，在左侧“元件库”面板中拖入“矩形 1”元件，在工具栏中设置“宽度”和“高度”分别为 770 和 600，“线段颜色”为灰色（#E4E4E4），如图 4-6 所示。

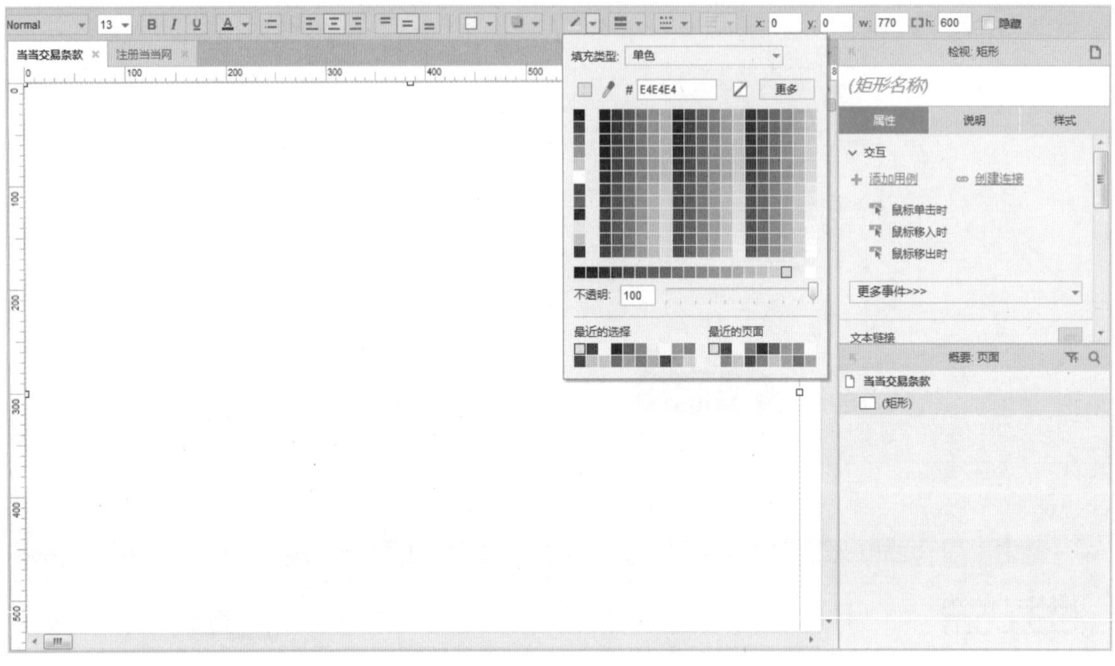

图 4-6　拖入“矩形 1”元件

（6）拖入“矩形 2”元件，在工具栏中设置“填充颜色”为灰色（#F7F7F7），双击并输入“交易条款”，按住 Shift+Ctrl+L 组合键设置文字左对齐，单击“样式”标签切换至“样式”面板，设置填充“左”为 10，如图 4-7 所示。

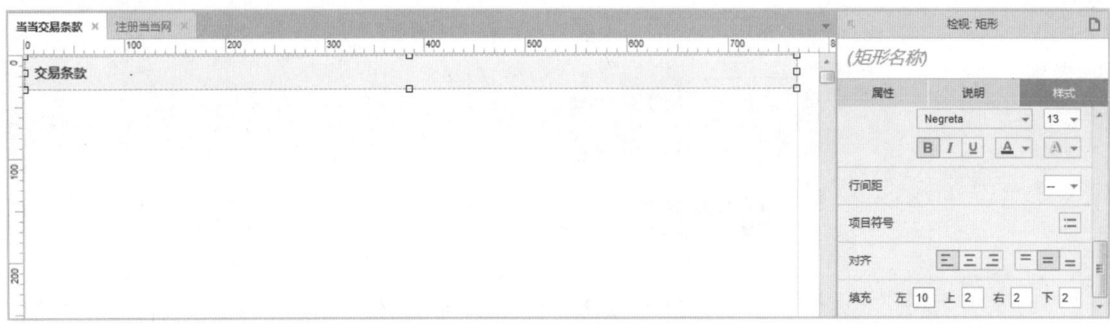

图 4-7　设置“矩形”元件

（7）拖入“文本段落”元件，双击元件删除文本文字，重新输入相应的内容，并设置标题“字体尺寸”为 14，“文本颜色”为绿色（#339933），如图 4-8 所示。

（8）双击“注册当当网”页面，双击“复选框”元件，按住鼠标左键划选需要添加链接的文字，在工具栏中设置“文本颜色”为蓝色（#0066FF），如图 4-9 所示。

（9）单击“属性”标签切换至“属性”面板，单击“创建连接”超链接，在弹出的面板中选择“当当交易条款”页面，如图 4-10 所示。

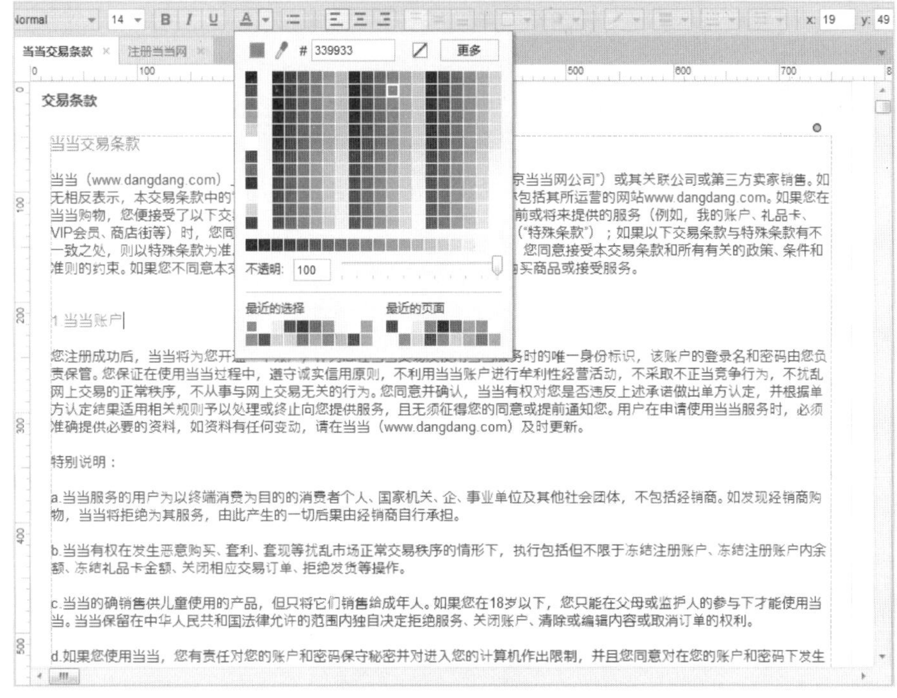

图 4-8　输入内容

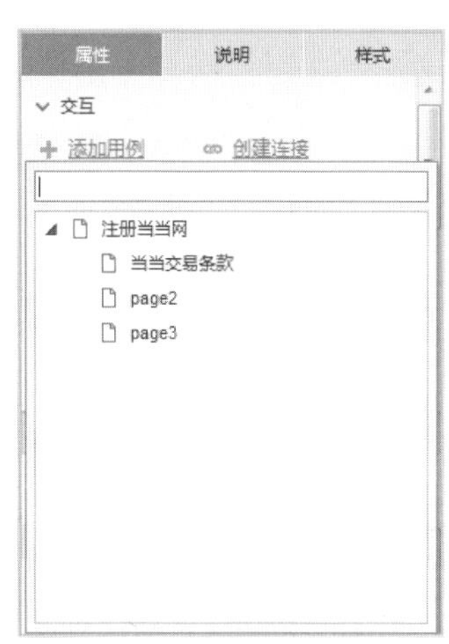

图 4-9　设置文本颜色　　　　图 4-10　创建连接

（10）双击“鼠标单击时”事件下方的“在当前窗口打开当当交易条款”选项，弹出“用例编辑<鼠标单击时>”对话框，在右侧“配置动作”区域设置“打开位置”为“新窗口/新标签”，如图 4-11 所示。单击“确定”按钮返回至编辑区中。

（11）按 Ctrl+S 快捷键，以“4.1”为名称保存该文件，然后按 F5 键预览效果，如图 4-12 所示。

图 4-11 设置打开位置

图 4-12 最终效果

4.2 导航栏鼠标悬停效果

案例描述

当鼠标移入导航栏标题中，会变换一种样式；当鼠标移出时，还原成原来的样式，如图 4-13 所示。

图 4-13 导航栏鼠标悬停效果

思路分析

➢ 设置圆角矩形，复制“矩形”元件。

➢　设置“鼠标悬停”样式。

操作步骤

（1）选择“文件”|“新建”命令，新建一个 Axure 的文档。

（2）在“元件库”面板中将“矩形 2”元件拖入编辑区中，双击输入“首页”，在工具栏中设置“字体尺寸”为 15，单击“加粗”按钮，设置“填充颜色”为红色（#FF6633），x 为 45，y 为 75，“宽度”为 60，“高度”为 30，如图 4-14 所示。

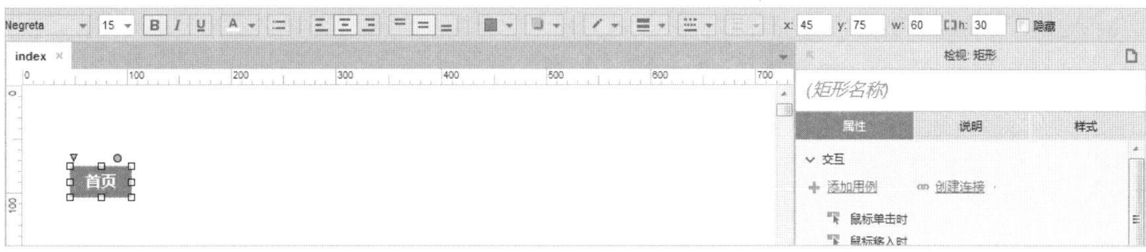

图 4-14　添加“矩形 2”元件

（3）在右侧单击“样式”标签切换至“样式”面板，设置“圆角半径”为 3，单击右侧的下三角按钮，弹出圆角面板，单击左下角和右下角区域，去除左下角和右下角的圆角设置，如图 4-15 所示。

（4）在“元件库”面板中将“矩形 2”元件拖入编辑区中，在工具栏中设置“填充颜色”为红色（#FF6633），设置大小并调整至适当的位置，如图 4-16 所示。

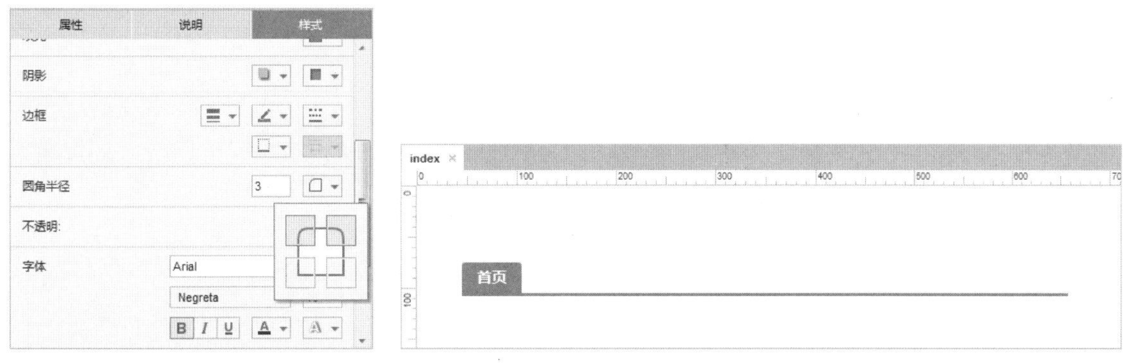

图 4-15　去除圆角设置　　　　图 4-16　设置矩形元件

（5）从“元件库”面板中将“矩形 1”元件拖入编辑区中，双击并输入“淘宝商城”，在工具栏中设置“字体尺寸”为 15，单击“加粗”按钮，设置“线段颜色”为无，x 为 110，y 为 75，“宽度”为 90，“高度”为 30，用同样的方法设置圆角矩形，并去除左下角和右下角的圆角设置，如图 4-17 所示。

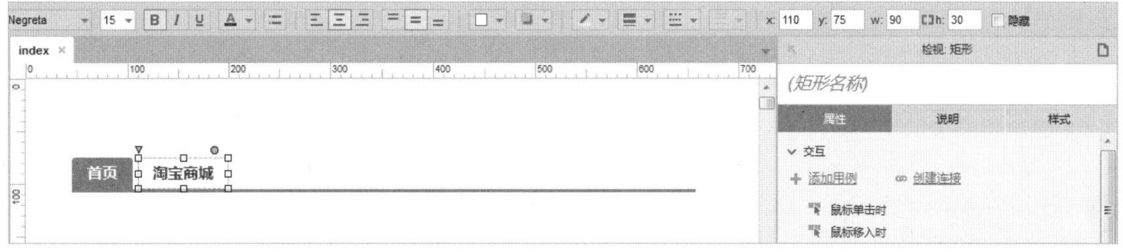

图 4-17　拖入“矩形 1”元件

（6）在右侧“属性”面板中的“交互样式设置”区域单击“鼠标悬停”超链接，弹出“交互样式设置”对话框，选中“线段颜色”复选框，单击右侧的下角按钮，在弹出的颜色面板中设置颜色值为#FCDAB9，设置“填充颜色”为橙色（#FFF9E2），如图 4-18 所示。单击“确定”按钮返回至编辑区中。

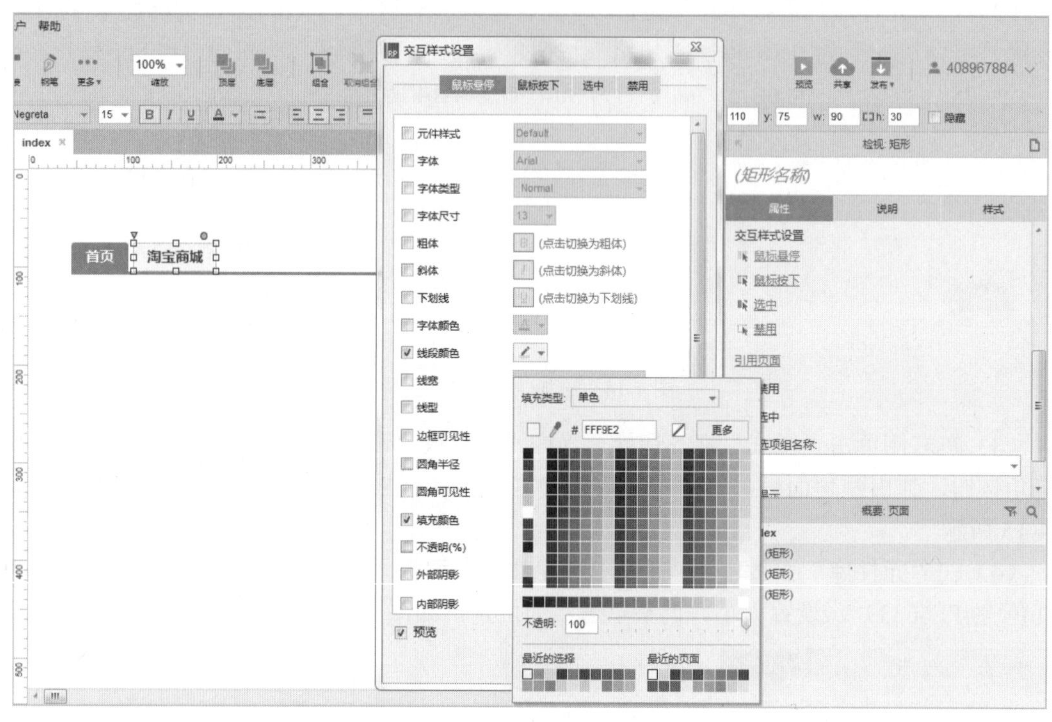

图 4-18　设置鼠标悬停时的样式

（7）按 Shift+Ctrl 快捷键向右拖动“矩形”元件，复制 5 个“矩形”元件，双击分别输入相应的内容，调整至适当的位置，如图 4-19 所示。

图 4-19　复制“矩形”元件

（8）按 Ctrl+S 快捷键，以“4.2”为名称保存该文件，然后按 F5 键预览效果，如图 4-20 所示。

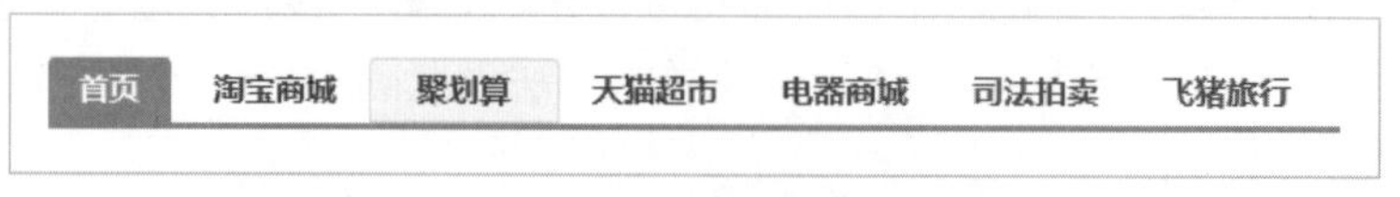

图 4-20　最终效果

4.3　单击切换密码可见性

案例描述

在文本框中输入密码，单击“切换”按钮，文本框的密码显示；再次单击“切换”按钮，则隐藏，如图 4-21 所示。

图 4-21　切换密码可见性

思路分析

- 文本框上添加遮罩层，用来设置显示/隐藏文本框。
- 为鼠标添加“鼠标单击时”事件，设置文本值。

操作步骤

（1）按 Ctrl+N 快捷键，新建一个 Axure 的文档。

（2）在“元件库”面板中将“文本框”元件拖入编辑区中，在工具栏中设置“字体尺寸”为 16，x 和 y 均为 80，“宽度”为 245，“高度”为 38，在右侧“检视：文本框”区域设置名称为 password-txt，如图 4-22 所示。

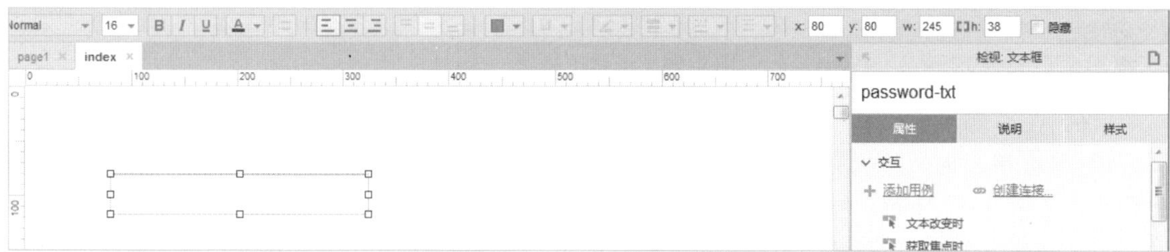

图 4-22　设置文本框

（3）在右侧“属性”面板中的“文本框”区域，单击“类型”下拉列表框右侧的下三角按钮，在弹出的下拉菜单中选择“密码”选项，如图 4-23 所示。

图 4-23　设置文本框

（4）在“元件库”面板中将“矩形 1”元件拖入编辑区中，在右侧“检视：矩形”区域设置名称为 mask，位置和大小设置和“文本框”元件相同，单击“样式”标签切换至“样式”面板，选中“隐藏”复选框，隐藏“矩形”元件，如图 4-24 所示。

（5）在“元件库”面板中将“按钮”元件拖入编辑区中，双击输入“切换”，在工具栏中设置 x 为 340，y 为 80，“宽度”为 85，“高度”为 38，在右侧“检视：矩形”区域设置名称为 toggle，如图 4-25 所示。

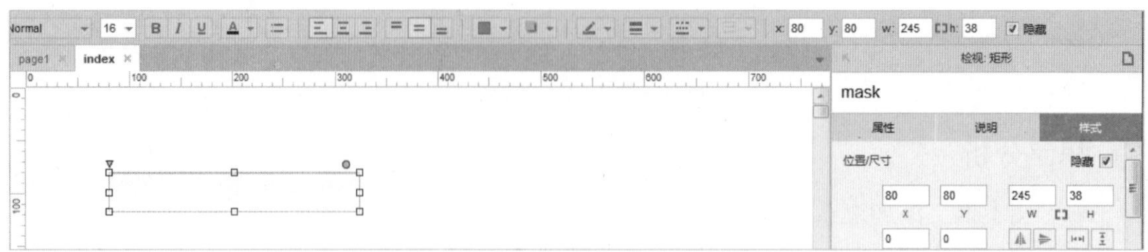

图 4-24　设置“矩形”元件

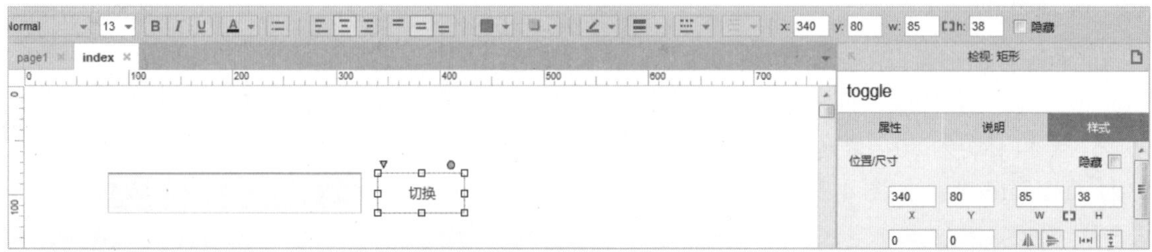

图 4-25　设置“按钮”元件

（6）在右侧单击“属性”标签切换至“属性”面板，双击“鼠标单击时”选项，弹出“用例编辑<鼠标单击时>”对话框，在左侧“添加动作”区域选择“切换可见性”选项，在右侧“配置动作”区域选中“mask（矩形）”复选框，在下方选中“置于顶层”复选框，如图 4-26 所示。

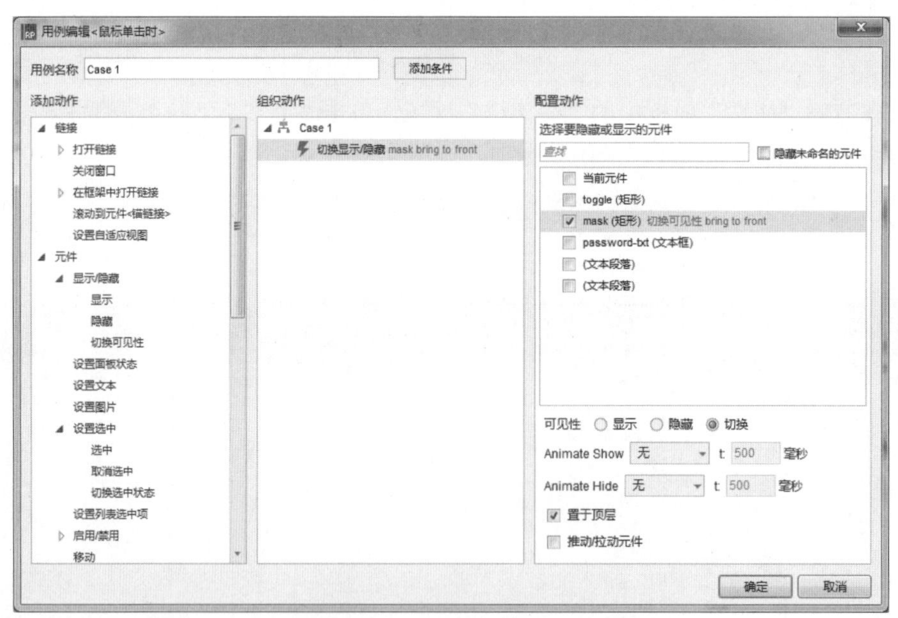

图 4-26　切换动态面板可见性

（7）在左侧选择“设置文本”选项，在右侧选中“mask（矩形）”复选框，在下方“设置文本为”区域单击右侧的 fx 按钮，弹出“编辑文本”对话框，在下方“局部变量”选项组中单击“添加局部变量”超链接，设置 LVAR1 等于“元件文字”password-txt，在上方插入变量[[LVAR1]]，如图 4-27 所示。单击两次“确定”按钮返回至编辑区中。

（8）按 Ctrl+S 快捷键，以“4.3”为名称保存该文件，然后按 F5 键预览效果，如图 4-28 所示。

图 4-27 插入变量

图 4-28 最终效果

4.4 重置文本框信息

案例描述

在文本框中输入“用户名”“密码”“确认密码”后，单击“重置”按钮，清空输入的信息，如图 4-29 所示。

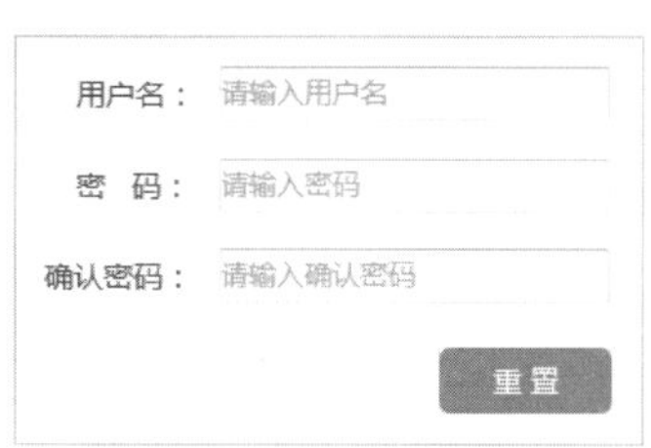

图 4-29 重置文本框信息

思路分析

- 为“文本框”元件设置文本类型和提示文字。
- 为“按钮”元件添加“鼠标单击时”事件，清空“用户名”“密码”“确认密码”文本框的内容。

操作步骤

（1）按 Ctrl+N 快捷键，新建一个 Axure 的文档。

（2）将“元件库”面板中的“文本标签”元件拖入编辑区中，双击使其呈编辑状态，清空文本内容并重新输入“用户名”，在工具栏中设置 x 为 110，y 为 90，如图 4-30 所示。

（3）将“元件库”面板中的“文本框”元件拖入编辑区中，在工具栏中设置 x 为 177，y 为 87，“宽度”为 182，“高度”为 25，在右侧“检视：文本框”区域设置名称为 user_txt，在“属性”面板中的“文本框”区域设置“提示文字”为“请输入用户名”，如图 4-31 所示。

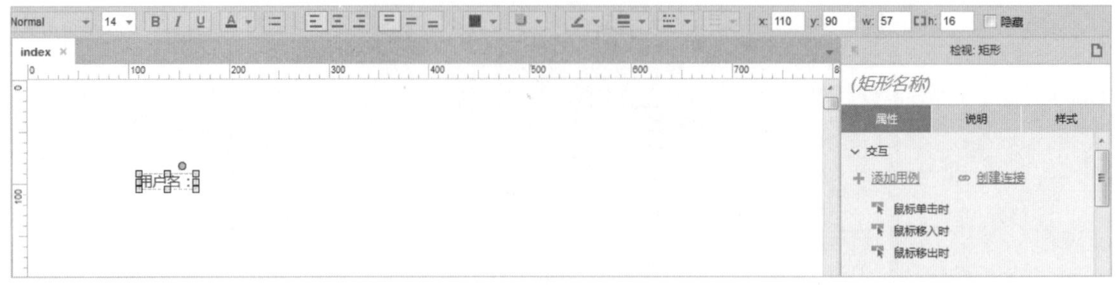

图 4-30　设置文本标签

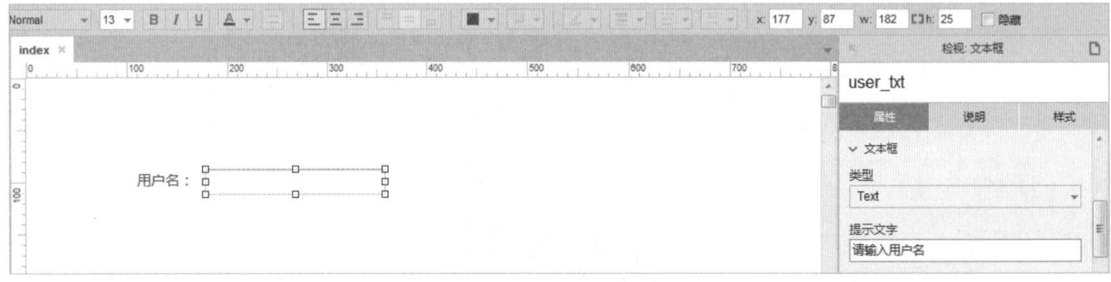

图 4-31　设置文本框

（4）在编辑区中的空白处单击鼠标，按 Ctrl+A 快捷键全选编辑区中的元件，按住 Shift+Ctrl 快捷键的同时向下拖动鼠标，复制两次，并修改其内容和提示文字，如图 4-32 所示。

（5）在右侧“检视：文本框”区域分别修改其名称为 password_txt、confirm_txt。在“属性”面板中设置“类型”为“密码”，如图 4-33 所示。

图 4-32　复制元件并修改内容

图 4-33　设置“类型”为“密码”

（6）将“元件库”面板中的“主要按钮”元件拖入编辑区中，双击并重新输入“重置”，在工具栏中设置 x 为 280，y 为 215，“宽度”为 80，“高度”为 30，在右侧“检视：矩形”区域设置名称为 reset，如图 4-34 所示。

（7）在右侧“属性”面板中双击“鼠标单击时”选项，弹出“用例编辑<鼠标单击时>”对话框，在左侧“添加动作”区域选择“设置文本”选项，在右侧“配置动作”区域选中“user_txt（文本框）”“password_txt（文本框）”“confirm_txt（文本框）”复选框，如图 4-35 所示。单击“确定”按钮返回至编辑区中。

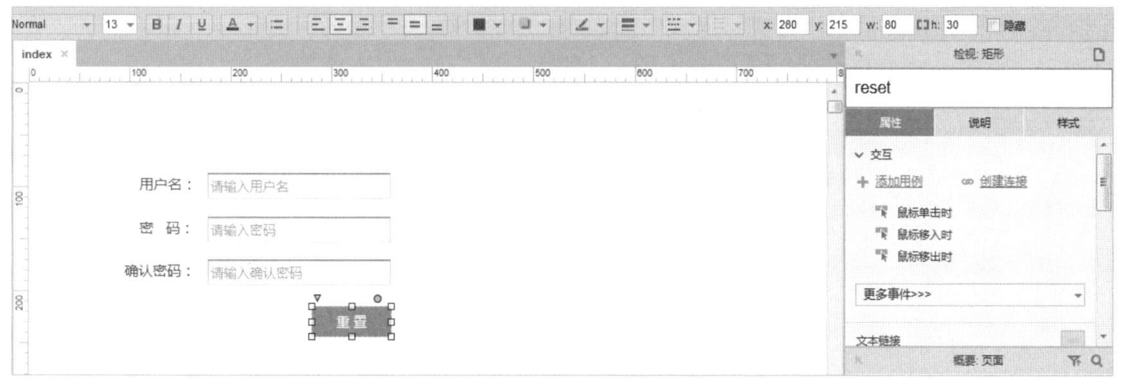

图 4-34　拖入“主要按钮”元件

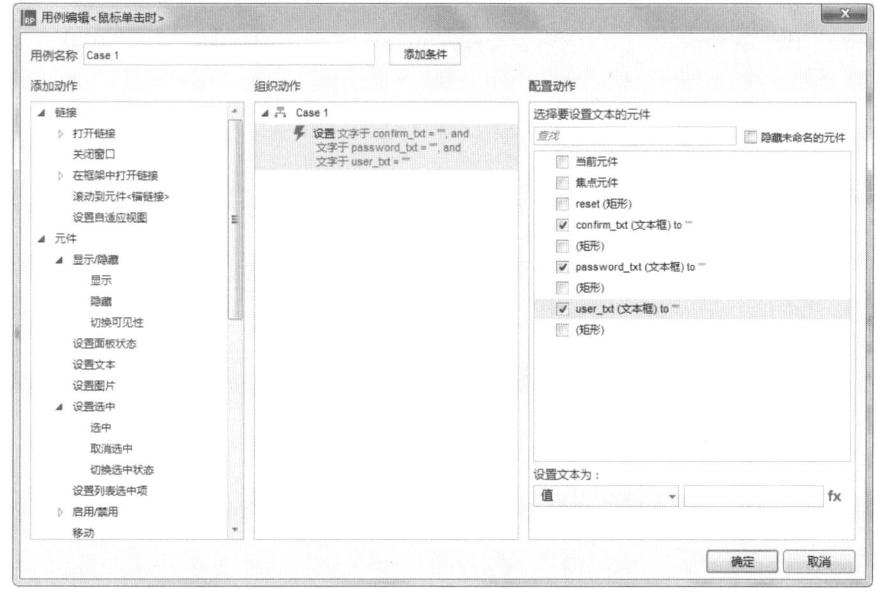

图 4-35　添加动作

（8）按 Ctrl+S 快捷键，以“4.4”为名称保存该文件，然后按 F5 键预览效果，如图 4-36 所示。

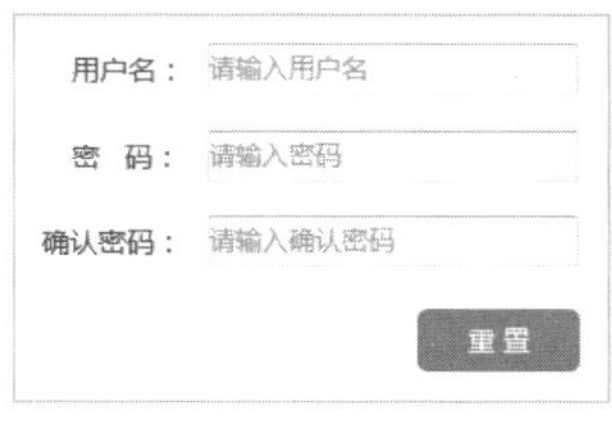

图 4-36　最终效果

4.5　表格搜索数据

案例描述

本实例根据性别去搜索，在搜索栏中选择“男”选项时，单击“搜索”按钮，表格中展示性别为“男”的列表信息；当选择“女”选项时，单击“搜索”按钮，表格中展示性别为“女”的信息，如图 4-37 所示。

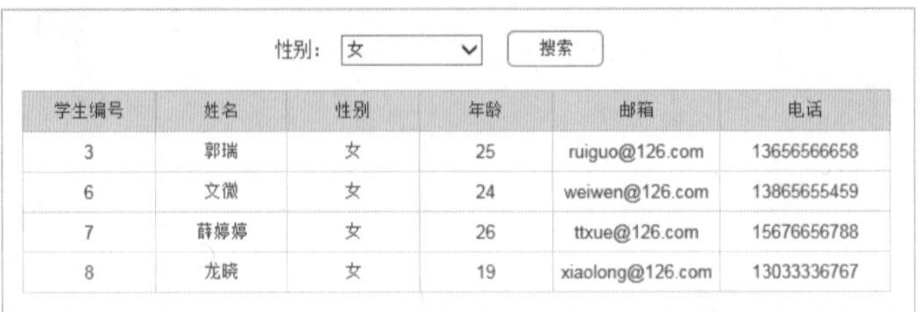

学生编号	姓名	性别	年龄	邮箱	电话
3	郭瑞	女	25	ruiguo@126.com	13656566658
6	文微	女	24	weiwen@126.com	13865655459
7	薛婷婷	女	26	ttxue@126.com	15676656788
8	龙晓	女	19	xiaolong@126.com	13033336767

图 4-37　表格搜索数据

思路分析

- 表格用中继器来实现。
- 根据“性别”来搜索，添加“男”“女”列表项。
- 为“按钮”元件添加“鼠标单击时”事件，实现通过中继器来进行筛选。

操作步骤

（1）按 Ctrl+N 快捷键，新建一个 Axure 的文档。

（2）将“元件库”面板中的“中继器”元件拖入编辑区中，在工具栏中设置 x 为 50，y 为 95，在右侧“检视：中继器”区域设置名称为 repeater，如图 4-38 所示。

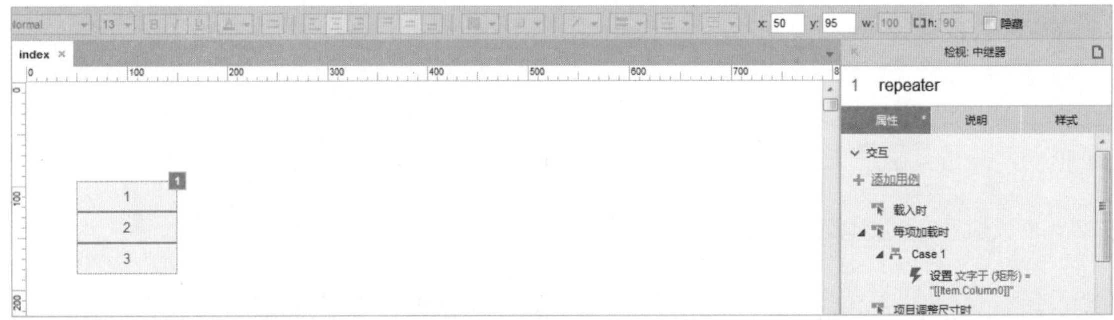

图 4-38　拖入“中继器”元件

（3）在“属性”面板中的“中继器”区域双击 Column0 单元格输入 id，在后面添加列并输入名称，如图 4-39 所示。

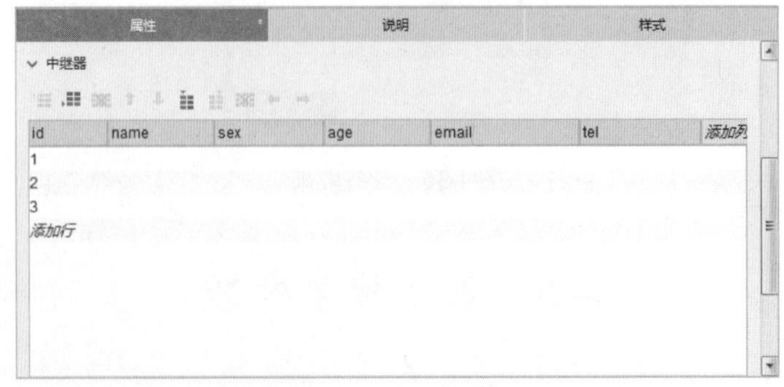

图 4-39　添加列并输入名称

（4）用同样的方法为其他单元格输入相应的内容，如图 4-40 所示。

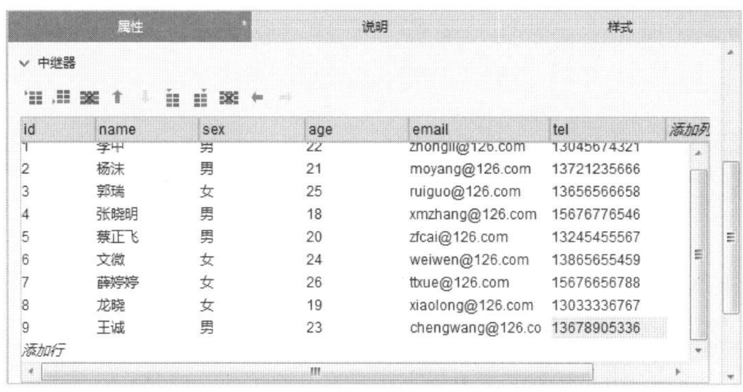

图 4-40　输入内容

（5）在编辑区中双击“中继器”元件，进入 repeater（index）编辑区，选择“矩形”元件，按住 Shift+Ctrl 快捷键拖动复制 5 个“矩形”元件，并调整大小，如图 4-41 所示。

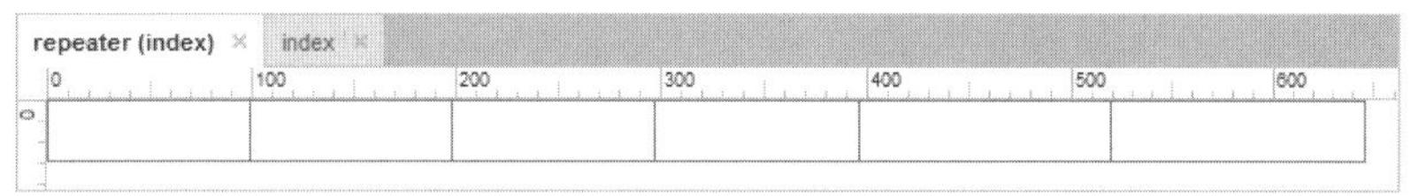

图 4-41　复制“矩形”元件

（6）按 Ctrl+A 快捷键全选所有“矩形”元件，在工具栏中设置“线段颜色”为灰色（#D7D7D7），y 为-1，并依次设置其名称为 id、name、sex、age、email、tel，如图 4-42 所示。

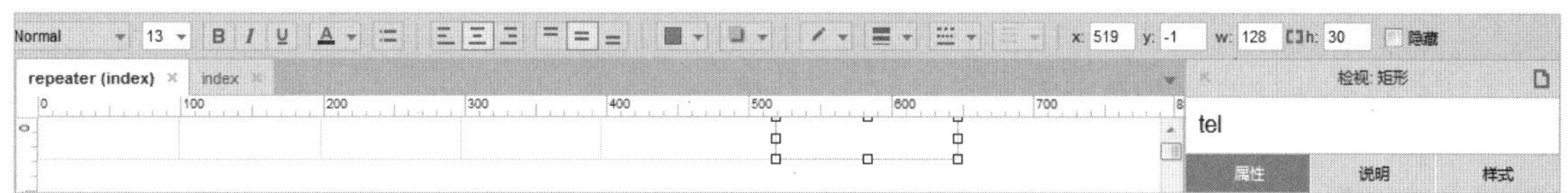

图 4-42　设置“矩形”元件

（7）单击 index 标签切换至 index 编辑区，选择“中继器”元件，在右侧“属性”面板中的“交互”区域双击“每项加载时”下方的 case1 选项，弹出“用例编辑<每项加载时>”对话框，在左侧“添加动作”区域选择“设置文本”选项，在右侧“配置动作”区域选中“name（矩形）”复选框，在“设置文本为：”区域单击 fx 按钮，弹出“编辑文本”对话框，插入函数 [[Item.name]]，如图 4-43 所示。单击“确定”按钮返回至“用例编辑<每项加载时>”对话框。

图 4-43　插入函数

（8）用同样的方式为其他文本插入函数，如图 4-44 所示。单击“确定”按钮返回至编辑区中。

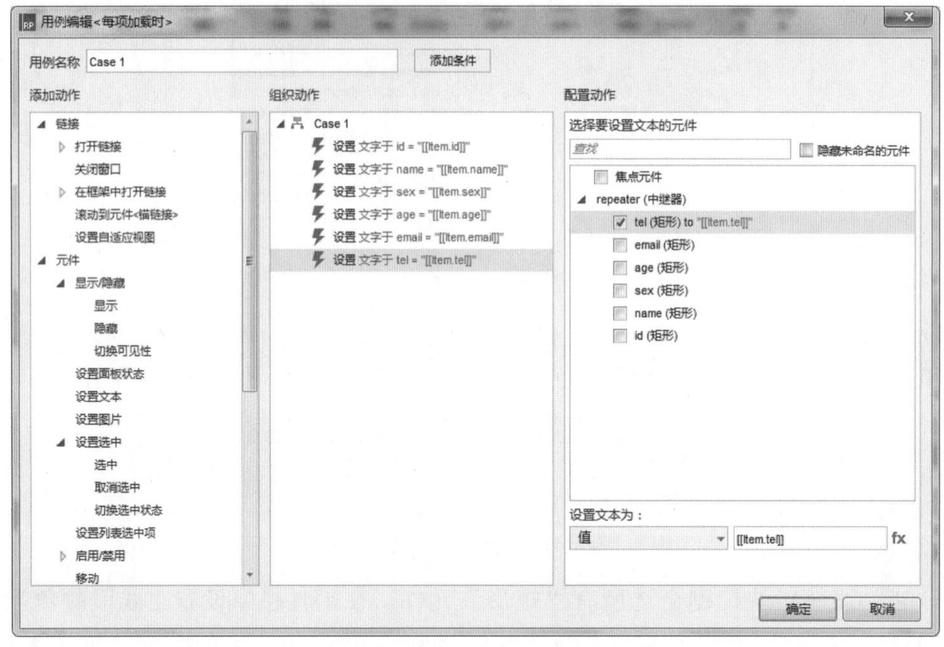

图 4-44 插入函数

（9）将“元件库”面板中的“矩形 1”元件拖入编辑区中，在工具栏中设置 x 为 50，y 为 65，“宽度”为 100，“高度”分别 30，“填充颜色”为灰色（#D7D7D7），“线段颜色”为深灰色（#BCBCBC），如图 4-45 所示。

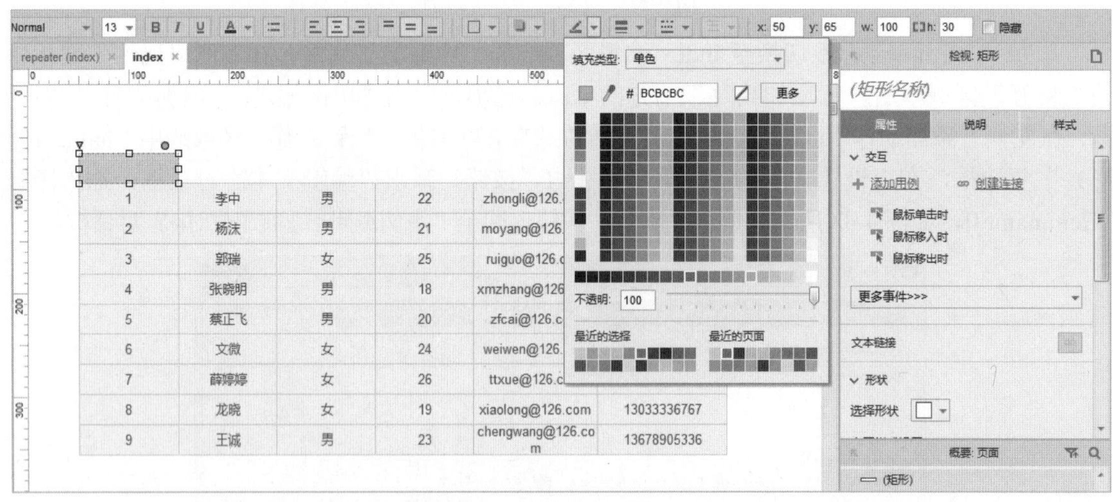

图 4-45 设置“矩形”元件

（10）复制 5 个“矩形 1”元件，调整其大小和位置，双击“矩形”元件，分别输入相应的内容，如图 4-46 所示。

（11）将“元件库”面板中的“文本标签”元件拖入编辑区中，双击使其呈编辑状态，输入内容“性别：”，在工具栏中设置 x 为 240，y 为 28，如图 4-47 所示。

学生编号	姓名	性别	年龄	邮箱	电话
1	李中	男	22	zhongli@126.com	13045674321
2	杨沫	男	21	moyang@126.com	13721235666
3	郭瑞	女	25	ruiguo@126.com	13656566658
4	张晓明	男	18	xmzhang@126.com	15676776546
5	蔡正飞	男	20	zfcai@126.com	13245455567
6	文微	女	24	weiwen@126.com	13865655459
7	薛婷婷	女	26	ttxue@126.com	15676656788
8	龙晓	女	19	xiaolong@126.com	13033336767
9	王诚	男	23	chengwang@126.com	13678905336

图 4-46　复制“矩形”元件并输入内容

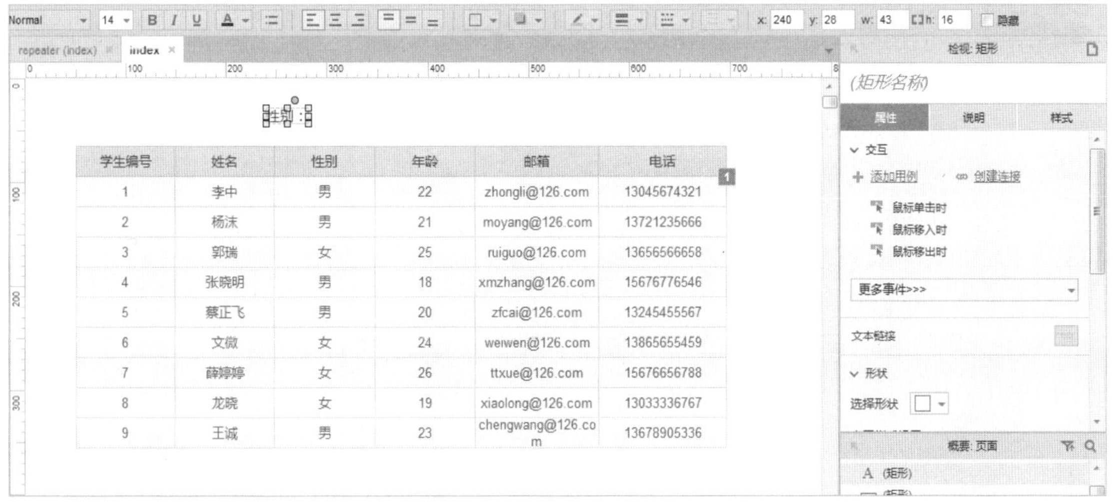

图 4-47　拖入“文本标签”元件

（12）将“元件库”面板中的“下拉列表框”元件拖入编辑区中，在工具栏中设置 x 为 290，y 为 25，“宽度”为 105，“高度”为 22，如图 4-48 所示。

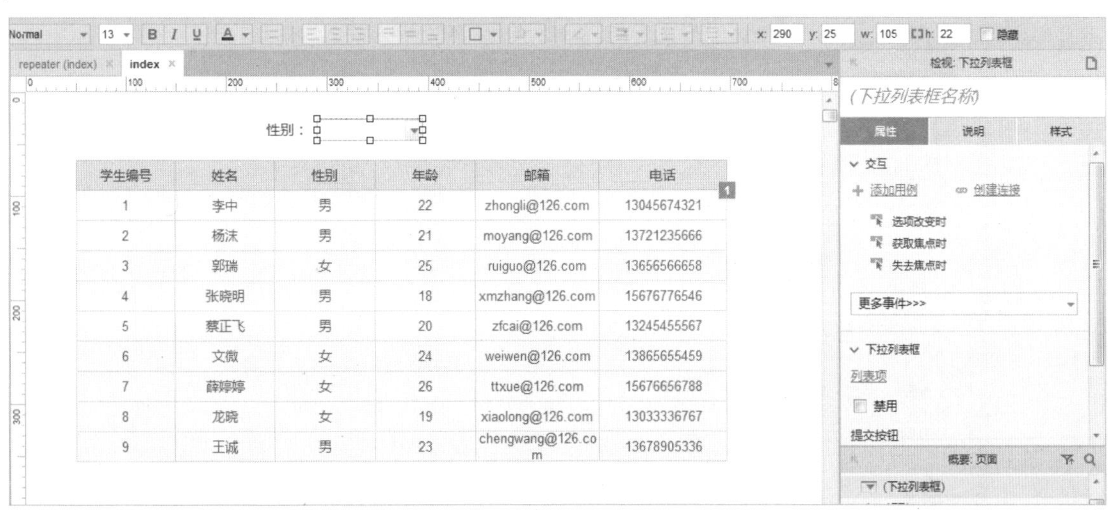

图 4-48　拖入“下拉列表框”元件

（13）在右侧“属性”面板中的“下拉列表框”区域单击“列表项”超链接，弹出“编辑列表选项”对话框，单击两次“添加”按钮添加两个列表项，并分别输入“男”和“女”，如图 4-49 所示。单击“确定”按钮返回至编辑区中。

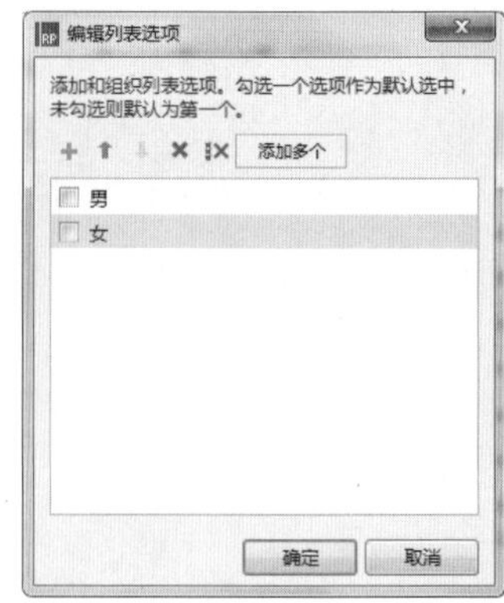

图 4-49　添加列表项

（14）将“元件库”面板中的“按钮”元件拖入编辑区中，在工具栏中设置 x 为 413，y 为 22，“宽度”为 71，“高度”为 26，双击“矩形”元件输入“搜索”，如图 4-50 所示。

（15）在“属性”面板中的“交互”区域双击“鼠标单击时”选项，弹出“用例编辑<鼠标单击时>”对话框，在左侧“添加动作”区域展开“中继器”选项，选择“添加筛选”选项，在右侧“配置动作”区域选中“repeater（中继器）”复选框，如图 4-51 所示。

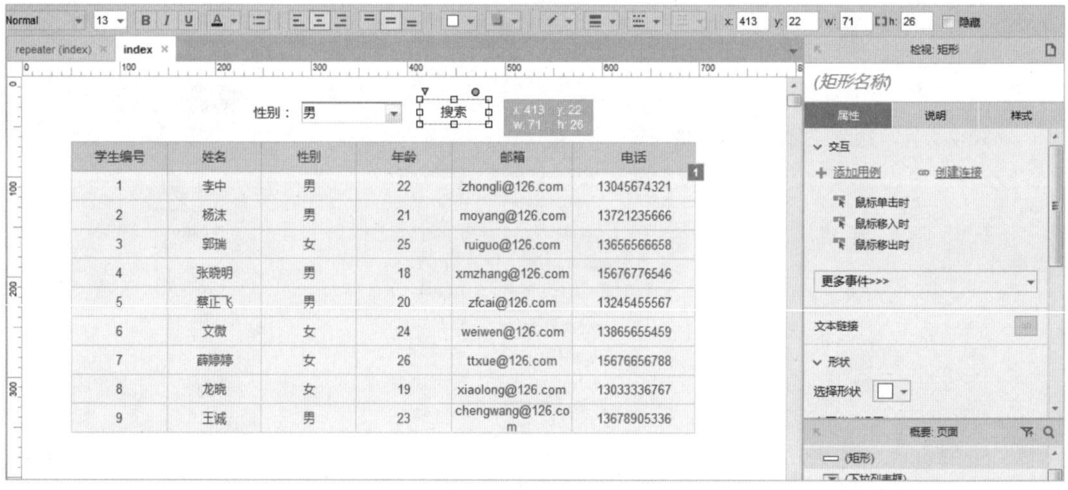

图 4-50　设置搜索按钮

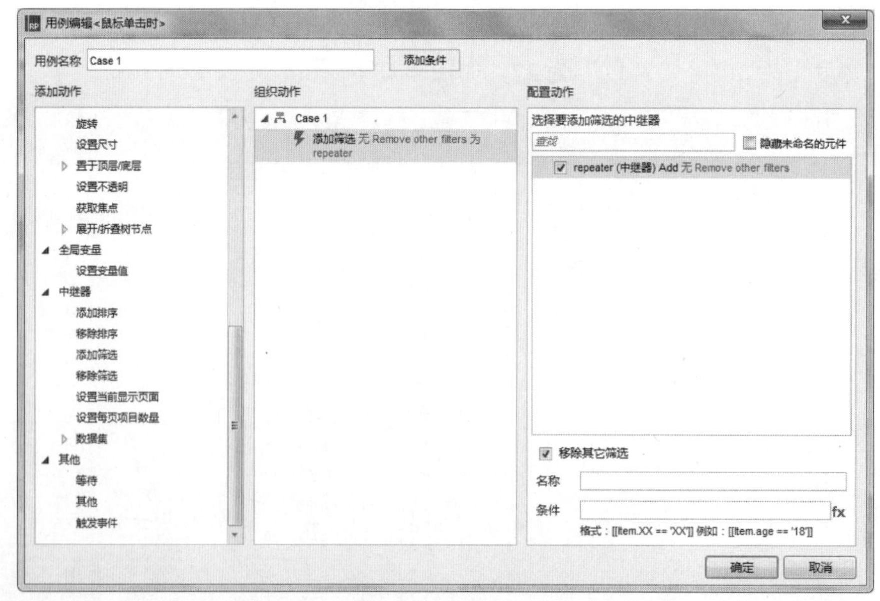

图 4-51　添加动作

（16）在下方取消选中“移除其他筛选”复选框，设置“名称”为 searchbysex，单击“条件”右侧的 fx 按钮，弹出“编辑值”对话框，单击“添加局部变量”超链接，在第一个文本框中输入 sex，第二个选项为“被选项”，第三个选项为“（下拉列表框）”，如图 4-52 所示。

图 4-52 添加局部变量

（17）单击“插入变量或函数”超链接，在弹出的下拉列表框中选择 sex，并修改函数为[[Item.sex==sex]]，如图 4-53 所示。单击“确定”按钮返回至“用例编辑<鼠标单击时>”对话框。

图 4-53 插入函数

（18）按 Ctrl+S 快捷键，以“4.5”为名称保存该文件，然后按 F5 键预览效果，如图 4-54 所示。

性别： 男 搜索

学生编号	姓名	性别	年龄	邮箱	电话
1	李中	男	22	zhongli@126.com	13045674321
2	杨沫	男	21	moyang@126.com	13721235666
4	张晓明	男	18	xmzhang@126.com	15676776546
5	蔡正飞	男	20	zfcai@126.com	13245455567
9	王诚	男	23	chengwang@126.com	13678905336

图 4-54 最终效果

4.6 右键菜单

案例描述

单击鼠标右键，在弹出的快捷菜单中选择需要选择的选项，菜单隐藏。

思路分析

- 将垂直菜单转换为动态面板，并添加“页面鼠标单击时”和“页面鼠标单击右击时”事件。
- 在垂直菜单中为每个选项添加“鼠标单击时”事件，隐藏垂直菜单。

操作步骤

（1）选择“文件”|“新建”命令，新建一个 Axure 的文档。

（2）在左侧“元件库”面板中将“垂直菜单”元件拖入编辑区中适当的位置，单击鼠标右键，在弹出的快捷菜单中选择“转换为动态面板”命令，如图 4-55 所示，将“垂直菜单”元件转换为动态面板。

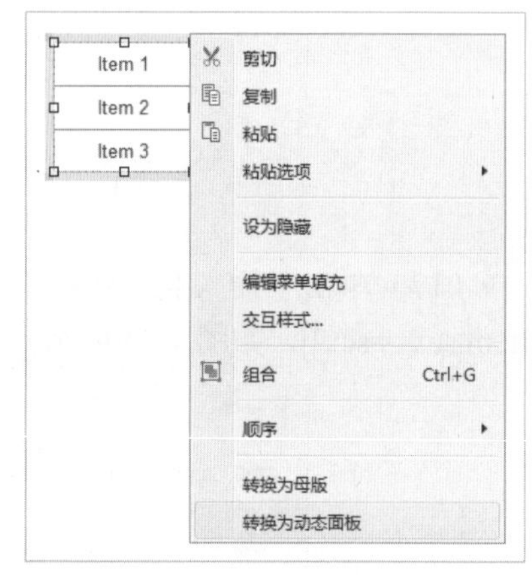

图 4-55　转换为动态面板

（3）在右侧“检视：动态面板”区域设置名称为 menu，单击“样式”标签切换至“样式”面板，选中“隐藏”复选框隐藏动态面板，如图 4-56 所示。

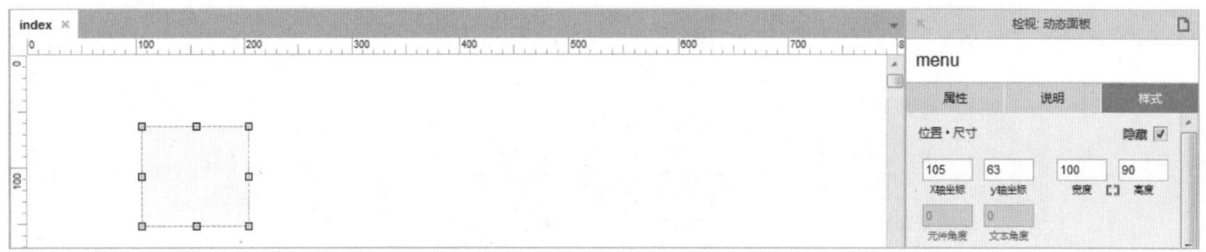

图 4-56　隐藏动态面板

（4）双击“动态面板”元件，在弹出的“面板状态管理”对话框中双击 State1 选项，进入 menu/State1（index）编辑区，选择 Item3 单元格，单击鼠标右键，在弹出的快捷菜单中选择“后方添加菜单项”命令，如图 4-57 所示，在后方添加一个菜单项。

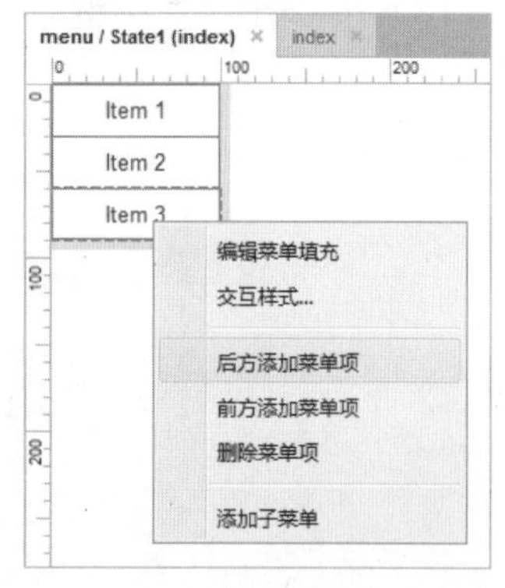

图 4-57　选择“后方添加菜单项”命令

（5）用同样的方法在后方添加两个菜单项，并一一双击单元格，输入相应的内容，如图 4-58 所示。

（6）选择“新建”单元格，在右侧单击“属性”标签切换至“属性”面板，在“交互”区域双击“鼠标单击时”选项，弹出“用例编辑<鼠标单击时>”对话框，在左侧“添加动作”区域选择“隐藏”选项，在右侧“配置动作”区域选中“menu（动态面板）”复选框，如图 4-59 所示。单击“确定”按钮返回至编辑区中。

图 4-58　添加菜单项　　　　图 4-59　隐藏动态面板

（7）用同样的方法为其他单元格添加“鼠标单击时”事件，设置隐藏动态面板。单击 index 标签切换至 index 编辑区，在空白处单击一下，在右侧“属性”面板中单击“更多事件>>>”下拉菜单右侧的下三角按钮，在弹出的下拉菜单中选择“页面鼠标单击时”选项，如图 4-60 所示。

（8）弹出“用例编辑<页面鼠标单击时>”对话框，在左侧“添加动作”区域选择“隐藏”选项，在“配置动作”区域选中“menu（动态面板）”复选框，如图 4-61 所示。单击“确定”按钮返回至“用例编辑<页面鼠标单击时>”对话框。

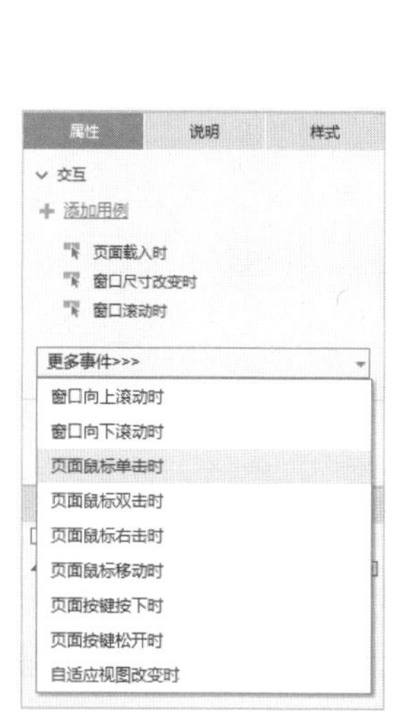

图 4-60　选择“页面鼠标单击时”选项

图 4-61　隐藏动态面板

（9）在右侧“属性”面板中单击“更多事件>>>”右侧的下三角按钮，在弹出的下拉菜单中选择“页面鼠标右击时”选项，如图 4-62 所示。

（10）弹出“用例编辑<页面鼠标右击时>”对话框，设置隐藏 menu（动态面板），在左侧“添加动作”区域选择“移动”选项，在右侧“配置动作”区域选中“menu（动态面板）”复选框，如图 4-63 所示。

图 4-62　选择“页面鼠标右击时”选项

图 4-63　添加动作

（11）设置“移动”为“绝对位置”，单击 x 文本框后的 fx 按钮，弹出“编辑值”对话框，插入函数[[Cursor.x]]，如图 4-64 所示。单击“确定”按钮返回至“用例编辑<页面鼠标右击时>”对话框。

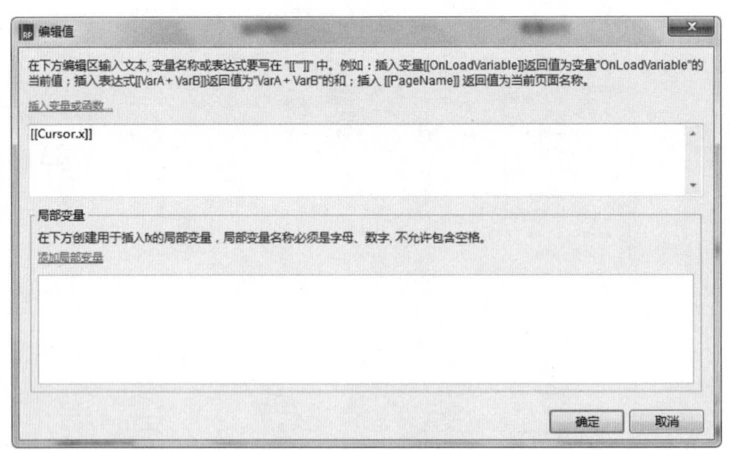

图 4-64　插入函数

（12）单击 y 文本框后的 fx 按钮，弹出“编辑值”对话框，插入函数[[Cursor.y]]，单击“确定”按钮返回至“用例编辑<页面鼠标右击时>”对话框，如图 4-65 所示。

（13）在左侧“添加动作”区域选择“显示”选项，在右侧选中“menu（动态面板）”复选框，设置“动画”为“逐渐”，“时间”默认为 50 毫秒，选中“置于顶层”复选框，如图 4-66

所示。单击“确定”按钮返回至编辑区中。

图 4-65　插入函数

（14）按 Ctrl+S 快捷键，以“4.6”为名称保存该文件，然后按 F5 键预览效果，如图所 4-67 所示。

图 4-66　添加动作

图 4-67　最终效果

4.7　全选与取消全选

案例描述

使用复选框来实现全选或取消全选效果，也可以利用按钮或文字作为开关来控制效果。当选中“全选”复选框时，列表中每个复选框都被全部选中；“全选”复选框被取消选中时，列表中的复选框变为取消选中状态，如图 4-68 所示。列表中单个复选框也可以切换选中或取消选中状态。

图 4-68　全选与取消全选效果

思路分析

➢ 在“复选框”元件上添加“选中改变时”事件。
➢ 在事件中，添加两个用例，一个是全选中，另一个为取消全选，当选中“全选”复选框时，列表中的复选框全部选中；当取消选中“全选”复选框时，列表中的复选框全部取消选中。

操作步骤

（1）按 Ctrl+N 快捷键，新建一个 Axure 的文档。

（2）将“元件库”面板中的“矩形 1”元件拖入编辑区适当的位置，并设置 x 为 65，y 为 65，“宽度”为 380，“高度”为 200，单击工具栏中的“线段颜色”下三角箭头，在弹出的颜色面板中选择灰色色块（#CCCCCC），如图 4-69 所示。

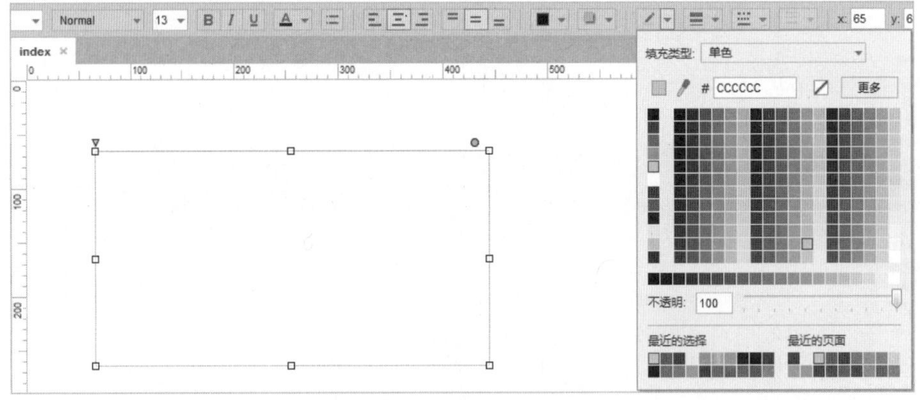

图 4-69　设置矩形边框颜色

（3）再拖入一个“矩形 1”元件到编辑区中，设置 x 为 65，y 为 65，“宽度”为 380，“高度”为 45，在工具栏中设置矩形边框颜色为灰色（#CCCCCC），“填充颜色”为灰色（#F2F2F2），如图 4-70 所示。

（4）双击“矩形 1”元件使其进入编辑状态，输入“选择你认为最适合居住的城市（可多选）”，如图 4-71 所示。

（5）将“元件库”面板中的“复选框”元件拖入编辑区适当的位置，并双击使其进入编辑状态，输入“全选”，在右侧“检视：复选框”区域设置名称为 all，如图 4-72 所示。

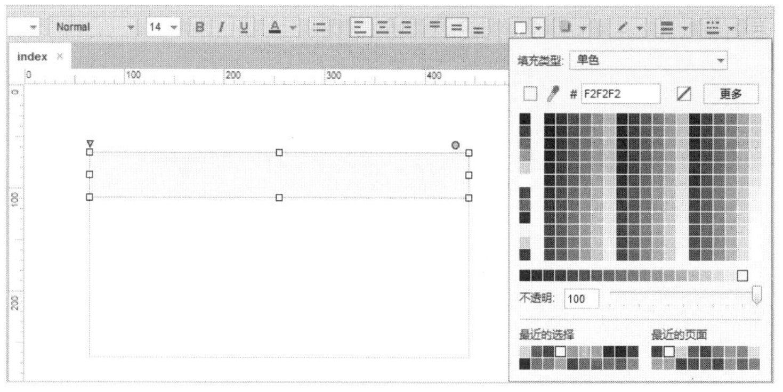

图 4-70　设置矩形填充颜色

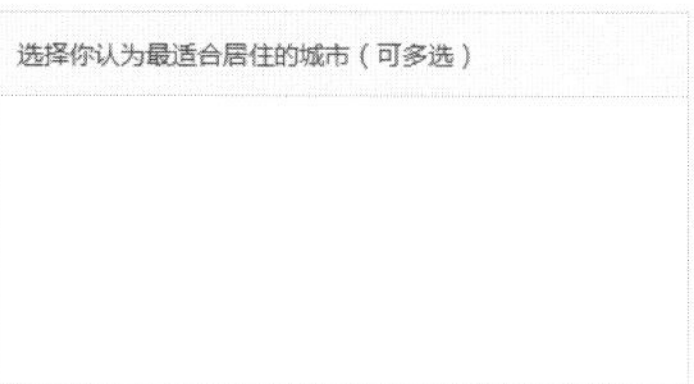

图 4-71　输入文字

图 4-72　设置复选框

（6）选择“全选”复选框，按住 Ctrl 键并拖动复制 9 个复选框，输入相应的文字，并调整至适当的位置，如图 4-73 所示。在右侧“检视：复选框”区域分别设置相应的名称，方便后面设置动作。

图 4-73　复制复选框元件

（7）选择“全选”复选框元件，在右侧“属性”面板中的“添加用例”区域单击“更多事件>>>”下三角箭头，在弹出的下拉菜单中选择“选中改变时”选项，如图 4-74 所示。

图 4-74　选择“选中改变时”选项

（8）在弹出的“用例编辑<选中改变时>”对话框中设置用例名称为“全选中”，单击“添加条件”按钮，弹出“条件设立”对话框，保持默认设置，如图 4-75 所示，单击“确定”按钮，返回至“用例编辑<选中改变时>”对话框。

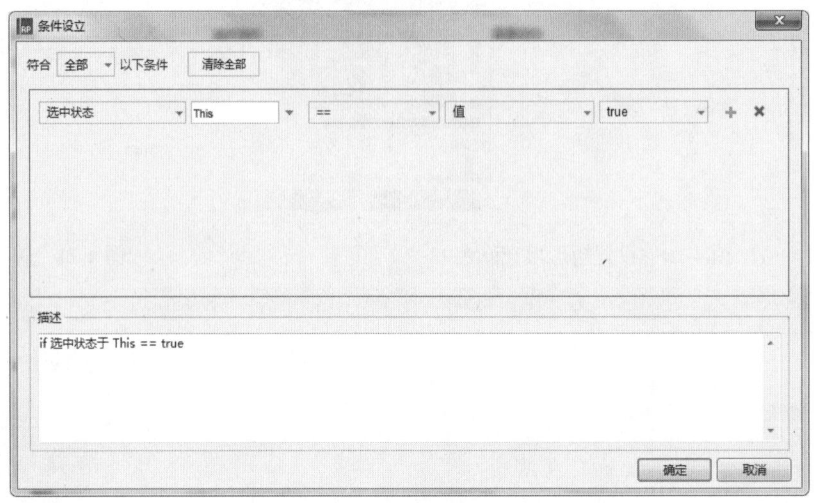

图 4-75　设置条件

（9）在左侧“添加动作”区域选择“选中”选项，在“配置动作”区域选中除了“当前元件”和“all（复选框）”外的其他复选框，如图 4-76 所示，单击“确定”按钮返回至编辑区中。

图 4-76　设置选中动作

（10）复制刚才添加的用例，修改用例名称为“取消全选”，更改条件语句为 false，如图 4-77 所示。

（11）单击“确定”按钮，返回至“用例编辑<选中改变时>”对话框，设置选中状态值都为 false，如图 4-78 所示。

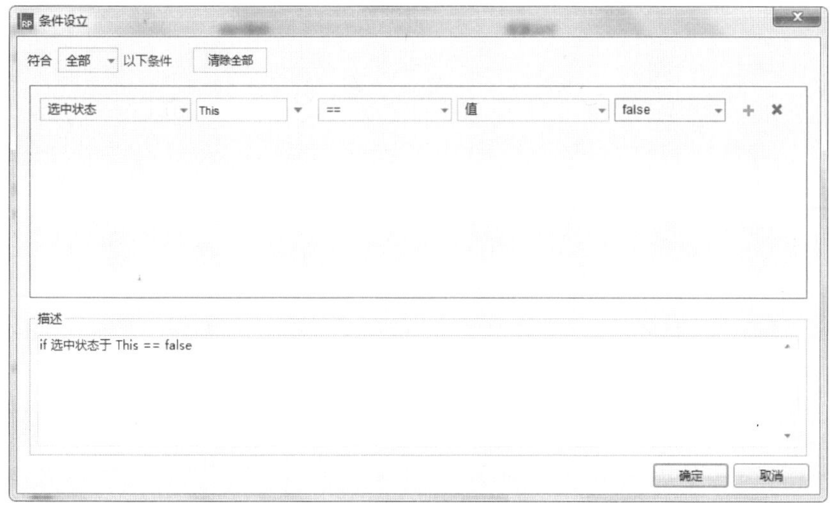

图 4-77　修改条件

图 4-78　修改选中值

（12）按 Ctrl+S 快捷键，以“4.7”为名称保存该文件，然后按 F5 键预览效果，如图 4-79 所示。

图 4-79　最终效果

4.8 输入手机号码自动分段

案例描述

在文本框中输入手机号码，会自动进行分段，如图 4-80 所示。

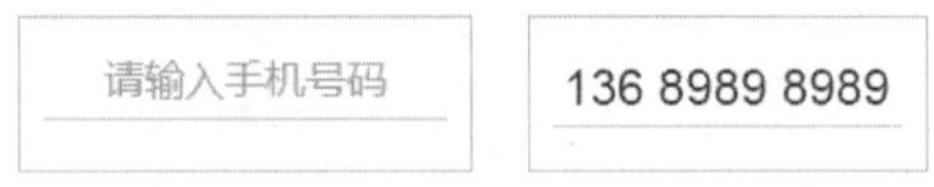

图 4-80 输入手机号码自动分段

思路分析

- 为文本框添加提示文字，并设置最大长度。
- 添加“文本改变时”事件，并设置判断条件。

本案例的具体操作步骤请参见资源包。

4.9 弹 出 框

案例描述

单击“禁用”标签，弹出“请选择禁用的原因”对话框，选择禁用的原因，单击“提交”按钮，关闭弹出框，“状态”变为“禁用”；在弹出框中单击“取消”按钮，弹出框隐藏，如图 4-81 所示。

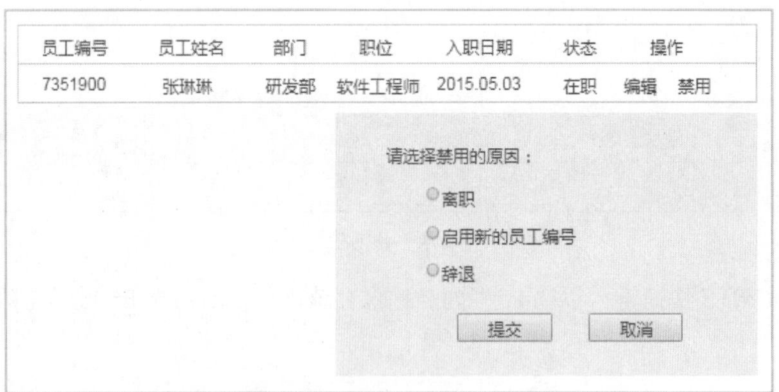

图 4-81 弹出框

思路分析

- 在编辑区中添加“页面载入时”事件，设置判断条件。
- 为“文本标签”元件设置名称，并添加“鼠标单击时”事件。
- 使用“动态面板”元件实现弹出框效果。

本案例的具体操作步骤请参见资源包。

4.10　输入验证码

案例描述

在文本框中输入 4 位字母或者数字时，将提示“对”或“错”，当输入的内容等于验证码中的内容时，则显示正确的图标；否则显示错误的图标。单击“换一张”，将随机更换验证码，如图 4-82 所示。

图 4-82　输入验证码

当在文本框中输入小于 3 位的字母或数字时，不提示任何信息。

思路分析

- 为动态面板添加两个状态：提示验证码输入正确的图标和提示输入错误的图标。
- 添加全局变量。
- 添加“页面载入时”事件，当页面载入时随机生成一个验证码。
- 为输入框添加“按键松开时”事件，判断 input 文本框元件的文字长度和文字内容是否等于 Code 矩形框的文字内容。
- 更换验证码：将 input 输入框、Code 矩形元件、validate 都清空。

本案例的具体操作步骤请参见资源包。

第 5 章

滔滔不绝

5.1 文本超链接和页面跳转效果

案例描述

设计一个电商网站首页，单击导航栏目“服装城”“美妆馆”“全球购”等，实现对应页面的跳转，如图 5-1 所示。

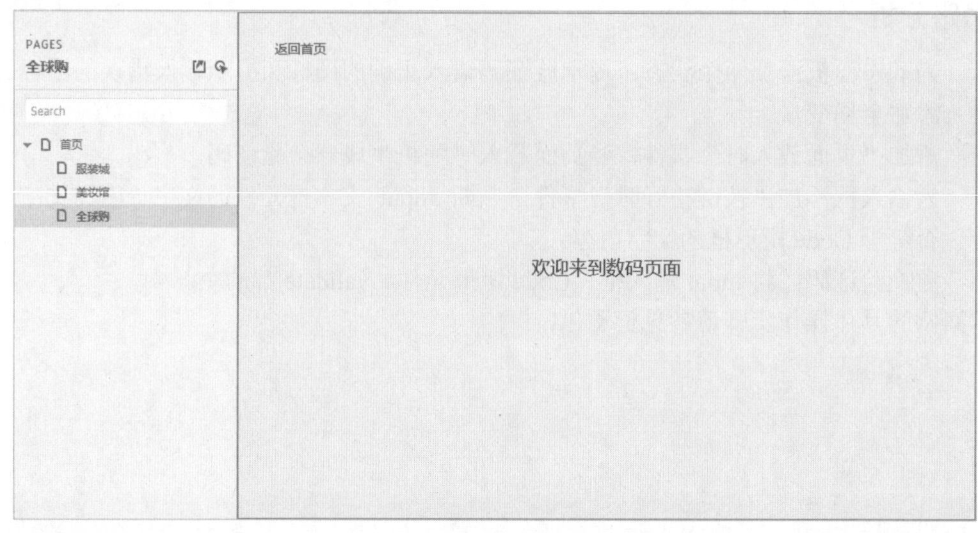

图 5-1 文本超链接和页面跳转效果

思路分析

➢ 文字超链接（HyperLink）效果的实现方式：“鼠标悬停时”交互样式。

➢ 页面跳转的实现方式：为“鼠标单击时”用例添加“打开链接”动作。

操作步骤

（1）选择“文件”|“新建”命令，新建一个 Axure 的文档，在左侧“页面”面板中对页面名称进行重命名，如图 5-2 所示。

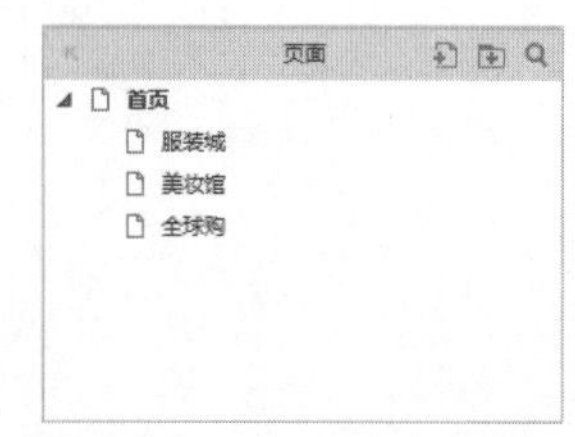

图 5-2 “页面”面板

（2）在“元件库”面板中将“矩形 1”元件拖入编辑区中，在工具栏中设置 x 和 y 均为 0，“宽度”和“高度”分别为 690、530，效果如图 5-3 所示。

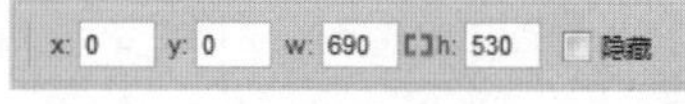

图 5-3 工具栏

（3）在编辑区中拖入“文本标签”元件到适当的位置，并单击鼠标右键，在弹出的快捷菜单中选择“编辑文本”命令，重新输入“网站首页”，在工具栏中设置字体大小为 18，单击粗体图标设置为粗体，效果如图 5-4 所示。

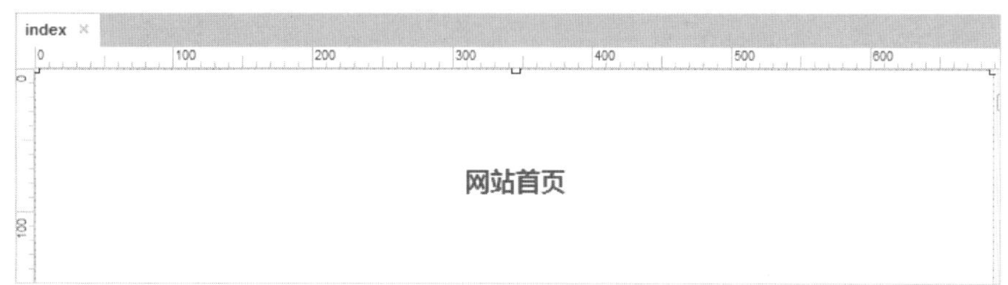

图 5-4　设置文字效果

（4）在编辑区中分别拖入 3 个“文本标签”元件到适当的位置，输入“服装城”“美妆馆”“全球购”，在工具栏中设置文字字体为 16，选中 3 个“文本标签”元件，在工具栏中单击“分布”按钮，选择“水平分布”选项，对元件进行水平分布，如图 5-5 所示。

（5）选择“服装城”，在右侧“属性”面板中的“交互样式设置”区域单击“鼠标悬停”超链接，弹出“交互样式设置”对话框，选中“下划线”和“字体颜色”复选框，并单击“字体颜色”下拉三角按钮，在弹出的颜色面板中选择蓝色（#0033CC）色块，如图 5-6 所示。

图 5-5　选择“水平分布”选项

图 5-6　“交互样式设置”对话框

（6）用同样的方法为“美妆馆”和“全球购”设置“鼠标悬停”交互样式，在编辑区中选择“服装城”，在右侧“属性”面板中单击“添加用例”超链接，弹出“用例编辑<鼠标单击时>”对话框，在左侧“添加动作”区域选择“打开链接”选项，在右侧“配置动作”区域选择“服装城”页面，如图 5-7 所示。

图 5-7 “用例编辑<鼠标单击时>”对话框

（7）在左侧“页面”面板中双击“服装城”，进入“服装城”编辑页面，在编辑区中拖入“矩形 2”元件，设置矩形大小和背景颜色，双击矩形进入编辑状态，输入“欢迎来到服装城！”，并设置适当的字体大小，在编辑区中拖入“文本标签”元件，双击并输入“返回首页”，如图 5-8 所示。

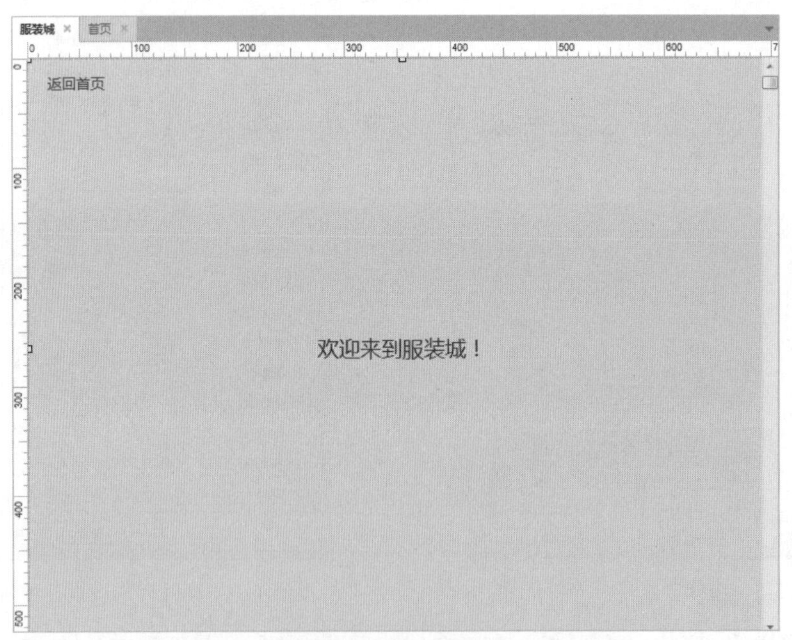

图 5-8 输入文字效果

（8）选择“返回首页”，在右侧“属性”面板中单击“添加用例”超链接，弹出“用例编辑<鼠标单击时>”对话框，在左侧“添加动作”区域选择“打开链接”选项，在右侧“配置动作”区域选择“首页”页面，如图 5-9 所示。

图 5-9　“用例编辑<鼠标单击时>”对话框

（9）用同样的方式为“美妆馆”和“全球购”添加用例，设置鼠标单击时跳转页面效果，按 Ctrl+S 快捷键，以“5.1”为名称保存该文件，然后按 F5 键预览效果，如图 5-10 所示。

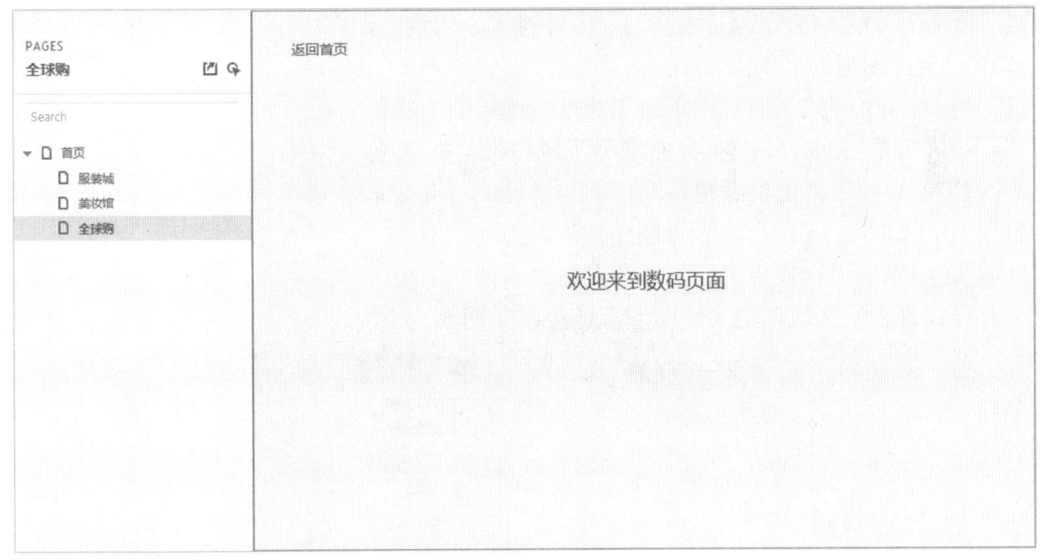

图 5-10　最终效果

5.2　唯一选中项

案例描述

单击每一个金额矩形框时，当前矩形变为红色背景和白色字体，其他按钮恢复白色背景与黑色字体，如图 5-11 所示。

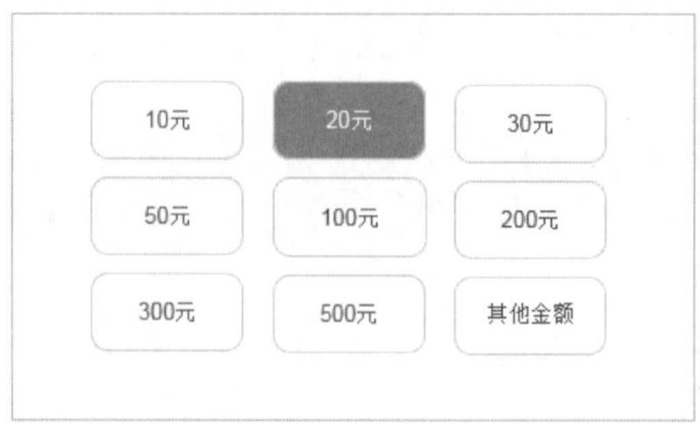

图 5-11　唯一选中项

思路分析

- 矩形有两种状态与样式，可以通过元件的交互样式来实现。
- 单击矩形时，通过设置当前的元件为被选中的状态使其改变背景颜色。
- 只允许有一个按钮呈现被选中的样式，可以通过给所有按钮元件设置选项组名称来实现效果。

操作步骤

（1）选择“文件”|“新建”命令，新建一个 Axure 的文档。

（2）在“元件库”面板中将“矩形 1”元件拖入编辑区中，在工具栏中设置 x 和 y 坐标分别为 80 和 60，“宽度”和“高度”分别为 90 和 45，双击“矩形 1”元件进入编辑状态，输入“10 元”，如图 5-12 所示。

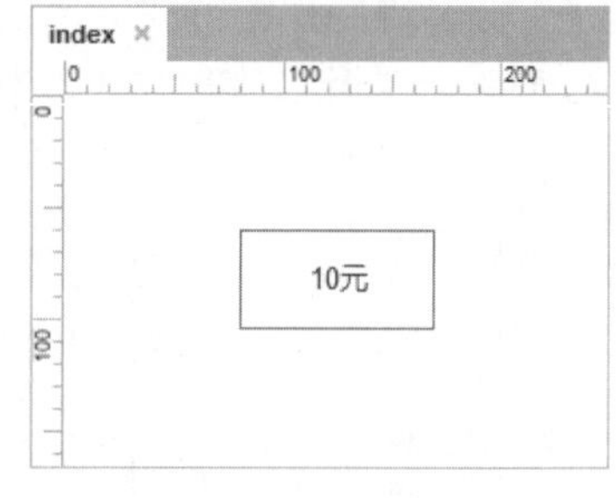

图 5-12　矩形效果

（3）在右侧“样式”面板中单击“边框”区域的“线条颜色”下拉三角按钮，在弹出的颜色面板中选择灰色（#CCCCCC）色块设置边框颜色，在“圆角半径”右侧文本框中输入 10，如图 5-13 所示，设置圆角矩形。

（4）在编辑区中选择矩形元件，在右侧“属性”面板中的“交互样式设置”区域单击“选中”超链接，如图 5-14 所示。

图 5-13　“样式”面板

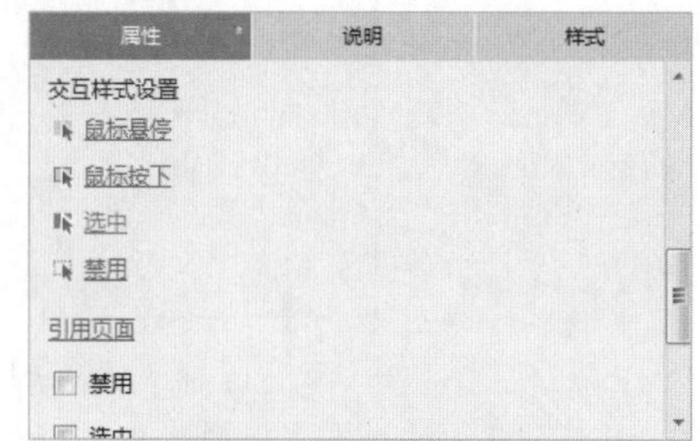

图 5-14　“属性”面板

（5）在弹出的“交互样式设置”对话框中选中“字体颜色”复选框，单击“字体颜色”下拉三角按钮，在弹出的颜色面板中选择白色（#FFFFFF）色块；选中“填充颜色”复选框，单击“填充颜色”下拉三角按钮，在弹出的颜色面板中选择红色（#FF3300）色块，如图 5-15 所示，单击“确定”按钮返回至编辑区中。

（6）在“属性”面板中设置选项组名称为 Price，如图 5-16 所示。

图 5-15 “交互样式设置”对话框

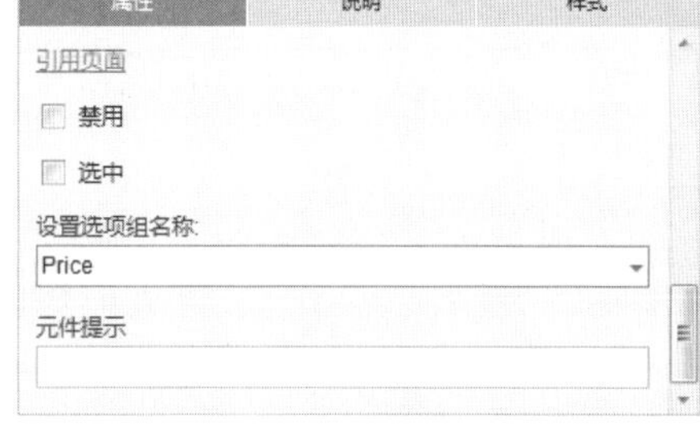

图 5-16 设置选项组名称

（7）在“属性”面板中单击“添加用例”超链接，弹出“用例编辑<鼠标单击时>”对话框，在左侧“添加动作”区域选择“选中”选项；在右侧“配置动作”区域选中“当前元件”复选框，如图 5-17 所示，单击“确定”按钮返回至编辑区中。

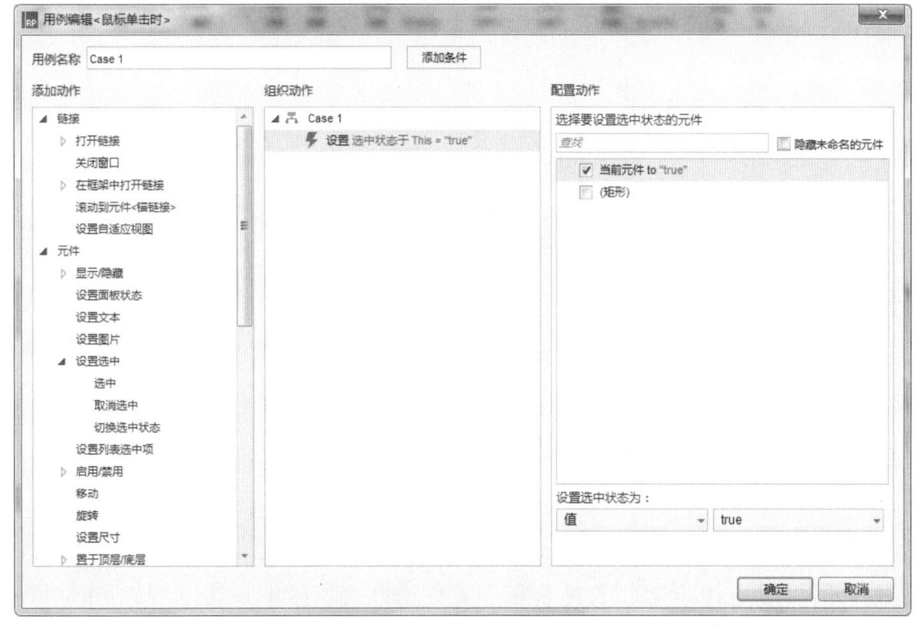

图 5-17 “用例编辑<鼠标单击时>”对话框

（8）选择矩形元件并按住 Ctrl 键拖动，复制 8 个相同的矩形，并分别输入“20 元”“30 元”“50 元”“100 元”“200 元”“300 元”“500 元”“其他金额”，如图 5-18 所示。

（9）按 Ctrl+S 快捷键，以“5.2”为名称保存该文件，然后按 F5 键预览效果，如图 5-19 所示。

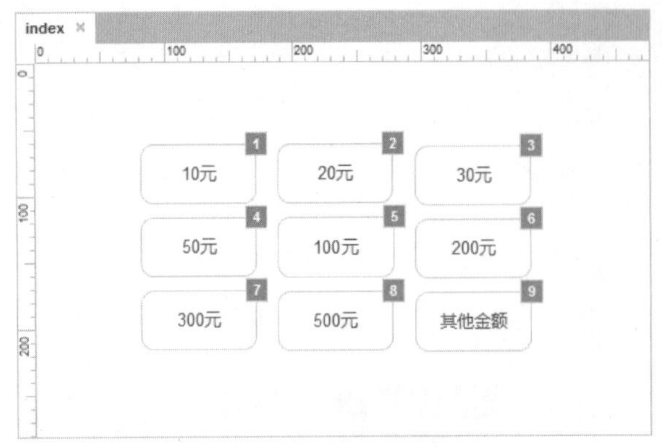

图 5-18　复制矩形元件

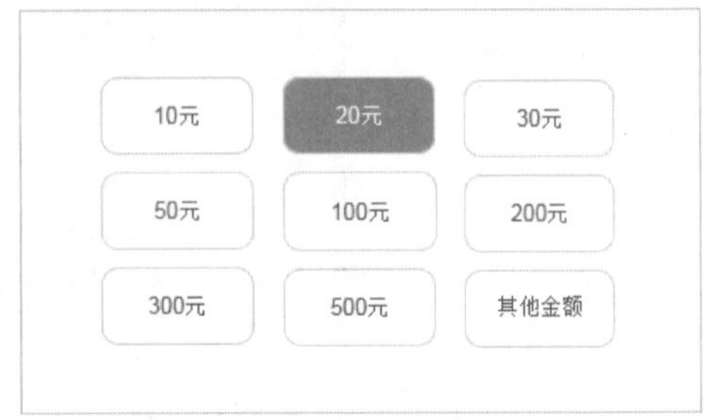

图 5-19　最终效果

5.3　文本焦点效果

案例描述

在登录场景中，包含用户名和密码输入框。当获取文本框的焦点时，文本框中默认文字清空，且边框会高亮呈淡蓝色；当文本框失去焦点时，高亮显示就会消失，文本框中显示默认文字，如图 5-20 所示。

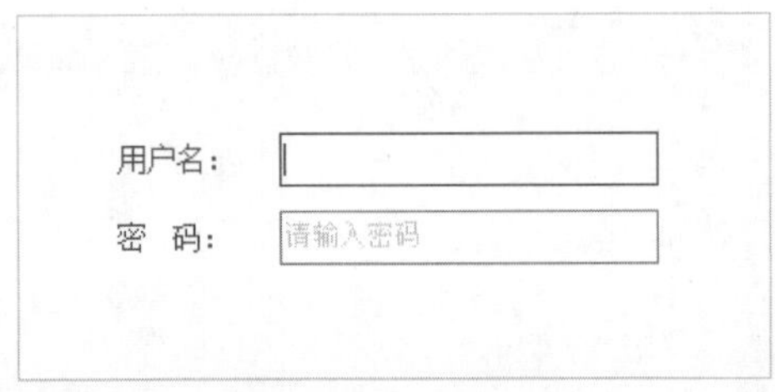

图 5-20　文本焦点效果

思路分析

- 输入框的样式在两种不同状态下切换，可以通过交互样式来实现。
- 文本框获取焦点时，呈现选中的样式。
- 文本框失去焦点时，呈现未选中的样式。

操作步骤

（1）选择“文件”|“新建”命令，新建一个 Axure 的文档。

（2）将“元件库”面板中的“文本标签”元件拖入编辑区中，双击“文本标签”元件进入编辑状态，输入“用户名”，然后拖入一个“文本框”元件到编辑区适当的位置，并设置“宽度”为 180，“高度”为 25，效果如图 5-21 所示。

（3）双击“文本标签”元件进入编辑区，输入“请输入用户名”，并命名为 username，在右侧“样式”面板中的“字体”区域单击“字体颜色”下拉三角按钮，在弹出的颜色面板中选择灰色（#CCCCCC）色块，如图 5-22 所示，将输入框中的颜色设置为灰色。

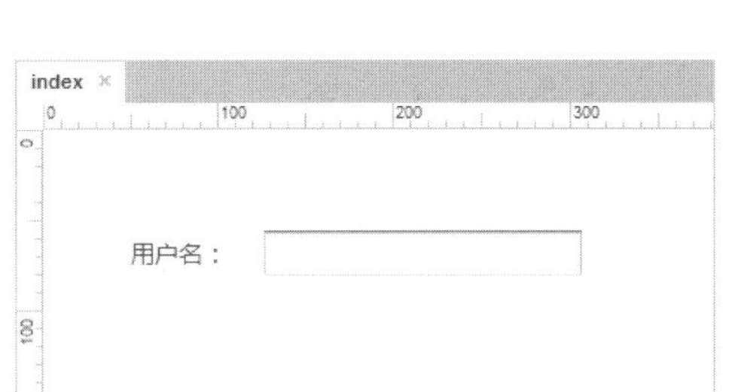

图 5-21　拖入元件至编辑区

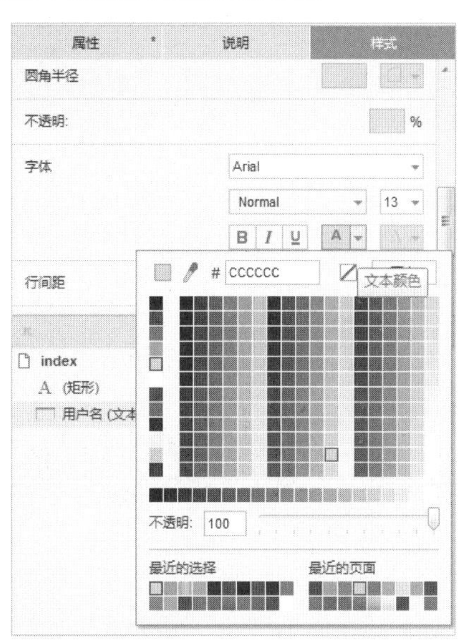

图 5-22　选择颜色块

（4）在编辑区中选择文本框，在右侧“属性”面板中的“添加用例”区域鼠标右键单击“获取焦点时”，在弹出的快捷菜单中选择“添加用例”命令，弹出“用例编辑<获取焦点时>”对话框，如图 5-23 所示。

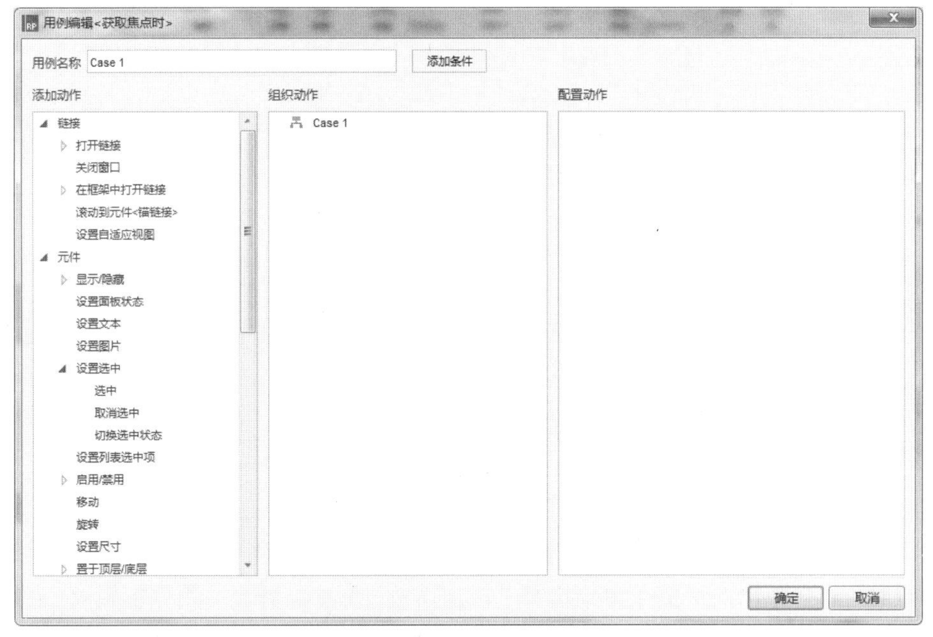

图 5-23　“用例编辑<获取焦点时>”对话框

（5）单击“添加条件”按钮，弹出“条件设立”对话框，单击 this 右侧下拉三角按钮，在弹出的下拉菜单中选择“用户名（文本框）”选项，在右侧文本框中输入“请输入用户名”，如图 5-24 所示，单击“确定”按钮返回至“用例编辑<获取焦点时>”对话框。

（6）在左侧“添加动作”区域选择“设置文本”选项，在右侧“配置动作”区域选中“焦点元件”复选框，在下方“设置文本为”区域设置“值”为空，如图 5-25 所示，单击“确定”按钮返回至编辑区中。

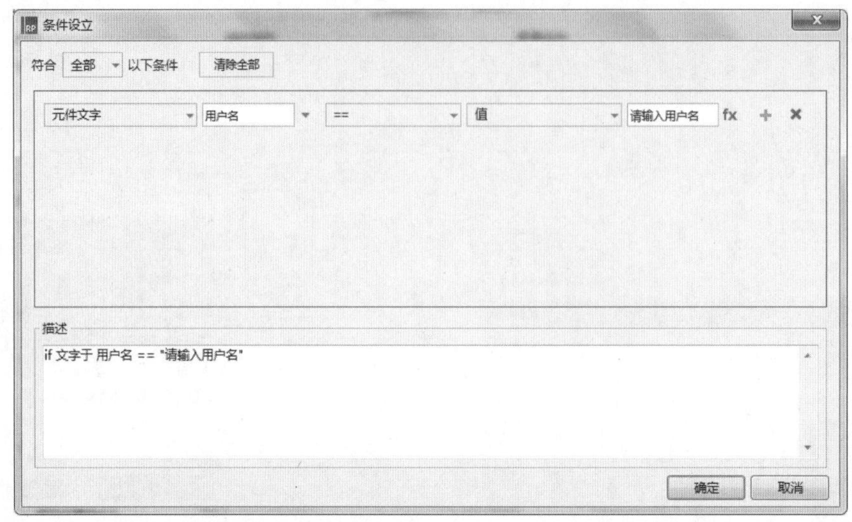

图 5-24　“条件设立”对话框

图 5-25　设置动作

（7）在编辑区中选择“文本框”元件，在右侧“属性”面板中的“添加用例”区域，右击“失去焦点时”，在弹出的快捷菜单中选择“添加用例”命令，弹出“用例编辑<失去焦点时>”对话框，单击“添加条件”按钮，弹出“条件设立”对话框，单击 this 右侧下拉三角按钮，在弹出的下拉菜单中选择“用户名（文本框）”选项，在右侧文本框中保持默认为空，如图 5-26 所示，单击“确定”按钮返回至“用例编辑<失去焦点时>”对话框。

（8）在左侧“添加动作”区域选择“设置文本”选项，在右侧“配置动作”区域选中“用户名（文本框）”复选框，在下方“设置文本为”区域设置“值”为“请输入用户名”，如图 5-27 所示，单击“确定”按钮返回至编辑区中。

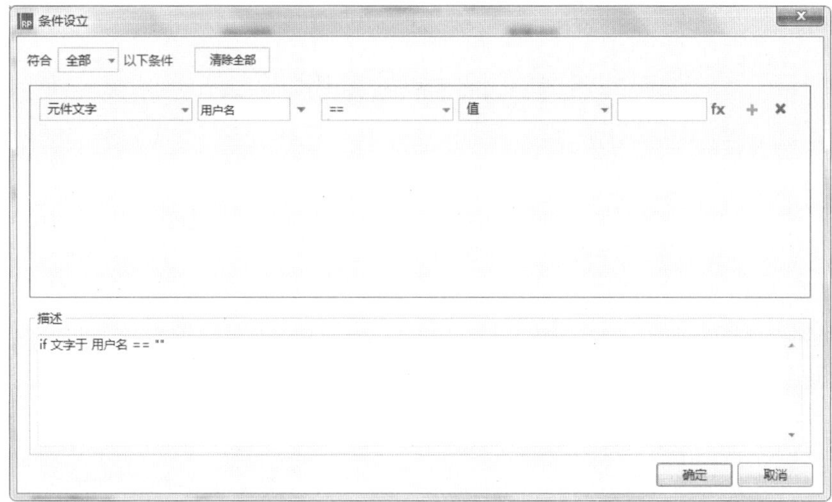

图 5-26　“条件设立”对话框

图 5-27　设置动作

（9）用同样的方法，制作密码文本框，如图 5-28 所示。

（10）按 Ctrl+S 快捷键，以“5.3”为名称保存该文件，然后按 F5 键预览效果，如图 5-29 所示。

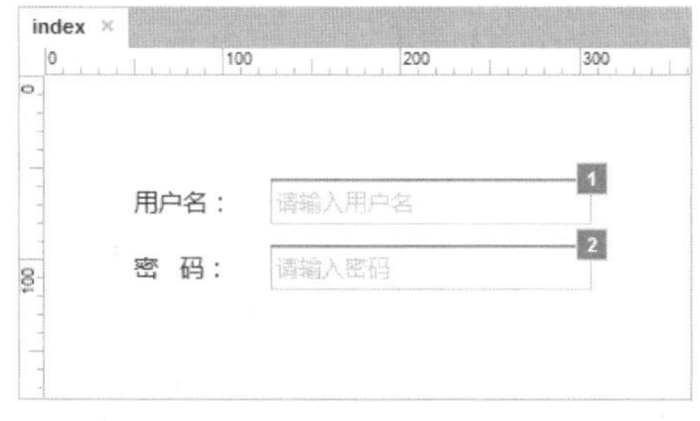

图 5-28　制作密码文本框

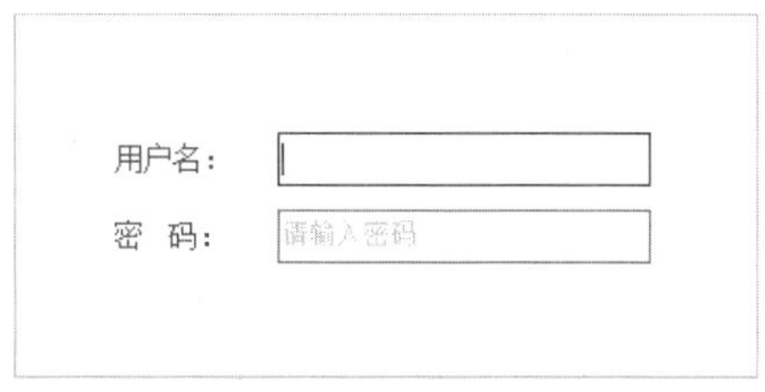

图 5-29　最终效果

5.4 保持固定位置

案例描述

当内容高度大于浏览器的高度，拉动滚动条，当页面内容滚动时，导航栏始终保持固定在顶部位置，如图 5-30 所示。

图 5-30　导航栏保持固定位置

思路分析

- 想将某些内容不随页面滚动而改变位置，可以将这些内容添加到动态面板的状态中。
- 设置固定到浏览器窗口，分别设置“水平固定”和“垂直固定”。

操作步骤

（1）选择“文件” | “新建”命令，新建一个 Axure 的文档。

（2）在“元件库”面板中，将“图片”元件拖入编辑区中，如图 5-31 所示。在工具栏中将 x 和 y 分别设置为 0，“宽度”设置为 1025，“高度”设置为 57。

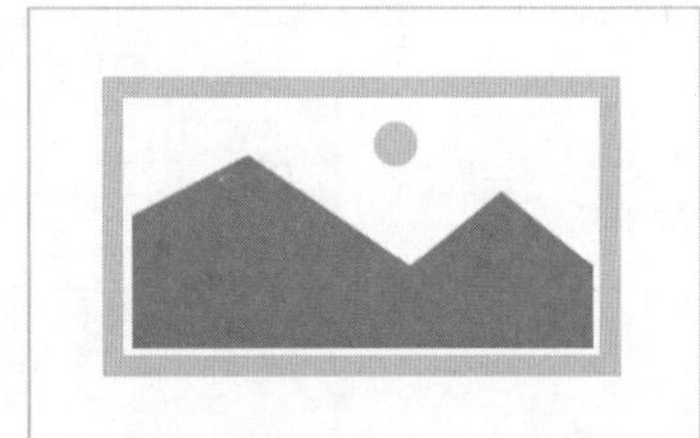

图 5-31　拖入“图片”元件

（3）在编辑区中选择“图片”元件，单击鼠标右键，在弹出的快捷菜单中选择“导入图片”命令，如图 5-32 所示。

（4）弹出“打开”对话框，选择相应的素材文件，如图 5-33 所示，单击“打开”按钮，导入编辑区中。

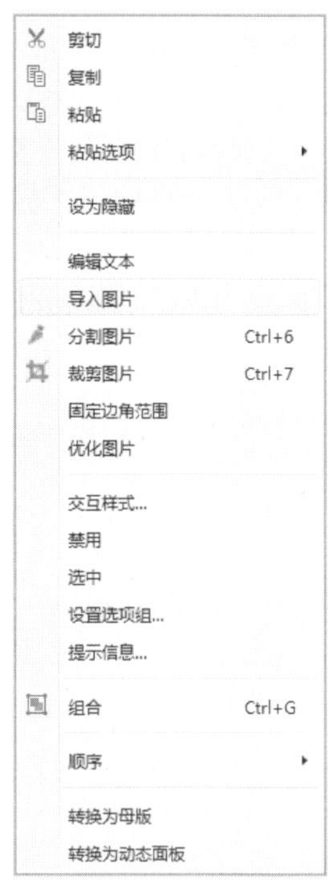

图 5-32　选择“导入图片”命令

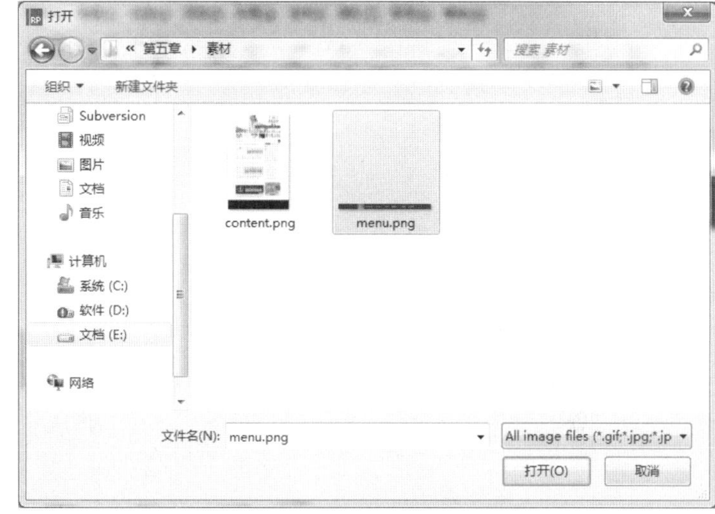

图 5-33　“打开”对话框

（5）用同样的方法导入内容图片，如图 5-34 所示。

（6）在编辑区中选择导入菜单的图片，单击鼠标右键，在弹出的快捷菜单中选择“转换为动态面板”命令，如图 5-35 所示，将图片转换为动态面板。

图 5-34　导入内容图片

图 5-35　选择“转换为动态面板”命令

（7）在右侧“检视：动态面板”区域中，将动态面板名称设置为 meu；在“属性”面板中，单击“固定到浏览器”超链接，如图 5-36 所示。

（8）弹出“固定到浏览器”对话框，选中“固定到浏览器窗口”复选框，并设置“水平固定”为“居中”，“垂直固定”为“上”，如图 5-37 所示，单击“确定”按钮导航栏已固定在浏览器顶部。

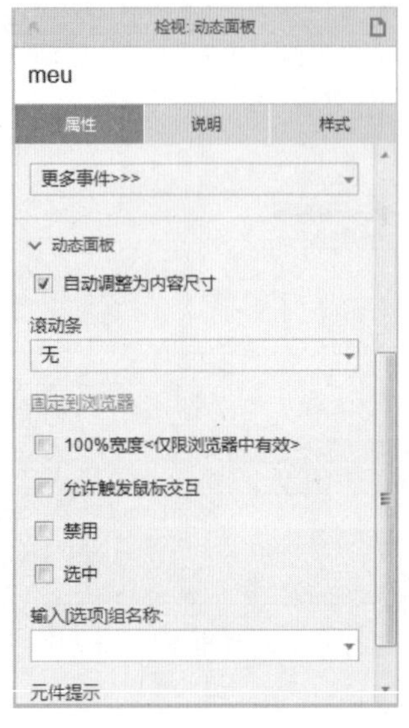

图 5-36　“属性”面板

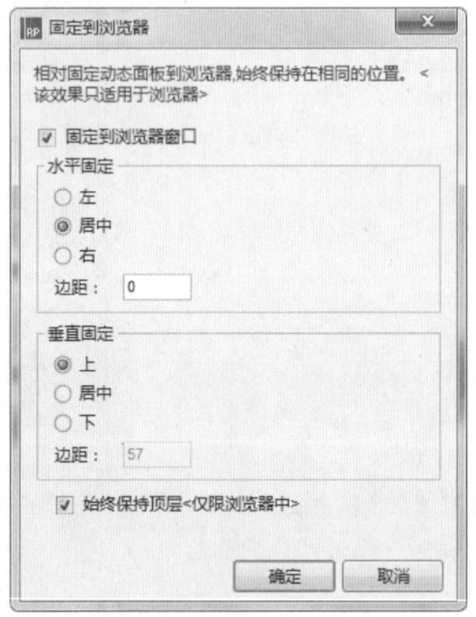

图 5-37　“固定到浏览器”对话框

（9）按 Ctrl+S 快捷键，以“5.4”为名称保存该文件，然后按 F5 键预览效果，如图 5-38 所示。

图 5-38　最终效果

5.5　拖动滑块设置数字

案例描述

左右拖动滑块时，文本框的百分比会跟着变化，如图 5-39 所示。

图 5-39　拖动滑块设置数字

思路分析

本实例的实现包括 3 部分：一个滑杆轨道，一个用来调节的按钮，还有一个是拖动的进度，因为 Axure 中的部件不支持设置部分填充，所以这里会用另一个大小相同的轨道，通过设置不同的填充颜色来表示当前拖动的进度。

操作步骤

（1）选择“文件”|“新建”命令，新建一个 Axure 的文档。

（2）在“元件库”面板中分别将两个“矩形 2”和一个“椭圆形”元件拖入编辑区中适当的位置，右击“矩形”元件，在弹出的快捷菜单中选择“转换为动态面板”命令，在右侧“检视：动态面板”区域设置名称为 button，然后在“样式”面板中分别设置两个“矩形 2”元件的“圆角半径”为 13，效果如图 5-40 所示。

（3）选择第一个矩形元件，在工具栏中设置“填充颜色”为蓝色（#199ED8），单击鼠标右键，在弹出的快捷菜单中选择“转换为动态面板”命令，在右侧“检视：动态面板”区域设置名称为 plan，如图 5-41 所示。

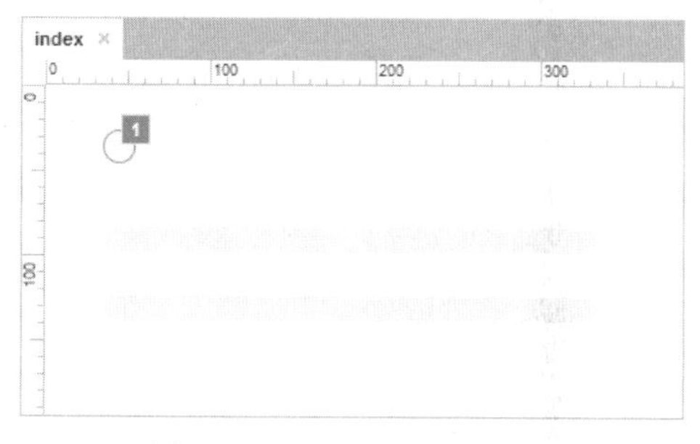

图 5-40　设置矩形圆角半径

图 5-41　设置动态面板名称

（4）选择第二个矩形元件，设置名称为 base，选择 plan 动态面板，放置与灰色矩形重叠，然后向左拖动至宽度为 11，如图 5-42 所示。

（5）将 button 动态面板拖动至矩形元件最左端，在右侧位置拖入一个“文本框”元件，在“检视：文本框”区域设置名称为 number，在“属性”面板中选中“隐藏边框”复选框，如图 5-43 所示，隐藏文本框边框。

（6）选中 button 动态面板，在“属性”面板中的“添加用例”区域，双击“拖动时”，弹出“用例编辑<拖动时>”对话框，在左侧“添加动作”区域选择“设置尺寸”选项，在右侧“配置动作”区域选中“plan（动态面板）”复选框，如图 5-44 所示。

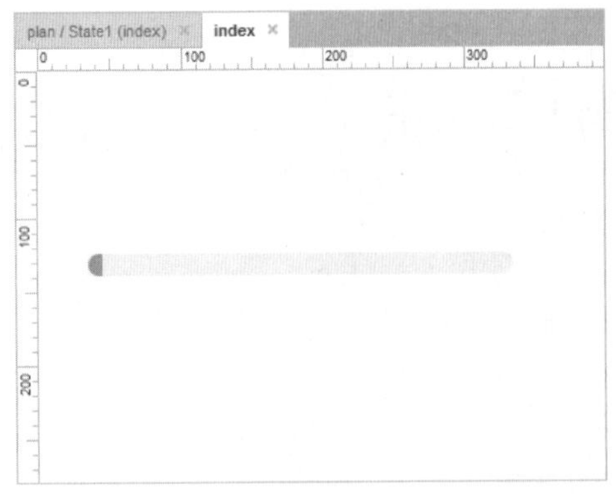

图 5-42　拖动矩形效果

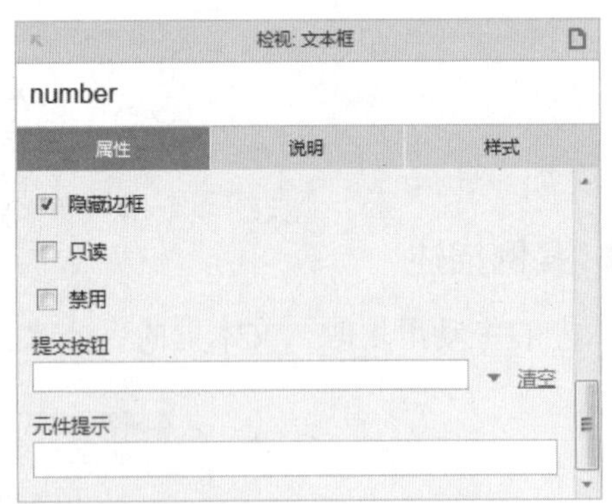

图 5-43　“属性”面板

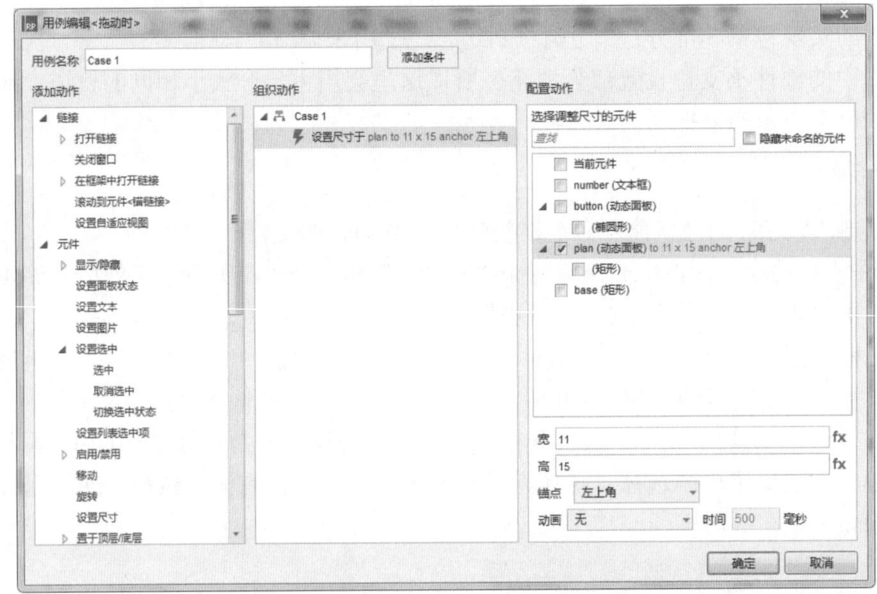

图 5-44　“用例编辑<拖动时>”对话框

（7）单击“宽”右侧的 fx 按钮，弹出“编辑值”对话框，在“局部变量”选项组中单击“添加局部变量”超链接，在第二个下拉列表框中选择“元件”选项，第三个下拉列表框中选择 button 选项，在上方的编辑区中，选择数字 11，单击“插入变量或函数”超链接，选择 LVAR1 选项，在编辑区输入“[[LVAR1.x-30]]”，如图 5-45 所示，单击“确定”按钮返回至“用例编辑<拖动时>”对话框。

（8）在左侧“添加动作”区域选择“移动”选项，在右侧“配置动作”区域选中“button（动态面板）”复选框，设置“移动”为“水平拖动”，单击“添加边界”超链接，第一个下拉列表框选择“左侧”，第二个下拉列表框选择“>=”，第三个文本框输入 30；再次单击“添加边界”超链接，第一个下拉列表框选择“右侧”，第二个下拉列表框选择“<=”，第三个文本框输入 300，如图 5-46 所示。

（9）在左侧“添加动作”区域选择“设置文本”选项，在右侧“配置动作”区域选中“number（文本框）”复选框，在“设置文本为”区域单击 fx 按钮，弹出“编辑文本”对话框，在“局部变量”选项组中单击“添加局部变量”超链接，第二个下拉列表框选择“元件”，第三个下拉列表框选择 plan，如图 5-47 所示。

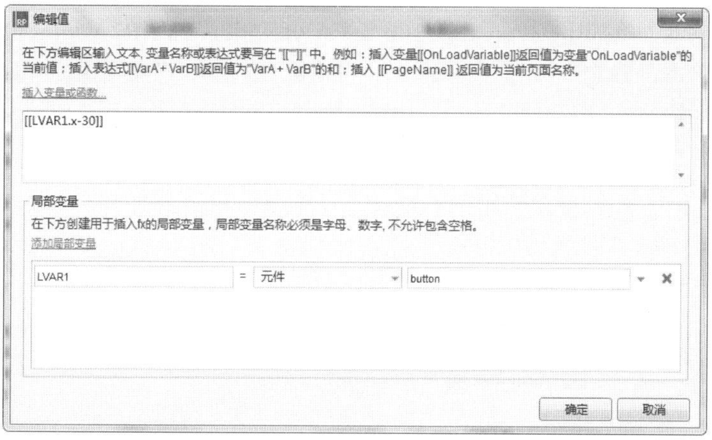

编辑值
在下方编辑区输入文本, 变量名称或表达式要写在 "[[" "]]" 中。例如：插入变量[[OnLoadVariable]]返回值为变量"OnLoadVariable"的当前值；插入表达式[[VarA + VarB]]返回值为"VarA + VarB"的和；插入 [[PageName]] 返回值为当前页面名称。
插入变量或函数...
[[LVAR1.x-30]]
局部变量
在下方创建用于插入fx的局部变量，局部变量名称必须是字母、数字, 不允许包含空格。
添加局部变量
LVAR1
=
元件
button
确定
取消

图 5-45　“编辑值”对话框

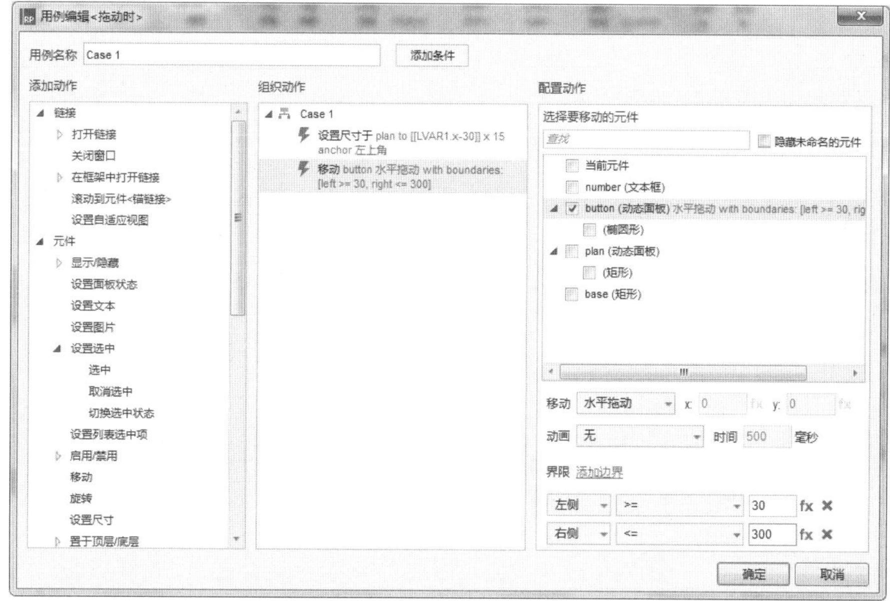

用例编辑<拖动时>
用例名称
Case 1
添加条件
添加动作
组织动作
配置动作
链接
打开链接
关闭窗口
在框架中打开链接
滚动到元件<锚链接>
设置自适应视图
元件
显示/隐藏
设置面板状态
设置文本
设置图片
设置选中
选中
取消选中
切换选中状态
设置列表选中项
启用/禁用
移动
旋转
设置尺寸
置于顶层/底层
Case 1
设置尺寸于 plan to [[LVAR1.x-30]] x 15 anchor 左上角
移动 button 水平拖动 with boundaries: [left >= 30, right <= 300]
选择要移动的元件
查找
隐藏未命名的元件
当前元件
number (文本框)
button (动态面板) 水平拖动 with boundaries: [left >= 30, rig
(椭圆形)
plan (动态面板)
(矩形)
base (矩形)
移动
水平拖动
x: 0
y: 0
动画
无
时间
500
毫秒
界限
添加边界
左侧
>=
30
右侧
<=
300
确定
取消

图 5-46　“用例编辑<拖动时>”对话框

编辑文本
在下方编辑区输入文本, 变量名称或表达式要写在 "[[" "]]" 中。例如：插入变量[[OnLoadVariable]]返回值为变量"OnLoadVariable"的当前值；插入表达式[[VarA + VarB]]返回值为"VarA + VarB"的和；插入 [[PageName]] 返回值为当前页面名称。
插入变量或函数...
局部变量
在下方创建用于插入fx的局部变量，局部变量名称必须是字母、数字, 不允许包含空格。
添加局部变量
LVAR1
=
元件
plan
确定
取消

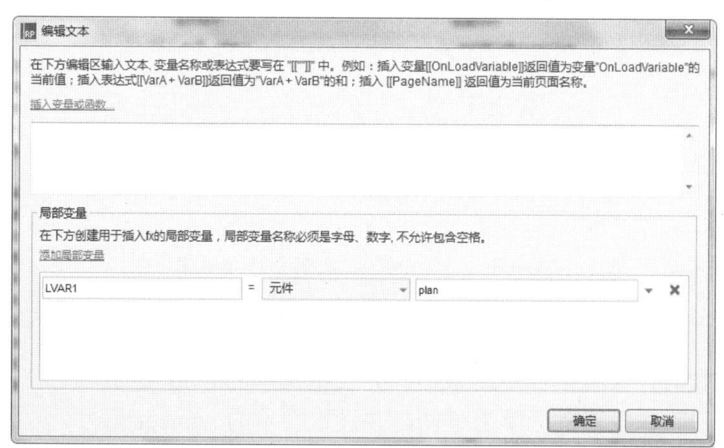

图 5-47　“编辑文本”对话框

（10）再次单击“添加局部变量”超链接，第二个下拉列表框选择“元件”，第三个下拉列表框选择 base，在上面编辑区中输入“[[(100*LVAR1.width/(LVAR2.width-30)).toFixed(2)]]%”，如图 5-48 所示，单击“确定”按钮返回至“用例编辑<拖动时>”对话框，再次单击“确定”按钮，返回至编辑区中。

图 5-48 “编辑文本”对话框

（11）按 Ctrl+S 快捷键，以“5.5”为名称保存该文件，然后按 F5 键预览效果，如图 5-49 所示。

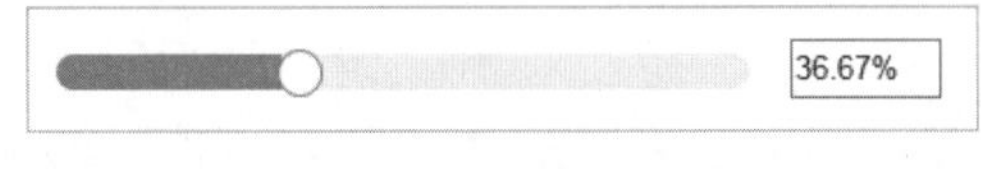

图 5-49 最终效果

5.6 单击按钮控制数字增减效果

案例描述

单击+按钮，文本框中的数字加 1；单击-按钮，文本框中的数字减 1，如图 5-50 所示。

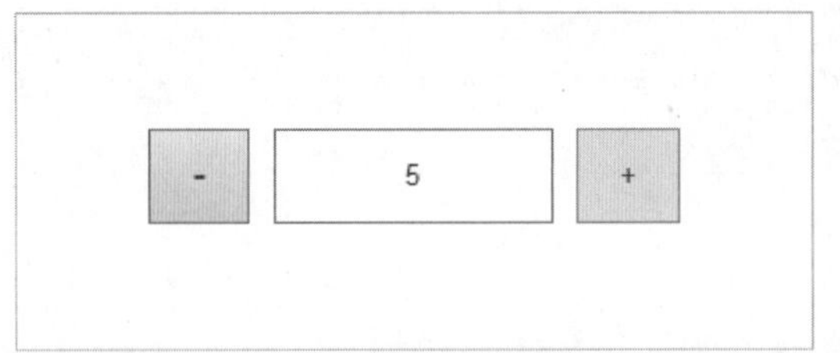

图 5-50 单击按钮控制数字增减效果

思路分析

- 单击+按钮时，设置鼠标单击事件，并设置文本的 number 值+1。
- 单击-按钮时，设置鼠标单击事件，并设置文本的 number 值-1。

操作步骤

（1）选择“文件”|“新建”命令，新建一个 Axure 的文档。

（2）在“元件库”面板中将“文本框”元件拖入编辑区合适的位置，在工具栏中设置“宽度”为 135，“高度”为 45，在右侧“检视：文本框”区域设置名称为 number，双击文本框，设置默认值为 0，单击工具栏中的“水平居中”按钮，或按 Shift+Ctrl+C 组合键，将数字水平居中，如图 5-51 所示。

（3）在“元件库”面板中，将“提交按钮”拖入编辑区中的文本框左侧，设置宽度和高度分别为 50、45，双击提交按钮，输入-号，在工具栏中设置字体大小为 18，在“检视：提交按钮”区域设置按钮名称为 minus；用同样的方法制作+号按钮，并设置名称为 plus，如图 5-52 所示。

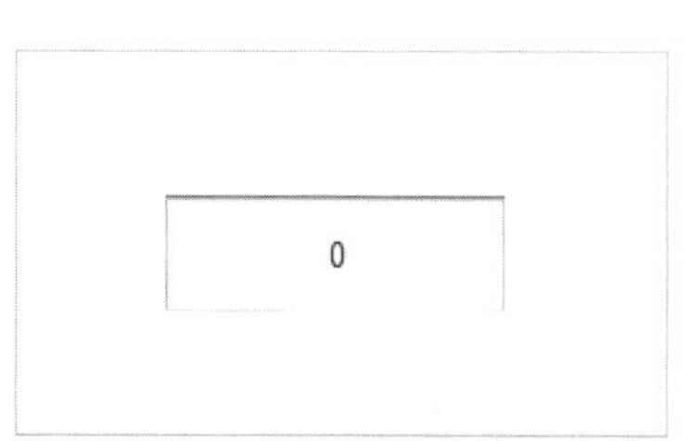

图 5-51　设置文本框效果

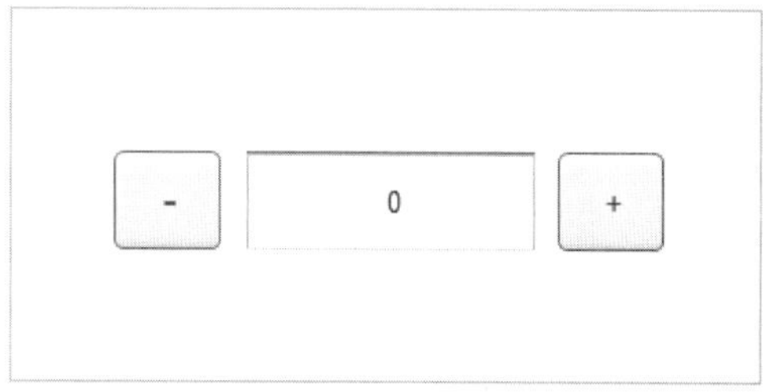

图 5-52　添加+/-按钮

（4）在编辑区中选择-按钮元件，在右侧“属性”面板中双击“添加用例”下方的“鼠标单击时”选项，弹出“用例编辑<鼠标单击时>”对话框，在左侧“添加动作”区域选择“元件”下方的“设置文本”选项，在右侧“配置动作”区域选中“number（文本框）”复选框，如图 5-53 所示。

图 5-53　“用例编辑<鼠标单击时>”对话框

（5）在“设置文本为”区域单击 fx 按钮，弹出“编辑文本”对话框，单击上面的“插入变量或函数”超链接，在弹出的下拉列表中选择 max(x,y)选项，选中编辑区中的 x,y，单击“插入变量或函数”超链接，在弹出的下拉列表中选择 Target 选项，然后补充括号中的相关信息，如图 5-54 所示，单击“确定”按钮，返回到“用例编辑<鼠标单击时>”对话框，单击“确定”按钮。

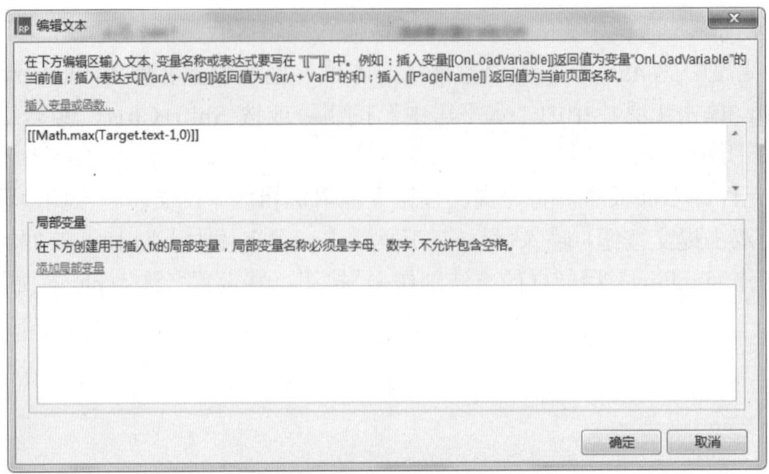

图 5-54 “编辑文本”对话框

（6）在编辑区选择+按钮元件，在右侧“属性”面板中双击“添加用例”下方的“鼠标单击时”选项，弹出“用例编辑<鼠标单击时>”对话框，在左侧“添加动作”区域选择“元件”下方的“设置文本”选项，在右侧“配置动作”区域选中“number（文本框）”复选框，在“设置文本为”区域单击 fx 按钮，弹出“编辑文本”对话框，单击上面的“插入变量或函数”超链接，在弹出的下拉列表中选择 Target 选项，然后补充大括号中的相关信息，如图 5-55 所示，单击“确定”按钮返回至“用例编辑<鼠标单击时>”对话框，单击“确定”按钮返回至编辑区中。

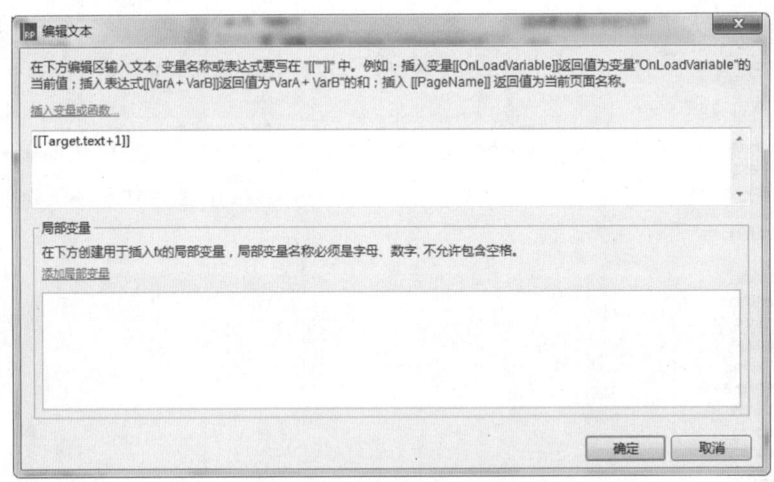

图 5-55 “编辑文本”对话框

（7）按 Ctrl+S 快捷键，以“5.6”为名称保存该文件，然后按 F5 键预览效果，如图 5-56 所示。

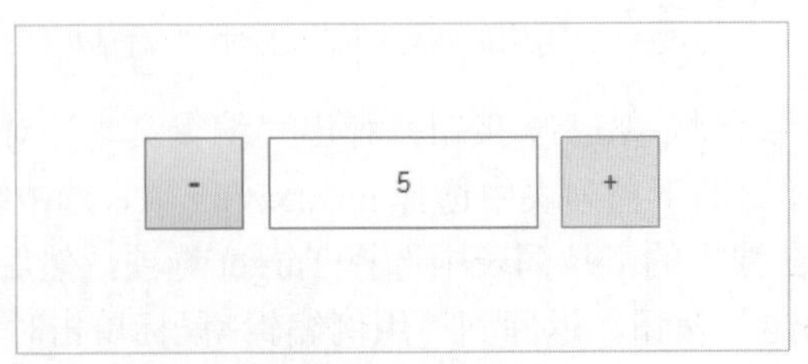

图 5-56 最终效果

5.7　60s 倒计时获取验证码

案例描述

单击“获取验证码”按钮，倒计时 60s 后，切换至“重新获取”按钮，“重新获取”按钮，倒计时 60s。

思路分析

通过在动态面板中添加“获取验证码”“倒计时 60s”“重新获取”3 个面板状态来实现。设置“获取验证码”鼠标单击交互事件；在“倒计时 60s”面板状态中添加一个文本框，设置“文本改变时”的交互事件；设置“重新获取”鼠标单击交互事件。

操作步骤

（1）选择“文件”|“新建”命令，新建一个 Axure 的文档。

（2）在“元件库”面板中将“文本标签”元件拖入编辑区合适的位置，双击输入“短信验证码”，然后拖入一个“矩形 1”元件，在工具栏中设置“宽度”为 90，“高度”为 30，在“属性”面板中设置矩形“边框颜色”为灰色（#CCCCCC），“圆角半径”为 3，效果如图 5-57 所示。

（3）在“元件库”中将“动态面板”拖入编辑区中的适当位置，并设置“宽度”为 90，“高度”为 30，在右侧“检视：动态面板”区域设置名称为 verification，双击动态面板，弹出“面板状态管理”对话框，在“面板状态”选项组中单击两次+按钮，添加两个面板状态，分别重命名为 gain、coundown 和 again，如图 5-58 所示。

（4）双击 gain 面板状态，进入 verification/gain（index）编辑区，拖入一个“矩形 2”元件，设置 x、y 均为 0，“宽度”和“高度”分别为 90、30，双击“矩形 2”元件进入编辑状态，输入“获取验证码”，在“样式”面板中设置“填充颜色”为橘色（#FF9900），“圆角半径”为 3，效果如图 5-59 所示。

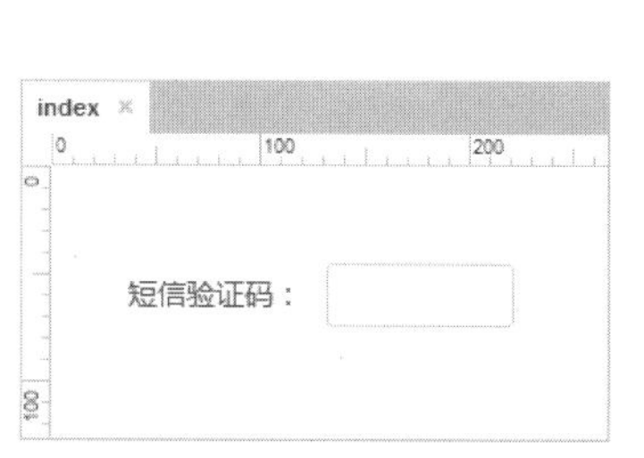

图 5-57　文本框效果

图 5-58　“面板状态管理”对话框

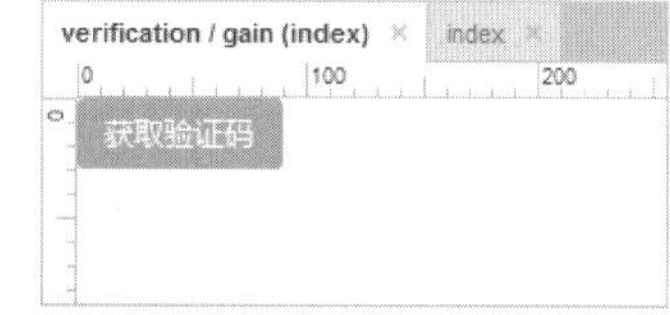

图 5-59　设置矩形样式

（5）选择“获取验证码”，在右侧“属性”面板中单击“添加用例”超链接，弹出“用例编辑<鼠标单击时>”对话框，在左侧“添加动作”区域选择“设置面板状态”选项，在右侧“配置动作”区域选中“verification（动态面板）”复选框，“选择状态”设置为 gain，如图 5-60 所示。

图 5-60 “用例编辑<鼠标单击时>”对话框

（6）在左侧“添加动作”区域选择“等待”选项，右侧“配置动作”区域保持默认；在左侧“添加动作”区域选择“设置文本”选项，右侧“配置动作”区域选中“coundown（文本框）”复选框，在“设置文本为”区域设置“值”为 59，如图 5-61 所示，单击“确定”按钮返回至 verification/gain（index）编辑区。

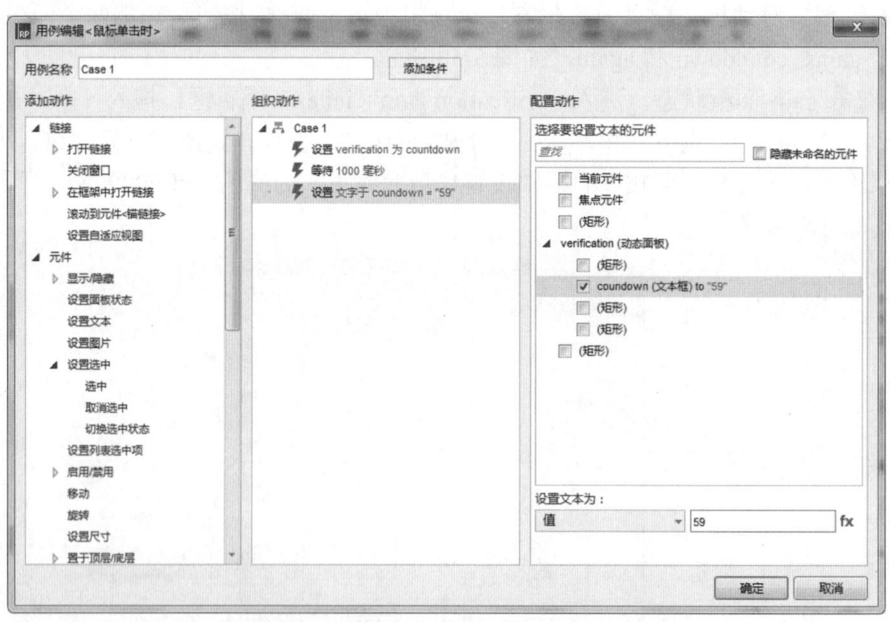

图 5-61 “用例编辑<鼠标单击时>”对话框

（7）单击 index 标签切换至 index 编辑区，双击 verification 动态面板，选择 coundown 面板状态，进入 verification/countdown（index）编辑区，拖入一个“矩形 2”元件到编辑区中，设置 x、y 均为 0，“宽度”和“高度”分别为 90、30，双击“矩形 2”元件进入编辑状态，输入“s”，在“样式”面板中设置“填充颜色”为灰色（#D7D7D7），“圆角半径”为 3，再拖入一个文本框至“矩形 2”元件上，双击输入 60，效果如图 5-62 所示。

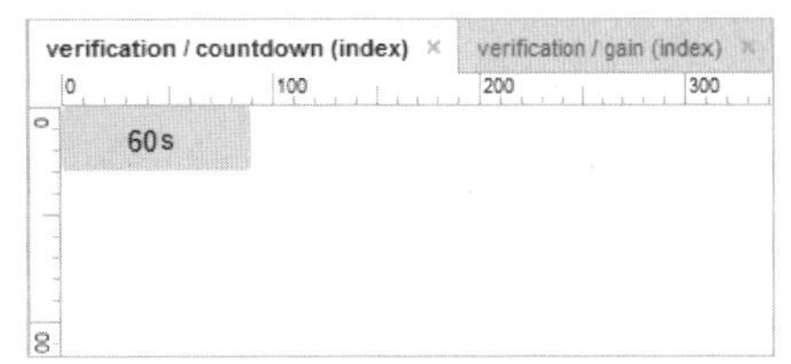

图 5-62　设置矩形样式

（8）选择 coundown 文本框，在右侧“属性”面板中的“添加用例”区域双击“文本改变时”，弹出“编辑用例<文本改变时>”对话框，单击“添加条件”按钮，弹出“条件设立”对话框，将最后一个文本框设置为 1，其他保持默认，如图 5-63 所示。设置“等待”为“1000 毫秒”，设置 coundown 文本框的值为[[LVAR1-1]]。

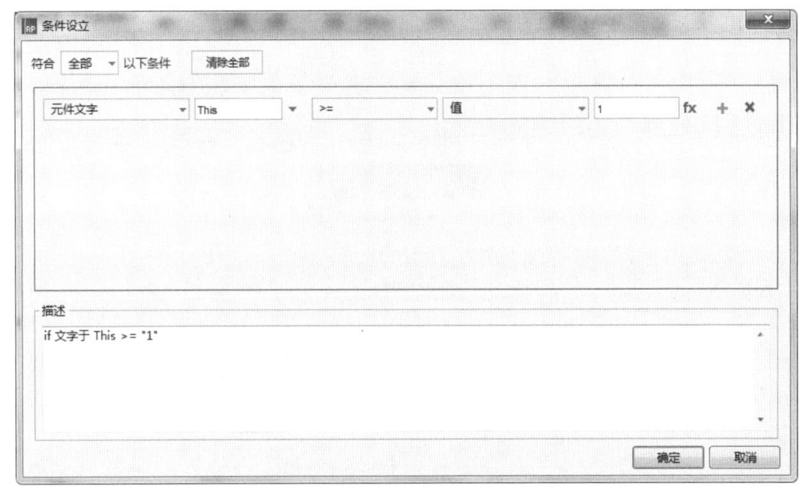

图 5-63　设置文本框的值

（9）用同样的方法设置 again 面板状态、矩形样式，并设置鼠标单击时的动作，如图 5-64 所示。

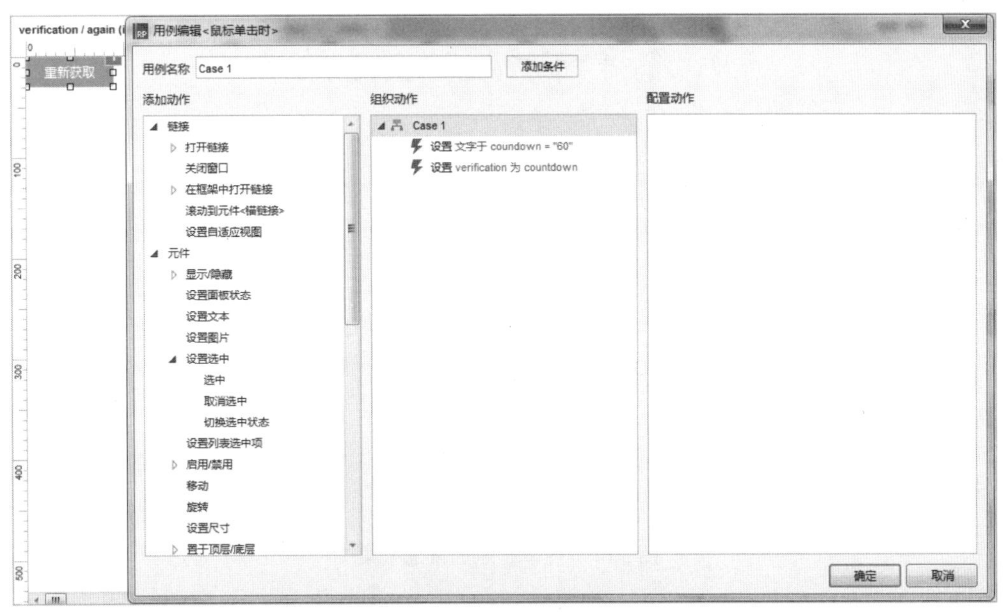

图 5-64　设置“重新获取”的样式和动作

（10）切换至 index 编辑区，按 Ctrl+S 快捷键，以“5.7”为名称保存该文件，然后按 F5

键预览效果，如图 5-65 所示。

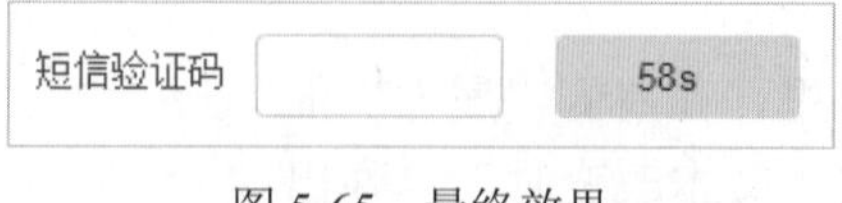

图 5-65　最终效果

5.8　单击显示/隐藏菜单效果

案例描述

单击菜单标题，弹出下拉菜单，在下拉菜单中选择子菜单，背景颜色呈高亮显示；再次单击菜单标题，隐藏下拉菜单，如图 5-66 所示。

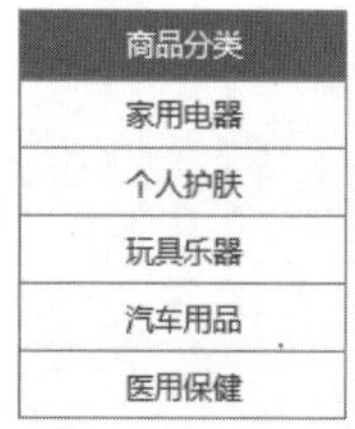

图 5-66　显示/隐藏菜单效果

思路分析

使用动态面板作为弹出层，放置弹出的所有元件，使用用例“鼠标单击时”，设置动作“显示/隐藏”。

本案例的具体操作步骤请参见资源包。

5.9　简单可扩展的全选效果

案例描述

选中“全选”复选框，全选所有项；取消选中“全选”复选框，取消所有项的选择，如图 5-67 所示。

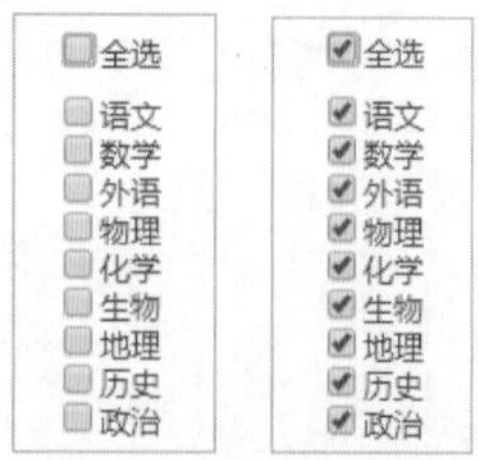

图 5-67　简单扩展的全选效果

思路分析

➢　中继器本身具备能够临时存储数据的数据集，可以新建一列存储选中或取消选中的状态，默认整列为空值。

- 根据中继器中存储的选中状态数值（假设 1 为选中），在每项加载时，如果存储的值为 1，选中复选框。
- 全选的复选框选中改变时，如果是选中状态，更新行到中继器，设置全部行的状态列值为 1，否则，设置全部行的状态值为 0；中继器更新全部行的条件表达式只需要填写 True 即可。

本案例的具体操作步骤请参见资源包。

5.10　显示/隐藏二级菜单时一级菜单的颜色切换

案例描述

当鼠标移入一级菜单时弹出二级菜单，菜单呈现选中状态；当鼠标离开一级菜单与二级菜单时，二级菜单消失，如图 5-68 所示。

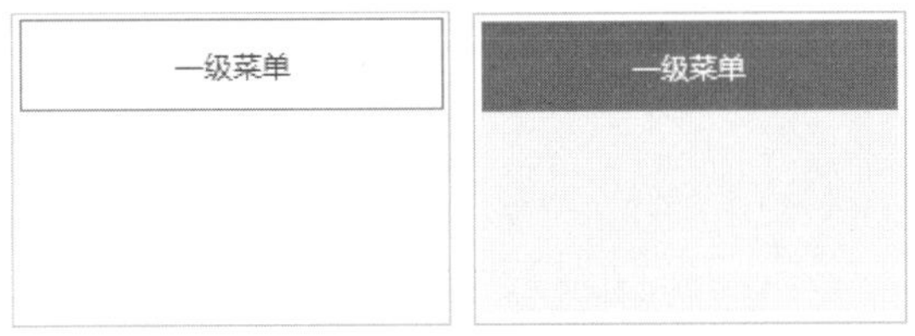

图 5-68　显示/隐藏二级菜单时一级菜单的颜色切换

思路分析

- 一级菜单的交互：鼠标移入时，显示二级菜单，且一级菜单背景颜色变成灰色。
- 二级菜单的交互：二级菜单显示时，鼠标移入一级菜单，二级菜单隐藏。

本案例的具体操作步骤请参见资源包。

第3部分

进阶提高篇

第 6 章

再 接 再 厉

6.1 地图点取坐标

案例描述

在北京地图上单击鼠标左键，弹出“经纬度查询”对话框，上面显示点取的具体经度和纬度，如图 6-1 所示。

图 6-1　地图点取坐标

思路分析

➢　添加一个动态面板，设置经纬度坐标。

➢　为“图片”元件设置“鼠标单击时”事件，用数字函数获取指针坐标。

操作步骤

（1）选择“文件” | “新建”命令，新建一个 Axure 的文档。

（2）从“元件库”面板中拖入“图片”元件至编辑区中，并双击打开“打开”对话框，选择相应的素材文件，单击“打开”按钮导入素材图片，在工具栏中设置 x、y 坐标分别为 20、50，“宽度”和“高度”分别为 700、474，如图 6-2 所示。

（3）从“元件库”面板中拖入“动态面板”元件至编辑区中，设置大小并调整至适当位置，在右侧“检视：动态面板”区域设置名称为 coordinate，如图 6-3 所示。

（4）双击“动态面板”元件，在弹出的“面板状态管理”对话框中双击 State1 选项，进入 coordinate/State（index）编辑区，拖入“矩形”元件至编辑区，在工具栏中设置 x 和 y 均为 0，

“宽度”和“高度”分别为 265、150，单击“样式”标签切换至“样式”面板，设置“圆角半径”为 8，如图 6-4 所示。

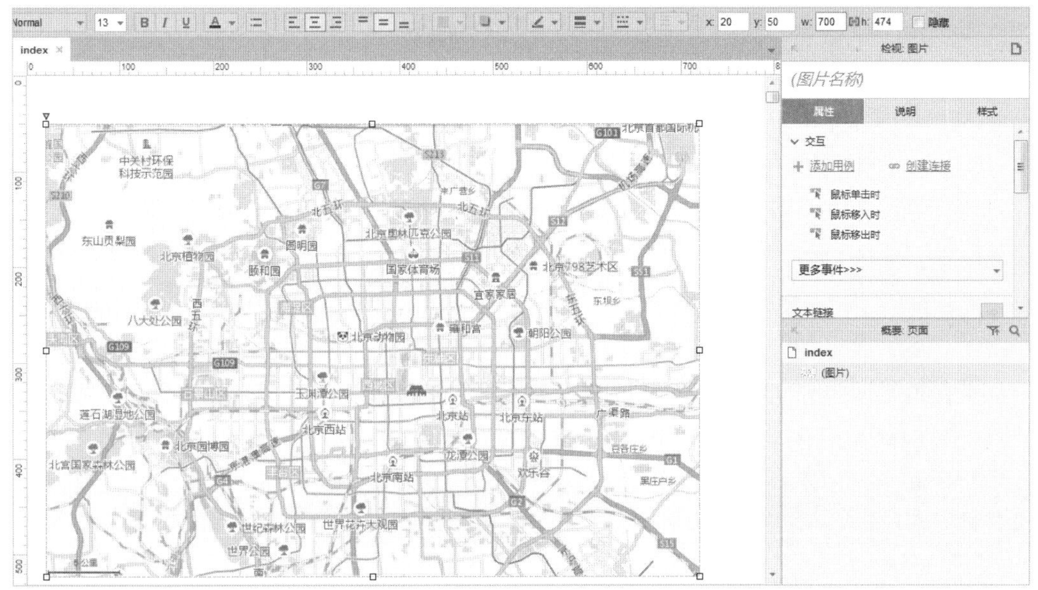

图 6-2 导入图片

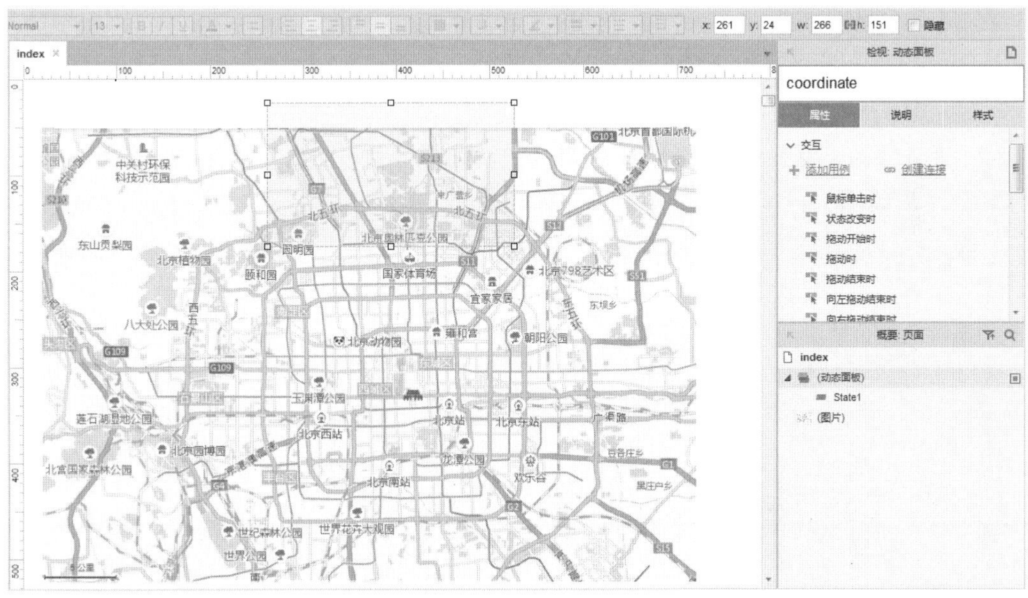

图 6-3 拖入“动态面板”元件

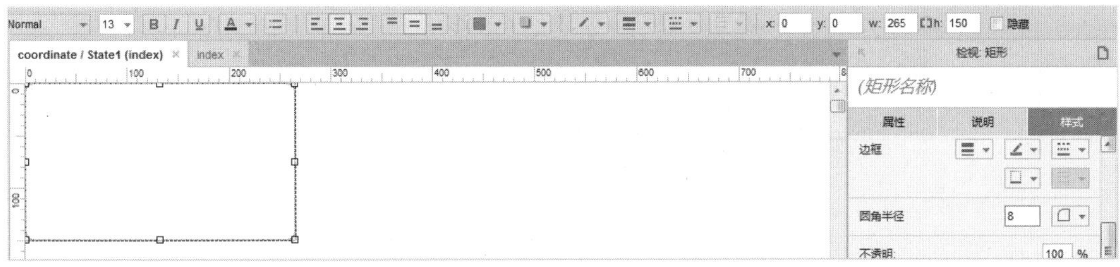

图 6-4 设置圆角矩形

（5）双击“矩形”元件进入编辑状态，输入“经纬度查询”，在工具栏中单击“顶部对齐”按钮，在右侧“样式”面板的“填充”区域设置“上”为 15，如图 6-5 所示。

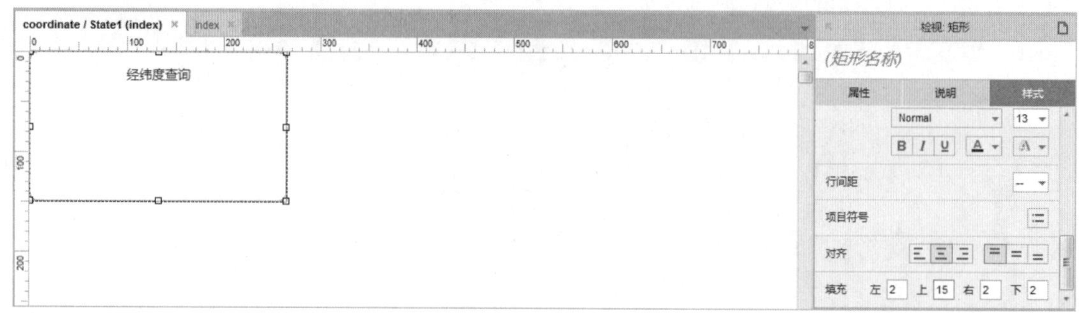

图 6-5　输入内容

（6）在编辑区中分别拖入两个“文本标签”元件和“文本框”元件，设置“文本框”元件的名称分别为 txt_x、txt_y，分别调整其大小并放置在适当的位置，如图 6-6 所示。

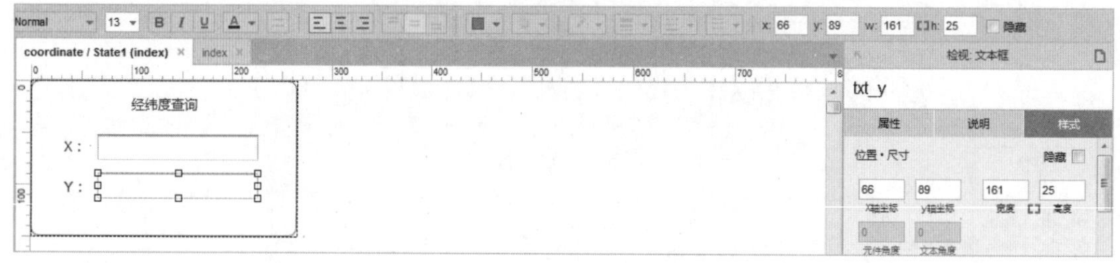

图 6-6　拖入元件并进行相应的设置

（7）单击 index 标签切换至 index 编辑区中，选择“动态面板”元件，在右侧“样式”面板中选中“隐藏”复选框，隐藏动态面板，如图 6-7 所示。

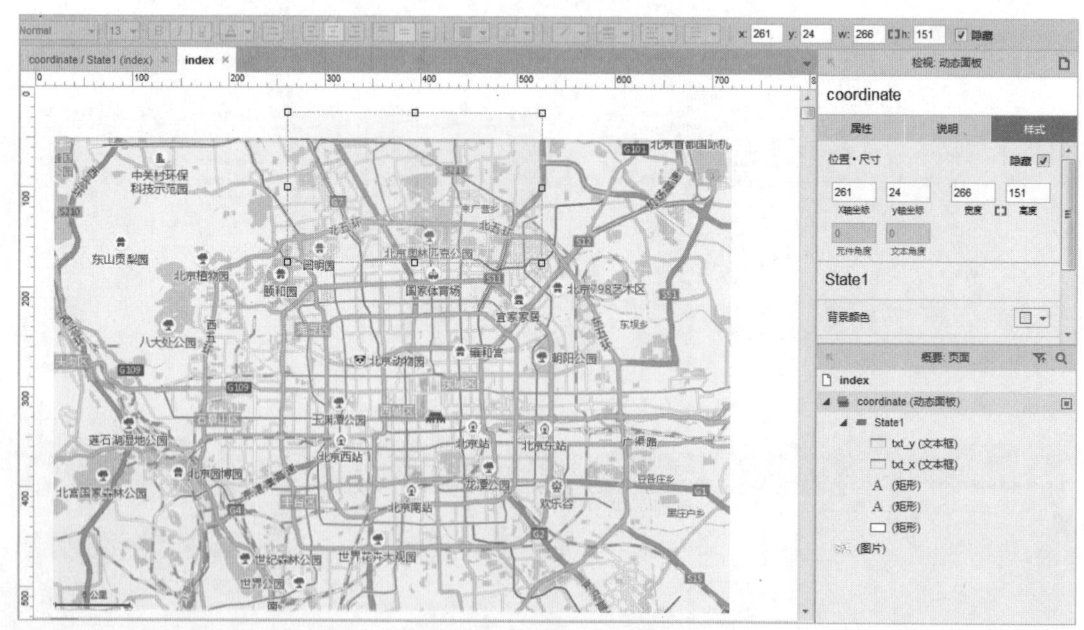

图 6-7　隐藏动态面板

（8）选择“图片”元件，单击“属性”标签切换至“属性”面板，双击“鼠标单击时”选项，弹出“用例编辑<鼠标单击时>”对话框，在左侧“添加动作”区域选择“设置文本”选项，如图 6-8 所示。

图 6-8　添加动作

（9）在右侧“配置动作”区域选中“txt_x（文本框）”复选框，在下方“设置文本为”区域单击“值”后面的 fx 按钮，弹出“编辑文本”对话框，设置函数为[[math.min(39.81+0.24*(Cursor.y-this.y)/this.height).toFixed(6)]]，如图 6-9 所示。单击“确定”按钮返回至“用例编辑<鼠标单击时>”对话框。

图 6-9　编辑文本

（10）在右侧“配置动作”区域选中“txt_y（文本框）”复选框，在下方“设置文本为”区域单击“值”后面的 fx 按钮，弹出“编辑文本”对话框，设置函数为[[math.min(116.20+0.4*(Cursor.x-this.x)/this.width).toFixed(6)]]，如图 6-10 所示。单击“确定”按钮返回至“用例编辑<鼠标单击时>”对话框。

（11）在左侧选择“移动”选项，在右侧“配置动作”区域选中“coordinate（动态面板）”复选框。在下方设置“移动”为“绝对位置”，如图 6-11 所示。

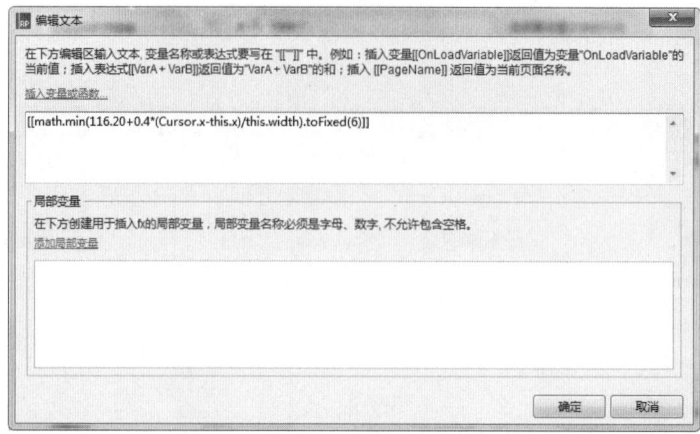

图 6-10　编辑文本

图 6-11　设置移动位置

（12）单击 x 后面的 fx 按钮，弹出“编辑值”对话框，插入函数为[[Cursor.x+5]]，如图 6-12 所示。单击“确定”按钮返回至“用例编辑<鼠标单击时>”对话框。

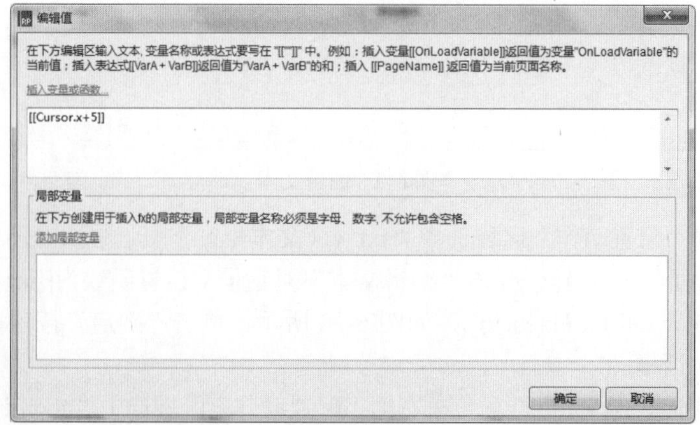

图 6-12　编辑文本

（13）同样设置 y 为[[Cursor.y+5]]，单击“确定”按钮返回至“用例编辑<鼠标单击时>”对话框。在左侧选择“显示”选项，在右侧“配置动作”区域选中“coordinate（动态面板）”复选框，如图 6-13 所示。单击“确定”按钮返回至编辑区中。

图 6-13　添加动作

（14）同样为“鼠标移出时”事件隐藏“coordinate（动态面板）”，如图 6-14 所示。

图 6-14　隐藏动态面板

（15）按 Ctrl+S 快捷键，以“6.1”为名称保存该文件，然后按 F5 键预览效果，如图 6-15 所示。

图 6-15　最终效果

6.2　放大/还原图像

案例描述

当鼠标移入图像时，图像放大；当鼠标移出图像时，图像还原成原来的大小。

思路分析

- 在动态面板中嵌套动态面板。
- 分别设置动态面板鼠标移入时事件和鼠标移出时事件。

操作步骤

（1）按 Ctrl+N 快捷键，新建一个 Axure 的文档。

（2）在“元件库”面板中将“动态面板”元件拖入编辑区中，在工具栏中设置 x 为 150，y 为 150，“宽度”为 200，“高度”为 220，在右侧“检视：动态面板”区域设置名称为 default，如图 6-16 所示。

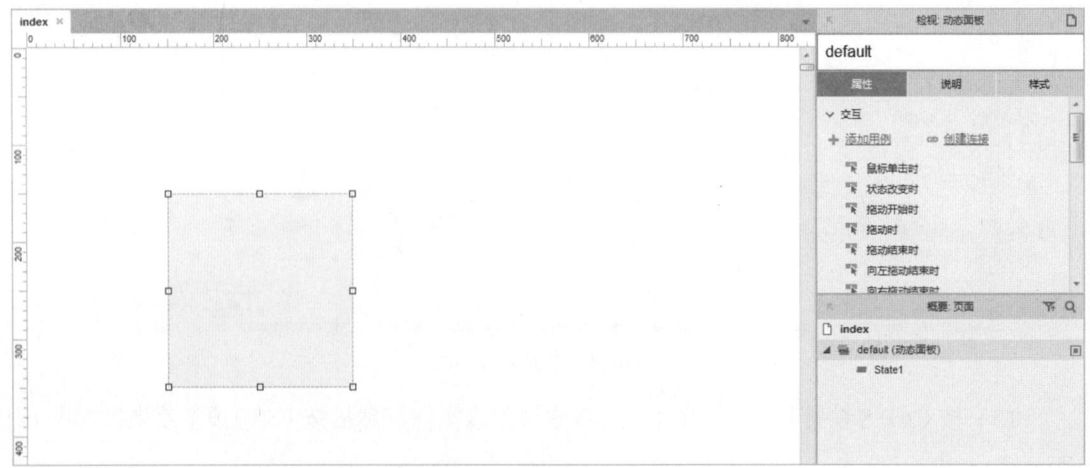

图 6-16　设置动态面板

（3）在右侧选择“样式”选项卡，切换至“样式”面板，在“背景图片”区域单击“导入”按钮，弹出“打开”对话框，选择对应的素材图片，如图6-17所示，单击“打开”按钮，设置动态面板的背景图片。

图6-17　导入图片

（4）在“样式”面板“背景图片”区域下方选择“填充”选项，如图6-18所示。

（5）在编辑区中选择“default动态面板”元件，单击鼠标右键，在弹出的快捷菜单中选择“转换为动态面板”命令，如图6-19所示。将其转换为动态面板。

图6-18　设置动态面板的背景图片

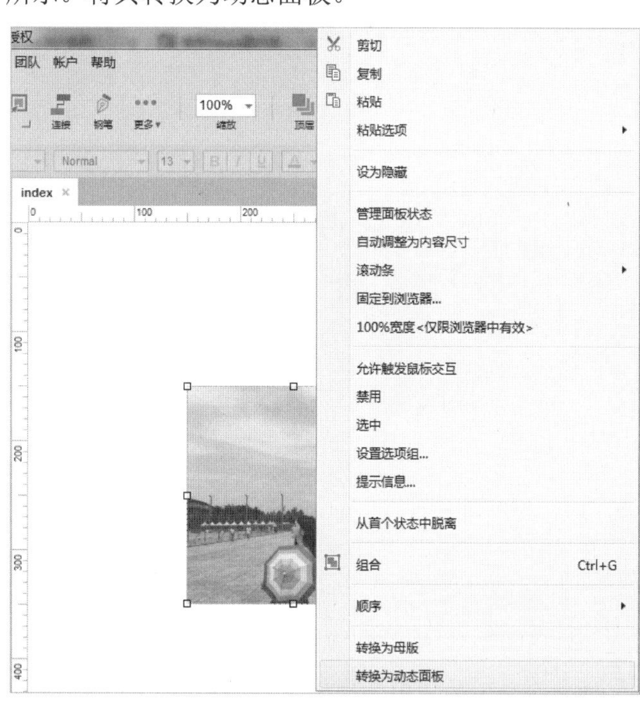

图6-19　转换为动态面板

（6）在右侧“检视：动态面板”区域设置名称为move，在编辑区中选择“move动态面板”

元件，单击鼠标右键，在弹出的快捷菜单中选择“自动调整为内容尺寸”命令，如图 6-20 所示。

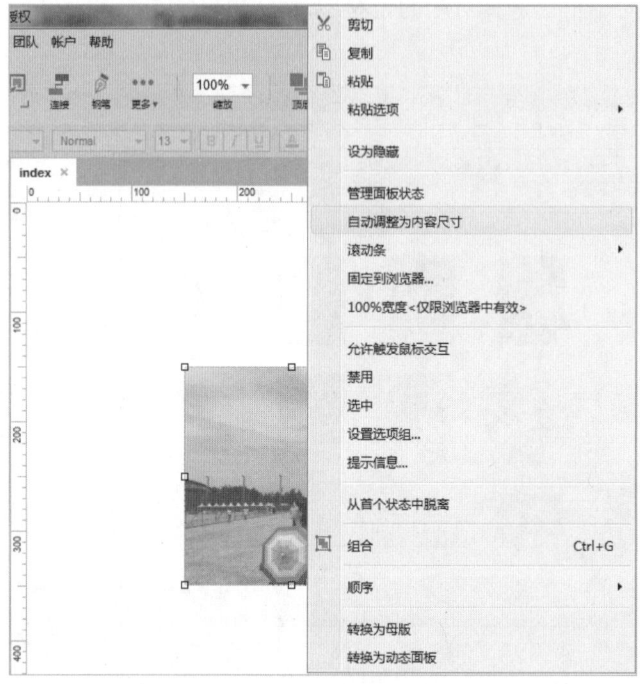

图 6-20　自动调整为内容尺寸

（7）在右侧选择“属性”选项卡，切换至“属性”面板，在“添加用例”区域单击“更多事件>>>”下三角箭头，在弹出的下拉菜单中选择“鼠标移入时”选项，如图 6-21 所示。

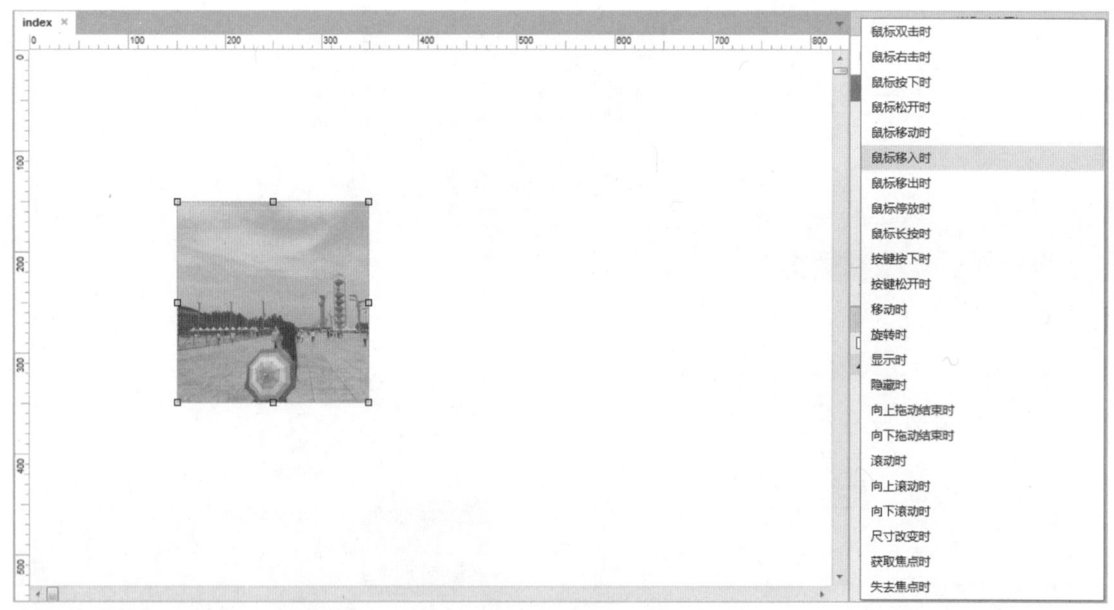

图 6-21　选择“鼠标移入时”选项

（8）在弹出的“用例编辑<鼠标移入时>”对话框左侧的“添加动作”区域选择“移动”选项，在“配置动作”区域选中“move（动态面板）”复选框，在下方设置“移动”为“绝对位置”，x 为 50，y 为 50，“动画”为“线性”，“时间”默认为 500 毫秒，如图 6-22

所示。

图 6-22　设置动态面板动作

（9）在左侧“添加动作”区域选择“设置尺寸”选项，在“配置动作”区域选中“default（动态面板）”复选框，在下方设置“宽”为 500，“高”为 500，“锚点”默认为“左上角”，“动画”为“线性”，“时间”默认为 500 毫秒，如图 6-23 所示。单击“确定”按钮返回编辑区中。

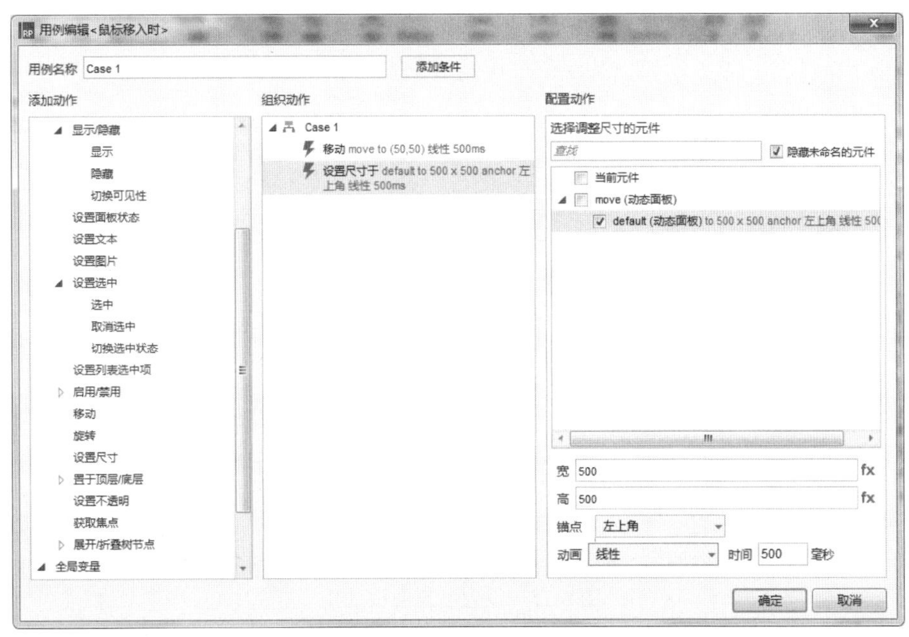

图 6-23　设置动态面板动作

（10）在右侧“添加用例”区域单击“更多事件>>>”下三角箭头，在弹出的下拉菜单中选择“鼠标移出时”选项，如图 6-24 所示。

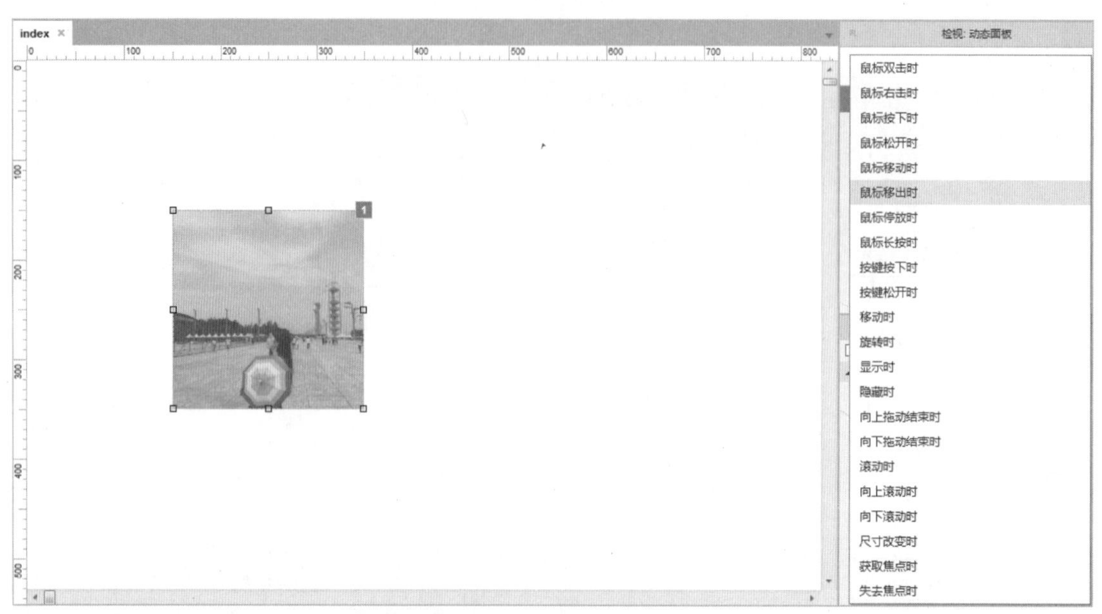

图 6-24　选择“鼠标移出时”选项

（11）在弹出的“用例编辑<鼠标移出时>”对话框左侧的“添加动作”区域选择“移动”选项，在“配置动作”区域选中“move（动态面板）”复选框，在下方设置“移动”为“绝对位置”，x 为 150，y 为 150，“动画”为“线性”，“时间”默认为 500 毫秒，如图 6-25 所示。

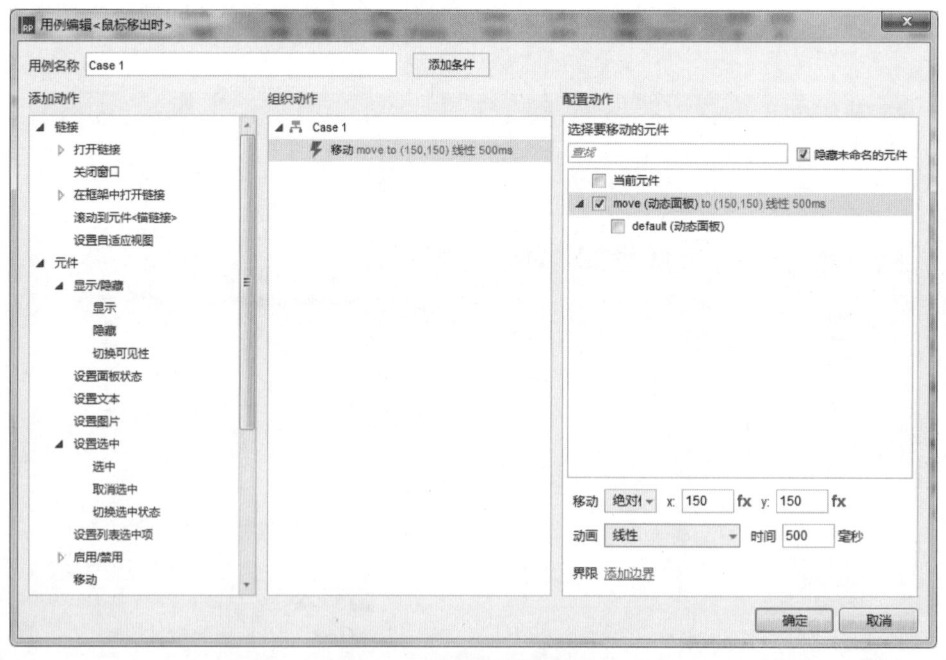

图 6-25　设置动态面板动作

（12）在左侧“添加动作”区域选择“设置尺寸”选项，在“配置动作”区域选中“default（动态面板）”复选框，在下方设置“宽”为 200，“高”为 200，“锚点”默认为“左上角”，“动画”为“线性”，“时间”默认为 500 毫秒，如图 6-26 所示。单击“确定”按钮返回编辑区中。

图 6-26　设置动态面板动作

（13）按 Ctrl+S 快捷键，以“6.2”为名称保存该文件，然后按 F5 键预览效果，如图 6-27 所示。

图 6-27　最终效果

6.3　页面载入进度条

案例描述

进度条常见于页面载入过程中，用于向用户展示当前的进度情况，如图 6-28 所示。

图 6-28　页面载入进度条

思路分析

- 用矩形框用作进度条背景；动态面板用作进度条，并且利用循环更新当前进度。
- 文本显示当前进度。
- 为动态面板设置“载入时”的用例动作。

操作步骤

（1）选择“文件”|“新建”命令，新建一个 Axure 的文档。

（2）在“元件库”面板中将“矩形 2”元件拖入编辑区中，在工具栏中设置 x 和 y 均为 80，“宽度”和“高度”分别为 500、20，并在右侧“检视：矩形”区域设置名称为 bg，如图 6-29 所示。

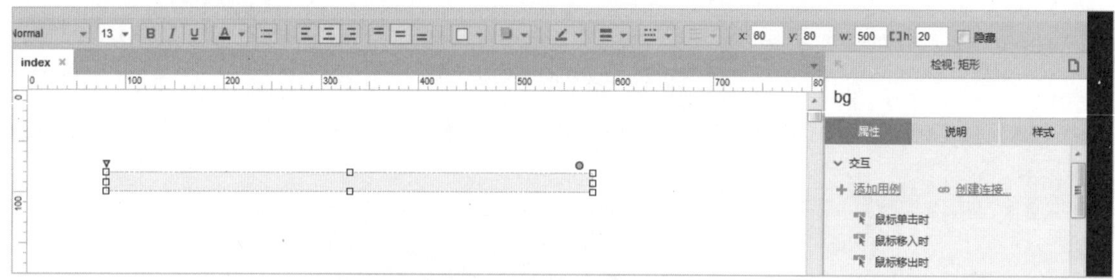

图 6-29　设置“矩形 2”元件

（3）在编辑区中再拖入一个“矩形 2”元件，位置和大小与“bg 矩形”元件相同，且覆盖在“bg 矩形”元件上，在工具栏中设置“填充颜色”为红色（#FF0000），如图 6-30 所示。

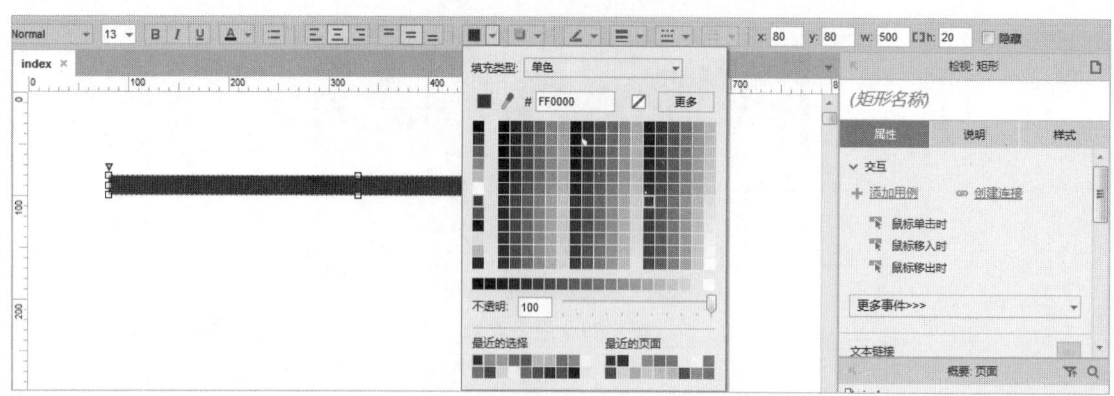

图 6-30　设置“矩形 2”元件

（4）在右侧“检视：矩形”面板中设置名称为 progress，在编辑区中选择“progress 矩形”元件，单击鼠标右键，在弹出的快捷菜单中选择“转换为动态面板”命令，如图 6-31 所示，将其转换为动态面板。

图 6-31　转换为动态面板

（5）在编辑区中的空白位置单击一下，在右侧“属性”面板中的“交互”区域单击“添加用例”超链接，弹出“用例编辑<页面载入时>”对话框，在左侧“添加动作”区域选择“设置尺寸”选项，在右侧配置动作区域选中“progress（动态面板）”复选框，在下方设置“宽”为 1，“高”为 20，“锚点”为“左侧”，如图 6-32 所示。

图 6-32　设置“页面载入时”的动作

（6）在左侧“添加动作”区域再次选择“设置尺寸”选项，在右侧“配置动作”区域选中“progress（动态面板）”复选框，在下方设置“宽”为 500，“高”为 20，“锚点”为“左上角”，“动画”为“线性”，“时间”为 3000 毫秒，如图 6-33 所示。

（7）按 Ctrl+S 快捷键，以“6.3”为名称保存该文件，然后按 F5 键预览效果，如图 6-34 所示。

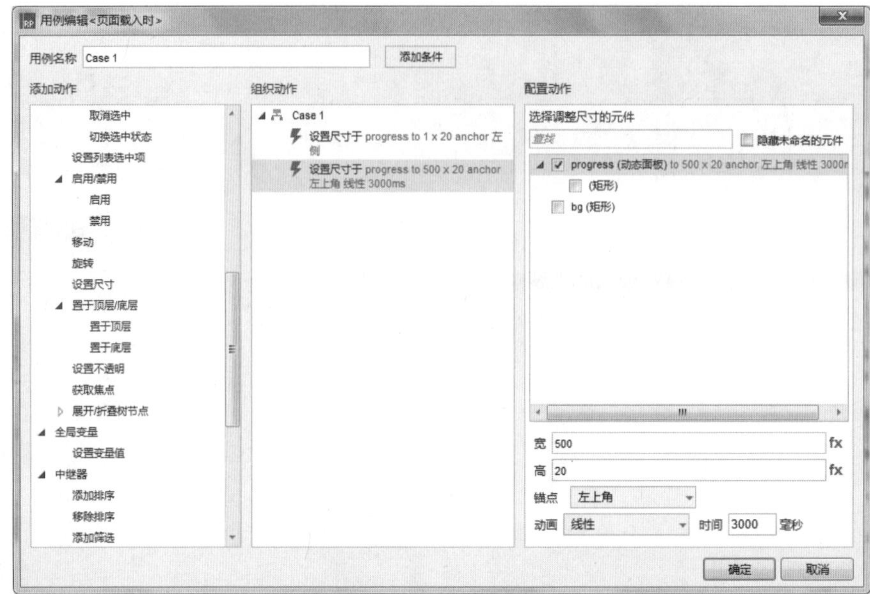

图 6-33　设置元件动作

图 6-34　最终效果

6.4　信息提交加载效果

案例描述

输入意见后，单击“提交”按钮，进入加载状态，加载完后进入提交后的状态，如图 6-35 所示。

图 6-35　信息提交加载效果

思路分析

- 状态切换功能用动态面板来实现。
- 为“提交”按钮添加“鼠标单击时”事件，设置面板状态。

操作步骤

（1）选择“文件”|“新建”命令，新建一个 Axure 的文档。

（2）在“元件库”面板中将“矩形 2”元件拖入编辑区中，在工具栏中设置 x 为 40，y 为 35，“宽度”为 490，“高度”为 320，并在右侧“检视：矩形”区域设置名称为 bg，如图 6-36 所示。

图 6-36　拖入“矩形 2”元件

（3）在“元件库”面板中将“动态面板”元件拖入编辑区中，在工具栏中设置 x 为 75，y 为 65，“宽度”为 415，“高度”为 260，并在右侧“检视：动态面板”区域设置名称为 display，如图 6-37 所示。

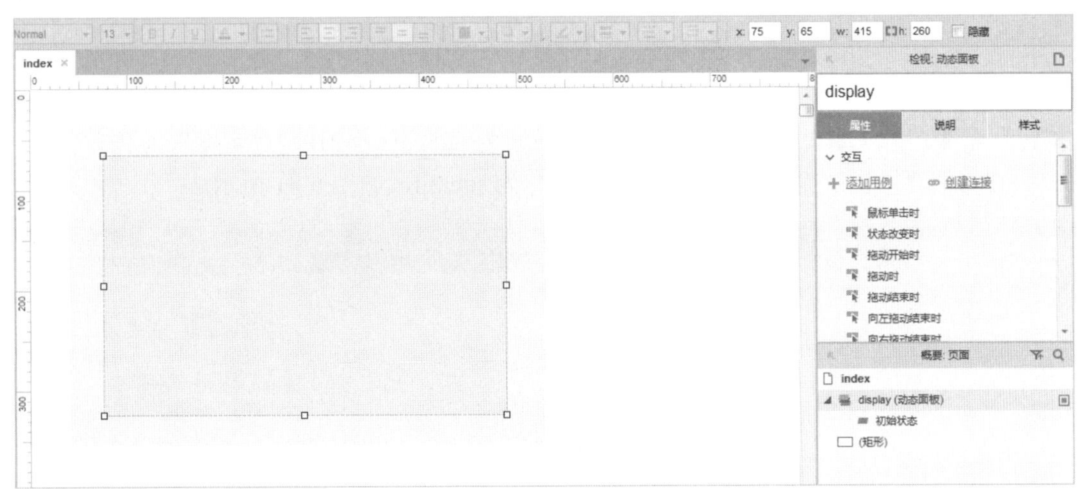

图 6-37　拖入“动态面板”元件

（4）双击“动态面板”元件，弹出“面板状态管理”对话框，在“面板状态”选项组中单击两次“添加”按钮，添加两个面板状态，并分别重名称为“初始状态”“提交等待”“提交后”，如图 6-38 所示。

（5）双击“初始状态”选项，进入“display/初始状态（index）”编辑区中，从左侧“元件库”面板中拖入“文本标签”元件，双击清空默认内容并重输入“请发表您的意见：”，调整至适当的位置，如图 6-39 所示。

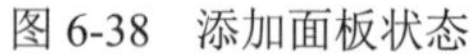
图 6-38　添加面板状态

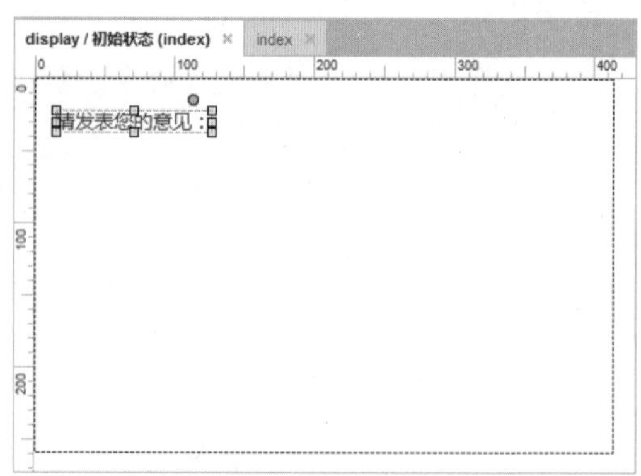

图 6-39　拖入“文本标签”元件

（6）从左侧“元件库”面板中拖入“多行文本框”元件至编辑区中，在工具栏中设置 x 为 43，y 为 49，“宽度”为 324，“高度”为 150，如图 6-40 所示。

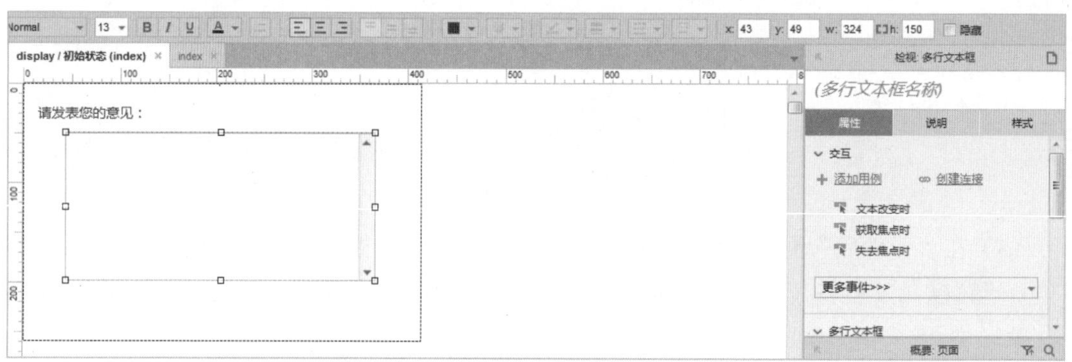

图 6-40　拖入“多行文本框”元件

（7）在左侧“元件库”面板中单击“查找”按钮，在搜索框中输入“提交”，搜索出“提交按钮”元件，拖入编辑区中，在工具栏中设置 x 为 276，y 为 210，“宽度”为 91，“高度”为 25，在右侧“检视：提交按钮”区域设置名称为 submit，如图 6-41 所示。

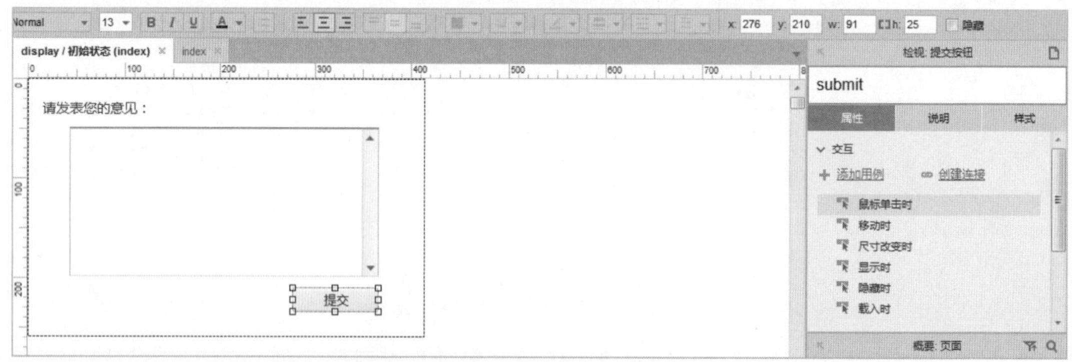

图 6-41　设置“提交按钮”元件

（8）单击 index 标签切换至 index 编辑区，双击“动态面板”元件，在弹出的“面板状态管理”对话框中双击“提交等待”选项，进入“display/提交等待（index）”编辑区中，在素材文件夹中复制要导入的素材图片，返回至“display/提交等待（index）”编辑区中，按 Ctrl+V 快捷键粘贴图片，并调整其大小和位置，如图 6-42 所示。

（9）单击 index 标签切换至 index 编辑区，双击“动态面板”元件，在弹出的“面板状态管理”对话框中双击“提交后”选项，进入“display/提交后（index）”编辑区中，从“元件库”面板中拖入“文本标签”元件，双击删除原内容后输入文字，并调整至适当的位置，如图 6-43 所示。

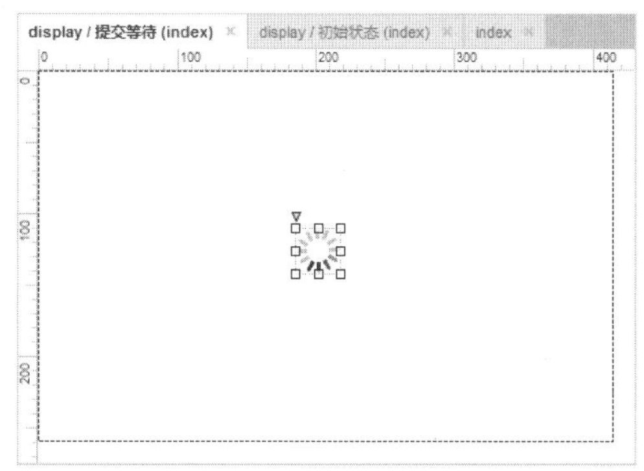

图 6-42 导入图片

图 6-43 输入内容

（10）单击“display/初始状态（index）”标签切换至“display/初始状态（index）”编辑区，选择“提交”按钮，在右侧“属性”面板中双击“鼠标单击时”选项，弹出“用例编辑<鼠标单击时>”对话框，在左侧“添加动作”区域选择“设置面板状态”选项，在右侧“配置动作”区域选中“display（动态面板）”复选框，在下方设置“选择状态”为“提交等待”，如图 6-44 所示。

图 6-44 设置动态面板状态

（11）在左侧“添加动作”区域选择“等待”选项，默认“等待时间”为 1000 毫秒，如图 6-45 所示。

（12）在左侧“添加动作”区域选择“设置面板状态”选项，在右侧“配置动作”区域选中“display（动态面板）”复选框，在下方设置“选择状态”为“提交后”，如图 6-46 所示。单击“确定”按钮返回至编辑区中。

（13）单击 index 标签切换至 index 编辑区中，按 Ctrl+S 快捷键，以“6.4”为名称保存该文件，然后按 F5 键预览效果，如图 6-47 所示。

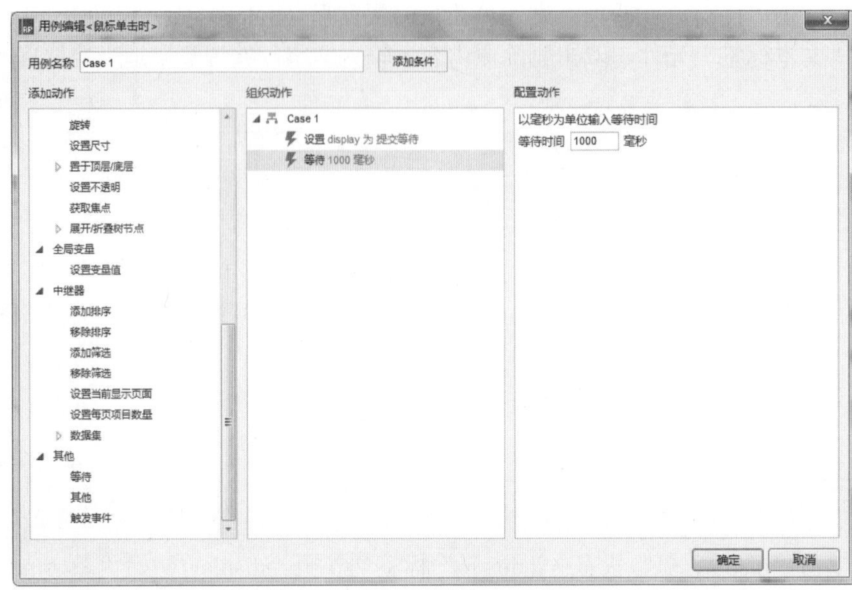

图 6-45　设置等待时间

图 6-46　设置动态面板

图 6-47　最终效果

6.5　轮 盘 按 钮

案例描述

每次向下拉动滑块，左侧轮盘顺时针滑动到下一个位置，如图 6-48 所示。

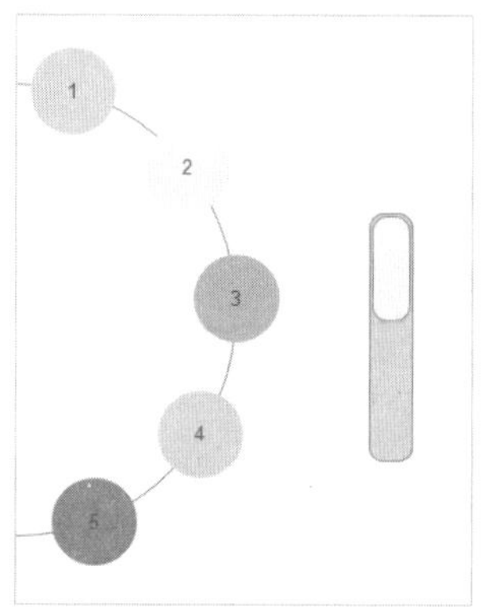

图 6-48　轮盘按钮

思路分析

用 Math 函数中的 Cos 和 Sin 实现转动时下一个坐标的计算。

操作步骤

（1）选择“文件”|“新建”命令，新建一个 Axure 的文档。

（2）在“元件库”面板中将“椭圆形”元件拖入编辑区中，在工具栏中设置 x 为 155，y 为 105，“宽度”和“高度”均为 300，并在右侧“检视：椭圆形”区域设置名称为 track，设置“线段颜色”为绿色（#009966），如图 6-49 所示。

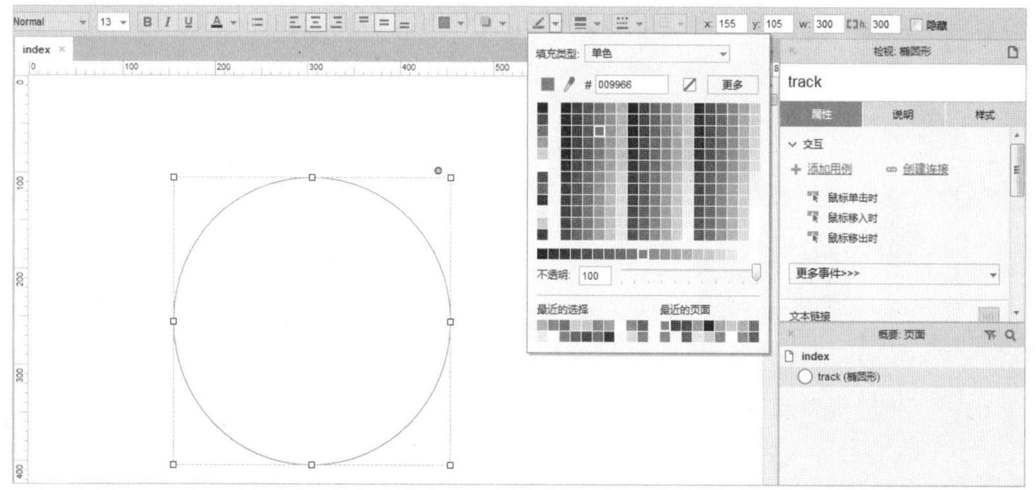

图 6-49　拖入“椭圆形”元件

（3）再次拖入“椭圆形”元件至编辑区中，双击输入 1，在工具栏中设置“填充颜色”为绿色（#33FFCC），“线段颜色”为无，x 为 322，y 为 82，“宽度”和“高度”均为 60，并在右侧“检视：椭圆形”面板中设置名称为 c1，如图 6-50 所示。

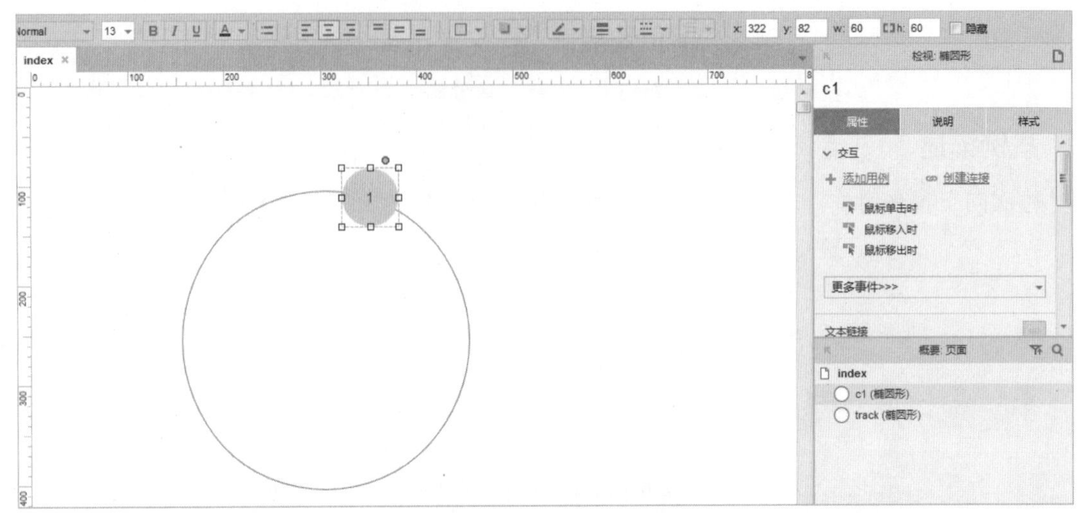

图 6-50　拖入“椭圆形”元件

（4）按住 Ctrl 键的同时拖动鼠标，复制 9 个“椭圆形”元件，在右侧“检视：椭圆形”区域依次修改其名称为 c2、c3、c4、c5、C1、C2、C3、C4、C5，在工具栏中分别修改其“填充颜色”，依次双击修改输入的数字，调整至适当的位置，效果如图 6-51 所示。

（5）按住 Ctrl+A 快捷键全选编辑区中的元件，在工具栏中设置 x 为-163，y 为 77，如图 6-52 所示。

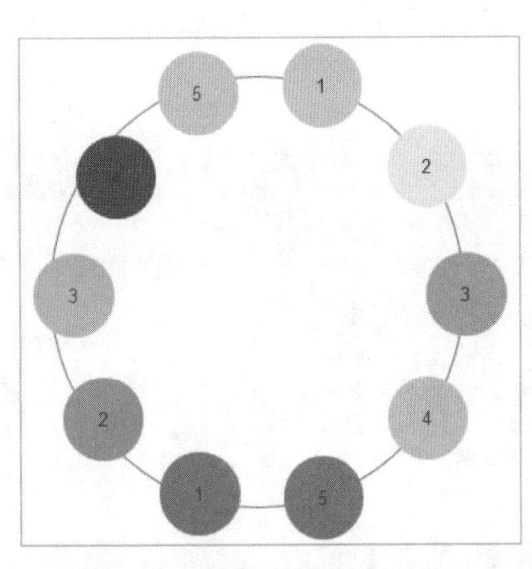

图 6-51　复制“椭圆形”元件

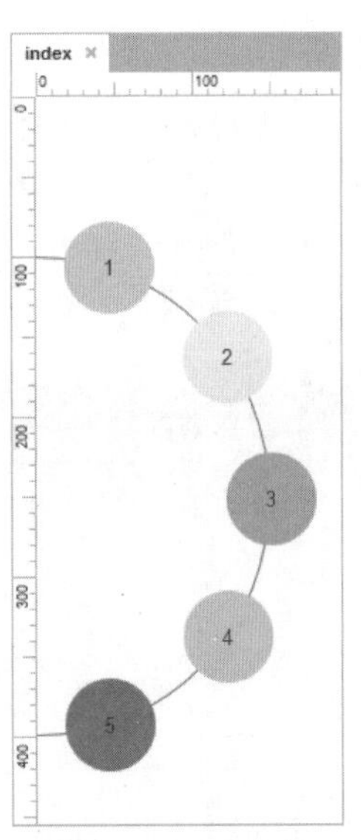

图 6-52　设置位置

（6）在左侧“元件库”面板中将“矩形 1”元件拖入编辑区中，在工具栏中设置“填充颜色”为灰色（#CCCCCC），x 为 240，y 为 185，“宽度”为 30，“高度”为 165，如图 6-53 所示。

（7）在右侧“检视：矩形”区域设置名称为 groove，单击“样式”标签切换至“样式”面板，设置“圆角半径”为 10，如图 6-54 所示。

（8）用同样的方法拖入一个“矩形 1”元件至编辑区中，在工具栏中设置“填充颜色”为浅灰色（#F2F2F2），调整大小和位置，在“样式”面板中设置“圆角半径”为 10，如图 6-55 所示。

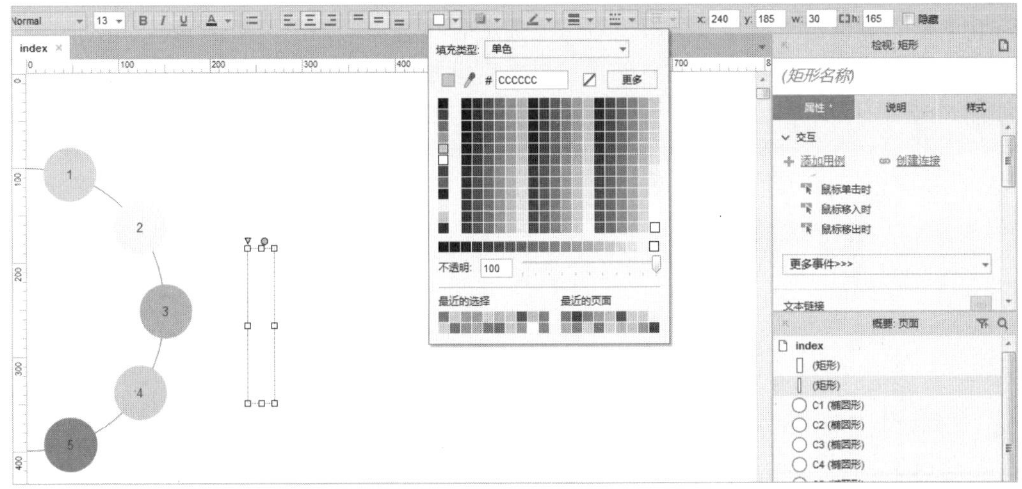

图 6-53　设置“矩形”元件

图 6-54　设置“矩形”元件

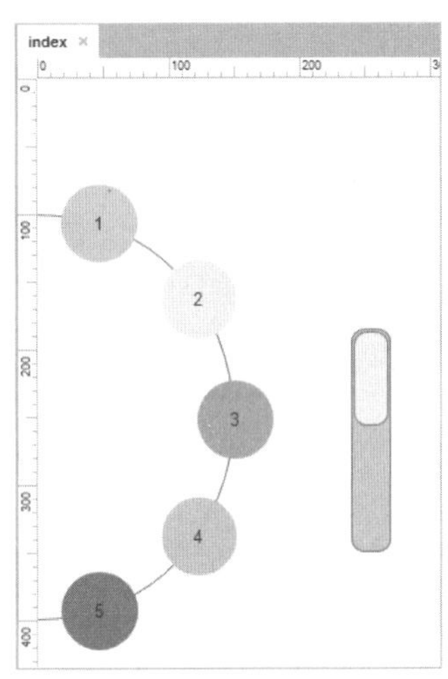

图 6-55　设置“矩形”元件

（9）选择“slider 矩形”元件，单击鼠标右键，在弹出的快捷菜单中选择“转换为动态面板”命令，将其转换为动态面板，在右侧“检视：动态面板”区域设置名称为 slider，如图 6-56 所示。

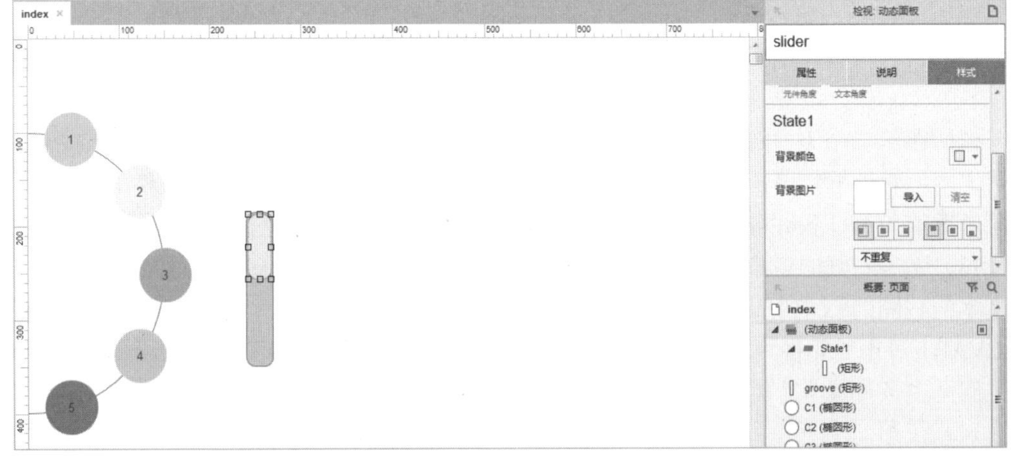

图 6-56　转换为动态面板

（10）在右侧单击“属性”面板，双击“拖动时”选项，弹出“用例编辑<拖动时>”对话框，单击“添加条件”按钮，弹出“条件设立”对话框，在第一个下拉列表框中选择“值”选项，如图 6-57 所示。

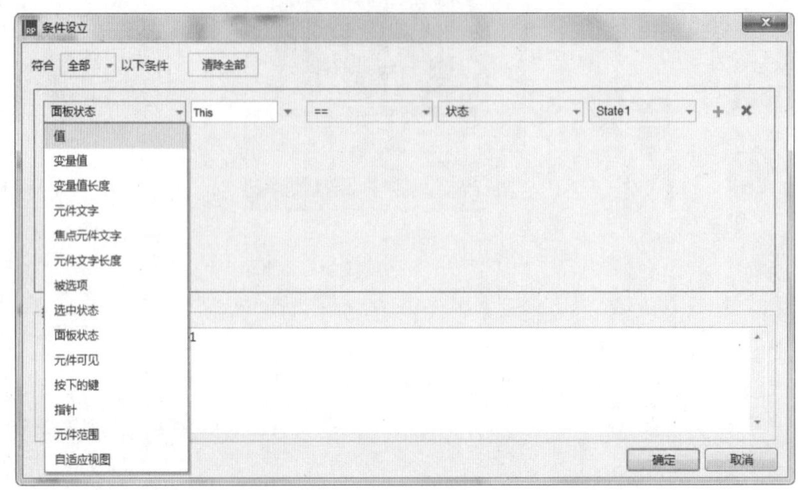

图 6-57　选择“值”选项

（11）单击文本框右侧的 fx 按钮，弹出“编辑文本”对话框，在下方单击“添加局部变量”超链接，设置 LVAR1 等于“元件”This，在上方插入函数[[LVAR1.bottom]]，如图 6-58 所示。单击“确定”按钮返回至“条件设立”对话框中。

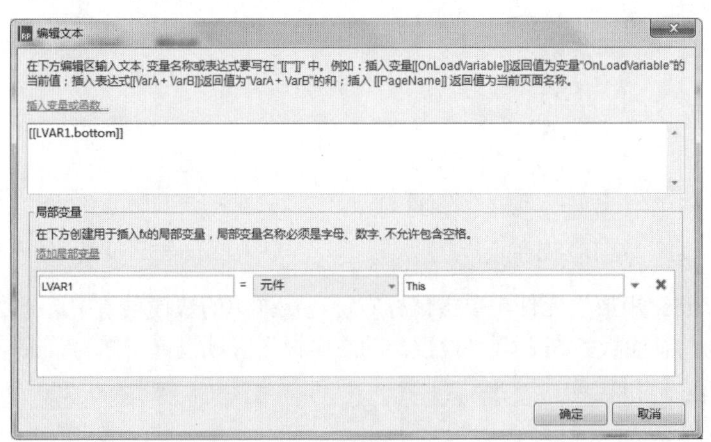

图 6-58　添加变量

（12）在第二个下拉列表框中选择“<”选项，单击最后一个文本框右侧的 fx 按钮，弹出“编辑文本”对话框，单击“添加局部变量”超链接，设置 LVAR1 等于“元件”groove，在上方插入函数[[LVAR1.bottom]]，如图 6-59 所示。单击“确定”按钮返回至“条件设立”对话框。

（13）单击右侧的“添加行”按钮➕，添加一行，在第一个下拉列表框中选择“值”选项，单击文本框右侧的 fx 按钮，弹出“编辑文本”对话框，在下方单击“添加局部变量”超链接，设置 LVAR1 等于“元件”This，在上方插入函数[[LVAR1.top]]，如图 6-60 所示。单击“确定”按钮返回至“条件设立”对话框中。

（14）在第二个下拉列表框中选择“<”选项，单击最后一个文本框右侧的 fx 按钮，弹出“编辑文本”对话框，单击“添加局部变量”超链接，设置 LVAR1 等于“元件”groove，在上

方插入函数[[LVAR1.top]]，如图 6-61 所示。单击两次“确定”按钮返回至“用例编辑<拖动时>”对话框。

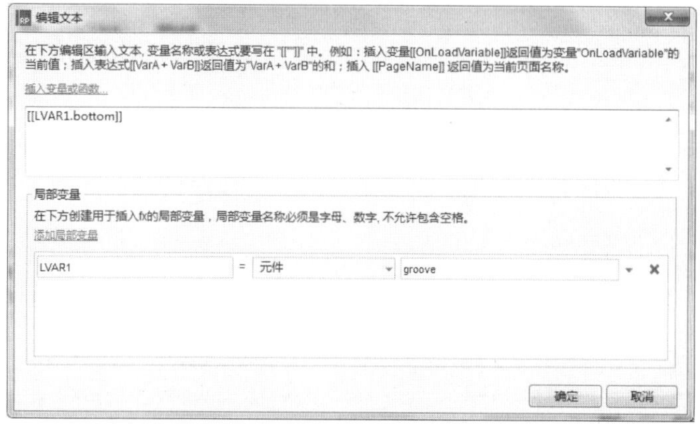

图 6-59　添加变量

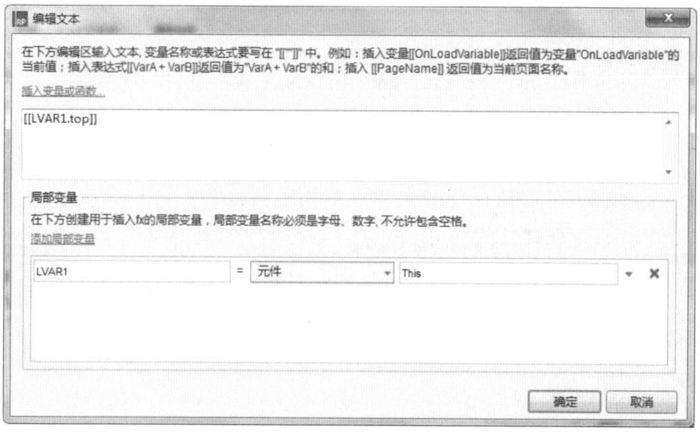

图 6-60　添加变量

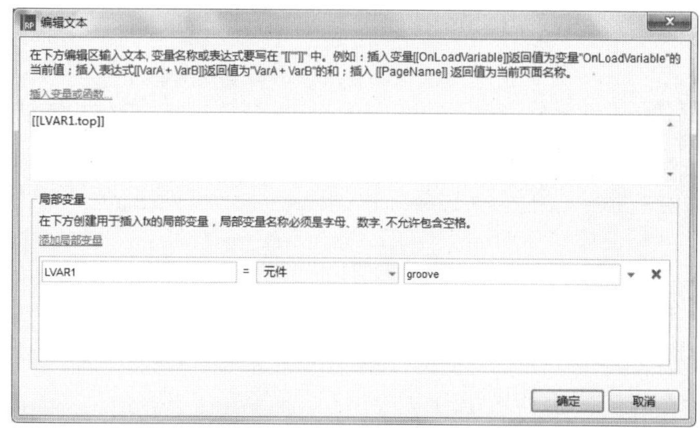

图 6-61　添加变量

（15）在左侧“添加动作”区域选择“移动”选项，在右侧“配置动作”区域选中“slider（动态面板）”复选框，设置“移动”为“垂直拖动”，如图 6-62 所示。单击“确定”按钮返回至编辑区中。

（16）在右侧“属性”面板中双击“拖动结束时”选项，弹出“用例编辑<拖动结束时>”对话框，在左侧“添加动作”区域选择“移动”选项，在右侧“配置动作”区域选中“slider

（动态面板）”复选框，设置“移动”为“回到拖动前位置”，如图 6-63 所示。

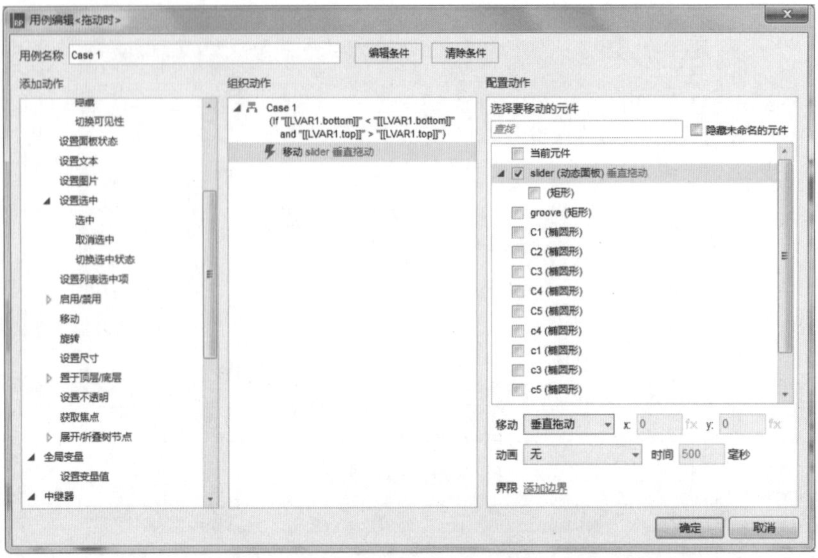

图 6-62　添加动作

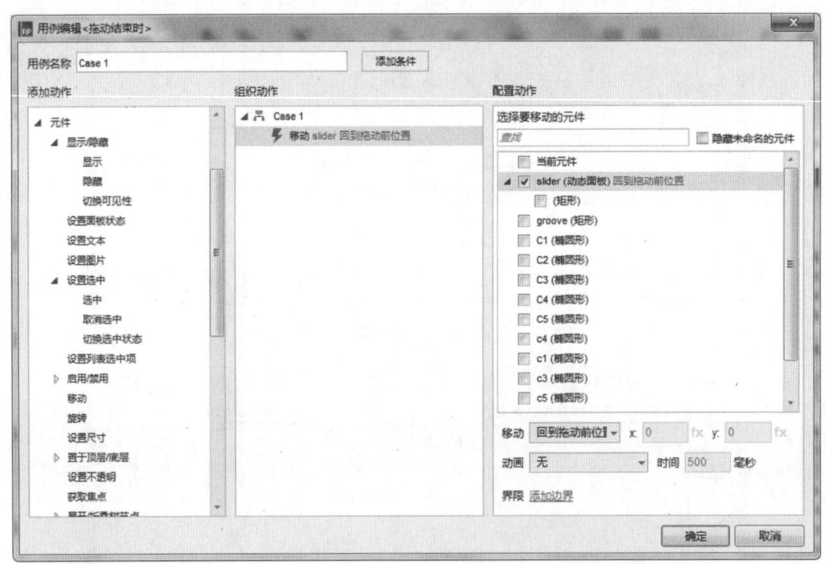

图 6-63　添加动作

（17）在左侧“添加动作”区域选择“设置变量值”选项，在右侧“配置动作”区域单击“添加全局变量”超链接，弹出“全局变量”对话框，单击“添加”按钮，添加一个变量，设置“变量名称”为 angle，“默认值”为-75，如图 6-64 所示。单击“确定”按钮返回至“用例编辑<拖动结束时>”对话框中。

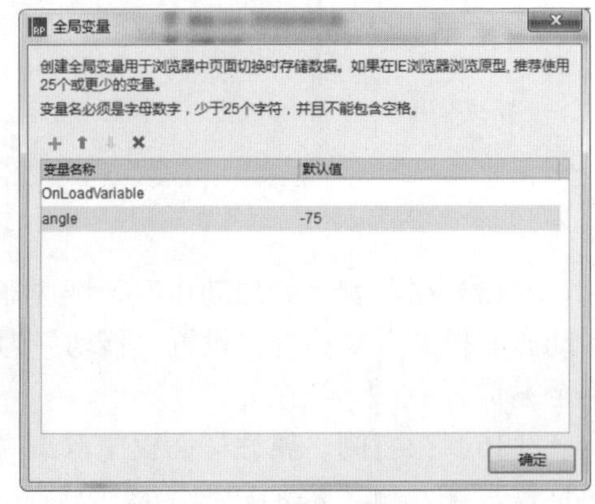

图 6-64　添加变量

（18）选中 angle 复选框，在下方设置全局变量值为[[angle+36]]，如图 6-65 所示。

图 6-65　设置全局变量

（19）在左侧选择“移动”选项，在右侧选中“c1（椭圆形）”复选框，设置“移动”为“绝对位置”，如图 6-66 所示。

图 6-66　添加动作

（20）单击 x 右侧的 fx 按钮，弹出“编辑值”对话框，在“局部变量”选项组中单击“添加局部变量”超链接，设置 LVAR1 等于“元件”track，如图 6-67 所示。

（21）再次单击“添加局部变量”超链接，设置 LVAR2 等于“元件文字”c1，在上方插入函数[[LVAR1.width/2* Math.Cos(angle*3.14159265/180)-LVAR2.width/2]]，如图 6-68 所示。单击“确定”按钮返回至“用例编辑<拖动结束时>”对话框。

图 6-67　添加变量

图 6-68　添加变量

（22）单击 y 右侧的 fx 按钮，弹出“编辑值”对话框，在“局部变量”选项组中单击“添加局部变量”超链接，设置 LVAR1 等于“元件”track，LVAR2 等于“元件”c1，在上方插入函数[[LVAR1.width/2* Math.Sin(angle*3.14159265/180)+250-LVAR2.height/2]]，如图 6-69 所示。

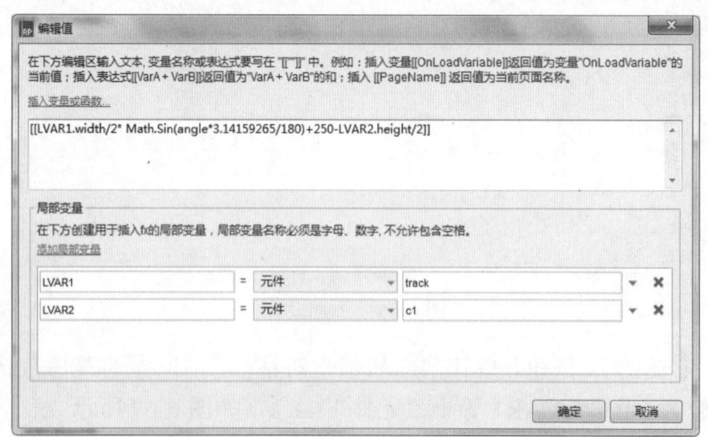

图 6-69　添加变量

（23）设置“动画”为“线性”，“时间”为 500 毫秒，如图 6-70 所示。

（24）用步骤（19）～步骤（23）的方法为 c2、c3、c4、c5、C1、C2、C3、C4、C5 添加

动作，按 Ctrl+S 快捷键，以“6.5”为名称保存该文件，然后按 F5 键预览效果，如图 6-71 所示。

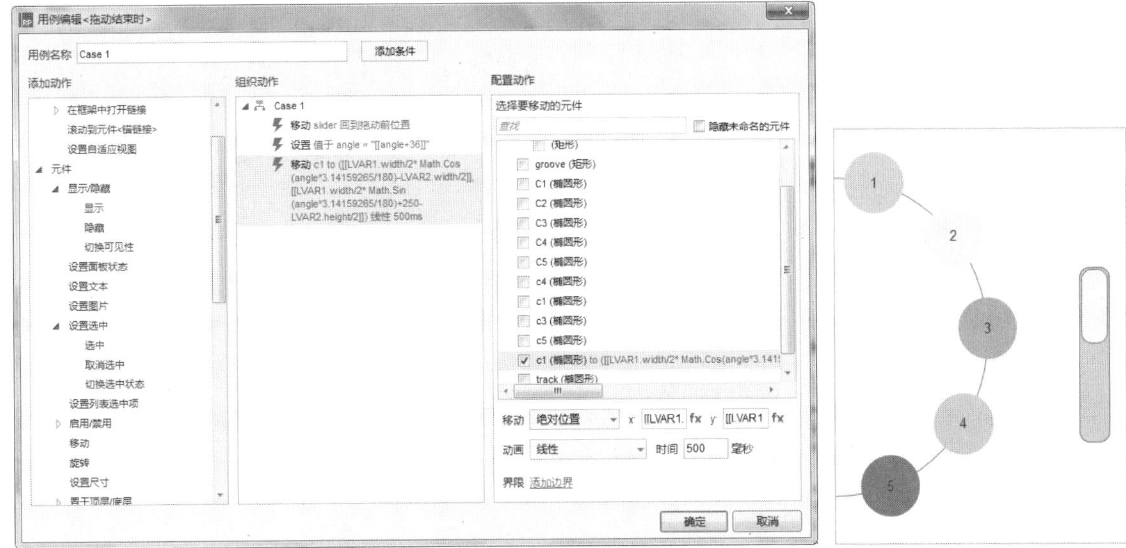

图 6-70　添加动作　　　　图 6-71　最终效果

6.6　向 上 漂 浮

案例描述

单击“开始”按钮，+1 逐渐上升并逐渐消失，如图 6-72 所示。

图 6-72　向上漂浮

思路分析

- 为“按钮”元件添加“鼠标单击时”事件。
- 为动态面板添加移动动作，并设置显示/隐藏。

案例描述

（1）选择“文件”|“新建”命令，新建一个 Axure 的文档。

（2）在左侧“元件库”面板中将“动态面板”元件拖入编辑区中，在工具栏中设置 x 为 145，y 为 280，“宽度”为 330，“高度”为 125，在右侧“检视：动态面板”区域设置名称为 outer-panel，如图 6-73 所示。

（3）双击“动态面板”元件，在弹出的“面板状态管理”对话框中双击 State1 选项，进入 outer-panel/State1（index）编辑区中，用上述同样的方法将“动态面板”元件拖入编辑区中，设置大小并调整至适当的位置，在右侧“检视：动态面板”区域设置名称为 inside-panel，如图 6-74 所示。

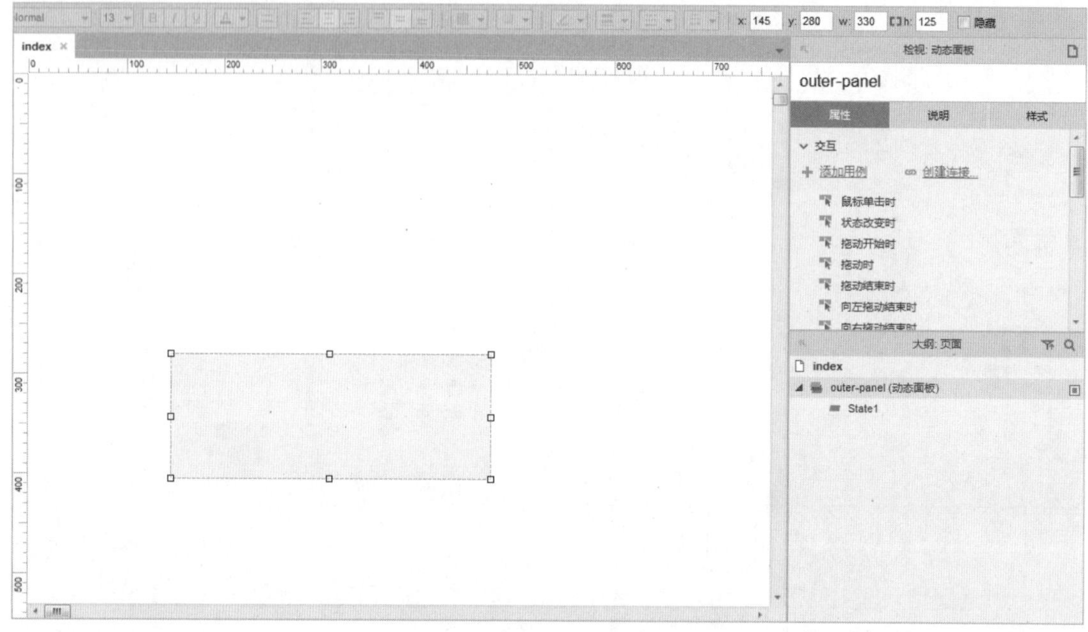

图 6-73　拖入“动态面板”元件

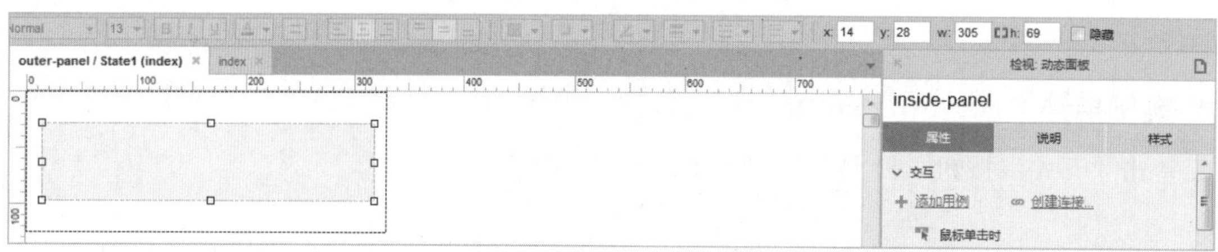

图 6-74　拖入“动态面板”元件

（4）双击“动态面板”元件，在弹出的“面板状态管理”对话框中双击 State1 选项，进入 inside-panel/State1（index）编辑区中，在“元件库”面板中将“矩形 1”元件拖入编辑区中，双击并输入“+1”，在工具栏中设置“字体尺寸”为 48，“文本颜色”为红色（#FF0000），“线段颜色”为无，如图 6-75 所示。

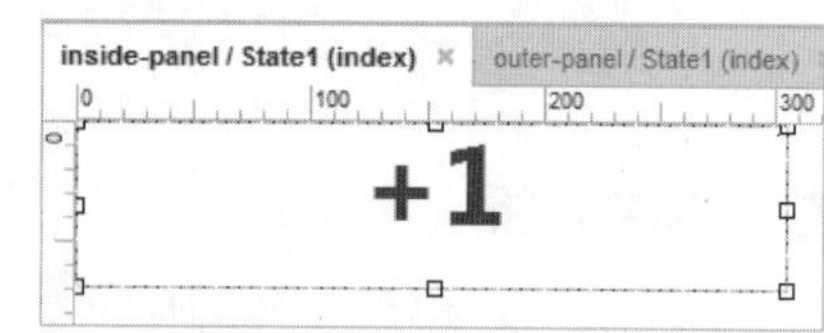

图 6-75　设置“矩形 1”元件

（5）单击 outer-panel/State1（index）标签切换至 outer-panel/State1（index）编辑区中，选择“inside- panel 动态面板”元件，单击“样式”标签切换至“样式”面板，选中“隐藏”复选框，如图 6-76 所示。

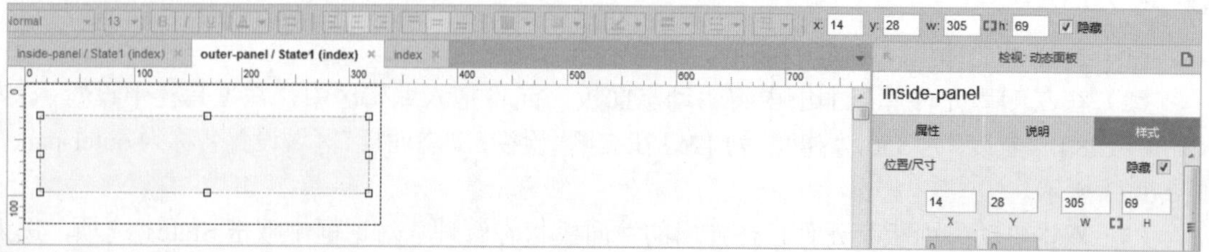

图 6-76　隐藏“动态面板”元件

（6）单击 index 标签切换至 index 编辑区，在“元件库”面板中将“提交按钮”元件拖入编辑区中，在工具栏中设置 x 为 505，y 为 380，“宽度”为 100，“高度”为 25，在右侧“检视：提交按钮”区域设置名称为 start，如图 6-77 所示。

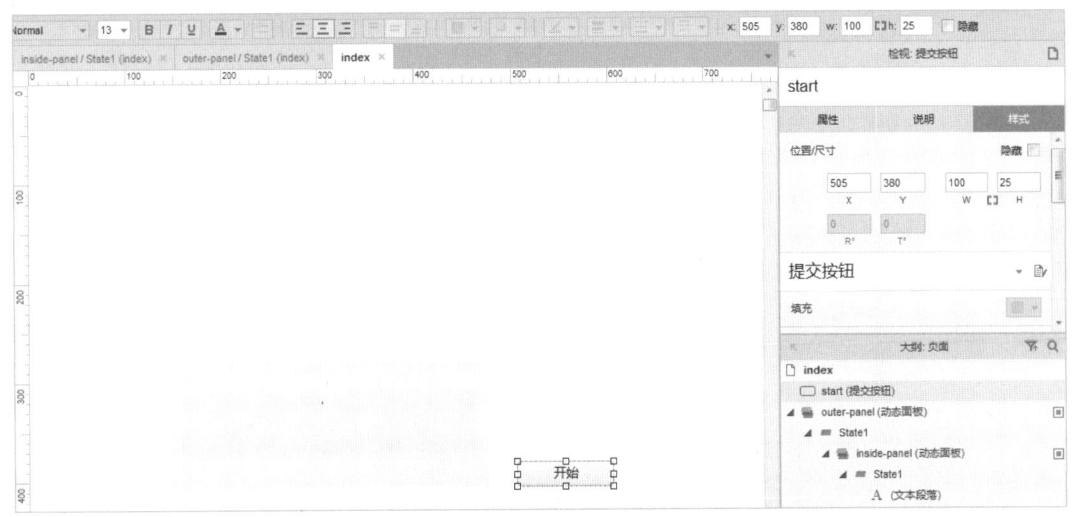

图 6-77　设置“提交按钮”元件

（7）在右侧单击“属性”标签切换至“属性”面板，双击“鼠标单击时”选项，弹出“用例编辑<鼠标单击时>”对话框，在左侧“添加动作”区域选择“显示”选项，在右侧“配置动作”区域选中“inside-panel（动态面板）”复选框，设置“动画”为“逐渐”，t（时间）为 1000 毫秒，如图 6-78 所示。

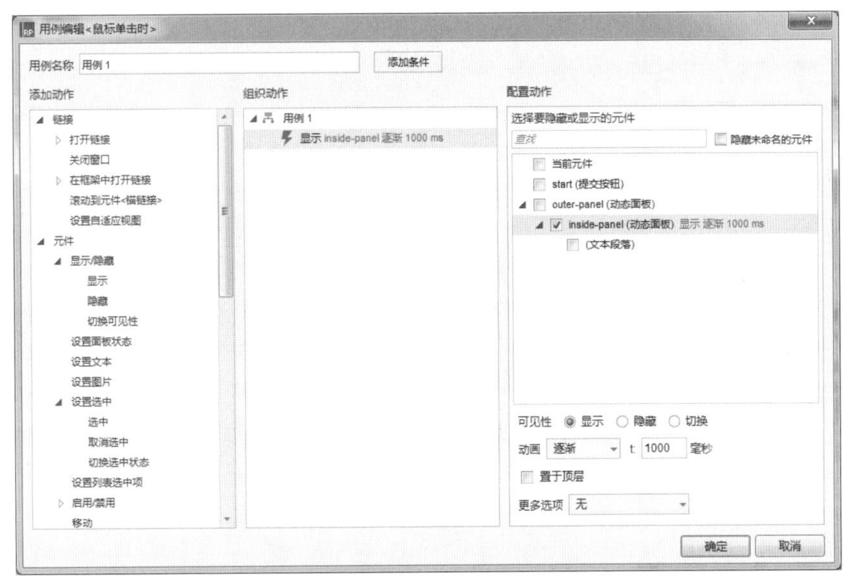

图 6-78　显示动态面板

（8）在左侧选择“移动”选项，在右侧选中“outer-panel（动态面板）”复选框，设置“移动”为“经过”，x 为 0，y 为-100，“动画”为“线性”，t（时间）为 1000 毫秒，如图 6-79 所示。

（9）用上述相同的方法，为 inside-panel、outer-panel 添加动作，如图 6-80 所示。

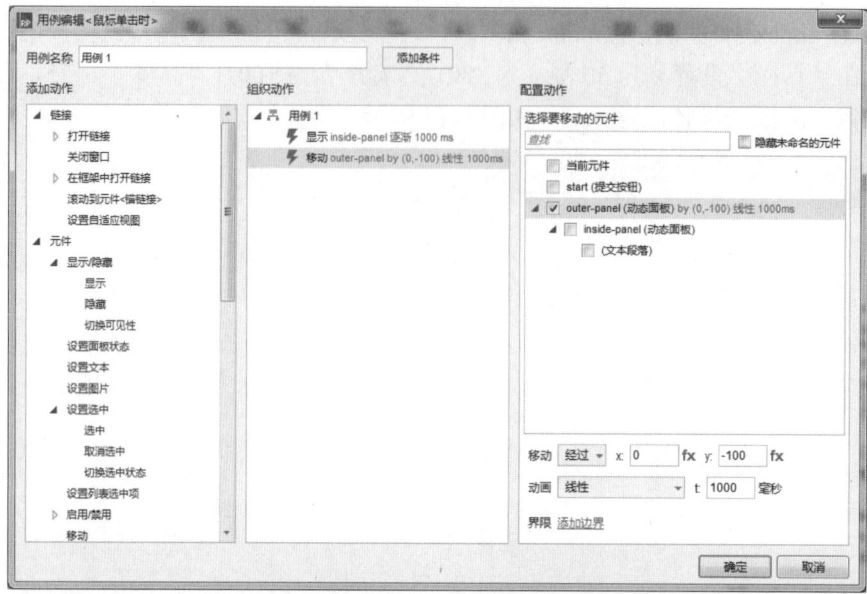

图 6-79　添加动作

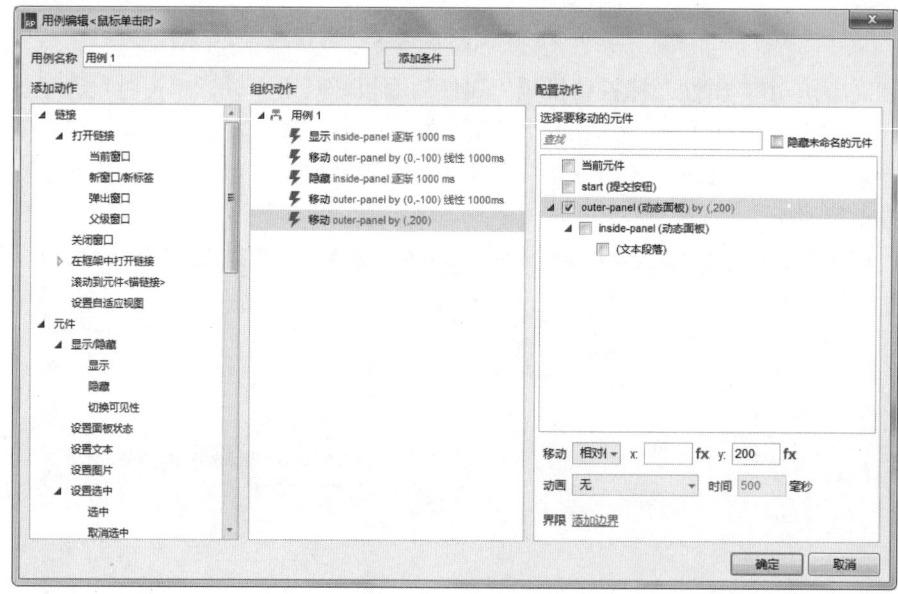

图 6-80　添加动作

（10）按 Ctrl+S 快捷键，以“6.6”为名称保存该文件，然后按 F5 键预览效果，如图 6-81 所示。

图 6-81　最终效果

6.7　表格添加/删除操作

案例描述

当输入“姓名”“性别”“职业”“邮箱”和选择“性别”后，单击“添加”按钮，即可在下方添加一行；当文本框和下拉列表框中有任何一个为空时，单击“添加”按钮，则会在下方提示“输入有误，请检查！”。

在表格中选中一行，该行变成蓝色，单击“删除”按钮即可删除一行，如图 6-82 所示。

姓名：许旭　性别：男　职位：产品经理　邮箱：xuxu@126.com

添加　删除

编号	姓名	性别	职业	邮箱
1	李立	男	产品经理	lili@136.com
2	黄榕	女	需求分析	huangrong@126.com
3	郭果	女	产品助理	guoguo@sina.com
4	许旭	男	产品经理	xuxu@126.com

图 6-82　表格添加/删除操作

思路分析

- 使用动态面板来提示错误。
- 用中继器来展示表格，且设置“选中”时的交互样式。
- 对按钮添加“鼠标单击时”事件来实现添加行和删除行的操作。

本案例的具体操作步骤请参见资源包。

6.8　滑动验证效果

案例描述

按住滑杆左侧的圆形按钮向右拖动，中间文字提示“拖动中”，拖动直至与拼图图片位置重合，则显示“验证通过”；否则显示“验证失败”，圆形按钮和拼图复位，如图 6-83 所示。

图 6-83　滑动验证效果

思路分析

- 使用多个图形合并和去除的方法。
- 添加“拖动时”事件，沿水平方向移动设置，添加移动边界，设置文本标签状态，显示“拖动中.......”。
- 添加“拖动结束时”事件，文本标签状态有两种，一种是当拖动至目标位置时显示“验证通过”；否则显示“验证失败”，并分别设置移动方向，添加边界。
- 为动态面板添加事件，当鼠标移入时显示，当鼠标移出时隐藏。

本案例的具体操作步骤请参见资源包。

6.9 表格分页

案例描述

在左上角选择每页显示几条，列表中就会相应地展示几条信息，在右侧单击“下一页”按钮就会显示下一页的信息，单击“上一页”按钮就会显示上一页的信息，单击“首页”按钮显示首页的信息，单击“末页”按钮显示末页的信息，如图 6-84 所示。

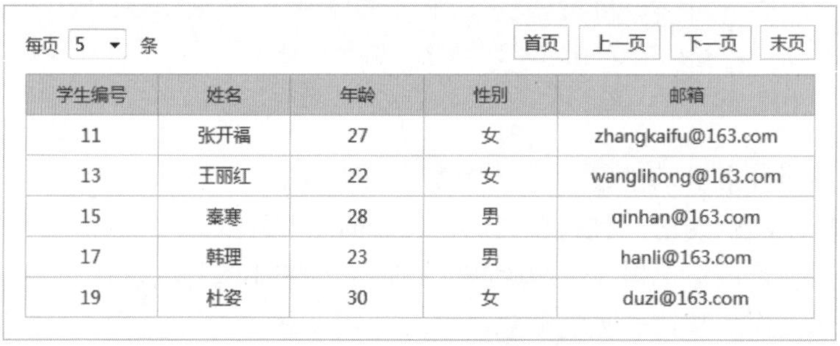

每页 5 条　　首页　上一页　下一页　末页

学生编号	姓名	年龄	性别	邮箱
11	张开福	27	女	zhangkaifu@163.com
13	王丽红	22	女	wanglihong@163.com
15	秦寒	28	男	qinhan@163.com
17	韩理	23	男	hanli@163.com
19	杜姿	30	女	duzi@163.com

图 6-84　表格分页

思路分析

- 添加中继器展示列表；并设置“每项加载时”事件，来完成数据与元件的连接。
- 为“下拉列表框”元件设置“选项改变时”事件，设置每页项目数。
- 为“首页”“末页”“上一页”“下一页”元件设置“鼠标单击时”事件。

本案例的具体操作步骤请参见资源包。

6.10 双向列表操作

案例描述

当选择左侧菜单列表中的选项，单击>>按钮时，则添加到右侧列表中；当选择右侧的菜单列表中选项，单击<<按钮时，添加到左侧列表中。

当不选择选项单击>>按钮时，则提示“请从左侧选择菜单项！”；当不选择选项单击<<按钮时，则提示“请从右侧选择菜单项！”，如图 6-85 所示。

图 6-85　双向列表操作

思路分析

- 添加两个全局变量，用来保存两个中继器列表中当前选中的数据。
- 使用中继器来实现数据的保存。
- 为按钮添加“鼠标单击时”事件，实现单击鼠标移动选项的操作。

本案例的具体操作步骤请参见资源包。

第 7 章

个 性 拼 比

7.1 单行选中变色

案例描述

单击表格中的一行时，单选按钮呈选中状态，整行的背景颜色变成浅蓝色，如图 7-1 所示。

○	语文	数学	英文	政治	地理	历史
◉	语文	数学	英文	政治	地理	历史
○	语文	数学	英文	政治	地理	历史
○	语文	数学	英文	政治	地理	历史
○	语文	数学	英文	政治	地理	历史
○	语文	数学	英文	政治	地理	历史

图 7-1　单行选中变色

思路分析

- 使用中继器来完成数据与元件的连接，并设置模块之间的布局和间隔。
- 组合元件，设置整行“矩形”元件选中时的交互样式。
- 为“单选按钮”元件添加“鼠标单击时”事件。

操作步骤

（1）选择“文件”|“新建”命令，新建一个 Axure 的文档。

（2）在左侧“元件库”面板中将“中继器”元件拖入编辑区中，在右侧“检视：中继器”区域设置名称为 table，如图 7-2 所示。

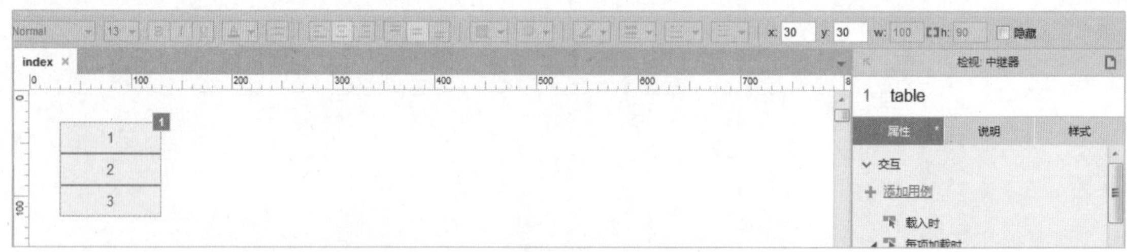

图 7-2　拖入“中继器”元件

（3）在右侧“属性”面板中的“中继器”区域添加 3 行，并输入数字 4、5、6，如图 7-3 所示。

（4）双击“中继器”元件进入 table（index）编辑区，选中“矩形”元件，按 Ctrl+C 快捷键复制 6 个并粘贴，然后调整至适当的位置，如图 7-4 所示。

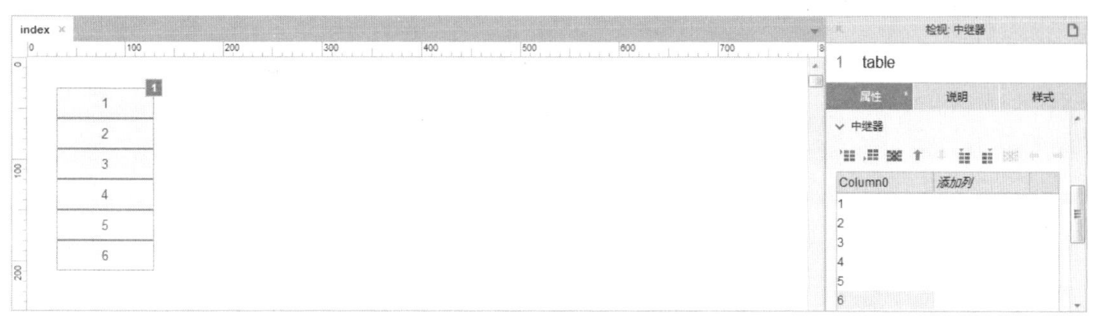

图 7-3 添加行

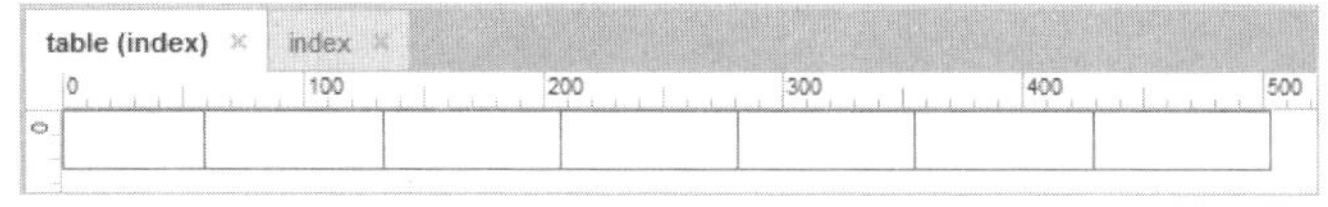

图 7-4 复制“矩形”元件

（5）选中所有“矩形”元件，按 Ctrl+G 快捷键组合所有“矩形”元件，在工具栏中设置“线段颜色”为灰色（#D7D7D7），y 为-1，在右侧“检视：组合”区域设置名称为 rowsGroup，在“属性”面板的“组合”区域设置“设置选项组名称”为 row，如图 7-5 所示。

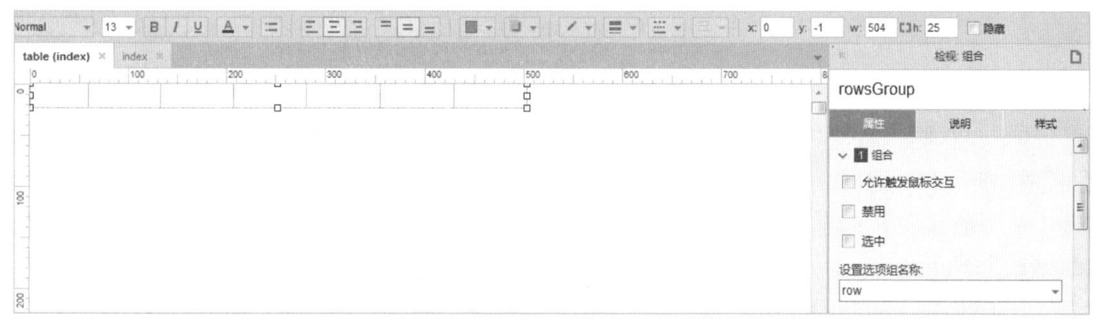

图 7-5 设置组合

（6）选中第一个“矩形”元件，从左侧“元件库”面板中拖入“单选按钮”元件并双击，删掉“单选按钮”文字，调整大小和位置，如图 7-6 所示。

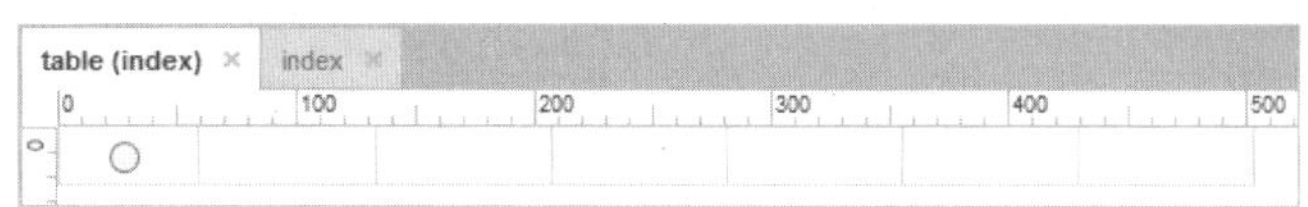

图 7-6 拖入“单选按钮”元件

（7）选中并双击其他“矩形”元件，分别输入文字“语文”“数学”“英文”“政治”“地理”“历史”，如图 7-7 所示。

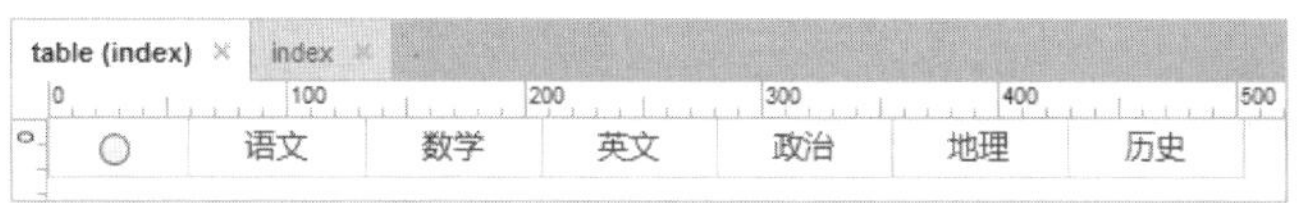

图 7-7 输入文字

（8）选中“rowsGroup 组合”元件，在右侧“属性”面板中的“交互样式设置”区域单击“选中”超链接，弹出“交互样式设置”对话框，选中“填充颜色”复选框，单击右侧“填充颜色”右侧的下三角按钮，在弹出的颜色面板中选择淡蓝色（#00FFFF），如图 7-8 所示。单击“确定”按钮返回至编辑区中。

图 7-8　设置“填充颜色”

（9）在右侧“属性”面板中的“交互”区域双击“鼠标单击时”选项，弹出“用例编辑<鼠标单击时>”对话框，在左侧“添加动作”区域选择“选中”选项，在右侧“配置动作”区域选中“当前元件”复选框，下方选中状态“值”默认为 true，如图 7-9 所示，单击“确定”按钮返回至编辑区中。

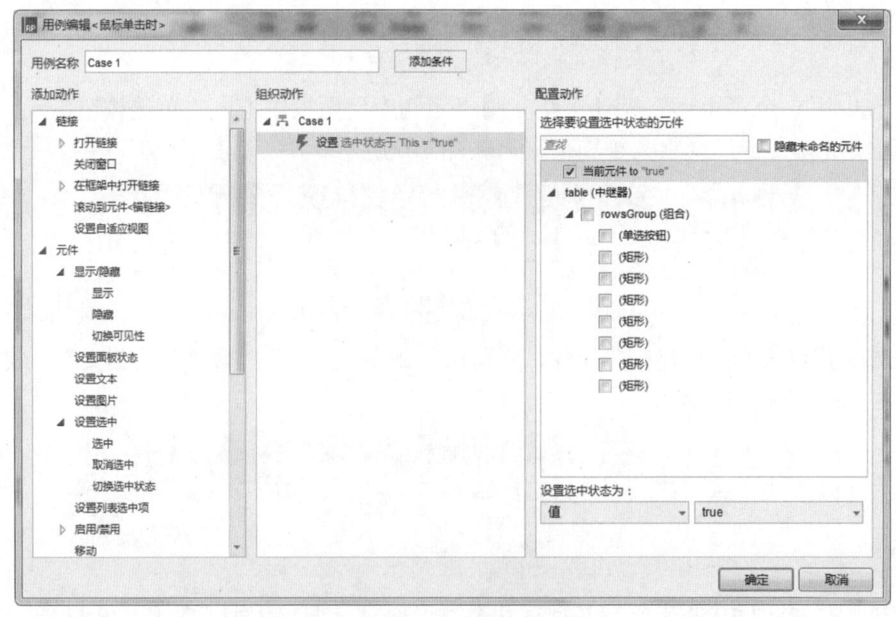

图 7-9　添加动作

（10）单击 index 标签切换至 index 选项卡，在“属性”面板中的“中继器”区域取消选中“隔离选项组效果”复选框，如图 7-10 所示。

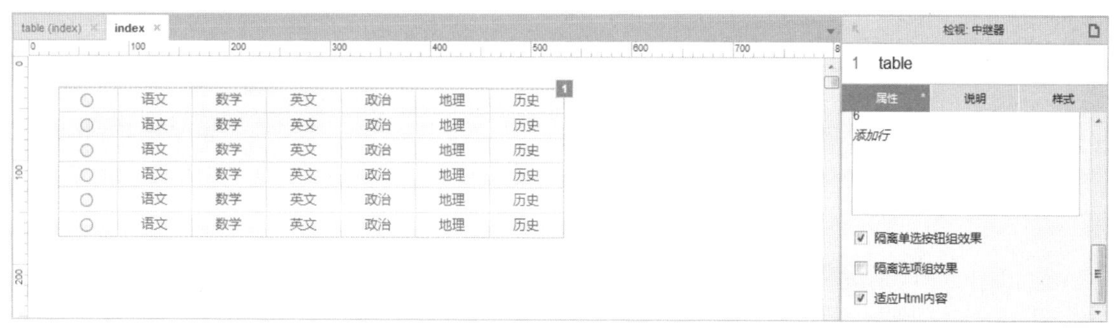

图 7-10 取消选中“隔离选项组效果”复选框

（11）按 Ctrl+S 快捷键，以“7.1”为名称保存该文件，然后按 F5 键预览效果，如图 7-11 所示。

○	语文	数学	英文	政治	地理	历史
○	语文	数学	英文	政治	地理	历史
◉	语文	数学	英文	政治	地理	历史
○	语文	数学	英文	政治	地理	历史
○	语文	数学	英文	政治	地理	历史
○	语文	数学	英文	政治	地理	历史

图 7-11 最终效果

7.2 二维码扫描效果

案例描述

当页面载入时，扫描线上下不停的移动，如图 7-12 所示。

图 7-12 二维码扫描效果

思路分析

- 在动态面板中添加两个状态，载入时，开启循环的设置。
- 判断扫描线是否碰触到上下边界，使用元件函数进行边界坐标值的获取。

操作步骤

（1）选择“文件”|“新建”命令，新建一个 Axure 的文档。

（2）将“元件库”面板中的“图片”元件拖入编辑区中，在工具栏中设置 x 和 y 均为 170，“宽度”和“高度”均为 160，在右侧“检视：图片”区域设置名称为 code，如图 7-13 所示。

（3）在“元件库”面板中将“矩形 2”元件拖入编辑区中，在工具栏中设置“填充颜色”为绿色（#009900），设置大小并调整至适当的位置，如图 7-14 所示。

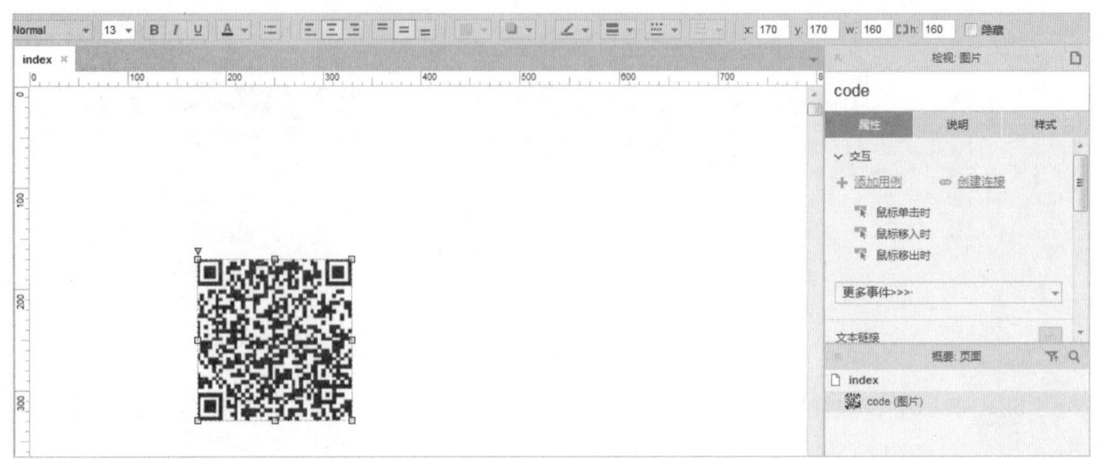

图 7-13　导入图片

（4）用同样的方法拖入“矩形”元件，设置大小并调整至适当位置，如图 7-15 所示。

图 7-14　拖入“矩形”元件

图 7-15　拖入“矩形”元件

（5）在“元件库”面板中将“矩形 2”元件拖入编辑区中，在工具栏中设置“填充颜色”为绿色（#009900），设置 x 为 115，y 为 247，“宽度”为 270，“高度”为 3，在右侧“检视：矩形”区域设置名称为 line，如图 7-16 所示。

图 7-16　拖入“矩形 2”元件

（6）在“元件库”面板中将“矩形 2”元件拖入编辑区中，设置大小并调整至适当的位置，在右侧“检视：矩形”区域设置名称为 Fx，单击“样式”标签切换至“样式”面板，选中“隐藏”复选框，如图 7-17 所示。

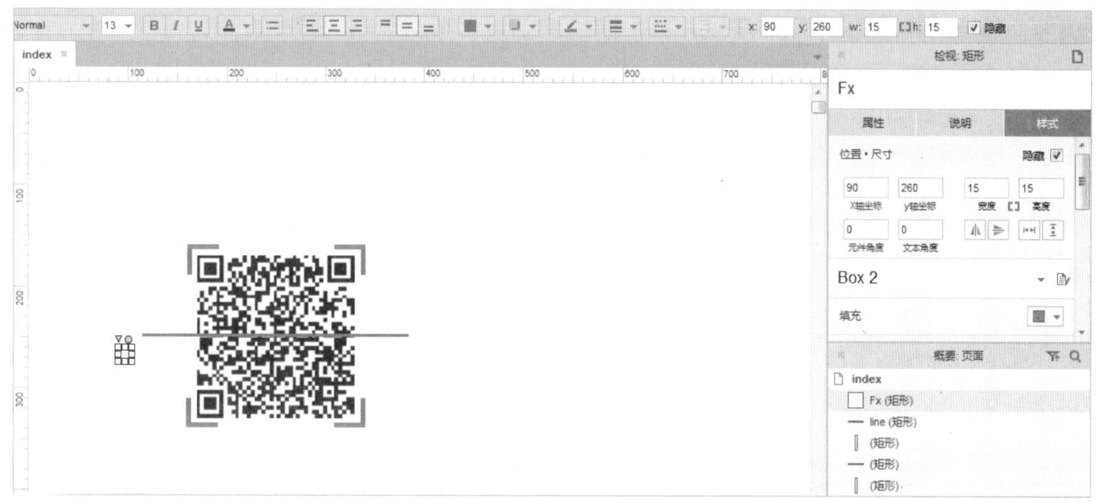

图 7-17 拖入“矩形 2”元件

（7）在“元件库”面板中将“动态面板”元件拖入编辑区中，在工具栏中设置 x 为 90，y 为 305，“宽度”和“高度”均为 35，在右侧“检视：动态面板”区域设置名称为 loop-panel，如图 7-18 所示。

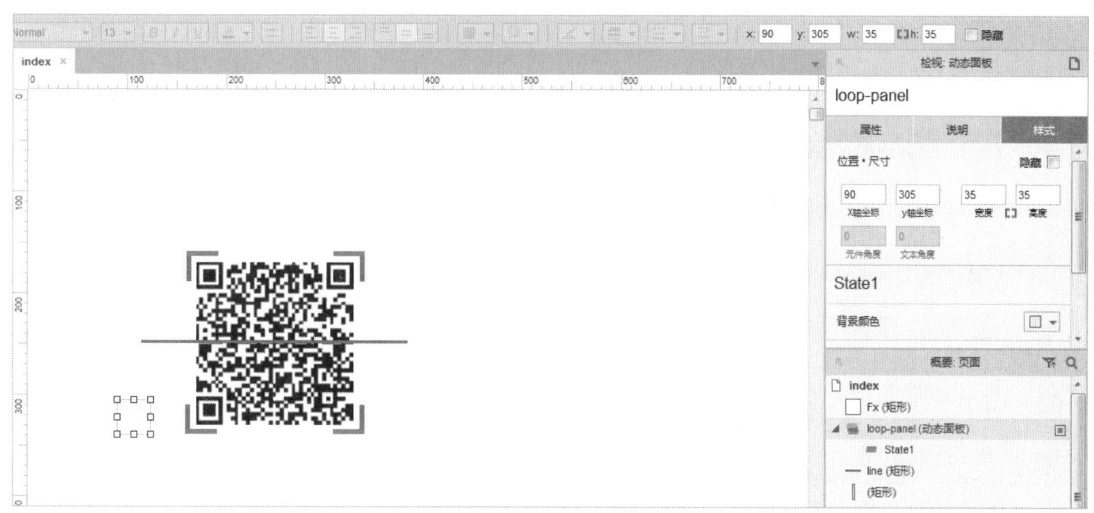

图 7-18 拖入“动态面板”元件

（8）双击“动态面板”元件，在弹出的“面板状态管理”对话框中单击“添加”按钮，添加面板状态，如图 7-19 所示。单击“确定”按钮返回至编辑区中。

图 7-19 添加面板状态

（9）在右侧单击“属性”标签切换至“属性”面板中，双击“状态改变时”选项，弹出“用例编辑<状态改变时>”对话框，在左侧选择“移动”选项，在右侧选中“line（矩形）”复选框，如图 7-20 所示。

（10）在下方单击 y 右侧的 fx 按钮，弹出“编辑值”对话框，在“局部变量”选项组中单击“添加局部变量”超链接，设置 f 等于“元件文字”Fx，在上方插入变量[[f]]，如图 7-21 所示，单击两次“确定”按钮返回至编辑区中。

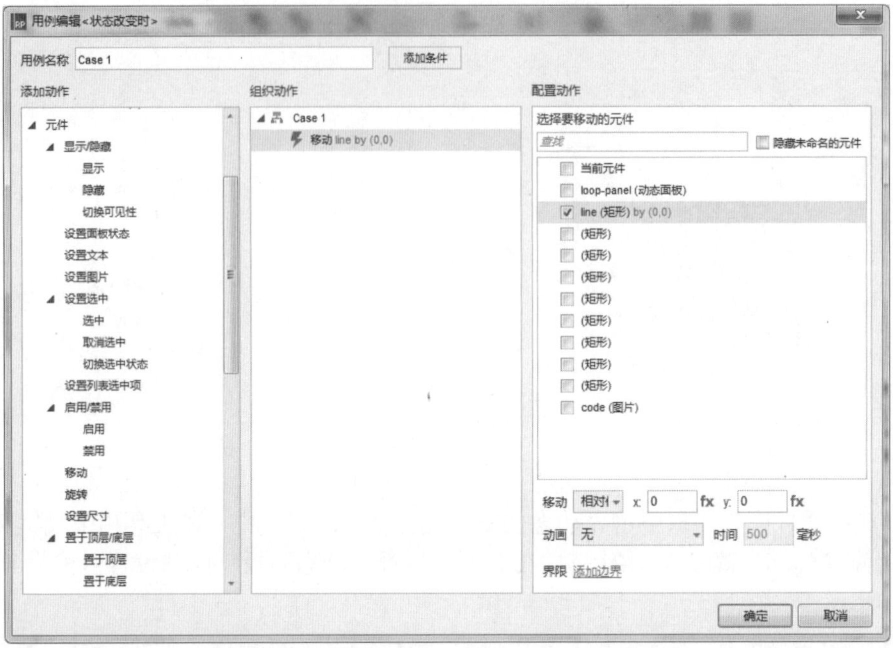

图 7-20　添加动作

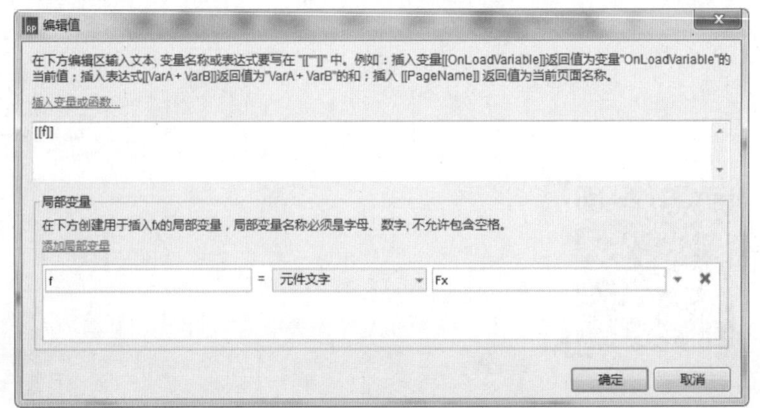

图 7-21　添加局部变量

（11）在右侧“属性”面板中单击“更多事件>>>”右侧的下三角按钮，在弹出的下拉菜单中选择“载入时”选项，弹出“用例编辑<载入时>”对话框，在左侧“添加动作”区域选择“设置面板状态”选项，在右侧选中“loop-panel（动态面板）”复选框，设置“选择状态”为 Next，选中“向后循环”和“循环间隔”复选框，设置“循环间隔”为 10 毫秒，如图 7-22 所示。单击“确定”按钮返回至编辑区中。

（12）在编辑区中选择“line 矩形”元件，在右侧“属性”面板中单击“更多事件>>>”右侧的下三角按钮，在弹出的下拉菜单中选择“移动时”选项，弹出“用例编辑<移动时>”对话框，单击“添加条件”按钮，在第一个下拉列表框中选择“值”选项，单击文本框右侧的 fx 按钮，在弹出的“编辑文本”对话框中插入变量[[this.top]]，如图 7-23 所示。

（13）在第二个下拉列表框中选择“<”选项，在第三个下拉列表框中选择“值”选项，单击最后的文本框右侧的 fx 按钮，弹出“编辑文本”对话框，在下方单击“添加局部变量”超

链接，设置 b 等于“元件”code，在上方插入变量[[b.top]]，如图 7-24 所示。单击两次“确定”按钮返回至“用例编辑<移动时>”对话框。

图 7-22　添加局部变量

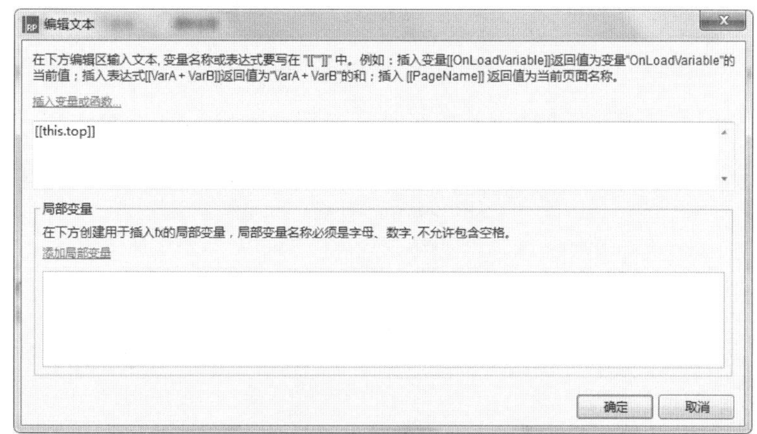

图 7-23　插入变量

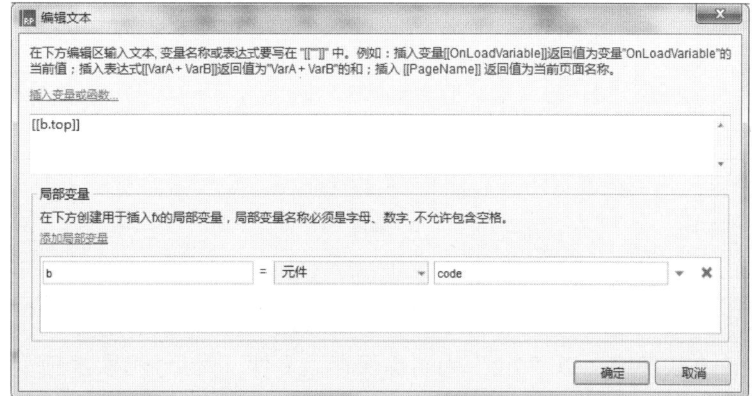

图 7-24　添加局部变量

（14）在左侧选择“设置文本”选项，在右侧选中“Fx（矩形）”复选框，在下方设置文本值为 1，如图 7-25 所示。单击“确定”按钮返回至编辑区中。

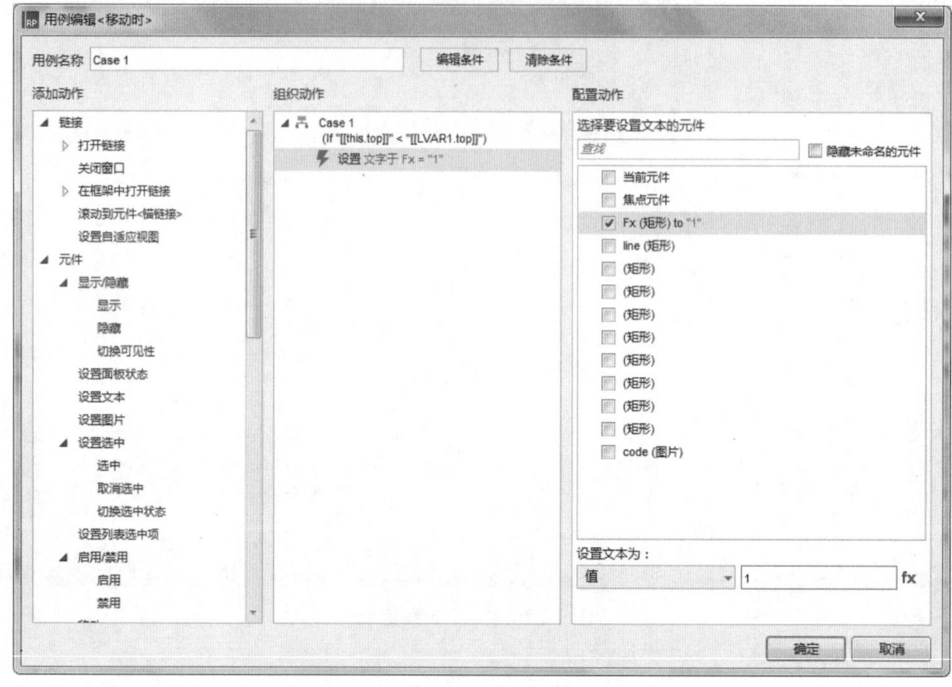

图 7-25　设置文本值

（15）用同样的方法添加用例 2，编辑条件并设置文本值，如图 7-26 所示。

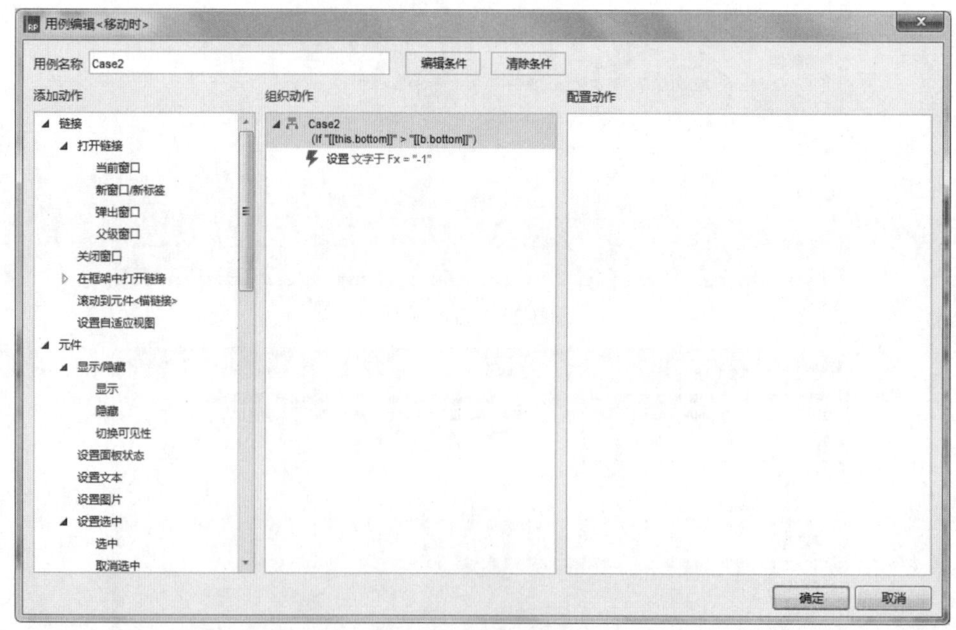

图 7-26　添加用例 2

（16）按 Ctrl+S 快捷键，以“7.2”为名称保存该文件，然后按 F5 键预览效果，如图 7-27 所示。

图 7-27　最终效果

7.3　制作产品列表

案例描述

当页面载入时，即可看到产品列表信息，包含商品图片、名称、推荐人数、销售数量、价格以及添加按钮的商品模块列表，如图 7-28 所示。

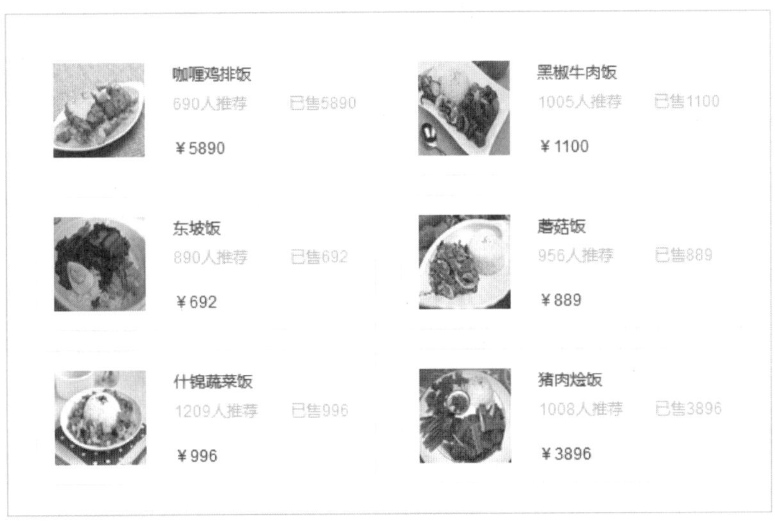

图 7-28　产品列表

思路分析

- 用中继器来实现重复的列表信息。
- 将自身数据集中的数据通过项目交互与编辑好的元件模板进行绑定。
- 设置中继器的排列布局与间隔。

操作步骤

（1）选择“文件”|“新建”命令，新建一个 Axure 的文档。

（2）将“元件库”面板中的“中继器”元件拖入编辑区中，在工具栏中设置 x 为 55，y 为 40，在右侧“检视：中继器”区域设置名称为 list，如图 7-29 所示。

（3）在编辑区中双击“中继器”元件，进入 list（index）编辑区，选择“矩形”元件，在工具栏中设置“线段颜色”为灰色（#F2F2F2），x 和 y 均为-1，“宽度”为 260，“高度”为 100，如图 7-30 所示。

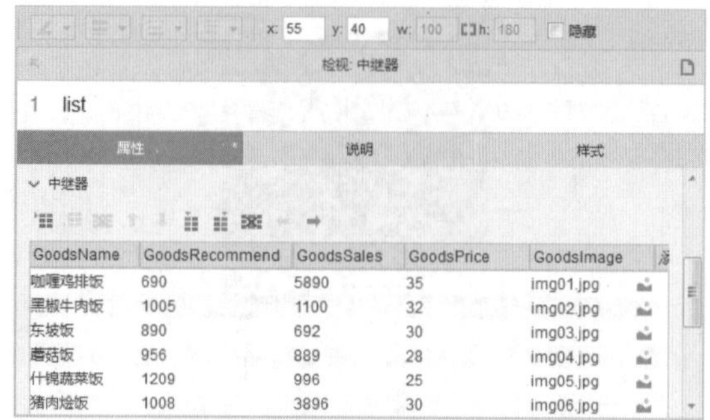

图 7-29　拖入“中继器”元件

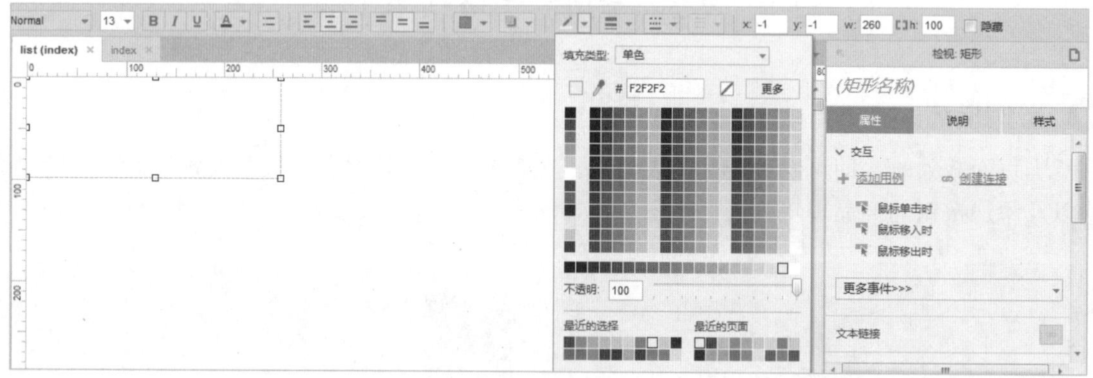

图 7-30　设置“矩形”元件

（4）在“元件库”面板中将“图片”元件拖入编辑区中，在工具栏中设置 x 为 13，y 为 14，“宽度”和“高度”均为 70，在右侧“检视：图片”区域设置名称为 GoodsImage，如图 7-31 所示。

（5）在“元件库”面板中拖入 4 个“文本标签”元件至编辑区中，双击依次输入“商品名称”“推荐”“销量”“价格”，调整至适当的位置，并分别设置其名称为 GoodsName、GoodRecommend、GoodsSales、GoodsPrice，如图 7-32 所示。

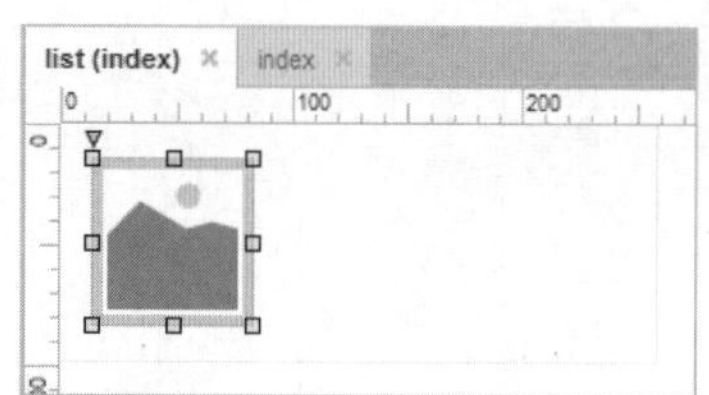

图 7-31　拖入“图片”元件

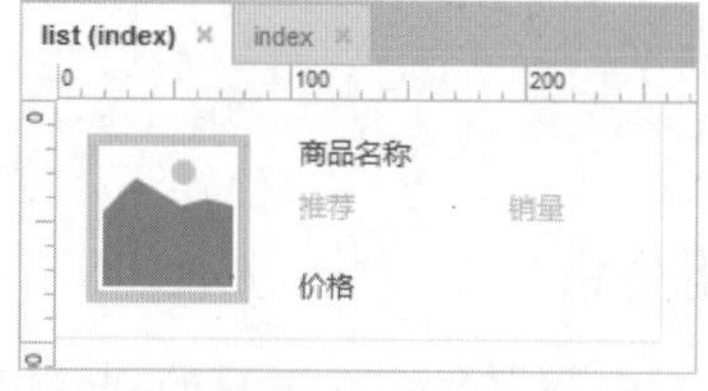

图 7-32　设置“文本标签”元件

（6）单击 index 标签切换至 index 编辑区中，选择“中继器”元件，在右侧“属性”面板中双击“每项加载时”选项，弹出“用例编辑<每项加载时>”对话框，在左侧“添加动作”区域选择“设置文本”选项，在右侧“配置动作”区域选中“GoodsImage（图片）”复选框，设置“值”为[[Item.GoodsImage]]，如图 7-33 所示。

（7）用同样的方法设置其他文本值，如图 7-34 所示。单击“确定”按钮返回至编辑区中。

（8）在右侧单击“样式”标签切换至“样式”面板，设置“布局”为“水平”，选中“网格排布”复选框，设置“每排项目数”为 2，间距“行”为 15，“列”为 20，如图 7-35 所示。

（9）按 Ctrl+S 快捷键，以“7.3”为名称保存该文件，然后按 F5 键预览效果，如图 7-36 所示。

图 7-33　设置文本值

图 7-34　设置文本值

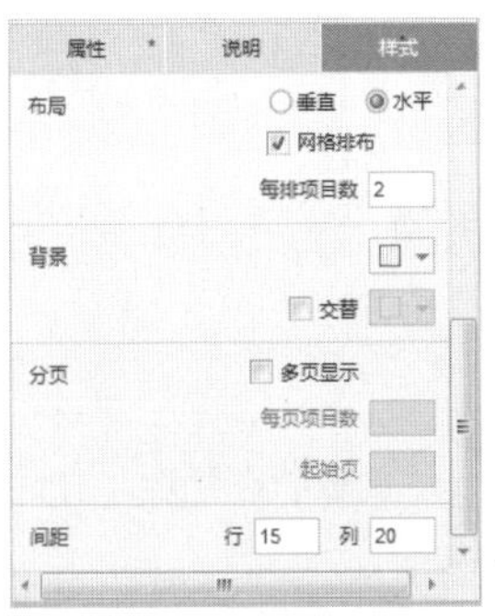

图 7-35　设置中继器样式

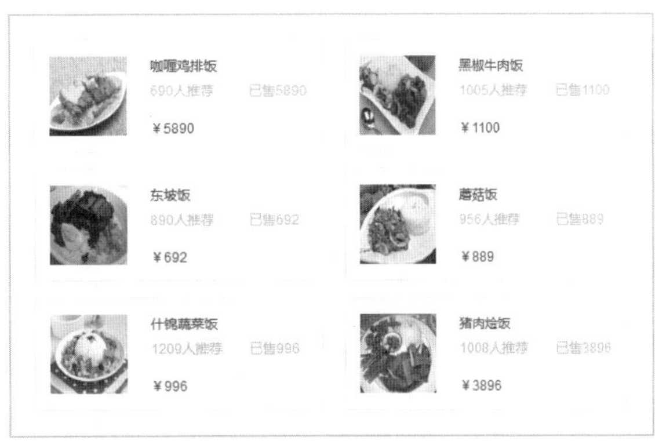

图 7-36　最终效果

7.4 图 片 翻 转

案例描述

当鼠标移入图片时，图片水平向右翻转为另一张图片；当鼠标移出图片时，图片向左水平翻转回初始状态，如图 7-37 所示。

图 7-37　图片翻转

思路分析

➢ 在动态面板的两个状态中，分别放入翻转前和翻转后的图片。

➢ 当鼠标移入时，翻转图片到动态面板另一个状态；当鼠标移出时，翻转回初始状态。

操作步骤

（1）按 Ctrl+N 快捷键，新建一个 Axure 的文档。

（2）将“元件库”面板中的“动态面板”元件拖入编辑区中，设置“宽度”为 200，“高度”为 260，在右侧“检视：动态面板”区域设置名称为 spring，如图 7-38 所示。

（3）双击动态面板，弹出“面板状态管理”对话框，在“面板状态”选项组中单击+按钮添加动态面板状态，分别重命名为 front 和 after，如图 7-39 所示。

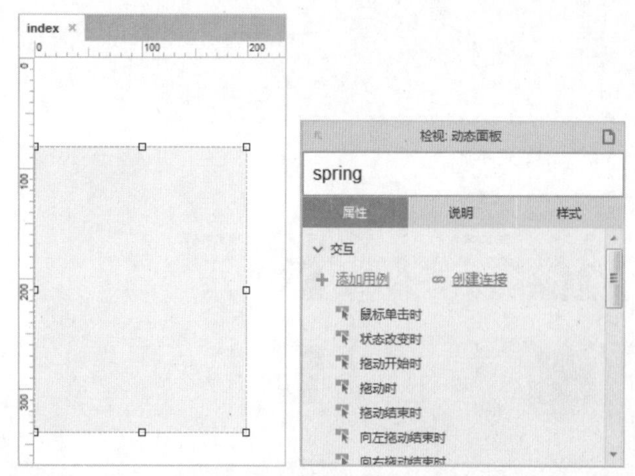

图 7-38　拖入动态面板元件并设置名称

图 7-39　“面板状态管理”对话框

（4）双击 front 面板状态，进入 spring/front（index）编辑区，拖入一个“图片”元件并双击元件，弹出“打开”对话框，选择相应的素材文件，如图 7-40 所示。单击“打开”按钮，将图片导入编辑区中。

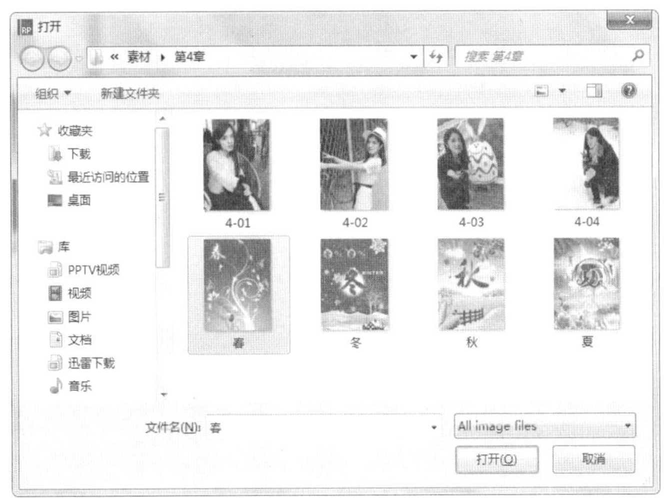

图 7-40　“打开”对话框

（5）单击 index 标签切换至 index 编辑区，双击 spring 动态面板，选择 after 面板状态，进入 spring/after（index）编辑区，拖入一个“图片”元件到编辑区中，并导入相应的素材图片，如图 7-41 所示。

（6）切换至 index 编辑区，选择 spring 动态面板元件，在右侧“属性”面板中的“添加用例”区域单击“更多事件>>>”下拉按钮，在弹出的下拉菜单中选择“鼠标移入时”选项，如图 7-42 所示。

图 7-41　导入素材图片

图 7-42　选择“鼠标移入时”选项

（7）在弹出的“用例编辑<鼠标移入时>”对话框左侧“添加动作”区域选择“设置面板状态”选项，在“配置动作”区域选中“当前元件”复选框，在“选择状态”下拉列表框中选择 Next 选项，并设置“进入动画”和“退出动画”均为“向右翻转”，“时间”默认为 500 毫秒，如图 7-43 所示。单击“确定”按钮返回至编辑区中。

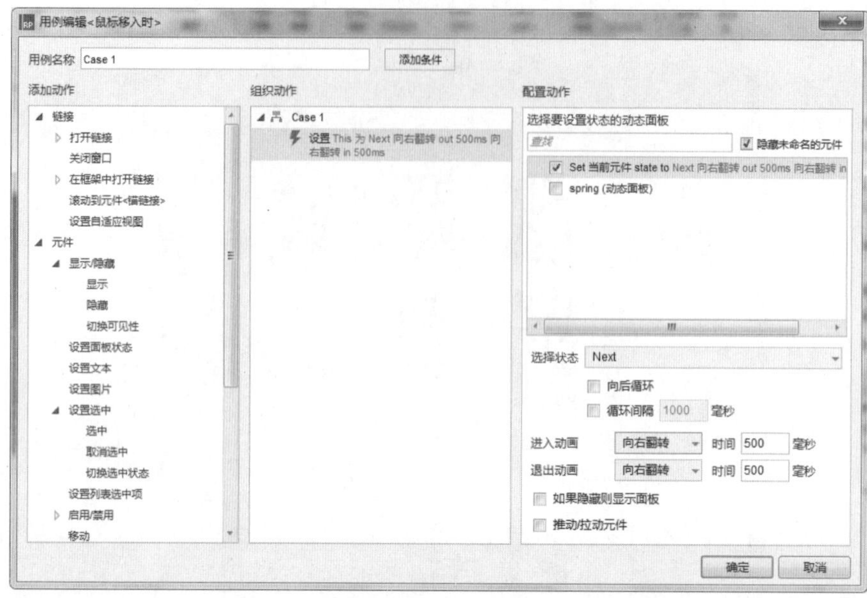

图 7-43 “用例编辑<鼠标移入时>”对话框

（8）在右侧“属性”面板中的“添加用例”区域选择“鼠标移出时”选项，如图 7-44 所示。

（9）在弹出的“用例编辑<鼠标移出时>”对话框左侧“添加动作”区域选择“设置面板状态”选项，在“配置动作”区域选中“当前元件”复选框，在“选择状态”下拉列表框中选择 Previous 选项，并设置“进入动画”和“退出动画”均为“向左翻转”，“时间”默认为 500 毫秒，如图 7-45 所示。单击“确定”按钮返回至编辑区中。

图 7-44 选择“鼠标移出时”选项

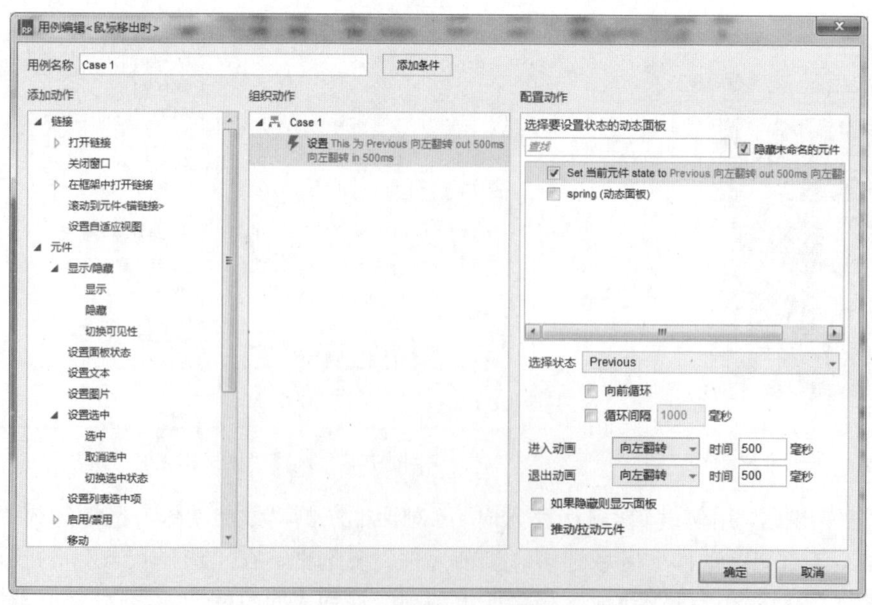

图 7-45 “用例编辑<鼠标移出时>”对话框

（10）在编辑区中，按住 Shift+Ctrl 快捷键的同时拖动动态面板元件，将其水平复制 3 个，然后按 Ctrl+A 快捷键全选，在工具栏上单击“分布”按钮，在弹出的下拉菜单中选择“水平分布”选项，如图 7-46 所示。水平分布这 4 个动态面板元件，然后逐一修改每个动态面板状态中的图片。

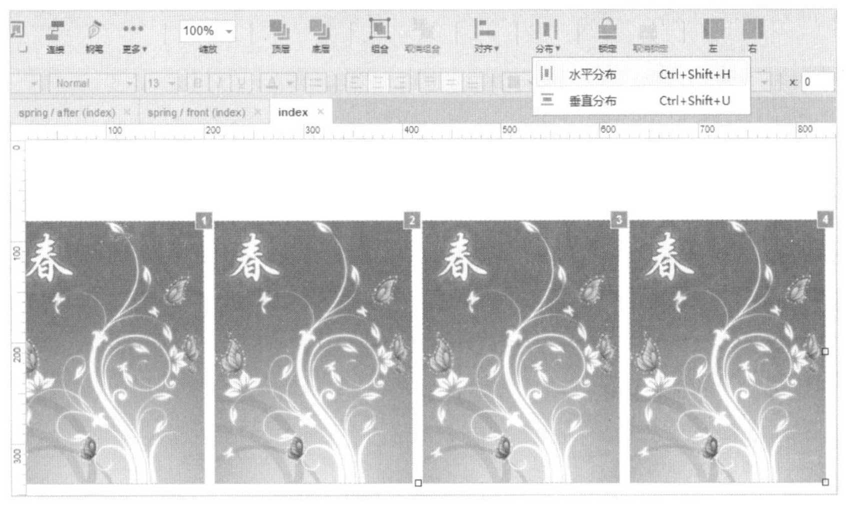

图 7-46　水平分布动态面板元件

（11）按 Ctrl+S 快捷键，以“7.4”为名称保存该文件，然后按 F5 键预览效果，如图 7-47 所示。

图 7-47　图片翻转最终效果

7.5　秒表计时器

案例描述

载入页面后，从 0 开始计时。秒表计时器界面如图 7-48 所示。

图 7-48　秒表计时器

思路分析

- 定义全局变量，实现对变量的计算控制。
- 通过组件的显示/隐藏事件来实现循环处理。
- 对事件分支的处理，对数字的秒钟到分钟的转换。

操作步骤

（1）选择“文件”|“新建”命令，新建一个 Axure 的文档。

（2）将“元件库”面板中的“矩形 2”元件拖入编辑区中，在工具栏中设置 x 和 y 均为 0，“宽度”和“高度”分别为 360、195，在“矩形”元件上单击鼠标右键，在弹出的快捷菜单中选择“转换为动态面板”命令，将矩形元件转换为动态面板，如图 7-49 所示。

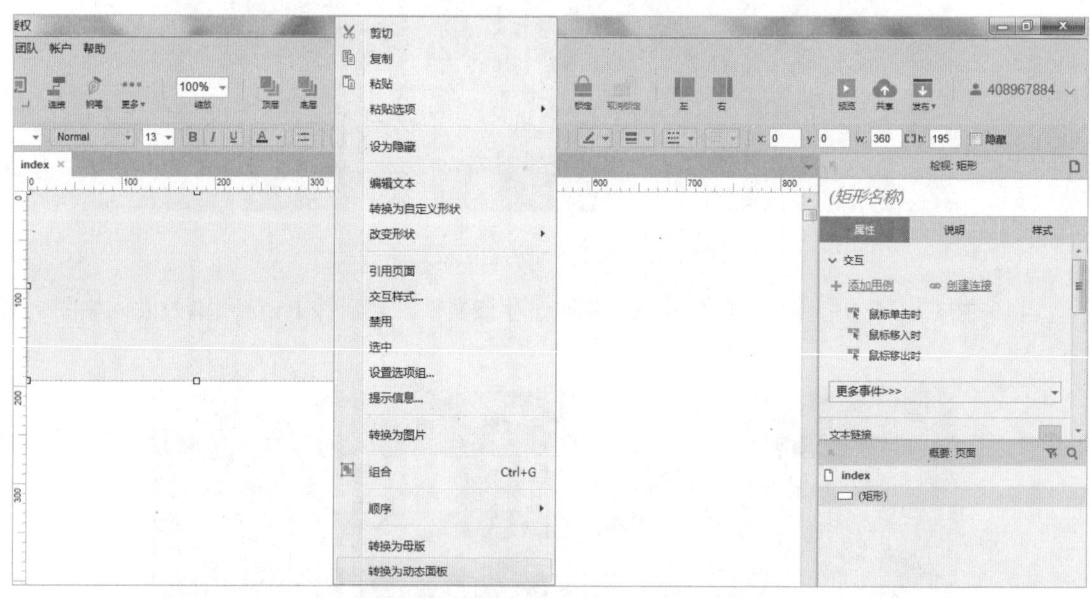

图 7-49　将元件转换为动态面板

（3）在右侧“检视：动态面板”区域将动态面板名称设置为 timerockon。选择“项目”|“全局变量”命令，如图 7-50 所示。

（4）在弹出的“全局变量”对话框中单击 8 次➕按钮，依次添加 8 个变量，分别设置变量名称和默认值，如图 7-51 所示。单击“确定”按钮返回至编辑区中。

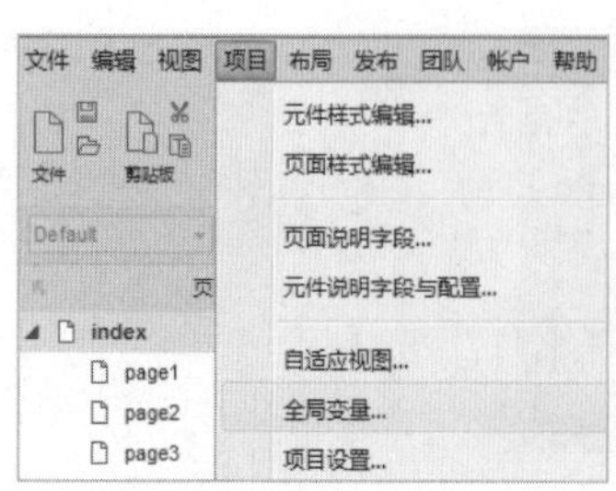

图 7-50　选择命令

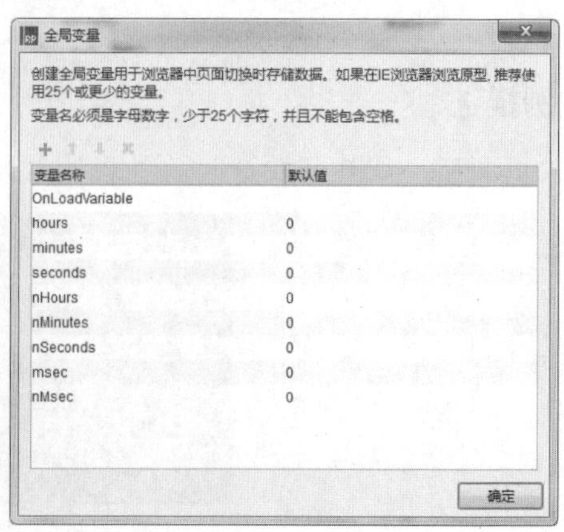

图 7-51　添加变量

（5）在编辑区中选择“timerockon 动态面板”，在“属性”面板右侧双击“载入时”选项，弹出“用例编辑<载入时>”对话框，在左侧“添加动作”区域选择“隐藏”选项，在右侧“配置动作”区域选择需要隐藏的元件，如图 7-52 所示。单击“确定”按钮返回至编辑区中。

图 7-52　设置元件隐藏

（6）在编辑区双击动态面板，弹出“面板状态管理”对话框，双击 State1 面板状态，进入 timerockon/State1（index）编辑区，如图 7-53 所示。

（7）选择“矩形”元件，在工具栏中单击“填充颜色”右侧下三角按钮，在弹出的颜色面板中选择黑色色块（#000000），如图 7-54 所示。设置矩形填充颜色为黑色。

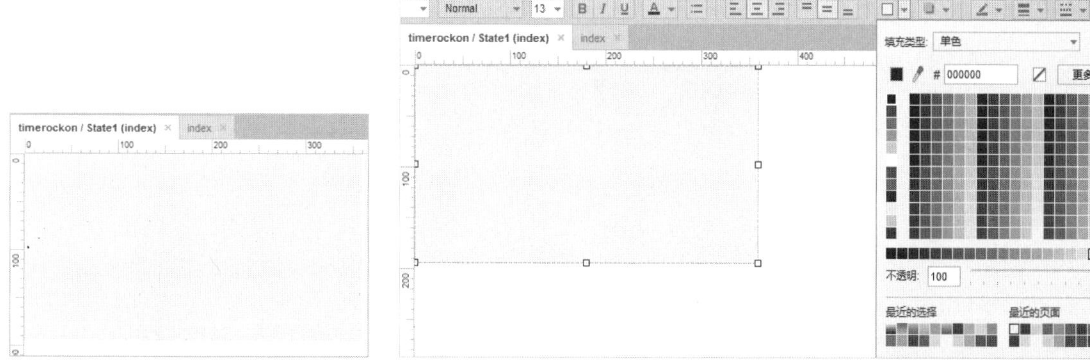

图 7-53　timerockon/State1（index）编辑区

图 7-54　设置矩形填充颜色

（8）在右侧“检视：矩形”区域设置名称为 counter，双击“矩形”元件使其进入编辑状态，输入“00:00:00”，在工具栏中设置“文本颜色”为橙色（#FF3300），“字体尺寸”为 48，如图 7-55 所示。

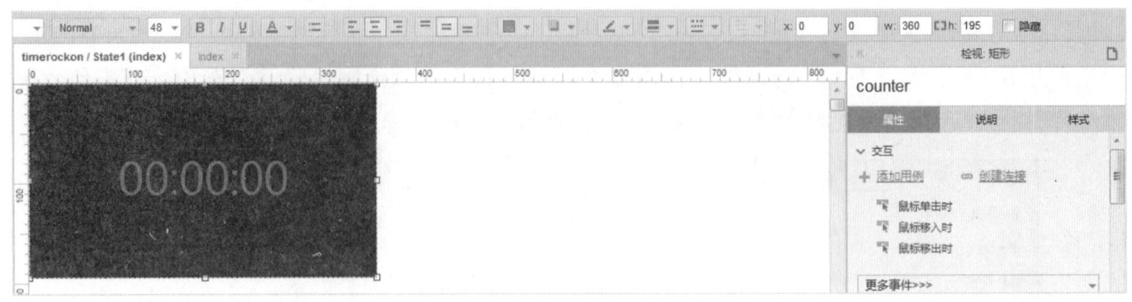

图 7-55　设置矩形内容和文字

（9）拖入一个“矩形 1”元件到编辑区中适当的位置，设置其宽为 50，高为 30，双击输入“hour”，按住 Ctrl 键拖动矩形复制 4 个放到适当的位置，分别设置相应的名称，并分别输入相应的内容，如图 7-56 所示。

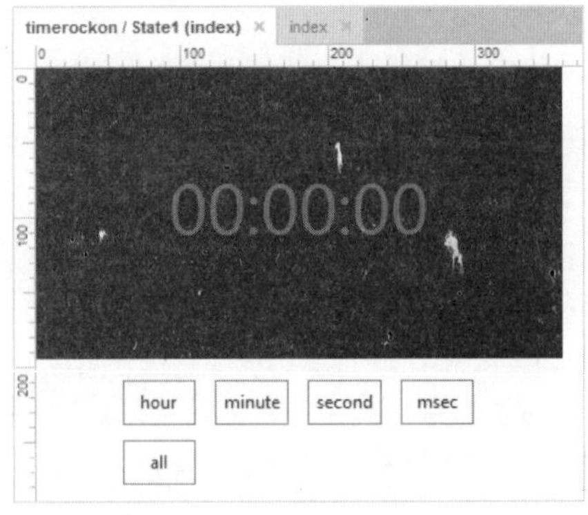

图 7-56　复制矩形并设置内容

（10）选择“minute 矩形”元件，在右侧“属性”面板中单击“更多事件>>>”右侧下三角箭头，在弹出的下拉菜单中选择“显示时”选项，弹出“用例编辑<显示时>”对话框，单击“添加条件”按钮，在弹出的“条件设立”对话框中设置 nMinutes 的值<10，如图 7-57 所示。单击“确定”按钮返回至“用例编辑<显示时>”对话框。

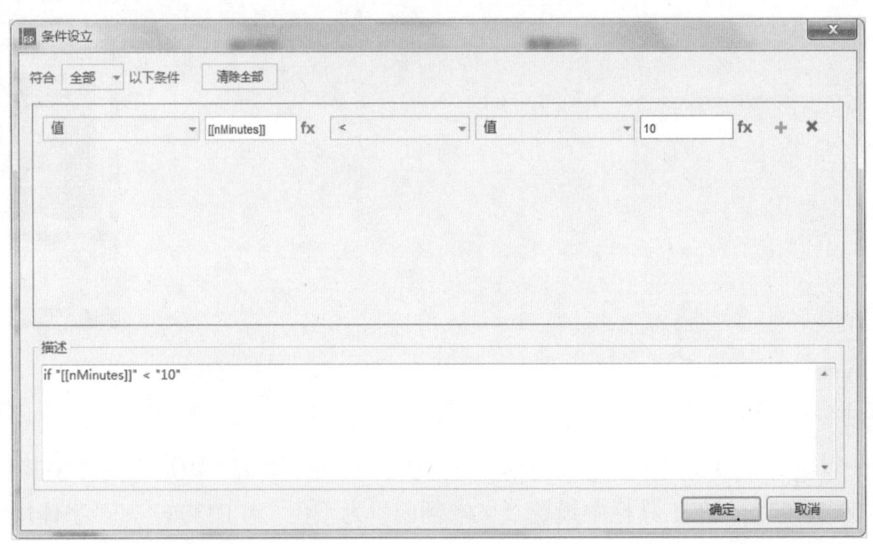

图 7-57　设置条件

（11）在左侧“添加动作”区域选择“设置变量值”选项，在右侧“配置动作”区域选中“minute（矩形）”复选框，在左侧选择“等待”选项，并默认等待时间为 1000 毫秒。在左侧选择“隐藏”选项，在右侧选中“minute（矩形）”复选框，如图 7-58 所示。单击“确定”按钮返回至编辑区中。

图 7-58　设置显示时的动作

（12）用同样的方法为“minute 矩形”元件“显示时”的事件添加用例 2，动作和变量设置如图 7-59 所示。

图 7-59　设置动作

（13）在右侧“属性”面板中选择“隐藏时”选项，为“minute 元件”添加隐藏时事件，用上述相同的方法设置相应的动作，如图 7-60 所示。

图 7-60 设置隐藏时的动作

（14）用同样的方法为“minute 矩形”元件“隐藏时”的事件添加用例 2，动作和变量设置如图 7-61 所示。

图 7-61 设置动作

（15）在编辑区中选择“second 矩形”元件，为“显示时”事件添加用例 1，设置相应的动作和变量，如图 7-62 所示。

图 7-62　设置动作

（16）用同样的方法为“second 矩形”元件“显示时”事件添加用例 2，动作和变量设置如图 7-63 所示。

图 7-63　设置动作

（17）用同样的方法为“second 矩形”元件“显示时”事件添加用例 3，动作和变量设置如图 7-64 所示。

图 7-64　设置动作

（18）在右侧“属性”面板中选择“隐藏时”选项，为“second 元件”添加隐藏时事件，用上述相同的方法设置相应的条件和动作，如图 7-65 所示。

图 7-65　设置动作

（19）用同样的方法为“second 矩形”元件“隐藏时”事件添加用例 2，动作和变量设置如图 7-66 所示。

（20）用同样的方法为“second 矩形”元件“隐藏时”事件添加用例 3，动作和变量设置如图 7-67 所示。

图 7-66　设置动作

图 7-67　设置动作

（21）用同样的方法为“msec 矩形”元件“显示时”事件添加 3 个用例，并设置相应的动作和变量，如图 7-68 所示。

（22）用同样的方法为“msec 矩形”元件“隐藏时”事件添加 3 个用例，并设置相应的动作和变量，如图 7-69 所示。

（23）选择“all 矩形”元件，选择“显示时”事件，弹出“用例编辑<显示时>”对话框，在左侧选择“设置文本”选项，在右侧选中“counter（矩形）”复选框，在下方“设置文本为”区域单击 fx 按钮，弹出“编辑文本”对话框，插入变量和函数，如图 7-70 所示。单击“确定”按钮返回至“用例编辑<显示时>对话框”中。

（24）在对话框中设置“等待”为 10 毫秒，隐藏 all 矩形元件，如图 7-71 所示。

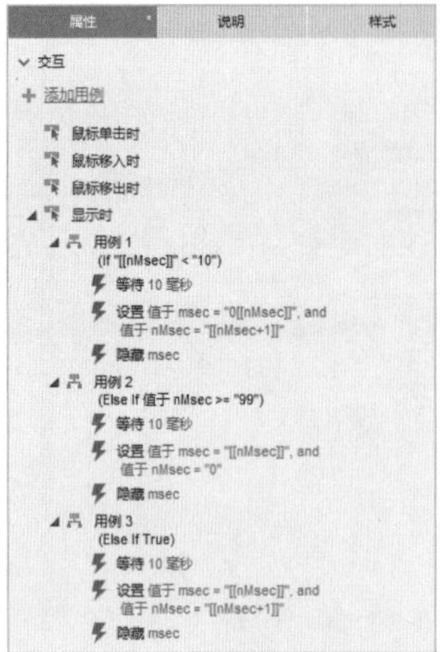

图 7-68 设置动作

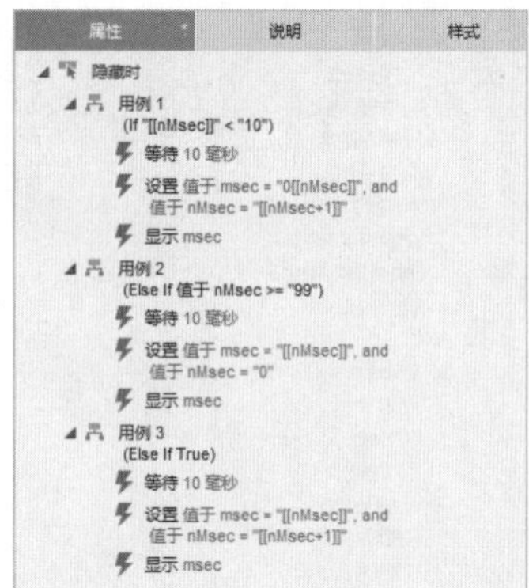

图 7-69 设置动作

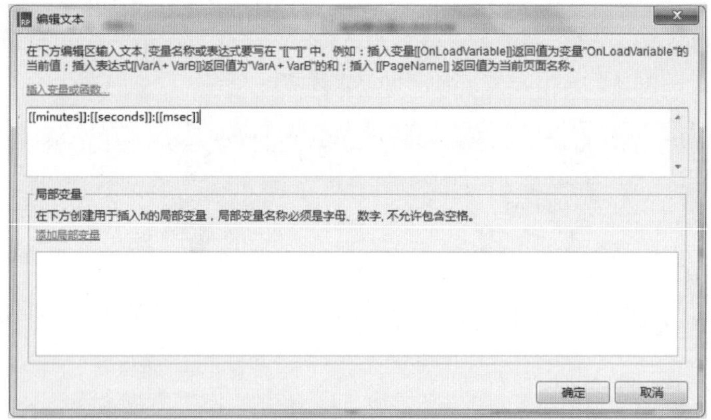

图 7-70 设置文本

图 7-71 设置动作

（25）用同样的方法为“all 矩形”元件设置“隐藏时”事件的动作和变量，如图 7-72 所示。单击“确定”按钮返回至编辑区中。

图 7-72　设置动作

（26）单击 index 标签切换至 index 编辑区，按 Ctrl+S 快捷键，以“7.5”为名称保存该文件，然后按 F5 键预览效果，如图 7-73 所示。

图 7-73　最终效果

7.6　模拟键盘输入

案例描述

当鼠标单击文本框获取焦点时，向下滑出键盘面板，支持字母的添加，支持退格键，可以进行大小写切换，可以切换到数字键盘，可以返回，单击“搜索”按钮隐藏键盘，如图 7-74 所示。

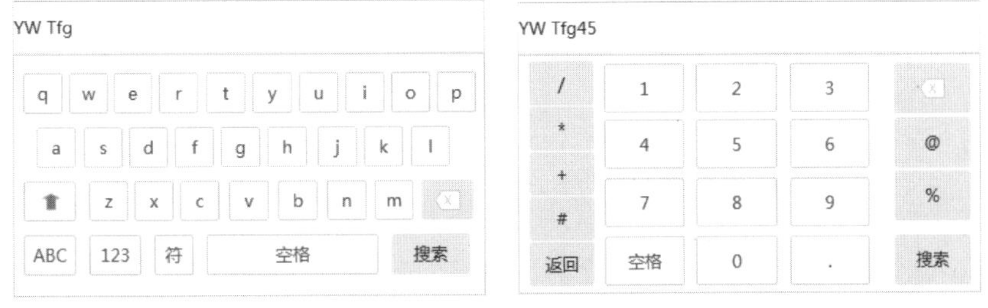

图 7-74　模拟键盘输入

思路分析

> 添加 3 个全局变量，用于保存输入的字符串和切换大小写字母时用到的 26 个英文字母大小写。
> 设置好变量值后，将变量值再重新赋值给输入框。
> 使用动态面板来实现英文键盘和数字键盘之间的切换。

操作步骤

（1）选择“文件”|“新建”命令，新建一个 Axure 的文档。

（2）将“元件库”面板中的“文本框”元件拖入编辑区中，在工具栏中设置 x 和 y 均为 50，“宽度”和“高度”分别为 360、40，在右侧“检视：文本框”，区域设置名称为 input，如图 7-75 所示。

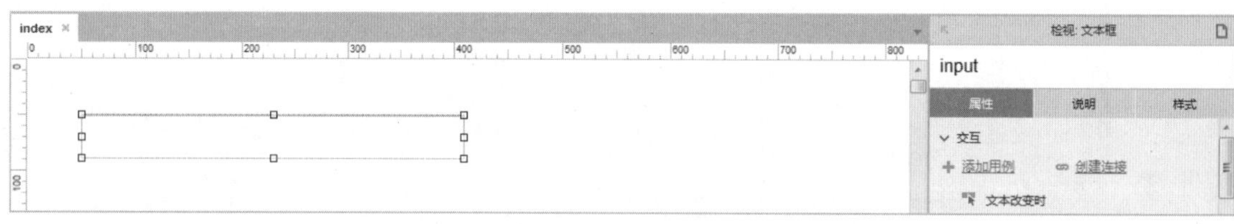

图 7-75 设置文本框

（3）单击“样式”标签切换至“样式”面板，单击“元件样式”右侧的下三角箭头，在弹出的下拉菜单中选择 “文本框”选项，如图 7-76 所示。

（4）选择“项目”|“全局变量”命令，弹出“全局变量”对话框，单击 3 次➕按钮添加 3 个变量，分别用来保存当前输入的字符串、26 个英文字母的大写、26 个英文字母的小写，如图 7-77 所示。单击“确定”按钮返回至编辑区中。

图 7-76 设置元件样式

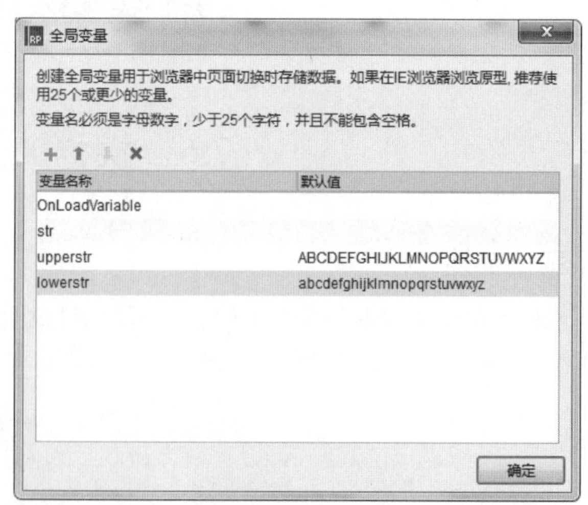

图 7-77 添加变量

（5）拖入“动态面板”元件到编辑区中“文本框”元件的下方，在工具栏中设置“x 轴坐标”为 50，“y 轴坐标”为 90，“宽度”和“高度”分别为 360、180，设置名称为 keyboard，在“样式”面板中选中“隐藏”复选框，如图 7-78 所示。

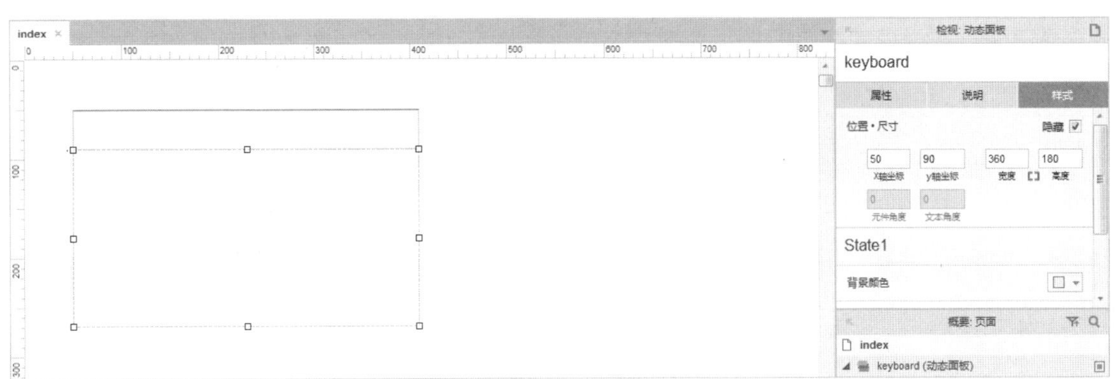

图 7-78　拖入“动态面板”元件

（6）在编辑区中双击“动态面板”元件，弹出“面板状态管理”对话框，单击➕按钮添加一个面板状态，并分别设置名称为“英文键盘”和“数字键盘”，如图 7-79 所示。

图 7-79　设置动态面板状态

（7）双击“英文键盘”面板状态，进入“keyboard/英文键盘（index）”编辑区，拖入一个“矩形 1”元件到合适的位置，设置其“宽度”和“高度”均为 30，双击并输入内容 Q，如图 7-80 所示。

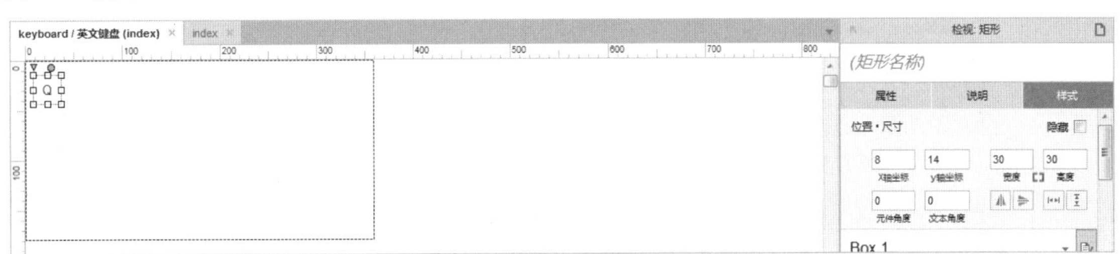

图 7-80　设置“矩形”元件

（8）在右侧“检视：矩形”区域设置名称为 Q，在“样式”面板中设置“圆角半径”为 2，单击工具栏上的“线条颜色”右侧的下三角箭头，在弹出的颜色面板中选择灰色色块（#D7D7D7），如图 7-81 所示。

（9）单击“属性”标签切换至“属性”面板，在“交互样式设置”区域单击“鼠标按下”超链接，在弹出的“交互样式设置”对话框中选中“填充颜色”复选框，单击右侧“填充颜色”

下三角箭头，在弹出的颜色面板中选择灰色色块（#E4E4E4），如图 7-82 所示。

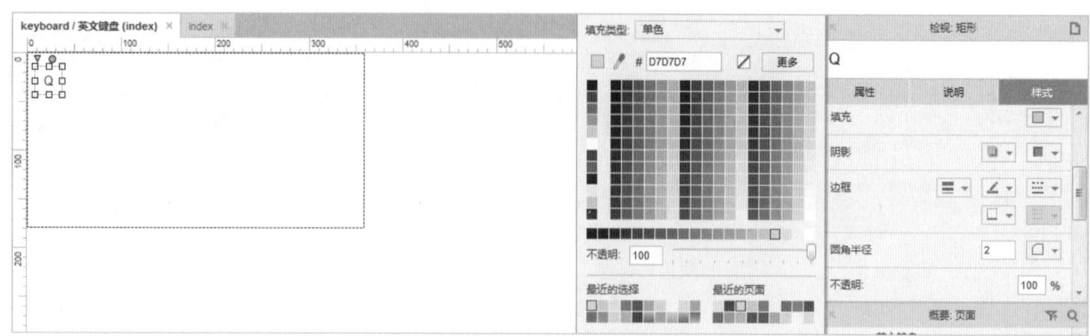

图 7-81　设置矩形填充颜色

（10）在“属性”面板中的“交互”区域单击“添加用例”超链接，弹出“用例编辑<鼠标单击时>”对话框，在左侧“添加动作”区域中选择“设置变量值”选项，在右侧“配置动作”区域选中 str 变量，在下方“设置全局变量值为”区域单击fx按钮，在弹出的“编辑文本”对话框中插入变量，如图 7-83 所示。单击“确定”按钮返回至“用例编辑<鼠标单击时>”对话框。

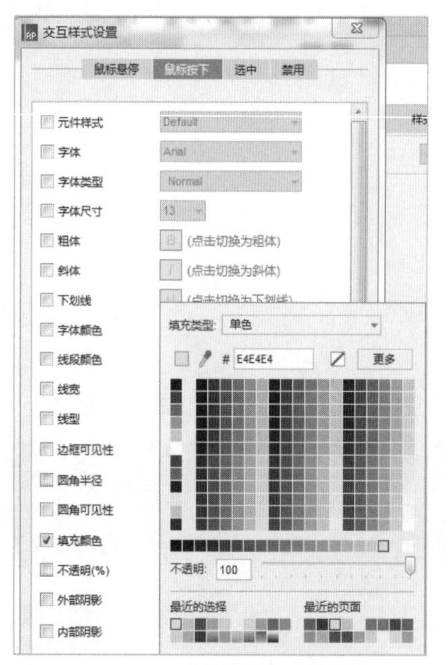

图 7-82　设置矩形填充颜色

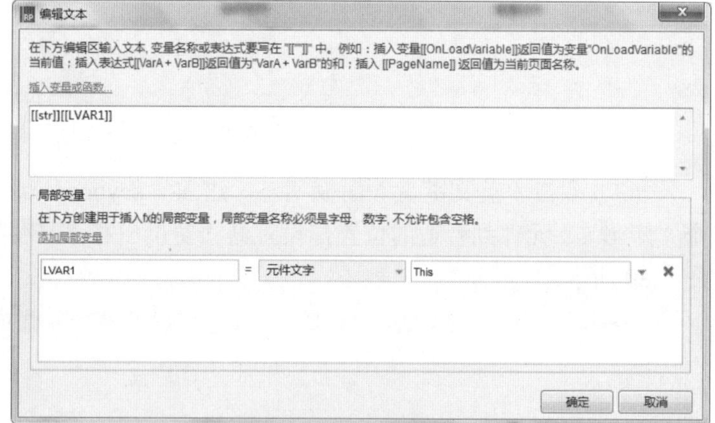

图 7-83　设置变量

（11）在左侧选择“设置文本”选项，在右侧选中“input（文本框）”复选框，在下方“设置文本为”区域单击fx按钮，在弹出的“编辑文本”对话框中插入变量[[str]]，单击“确定”按钮返回至“用例编辑<鼠标单击时>”对话框，如图 7-84 所示。单击“确定”按钮返回至编辑区中。

（12）按住 Ctrl 键拖动鼠标，复制“矩形”元件，调整至合适的位置，并分别设置其名称，如图 7-85 所示。

（13）在编辑区中拖入两个“动态面板”元件至适当的位置，并设置其“宽度”和“高度”分别为 40、30，名称分别设置为 shift、back，如图 7-86 所示。

图 7-84　设置“鼠标单击时”事件的动作

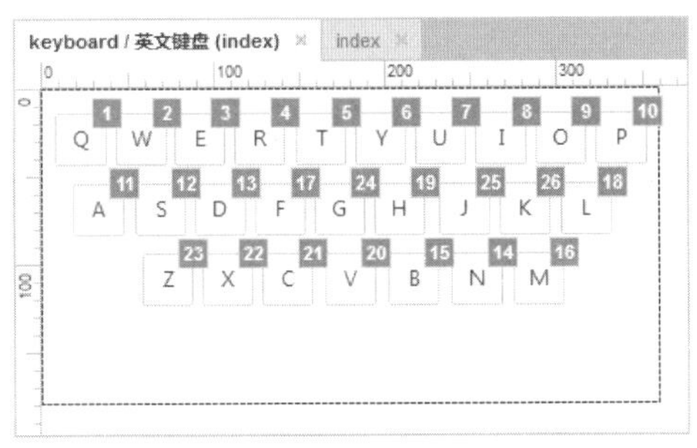

图 7-85　复制“矩形”元件

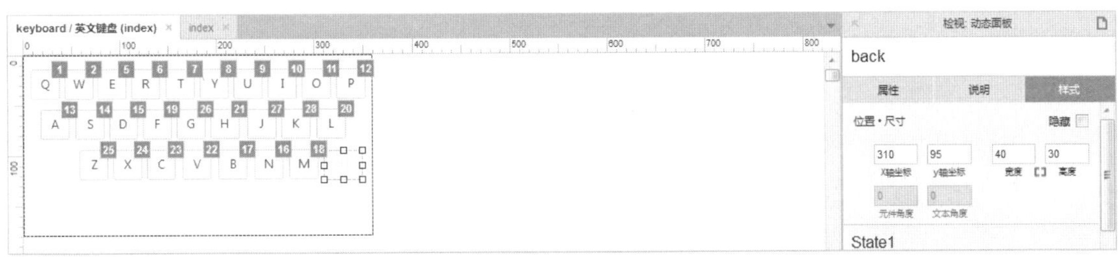

图 7-86　设置动态面板

（14）双击“shift 动态面板”元件，在弹出的“面板状态管理”对话框中添加一个状态 State2，如图 7-87 所示。

（15）单击“编辑全部状态”按钮，打开所有面板状态，默认进入 shift/State2（index）编辑区，从“元件库”面板拖入“矩形 2”元件至适当的位置，设置“宽度”和“高度”分别为 40、30，在工具栏中设置“填充颜色”为灰色（#E4E4E4），在右侧“样式”面板中设置“圆角半径”为 2，从“元件库”面板中拖入 Left Arrow 元件至编辑区中的适当位置，如图 7-88 所示。

（16）单击 shift/State2（index）标签切换至 shift/State2（index）编辑区，用同样的方法从“元件库”面板中拖入“矩形 1”和 Left Arrow 元件，并设置相关属性，调整至适当的位置，如图 7-89 所示。

图 7-87　添加面板状态

图 7-88　设置元件

图 7-89　设置元件

（17）单击“keyboard/英文键盘（index）”标签切换至“keyboard/英文键盘（index）”编辑区中，在右侧单击“属性”标签切换至“属性”面板，双击“鼠标单击时”选项，弹出“用例编辑<鼠标单击时>”对话框，设置动作如图 7-90 所示。单击“确定”按钮返回至编辑区中。

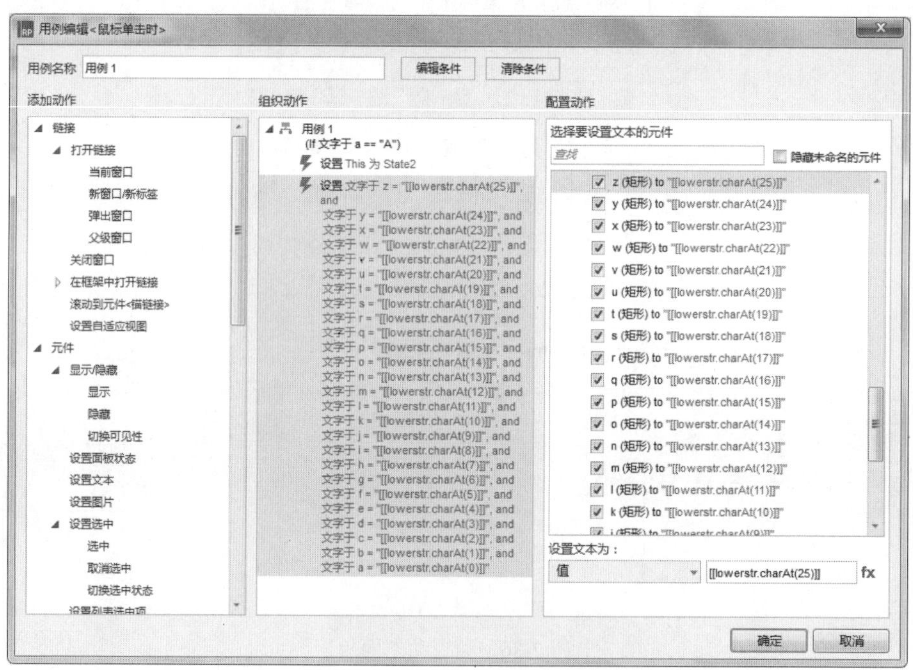

图 7-90　添加动作

（18）双击“鼠标单击时”选项添加用例 2，设置动作如图 7-91 所示。

（19）在编辑区中选择“back 矩形”元件，用上述同样的方法添加面板状态，在每个状态面板中拖入元件并进行相应的设置，如图 7-92 所示。

（20）单击“keyboard/英文键盘（index）”标签切换至“keyboard/英文键盘（index）”编辑区中，在右侧“属性”面板中双击“鼠标单击时”选项，设置动作如图 7-93 所示。

（21）从“元件库”面板拖入矩形元件，并输入相应的内容，复制并调整大小和元件属性，设置相应的名称，如图 7-94 所示。

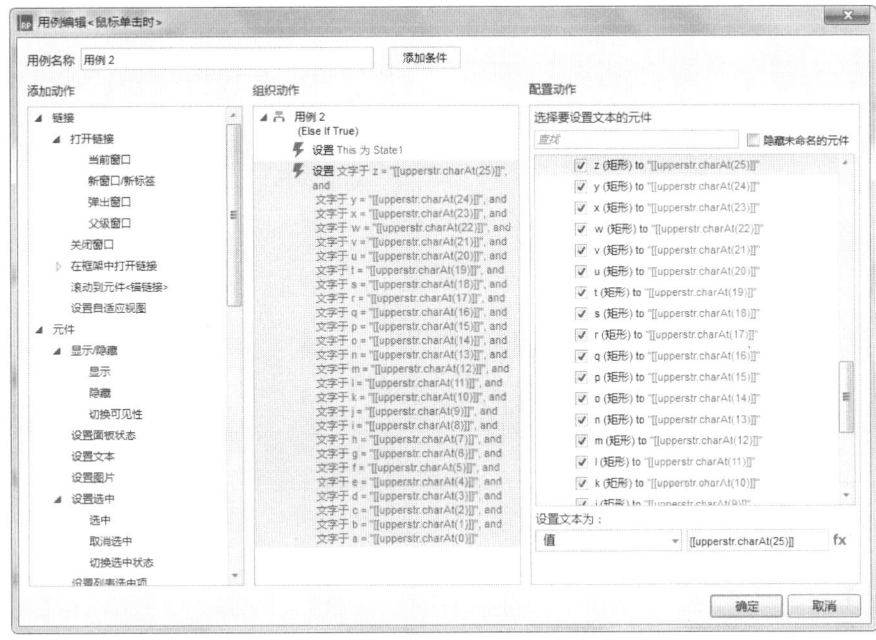

图 7-91　添加动作

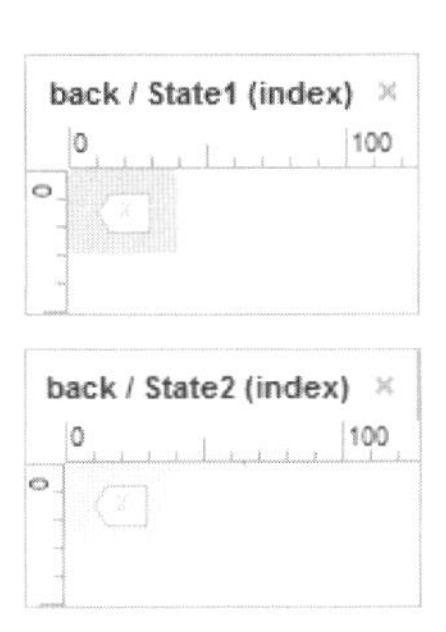

图 7-92　设置元件

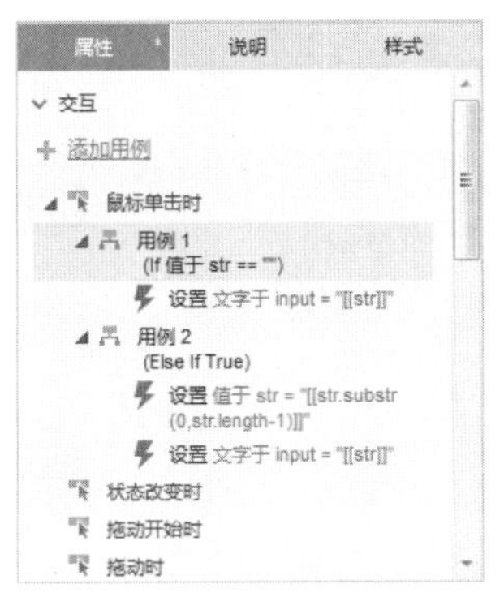

图 7-93　设置动作

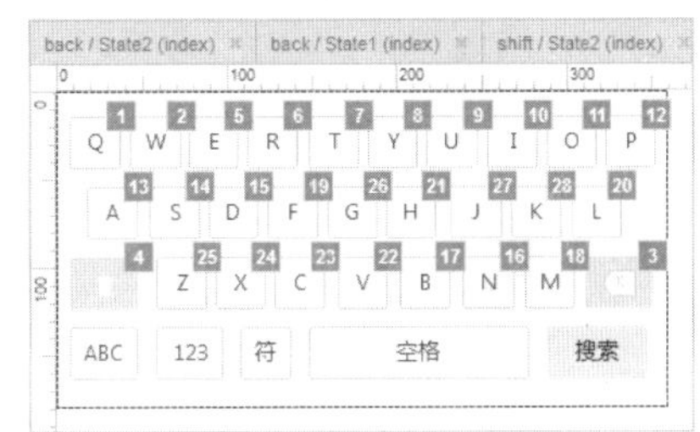

图 7-94　拖入矩形元件

（22）为“123 矩形”元件、“space 矩形”元件和“ok 矩形”元件添加“鼠标单击时”的动作，如图 7-95 所示。

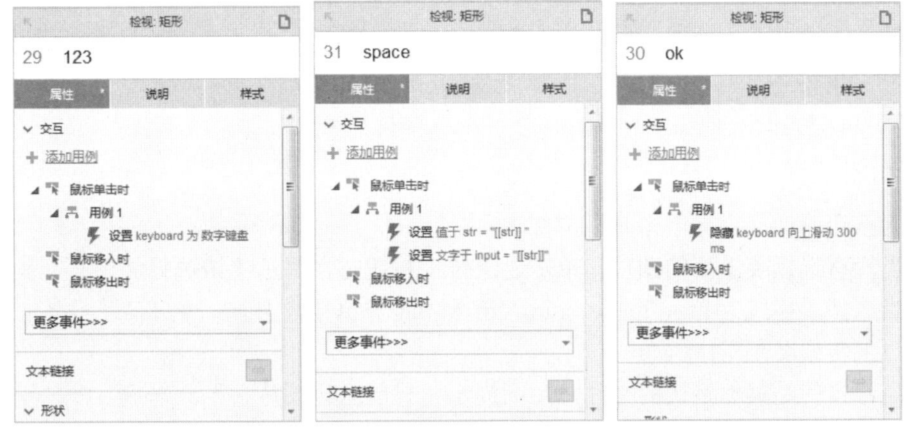

图 7-95　添加动作

（23）单击 index 标签切换至 index 编辑区中，双击“keyboard 动态面板”元件，在弹出的“面板状态管理”对话框中双击“数字键盘”选项，进入“keyboard/数字键盘（index）”编辑区，根据步骤（7）～步骤（22）同样的方法，制作数字键盘，如图 7-96 所示。

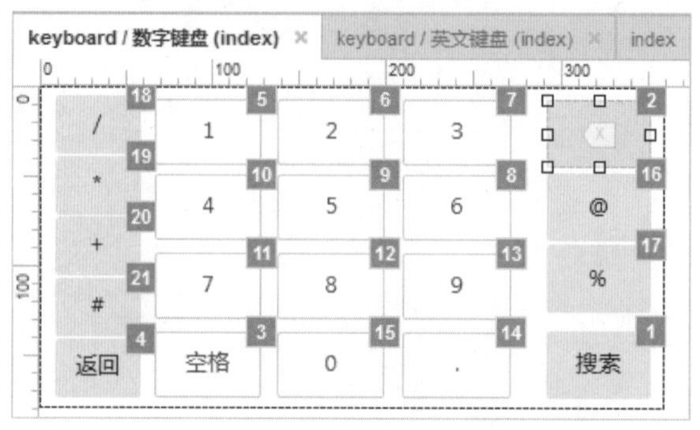

图 7-96　制作数字键盘

（24）按 Ctrl+S 快捷键，以“7.6”为名称保存该文件，然后按 F5 键预览效果，如图 7-97 所示。

图 7-97　最终效果

7.7　本地上传图片

案例描述

单击“浏览”按钮，选择上传的文件，单击“上传”按钮，提示“上传”成功；当没有选择上传的文件时，单击“上传”按钮，则会提示“请选择文件！”；当选择了格式为 jpg、jpeg、bmp、gif 和 png 的文件时，则提示“上传成功！”；当选择其他格式的文件（不是 jpg、jpeg、bmp、gif、png 格式的文件），则提示“只能上传图片！”。

思路分析

- 为按钮添加“鼠标单击时”事件。
- 当没有选择要上传的图片，单击“上传”按钮时，提示“请选择文件！”。
- 当选择了格式为 jpg、jpeg、bmp、gif 和 png 格式的文件时，单击“上传”按钮则提示“上传成功！”。
- 当选择的是其他格式的文件时，则提示“只能上传图片！”。

本案例的具体操作步骤请参见资源包。

7.8　嵌入自定义的百度地图

案例描述

当页面载入时，即可看到嵌入的地图，可实现地图拖曳，单击滑块或滚动鼠标按键可缩小或放大地图，如图 7-98 所示。

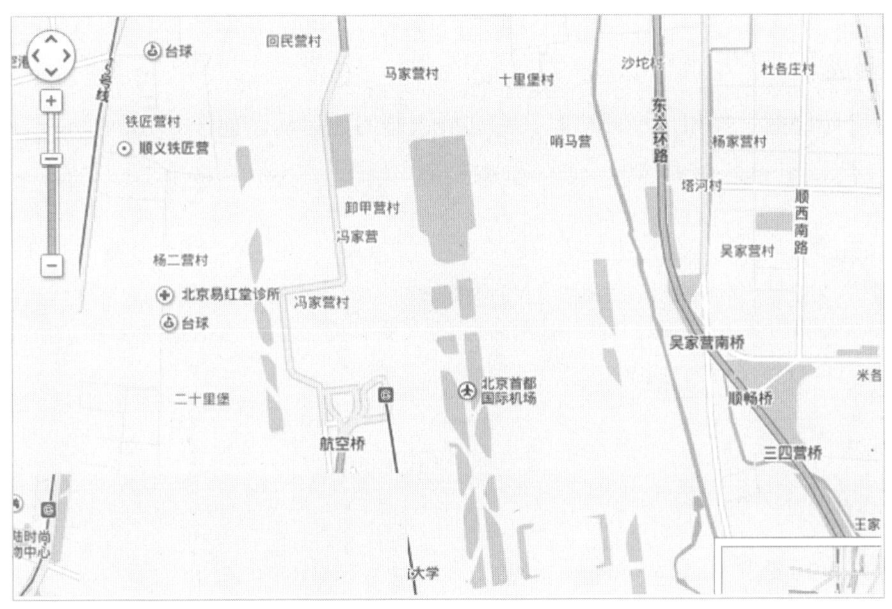

图 7-98　嵌入自定义的百度地图

思路分析

- 在百度地图开放平台用地图生成器获取代码。
- 在 Axure 编辑区中用“内联框架”元件来实现地图的嵌入。
- 设置超链接地址和从不显示滚动条。

本案例的具体操作步骤请参见资源包。

7.9　开 关 效 果

案例描述

当单击左侧橙色的按钮时，会移动到右侧，显示 ON 状态；当单击右侧的橙色按钮时，会移动到左侧，显示 OFF 状态；每次单击都会在左右两个位置之间切换，如图 7-99 所示。

图 7-99　开关效果

思路分析

- 使用两个“矩形”元件，一个长矩形，一个短矩形。
- 为短矩形元件设置“鼠标单击时”事件，设置移动的相对位置。

本案例的具体操作步骤请参见资源包。

7.10 环状运动

案例描述

单击“开始绕圈”按钮，小球顺时针方向绕大圆匀速运动，如图 7-100 所示。

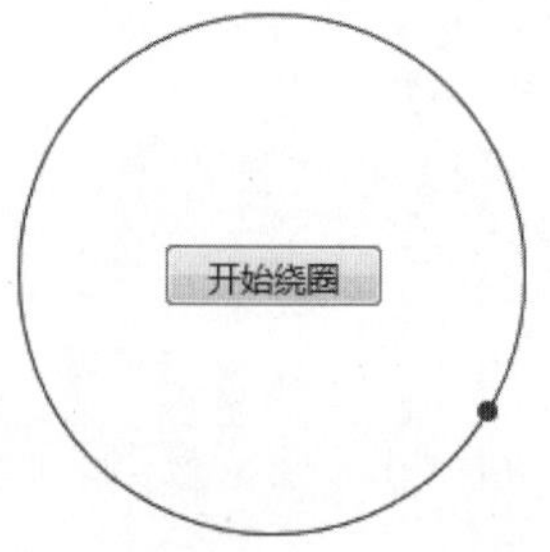

图 7-100 环状运动

思路分析

- 添加全局变量 angle、radian、newx、newy。
- 为按钮添加“鼠标单击时”事件，切换动态面板的可见性。
- 为动态面板添加显示时/隐藏时事件。

本案例的具体操作步骤请参见资源包。

第 8 章

随 心 所 欲

8.1 中心点逐渐放大效果

案例描述

页面载入后，即多个圆循环不停像涟漪一样逐渐放大并逐渐消失，如图 8-1 所示。

图 8-1 中心点逐渐放大效果

思路分析

- 页面载入时，设置依次间隔一段时间显示圆形。
- 为每个圆形添加“加载时”“显示时”“隐藏时”的动作。
- 当每个圆形显示时，尺寸设置大一点；每个圆形隐藏时，都恢复原来的尺寸并再次显示，循环反复。

操作步骤

（1）选择“文件”|“新建”命令，新建一个 Axure 的文档。

（2）在“元件库”面板中将“矩形 2”元件拖入编辑区中，在工具栏中设置“填充颜色”为深灰色（#333333），x 和 y 均为 0，“宽度”为 300，“高度”为 450，在右侧“检视：矩形”区域设置名称为 bg，如图 8-2 所示。

（3）在“元件库”面板中将“文本标签”元件拖入编辑区中，双击并输入“正在搜索附近的设备…”，在工具栏中设置“字体尺寸”为 16，在右侧“检视：矩形”区域设置名称为 txt，并调整至适当位置，如图 8-3 所示。

（4）在“元件库”面板中将“椭圆形”元件拖入编辑区中，在工具栏中设置 x 为 110，y 为

270，“宽度”和“高度”均为 80，在右侧“检视：椭圆形”区域设置名称为 1，如图 8-4 所示。

图 8-2　拖入“矩形 2”元件

图 8-3　拖入“文本标签”元件

图 8-4　拖入“椭圆形”元件

（5）在右侧“属性”面板中单击“更多事件>>>”右侧的下三角按钮，在弹出的下拉菜单中选择“显示时”选项，弹出“用例编辑<显示时>”对话框，在左侧选择“设置尺寸”选项，在右侧选中“当前元件”复选框，在下方设置“宽”和“高”均为 400，“锚点”为“中心”，“动画”为“线性”，“时间”为 4000 毫秒，如图 8-5 所示。

图 8-5　设置尺寸

（6）在左侧选择“隐藏”选项，在右侧选中“当前元件”复选框，设置“动画”为“逐渐”，“时间”为 4500 毫秒，如图 8-6 所示。单击“确定”按钮返回至编辑区中。

图 8-6　隐藏当前元件

（7）在右侧“属性”面板中单击“更多事件>>>”右侧的下三角按钮，在弹出的下拉菜单中选择“隐藏时”选项，弹出“用例编辑<隐藏时>”对话框，在左侧选择“设置尺寸”选项，在右侧选中“当前元件”复选框，在下方设置“宽”和“高”均为 80，“锚点”为“中心”，如图 8-7 所示。

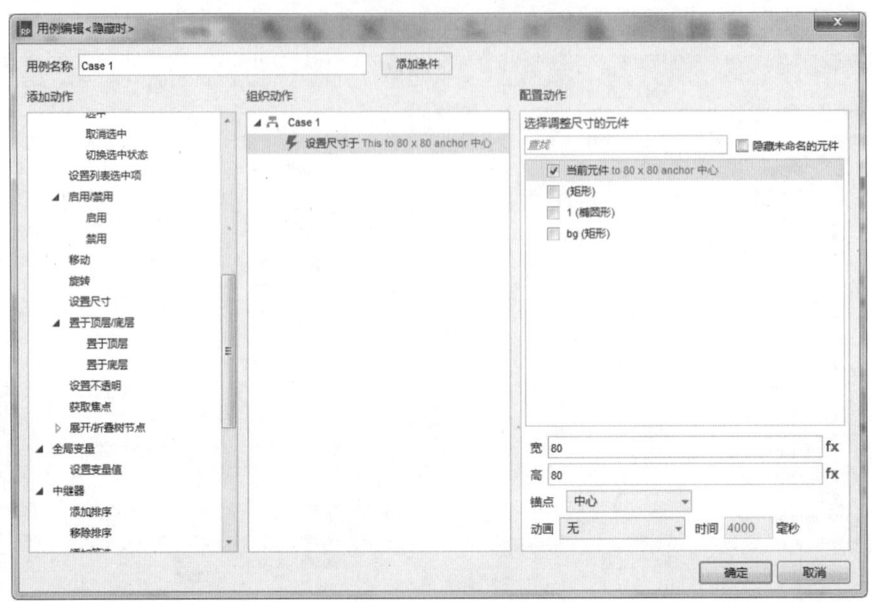

图 8-7　设置尺寸

（8）在左侧选择“显示”选项，在右侧选中“当前元件”复选框，如图 8-8 所示。单击“确定”按钮返回至编辑区中。

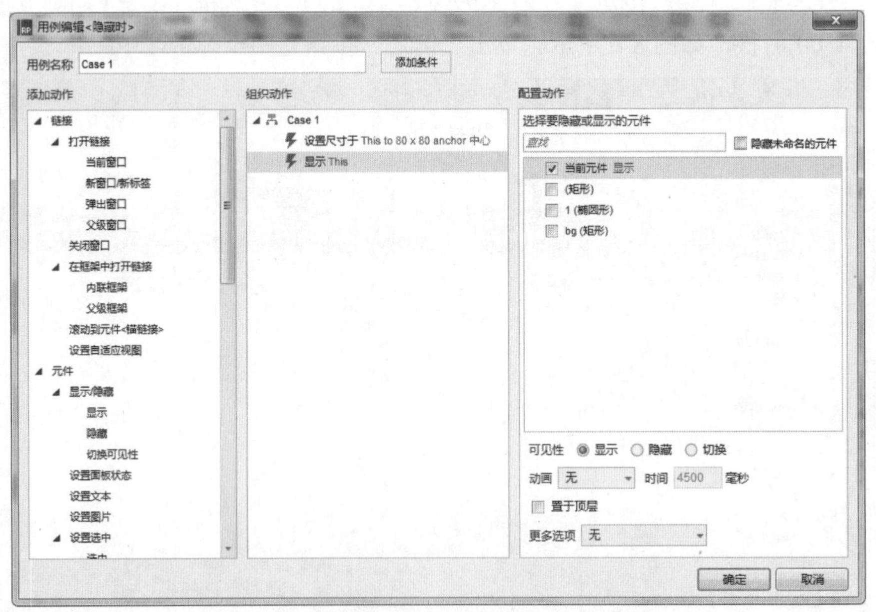

图 8-8　显示当前元件

（9）在右侧“属性”面板中单击“更多事件>>>”右侧的下三角按钮，在弹出的下拉菜单中选择“载入时”选项，弹出“用例编辑<载入时>”对话框，在左侧选择“等待”选项，在右侧设置“等待时间”为 500 毫秒；在左侧选择“显示”选项，在右侧选中“当前元件”复选框，如图 8-9 所示。

图 8-9　添加动作

（10）单击“样式”标签切换至“样式”面板，选中“隐藏”复选框隐藏“椭圆形”元件，如图 8-10 所示。

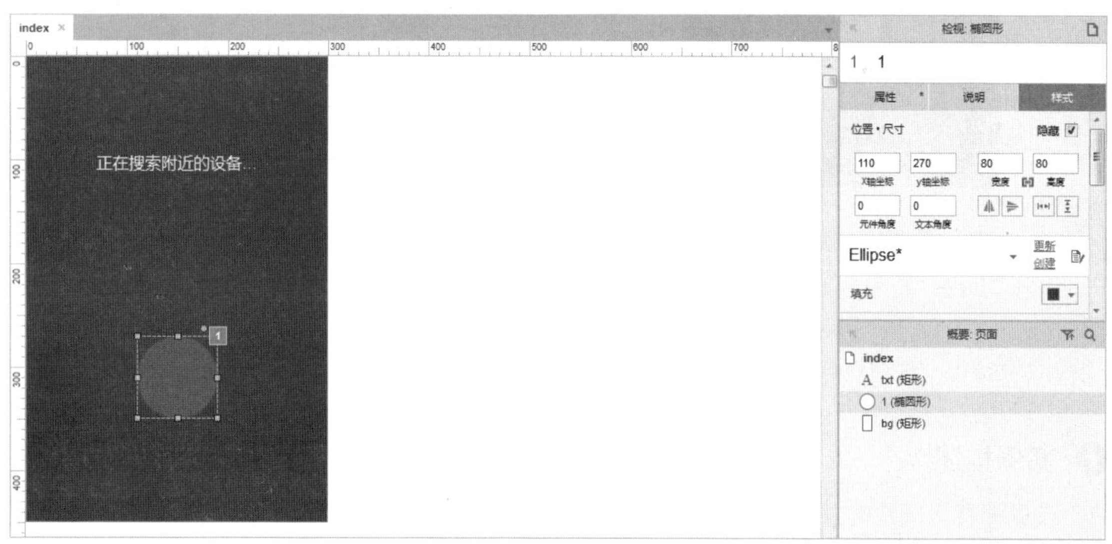

图 8-10　隐藏元件

（11）按住 Ctrl 键的同时，在编辑区中拖动“1 椭圆形”元件复制两个，并修改名称分别为 2、3，修改“载入时”事件中“等待时间”分别为 2000 毫秒、3500 毫秒，如图 8-11 所示。

（12）从“元件库”面板中将“图片”元件拖入编辑区中，双击并导入相应的素材图片，大小和位置与“椭圆形”元件重叠，如图 8-12 所示。

（13）按 Ctrl+S 快捷键，以“8.1”为名称保存该文件，然后按 F5 键预览效果，如图 8-13 所示。

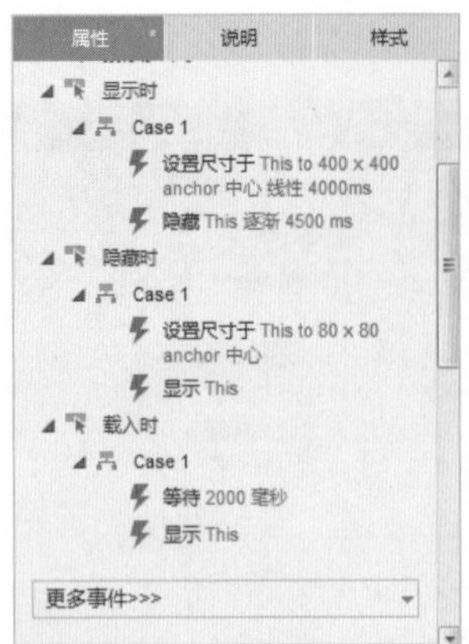

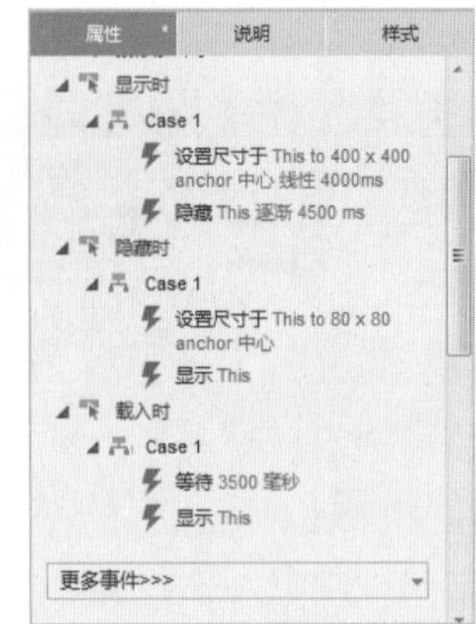

图 8-11　修改“等待时间”

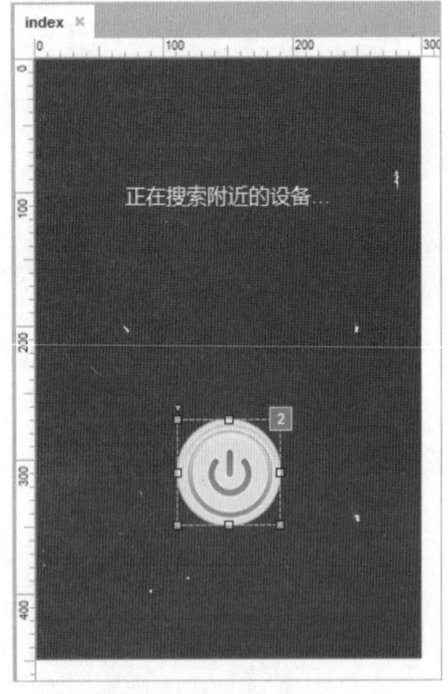

图 8-12　导入图片

图 8-13　最终效果

8.2　图像放大效果

案例描述

当鼠标移入图片时，在右侧将放大显示，鼠标移至图中的任意区域，都将在右侧放大显示，如图 8-14 所示。

图 8-14　图像放大效果

思路分析

➢ 使用动态面板展示放大后的图片。
➢ 添加“鼠标移动时”和“鼠标移入时”事件，设置移动的位置并添加边界。

操作步骤

（1）选择“文件”|“新建”命令，新建一个 Axure 的文档。

（2）从“元件库”面板中将“图片”元件拖入编辑区中，双击并导入素材图片，在工具栏中设置 x 和 y 均为 50，“宽度”为 300，“高度”为 247，在右侧“检视：图片”区域设置名称为 small-pic，如图 8-15 所示。

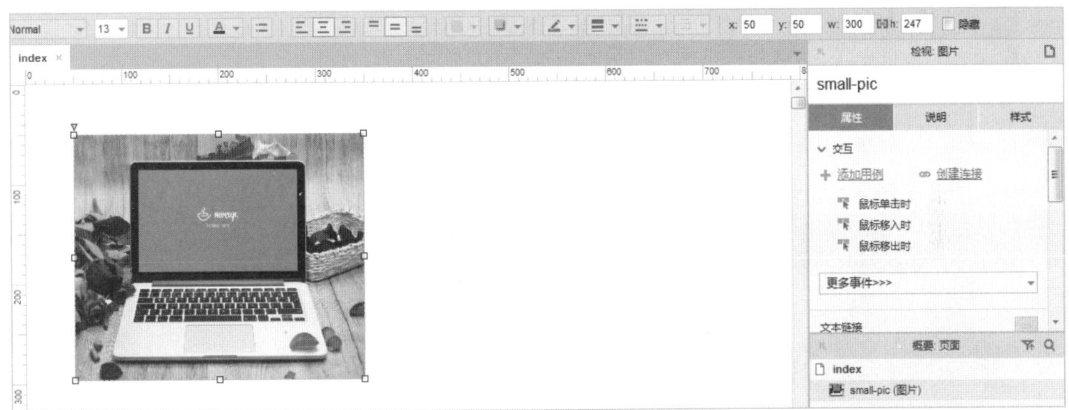

图 8-15 导入图片

（3）从“元件库”面板中将“矩形 2”元件拖入编辑区中，单击“样式”标签切换至“样式”面板，设置“填充颜色”为黄色（#FFFF66），“不透明”为 30%，如图 8-16 所示。

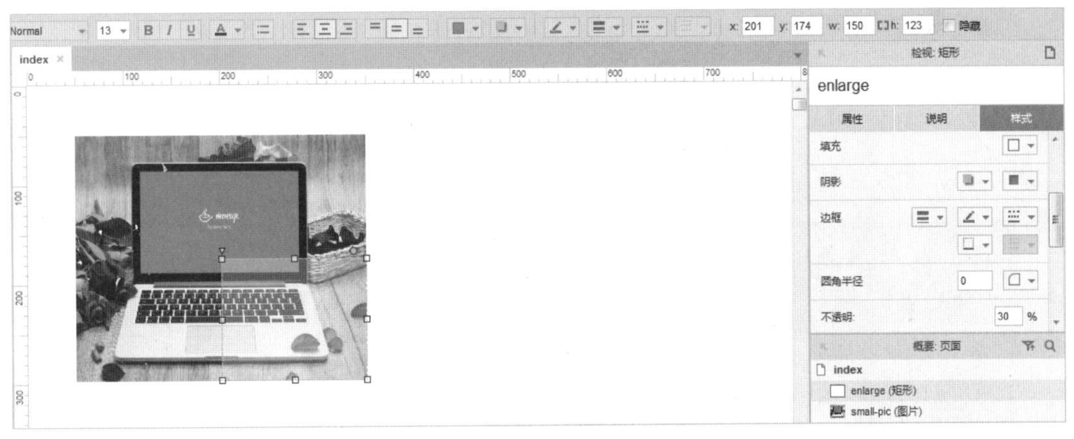

图 8-16 拖入“矩形 2”元件

（4）选中“隐藏”复选框隐藏“矩形 2”元件，如图 8-17 所示。

（5）在“元件库”面板中将“动态面板”元件拖入编辑区中，在工具栏中设置 x 为 350，y 为 50，“宽度”为 300，“高度”为 247，在右侧“检视：动态面板”区域设置名称为 panel，如图 8-18 所示。

（6）双击“动态面板”元件，在弹出的“面板状态管理”对话框中双击 State1 选项，进入 panel/State1（index）编辑区中，将“图片”元件拖入编辑区中，双击并导入素材图片，在工具栏中设置 x 和 y 均为 0，“宽度”为 600，“高度”为 493，在右侧“检视：图片”区域设置名称为 big-pic，如图 8-19 所示。

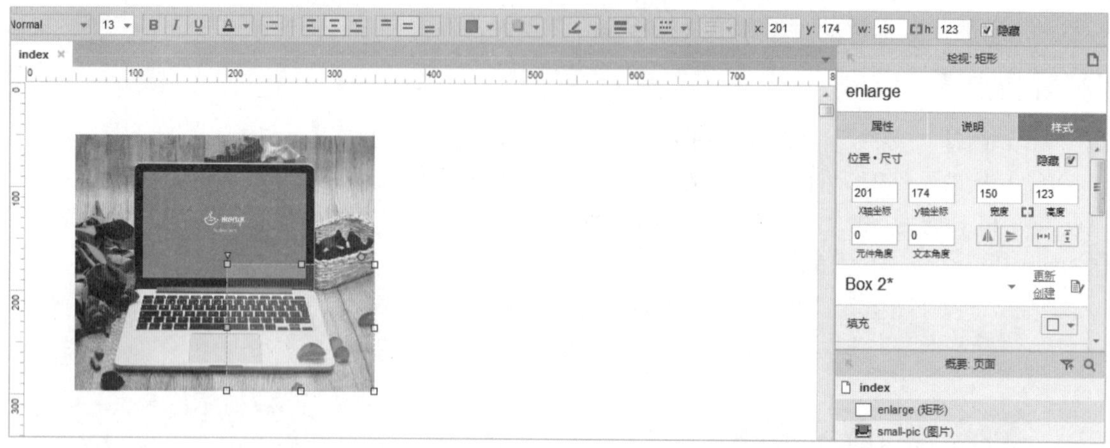

图 8-17　隐藏元件

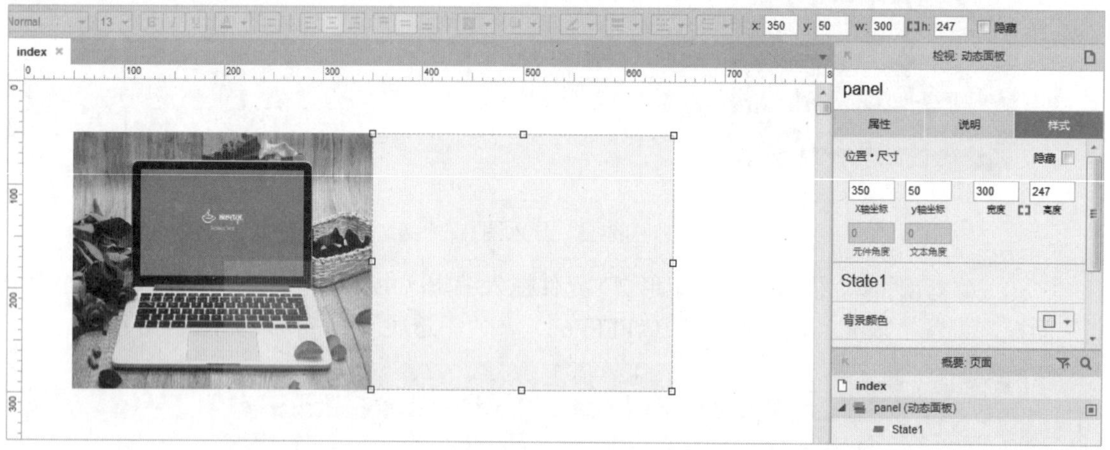

图 8-18　拖入“动态面板”元件

图 8-19　导入图片

（7）单击 index 标签切换至 index 编辑区，在右侧“样式”面板中选中 “隐藏”复选框，隐藏“动态面板”元件，如图 8-20 所示。

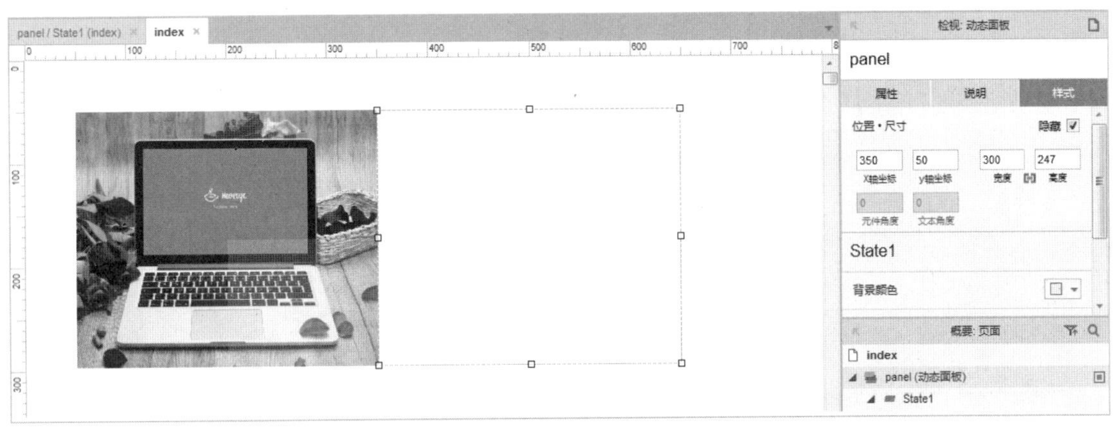

图 8-20　隐藏“动态面板”元件

（8）在编辑区中选择“small-pic 图片”元件，在右侧“属性”面板中单击“更多事件>>>”右侧的下三角按钮，在弹出的下拉菜单中选择“鼠标移动时”选项，如图 8-21 所示。

（9）弹出“用例编辑<鼠标移动时>”对话框，在左侧选择“移动”选项，在右侧选中“enlarge（矩形）”复选框，如图 8-22 所示。

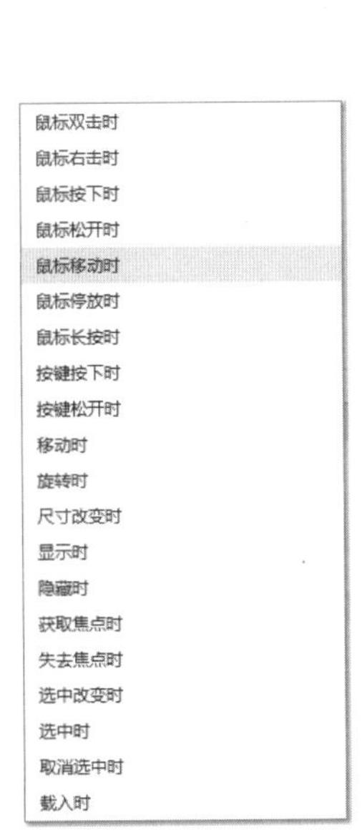

图 8-21　选择事件

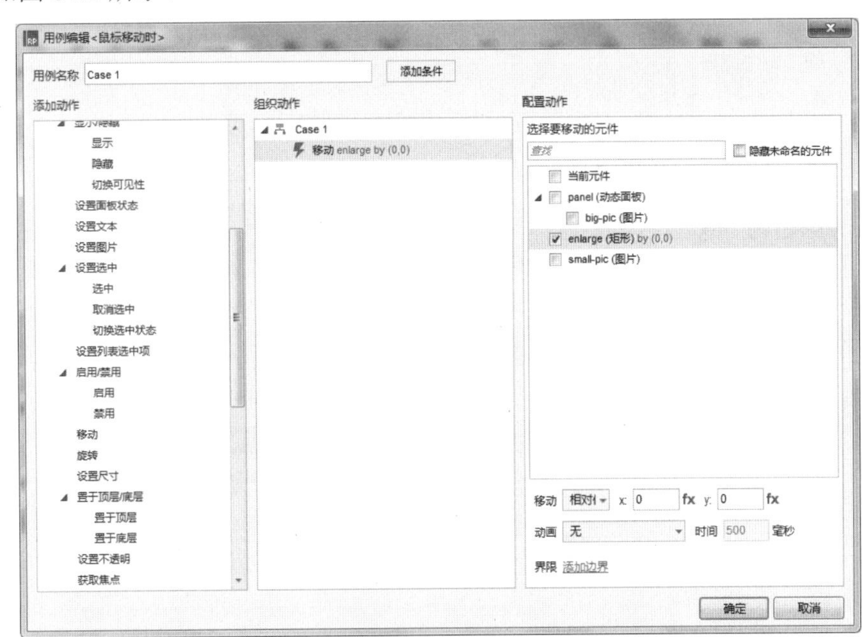

图 8-22　添加动作

（10）设置“移动”为“绝对位置”，单击 x 右侧的 fx 按钮，弹出“编辑值”对话框，在下方“局部变量”选项组中单击“添加局部变量”超链接，设置 LVAR1 等于“元件”enlarge，在上方插入变量[[Cursor.x-LVAR1.width/2]]，如图 8-23 所示。单击“确定”按钮返回至“用例编辑<鼠标移动时>”对话框。

（11）用同样的方法设置 y 轴上的局部变量，如图 8-24 所示。

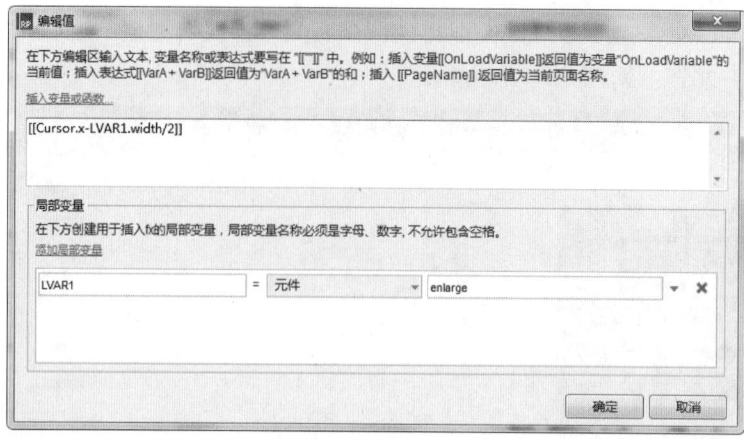

图 8-23　添加局部变量

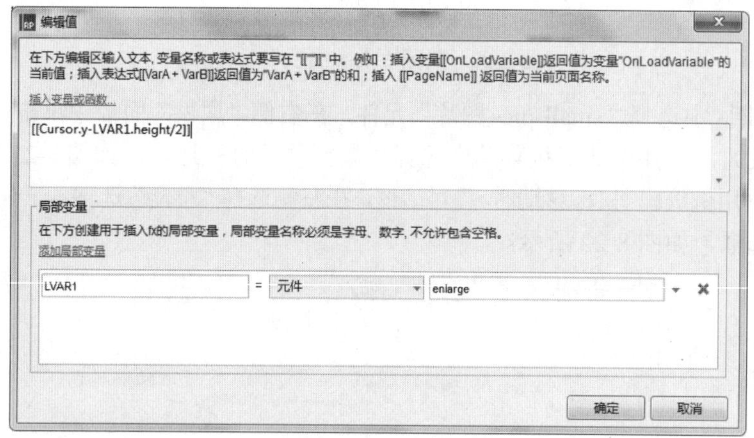

图 8-24　添加局部变量

（12）在下方单击“添加边界”超链接添加边界，在第一个下拉列表框中选择“左侧”选项，在第二个下拉列表框中选择“>=”选项，单击右侧的 fx 按钮，弹出“编辑值”对话框，在下方单击“添加局部变量”超链接，设置 LVAR1 等于“元件”small-pic，在上方插入变量[[LVAR1.left]]，如图 8-25 所示。单击“确定”按钮返回至“用例编辑<鼠标移动时>”对话框。

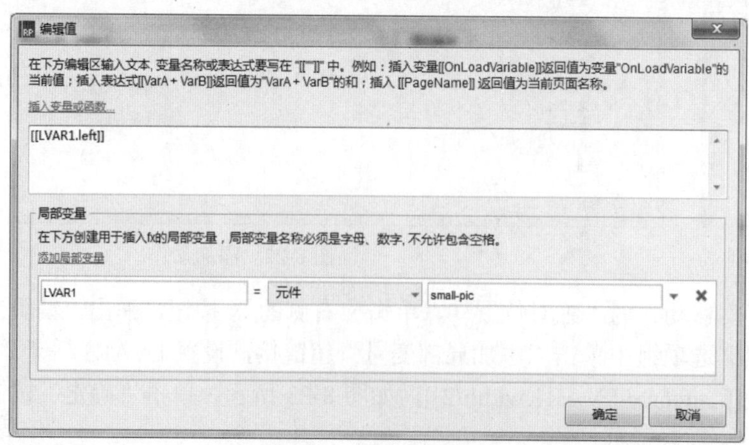

图 8-25　添加局部变量

（13）用上述同样的方法添加右侧、顶部、底部边界，如图 8-26 所示。

图 8-26　添加边界

（14）在左侧选择“移动”选项，在右侧选中“big-pic（图片）”复选框，在下方设置“移动”为“绝对位置”，如图 8-27 所示。

图 8-27　添加动作

（15）单击 x 右侧的 fx 按钮，在弹出的“编辑值”对话框下方单击两次“添加局部变量”超链接，设置 LVAR1 等于“元件”enlarge，LVAR2 等于“元件”small-pic，在上方插入变量为[[(LVAR2.left-LVAR1.left)*OnLoadVariable]]，如图 8-28 所示。

（16）用同样的方法设置 y 轴上的局部变量，如图 8-29 所示。单击两次“确定”按钮返回至编辑区中。

（17）在右侧“属性”面板双击“鼠标移入时”选项，弹出“用例编辑<鼠标移入时>”对话框，在左侧选择“显示”选项，在右侧选中“enlarge（矩形）”复选框，如图 8-30 所示。

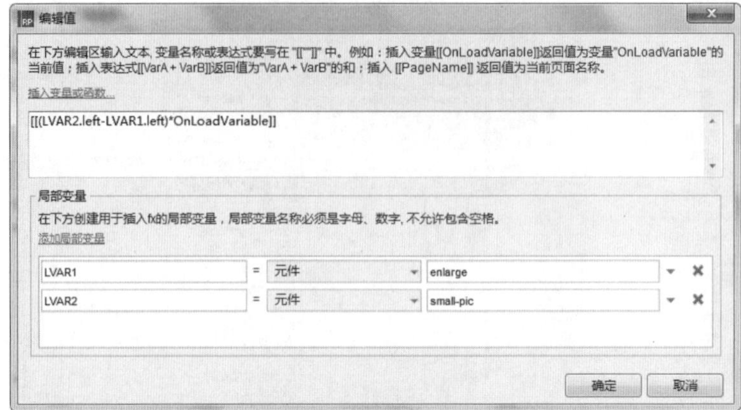

图 8-28　添加局部变量

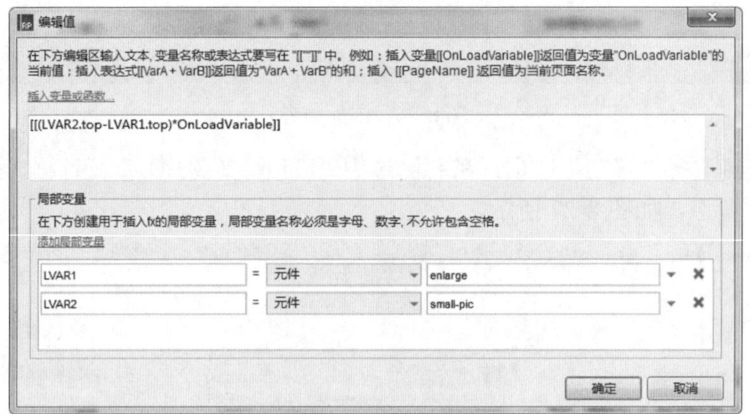

图 8-29　添加局部变量

图 8-30　添加动作

（18）在左侧选择“显示”选项，在右侧选中“（动态面板）”复选框，如图 8-31 所示。单击“确定”按钮返回至编辑区中。

图 8-31　添加动作

（19）在右侧“属性”面板的“鼠标移动时”选项上单击鼠标右键，在弹出的快捷菜单中选择“复制”命令复制事件，如图 8-32 所示。

（20）在编辑区中选择“anlarge（矩形）”元件，在右侧“属性”面板中单击“更多事件>>>”右侧的下三角按钮，在弹出的下拉菜单中单击“鼠标移动时”选项右侧的“粘贴”按钮，粘贴事件，如图 8-33 所示。

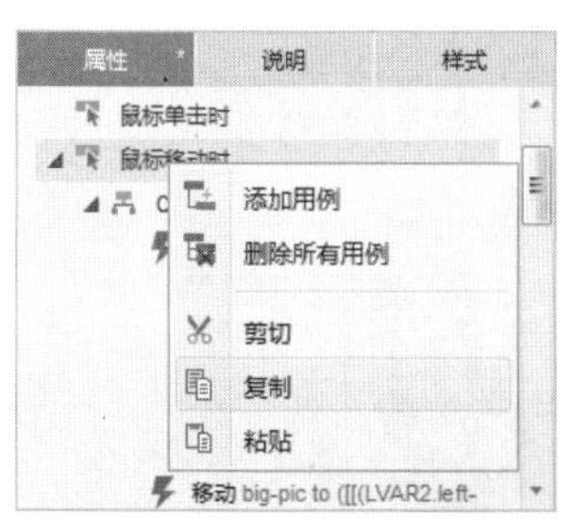

图 8-32　复制事件

图 8-33　粘贴事件

（21）单击编辑区中的空白处，在右侧“属性”面板中双击“鼠标载入时”选项，弹出“用例编辑<页面载入时>”对话框，在左侧“添加动作”区域选择“设置变量值”选项，在右侧“配置动作”区域选中 OnLoadVariable 复选框，如图 8-34 所示。

图 8-34　设置变量值

（22）在下方“设置全局变量值为”区域单击右侧的 fx 按钮，弹出“编辑文本”对话框，在下方单击两次“添加局部变量”超链接，设置 LVAR1 等于“元件”small-pic，LVAR2 等于“元件”big-pic，在上方插入变量[[LVAR2.width/LVAR1.width]]，如图 8-35 所示。单击“确定”按钮返回至编辑区中。

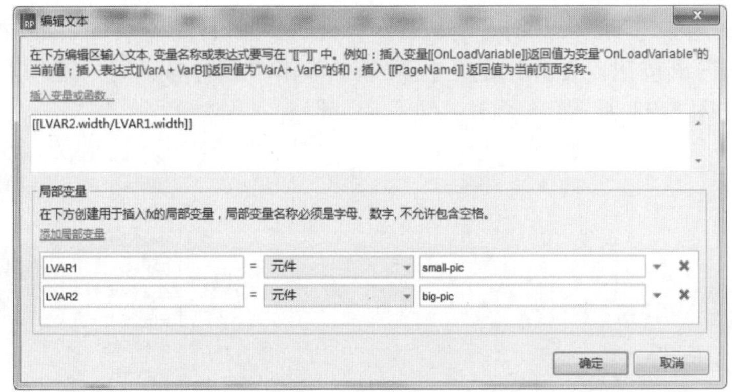

图 8-35　添加局部变量

（23）按 Ctrl+S 快捷键，以“8.2”为名称保存该文件，然后按 F5 键预览效果，如图 8-36 所示。

图 8-36　最终效果

8.3　搜 索 引 擎

案例描述

在搜索框中输入关键字，右侧显示搜索历史及关键字，并在下方显示搜索的结果，如图 8-37 所示。

图 8-37　搜索引擎

思路分析

- 使用内联框架，通过单击“搜索”按钮来打开内联框架，调用百度 API 来实现搜索功能。
- 使用中继器来完成搜索历史数据与元件的连接，添加行到中继器，并设置模块之间的布局。

操作步骤

（1）选择“文件”|“新建”命令，新建一个 Axure 的文档。

（2）从“元件库”面板中将“内联框架”元件拖入编辑区中，在工具栏中设置 x 和 y 均为 0，“宽度”和“高度”为电脑最小屏幕分辨率 1024*768，在“属性”面板中设置“框架滚动条”为“从不显示”，如图 8-38 所示。

（3）从“元件库”面板中将“矩形 1”元件拖入编辑区中，在工具栏中设置“线段颜色”为无，x 和 y 均为 0，“宽度”为 1024，“高度”为 135，在“检视：矩形”区域设置名称为 head，如图 8-39 所示。

（4）从“元件库”面板中将“矩形 2”元件拖入编辑区中，在工具栏中设置“填充颜色”为蓝色（#3300FF），x 为 0，y 为 135，“宽度”为 1024，“高度”为 2，在右侧“检视：矩形”区域设置名称为 line，如图 8-40 所示。

（5）从“元件库”面板中将“矩形 1”元件拖入编辑区中，在工具栏中设置 x 为 45，y 为 80，“宽度”为 225，“高度”为 35，“线段颜色”为蓝色（#3300FF），如图 8-41 所示。

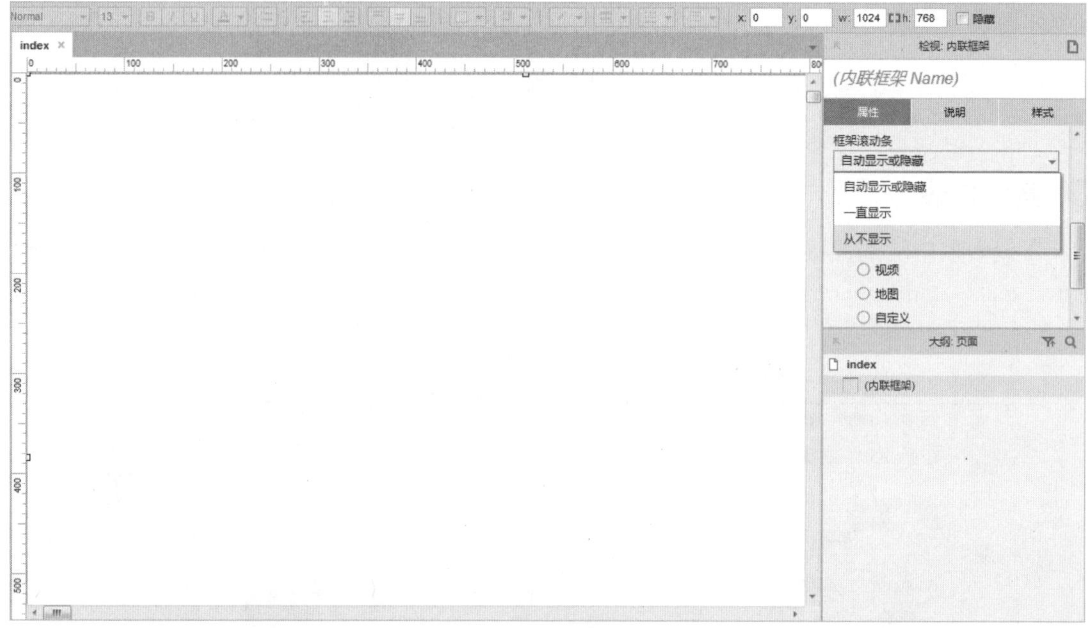

图 8-38　拖入“内联框架”元件

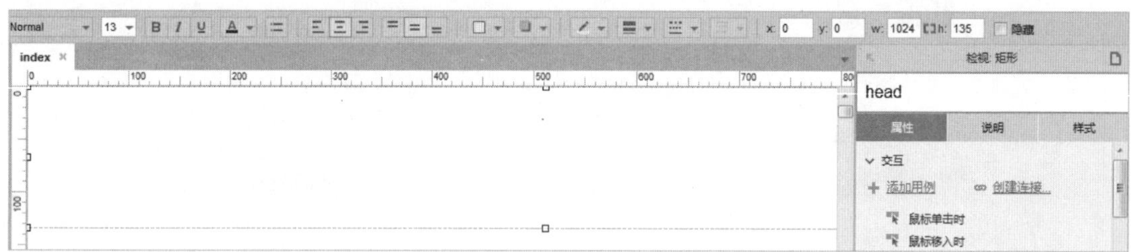

图 8-39　拖入“矩形 1”元件

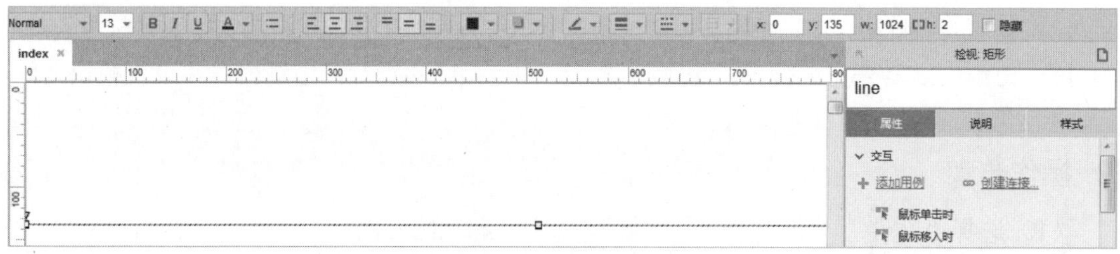

图 8-40　拖入“矩形 2”元件

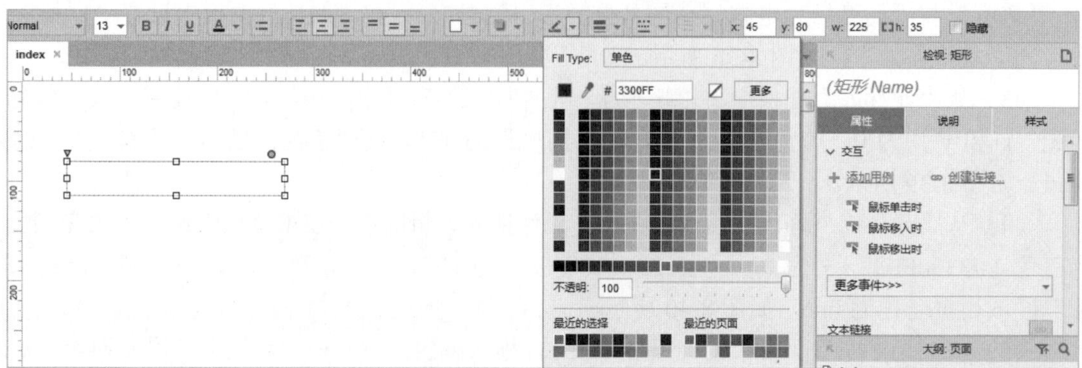

图 8-41　拖入“矩形 1”元件

（6）从“元件库”面板中将“文本框”元件拖入编辑区中，在工具栏中设置 x 为 46，y 为 81，“宽度”为 223，“高度”为 33，在右侧“检视：文本框”区域设置名称为 search-txt，如图 8-42 所示。

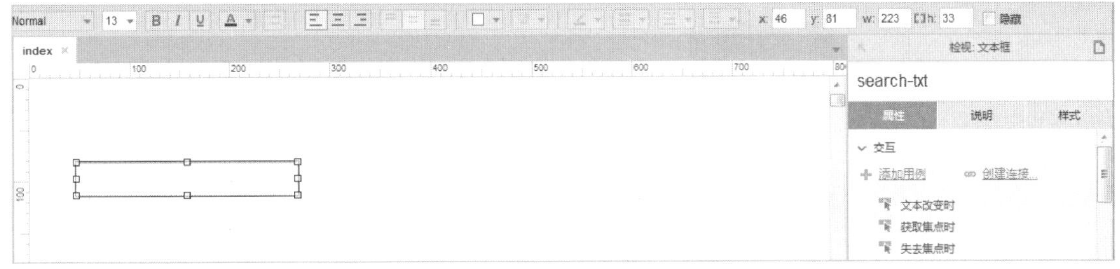

图 8-42　拖入“文本框”元件

（7）在右侧“属性”面板中设置“提示文字”为“请输入关键字搜索”，选中“隐藏边框”复选框，单击“提示样式”超链接，弹出“交互样式设置”对话框，设置“字体尺寸”为 14，“字体颜色”为蓝色（#0000FF），“不透明”为 50，如图 8-43 所示。单击“确定”按钮返回至编辑区中。

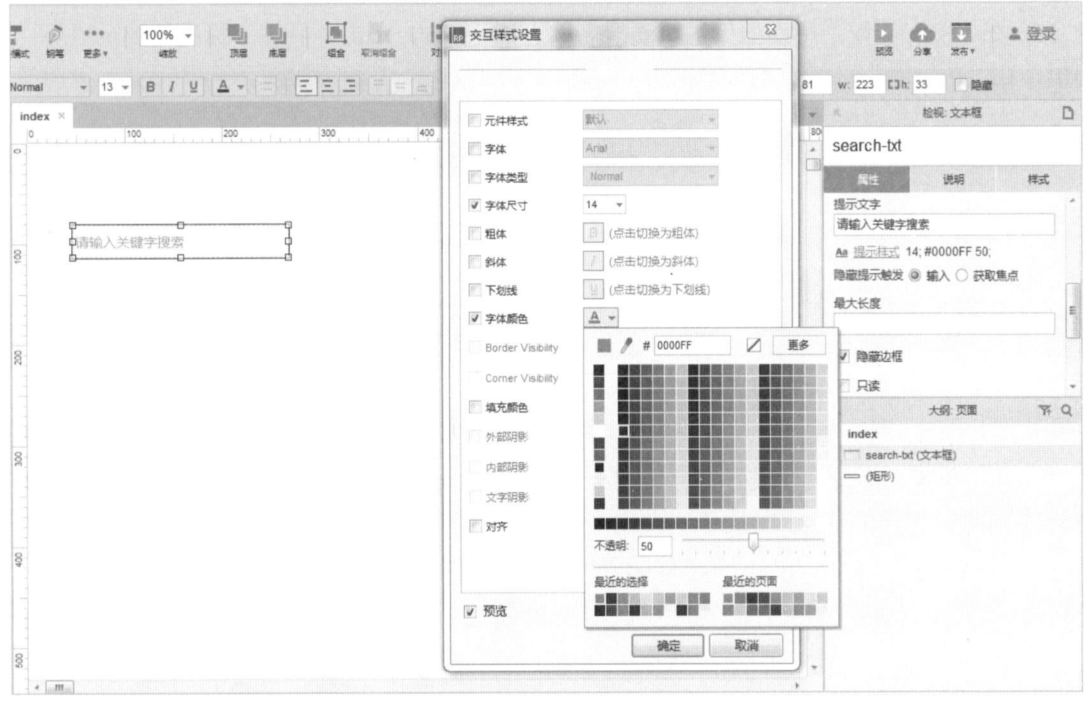

图 8-43　设置文本框

（8）从“元件库”面板中将“按钮 2”元件拖入编辑区中，在工具栏中单击“垂直居中”按钮，设置“填充颜色”为蓝色（#3300FF），x 为 269，y 为 80，“宽度”为 140，“高度”为 35，在右侧“检视：矩形”区域设置名称为 btn，单击“样式”标签切换至“样式”面板，设置“圆角半径”为 0，如图 8-44 所示。

（9）从“元件库”面板中将“文本标签”元件拖入编辑区中，在工具栏中设置 x 为 450，y 为 80，“高度”为 35，在右侧“检视：矩形”区域设置名称 history-txt，在“样式”面板中选中“隐藏”复选框隐藏元件，如图 8-45 所示。

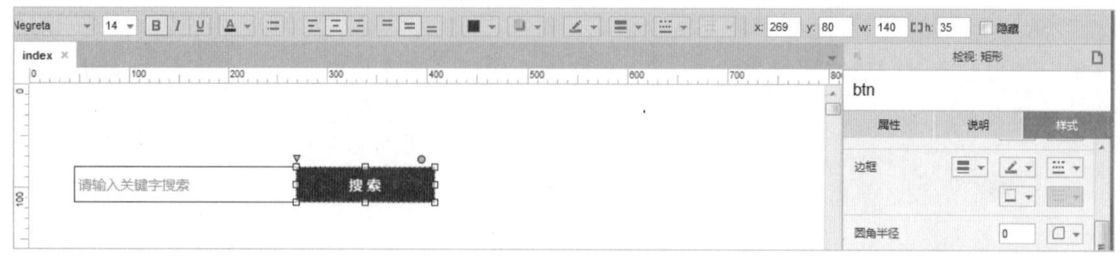

图 8-44　设置按钮

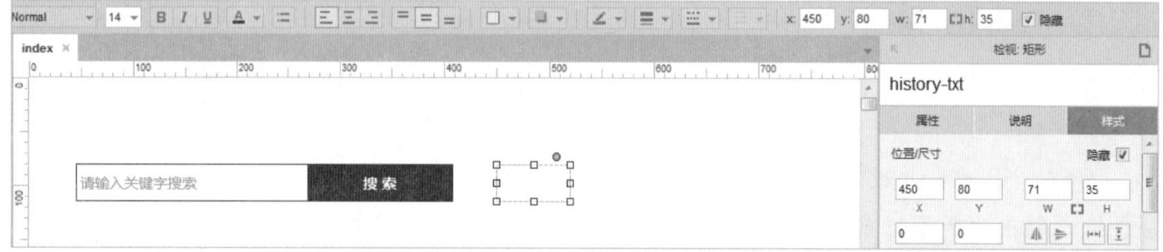

图 8-45　拖入“文本标签”元件

（10）从“元件库”面板中将“中继器”元件拖入编辑区中，在工具栏中设置 x 为 522，y 为 80，在右侧“检视：中继器”区域设置名称为 repeater，单击“属性”标签切换至“属性”面板，在“中继器”区域设置标题名称为 name，并删除 2、3 行，如图 8-46 所示。

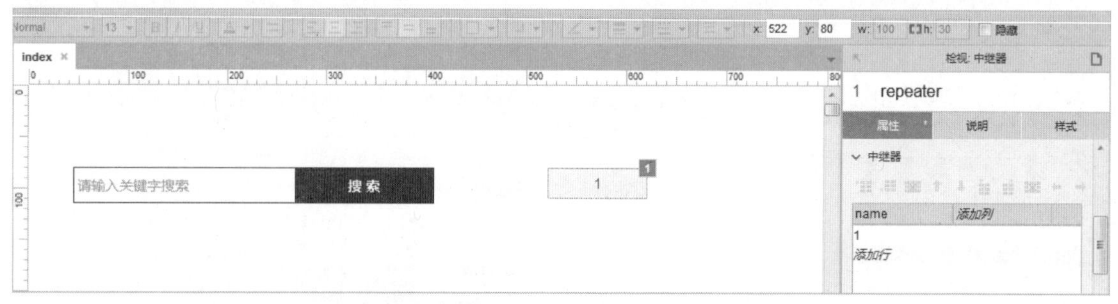

图 8-46　拖入“中继器”元件

（11）在右侧单击“样式”标签切换至“样式”面板，设置“布局”为“水平”，在“分页”区域选中“多页显示”复选框，设置“每页项目数”为 8，如图 8-47 所示。

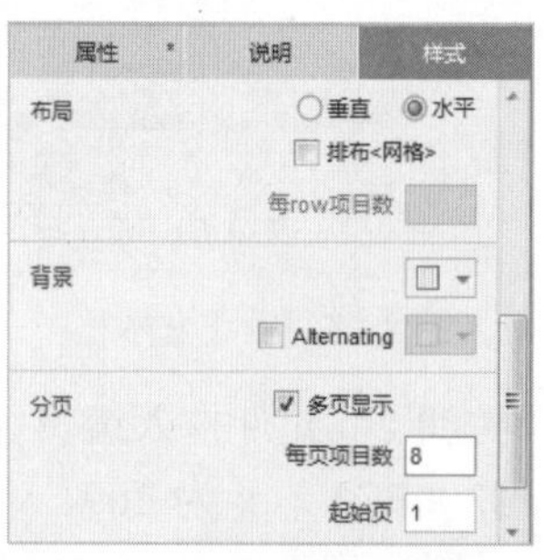

图 8-47　设置中继器样式

（12）在编辑区中双击“中继器”元件，进入 repeater（index）编辑区，选择“矩形”元件，设置“线段颜色”为无，“宽度”为 70，“高度”为 35，在右侧“检视：矩形”区域设置名称为 search-list，如图 8-48 所示。

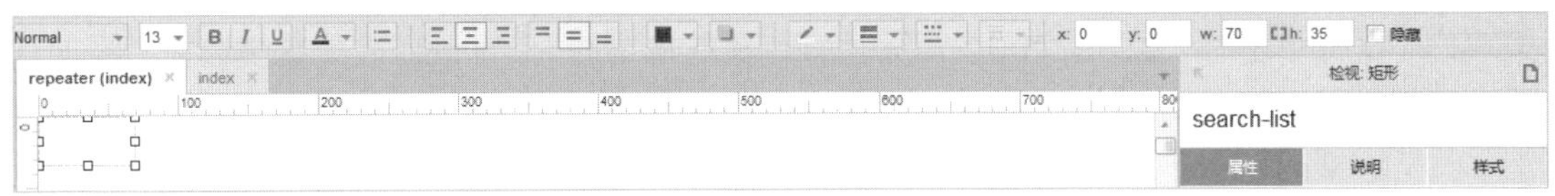

图 8-48　设置矩形

（13）在右侧“属性”面板中双击“鼠标单击时”选项，弹出“用例编辑<鼠标单击时>”对话框，在“在框架中打开链接”展开项中选择“内联框架”选项，在右侧选中“（内联框架）”复选框，如图 8-49 所示。

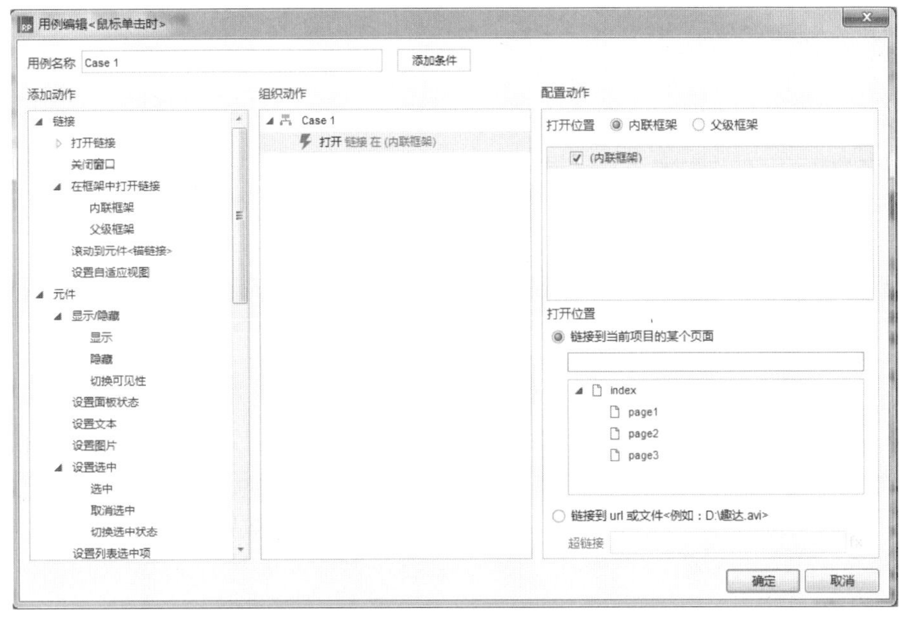

图 8-49　添加动作

（14）在下方选中“链接到 url 或文件”单选按钮，单击右侧的 fx 按钮，弹出“编辑值”对话框，在下方单击“添加局部变量”超链接，默认设置 LVAR1 等于“元件文字”This，在上方插入变量，如图 8-50 所示。单击两次“确定”按钮返回至编辑区中。

图 8-50　添加局部变量

（15）单击 index 标签切换至 index 编辑区中，选择“btn 矩形”元件，在右侧“属性”面板中双击“鼠标单击时”选项，弹出“用例编辑<鼠标单击时>”对话框，在左侧选择“添加行”选项，在右侧选中“repeater（中继器）”复选框，如图 8-51 所示。

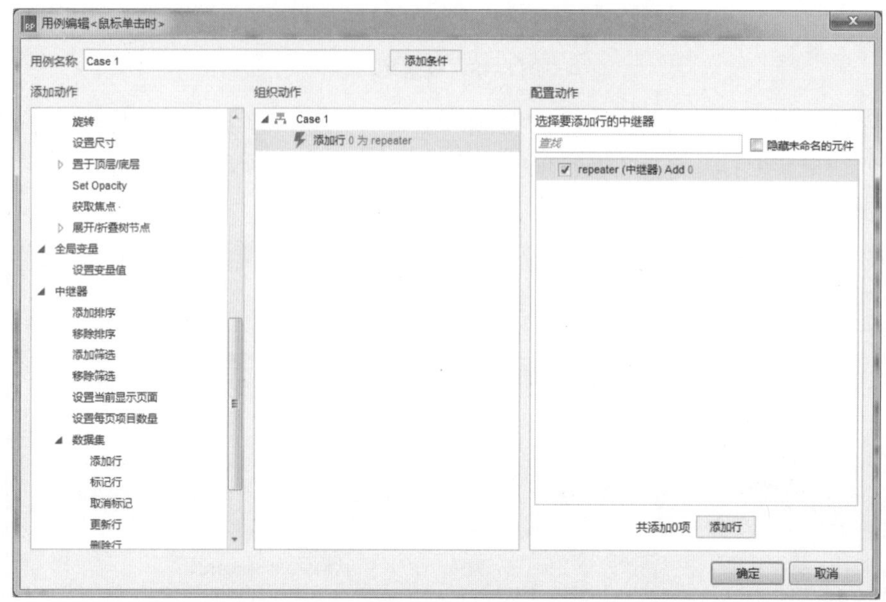

图 8-51　设置动作

（16）在下方单击“添加行”按钮，弹出“添加行到中继器”对话框，单击 fx 按钮，弹出“编辑值”对话框，在下方单击“添加局部变量”超链接，设置 LVAR1 等于“元件文字”search-txt，在上方插入变量[[LVAR1]]，如图 8-52 所示。单击两次“确定”按钮返回至“用例编辑<鼠标单击时>”对话框。

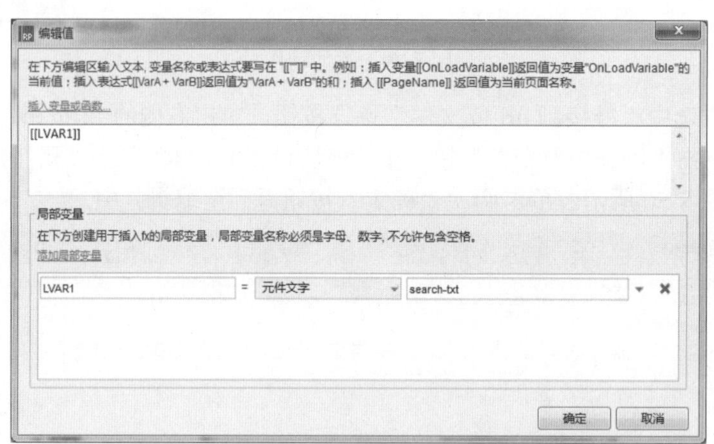

图 8-52　插入变量

（17）在左侧选择“显示”选项，在右侧选中“history-txt（矩形）”复选框，如图 8-53 所示。

（18）在左侧选择“内联框架”选项，在右侧选中“（内联框架）”复选框，在下方选中“链接到 url 或文件”单选按钮，单击右侧的 fx 按钮，弹出“编辑值”对话框，在下方单击“添加局部变量”超链接，设置 LVAR1 等于“元件文字”search-txt，在上方插入变量，如图 8-54 所示。单击两次“确定”按钮返回至编辑区中。

（19）按 Ctrl+S 快捷键，以“8.3”为名称保存该文件，然后按 F5 键预览效果，如图 8-55

所示。

图 8-53　添加动作

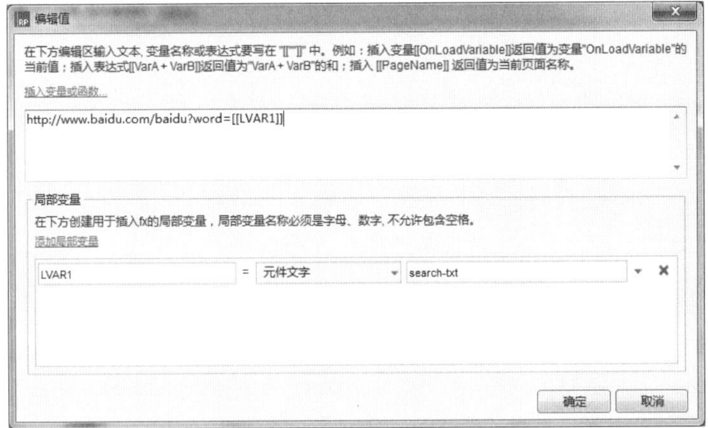

图 8-54　插入变量

图 8-55　最终效果

8.4 锚点滚动效果

案例描述

单击左侧导航条上的不同菜单，页面跳到菜单相应的位置，实现页面自动滚动，如图 8-56 所示。

图 8-56　锚点滚动效果

思路分析

➢ 在动态面板 State1 中添加 3 个矩形元件，并设置相应的名称。
➢ 为矩形添加“鼠标单击时”事件，设置滚动到的位置。
➢ 设置“矩形”元件“鼠标按下”时的“填充颜色”。

操作步骤

（1）选择“文件”|“新建”命令，新建一个 Axure 的文档。

（2）将“元件库”面板中的“矩形 2”元件拖入编辑区中，在工具栏中设置 x 为 0，y 为 30，“宽度”为 110，“高度”为 28，在右侧“检视：矩形”区域设置名称为 nav1，如图 8-57 所示。

（3）在编辑区中选择“nav1 矩形”元件，在右侧“属性”面板中单击“鼠标按下”超链接，弹出“交互样式设置”对话框，选中“填充颜色”复选框，单击右侧的下三角按钮，在弹出的颜色面板中选择灰色色块（#C9C9C9），如图 8-58 所示。单击“确定”按钮返回至编辑区中。

图 8-57　拖入“矩形 2”元件

（4）按住 Shift+Ctrl 快捷键拖动“nav1 矩形”元件，复制两个矩形，修改输入的内容和名称，如图 8-59 所示。

图 8-58　设置“填充颜色”

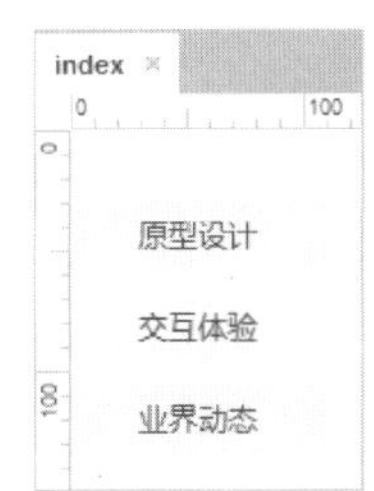

图 8-59　复制元件

（5）在“元件库”面板中将“文本标签”元件拖入编辑区中，在工具栏中设置“字体尺寸”为 18，x 为 150，y 为 33，如图 8-60 所示。

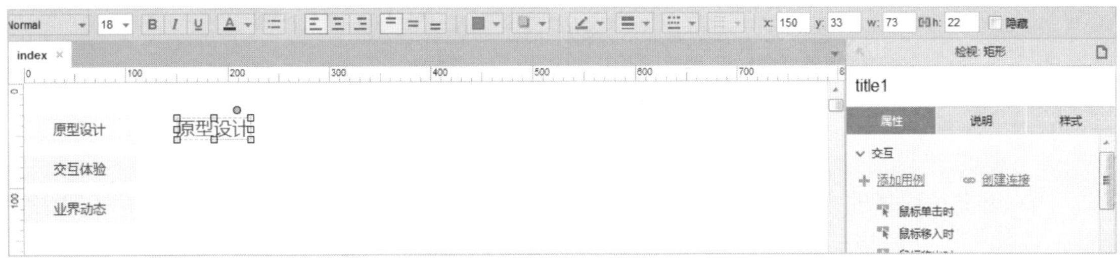

图 8-60　拖入“文本标签”元件

（6）在“元件库”面板中将“水平线”元件拖入编辑区中，在工具栏中设置“线段颜色”为灰色（#CCCCCC），x 为 150，y 为 67，“宽度”为 630，如图 8-61 所示。

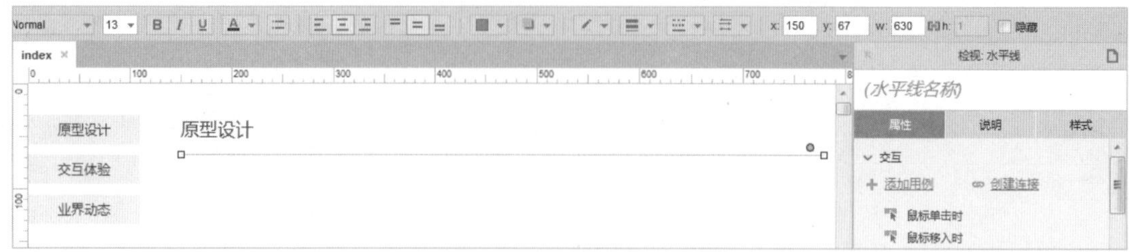

图 8-61　拖入“水平线”元件

（7）在“元件库”面板中将“矩形 2”元件拖入编辑区中，在工具栏中设置“填充颜色”为蓝色（#0099FF），设置大小并调整至适当的位置，如图 8-62 所示。

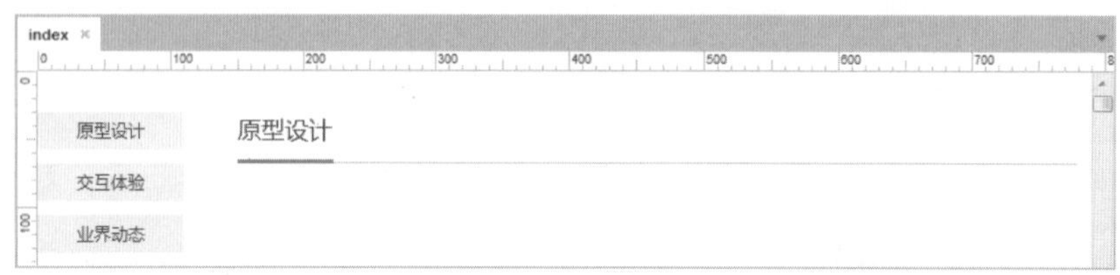

图 8-62　拖入“矩形 2”元件

（8）将“元件库”面板中的“图片”元件拖入编辑区中，双击导入相应的素材图片，在工具栏中设置 x 为 150，y 为 78，“宽度”为 630，“高度”为 642，在右侧“检视：图片”区域设置名称为 content1，如图 8-63 所示。

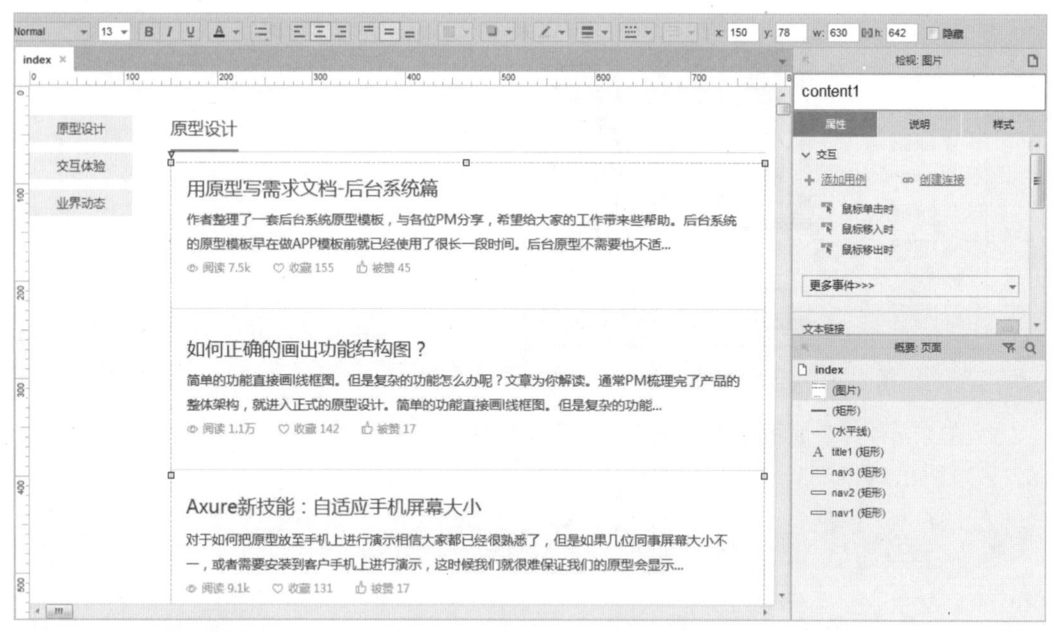

图 8-63　拖入“图片”元件

（9）用上述同样的方法拖入“文本标签”元件、“矩形”元件、“水平线”元件和“图片”元件，设置大小并调整至适当的位置，在右侧分别设置相应的名称，如图 8-64 所示。

（10）在编辑区中选择“nav1 矩形”元件，在右侧“属性”面板中双击“鼠标单击时”选项，弹出“用例编辑<鼠标单击时>”对话框，在左侧“添加动作”区域选择“滚动到元件<锚链接>”选项，在右侧选中“title1（矩形）”复选框，在下方设置“动画”为“线性”，“时间”默认为 500 毫秒，如图 8-65 所示。

图 8-64　拖入元件

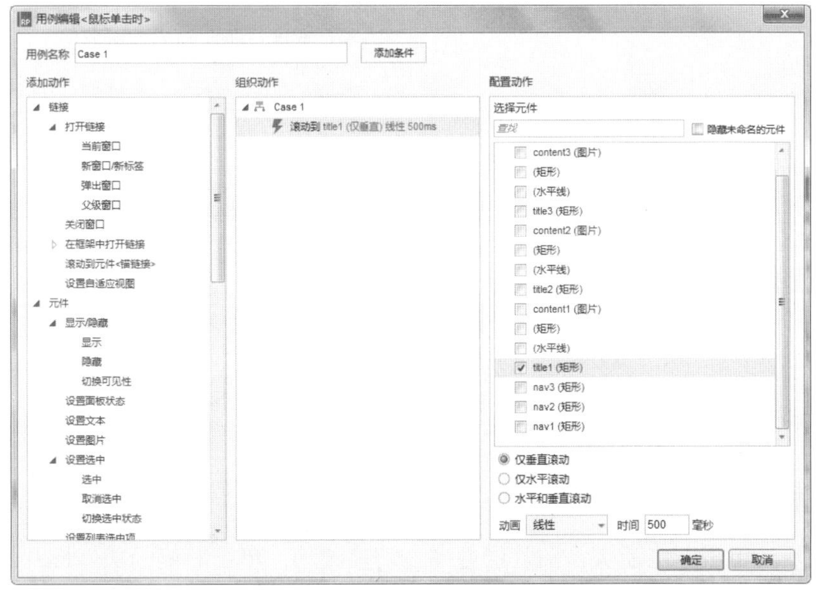

图 8-65　添加动作

（11）用同样的方法为“nav2 矩形”元件和“nav3 矩形”元件添加“鼠标单击时”事件，设置锚链接和动画。

（12）在编辑区中按住 Ctrl 键选择“nav1 矩形”元件、“nav2 矩形”元件和“nav3 矩形”元件，单击鼠标右键，在弹出的快捷菜单中选择“转换为动态面板”命令，将其转换为动态面板，如图 8-66 所示。

（13）在右侧“属性”面板中单击“固定到浏览器”超链接，弹出“固定到浏览器”对话框，选中“固定到浏览器窗口”复选框，设置“水平固定”为“左”，“垂直固定”为“居中”，“边距”为 -230，如图 8-67 所示。单击“确定”按钮返回至编辑区中。

（14）按 Ctrl+S 快捷键，以“8.4”为名称保存该文件，然后按 F5 键预览效果，如图 8-68 所示。

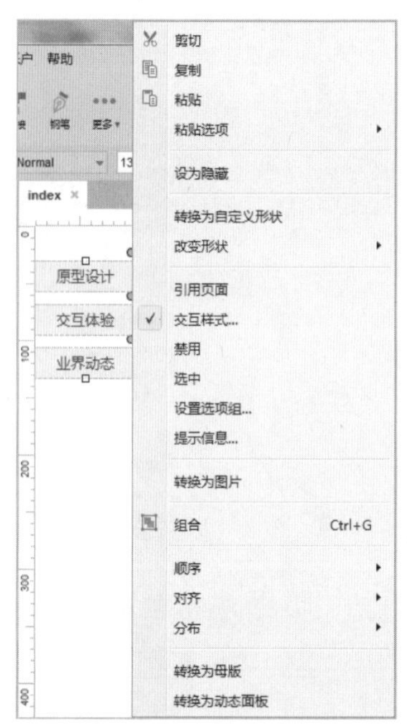

图 8-66　选择“转换为动态面板”命令

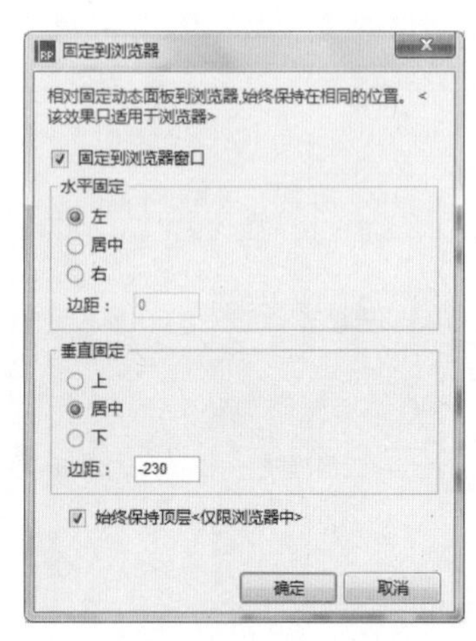

图 8-67　设置固定到浏览器的位置

图 8-68　最终效果

8.5　图片层叠滚动效果

案例描述

页面载入后，单击左侧箭头，图片层叠向左切换滚动；单击右侧箭头，图片层叠向右切换滚动，如图 8-69 所示。

图 8-69　图片层叠滚动效果

思路分析

- 为箭头元件添加“鼠标单击时”事件。
- 为动态面板添加 5 个状态，每个状态分别添加 5 个图片元件，并导入相应的图片，实现图片左右滚动的效果。

操作步骤

（1）选择“文件”|“新建”命令，新建一个 Axure 的文档。

（2）在“元件库”面板中将“动态面板”元件拖入编辑区中，在工具栏中设置 x 为 85，y 为 90，“宽度”为 800，“高度”为 375，在右侧“检视：动态面板”区域设置名称为 panel，如图 8-70 所示。

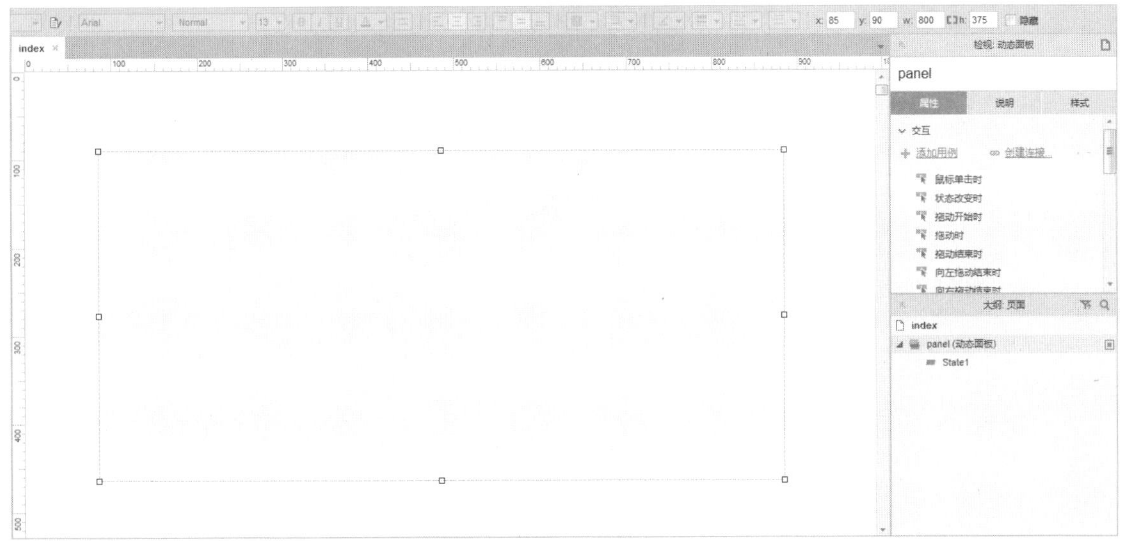

图 8-70　拖入“动态面板”元件

（3）在“元件库”面板中单击 Default 右侧的下三角按钮，在弹出的下拉菜单中选择 Icons 选项，如图 8-71 所示。

（4）在“元件库”面板中将“向左箭头”元件和“向右箭头”元件拖入编辑区中，设置大小并调整至适当的位置，在右侧“检视：形状”区域设置名称分别为 left、right，如图 8-72 所示。

（5）双击“动态面板”元件，在弹出的“动态面板状态管理”对话框中单击“添加”按钮➕，复制 4 个面板状态，如图 8-73 所示。

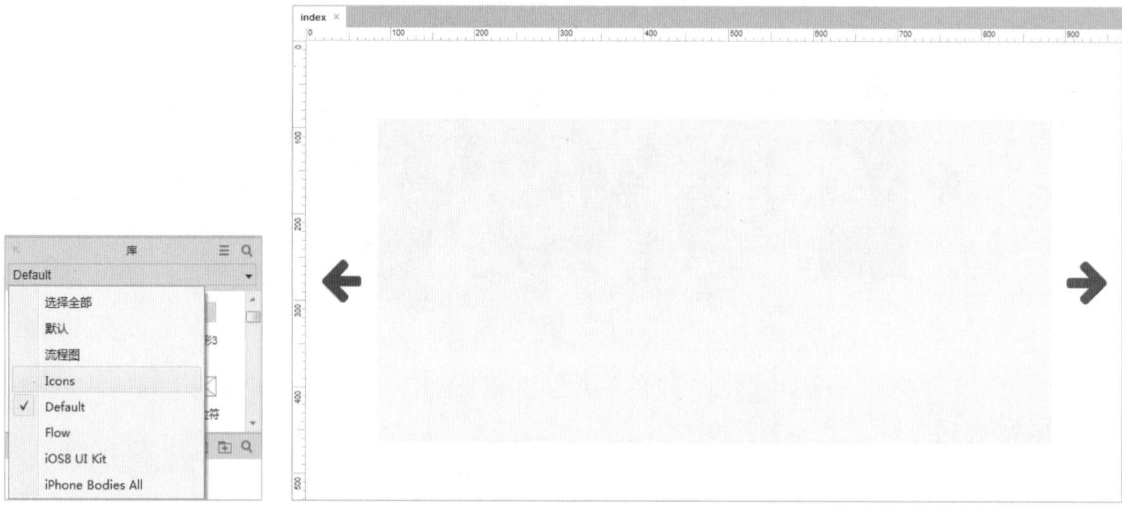

图 8-71　选择 Icons 选项　　　　图 8-72　拖入“箭头”元件

（6）单击“编辑全部状态”按钮，打开所有面板状态，默认进入 panel/State1（index）编辑区，在“元件库”面板中切换到 default 面板，将“图片”元件拖入 5 次至编辑区中，双击分别导入相应的图片，设置大小并调整至适当的位置，如图 8-74 所示。

图 8-73　添加面板状态

图 8-74　导入图片

（7）按 Ctrl+A 快捷键复制编辑区中导入的“图片”元件，粘贴到其他面板状态中，并修改导入的图片。

（8）按 Ctrl+S 快捷键，以“8.5”为名称保存该文件，然后按 F5 键预览效果，如图 8-75 所示。

图 8-75　最终效果

8.6 水泡导航栏

案例描述

当鼠标移入导航栏上时，水泡跟随鼠标移动到相对应的位置，如图 8-76 所示。

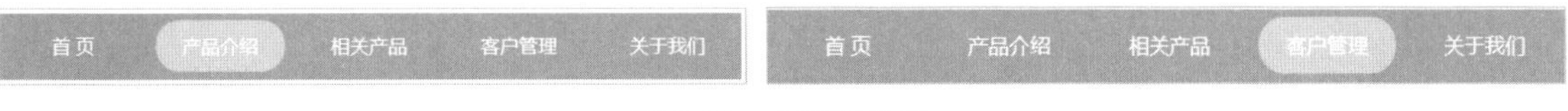

图 8-76 水泡导航栏

思路分析

- 设置透明度来实现水泡效果。
- 为“矩形”元件添加“鼠标移入时”事件，并设置移动的 x 轴距离和 y 轴距离。

操作步骤

（1）选择“文件” | “新建”命令，新建一个 Axure 的文档。

（2）将“元件库”面板中的“矩形 2”元件拖入编辑区中，在工具栏中设置 x 为 55，y 为 100，“宽度”为 625，“高度”为 55，在右侧“检视：矩形”区域设置名称为 bg，如图 8-77 所示。

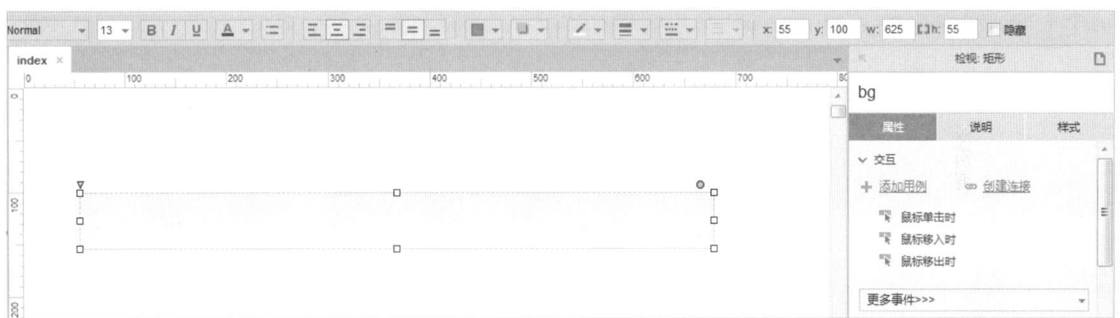

图 8-77 拖入“矩形 2”元件

（3）从“元件库”面板中拖入 5 次“矩形 1”元件至编辑区中，双击并依次输入“首页”“产品介绍”“相关产品”“客户管理”“关于我们”，工具栏中设置“填充颜色”为蓝色，“宽度”为 125，“高度”为 55，如图 8-78 所示。

图 8-78 设置“矩形”元件

（4）从“元件库”面板中拖入“矩形 1”元件至编辑区中，在右侧“检视：矩形”区域上设置名称为 transparent，在工具栏中设置“不透明”为 0，如图 8-79 所示。

（5）从“元件库”面板中拖入“矩形 1”元件至编辑区中，在工具栏中设置“宽度”为 109，“高度”为 42，在右侧“检视：矩形”区域设置名称为 semiTrans，调整至合适的位置，如图 8-80 所示。

（6）在“样式”面板中设置“圆角半径”为 20，“不透明”为 50%，如图 8-81 所示。

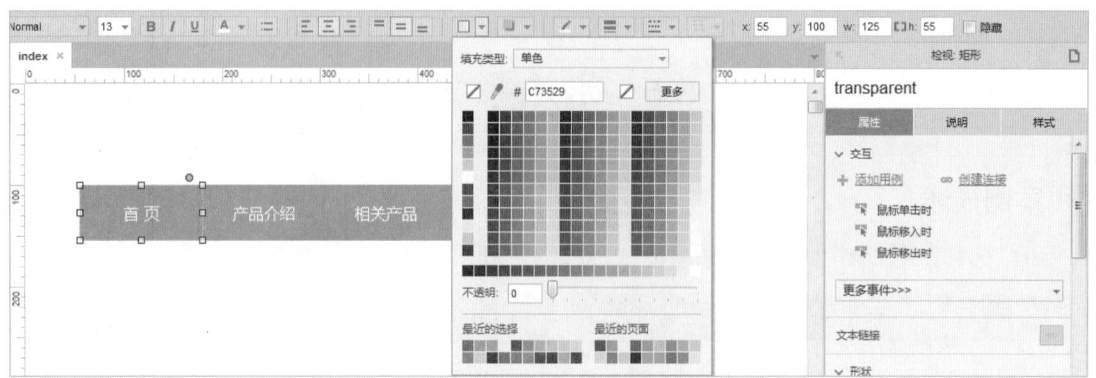

图 8-79　设置矩形不透明

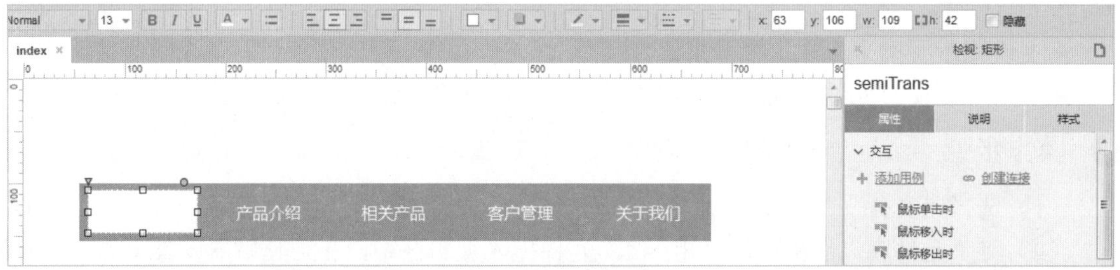

图 8-80　设置矩形

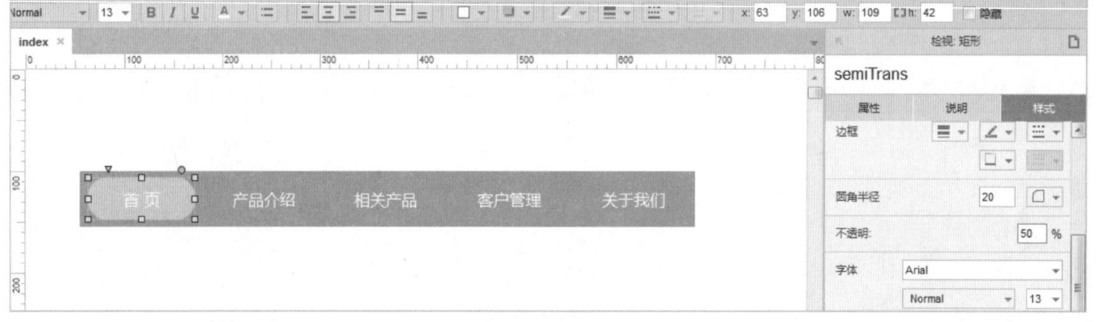

图 8-81　设置矩形

（7）在编辑区中按 Ctrl 键的同时选择“transparent 矩形”元件和“semiTrans 矩形”元件，单击鼠标右键，在弹出的快捷菜单中选择“组合”命令，组合两个矩形，在右侧“检视：组合”区域设置名称为 bubble，如图 8-82 所示。

（8）在编辑区中选择“首页 矩形”元件，在右侧“属性”面板中双击“鼠标移入时”选项，弹出“用例编辑<鼠标移入时>”对话框，在左侧“添加动作”区域选择“移动”选项，在右侧“配置动作”区域选

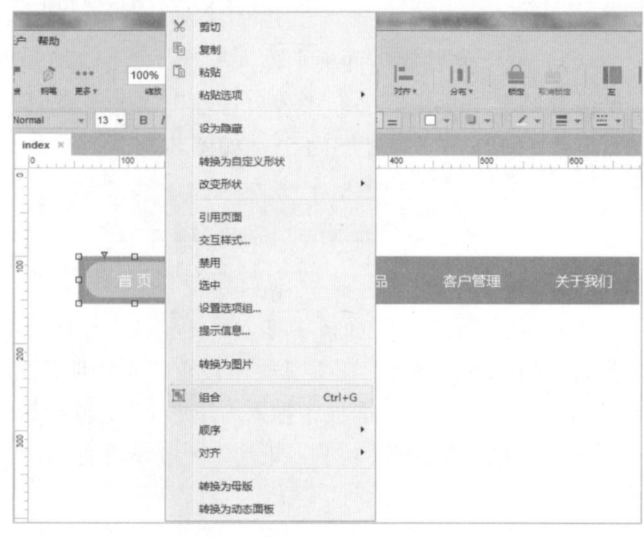

图 8-82　选择“组合”命令

中“bubble（组合）”复选框，如图 8-83 所示。

图 8-83　添加动作

（9）在下方设置“移动”为“绝对位置”，x 为 This.x，y 为 This.y，“动画”为“线性”，“时间”为 500 毫秒，如图 8-84 所示。单击“确定”按钮返回至编辑区中。

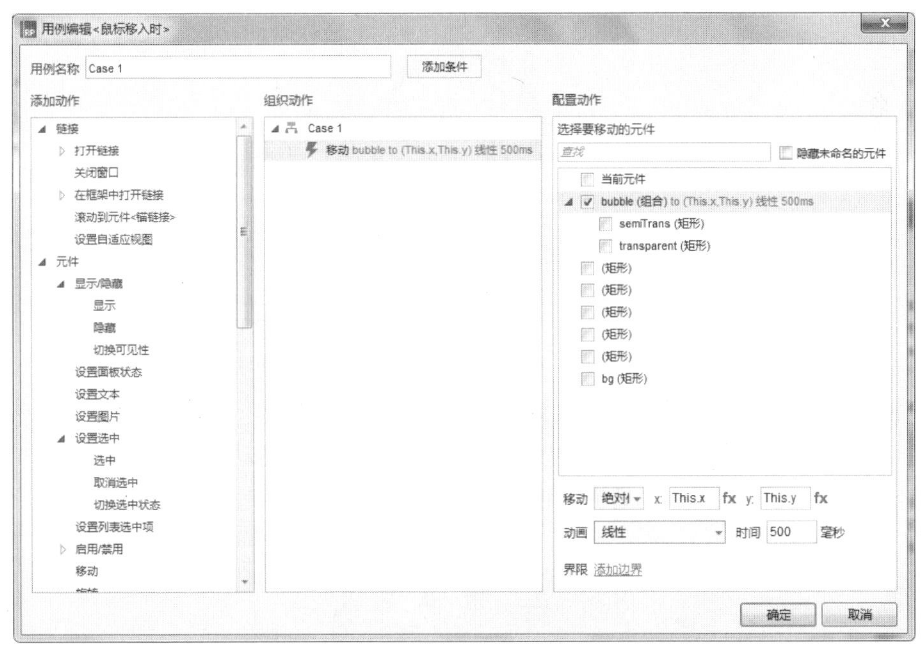

图 8-84　设置移动距离和动画

（10）在“属性”面板中选择“鼠标移入时”下方的 Case1，按 Ctrl+C 快捷键复制，然后在编辑区中选择“产品介绍 矩形”元件，在右侧“属性”面板中右击“鼠标移入时”选项，在弹出的快捷菜单中选择“粘贴”命令，粘贴用例，如图 8-85 所示。

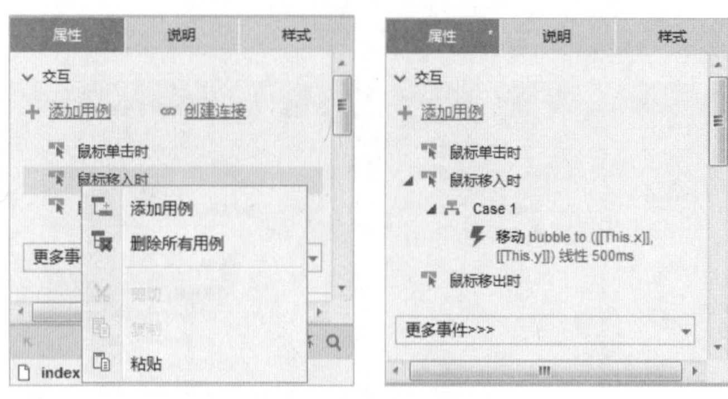

图 8-85　粘贴用例

（11）用同样的方法将“鼠标移入时”交互事件复制/粘贴至其他的“矩形”元件，按 Ctrl+S 快捷键，以“8.6”为名称保存该文件，然后按 F5 键预览效果，如图 8-86 所示。

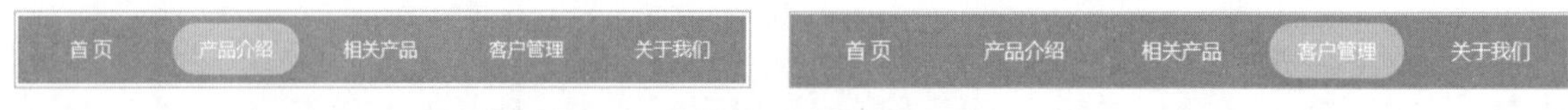

图 8-86　最终效果

8.7　环形进度条

案例描述

当页面加载时，圆形旋转，中间的百分比同比变化，如图 8-87 所示。

图 8-87　环形进度条

思路分析

- 通过自定义形状以及“合并”“去除”操作来实现环形进度条的制作。
- 设置全局变量 OnLoadVariable 默认值为 0。
- 添加“页面载入时”事件，设置旋转圆环来实现加载的动效。

本案例的具体操作步骤请参见资源包。

8.8　二维码生成器

案例描述

在左侧多行文本框中输入文字，单击下面的“生成二维码”按钮，在右侧生成二维码，如图 8-88 所示。

图 8-88　二维码生成器

思路分析

- 首先在网上找一个生成二维码的借口。
- 使用多行文本框来获取需要转换的内容。
- 运用内联框架生成二维码的页面，框架中链接的 url 就是二维码 API 接口地址+文本框中输入的文字。

本案例的具体操作步骤请参见资源包。

8.9　单选按钮和选项组效果

案例描述

单选按钮，顾名思义一般情况下只做单选，有多个单选按钮时，只会选中其中一项；在选项组中选择其中一个执行按钮时，则被选择按钮的颜色变成橙色，如图 8-89 所示。

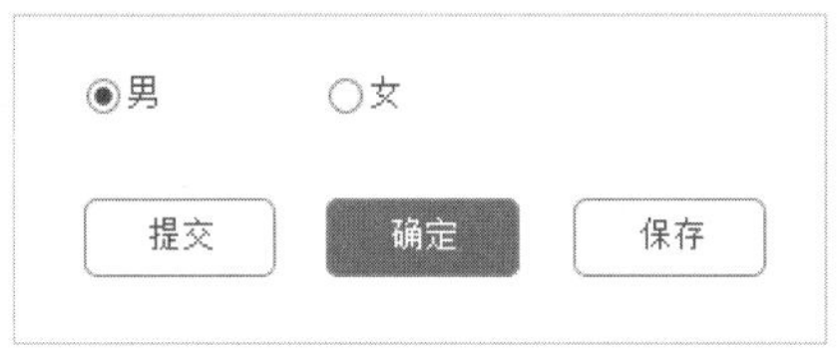

图 8-89　单选按钮和选项组效果

思路分析

- 为“矩形”元件添加“鼠标单击时”事件，并设置选中状态。
- 设置“矩形”元件选中时的交互样式。

本案例的具体操作步骤请参见资源包。

8.10　滑动鼠标页面自动切换

案例描述

当用户鼠标停留在某个页面时，只需要滚动鼠标滑轮，页面就会自动切换；也可以单击右侧列表中的图片，左侧将显示对应的大图，如图 8-90 所示。

图 8-90　滑动鼠标页面自动切换

思路分析

- 为动态面板添加“向下滚动时”事件，实现向下滑动鼠标时，页面自动切换效果。
- 添加“鼠标单击时”事件，单击右侧图片，左侧将显示对应的大图。

本案例的具体操作步骤请参见资源包。

第 9 章

永 无 止 境

9.1 微博登录界面切换

案例描述

当单击“账户登录”标签时，切换至账户登录的界面；当单击“安全登录”标签时，在两个登录面板间切换，如图 9-1 所示。

图 9-1 微博登录界面切换

思路分析

➢ 为动态面板添加两个状态：一个是账户登录；另一个是安全登录。

➢ 设置两个登录按钮的样式切换，单击不同的登录按钮切换不同的样式。

操作步骤

（1）选择“文件”|“新建”命令，新建一个 Axure 的文档。

（2）从“元件库”面板中将“矩形 2”元件拖入编辑区中，在工具栏中设置 x 和 y 均为 80，“宽度”为 340，“高度”为 330，如图 9-2 所示。

（3）从“元件库”面板中将“矩形 1”元件拖入编辑区中，在工具栏中设置“线段颜色”为灰色（#E4E4E4），x 和 y 均为 100，“宽度”为 300，“高度”为 290，单击“样式”标签切换至“样式”面板，设置“圆角半径”为 3，如图 9-3 所示。

（4）从“元件库”面板中将“文本标签”元件拖入两次至编辑区中的适当位置，双击分别输入“账号登录”和“安全登录”，设置名称分别为 account、secure，如图 9-4 所示。

（5）从“元件库”面板中将“水平线”元件拖入编辑区中，设置“线段颜色”为灰色（#F2F2F2），“宽度”为 250，调整至适当的位置，如图 9-5 所示。

图 9-2 拖入“矩形 2”元件

图 9-3 拖入“矩形 1”元件

图 9-4 拖入“文本标签”元件

图 9-5 拖入“水平线”元件

（6）从“元件库”面板中将“动态面板”元件拖入编辑区中，在工具栏中设置 x 为 125，y 为 160，“宽度”为 250，“高度”为 210，在右侧“检视: 动态面板”区域设置名称为 login-panel，如图 9-6 所示。

（7）双击“动态面板”元件，在弹出的“面板状态管理”对话框中单击“添加”按钮，添加面板状态，并重命名为 account、secure，如图 9-7 所示。

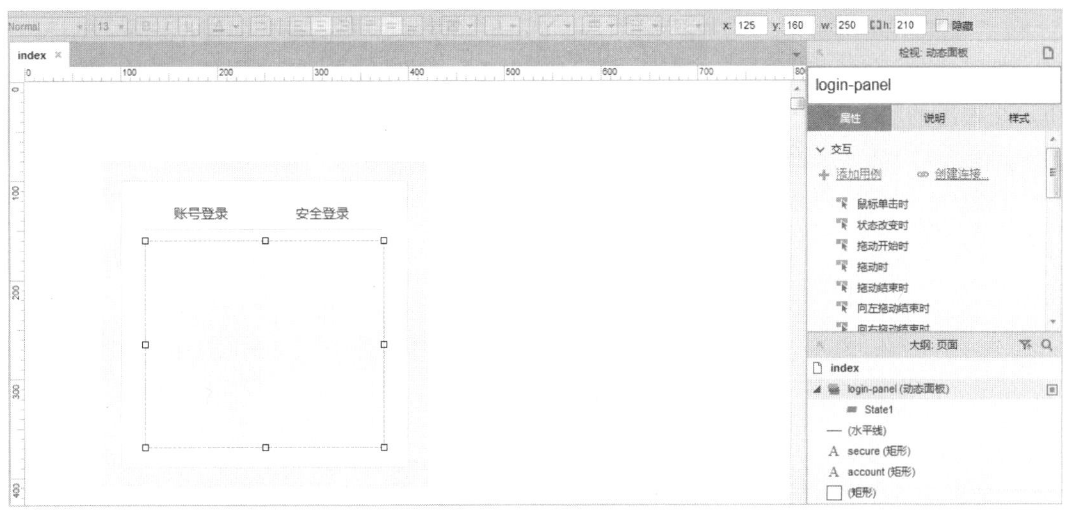

图 9-6　拖入“动态面板”元件

（8）单击“编辑全部状态”按钮，打开所有面板状态，默认进入 login-panel/account（index）编辑区中，在“元件库”面板中将“图片”元件拖入编辑区中，双击并导入素材图片，如图 9-8 所示。

图 9-7　添加面板状态

图 9-8　导入素材图片

（9）单击 login-panel/secure（index）标签切换至 login-panel/secure（index）编辑区中，将“矩形 1”元件拖入编辑区中，在工具栏中设置 x 为 41，y 为 19，“宽度”为 186，“高度”为 187，在工具栏中设置“线段颜色”为灰色（#F2F2F2），在右侧“样式”面板中设置“圆角半径”为 2，如图 9-9 所示。

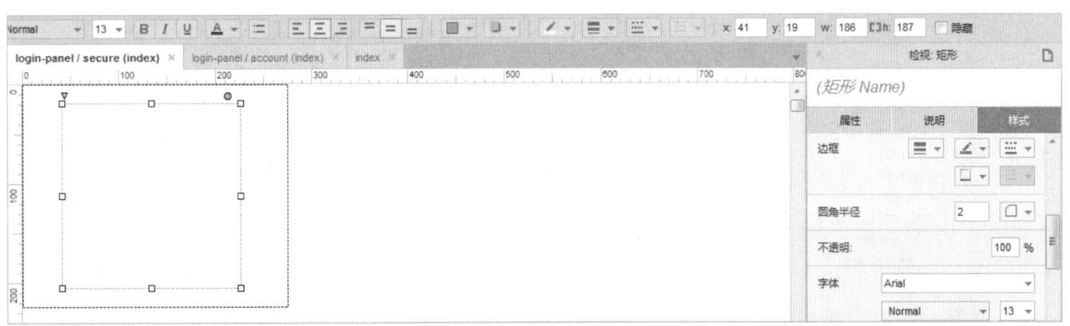

图 9-9　设置“矩形”元件

（10）在工具栏中单击“外部阴影”右侧的下三角按钮，在弹出的面板中选中“阴影”复选框，设置偏移 x 和 y 均为 0，“Blur（模糊）”为 4，单击“Color（颜色）”右侧的下三角按钮，在弹出的颜色面板中选择灰色色块（#BCBCBC），如图 9-10 所示。

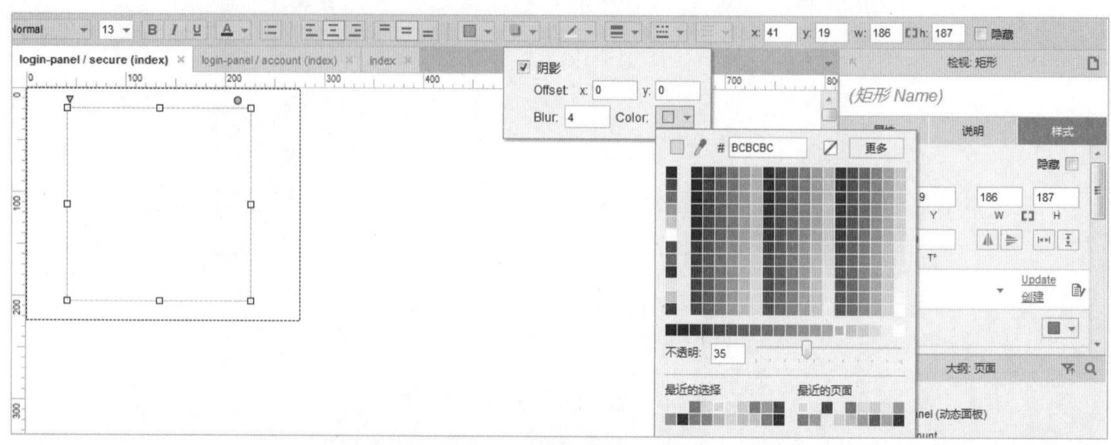

图 9-10　设置外部阴影

（11）在“元件库”面板中将“图片”元件拖入编辑区中的适当位置，设置“宽度”为 151，“高度”为 173，如图 9-11 所示。

图 9-11　导入图片

（12）单击 index 标签切换至 index 编辑区中，选择“account 文本标签”元件，单击“属性”标签切换至“属性”面板，双击“鼠标单击时”选项，弹出“用例编辑<鼠标单击时>”对话框，在左侧“添加动作”区域选择“选中”选项，在右侧“配置动作”区域选中“当前元件”复选框，如图 9-12 所示。

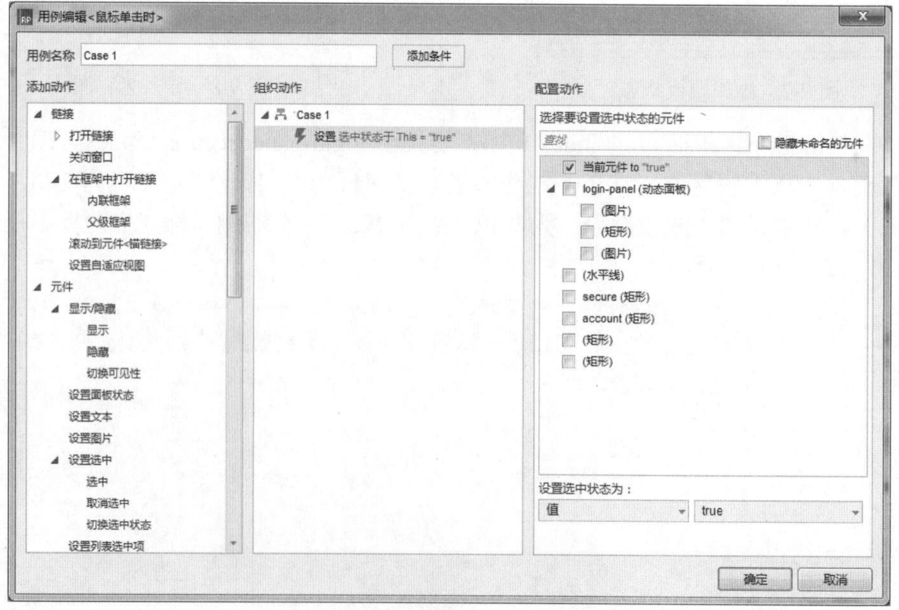

图 9-12　设置选中状态

（13）在左侧选择“设置面板状态”选项，在右侧选中“login-panel（动态面板）”复选框，设置“选择状态”为 account，如图 9-13 所示。

图 9-13　设置面板状态

（14）用同样的方法为“secure 文本标签”元件添加“鼠标单击时”事件，如图 9-14 所示。

（15）按 Ctrl+S 快捷键，以“9.1”为名称保存该文件，然后按 F5 键预览效果，如图 9-15 所示。

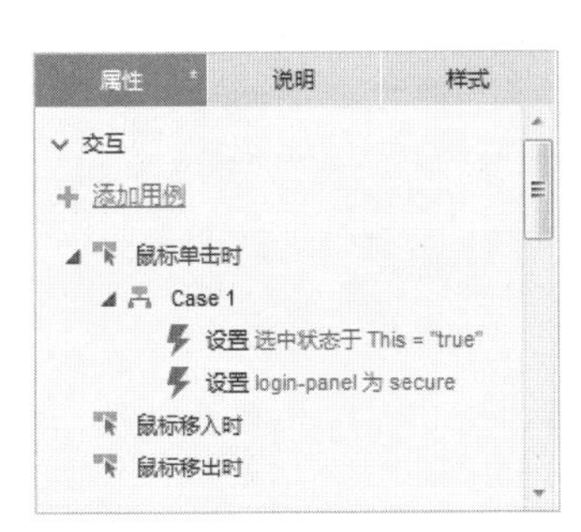

图 9-14　添加“鼠标单击时”事件

图 9-15　最终效果

9.2　QQ 个性签名

案例描述

单击签名文本框，此时签名文本框变为可编辑状态，全选签名文本框默认的内容，输入自己的个性签名，当文本框失去焦点时，签名文本框中显示刚输入的内容，如图 9-16 所示。

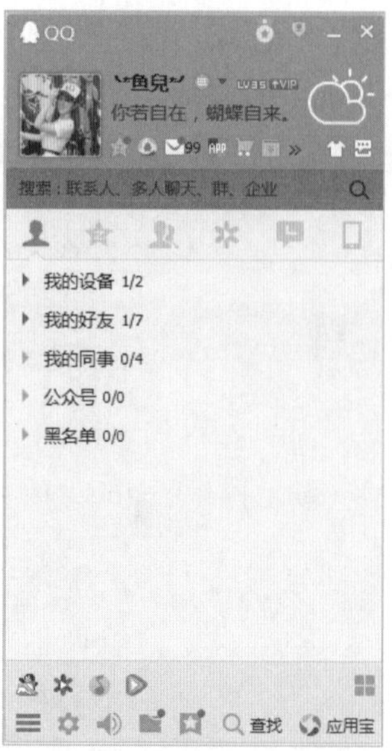

图 9-16　QQ 个性签名

思路分析

➢ 在签名文本框中设置两种状态，一种为显示状态，另一种为输入状态，通过动态面板来实现。

➢ 为输入状态添加“按键松开时”事件和“失去焦点时”事件。

操作步骤

（1）选择“文件” | “新建”命令，新建一个 Axure 的文档。

（2）从“元件库”面板中将“图片”元件拖入编辑区中，双击并导入相应的素材图片，在工具栏中设置 x 和 y 均为 0，“宽度”为 281，“高度”为 528，如图 9-17 所示。

图 9-17　导入图片

（3）从“元件库”面板中拖入“矩形 2”元件至编辑区中，在工具栏中设置 x 为 78，y 为 62，“宽度”为 141，“高度”为 20，如图 9-18 所示。

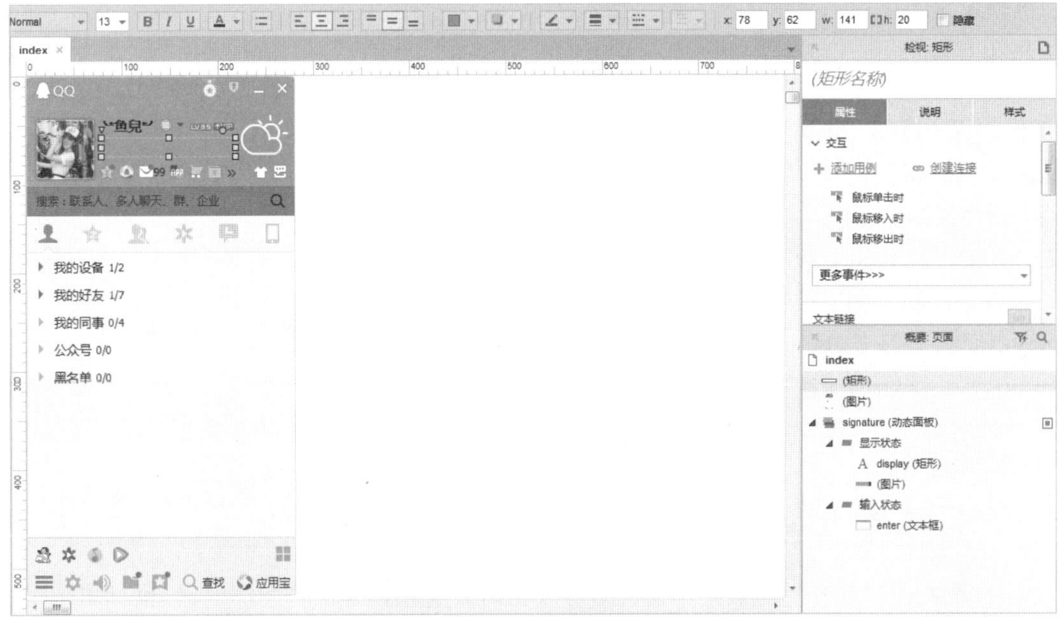

图 9-18　拖入“矩形 2”元件

（4）在编辑区中的“矩形 2”元件上单击鼠标右键，在弹出的快捷菜单中选择“转换为动态面板”命令，将“矩形 2”元件转换为动态面板，在右侧“检视：动态面板”区域设置名称为 signature，如图 9-19 所示。

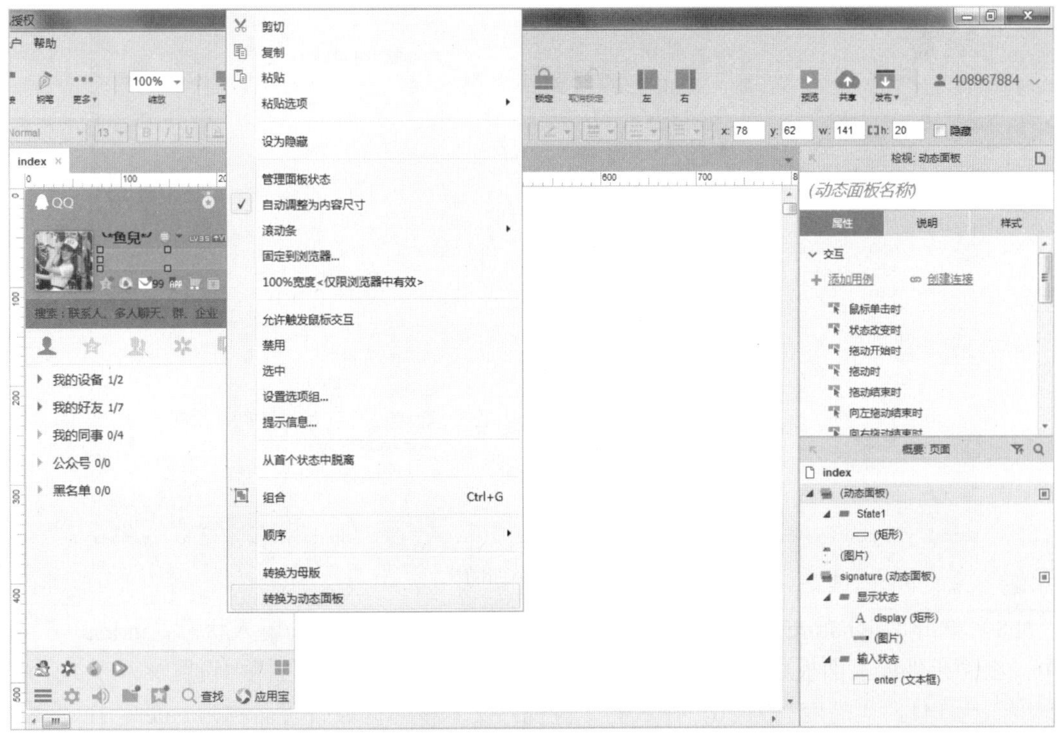

图 9-19　转换为动态面板

（5）双击“signature 动态面板”元件，弹出“面板状态管理”对话框，单击“添加”按钮添加面板状态，重新设置名称为“显示状态”和“输入状态”，如图 9-20 所示。

图 9-20　添加面板状态

（6）双击“编辑全部状态”按钮，打开两个面板状态编辑区，默认进入“signature/显示状态（index）”编辑区，在“元件库”面板中拖入“文本标签”元件至编辑区中，双击输入“编辑个性签名”，在工具栏中设置 x 和 y 均为 0，“宽度”为 141，“高度”为 20，，在右侧“检视：矩形”区域设置名称为 display，如图 9-21 所示。

图 9-21　拖入“文本标签”元件

（7）在右侧“属性”面板中单击“鼠标单击时”选项，弹出“用例编辑<鼠标单击时>”对话框，在左侧选择“设置面板状态”选项，在右侧选中“signature（动态面板）”复选框，设置“选择状态”为“输入状态”，选中“如果隐藏则显示面板”复选框，如图 9-22 所示。单击“确定”按钮返回至编辑区中。

图 9-22　添加动作

（8）单击“signature/输入状态（index）”标签进入“signature/输入状态（index）”编辑区中，在“元件库”面板中将“文本框”元件拖入编辑区中，在工具栏中设置 x 和 y 均为 0，“宽度”为 141，“高度”为 20，在右侧“检视：文本框”区域设置名称为 enter，在“属性”面板中选中“隐藏边框”复选框，如图 9-23 所示。

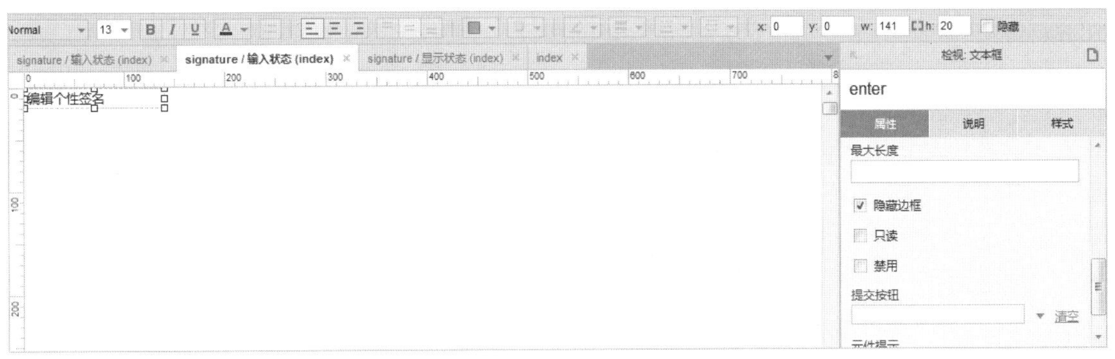

图 9-23　设置“文本框”元件

（9）在右侧“属性”面板中单击“更多事件>>>”右侧的下三角按钮，在弹出的下拉菜单中选择“按键松开时”选项，如图 9-24 所示。

（10）弹出“用例编辑<按键松开时>”对话框，在左侧选择“设置变量值”选项，在右侧选中 OnLoadVariable 复选框，在“设置全局变量值为”区域的第一个下拉列表框中选择“元件文字”选项，第二个下拉列表框中选择 enter 选项，如图 9-25 所示。

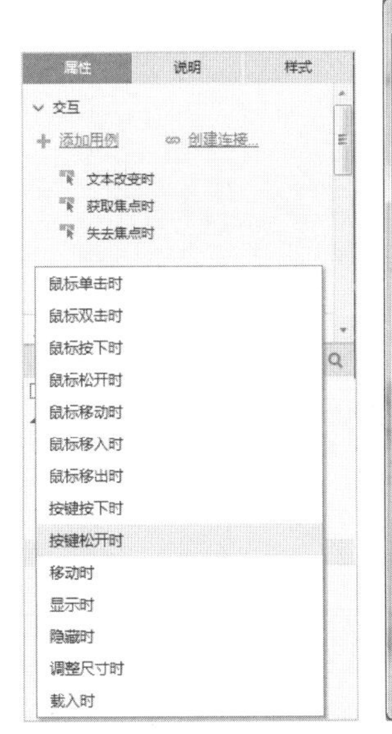

图 9-24　选择“按键松开时”选项

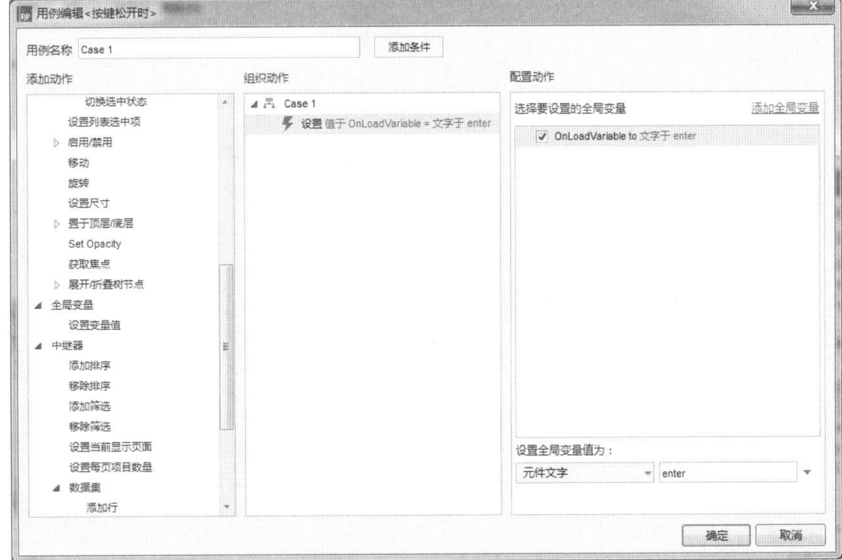

图 9-25　设置全局变量

（11）在右侧“属性”面板中单击“更多事件>>>”右侧的下三角按钮，在弹出的下拉菜单中选择“失去焦点时”选项，弹出“用例编辑<失去焦点时>”对话框，在左侧选择“设置面板状态”选项，在右侧选中“signature（动态面板）”复选框，设置“选择状态”为“显示状态”，选中“如果隐藏则显示面板”复选框，如图 9-26 所示。

（12）在左侧选择“设置文本”选项，在右侧选中“display（矩形）”复选框，在“设置文本为”区域的第一个下拉列表框中选择“富文本”选项，单击“编辑文本”按钮，弹出“输入文本”对话框，在编辑区插入变量[[OnLoadVariable]]，如图 9-27 所示。单击两次“确定”按钮返回至编辑区中。

（13）按 Ctrl+S 快捷键，以“9.2”为名称保存该文件，然后按 F5 键预览效果，如图 9-28

所示。

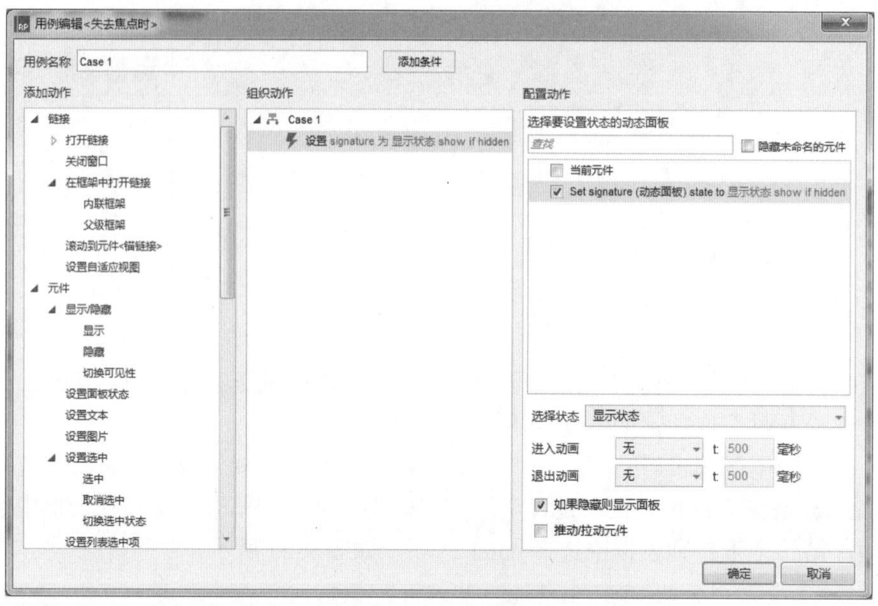

图 9-26　添加动作

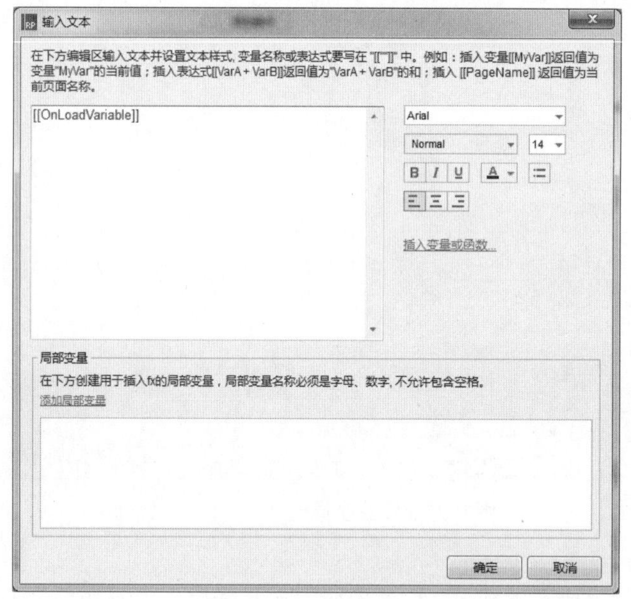

图 9-27　插入变量

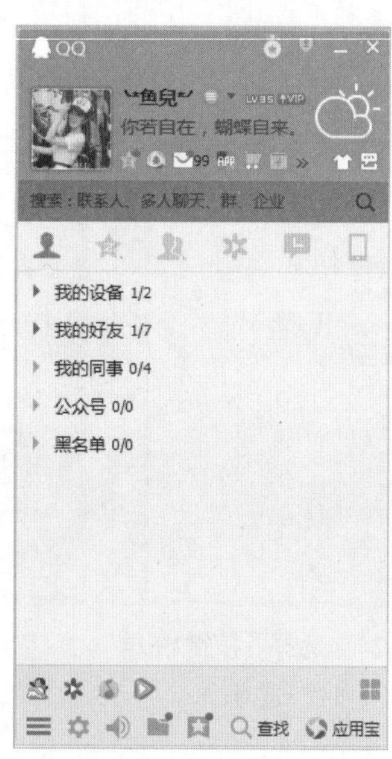

图 9-28　最终效果

9.3　下画线伸缩效果

案例描述

当鼠标移入文字部分，下画线逐渐向右延伸；当鼠标移出下画线时，则逐渐收回，如图 9-29 所示。

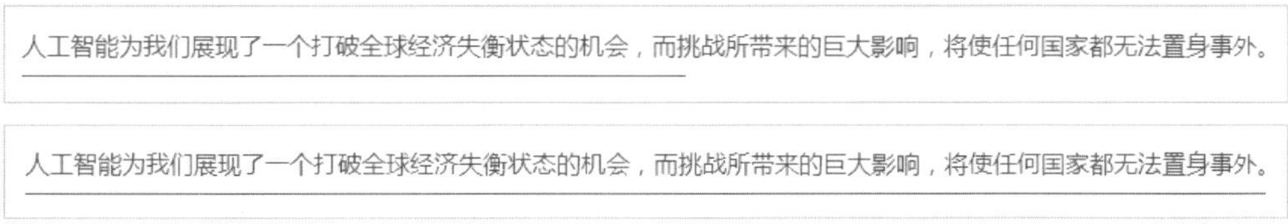

人工智能为我们展现了一个打破全球经济失衡状态的机会，而挑战所带来的巨大影响，将使任何国家都无法置身事外。
人工智能为我们展现了一个打破全球经济失衡状态的机会，而挑战所带来的巨大影响，将使任何国家都无法置身事外。

图 9-29　下画线伸缩效果

思路分析

➢ 添加动态面板，设置两种状态。
➢ 为“文字标签”元件添加“鼠标移入时”和“鼠标移出时”事件，设置面板状态和动画。

操作步骤

（1）选择“文件”|“新建”命令，新建一个 Axure 的文档。

（2）从“元件库”面板中将“文本标签”元件拖入编辑区中，双击并输入相应的内容，在工具栏中设置 x 为 30，y 为 130，在右侧“检视：矩形”区域设置名称为 letter，如图 9-30 所示。

index
letter
属性
说明
样式
交互
添加用例
创建连接
鼠标单击时
鼠标移入时
鼠标移出时
更多事件>>>
人工智能为我们展现了一个打破全球经济失衡状态的机会，而挑战所带来的巨大影响，将使任何国家都无法置身事外。

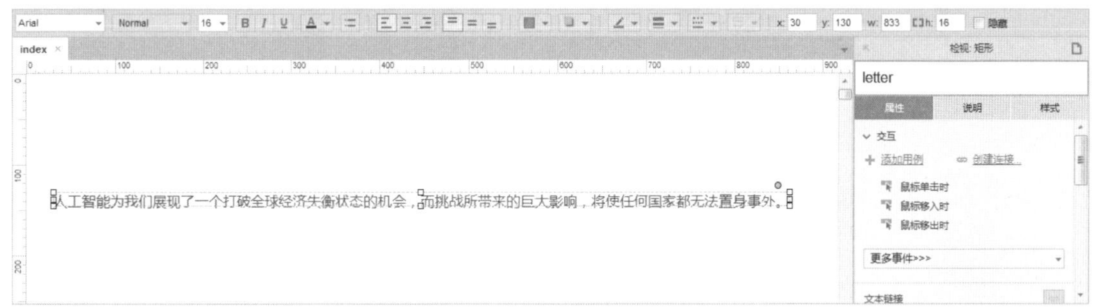

图 9-30　拖入“文本标签”元件

（3）从“元件库”面板中将“动态面板”元件拖入编辑区中，在工具栏中设置 x 为 30，y 为 159，“宽度”为 822，“高度”为 20，在右侧“检视：动态面板”区域设置名称为 line-panel，如图 9-31 所示。

index
line-panel
属性
说明
样式
交互
添加用例
创建连接
鼠标单击时
状态改变时
拖动开始时
拖动时
拖动结束时
向左拖动结束时
人工智能为我们展现了一个打破全球经济失衡状态的机会，而挑战所带来的巨大影响，将使任何国家都无法置身事外。

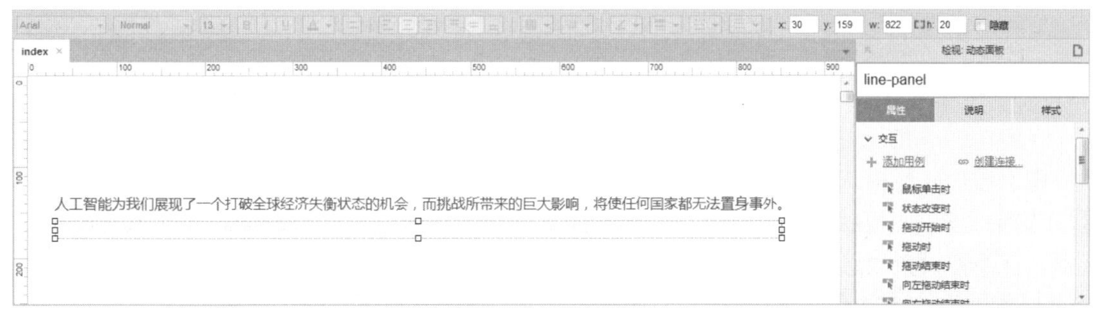

图 9-31　拖入“动态面板”元件

（4）双击“line-panel 动态面板”元件，弹出“动态面板状态管理”对话框，单击“添加”按钮添加面板状态，分别重命名为 short、long，如图 9-32 所示。

（5）单击“编辑全部状态”按钮，打开全部状态编辑区，默认进入 line-panel/Short（index）编辑区中，从“元件库”面板中将“水平线”元件拖入编辑区中，在工具栏中设置“线段颜色”为红色（#FF0000），x 和 y 均为 0，“宽度”为 30，如图 9-33 所示。

图 9-32　添加状态

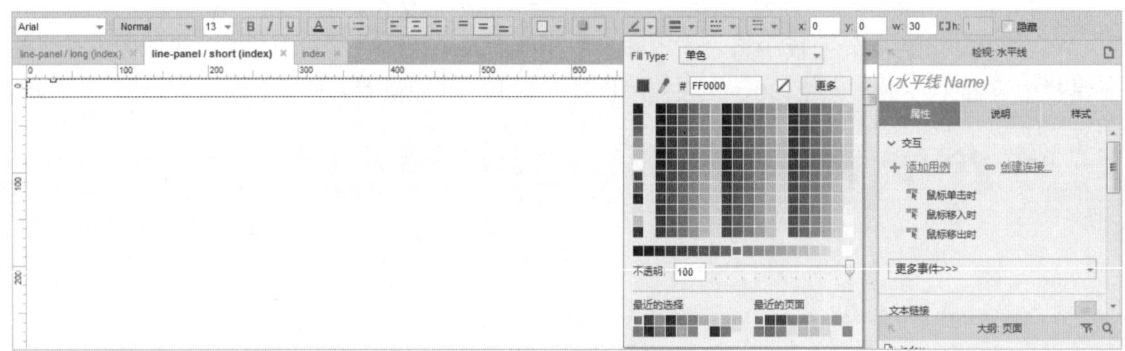

图 9-33　设置水平线

（6）单击 line-panel/long（index）标签切换至 line-panel/long（index）编辑区中，用同样的方法拖入一条水平线，设置“线段颜色”为红色（#FF0000），“宽度”设置为 822，如图 9-34 所示。

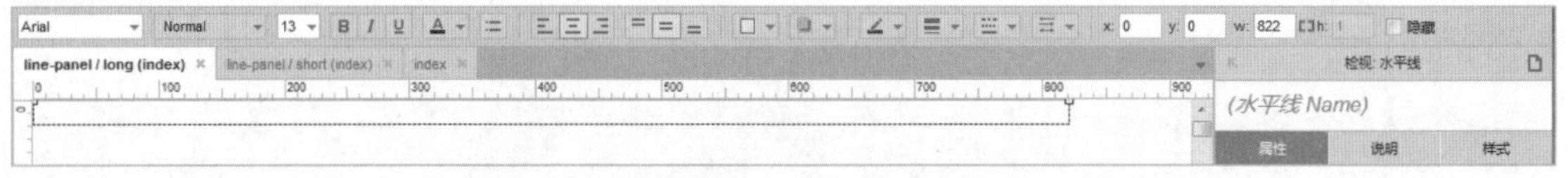

图 9-34　设置水平线

（7）单击 index 标签切换至 index 编辑区中，选择“letter 文本标签”元件，在右侧“属性”面板中双击“鼠标移入时”选项，弹出“用例编辑<鼠标移入时>”对话框，在左侧“添加动作”区域选择“设置面板状态”选项，在右侧“配置动作”区域选中“line-panel（动态面板）”复选框，在下方设置“选择状态”为 long，设置“进入动画”和“退出动画”均为“向右滑动”，“t（时间）”为 500 毫秒，如图 9-35 所示。单击“确定”按钮返回至编辑区中。

（8）在右侧双击“鼠标移出时”选项，弹出“用例编辑<鼠标移出时>”对话框，在左侧选择“设置面板状态”选项，在右侧选中“line-panel（动态面板）”复选框，设置“选择状态”为 short，“进入动画”和“退出动画”均为“向左滑动”，“t（时间）”为 500 毫秒，如图 9-36 所示。单击“确定”按钮返回至编辑区中。

（9）按 Ctrl+S 快捷键，以“9.3”为名称保存该文件，然后按 F5 键预览效果，如图 9-37 所示。

图 9-35　添加动作

图 9-36　添加动作

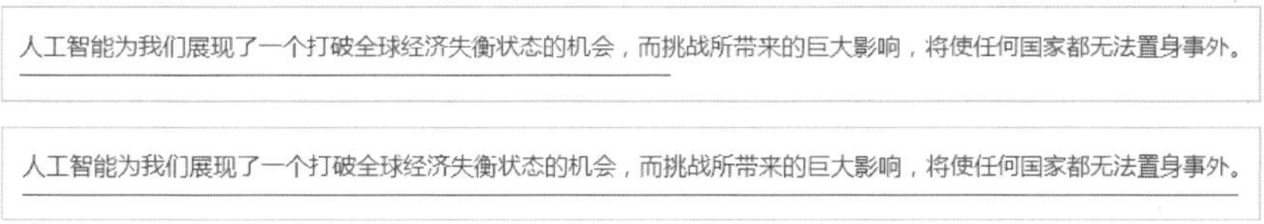

人工智能为我们展现了一个打破全球经济失衡状态的机会，而挑战所带来的巨大影响，将使任何国家都无法置身事外。

人工智能为我们展现了一个打破全球经济失衡状态的机会，而挑战所带来的巨大影响，将使任何国家都无法置身事外。

图 9-37　最终效果

9.4　弹球在区域内运动的效果

案例描述

页面载入后，足球呈直线运动，当碰到矩形框时，会镜像反弹过来，继续呈直线运动，循环反复，如图 9-38 所示。

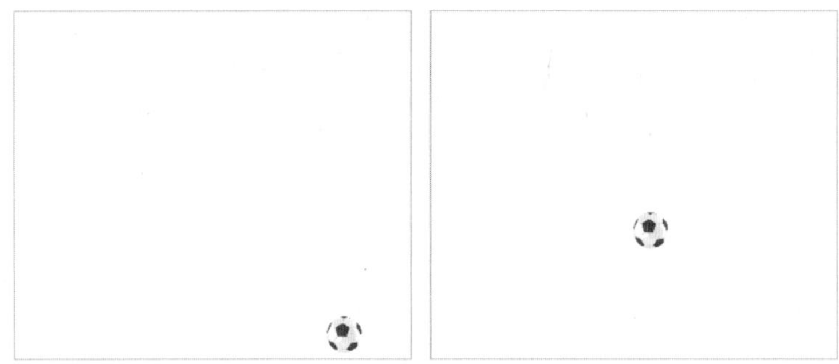

图 9-38　弹球在区域内运动的效果

思路分析

- 添加动态面板，实现足球在一定距离不停地移动。
- 添加两个矩形元件，分别是 x 轴运动的距离和 y 轴运动的距离；x 轴向右移动时为正数，向左移动时为负数；y 轴向下移动时为正数，向上移动时为负数。
- 当足球移动时，判断足球有没有超出边框的 4 个边界，如果超出，则改变运动距离为反方向的数值。

操作步骤

（1）选择“文件” | “新建”命令，新建一个 Axure 的文档。

（2）在“元件库”面板中将“矩形 1”元件拖入编辑区中，在工具栏中设置 x 和 y 均为 70，“宽度”为 400，“高度”为 340，在右侧“检视：矩形”区域设置名称为 Border，如图 9-39 所示。

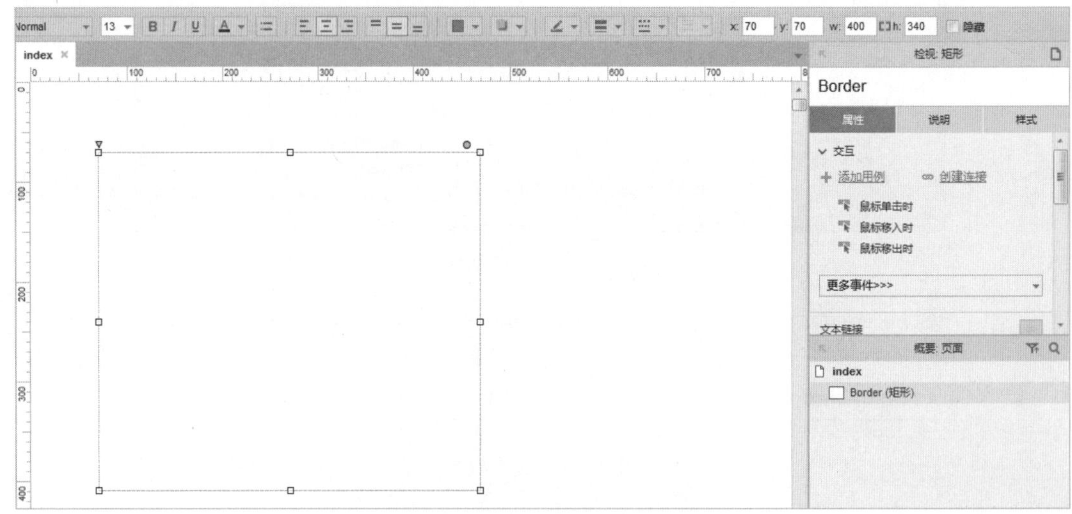

图 9-39　拖入“矩形 1”元件

（3）在“元件库”面板中将“矩形 2”元件拖入编辑区中，双击均输入数字 5，在工具栏中设置“填充颜色”为白色，在右侧“检视：矩形”区域设置名称分别为 ByX、ByY，设置大小并调整至适当的位置，在右侧单击“样式”标签切换至“样式”面板，选中“隐藏”复选框，如图 9-40 所示。

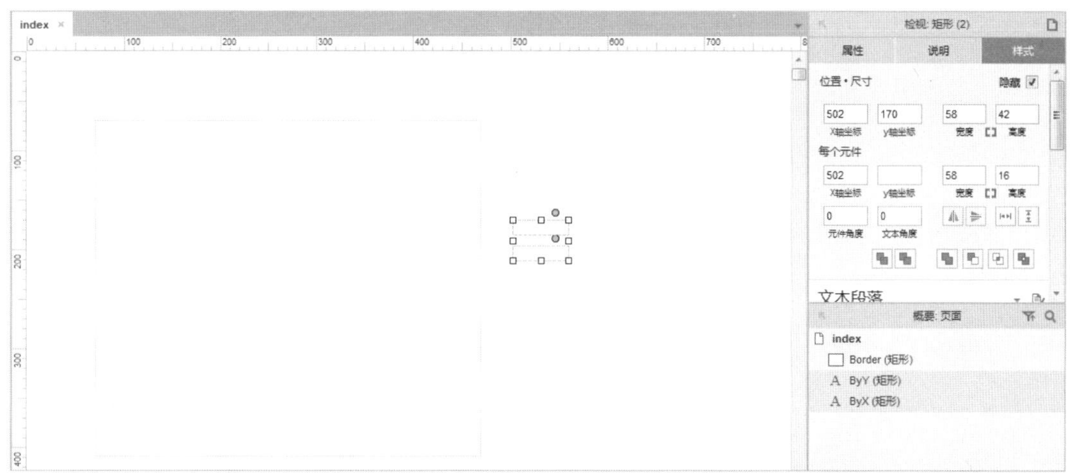

图 9-40　设置“矩形 2”元件

（4）在“元件库”面板中将“动态面板”元件拖入编辑区中，在工具栏中设置 x 为 480，y 为 290，“宽度”为 144，“高度”为 120，在右侧“检视：动态面板”区域设置名称为 LoopPanel，如图 9-41 所示。

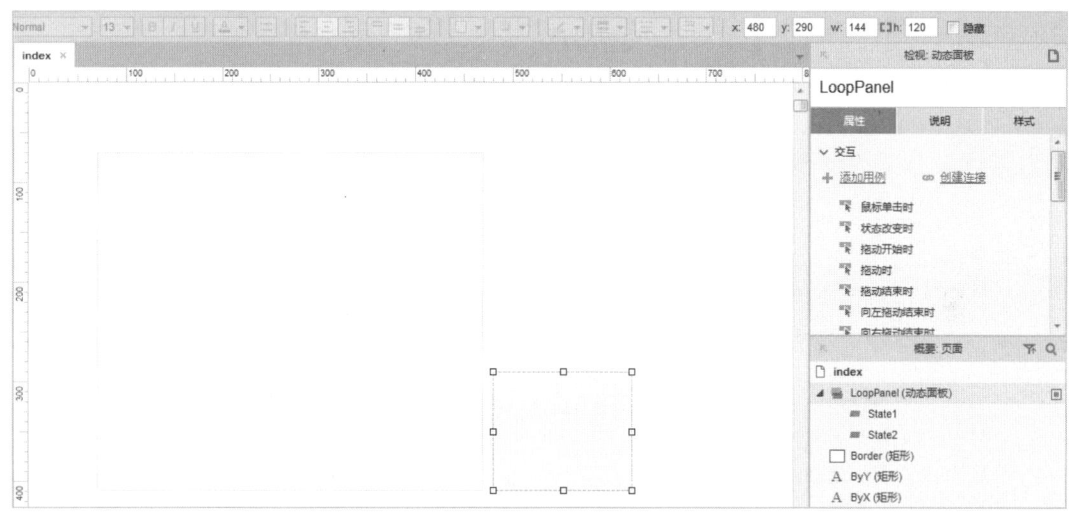

图 9-41　设置“动态面板”元件

（5）双击“动态面板”元件，在弹出的“面板状态管理”对话框中单击“添加”按钮，添加面板状态，如图 9-42 所示。单击“确定”按钮返回至编辑区中。

（6）在左侧“元件库”面板中将“图片”元件拖入编辑区中，双击并导入相应的素材图片，在工具栏中设置 x 和 y 均为 190，“宽度”和“高度”均为 35，在右侧“检视：图片”区域设置名称为 Ball，如图 9-43 所示。

（7）选择“ball 图片”元件，在右侧“属性”面板中单击“更多事件>>>”右侧的下三角按钮，在弹出的下拉菜单中选择“移动时”选项，弹出“用例编辑<移动时>”对话框，单击“添加条件”按钮，弹出“条件设立”对话框，在第一个下拉列表框中选择“值”选项，单击后面文本框右侧的 fx 按钮，弹出“编辑文本”对话框，单击下方的“添加局部变量”超链接，设置 b 等于“元件”Ball，在上方插入变量[[b.x]]，如图 9-44 所示。单击“确定”按钮返回至“条件设立”对话框。

图 9-42　设置“动态面板”元件

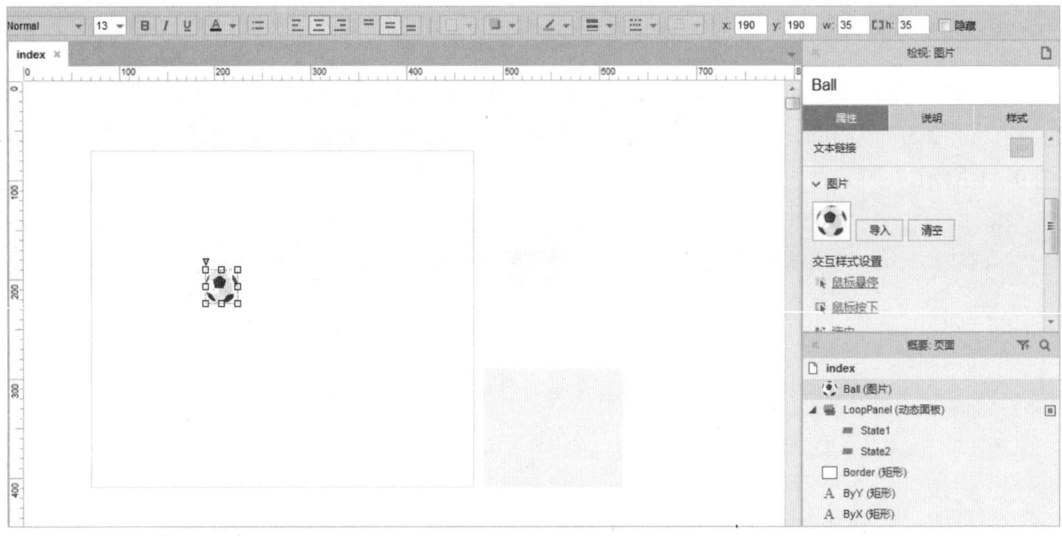

图 9-43　导入图片

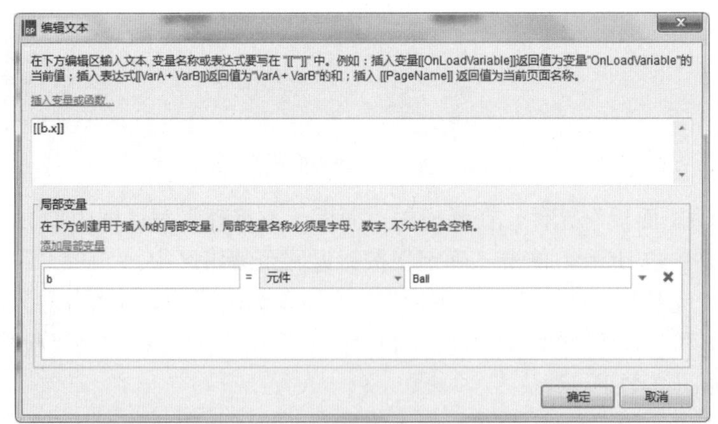

图 9-44　插入变量

（8）在第二个下拉列表框中选择“<=”选项，第三个下拉列表框中选择“值”选项，单击最后的文本框右侧的 fx 按钮，弹出“编辑文本”对话框，单击下方的“添加局部变量”超链接，设置 b 等于“元件”Border，在上方插入变量[[b.x+5]]。单击两次“确定”按钮返回至“条件设立”对话框，如图 9-45 所示。单击“确定”按钮返回至“用例编辑<移动时>”对话框。

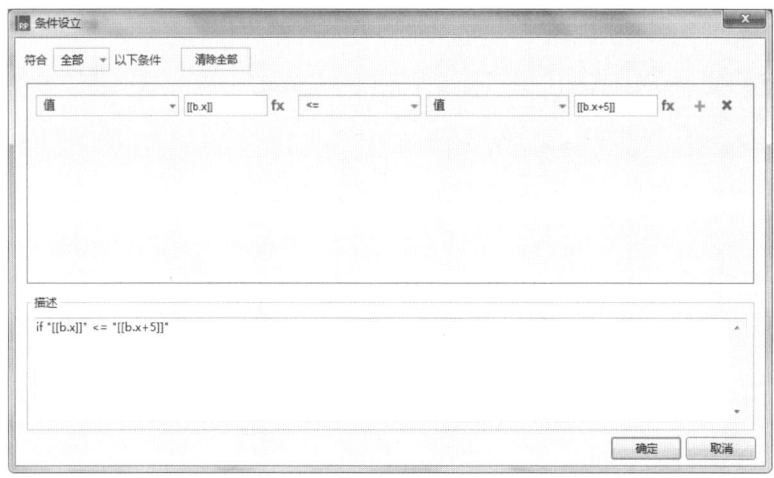

图 9-45　设立条件

（9）在左侧“添加动作”区域选择“设置文本”选项，在右侧“配置动作”区域选中“ByX（矩形）”复选框，设置文本值为 5，如图 9-46 所示。单击“确定”按钮返回至编辑区中。

图 9-46　设置文本

（10）用上述同样的方法，添加用例 2、用例 3、用例 4，并分别添加相应的动作，如图 9-47 所示。

（11）在编辑区中选择“LoopPanel 动态面板”元件，在右侧“属性”面板中单击“更多事件>>>”右侧的下三角按钮，在弹出的下拉菜单中选择“状态改变时”选项，弹出“用例编辑<状态改变时>”对话框，在左侧“添加动作”区域选择“移动”选项，在右侧“配置动作”区域选中“Ball（图片）”复选框，如图 9-48 所示。

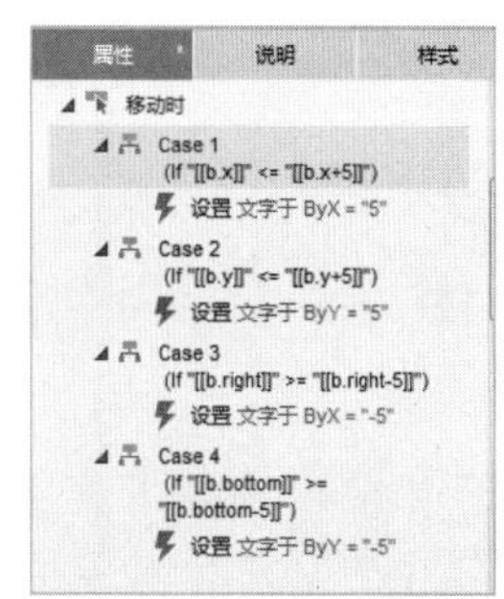

图 9-47　添加用例

（12）设置“移动”为“相对位置”，单击 x 右侧的 fx 按钮，弹出“编辑值”对话框，在下方单击“添加局部变量”超链接，设置 b 等于“元件文字”ByX，在上方插入变量[[b]]，如图 9-49 所示。单击“确定”按钮返回至“用例编辑<状态改变时>”对话框。

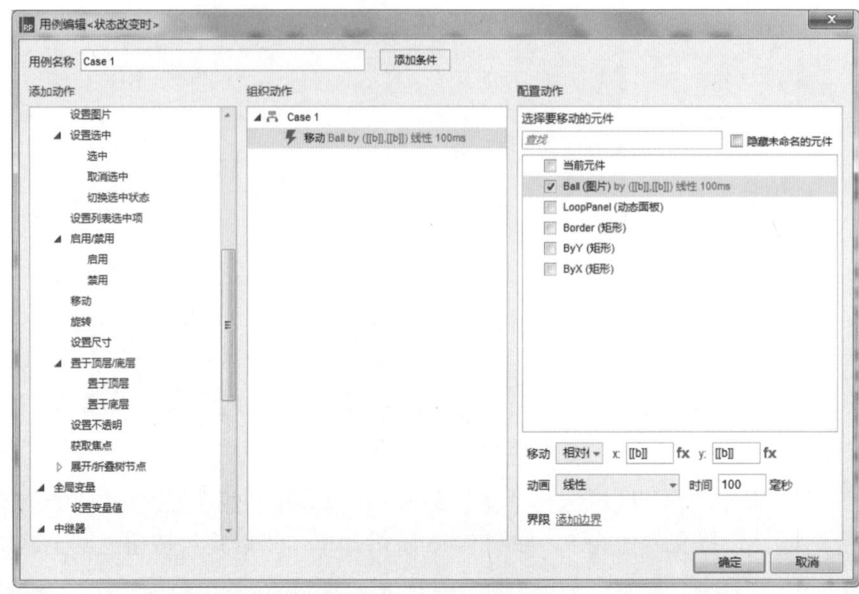

图 9-48　添加动作

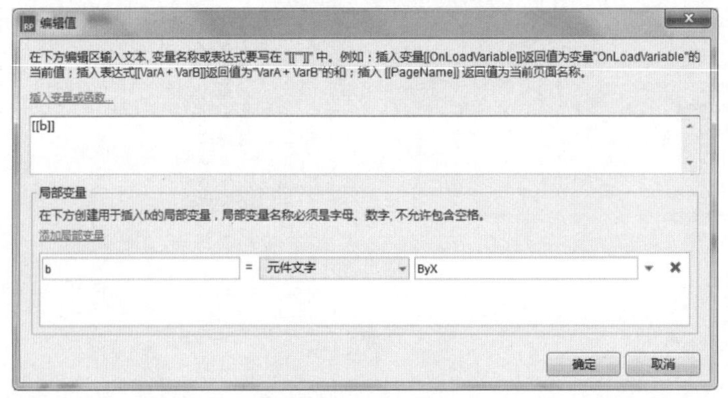

图 9-49　插入变量

（13）单击 y 右侧的 fx 按钮，弹出“编辑值”对话框，在下方单击“添加局部变量”超链接，设置 b 等于“元件文字”ByY，在上方插入变量[[b]]，如图 9-50 所示。单击“确定”按钮返回至“用例编辑<状态改变时>”对话框。

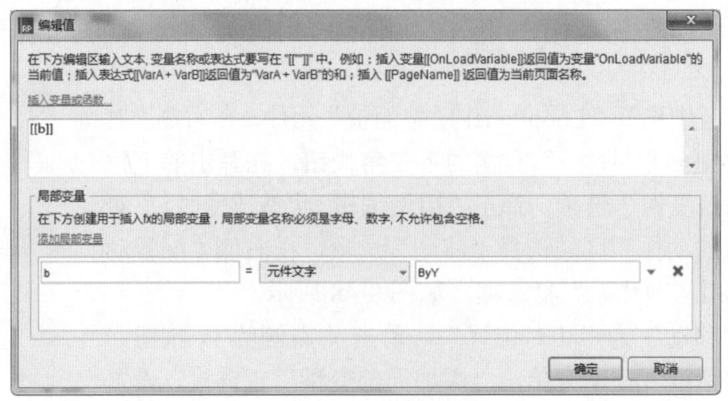

图 9-50　插入变量

（14）设置“动画”为“线性”，“时间”为 100 毫秒，如图 9-51 所示。单击“确定”按钮返回至编辑区中。

图 9-51　设置动画和时间

（15）在“属性”面板中双击“载入时”选项，弹出“用例编辑<载入时>”对话框，在左侧“添加动作”区域选择“设置面板状态”选项，在右侧“配置动作”区域选中“LoopPanel（动态面板）”复选框，设置“选择状态”为 Next，选中“向后循环”复选框，设置“循环间隔”为 100 毫秒，如图 9-52 所示。

图 9-52　设置面板状态

（16）按 Ctrl+S 快捷键，以“9.4”为名称保存该文件，然后按 F5 键预览效果，如图 9-53 所示。

图 9-53　最终效果

9.5　添加标签交互效果

案例描述

页面载入后，在文本框中单击并输入文字、英文或者数字，用鼠标单击文本框以外的区域，此时在后面新增一个白色标签，前面的文本标签呈黑色，右侧有删除图标，单击删除图标，即可删除当前的标签，如图 9-54 所示。

图 9-54　添加标签交互效果

思路分析

- 在中继器中添加一个动态面板并设置两种状态，实现输入文本的状态和鼠标单击文本框以外的区域的状态。
- 为输入文本状态中的“矩形”元件设置“失去焦点时”事件；为鼠标单击文本框以外的区域的状态中的删除图标设置“鼠标单击时”事件。
- 为中继器设置“每项加载时”事件。

操作步骤

（1）选择“文件”|“新建”命令，新建一个 Axure 的文档。

（2）在“元件库”面板中将“中继器”元件拖入编辑区中，在工具栏中设置 x 为 50，y 为 90，在右侧“检视：中继器”区域设置名称为 TagList，在右侧“属性”面板中的“中继器”区域设置名称为 TagText，删除第二、三行，并清空第一行的内容，如图 9-55 所示。

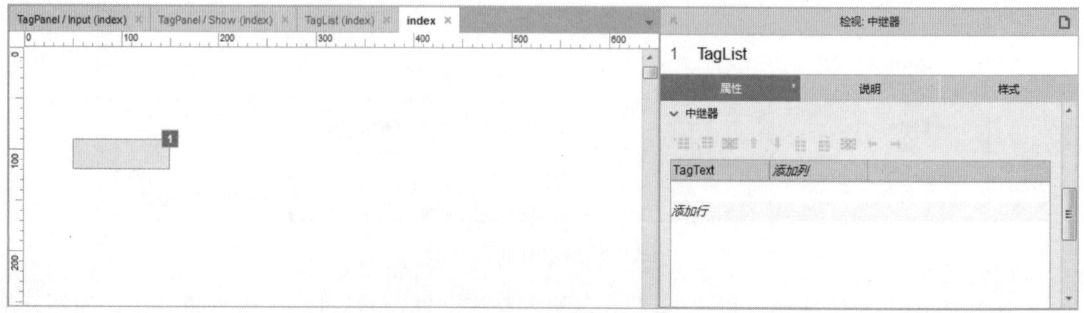

图 9-55　拖入“中继器”元件

（3）双击“中继器”元件，进入 TagList（index）编辑区中，在“矩形”元件上单击鼠标右键，在弹出的快捷菜单中选择“转换为动态面板”命令，在右侧“检视：动态面板”区域设置名称为 TagPanel，如图 9-56 所示。

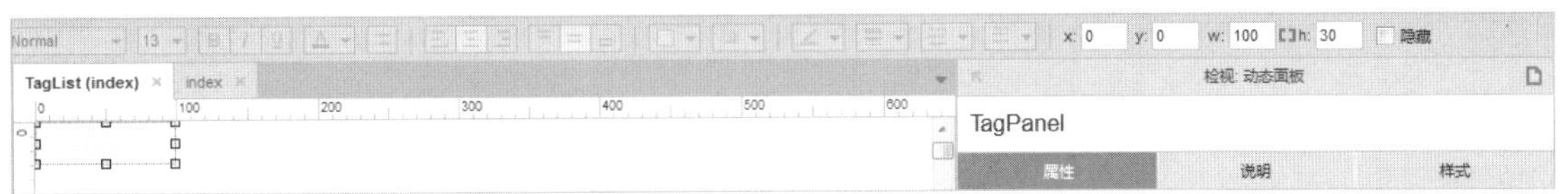

图 9-56　转换为动态面板

（4）双击“TagPanel 动态面板”元件，在弹出的“面板状态管理”对话框中单击“添加”按钮，添加面板状态，并重命名为 show、input，如图 9-57 所示。

（5）单击“编辑全部状态”按钮，打开所有面板状态，默认进入 TagPanel/show（index）编辑区中，选择“矩形”元件，在工具栏中设置“填充颜色”为黑色（#333333），“线宽”为 None，如图 9-58 所示。

（6）在“元件库”面板中将“文本标签”元件拖入编辑区中，输入“×”，在工具栏中设置“字体尺寸”为 28，“文本颜色”为白色，并调整至适当位置，如图 9-59 所示。

图 9-57　添加面板状态

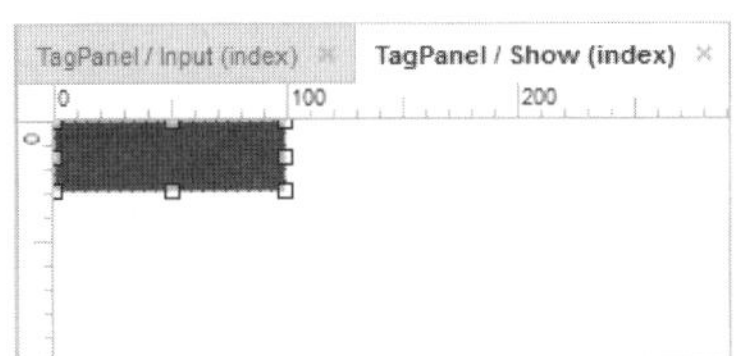

图 9-58　设置“矩形”元件

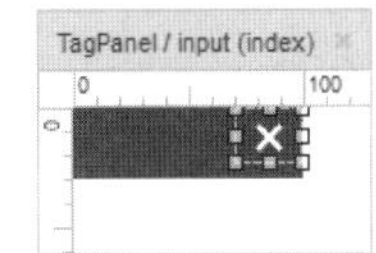

图 9-59　设置“文本标签”元件

（7）在右侧“属性”面板中双击“鼠标单击时”选项，弹出“用例编辑<鼠标单击时>”对话框，在左侧选择“删除行”选项，在右侧选中“TagList（中继器）”复选框，如图 9-60 所示。单击“确定”按钮返回至编辑区中。

（8）单击 TagPanel/input（index）标签切换至 TagPanel/input（index）编辑区中，在左侧“元件库”面板中将“矩形 1”元件拖入编辑区中，在工具栏中设置 x 和 y 均为 0，“宽度”为 100，“高度”为 30，如图 9-61 所示。

（9）在“元件库”面板中将“文本标签”元件拖入编辑区中，在工具栏中设置 x 为 2，y 为 3，“宽度”为 96，“高度”为 25，设置名称为 TagInput，如图 9-62 所示。

（10）在右侧“属性”面板中单击“更多事件>>>”右侧的下三角按钮，在弹出的下拉菜单中选择“失去焦点时”选项，如图 9-63 所示。

（11）弹出“用例编辑<失去焦点时>”对话框，单击“添加条件”按钮，弹出“条件设立”对话框，设置“值”[[Item.Repeater.itemCount]]小于“值”为 5，如图 9-64 所示。单击“确定“按钮返回至“用例编辑<失去焦点时>”对话框。

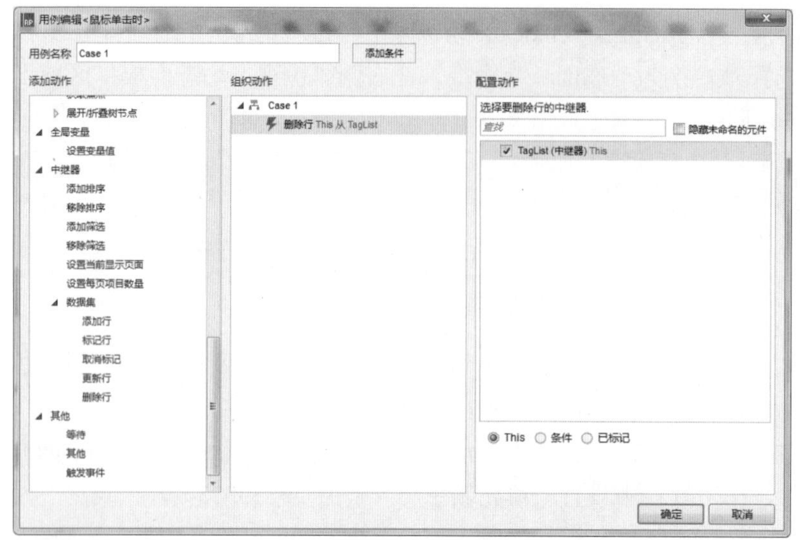

图 9-60　删除行

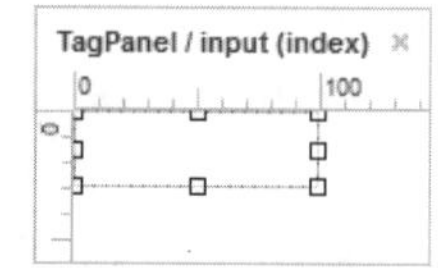

图 9-61　拖入“矩形 1”元件

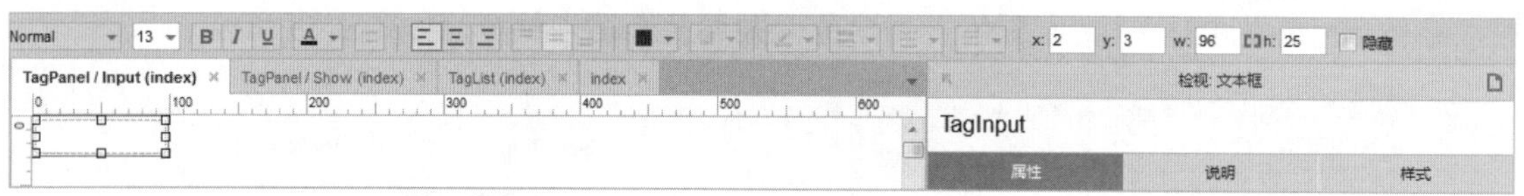

图 9-62　拖入“文本标签”元件

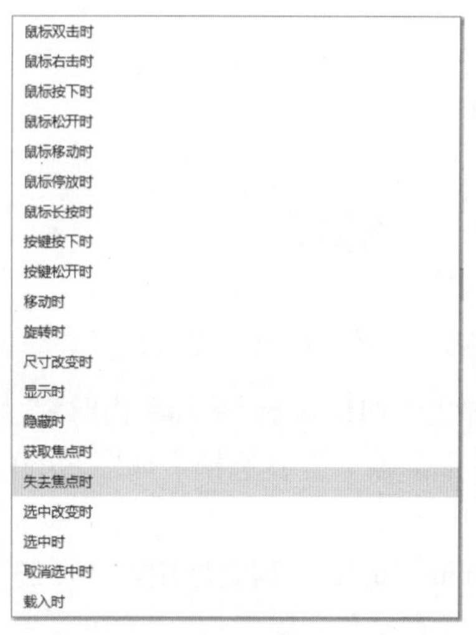

图 9-63　选择“失去焦点时”选项

图 9-64　设立条件

（12）在左侧选择“更新行”选项，在右侧选中“TagList（中继器）”复选框，在“选择列”下拉列表框中选择 TagText 选项，如图 9-65 所示。

（13）在 Value 下方单击 fx 按钮，弹出“编辑值”对话框，单击“添加局部变量”超链接，设置 tag 等于“元件文字”This，在上方插入变量[[tag]]，如图 9-66 所示。单击“确定”按钮返回至“用例编辑<失去焦点时>”对话框。

（14）在左侧选中“添加行”选项，在右侧选中“TagList（中继器）”复选框，如图 9-67 所示。

图 9-65　更新行

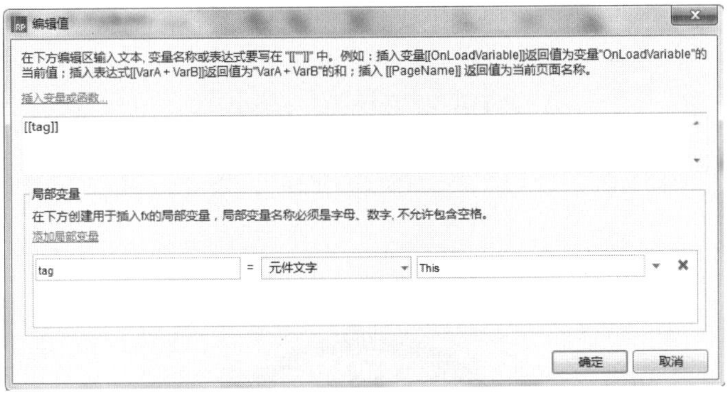

编辑值

在下方编辑区输入文本，变量名称或表达式要写在 "[[" "]]" 中。例如：插入变量[[OnLoadVariable]]返回值为变量"OnLoadVariable"的当前值；插入表达式[[VarA + VarB]]返回值为"VarA + VarB"的和；插入 [[PageName]] 返回值为当前页面名称。

插入变量或函数...

[[tag]]

局部变量

在下方创建用于插入fx的局部变量，局部变量名称必须是字母、数字，不允许包含空格。

添加局部变量

tag = 元件文字 This

确定　取消

图 9-66　添加局部变量

图 9-67　添加行

（15）在下方单击“添加行”按钮，弹出“添加行到中继器”对话框，在 TagText 下方单击 fx 按钮，弹出“编辑值”对话框，在编辑区中输入文本“可以输入任何内容”，如图 9-68 所示。单击两次“确定”按钮返回至编辑区中。

（16）单击 index 标签切换至 index 编辑区中，按 Ctrl+S 快捷键，以“9.5”为名称保存该文件，然后按 F5 键预览效果，如图 9-69 所示。

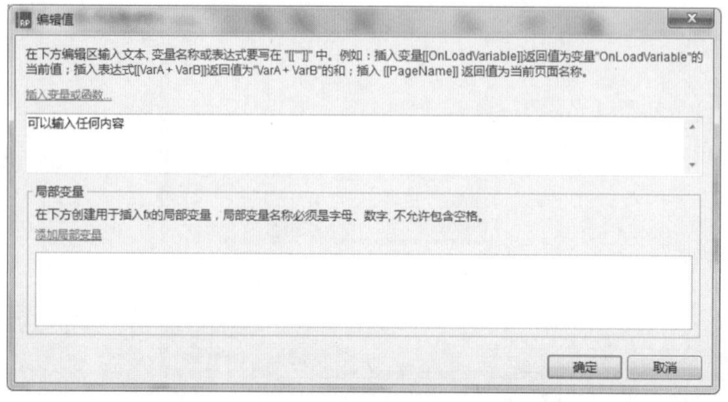

图 9-68　输入文本

图 9-69　最终效果

9.6　时　　钟

案例描述

页面加载后，获取当前系统时间，秒针匀速运动，分针是每分钟跳动一下，如图 9-70 所示。

图 9-70　时钟

思路分析

- 设置“载入时”事件，获取当前系统时间。
- 为秒针设置“旋转时”事件，并添加“旋转”动作。

操作步骤

（1）选择“文件”|“新建”命令，新建一个 Axure 的文档。

（2）在“元件库”面板中将“图片”文件拖入编辑区中，在工具栏中设置 x 和 y 均为 40，“宽度”和“高度”均为 300，在右侧“检视：图片”区域设置名称为 clock，如图 9-71 所示。

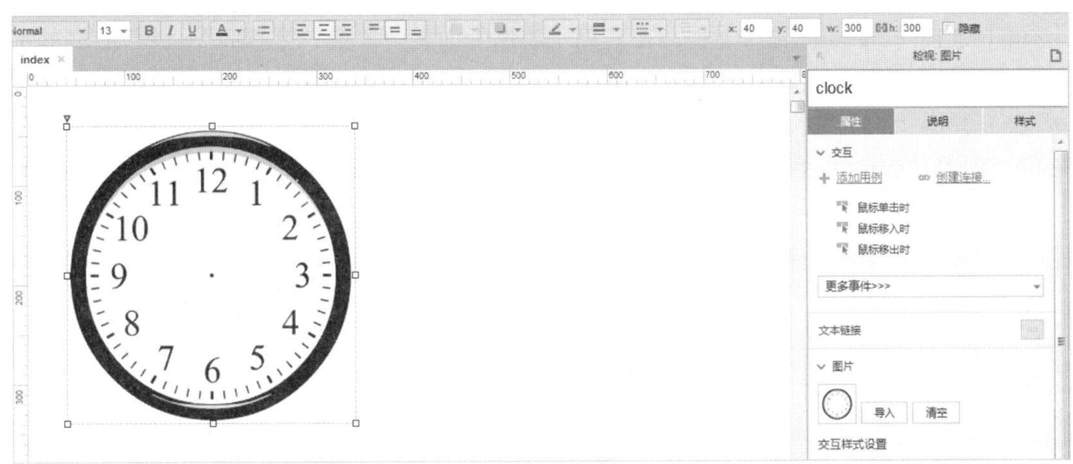

图 9-71 导入图片

（3）用同样的方式导入 second 素材图片，在工具栏中设置 x 为 184，y 为 98，“宽度”为 13，“高度”为 185，在右侧“检视：图片”区域设置名称为 second，如图 9-72 所示。

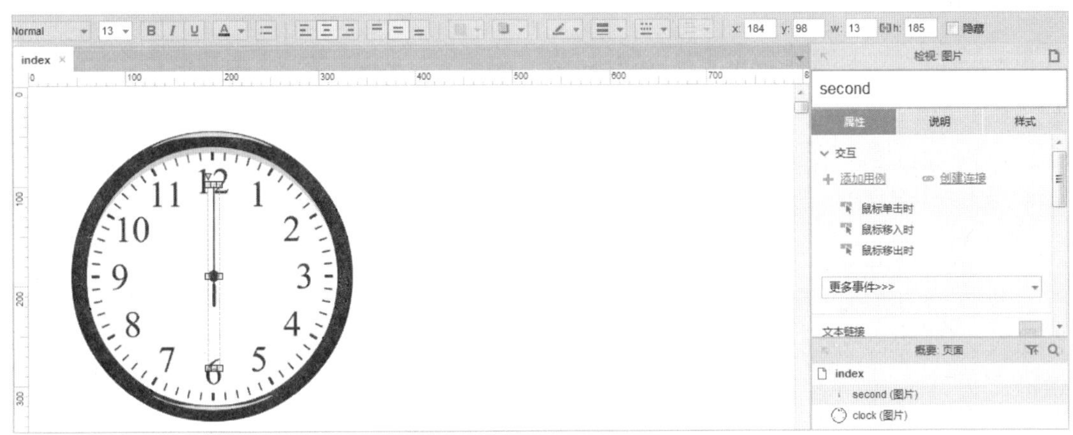

图 9-72 导入图片

（4）用同样的方法依次导入 minute 图片素材和 hour 图片素材，分别调整至适当的位置，并设置名称分别为 minute、hour，如图 9-73 所示。

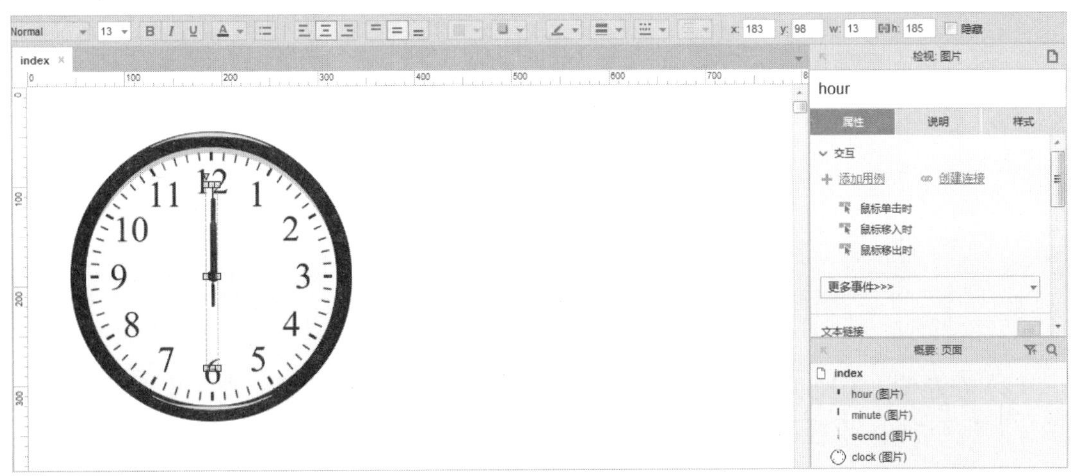

图 9-73 导入图片

（5）选择“clock 图片”元件，在右侧“属性”面板中单击“更多事件>>>”右侧的下三角按钮，在弹出的下拉菜单中选择“载入时”选项，如图 9-74 所示。

（6）弹出“用例编辑<载入时>”对话框，在左侧“添加动作”区域选择“旋转”选项，在右侧“配置动作”区域选中“second（图片）”复选框，如图 9-75 所示。

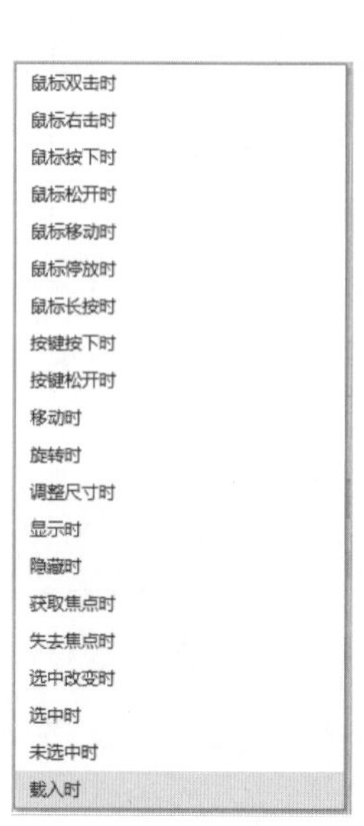

图 9-74　选择“载入时”选项

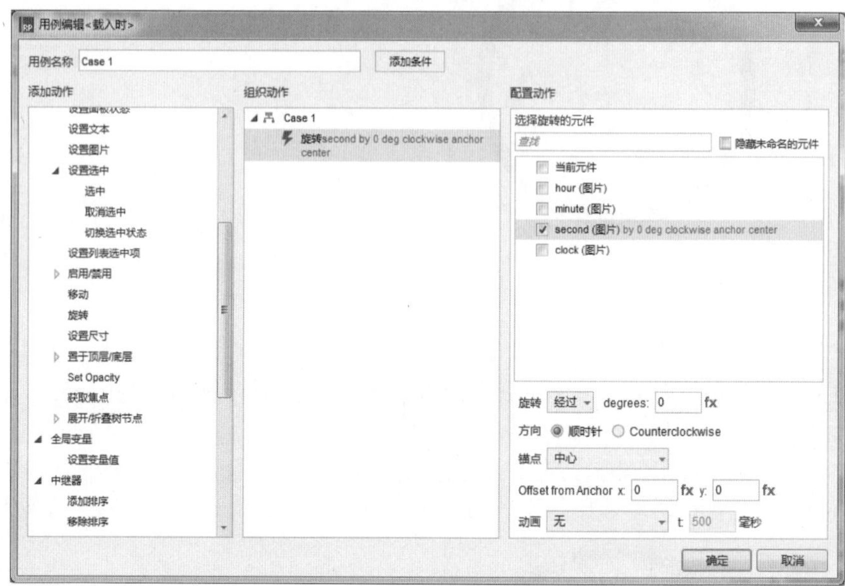

图 9-75　添加旋转动作

（7）在下方设置“旋转”为“到达”，单击 degrees 右侧的 fx 按钮，弹出“编辑值”对话框，插入变量[[Seconds*6]]，如图 9-76 所示。单击“确定”按钮返回至“用例编辑<载入时>”对话框。

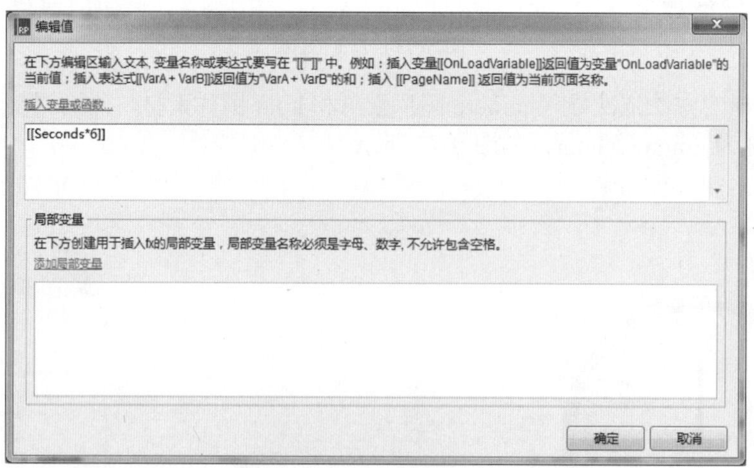

图 9-76　插入变量

（8）在左侧“添加动作”区域选择“旋转”选项，在右侧“配置动作”区域选中“minute（图片）”复选框，设置“旋转”为“到达”，degrees 为[[(Minutes+Seconds/60)*6]]，如图 9-77 所示。

图 9-77　设置旋转角度

（9）用同样方法设置“hour（图片）”元件的旋转角度，如图 9-78 所示。单击“确定”按钮返回至编辑区中。

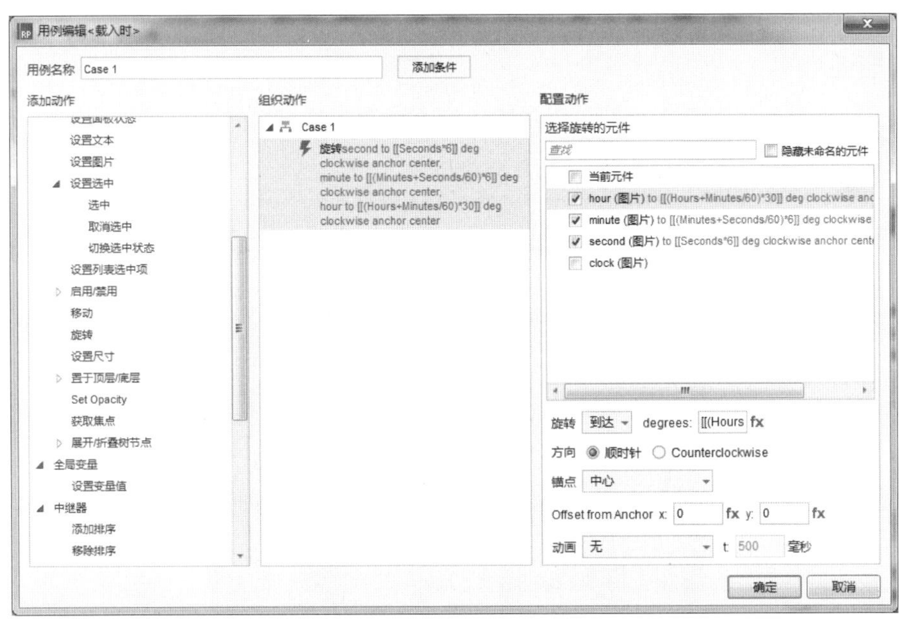

图 9-78　设置旋转角度

（10）在编辑区中选择“second 图片”元件，在右侧“属性”面板中单击“更多事件>>>”右侧的下三角按钮，在弹出的下拉菜单中选择“旋转时”选项，弹出“用例编辑<旋转时>”对话框，在左侧“添加动作”区域选择“等待”选项，在右侧“配置动作”区域设置“Wait time（等待时间）”为 1000 毫秒，如图 9-79 所示。

（11）按 Ctrl+S 快捷键，以“9.6”为名称保存该文件，然后按 F5 键预览效果，如图 9-80 所示。

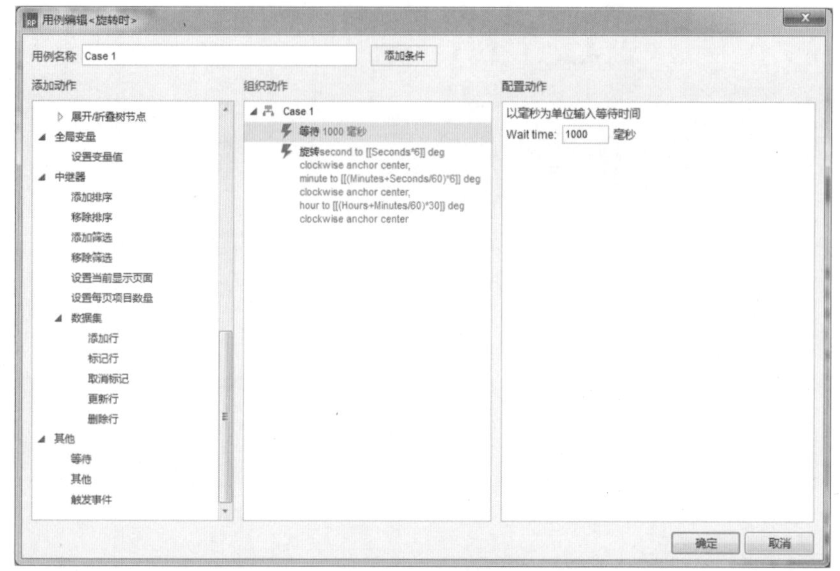

图 9-79　添加动作

图 9-80　最终效果

9.7　点动画效果

案例描述

当页面载入时，自动从第一张图片开始播放，停留几秒后自动切换到下一张图片，直至最后一张再返回到第一张图片，如图 9-81 所示。

图 9-81　点动画效果

思路分析

- 给动态面板添加左右滑动事件，模拟手指向左或向右滑动。
- 切换图片时，下方的指示器自动跟随切换，这里用一个变量来控制当前的索引，然后索引整除 3，根据得出的余数移动指示器的位置。

本案例的具体操作步骤请参见资源包。

9.8　商品列表中的购物车

案例描述

在购物车中单击“编辑”按钮，商品个数可通过左右的-、+符号来增减，单击“完成”按钮时，下方会显示商品个数；当单击“删除”按钮时，这条商品信息即可删除，如图 9-82 所示。

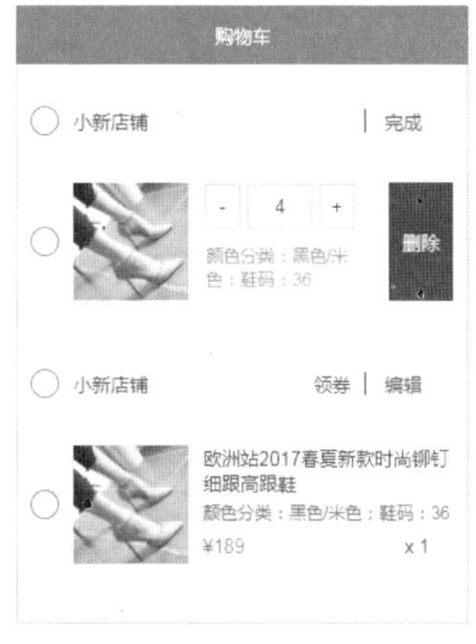

图 9-82　商品列表中的购物车

思路分析

- 用“动态面板”元件来完成商品信息和编辑商品信息的切换。
- 为“编辑”按钮和“完成”按钮添加“鼠标单击时”事件，并设置显示/隐藏元件，和动态面板的切换状态。

本案例的具体操作步骤请参见资源包。

9.9　跑马灯文字链

案例描述

载入页面后文字从右向左匀速移动，如图 9-83 所示。

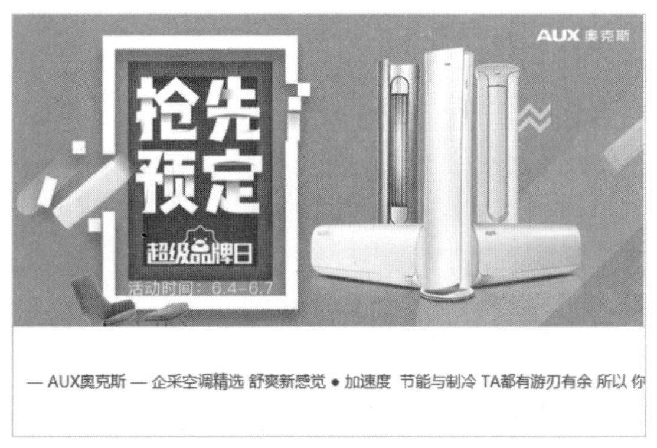

图 9-83　跑马灯文字链

思路分析

使用动态面板来实现文字运动的效果。

本案例的具体操作步骤请参见资源包。

9.10　轨迹追踪与回放

案例描述

终端的轨迹与回放的意义在于实施随时追踪和记录终端行为轨迹，拖动图案记录移动轨迹，单击“回放”按钮则重复轨迹运动，如图 9-84 所示。

图 9-84　轨迹追踪与回放

思路分析

通过一个 text 记录拖动时的元件坐标，在回放时通过移动进行模仿。

本案例的具体操作步骤请参见资源包。

第4部分

核心技术篇

⏭ 第10章 海阔天空

⏭ 第11章 天衣无缝

⏭ 第12章 精益创新

第 10 章

海 阔 天 空

10.1　京东商城首页 banner 轮播效果

案例描述

完美支持无缝自动播放和手动播放，当页面载入时，会自动播放图片；将鼠标移入圆点时，会切换到对应的图片进行播放。京东商城首页 banner 轮播效果如图 10-1 所示。

图 10-1　京东商城首页 banner 轮播效果

思路分析

- 使用动态面板来进行切换和轮播。
- 添加“页面载入时”事件，实现自动轮播。
- 为“热点”元件添加“鼠标移入时”事件，来实现切换至对应的图片和圆点。

操作步骤

（1）选择“文件”|“新建”命令，新建一个 Axure 的文档。

（2）在左侧“元件库”面板中将“图片”元件拖入编辑区中并双击，弹出“打开”对话框，选择要导入的素材图片，单击“打开”按钮即可导入编辑区中，在工具栏中设置 x 和 y 均为 50，“宽度”和“高度”分别为 690、290，如图 10-2 所示。

图 10-2　导入图片文件

（3）选择“图片”元件，单击鼠标右键，在弹出的快捷菜单中选择“转换为动态面板”命令，将其转换为动态面板，在右侧“检视：动态面板”区域设置名称为 pic，如图 10-3 所示。

图 10-3　转换为动态面板

（4）双击“动态面板”元件，在弹出的“面板状态管理”对话框中单击两次“添加”按钮，添加两个状态，并重命名为 pic01、pic02、pic03，如图 10-4 所示。

图 10-4　添加面板状态

（5）双击 pic02 选项，进入 pic/pic02（index）编辑区中，在左侧“元件库”面板中将“图片”元件拖入编辑区中，双击并导入相应的素材图片，设置 x 和 y 均为 0，“宽度”和“高度”分别为 690、290，如图 10-5 所示。

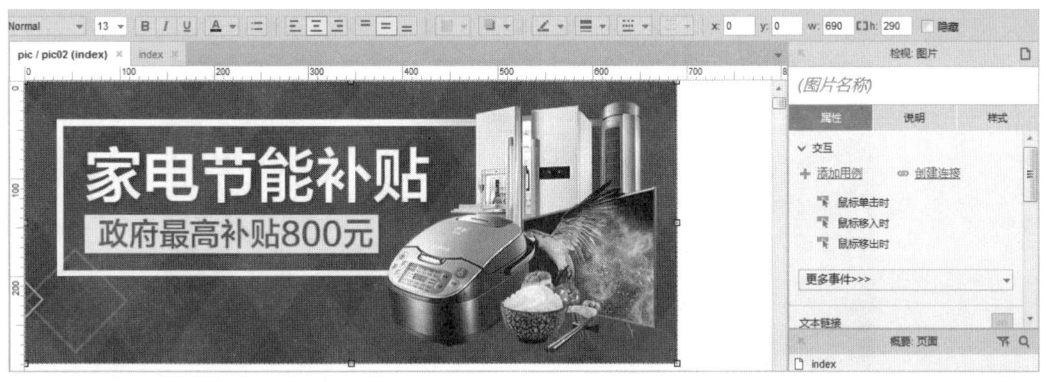

图 10-5　导入图片文件

（6）用步骤（5）同样的方法在 pic03 面板状态中导入相应的素材图片，如图 10-6 所示。

图 10-6　导入图片文件

（7）单击 index 标签切换至 index 编辑区中，在左侧“元件库”面板中拖入“椭圆形”元件至编辑区，在工具栏中设置 x 为 360，y 为 305，“宽度”和“高度”均为 16，如图 10-7 所示。

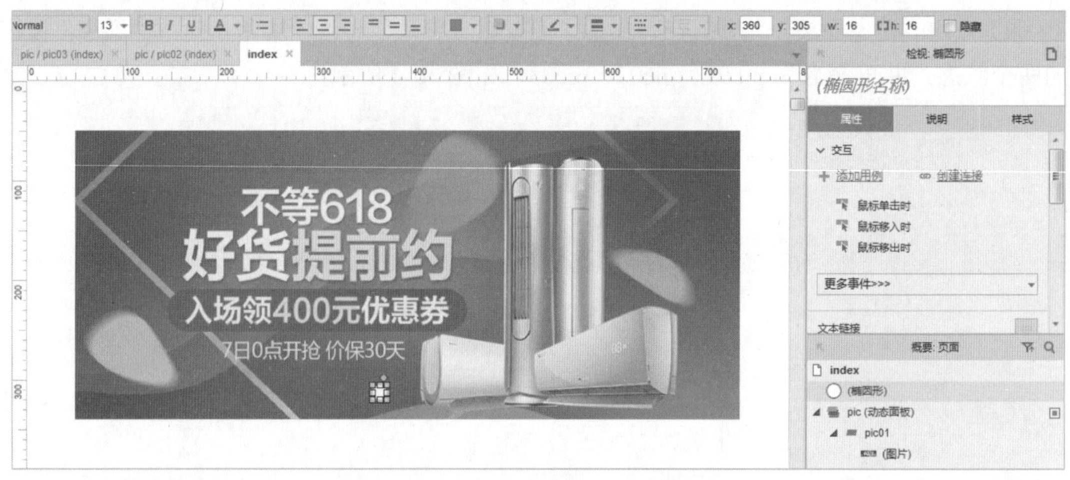

图 10-7　拖入“椭圆形”元件

（8）选择“椭圆形”元件，按住 Shift+Ctrl 快捷键向右拖动鼠标，复制两个“椭圆形”元件，如图 10-8 所示。

图 10-8　复制“椭圆形”元件

（9）按 Ctrl 键的同时依次选择 3 个“椭圆形”元件，单击鼠标右键，在弹出的快捷菜单中选择“转换为动态面板”命令，将其转换为动态面板，在右侧“检视：动态面板”区域设置名称为 circle，如图 10-9 所示。

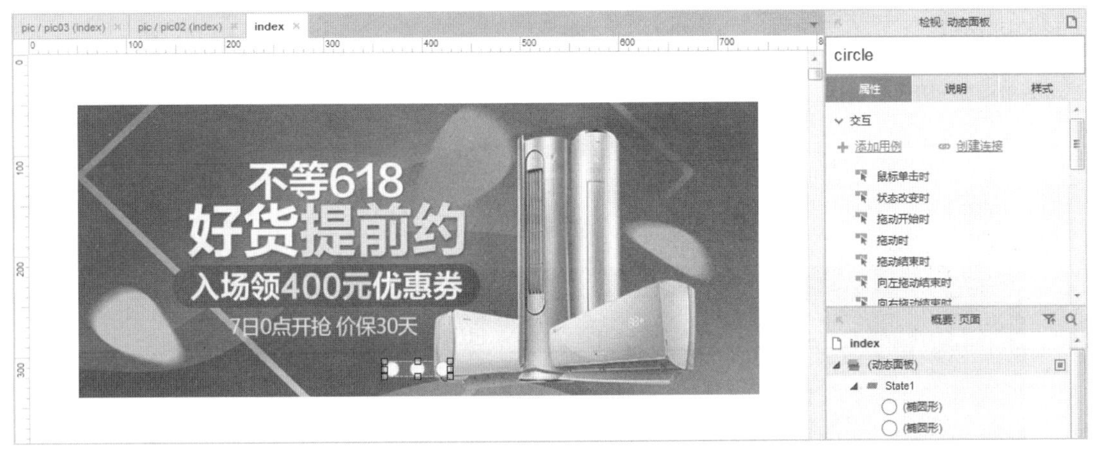

图 10-9　转换为动态面板

（10）双击“circle 动态面板”元件，在弹出的“面板状态管理”对话框中单击两次“添加”按钮，添加两个面板状态，并分别重命名为 C1、C2、C3，如图 10-10 所示。

（11）双击 C1 选项进入 circle/C1（index）编辑区中，选择第一个“椭圆形”元件，在工具栏中设置“填充颜色”为橙色（#FF6633），如图 10-11 所示。

图 10-10　添加面板状态

图 10-11　设置填充颜色

（12）按 Ctrl+A 快捷键全选 3 个“椭圆形”元件，单击鼠标右键，在弹出的快捷菜单中选择“复制”命令，复制“椭圆形”元件，单击 index 标签切换至 index 编辑区中，双击“circle 动态面板”元件，在弹出的“面板状态管理”对话框中双击 C2 选项，进入 circle/C2（index）编辑区中，如图 10-12 所示。

（13）在编辑区中按 Ctrl+V 快捷键粘贴复制的“椭圆形”元件，设置第一个“椭圆形”元件的“填充颜色”为白色（#FFFFFF），第二个“椭圆形”元件的“填充颜色”为橙色（#FF6633），如图 10-13 所示。

（14）用上述步骤（12）和步骤（13）的方法设置 C3 面板状态中，第三个“椭圆形”元件的“填充颜色”为橙色（#FF6633），其他两个为白色，如图 10-14 所示。

（15）单击 index 标签切换至 index 编辑区中，在左侧“元件库”面板中拖入 3 个“热区”

元件至编辑区中，其位置和大小与“椭圆形”元件重合，并覆盖在“椭圆形”元件上面，在右侧“检视：热区”面板中分别设置名称为 point1、point2、point3，如图 10-15 所示。

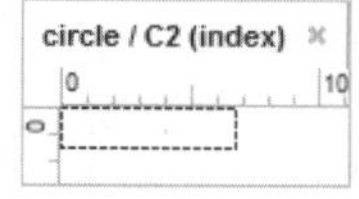

图 10-12　切换编辑区

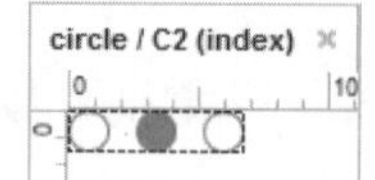

图 10-13　设置填充颜色

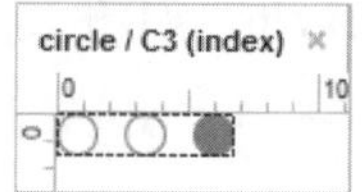

图 10-14　设置填充颜色

图 10-15　拖入“热区”元件

（16）在编辑区中空白处单击鼠标，在右侧“属性”面板中双击“页面载入时”选项，弹出“用例编辑<页面载入时>”对话框，在左侧“添加动作”区域选择“设置面板状态”选项，在右侧选中“pic（动态面板）”复选框，如图 10-16 所示。

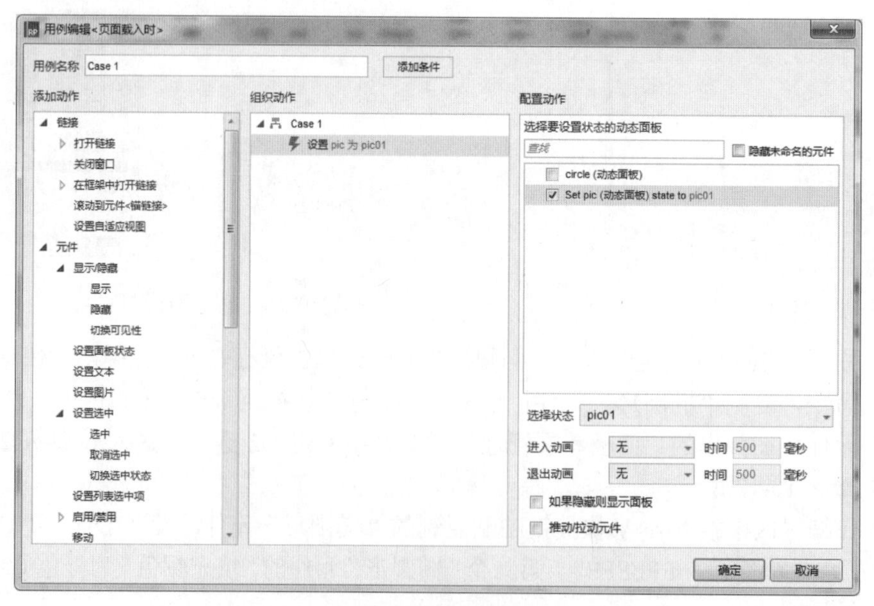

图 10-16　添加动作

（17）设置“选择状态”为 Next，选中“向后循环”和“循环间隔”复选框，设置间隔时间为 4000 毫秒，设置“进入动画”和“退出动画”均为“向左滑动”，如图 10-17 所示。

图 10-17　设置循环和动画

（18）用同样的方法为“circle 动态面板”添加动作，如图 10-18 所示。单击“确定”按钮返回至编辑区中。

图 10-18　添加动作

（19）选择“point1 热区”元件，在“属性”面板中双击“鼠标移入时”选项，弹出“用例编辑<鼠标移入时>”对话框，在左侧选择“设置面板状态”选项，在右侧选中“pic（动态面板）”复选框，设置“选择状态”为 pic01，“进入动画”和“退出动画”均为“向左滑动”，如图 10-19 所示。

（20）在右侧“配置动作”区域选中“circle（动态面板）”复选框，设置“选择状态”为 C1，“进入动画”和“退出动画”均为“逐渐”，如图 10-20 所示。

（21）用上述步骤（19）和步骤（20）相同的操作方法为“point2 热区”元件和“point3 热区”元件添加“鼠标移入时”事件，设置动态面板状态、循环及动画，如图 10-21 和图 10-22 所示。

图 10-19　添加动作

图 10-20　添加动作

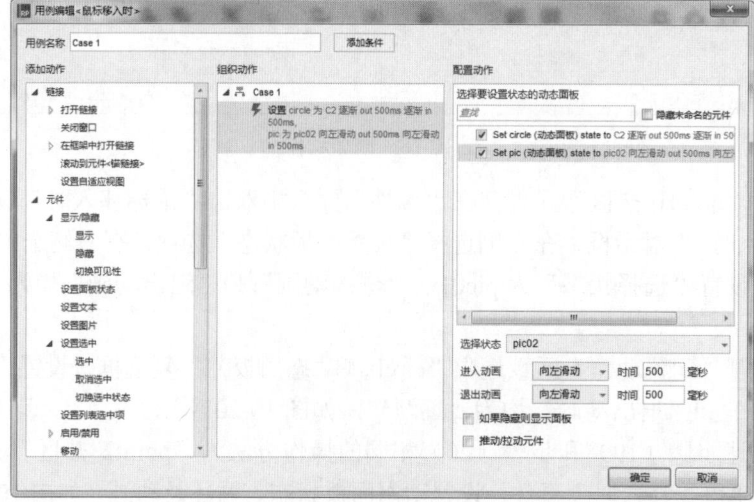

图 10-21　添加动作

图 10-22　添加动作

（22）按 Ctrl+S 快捷键，以“10.1”为名称保存该文件，然后按 F5 键预览效果，如图 10-23 所示。

图 10-23　最终效果

10.2　天猫标签切换效果

案例描述

当鼠标移入一个标签时，下方就会切换到相应的内容。标签切换可以让更多的内容在同一块区域展示。天猫标签切换效果如图 10-24 所示。

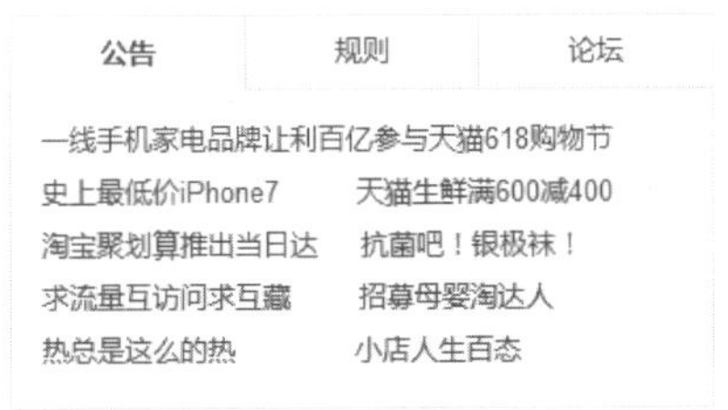

图 10-24　天猫标签切换效果

思路分析

- 使用动态面板来进行内容的切换。
- 为标签元件添加"鼠标移入时"事件，来实现切换至对应的内容。

操作步骤

（1）选择"文件"|"新建"命令，新建一个 Axure 的文档。

（2）在左侧"元件库"面板中将"动态面板"元件拖入编辑区中，在工具栏中设置 x 为 80，y 为 75，"宽度"为 330，"高度"为 180，在右侧"检视：动态面板"区域设置名称为 tab，如图 10-25 所示。

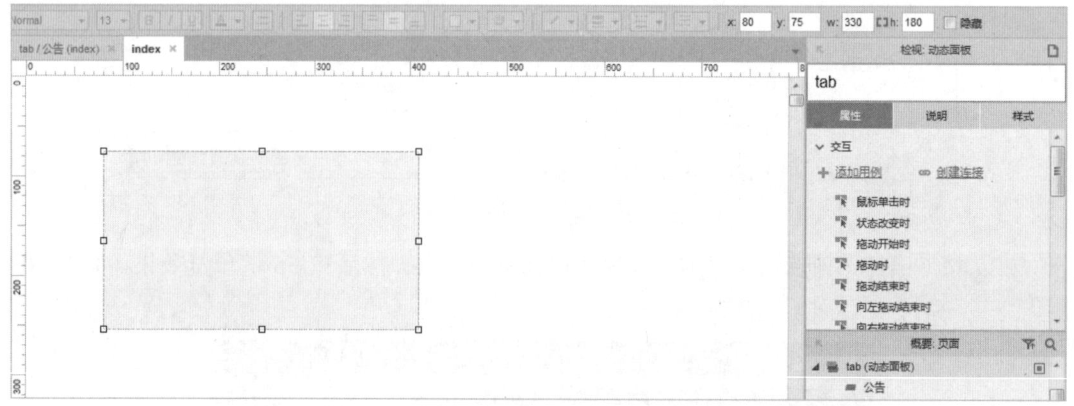

图 10-25　拖入"动态面板"元件

（3）双击"动态面板"元件，在弹出的"面板状态管理"对话框中单击两次"添加"按钮，添加两个面板状态，并重命名为"公告""规则""论坛"，如图 10-26 所示。

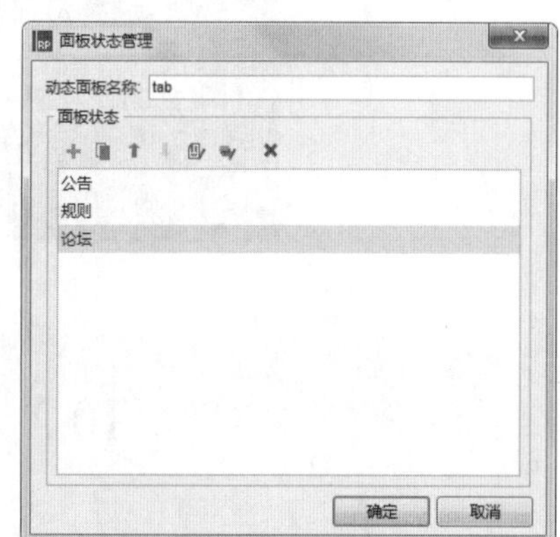

图 10-26　添加面板状态

（4）双击"公告"选项，进入"tab/公告（index）"编辑区中，在左侧"元件库"面板中拖入"矩形 2"元件，双击并输入"公告"，在工具栏中单击 Bold 按钮，设置"文本颜色"为红色（#FF0000），"填充颜色"为白色，x 和 y 均为 1，"宽度"为 110，"高度"为 34，如图 10-27 所示。

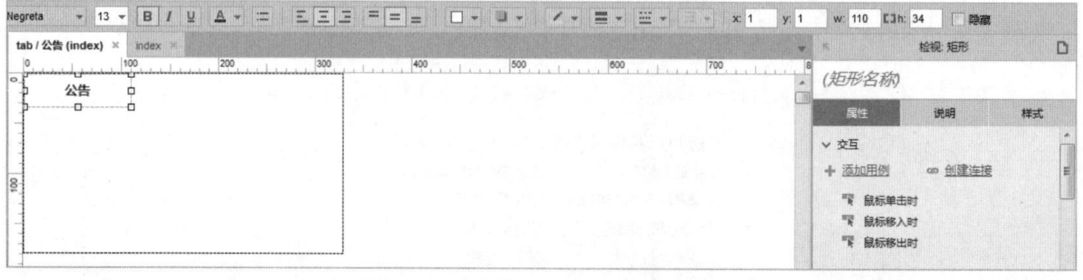

图 10-27　设置"矩形 2"元件

（5）在"元件库"面板中将"矩形 1"元件拖入编辑区中，双击并输入"规则"，在工具栏中单击 Bold 按钮，设置 x 为 111，y 为 0，“宽度”为 110，“高度”为 35，如图 10-28 所示。

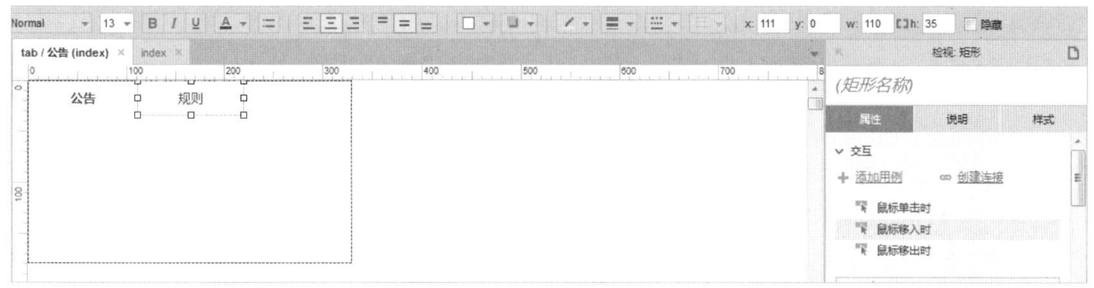

图 10-28　设置“矩形 1”元件

（6）按住 Shift+Ctrl 快捷键的同时向右拖动鼠标至适当的位置，复制一个“矩形 1”元件，双击并修改内容为“论坛”，如图 10-29 所示。

图 10-29　复制“矩形 1”元件

（7）在“元件库”面板中拖入“文本段落”元件至编辑区中，双击清空默认内容并重新输入相应的内容，在工具栏中设置第一行文本的“文本颜色”为红色（#FF0000），x 为 15，y 为 45，“宽度”为 300，“高度”为 120，如图 10-30 所示，

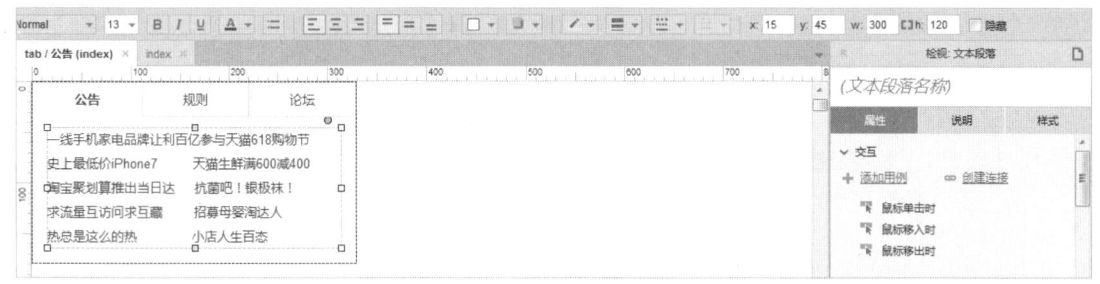

图 10-30　设置“文本段落”元件

（8）选择“规则矩形”元件，在右侧“属性”面板中双击“鼠标移入时”选项，弹出“用例编辑<鼠标移入时>”对话框，在左侧“添加动作”区域选择“设置面板状态”选项，在右侧“配置动作”区域选中“tab（动态面板）”复选框，设置“选择状态”为“规则”，如图 10-31 所示。单击“确定”按钮返回至编辑区中。

（9）用同样的方法为“论坛矩形”元件添加“鼠标移入时”事件，设置 tab 动态面板的状态为“论坛”，如图 10-32 所示。单击“确定”按钮返回至编辑区中。

（10）在编辑区空白处单击并拖动鼠标全选元件，按 Ctrl+C 快捷键复制元件，分别粘贴到“规则”和“论坛”面板状态中，并修改其内容和“鼠标移入时”事件中 tab 动态面板的状态设置，如图 10-33 所示。

图 10-31　添加动作

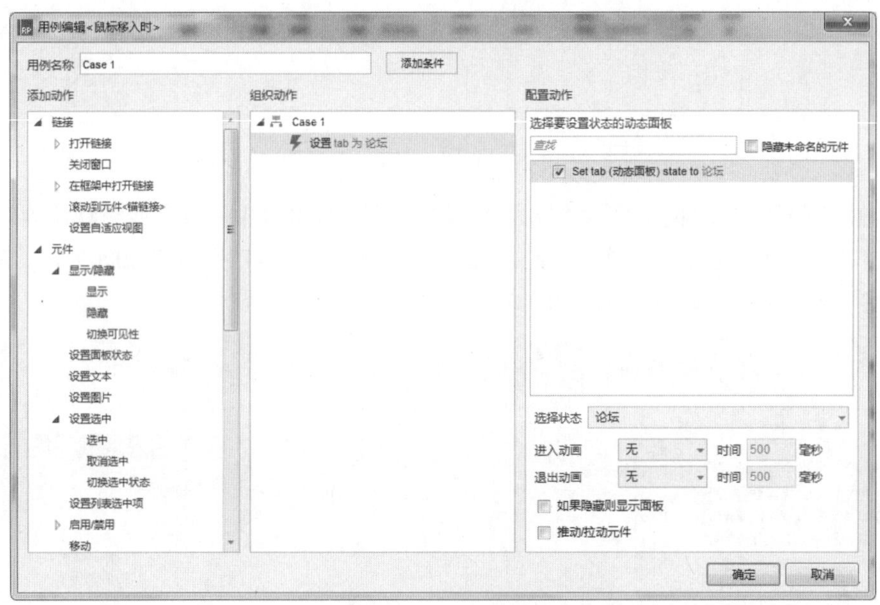

图 10-32　添加动作

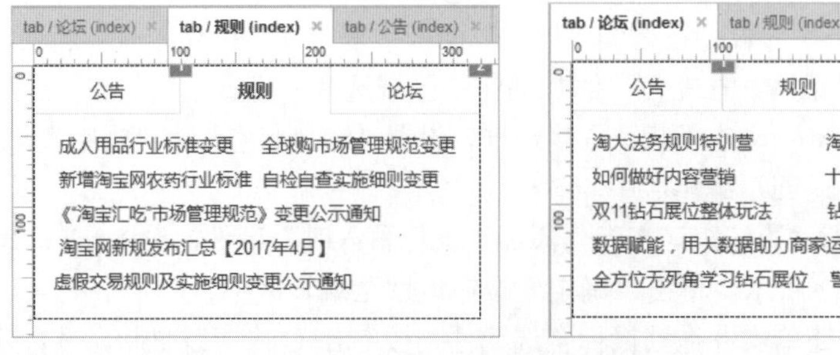

图 10-33　复制并修改

（11）按 Ctrl+S 快捷键，以“10.2”为名称保存该文件，然后按 F5 键预览效果，如图 10-34

所示。

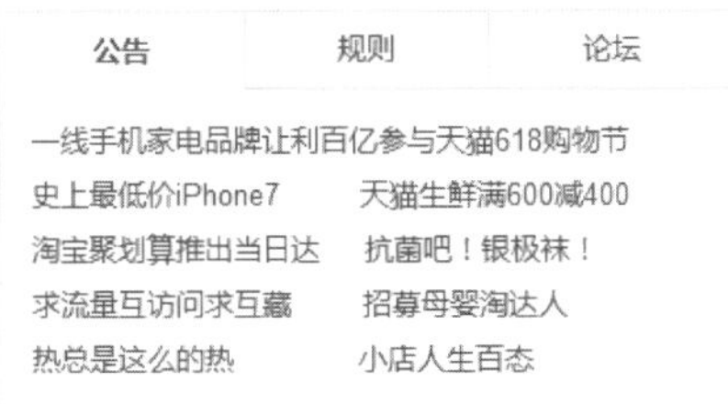

图 10-34　最终效果

10.3　微信点赞效果

案例描述

每单击❤形一次，右侧的数字会增加 1，如图 10-35 所示。

图 10-35　微信点赞效果

思路分析

- 将“矩形”元件转换为心形。
- 为心形添加“鼠标单击时”事件。
- 添加全局变量来实现鼠标每单击一次，数字增加 1。

操作步骤

（1）选择“文件”|“新建”命令，新建一个 Axure 的文档。

（2）在左侧“元件库”面板中将“矩形 1”元件拖入编辑区中，在工具栏中设置 x、y 均为 35，“宽度”和“高度”分别为 398、345，并设置“线段颜色”为灰色（#E4E4E4），如图 10-36 所示。

（3）在素材文件夹中复制要导入的图片，返回至 Axure 编辑区中，在空白处单击鼠标右键，在弹出的快捷菜单中选择“粘贴选项”|“粘贴为图片”命令粘贴图片，如图 10-37 所示。

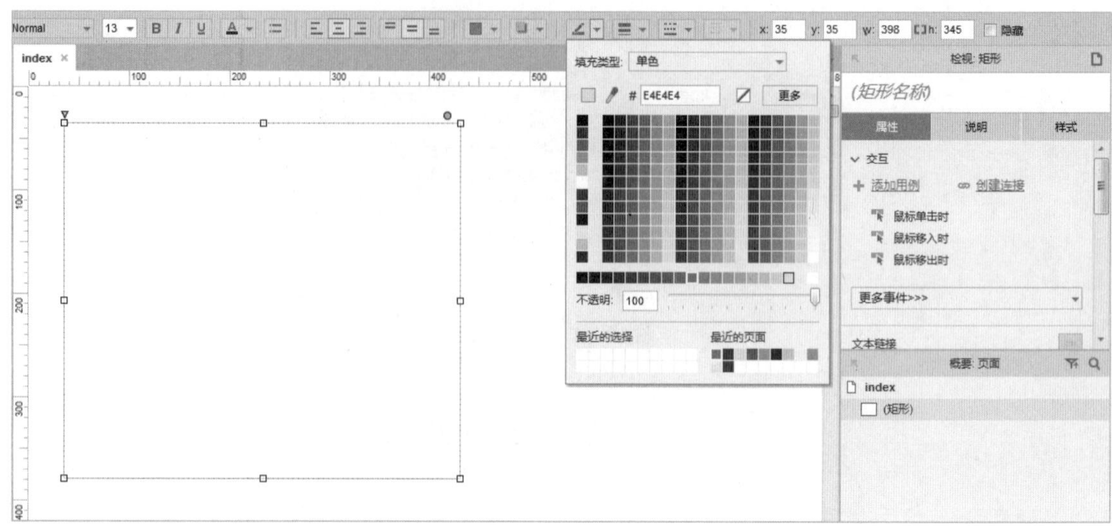

图 10-36　设置矩形

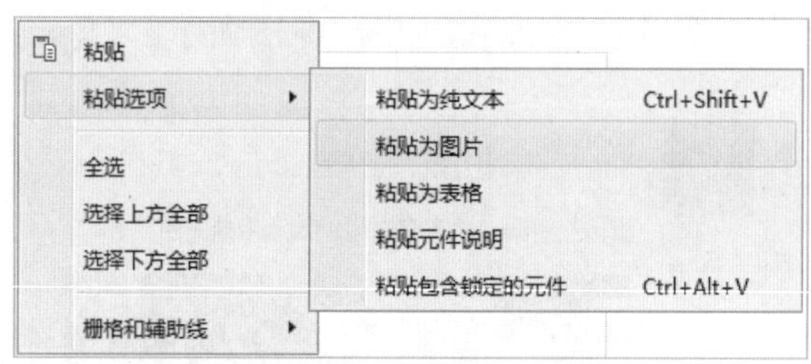

图 10-37　粘贴图片

（4）在工具栏中设置 x、y 均为 50，“宽度”和“高度”均为 50，在“检视：图片”区域设置名称为 avatar，如图 10-38 所示。

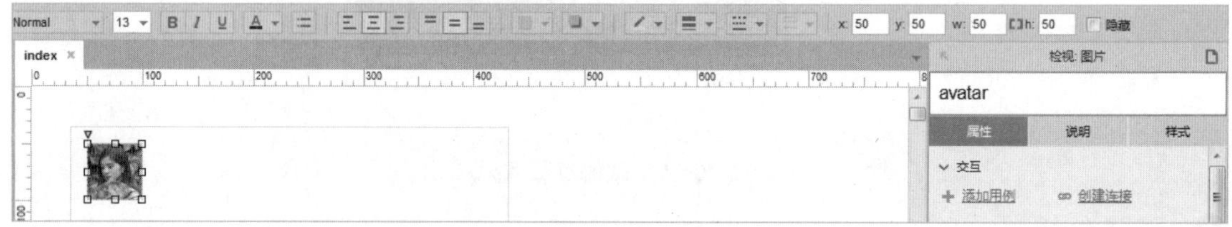

图 10-38　设置头像

（5）从“元件库”面板中拖入两个“文本标签”元件至编辑区中，分别输入相应的内容并拖放至适当的位置，如图 10-39 所示。

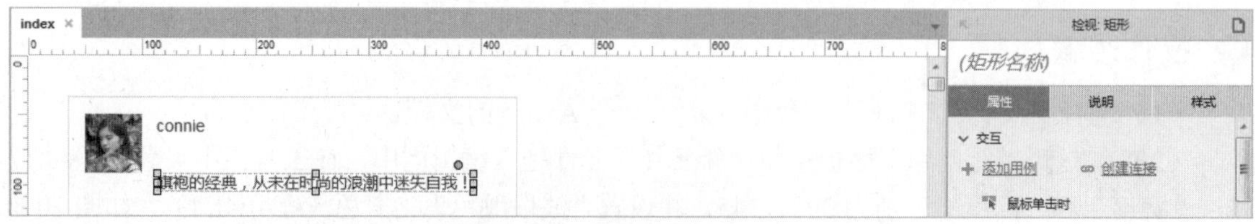

图 10-39　输入内容

（6）从“元件库”面板中拖入“图片”元件至编辑区中并双击，打开“打开”对话框，选择素材文件夹中相应的图片文件，单击“打开”按钮，导入编辑区中，在工具栏中设置 x 和 y

均为 35，“宽度”和“高度”分别为 398、345，如图 10-40 所示。

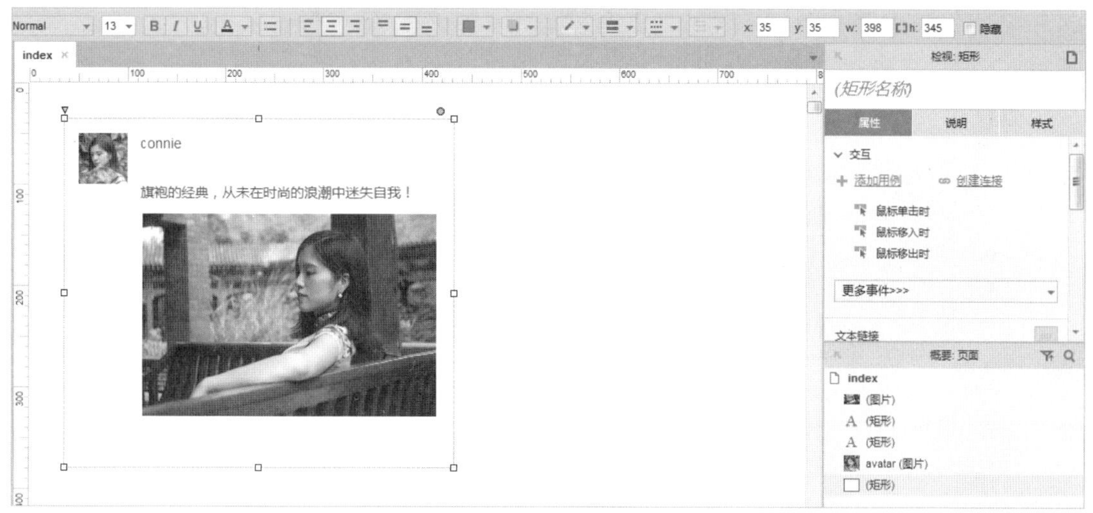

图 10-40 设置图片

（7）在编辑区中拖入一个“文本标签”元件，输入“10 分钟前”，放置在适当的位置，如图 10-41 所示。

图 10-41 输入内容

（8）在编辑区中拖入一个“矩形 1”元件，在右侧圆点上单击鼠标左键弹出图形面板，选择心形图形，如图 10-42 所示。

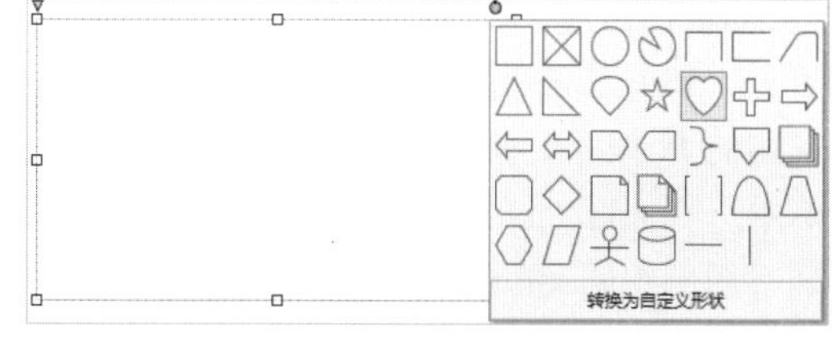

图 10-42 图形面板

（9）在工具栏中设置 x 和 y 分别为 374、336，“宽度”和“高度”分别为 24、19，如图 10-43 所示。

（10）从“元件库”面板中拖入“文本框”元件至编辑区中，在工具栏中设置 x 和 y 分别为 401、333，“宽度”和“高度”均为 25，在“检视：文本框”区域设置名称为 data，在“属性”面板中的“文本框”区域选中“隐藏边框”复选框，如图 10-44 所示。

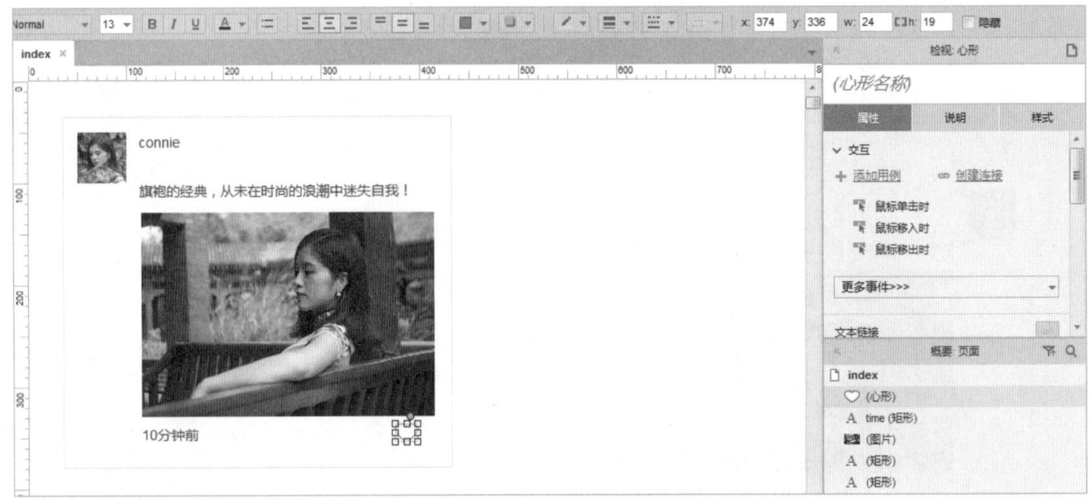

图 10-43　设置心形

图 10-44　设置文本框

（11）在编辑区中选择心形图形，在“属性”面板的“交互”区域双击“鼠标单击时”选项，弹出“用例编辑<鼠标单击时>”对话框，在左侧“添加动作”区域选择“设置变量值”选项，如图 10-45 所示。

（12）在右侧“配置动作”区域单击“添加全局变量”超链接，弹出“全局变量”对话框，单击“添加”按钮➕增加变量 addData，如图 10-46 所示。单击“确定”按钮返回至“用例编辑<鼠标单击时>”对话框。

（13）在右侧“配置动作”区域选中 addData 复选框，在“设置全局变量值为”区域单击右侧的 fx 按钮，弹出“编辑文本”对话框，单击“插入变量或函数”超链接，在弹出的下拉菜单中选择 addData 选项，并修改函数为[[addData+1]]，如图 10-47 所示。单击“确定”按钮返回至“用例编辑<鼠标单击时>”对话框。

（14）在左侧“添加动作”区域选择“设置文本”选项，在右侧“配置动作”区域选中 addData 复选框，在“设置全局变量值为”区域单击右侧的 fx 按钮，弹出“编辑文本”对话框，单击“插入变量或函数”超链接，在弹出的下拉菜单中选择 addData 选项，如图 10-48 所示。单击“确定”按钮返回至“用例编辑<鼠标单击时>”对话框。

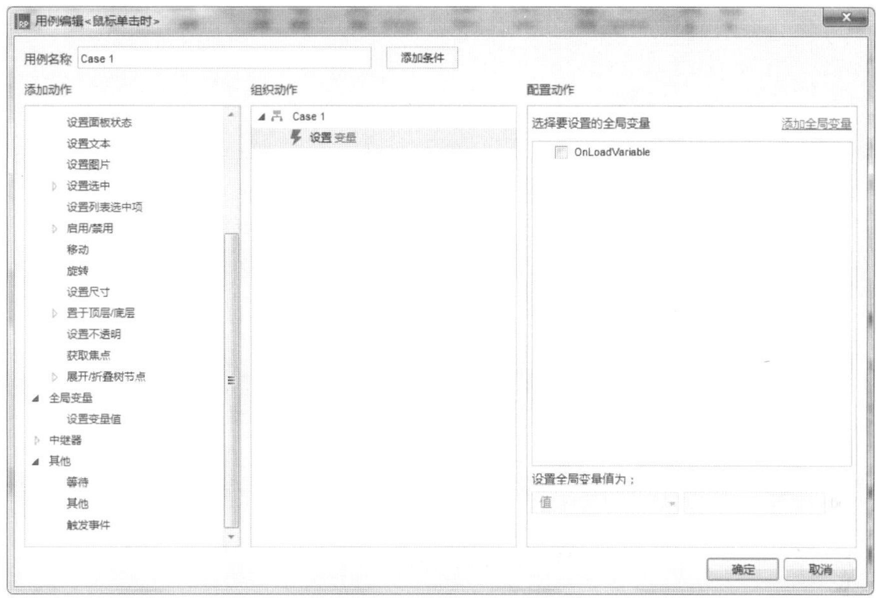

图 10-45　选择“设置变量值”选项

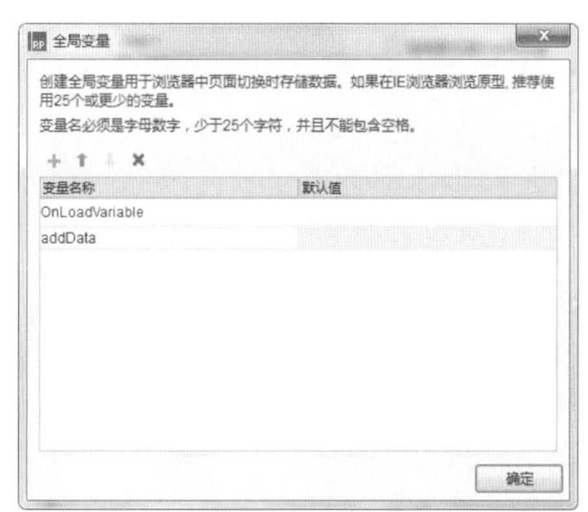

图 10-46　添加变量

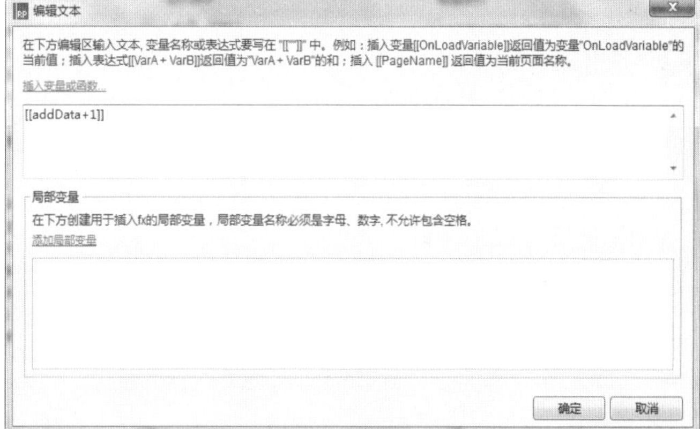

图 10-47　设置函数

图 10-48　设置函数

（15）单击“确定”按钮返回至编辑区中，按 Ctrl+S 快捷键，以“10.3”为名称保存该文件，然后按 F5 键预览效果，如图 10-49 所示。

图 10-49　最终效果

10.4　拖动排序

案例描述

当你选中一行向上拖动至它上方的条目上时，松开鼠标，将会被插入，同时下方的条目被挤下去，从而达到重新排序的效果。在拖动的时候，条目的背景和字体都会改变颜色，如图 10-50 所示。

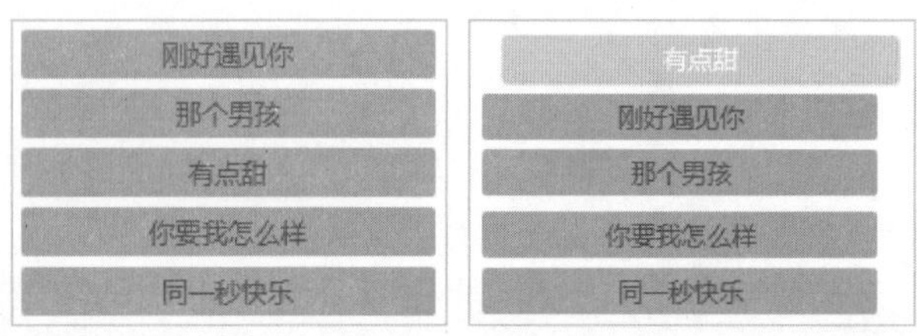

图 10-50　拖动排序

思路分析

- 添加“中继器”元件来完成数据与元件的连接，并设置模块之间的布局和间隔。
- 添加“拖动开始时”“拖动时”“拖动结束时”事件，目的是实现条目向上拖动。

操作步骤

（1）选择“文件”|“新建”命令，新建一个 Axure 的文档。

（2）在左侧“元件库”面板中将“中继器”元件拖入编辑区中，在工具栏中设置 x 为 75，y 为 170，在右侧“检视：中继器”区域设置名称为 sort-repeater，如图 10-51 所示。

（3）在右侧“属性”面板中的“中继器”区域添加两行一列，并输入相应的内容，如图 10-52 所示。

（4）在右侧单击“样式”标签切换至“样式”面板，设置“间距”区域中的“行”为 3，如图 10-53 所示。

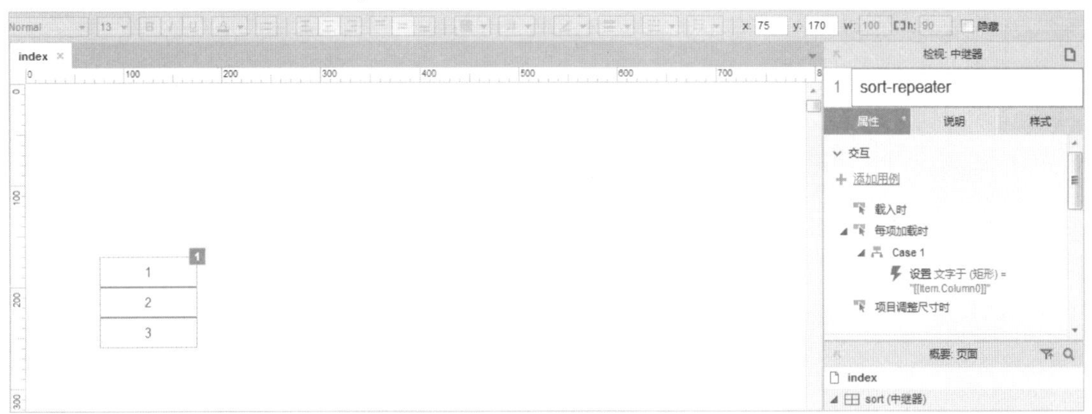

图 10-51 拖入“中继器”元件

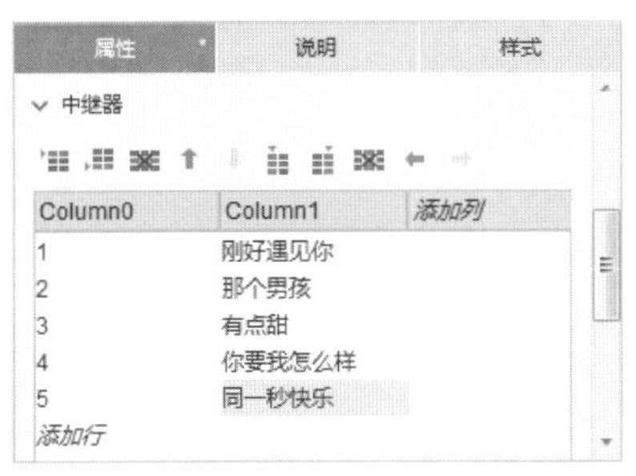

图 10-52 添加行和列至中继器

图 10-53 设置行

（5）在编辑区中双击“中继器”元件，进入 sort-repeater（index”编辑区中，选择“矩形”元件，在工具栏中设置“填充颜色”为橙色（#FF9900），“线段颜色”为无，“宽度”为 205，“高度”为 25，单击右侧的“样式”标签切换至“样式”面板，设置“圆角半径”为 3，如图 10-54 所示。

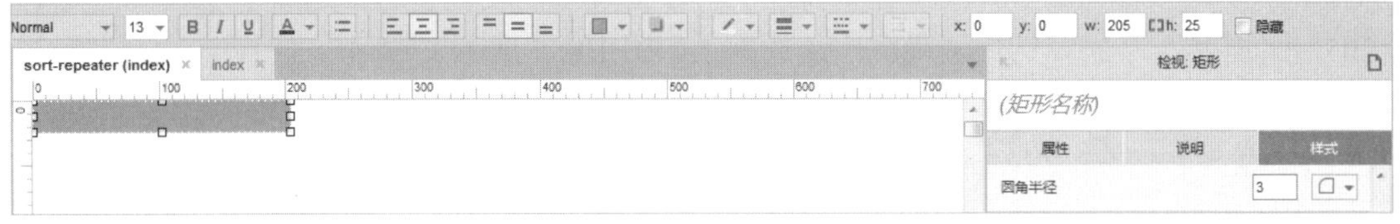

图 10-54 设置“矩形”元件

（6）在编辑区中的“矩形”元件上单击鼠标右键，在弹出的快捷菜单中选择“转换为动态面板”命令，将其转换为动态面板，并在右侧的“检视：动态面板”区域设置名称为 list，如图 10-55 所示。

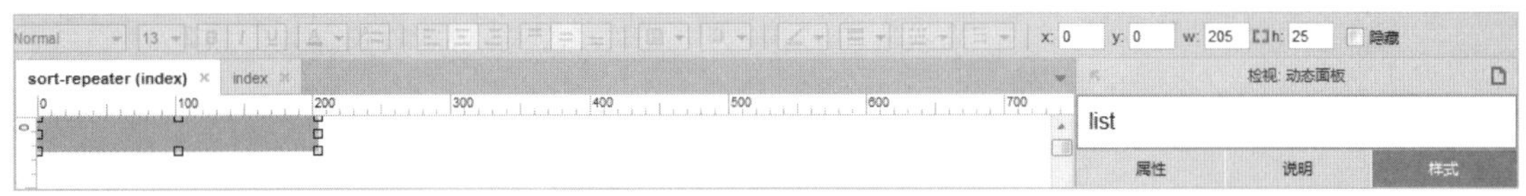

图 10-55 转换为动态面板

（7）双击“动态面板”元件，进入 list/State1（index）编辑区，选择“矩形”元件，单击右侧的“属性”标签切换至“属性”面板，在“交互样式设置”区域单击“选中”超链接，弹出“交互样式设置”对话框，设置“字体颜色”为白色(#FFFFFF)，“填充颜色”为橙色(#FFCC33)，设置“外部阴影”区域中的“偏移”x 和 y 均为 1，“模糊”为 3，如图 10-56 所示。单击“确定”按钮返回至编辑区中。

图 10-56　设置交互样式

（8）单击 index 标签切换至 index 编辑区中，在左侧“元件库”面板中将“矩形 1”元件拖入编辑区中，双击并输入“向上拖动排序”，在工具栏中设置 x 为 75，y 为 311，“宽度”为 205，“高度”为 25，选中“隐藏”复选框，如图 10-57 所示。

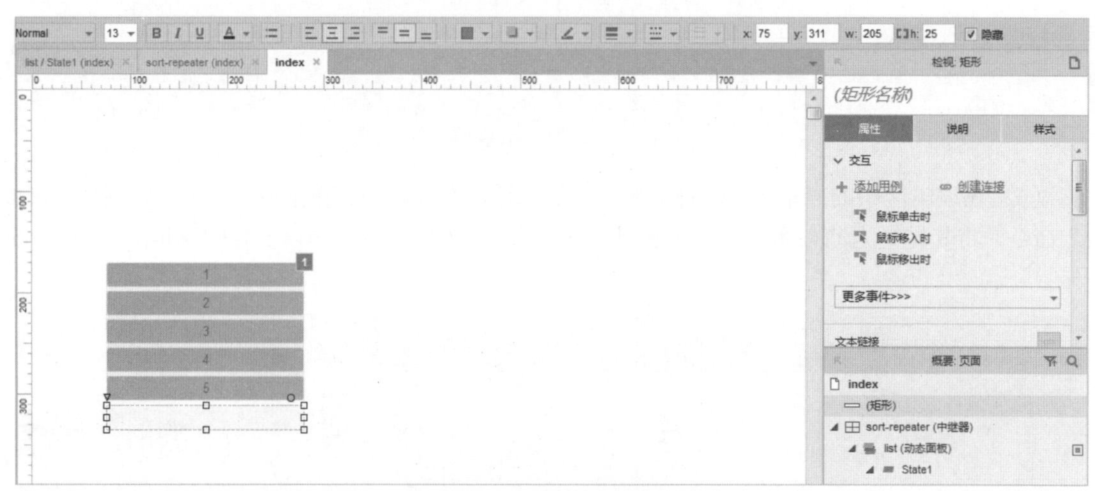

图 10-57　设置“矩形”元件

（9）单击 sort-repeater（index）标签切换至 sort-repeater（index）编辑区中，选择“list 动态面板”区域，在右侧“属性”面板中双击“拖动开始时”选项，弹出“用例编辑<拖动开始

时>”对话框，在左侧选择“移动”选项，在右侧选中“当前元件”复选框，设置“移动”为“相对位置”，x 为 10，如图 10-58 所示。

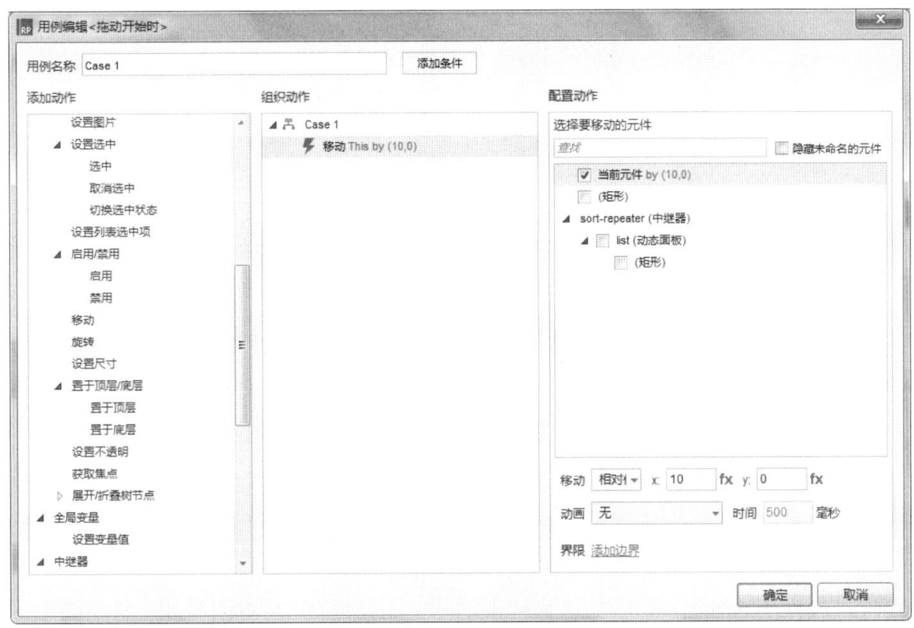

图 10-58　设置移动距离

（10）在左侧选择“选中”选项，在右侧选中“当前元件”复选框，设置选中状态“值”为 true，如图 10-59 所示。单击“确定”按钮返回至编辑区中。

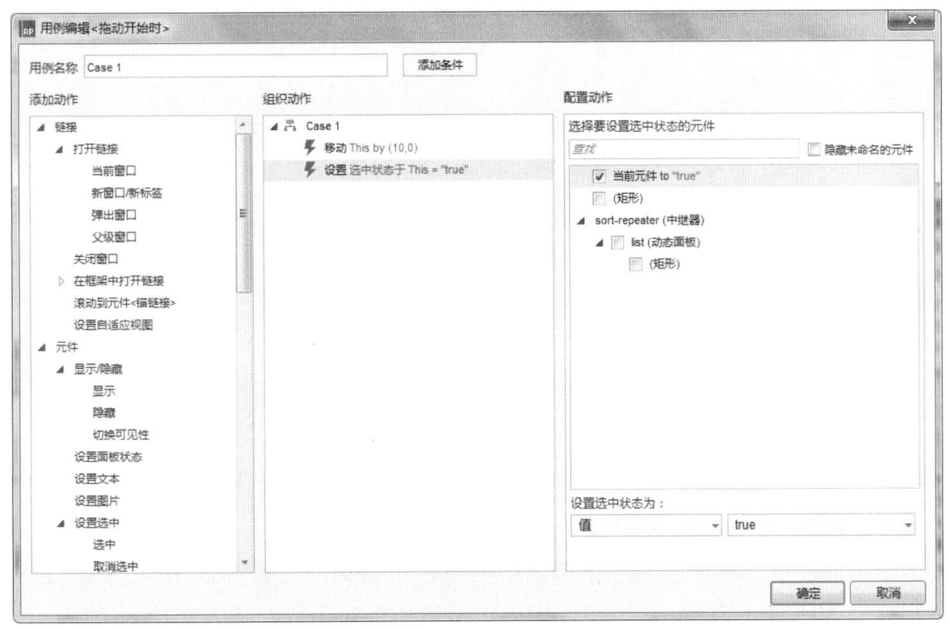

图 10-59　设置选中状态

（11）在“属性”面板中双击“拖动时”选项，弹出“用例编辑<拖动时>”对话框，在左侧选择“移动”选项，在右侧选中“当前元件”复选框，设置“移动”为“垂直移动”，如图 10-60 所示。

图 10-60　设置移动动作

（12）在“属性”面板中双击“拖动结束时”选项，弹出“用例编辑<拖动结束时>”对话框，单击“添加条件”按钮，弹出“条件设立”对话框，设置“值”[[TotalDragY]]小于 0，如图 10-61 所示。单击“确定”按钮返回至“用例编辑<拖动结束时>”对话框。

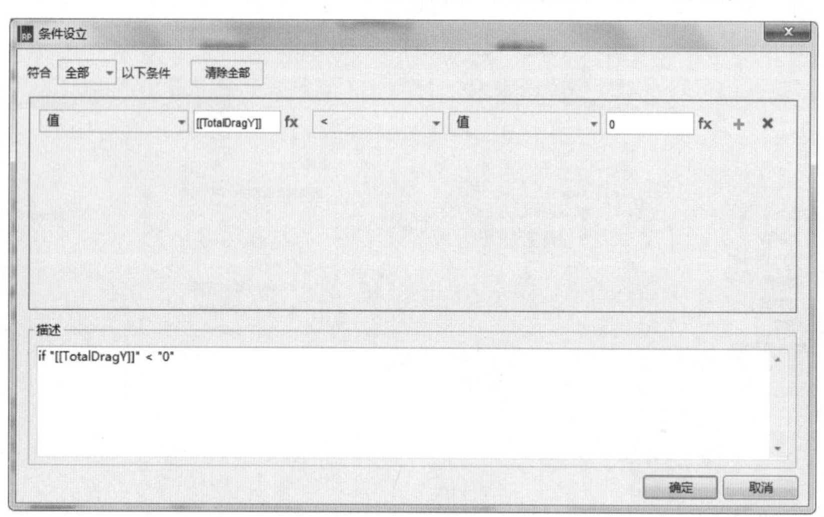

图 10-61　设置条件

（13）在左侧选择“更新行”选项，在右侧选中“sort-repeater（中继器）”复选框，单击“选择列”下拉列表框，在弹出的下拉菜单中选择 Column0 选项，如图 10-62 所示。

（14）单击 Value 下方的 fx 按钮，弹出“编辑值”对话框，插入变量为[[(Item.Column0-((0-TotalDragY)/40)).toFixed(1)]]，如图 10-63 所示。单击“确定”按钮返回至“用例编辑<拖动结束时>”对话框。

（15）在左侧选择“添加排序”选项，在右侧选中“sort-repeater（中继器）”复选框，设置“排序类型”为 Text，如图 10-64 所示。

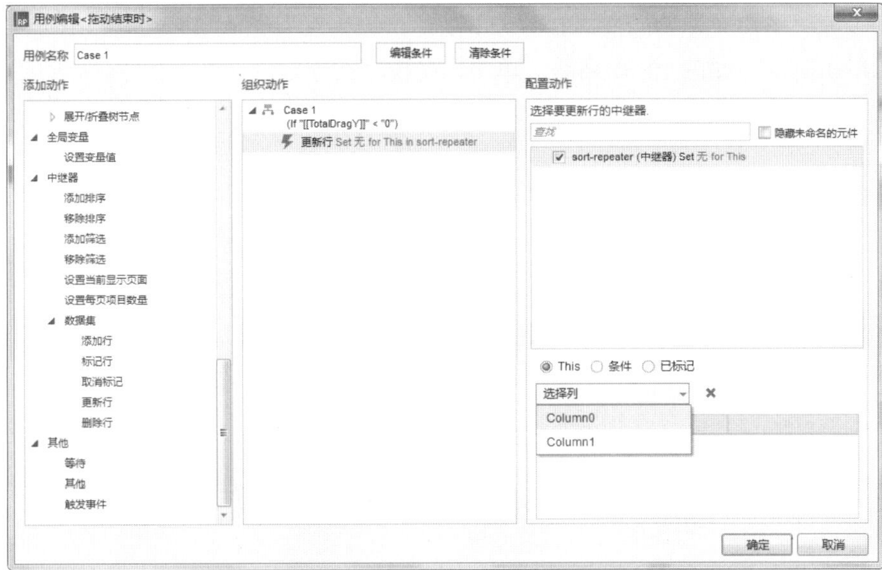

图 10-62 更新行

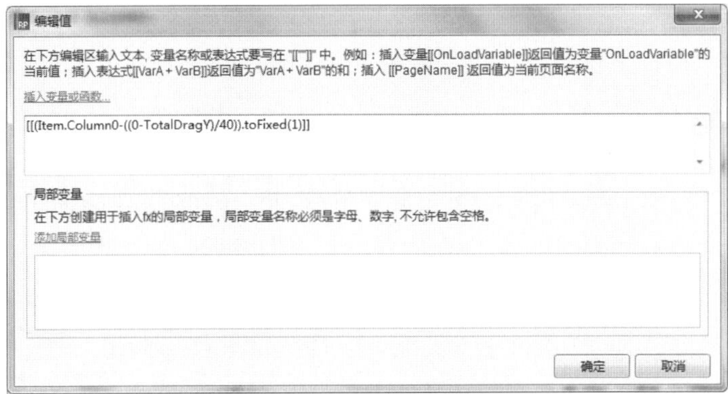

图 10-63 插入变量

图 10-64 添加排序

（16）设置“当前元件”的选中状态为 true，“等待”为 200 毫秒，“（矩形）”触发事件为“鼠标单击时”，如图 10-65 所示。单击“确定”按钮返回至编辑区中。

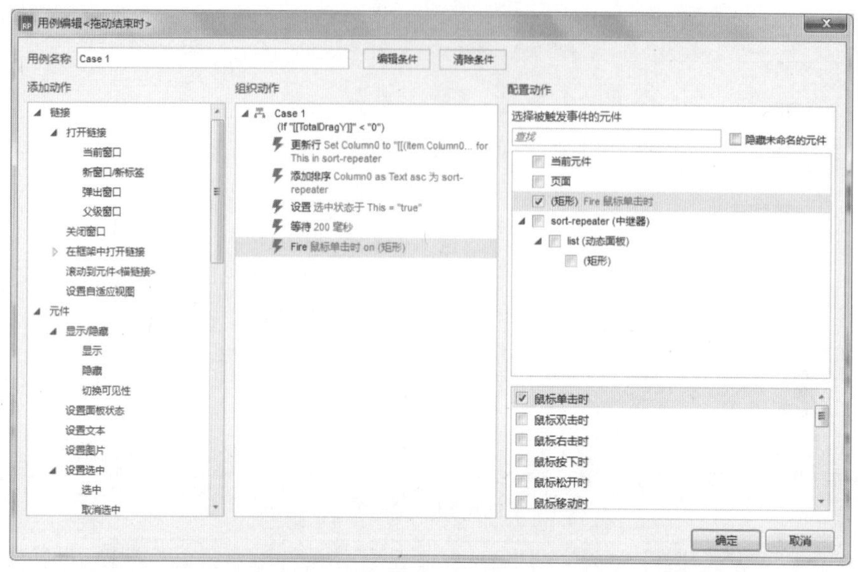

图 10-65　添加动作

（17）单击 index 标签切换至 index 编辑区中，选择“中继器”元件，在右侧“属性”面板中双击“每项加载时”下方的 Case1，弹出“用例编辑<每项加载时>”对话框，修改文本“值”为[[Item.Column1]]，如图 10-66 所示。单击两次“确定”按钮返回至编辑区中。

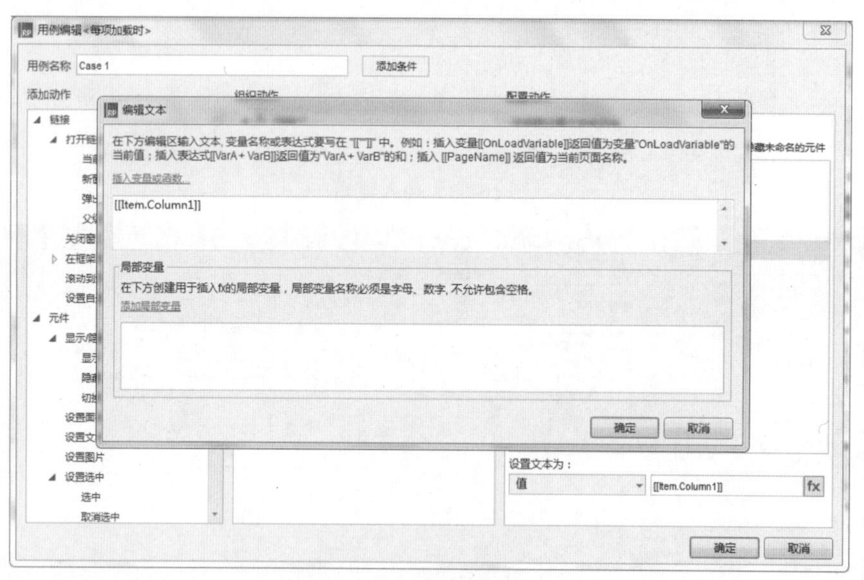

图 10-66　设置文本值

（18）选择“矩形”元件，在右侧“属性”面板中双击“鼠标单击时”选项，弹出“用例编辑<鼠标单击时>”对话框，在左侧选择“更新行”选项，在右侧选中“sort-repeater（中继器）”复选框，如图 10-67 所示。

（19）单击“条件”右侧的 fx 按钮，弹出“编辑值”对话框，插入变量为[[TargetItem.index>0]]，如图 10-68 所示。单击“确定”按钮返回至“用例编辑<鼠标单击时>”对话框。

图 10-67　设置更新行

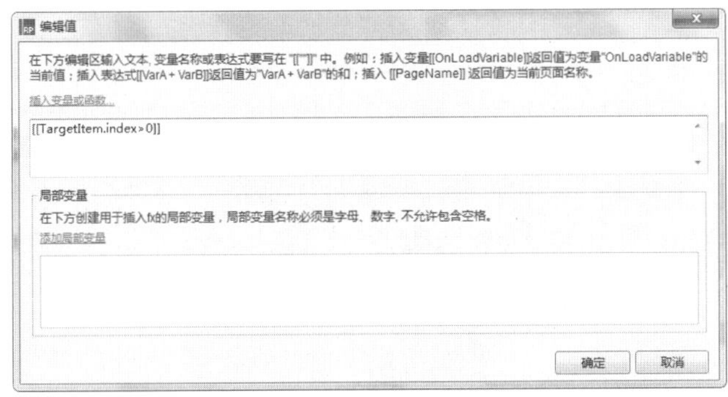

图 10-68　插入变量

（20）在“选择列”下拉菜单中选择 Column0 选项，在列表 Value 下方单击 fx 按钮，弹出“编辑值”对话框，插入变量[[TargetItem.index]]，如图 10-69 所示。单击两次“确定”按钮返回至编辑区中。

图 10-69　插入变量

（21）按 Ctrl+S 快捷键，以“10.4”为名称保存该文件，然后按 F5 键预览效果，如图 10-70 所示。

图 10-70　最终效果

10.5　动 漫 书 签

案例描述

当鼠标移入书签上时，整张图片会全部展示出来，左右两侧图片往两侧收缩，如图 10-71 所示。

图 10-71　动漫书签

思路分析

- 为“动态面板”元件添加“鼠标移入时”和“鼠标停放时”事件。
- 为动态面板添加“移动”动作，设置“移动”为“绝对位置”，“动画”为“线性”。

操作步骤

（1）选择“文件”|“新建”命令，新建一个 Axure 的文档。

（2）将左侧“元件库”面板中的“动态面板”元件拖入编辑区中，在工具栏中设置 x 和 y 均为 20，“宽度”和“高度”分别为 980、370，在右侧“检视：动态面板”区域设置名称为 panel，如图 10-72 所示。

（3）双击“动态面板”元件，在弹出的“面板状态管理”对话框中双击 State1 选项，进入 panel/State1（index）编辑区，从“元件库”面板中拖入“图片”元件，双击并导入相应的素材图片，调整大小和位置，如图 10-73 所示。

（4）选中“图片”元件，单击鼠标右键，在弹出的快捷菜单中选择“转换为动态面板”命令，如图 10-74 所示，将图片转换为动态面板，在右侧“检视：动态面板”区域设置名称为 board1。

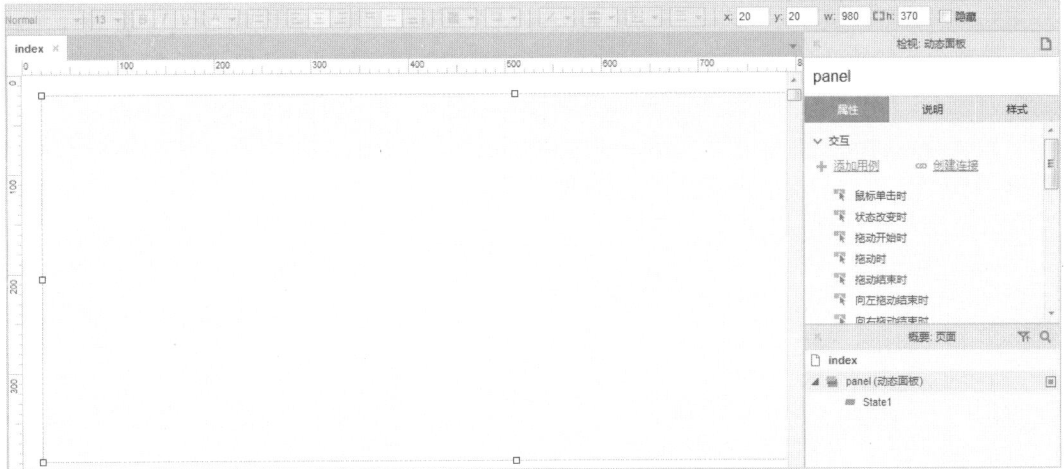

图 10-72　拖入“动态面板”元件

图 10-73　导入图片

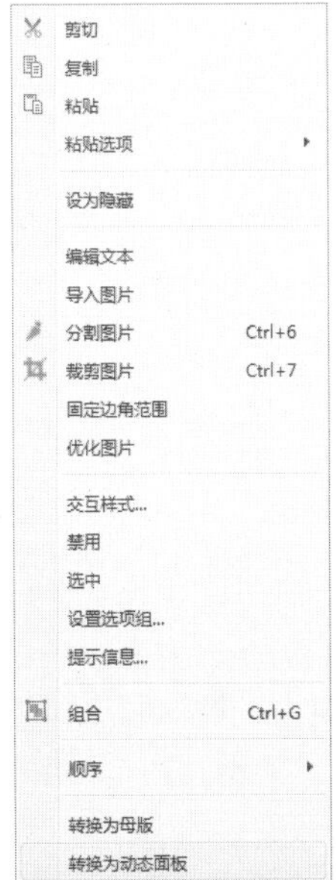

图 10-74　转换为动态面板

（5）选择“动态面板”元件，按住 Shift+Ctrl 快捷键的同时向右拖动鼠标，复制 4 个动态面板，并调整至适当的位置，在右侧“检视：动态面板”区域修改名称分别为 board2、board3、board4、board5，分别在面板状态中导入相应的素材图片，如图 10-75 所示。

图 10-75　复制动态面板并导入图片

（6）选择“board1 动态面板”元件，在右侧“属性”面板中单击“更多事件>>>”右侧的下三角按钮，在弹出的下拉菜单中选择“鼠标移入时”选项，如图 10-76 所示。

（7）弹出“用例编辑<鼠标移入时>”对话框，在左侧“添加动作”区域选择“移动”选项，在右侧“配置动作”区域选中“board2（动态面板）”复选框，设置“移动”为“绝对位置”，x 为 200，“动画”为“线性”，“时间”为 500 毫秒，如图 10-77 所示。

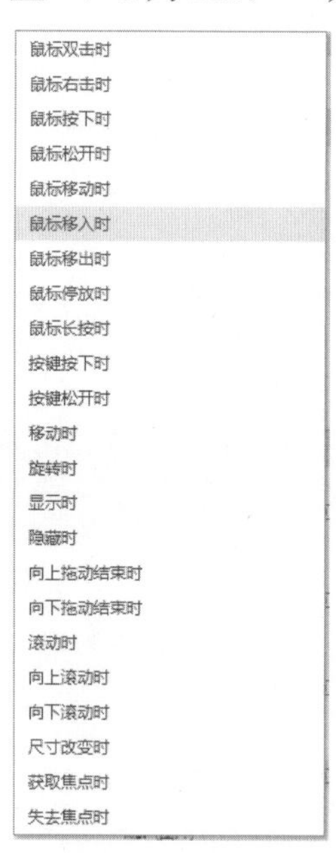

图 10-76　选择“鼠标移入时”选项

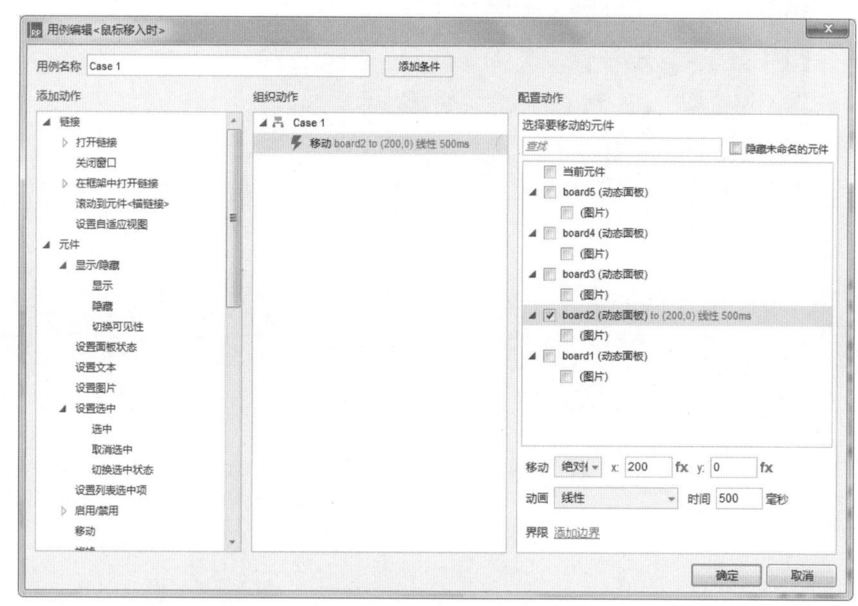

图 10-77　添加动作

（8）用同样的方法为 board3、board4、board5 复选框添加“移动”动作，如图 10-78 所示。单击“确定”按钮返回至编辑区中。

（9）在右侧“属性”面板中单击“更多事件>>>”右侧的下三角按钮，在弹出的下拉菜单中选择“鼠标停放时”选项，如图 10-79 所示。

图 10-78 添加动作

图 10-79 选择“鼠标停放时”选项

（10）弹出“用例编辑<鼠标停放时>”对话框，用步骤（7）和步骤（8）同样的方法添加动作，如图 10-80 所示。单击“确定”按钮返回至编辑区中。

图 10-80 添加动作

（11）用步骤（9）和步骤（10）的方法为 board2、board3、board4、board5 动态面板添加“鼠标移入时”和“鼠标停放时”事件，并添加“移动”动作，设置移动的位置。

（12）按 Ctrl+S 快捷键，以“10.5”为名称保存该文件，然后按 F5 键预览效果，如图 10-81 所示。

图 10-81　最终效果

10.6　微博字数提示效果

案例描述

在多行文本框中输入文字，当输入的字符大于 0 小于 100 时，会提示可输入的字数；当输入的字符等于 0 时，提示可输入 100 个字；当输入的字符大于 100 时，提示已超出的字数，如图 10-82 所示。

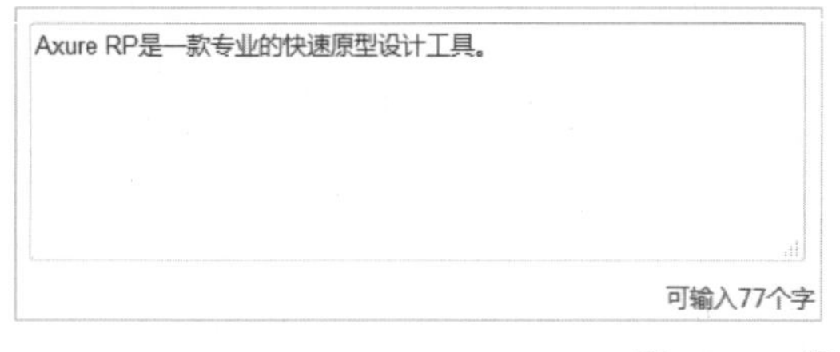

图 10-82　微博字数提示效果

思路分析

- 添加“文本改变时”事件。
- 分 3 种情况来判断：当输入的字符大于 0 小于 100 时，则提示可输入的字数；当输入的字符等于 0 时，则提示可输入 100 个字；当输入的字符大于 100 时，则提示已超出的字数。

操作步骤

（1）选择“文件”|“新建”命令，新建一个 Axure 的文档。

（2）将“元件库”面板中的“多行文本框”元件拖入编辑区中，在工具栏中设置 x 为 95，y 为 85，“宽度”420，“高度”为 125，在右侧“检视：多行文本框”区域设置名称为 content，如图 10-83 所示。

（3）将“元件库”面板中的“文本标签”元件拖入编辑区中，双击并输入“可输入 100 字”，在工具栏中单击“右对齐”按钮，设置文字右对齐，设置 x 为 440，y 为 220，“宽度”为 74，“高度”为 16，在右侧“检视：矩形”区域设置名称为 word_tip，如图 10-84 所示。

（4）选择“多行文本框”元件，在右侧“属性”面板中双击“文本改变时”选项，弹出“用例编辑<文本改变时>”对话框，在左侧“添加动作”区域选择“设置变量值”选项，在右侧“配置动作”区域选中 OnLoadVariable 复选框，在“设置全局变量值为”区域设置“元件文字长度”为 content，如图 10-85 所示。单击“确定”按钮返回至编辑区中。

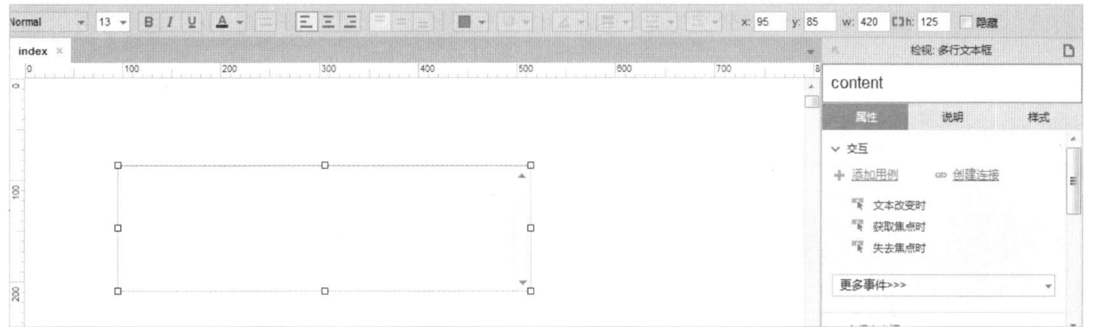

图 10-83　拖入“多行文本框”元件

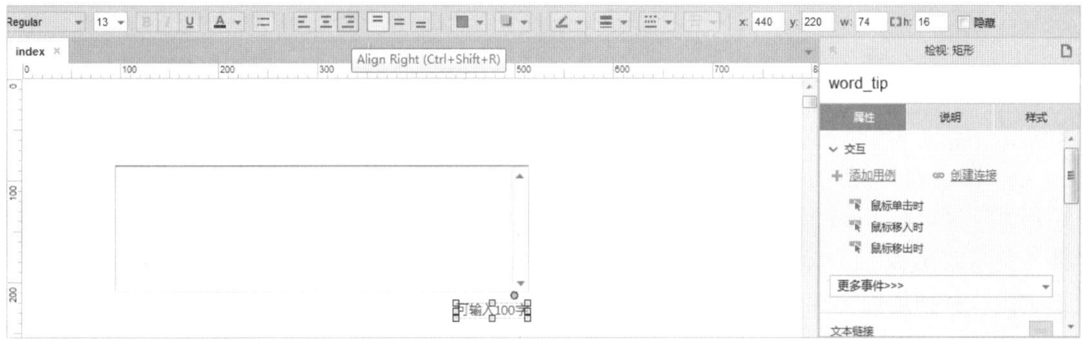

图 10-84　拖入“文本标签”元件

图 10-85　添加动作

（5）双击“文本改变时”选项添加用例 2，弹出“用例编辑<文本改变时>”对话框，单击“添加条件”按钮，弹出“条件设立”对话框，设置“元件文字长度”content>=0，单击“添加行”按钮➕，添加一行，设置“元件文字长度”content<100，如图 10-86 所示，单击“确定”

按钮返回至“用例编辑<文本改变时>”对话框。

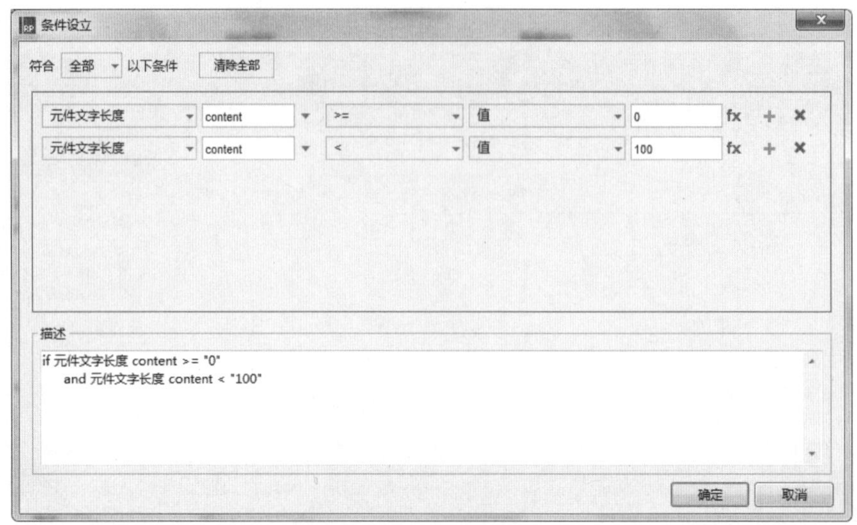

图 10-86　设立条件

（6）在左侧“添加动作”区域选择“设置文本”选项，在右侧“配置动作”区域选中“word_tip（矩形）”复选框，在“设置文本为”区域单击右侧的 fx 按钮，弹出“编辑文本”对话框，在“插入变量或函数”区域输入“可输入[[100-OnloadVariable]]个字”，如图 10-87 所示。单击两次“确定”按钮返回至编辑区中。

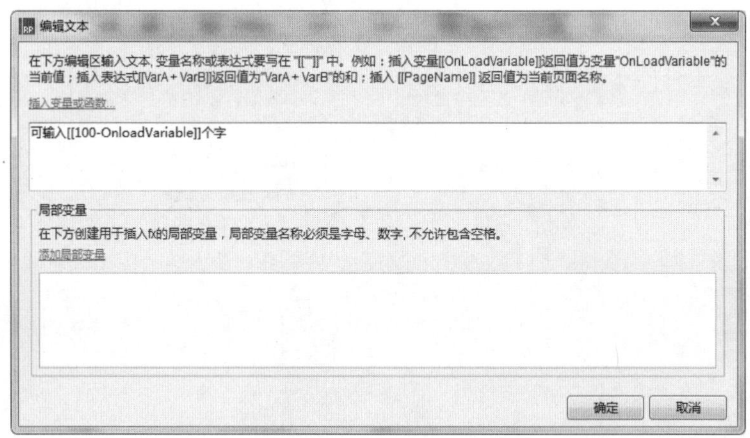

图 10-87　编辑文本

（7）双击“文本改变时”选项添加用例 3，弹出“用例编辑<文本改变时>”对话框，单击“添加条件”按钮，设置“元件文字长度”content 等于 100 时，如图 10-88 所示，单击“确定”按钮返回至“用例编辑<文本改变时>”对话框中。

（8）在左侧“添加动作”区域选择“设置文本”选项，在右侧“配置动作”区域选中“word_tip（矩形）”复选框，设置文本值为“可输入 0 个字”，如图 10-89 所示，单击“确定”按钮返回至编辑区中。

（9）双击“文本改变时”选项添加用例 4，弹出“用例编辑<文本改变时>”对话框，单击“添加条件”按钮，设置“元件文字长度”content 值大于 100，如图 10-90 所示，单击“确定”按钮返回至“用例编辑<文本改变时>”对话框。

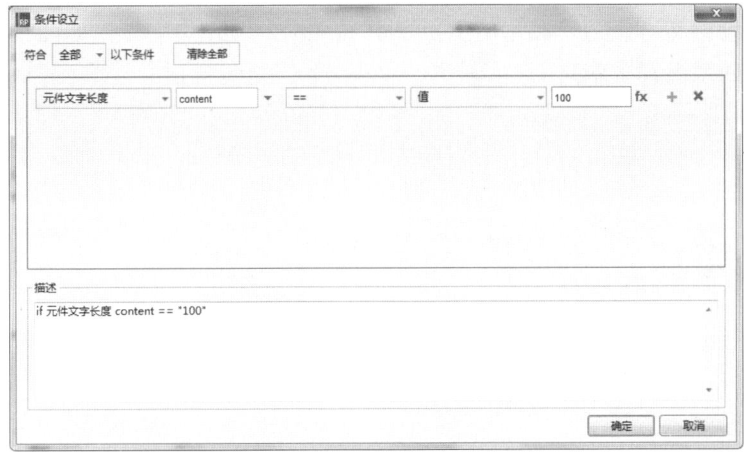

图 10-88 设立条件

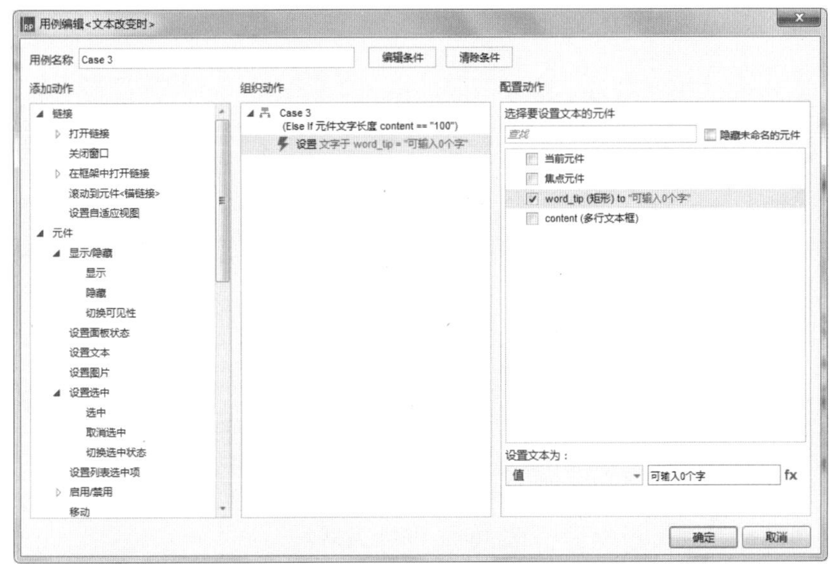

图 10-89 添加动作

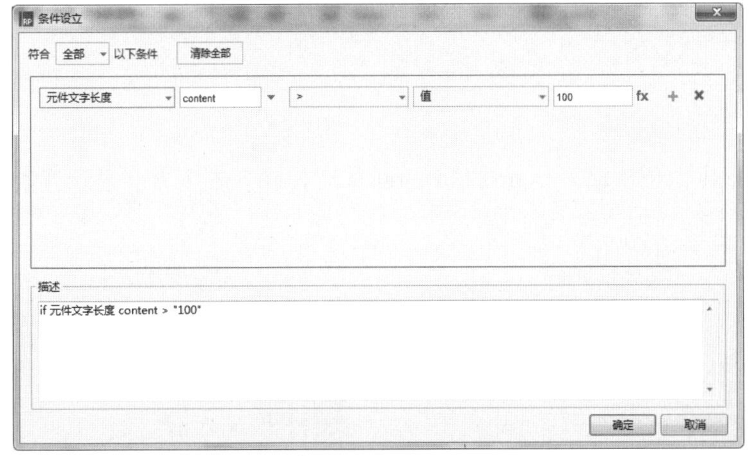

图 10-90 设立条件

（10）在左侧“添加动作”区域选择“设置文本”选项，在右侧选中“word_2（文本段落）”

复选框，在下方设置文本值为“已超出[[OnloadVariable2-100]]个字”，如图 10-91 所示。单击“确定”按钮返回至编辑区中。

图 10-91　添加动作

（11）按 Ctrl+S 快捷键，以“10.6”为名称保存该文件，然后按 F5 键预览效果，如图 10-92 所示。

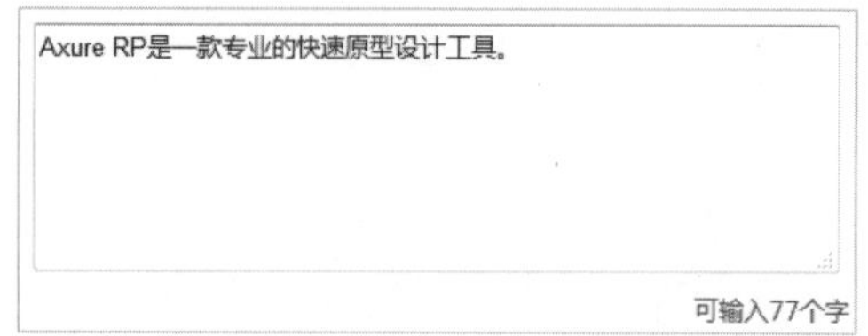

图 10-92　最终效果

10.7　搜狗搜索提示效果

案例描述

在搜狗输入框中，依次输入 Axure、Axure8.0 时，输入框下方会显示搜索到的提示信息，如图 10-93 所示。

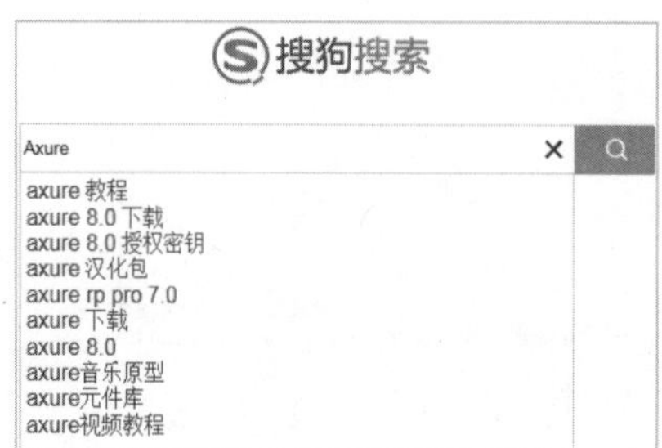

图 10-93　搜狗搜索提示效果

思路分析

- 针对输入框中输入不同的内容，下方显示不同的内容。
- 设置获取焦点和失去焦点时选择框的颜色变化。
- 当键盘上的按键松开时，为动态面板配置动作，根据输入值的不同将动态面板切换到不同的状态。

本案例的具体操作步骤请参见资源包。

10.8 拖动滑块改变透明度交互效果

案例描述

页面载入时，图片透明度为 0，当向右拖动滑块时，上方的图片逐渐清晰，滑块上的数值也随之变化，如图 10-94 所示。

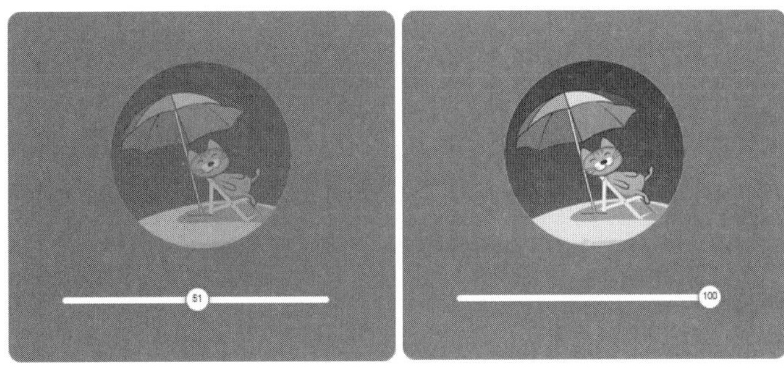

图 10-94 拖动滑块改变透明度交互效果

思路分析

- 为滑块添加“拖动时”事件，设置移动的方向为水平移动，为左侧和右侧设置边界，实现滑块在滑杆上拖动。
- 设置图片的透明度随滑块拖动而变化。

本案例的具体操作步骤请参见资源包。

10.9 豆瓣电影评分

案例描述

鼠标放在某颗星星上时，其对应的一个或一组星星高亮显示，鼠标离开后，高亮效果不会消失。单击“重评”文本，高亮效果消失，恢复为初始状态，如图 10-95 所示。

图 10-95 豆瓣电影平分

思路分析

- 添加“鼠标单击时”事件、“鼠标移入时”事件、“鼠标移出时”事件。
- 当鼠标移入时，如果变量值不等于 1，设置“宽”；当鼠标移出时，如果变量值不等于 1，“宽”保持默认。

本案例的具体操作步骤请参见资源包。

10.10 图 标 菜 单

案例描述

页面载入后单击 Windows 菜单图标，在右侧弹出其他的菜单图标；当拖动 Window 菜单图标，右侧的菜单图标跟随移动并形成运动轨迹；再次单击 Windows 菜单图标，则收起其他的图标菜单，如图 10-96 所示。

图 10-96　图标菜单

思路分析

- 将图标菜单元件转换为动态面板。
- 为主菜单添加“鼠标单击时”事件，设置移动距离、动画和时间。
- 为主菜单添加“拖动时”事件，依次为动态面板设置移动动作和等待时间。

本案例的具体操作步骤请参见资源包。

第 11 章

天 衣 无 缝

11.1　导航顶部吸附效果

案例描述

当浏览器窗口滚动条向下拉动或鼠标滚轮向下滚动时，一旦浏览器窗口顶部高度超过导航菜单的位置，导航菜单开始固定在浏览器顶部边缘的位置，不再随页面向上移动，如图 11-1 所示。

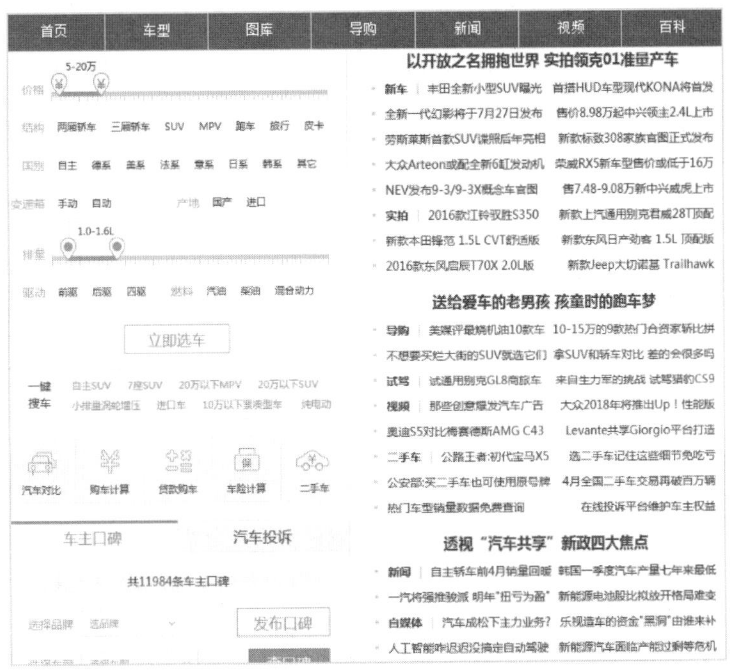

图 11-1　导航顶部吸附效果

思路分析

- ➢ 添加“窗口滚动时”事件。
- ➢ 判断浏览器窗口滚动的距离，分两种情况：一种是超过指定的距离；一种是未超过指定的距离。
- ➢ 浏览器窗口的滚动距离通过函数 Window.scrollY 获取。

操作步骤

（1）选择“文件”|“新建”命令，新建一个 Axure 的文档。

（2）在“元件库”面板中将“图片”元件拖入编辑区中，双击并导入相应的素材图片，在工具栏中设置 x 和 y 均为 0，“宽度”为 680，“高度”为 162，如图 11-2 所示。

图 11-2 导入图片

（3）在“元件库”面板中将“矩形 1”元件拖入编辑区中，双击并输入“首页”，在工具栏中设置 x 和 y 分别为 0、162，“宽度”为 98，“高度”为 35，在工具栏中设置“填充颜色”为红色（#E13335），“线段颜色”为灰色（#C9C9C9），如图 11-3 所示。

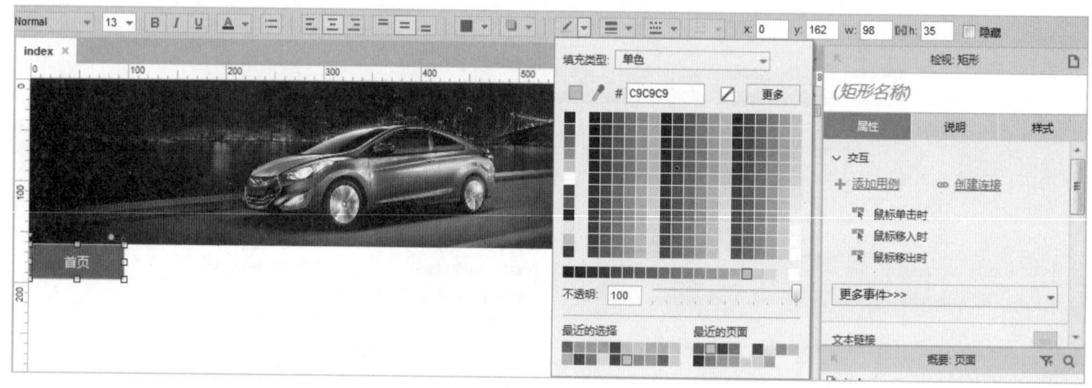

图 11-3 设置“矩形 1”元件

（4）选择“矩形 1”元件，按住 Shift+Ctrl 快捷键的同时向右拖动，复制 6 个矩形，重新输入相应的内容，如图 11-4 所示。

图 11-4 复制矩形

（5）在编辑区空白处按住鼠标左键拖动，全选“矩形”元件，按住 Ctrl+G 快捷键组合所有“矩形”元件，如图 11-5 所示。

（6）选择组合元件，单击鼠标右键，在弹出的快捷菜单中选择“转换为动态面板”命令，将其转换为动态面板，在右侧“检视：动态面板”区域设置名称为 menu，如图 11-6 所示。

（7）在“元件库”面板中将“图片”元件拖入编辑区中，双击并导入相应的素材图片，在工具栏中设置 x 和 y 分别为 0、197，“宽度”为 680，“高度”为 913，如图 11-7 所示。

图 11-5　组合“矩形”元件

图 11-6　转换为动态面板

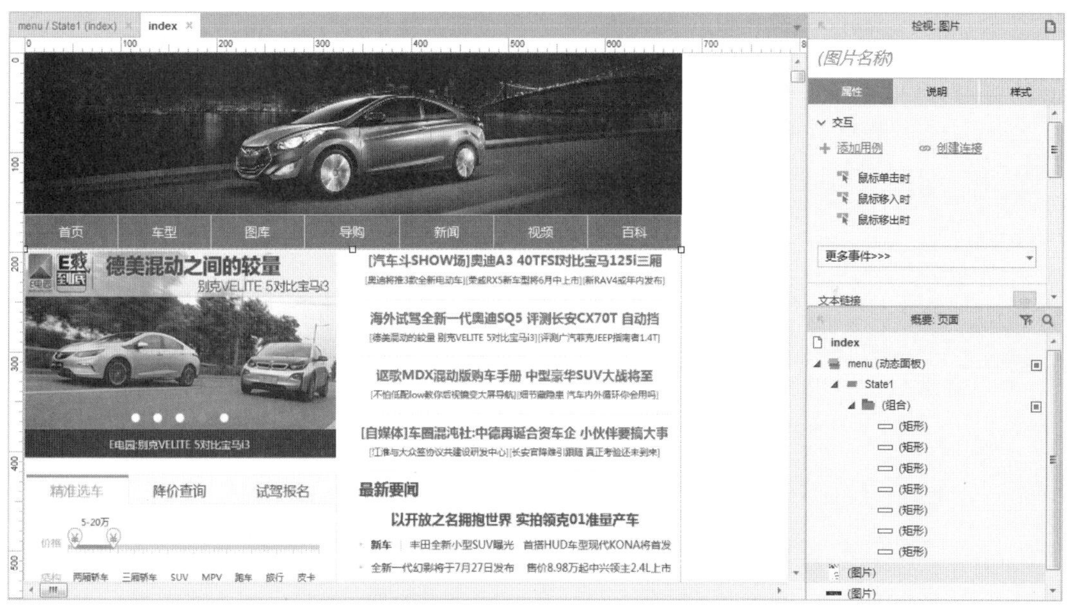

图 11-7　导入图片

（8）单击编辑区中的空白处，在右侧“属性”面板中双击“窗口滚动时”选项，弹出“用例编辑<窗口滚动时>”对话框，单击“添加条件”按钮，弹出“条件设立”对话框，设置浏览器窗口滚动的垂直距离大于 162，如图 11-8 所示。单击“确定”按钮返回至“用例编辑<窗口滚动时>”对话框。

（9）在左侧“添加动作”区域选择“移动”选项，在右侧“配置动作”区域选中“menu（动态面板）”复选框，设置“移动”为“绝对位置”，x 为 0，y 为[[Window.scrollY]]，如图 11-9 所示，单击“确定”按钮返回至编辑区中。

（10）在右侧“属性”面板中双击“窗口滚动时”选项，添加用例 2，在弹出的“用例编辑<窗口滚动时>”对话框中，选中“menu（动态面板）”复选框，设置“移动”为“绝对位置”，x 为 0，y 为 162，如图 11-10 所示。单击“确定”按钮返回至编辑区中。

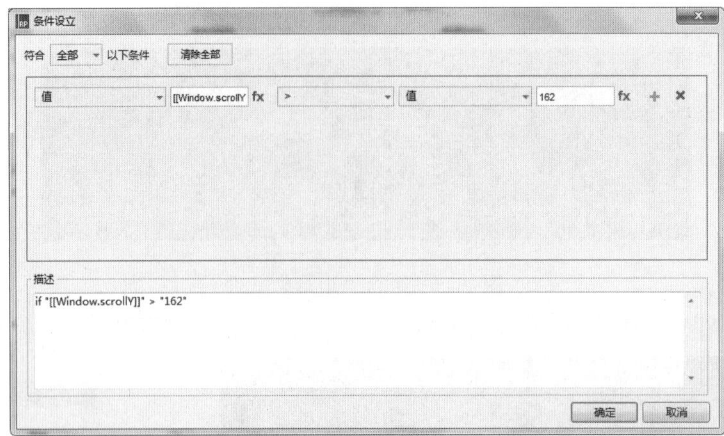

图 11-8　设立条件

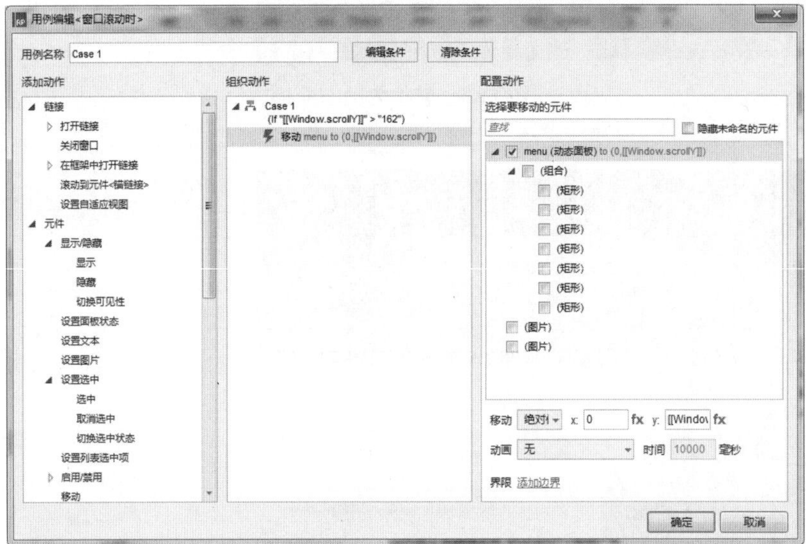

图 11-9　添加动作

图 11-10　添加动作

（11）选择“menu（动态面板）”元件，单击鼠标右键，在弹出的快捷菜单中选择“顺序”|“置于顶层”命令，如图 11-11 所示，将导航置于顶层位置。

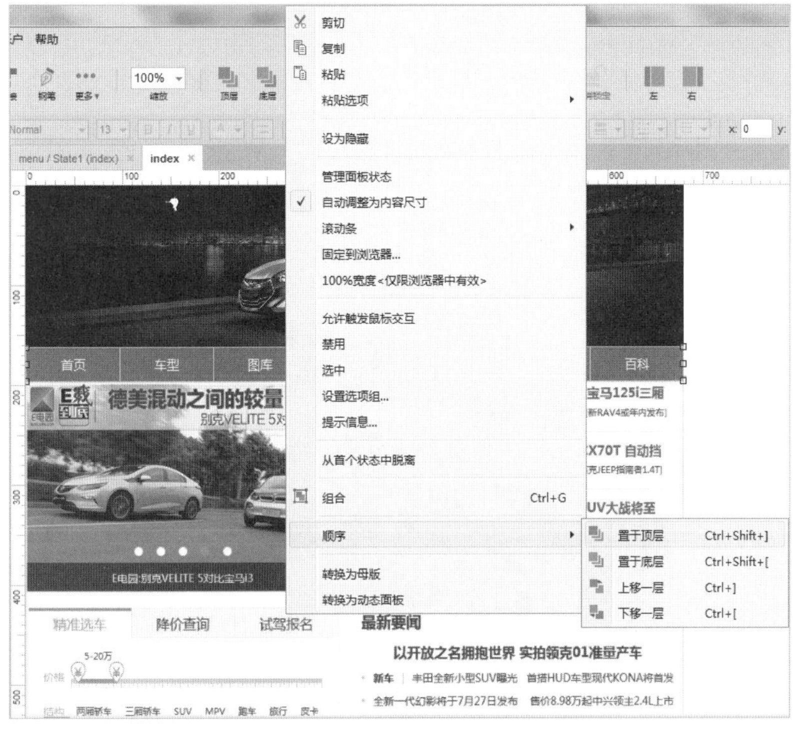

图 11-11　设置置于顶层

（12）按 Ctrl+S 快捷键，以“11.1”为名称保存该文件，然后按 F5 键预览效果，如图 11-12 所示。

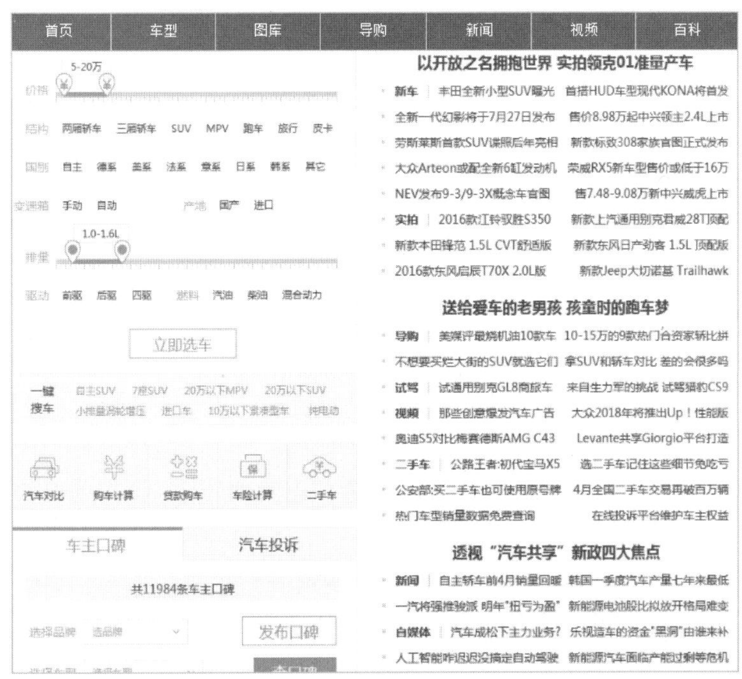

图 11-12　最终效果

11.2　产品详情效果展示

案例描述

当鼠标移入下方图片列表上时，在上方展示大图，且下方的图片边框呈高亮显示，如图 11-13 所示。

图 11-13　产品详情效果展示

思路分析

➢ 使用“动态面板”元件来实现状态的切换。
➢ 为“热点”元件添加“鼠标移入时”事件，为红色外边框添加移动动作。

操作步骤

（1）选择“文件”|“新建”命令，新建一个 Axure 的文档。

（2）在“元件库”面板中将“动态面板”元件拖入编辑区中，在工具栏中设置 x 和 y 分别为 90、15，“宽度”和“高度”均为 428，在右侧“检视：动态面板”区域设置名称为 picture，如图 11-14 所示。

（3）双击“动态面板”元件，在弹出的“面板状态管理”对话框中单击 4 次“添加”按钮，添加 4 个面板状态，如图 11-15 所示。

（4）双击 State1 选项，进入 picture/State1（index）编辑区中，从“元件库”面板中拖入“图片”元件，双击并导入相应的素材图片，在工具栏中设置 x 和 y 均为 0，“宽度”和“高度”均为 428，如图 11-16 所示。

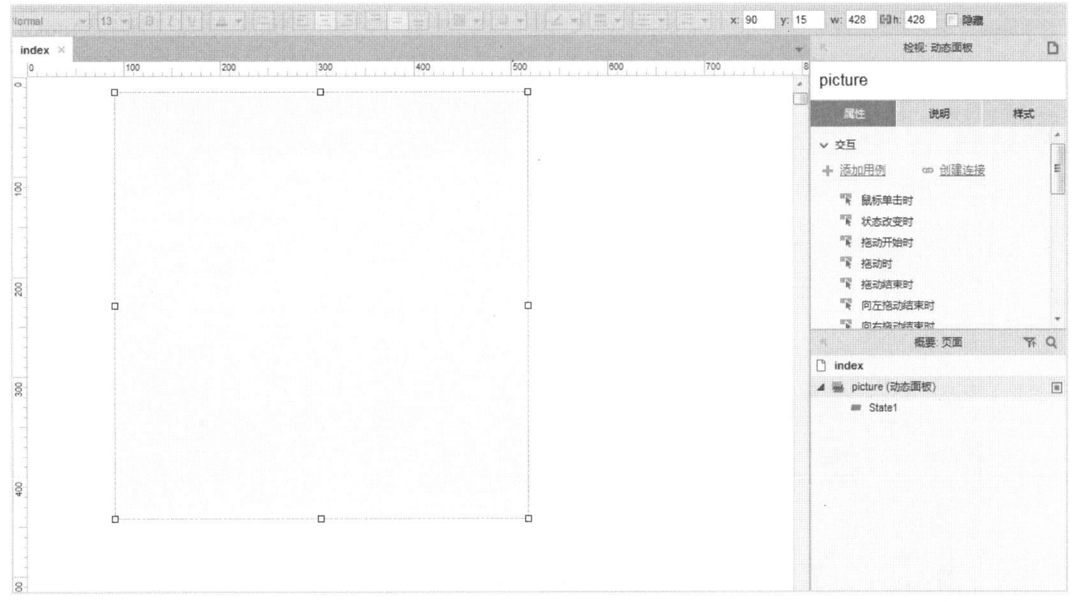

图 11-14　设置动态面板

图 11-15　添加面板状态

图 11-16　设置图片

（5）用同样的方法为其他 4 个面板导入相应的素材图片，单击 index 标签切换至 index 编辑区，从“元件库”面板中拖入“动态面板”元件至编辑区中，调整大小和位置，在右侧“检视：动态面板”区域设置名称为 pic_panel，如图 11-17 所示。

图 11-17　导入图片

（6）双击“pic_panel 动态面板”元件，在弹出的“面板状态管理”对话框中双击 State1 选项，进入 pic_panel/State1（index）编辑区中，从“元件库”面板中拖入“图片”元件，双击并导入相应的素材图片，调整大小和位置，在右侧“检视：图片”区域设置名称为 img01，如图 11-18 所示。

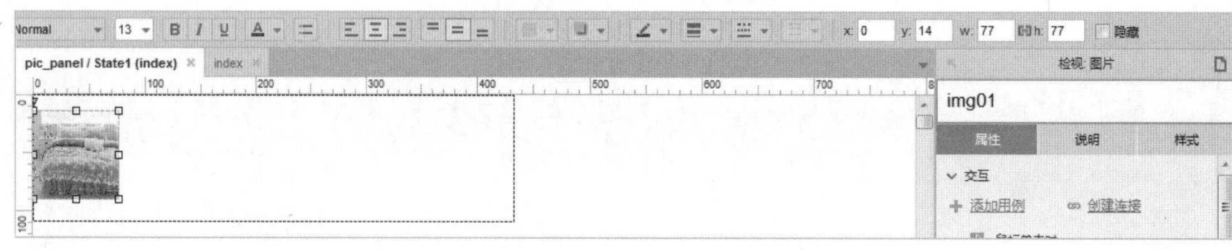

图 11-18　导入图片

（7）按住 Shift+Ctrl 快捷键的同时按住鼠标左键向右拖动，复制 4 个“图片”元件，设置名称分别为 img02、img03、img04、img05，修改其导入的图片并调整其间距，如图 11-19 所示。

（8）在“元件库”面板中将“矩形 1”元件拖入编辑区中，在工具栏中设置 x 和 y 分别为 0、14，“宽度”和“高度”均为 770，“线段颜色”为红色，在右侧“检视：动态面板”区域设置名称为 border，单击“属性”标签切换至“属性”面板，设置“填充颜色”的不透明为 0，如图 11-20 所示。

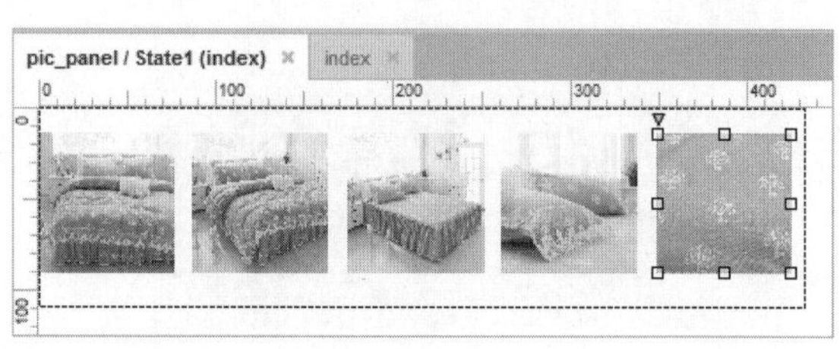

图 11-19　复制“图片”元件

（9）从“元件库”面板中拖入 5 个“热区”元件至编辑区中，位置和大小与每一个图片重合，如图 11-21 所示。

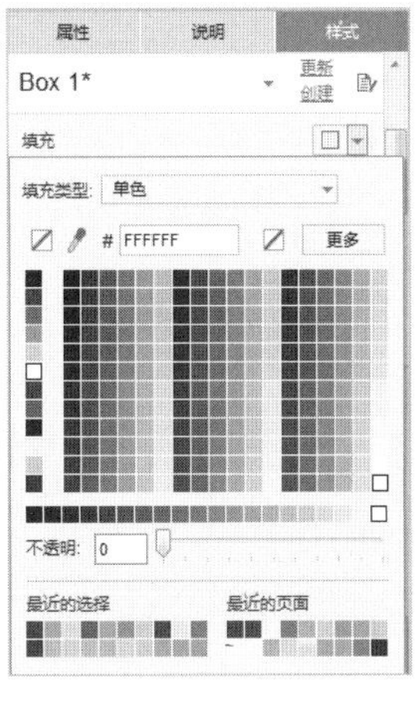

图 11-20 设置不透明度

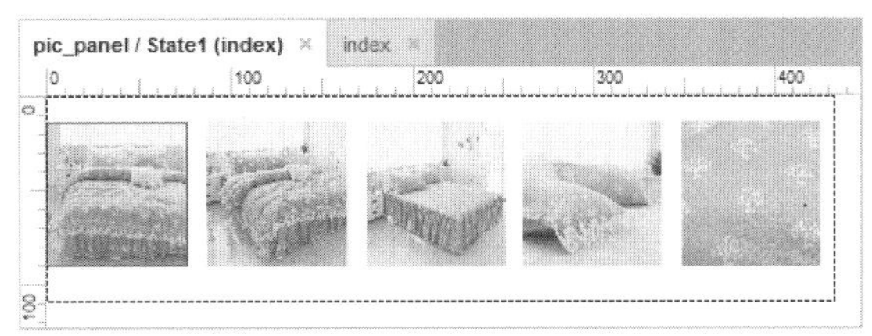

图 11-21 拖入“热区”元件

（10）在编辑区中选择第一个“热区”元件，单击“属性”标签切换至“属性”面板，双击“鼠标移入时”选项，弹出“用例编辑<鼠标移入时>”对话框，在左侧“添加动作”区域选择“移动”选项，在右侧“配置动作”区域选中“border（矩形）”复选框，设置“移动”为“绝对位置”，如图 11-22 所示。

图 11-22 添加动作

（11）单击 x 右侧的 fx 按钮，弹出“编辑值”对话框，在“局部变量”选项组中单击“添加局部变量”超链接，设置 LVAR1 等于“元件”img01，在上方插入函数[[LVAR1.x]]，如图 11-23 所示。单击“确定”按钮返回至“用例编辑<鼠标移入时>”对话框。

（12）单击 y 右侧的 fx 按钮，弹出“编辑值”对话框，在“局部变量”选项组中单击“添加局部变量”超链接，设置 LVAR1 等于“元件”img01，在上方插入函数[[LVAR1.y]]，如图 11-24 所示。单击“确定”按钮返回至“用例编辑<鼠标移入时>”对话框。

图 11-23　添加变量

图 11-24　添加变量

（13）在左侧选择“设置面板状态”选项，在右侧选中“picture（动态面板）”复选框，设置“选择状态”为 State1，如图 11-25 所示。

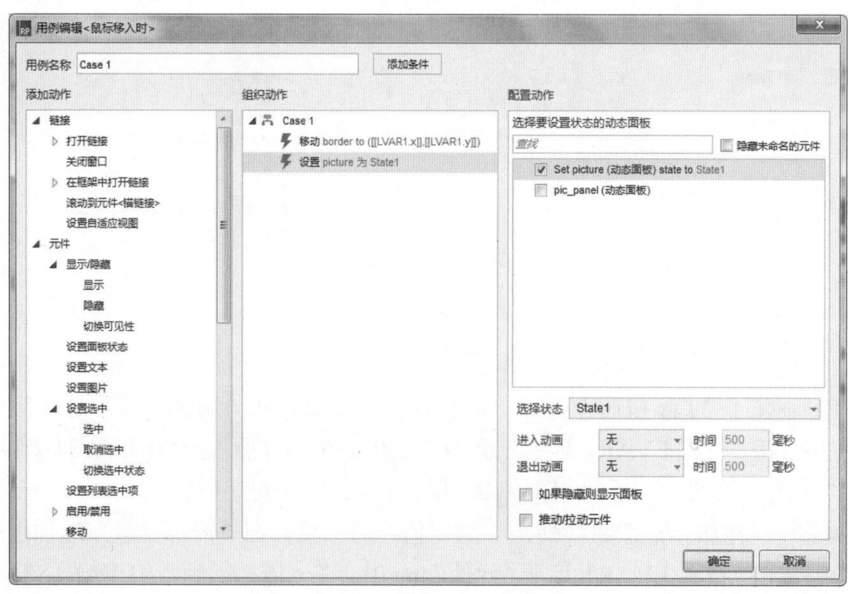

图 11-25　设置动态面板状态

（14）用同样的方法为其他“热区”元件添加“鼠标移入时”事件，单击 index 标签切换至 index 编辑区，按 Ctrl+S 快捷键，以“11.2”为名称保存该文件，然后按 F5 键预览效果，如图 11-26 所示。

图 11-26　最终效果

11.3　选中复选框时文字添加到文本框

案例描述

有多种水果的复选框，当选中其中任意一个复选框或者多个复选框时，在下方文本框中显示所选水果的名称，并以逗号隔开；当取消选中一个或多个复选框时，下方文本框中的水果名称就会消失；当在文本框中删除水果名称时，复选框会同步取消选中；当没有选中任何复选框时，文本框区域显示“未选择水果”的提示，如图 11-27 所示。

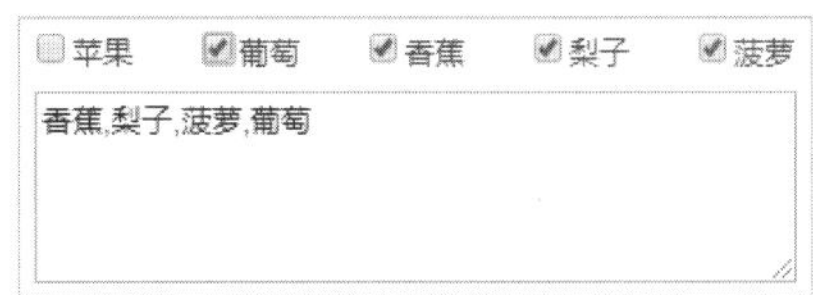

图 11-27　选中复选框时文字添加到文本框

思路分析

- 在“属性”面板中为“多行文本框”元件添加提示文字。
- 依次为每个复选框添加“选中时”“取消选中时”“载入时”事件。
- 为“多行文本框”元件设置“文本改变时”事件。

操作步骤

（1）选择“文件”|“新建”命令，新建一个 Axure 的文档。

（2）在“元件库”面板中将“复选框”元件拖入编辑区中，在工具栏中设置 x 和 y 均为 130，“宽度”为 60，如图 11-28 所示。

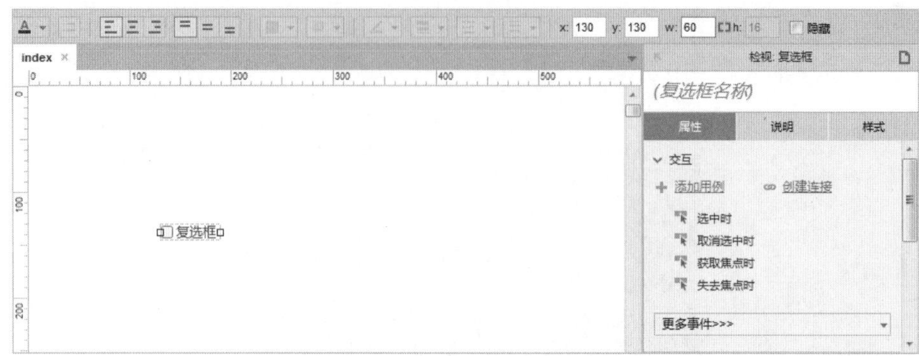

图 11-28 设置“复选框”元件

（3）在编辑区中双击“复选框”元件，输入“苹果”，在右侧“检视：复选框”区域设置名称为 apple，如图 11-29 所示。

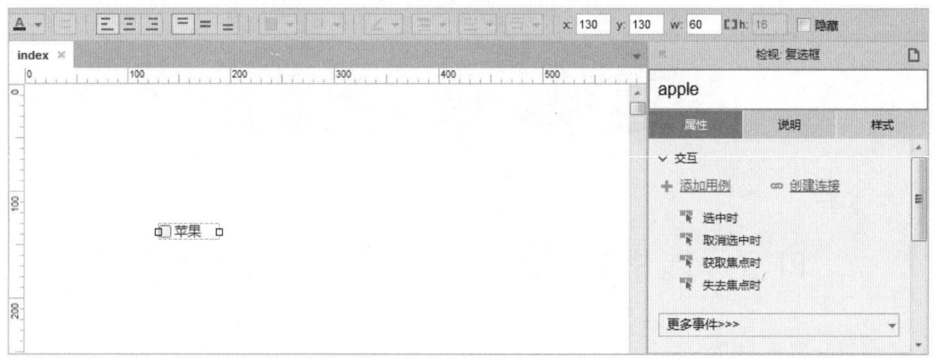

图 11-29 设置名称

（4）按住 Ctrl 键的同时在编辑区中选择“复选框”元件，向右拖动 4 次复制元件，全选编辑区中的“复选框”元件，并单击工具栏中的“分布”按钮，在弹出的下拉菜单中分别选择“水平分布”和“垂直分布”选项，将“复选框”水平且垂直排列，如图 11-30 所示。

图 11-30 复制“复选框”元件

（5）分别修改输入内容为葡萄、香蕉、梨子、菠萝，在右侧“检视：复选框”区域依次修改名称为 grape、banana、pear、pineapple，如图 11-31 所示。

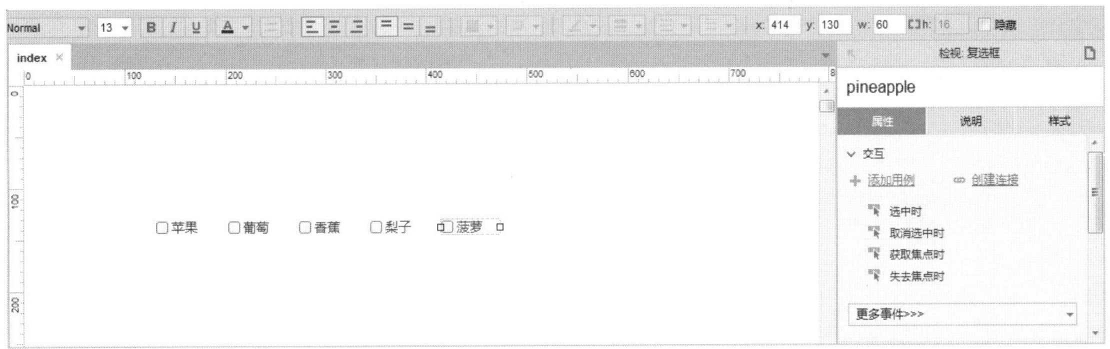

图 11-31　修改输入内容和名称

（6）在左侧“元件库”面板中将“多行文本框”元件拖入编辑区中，在工具栏中设置 x 为 130，y 为 155，“宽度”为 327，“高度”为 80，如图 11-32 所示。

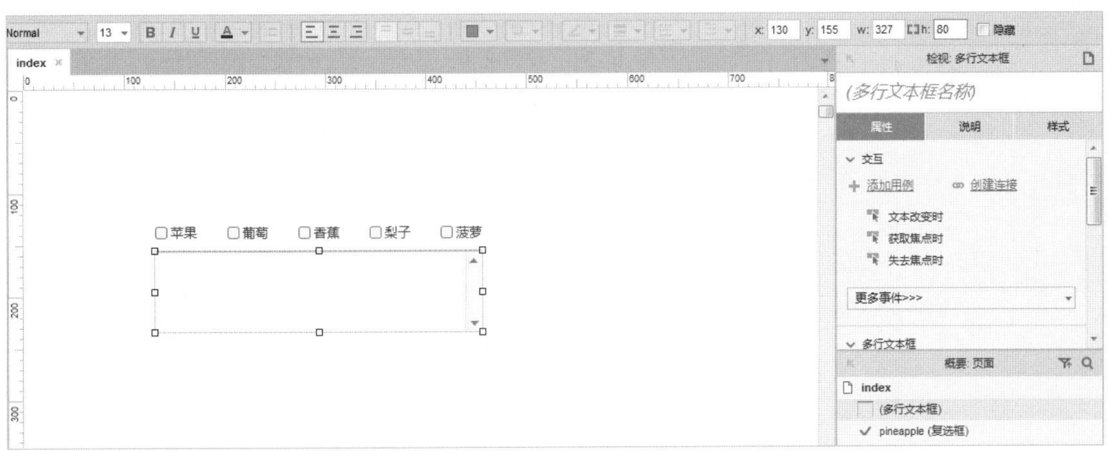

图 11-32　拖入“多行文本框”元件

（7）在右侧“检视：多行文本框”区域设置名称为 fruitName，在“属性”面板的“多行文本框”区域设置“提示文字”为“未选择水果”，如图 11-33 所示。

图 11-33　设置提示文字

（8）在编辑区中选择“苹果 复选框”元件，在右侧“属性”面板中双击“选中时”选项，弹出“用例编辑<选中时>”对话框，在左侧选择“设置文本”选项，在右侧“配置动作”区域选中“fruitName（多行文本框）”复选框，如图 11-34 所示。

（9）在下方“设置文本为”区域单击 fx 按钮，弹出“编辑文本”对话框，在上方插入变量“[[Target.text]],[[This.text]]”，如图 11-35 所示。单击两次“确定”按钮返回至编辑区中。

（10）双击“取消选中时”选项，弹出“用例编辑<取消选中时>”对话框，在左侧选择“设置文本”选项，在右侧选中“fruitName（多行文本框）”复选框，设置文本值为[[Target.text.replace(This.text,'')]]，如图 11-36 所示。单击“确定”按钮返回至编辑区中。

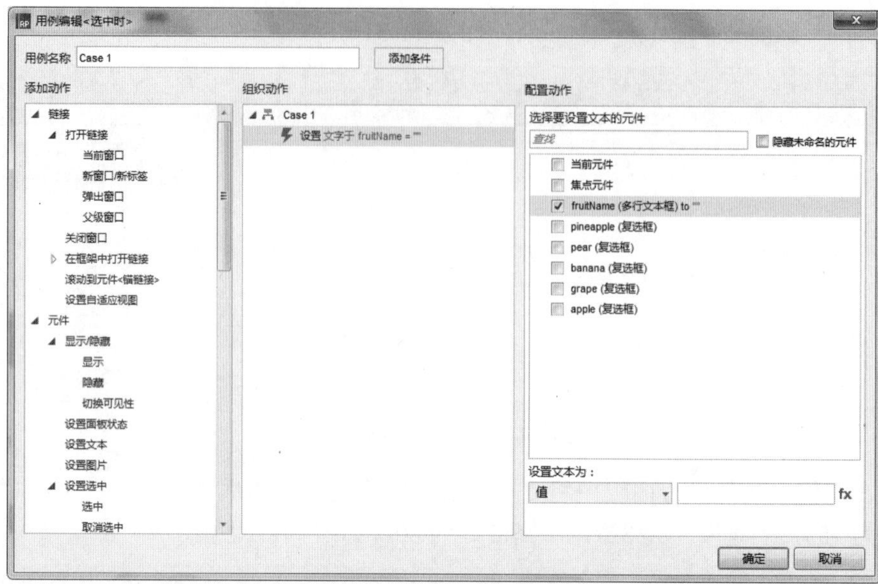

图 11-34　设置文本

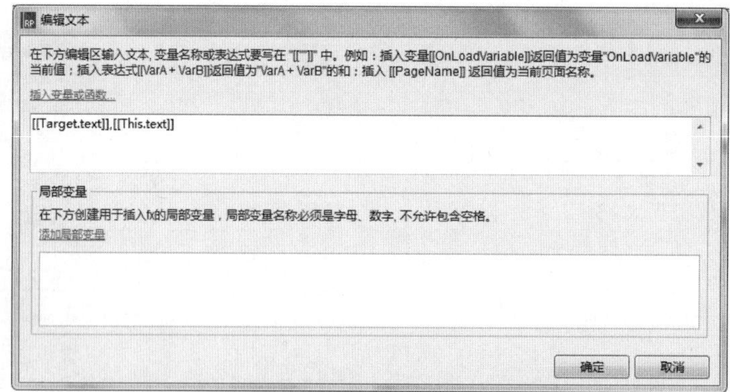

图 11-35　插入变量

图 11-36　设置文本值

（11）在“属性”面板中单击“更多事件>>>”右侧的下三角按钮，在弹出的下拉菜单中选择“载入时”选项，如图 11-37 所示。

（12）弹出“用例编辑<载入时>”对话框，单击“添加条件”按钮，弹出“条件设立”对话框，设置“元件文字”fruitName 不包含“元件文字”This，如图 11-38 所示。单击“确定”按钮返回至“用例编辑<载入时>”对话框。

图 11-37　选择“载入时”选项

图 11-38　设立条件

（13）在左侧“添加动作”区域选择“选中”选项，在右侧“配置动作”区域选中“当前元件”复选框，设置选中状态值为 false，如图 11-39 所示。单击“确定”按钮返回至编辑区中。

图 11-39　设置选中状态

（14）根据步骤（8）～步骤（13）同样的方法依次为其他复选框添加“选中时”事件、“取消选中时”事件和“载入时”事件，并设置相应的动作。

（15）在编辑区中选择“多行文本框”元件，在右侧“属性”面板中双击“文本改变时”

选项，弹出“用例编辑<文本改变时>”对话框，在左侧“添加动作”区域选择“设置文本”选项，在右侧“配置动作”区域选中“当前元件”复选框，设置文本值为[[This.text.replace('未选择地区','')]]，如图 11-40 所示。

图 11-40　设置文本

（16）在左侧选择“触发事件”选项，在右侧选中“pineapple（复选框）”复选框，在下方选中“载入时”复选框，并用同样的方法设置其他复选框“载入时”触发，如图 11-41 所示。单击“确定”按钮返回至编辑区中。

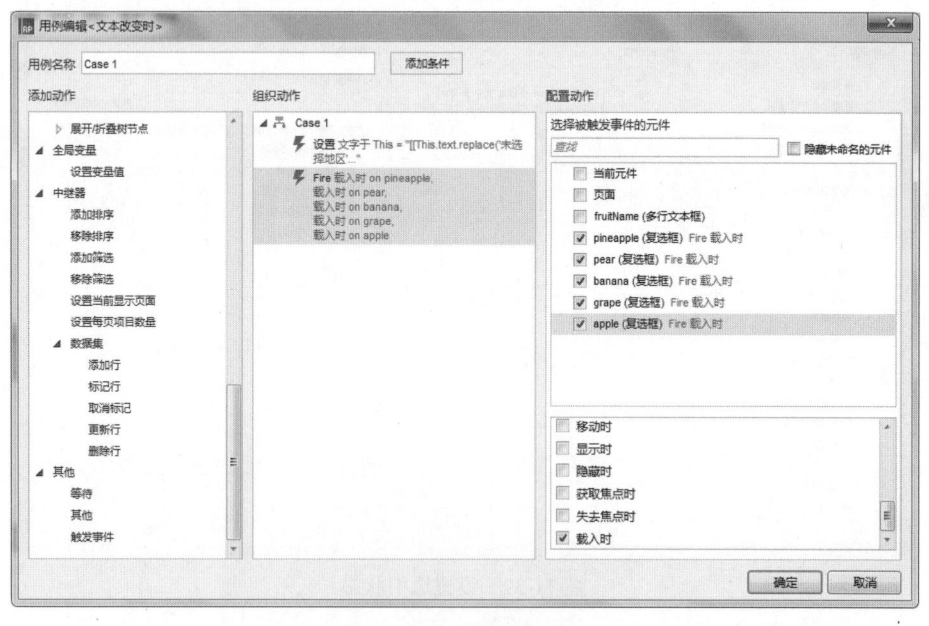

图 11-41　设置触发条件

（17）双击“文本改变时”事件，添加用例 2，弹出“用例编辑<文本改变时>”对话框，单击“添加条件”按钮，弹出“条件设立”对话框，设置“元件文字”This 包含“值”,,，如

图 11-42 所示。单击“确定”按钮，返回至“用例编辑<文本改变时>”对话框。

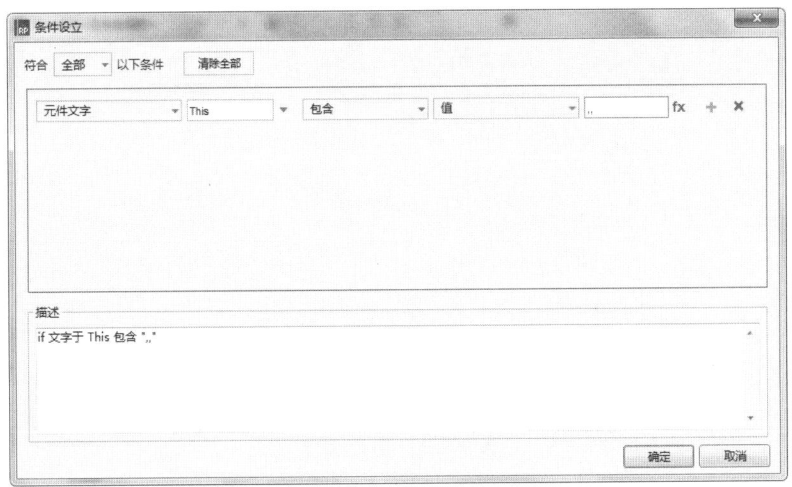

图 11-42 设置条件

（18）在左侧选择“设置文本”选项，在右侧选中“当前元件”复选框，设置文本为[[This.text.replace(',,',',')]]，如图 11-43 所示。单击“确定”按钮返回至编辑区中。

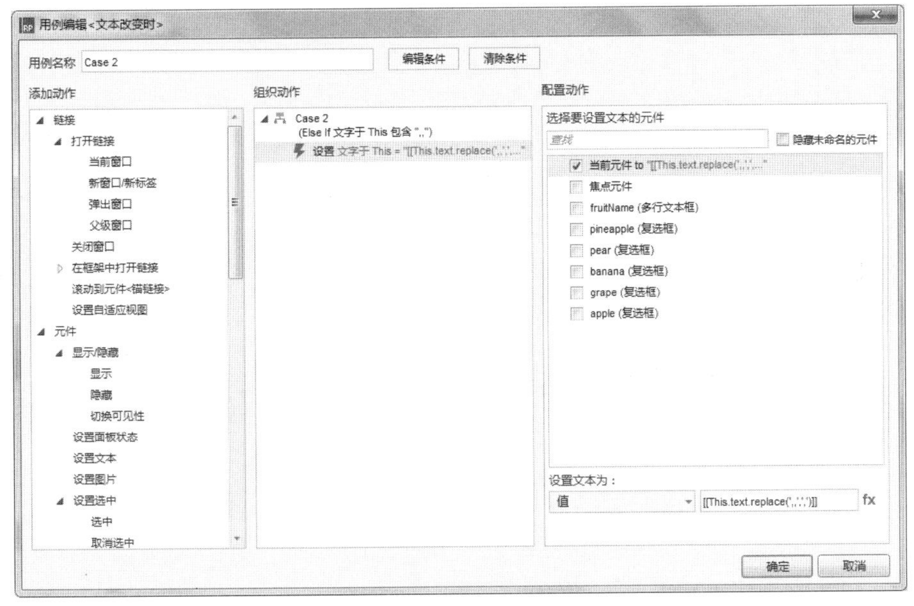

图 11-43 设置文本值

（19）双击“文本改变时”事件，添加用例 3，弹出“用例编辑<文本改变时>”对话框，单击“添加条件”按钮，弹出“条件设立”对话框，设置“值”[[This.text.charAt(0)]]等于“值”,，如图 11-44 所示。单击“确定”按钮，返回至“用例编辑<文本改变时>”对话框。

（20）在左侧选择“设置文本”选项，在右侧选中“当前元件”复选框，在下方设置文本值为[[This.text.substr(1)]]，如图 11-45 所示。单击“确定”按钮返回至编辑区中。

（21）双击“文本改变时”事件，添加用例 4，弹出“用例编辑<文本改变时>”对话框，单击“添加条件”按钮，弹出“条件设立”对话框，设置“值”[[This.text.slice(-1)]]等于“值”,，如图 11-46 所示。

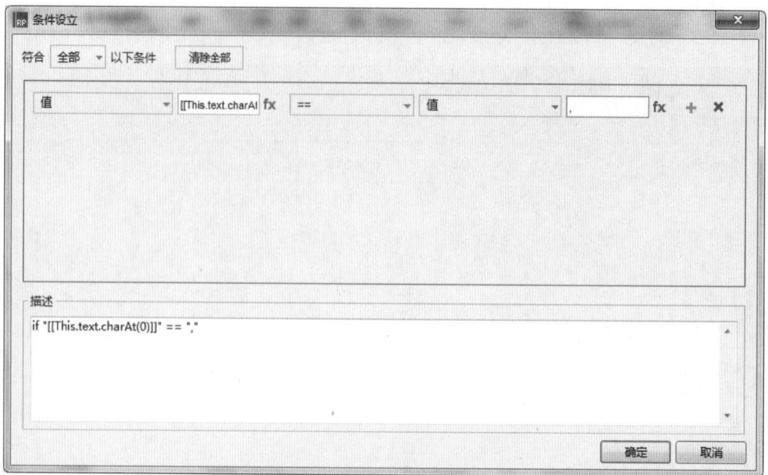

图 11-44　设立条件

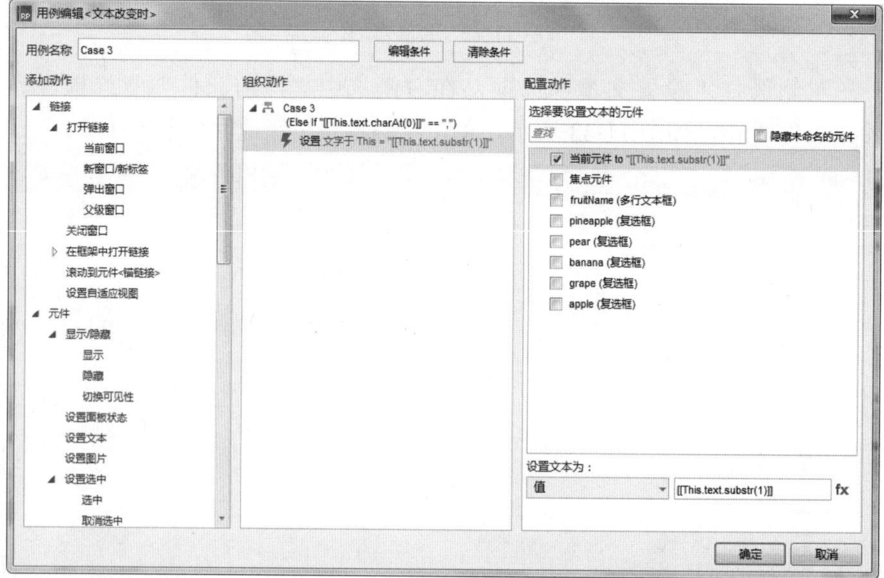

图 11-45　设置文本值

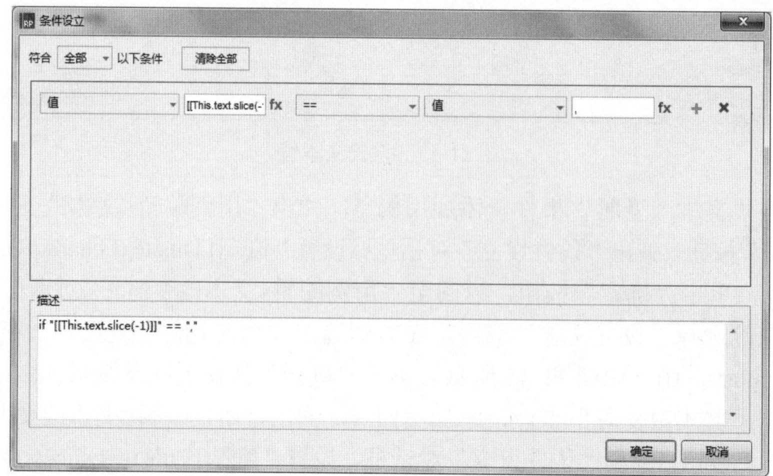

图 11-46　条件设立

（22）单击“添加行”按钮，添加一行，设置“焦点元件文字”不等于“元件文字”This，如图 11-47 所示。单击“确定”按钮返回至“用例编辑<文本改变时>”对话框。

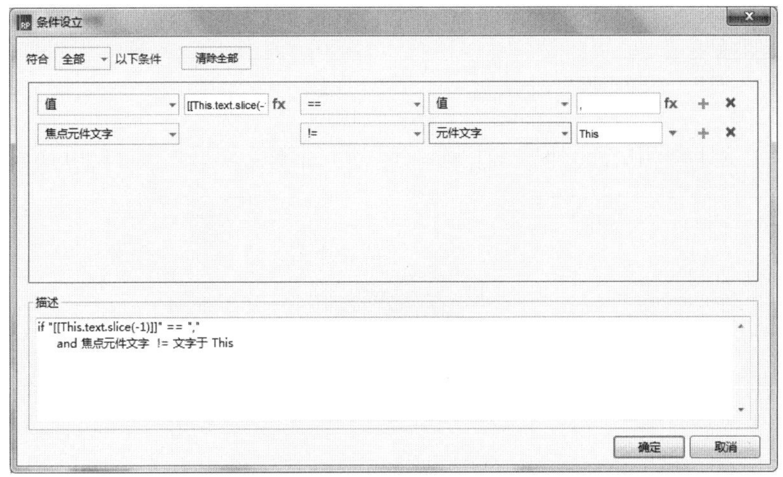

图 11-47　设立条件

（23）在左侧“添加动作”区域选择“设置文本”选项，在右侧“配置动作”区域选中“当前元件”复选框，在下方设置文本值为[[This.text.substr(0,This.text.length-1)]]，如图 11-48 所示。单击“确定”按钮返回至编辑区中。

图 11-48　设置文本值

（24）按 Ctrl+S 快捷键，以“11.3”为名称保存该文件，然后按 F5 键预览效果，如图 11-49 所示。

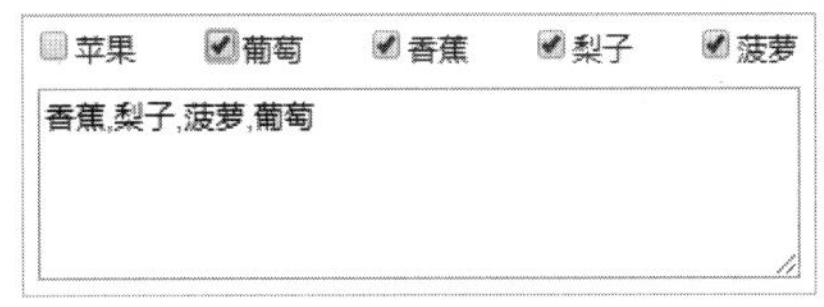

图 11-49　最终效果

11.4 跳动的心

案例描述

载入页面后，心形由中心向外扩大并逐渐变淡，循环反复，如图 11-50 所示。

图 11-50 跳动的心

思路分析

- 设置“载入时”“显示时””“隐藏时”交互事件。
- 设置 3 个“心形图形”元件的开始时间、循环时间间隔，并设置尺寸之间的关系。

操作步骤

（1）选择“文件”|“新建”命令，新建一个 Axure 的文档。

（2）在“元件库”面板中将“矩形 2”元件拖入编辑区中，在工具栏中设置“填充颜色”为“红色（FF0000）”，设置 x 为 215，y 为 160，“宽度”为 100，“高度”为 100，在右侧“检视：矩形”区域设置名称为 heart01，如图 11-51 所示。

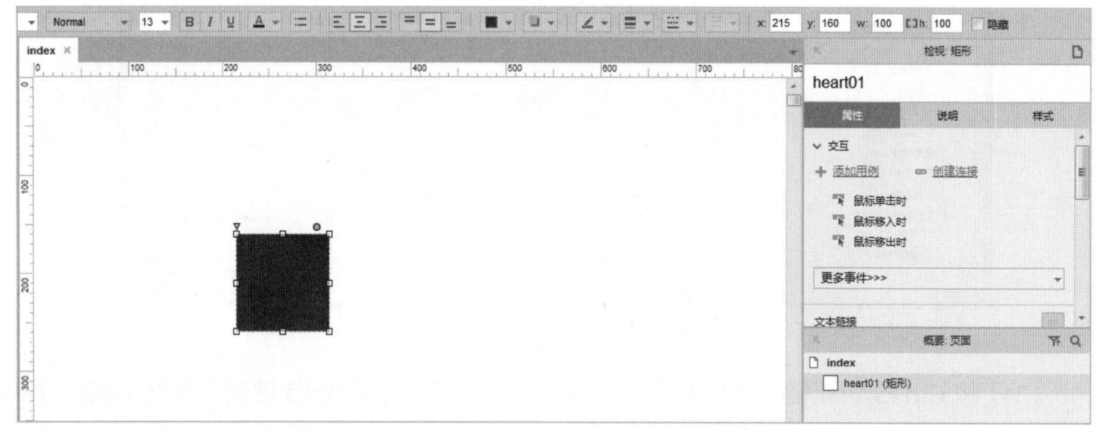

图 11-51 拖入并设置“矩形”元件

（3）在“矩形 2”元件右上角的圆点上单击左键，在弹出的图形面板中选择心形元件，如图 11-52 所示。

（4）选择心形元件的同时按住 Ctrl 键并拖动，复制出 3 个心形元件，分别修改其名称为 heart 02、heart 03 和 heart 04。然后在工具栏上依次将复制的 3 个心形元件设置为“隐藏”，并设置 x 为 215，y 为 160，将心形图形元件重叠，如图 11-53 所示。

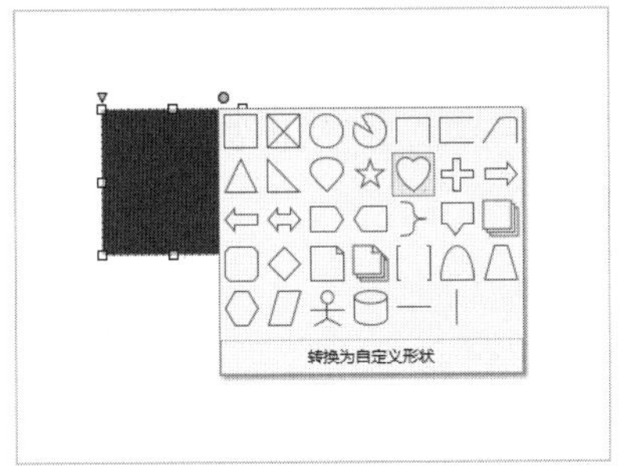

图 11-52　选择“心形图形”元件

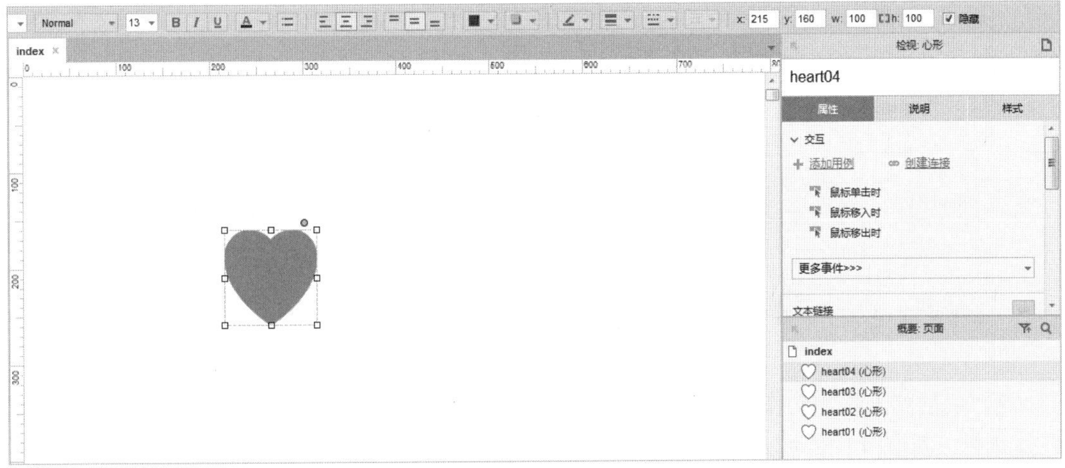

图 11-53　复制并设置“心形图形”元件

（5）在右侧“概要：页面”区域选择“heart02（心形）”选项，在“属性”面板中单击“更多事件>>>”下三角按钮，在弹出的下拉菜单中选择“载入时”选项，如图 11-54 所示。

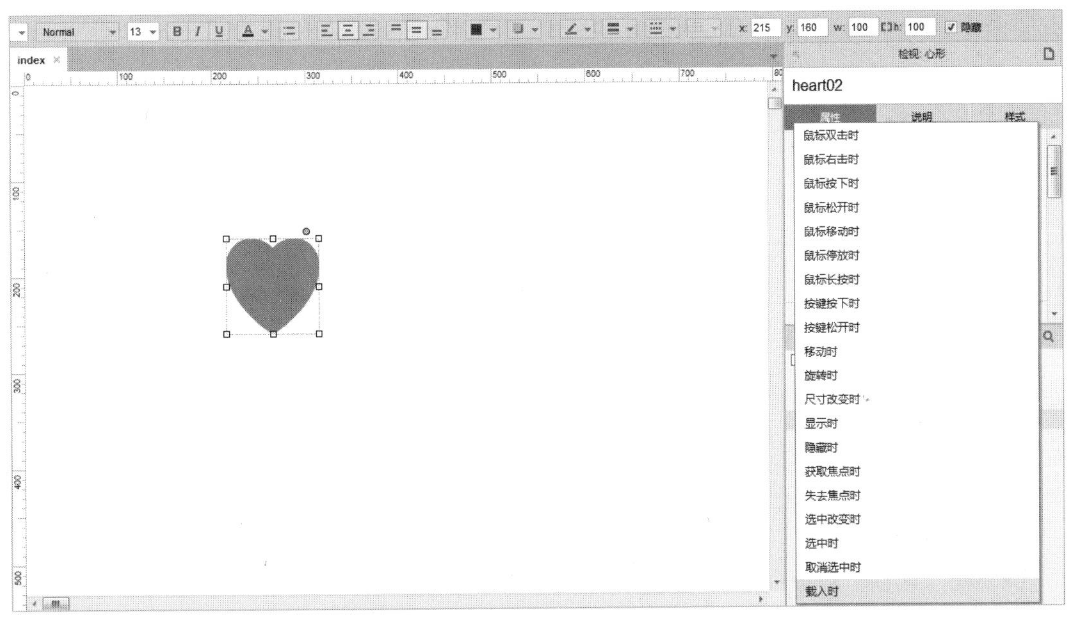

图 11-54　选择“载入时”事件

（6）弹出“用例编辑<载入时>”对话框，在左侧的“添加动作”区域选择“等待”选项，在右侧的“配置动作”区域设置“等待时间”为 500 毫秒，如图 11-55 所示。

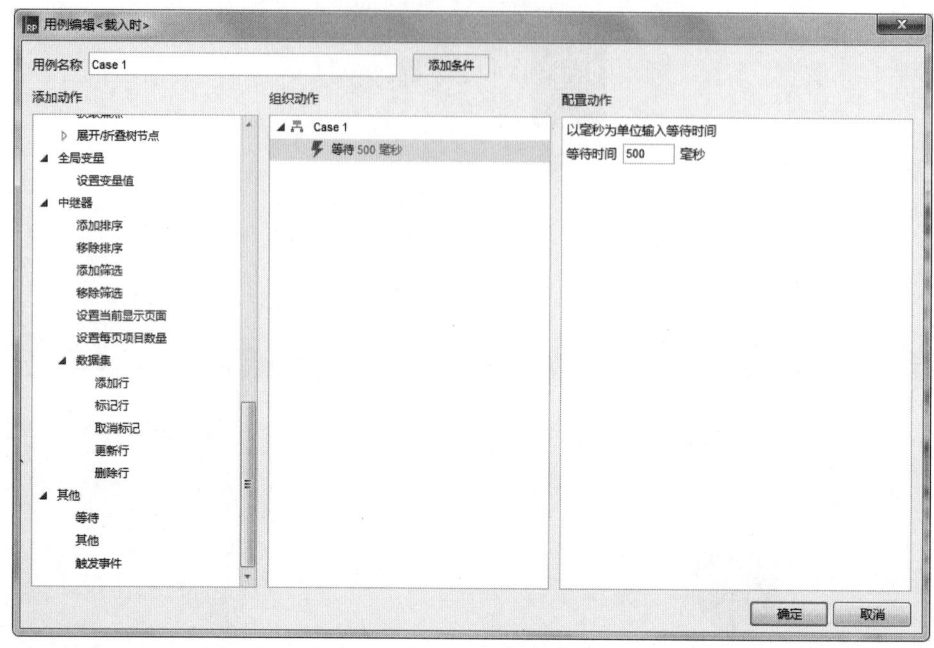

图 11-55　设置等待时间

（7）在左侧“添加动作”区域选择“显示”选项，在右侧“配置动作”区域选中“当前元件”复选框，如图 11-56 所示，单击“确定”按钮，返回至编辑区。

图 11-56　设置显示当前元件

（8）在“属性”面板中单击“更多事件>>>”下三角按钮，在弹出的下拉菜单中选择“显示时”选项，如图 11-57 所示。

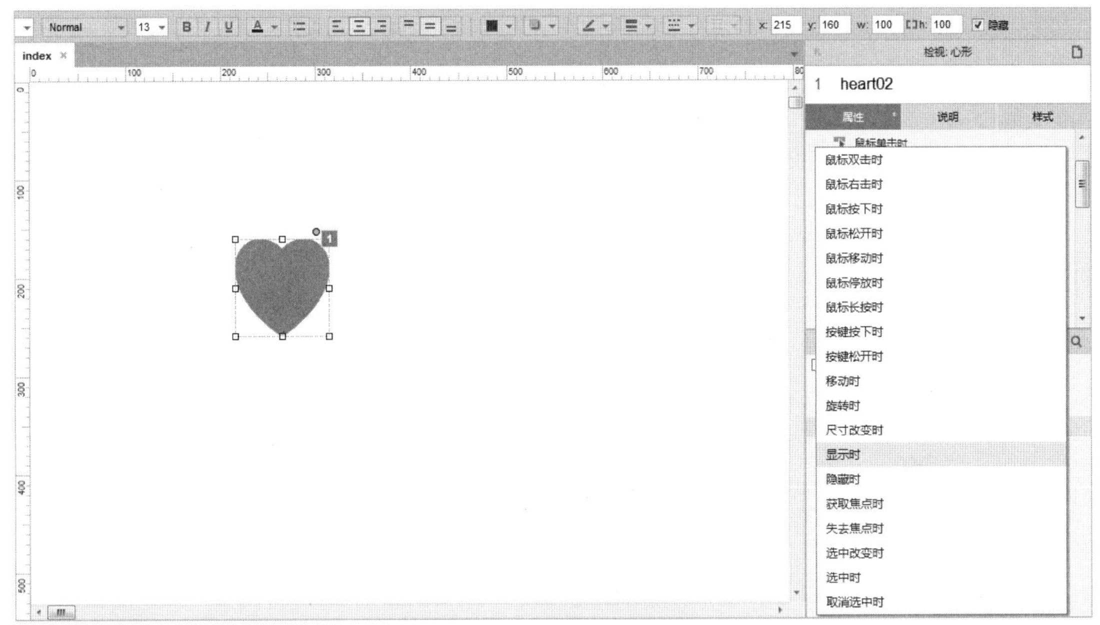

图 11-57　设置显示当前元件

（9）弹出“用例编辑<显示时>”对话框，在左侧“添加动作”区域选择“设置尺寸”选项，在右侧“配置动作”区域选中“当前元件”复选框，设置“宽”和“高”均为 300，“锚点”为“中心”，“动画”为“线性”，“时间”为 4500 毫秒，如图 11-58 所示。

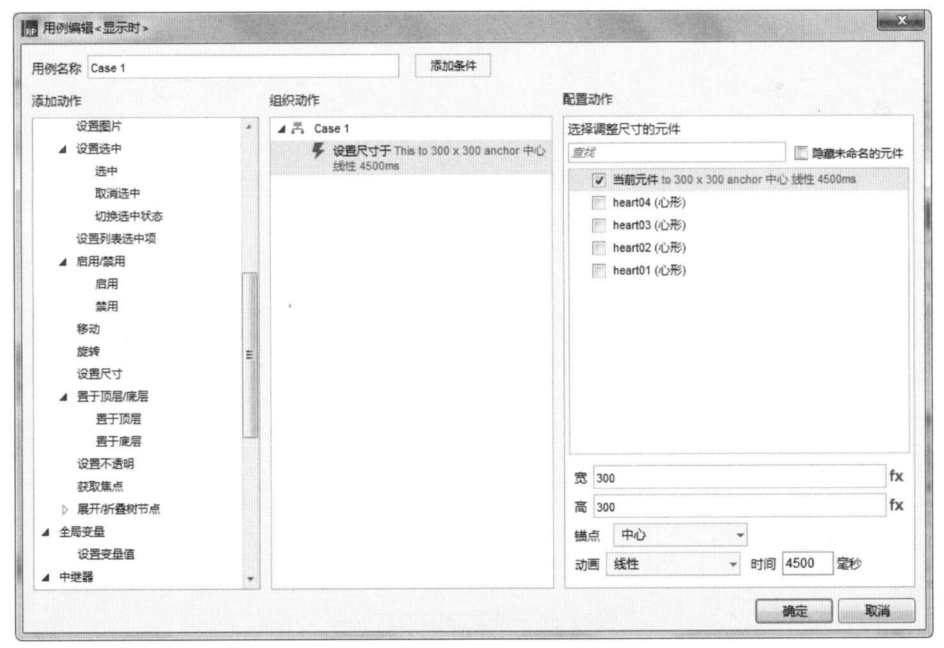

图 11-58　设置当前元件尺寸

（10）在左侧“添加动作”区域选择“隐藏”选项，在右侧“配置动作”区域选中“当前元件”复选框，设置“动画”为“逐渐”，“时间”为 4500 毫秒，如图 11-59 所示，单击“确定”按钮返回至编辑区。

图 11-59　设置隐藏当前元件

（11）在“属性”面板中单击“更多事件>>>”下三角按钮，在弹出的下拉菜单中选择“隐藏时”选项，如图 11-60 所示。

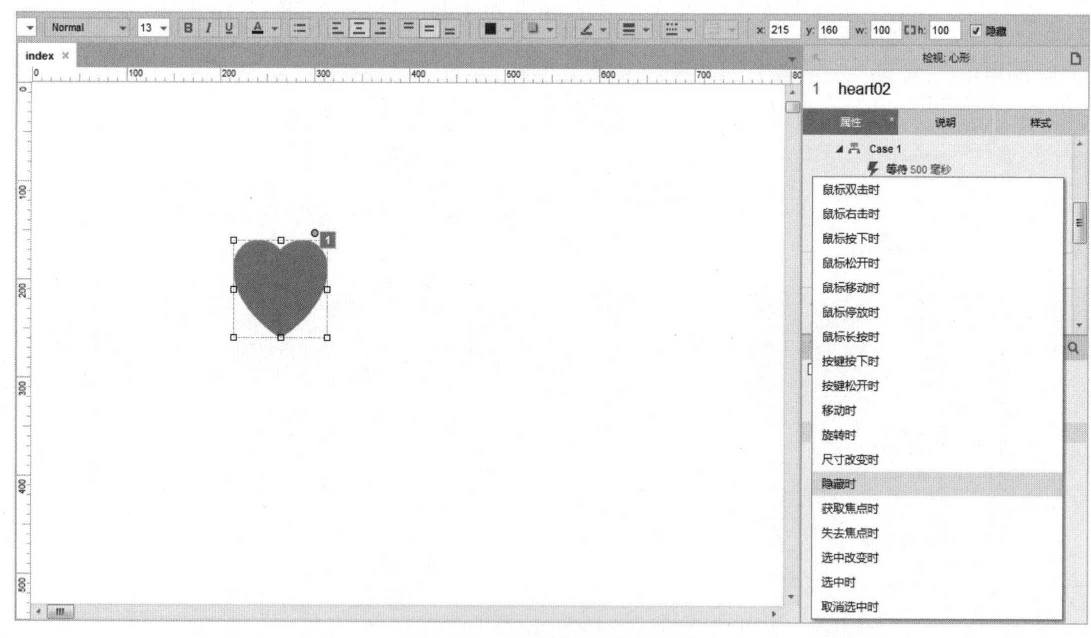

图 11-60　设置隐藏当前元件

（12）弹出“用例编辑<隐藏时>”对话框，在左侧“添加动作”区域选择“设置尺寸”选项，在右侧“配置动作”区域选中“当前元件”复选框，设置“宽”和“高”均为 100，“锚点”为“中心”，“动画”为“无”，如图 11-61 所示，单击“确定”按钮返回至编辑区。

（13）按住 Shift 键的同时，在右侧“属性”面板中依次选择“显示时”“隐藏时”“载入时”事件，单击鼠标右键，在弹出的快捷菜单中选择“复制”命令，如图 11-62 所示，复制“heart02

图形”元件上的事件。

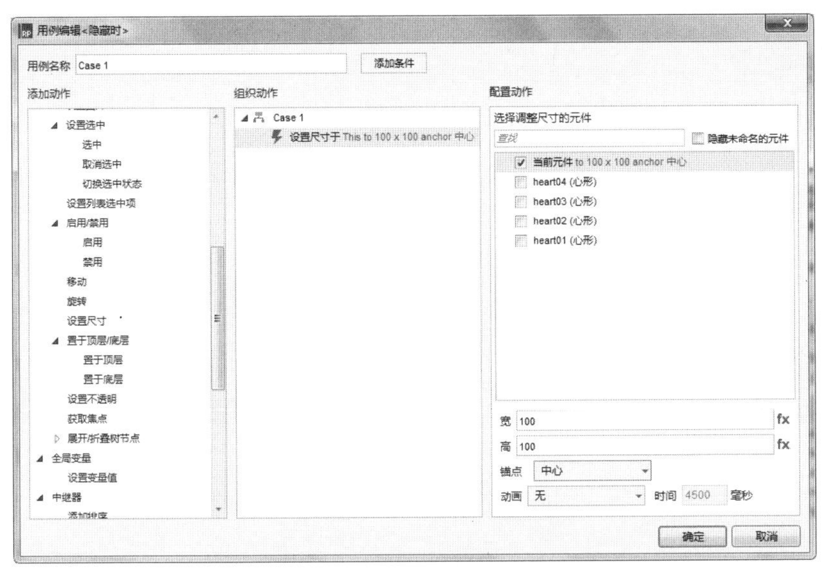

图 11-61 设置元件尺寸

图 11-62 复制元件交互事件

（14）在右侧“概要：页面”区域选择“heart03（心形）”选项，按 Ctrl+V 快捷键粘贴事件，并更改“载入时”事件的“等待时间”为 2000，如图 11-63 所示。

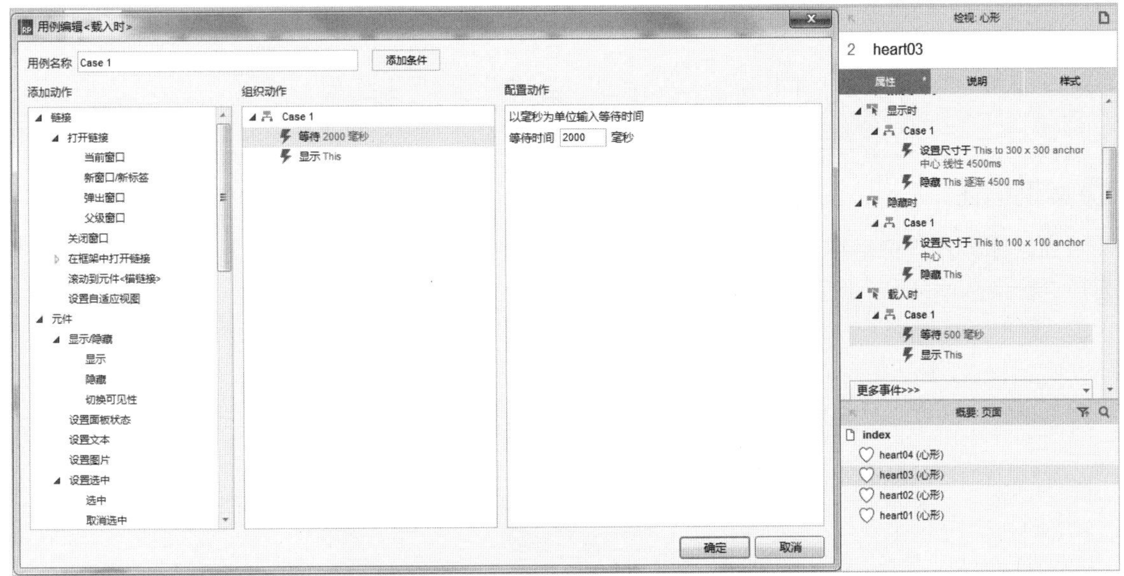

图 11-63 粘贴元件交互事件并设置“等待时间”

（15）用同样的方式粘贴事件，并更改“载入时”事件的“等待时间”为 3500，如图 11-64 所示。

（16）按 Ctrl+S 快捷键，以“11.60”为名称保存该文件，然后按 F5 键预览效果，如图 11-65 所示。

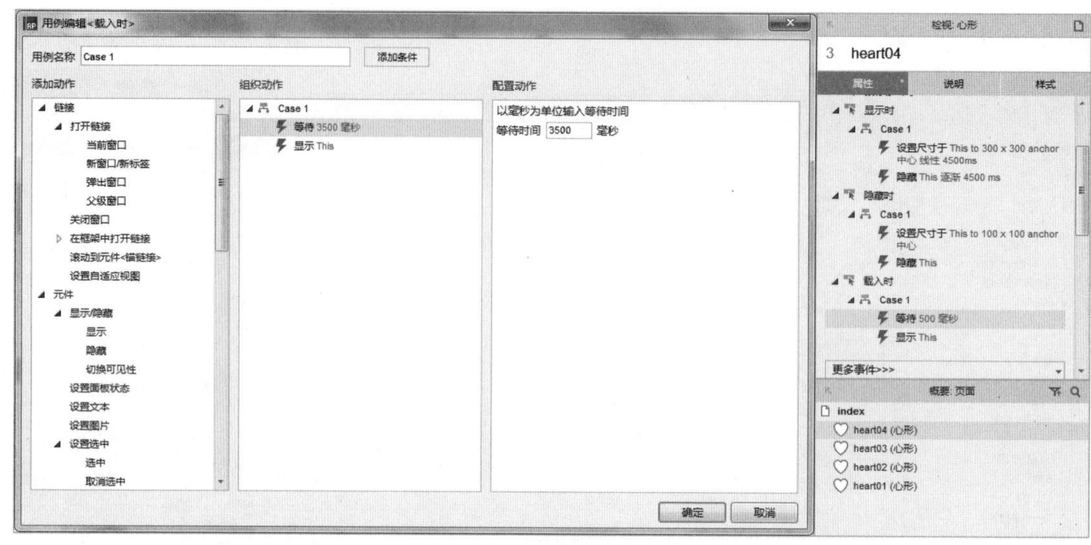

图 11-64　粘贴元件交互事件并设置“等待时间”

图 11-65　最终效果

11.5　商品列表页筛选排序

案例描述

当鼠标移入“价格排序”按钮时，显示选项列表，鼠标移入选项时，文字呈粉色状态。当选择“价格从低到高”时，列表中显示商品的价格从低到高排序，否则相反，如图 11-66 所示。

图 11-66　商品列表页筛选排序

思路分析

> 使用中继器来完成数据与元件的连接，并设置模块之间的布局和间隔。
> 为“价格”添加“鼠标移入时”事件，鼠标移除时自动隐藏，并为每个选项设置“鼠标悬停时”的样式。
> 为每个选项添加“鼠标单击时”事件，设置排序属性。

操作步骤

（1）选择“文件”|“新建”命令，新建一个 Axure 的文档。

（2）在“元件库”面板中将“矩形 1”元件拖入 4 次至编辑区中，在工具栏中设置“线段颜色”为灰色（#E4E4E4），分别设置大小并调整至适当的位置，如图 11-67 所示。

（3）在“元件库”面板中将“动态面板”元件拖入编辑区中，在工具栏中设置 x 为 235，y 为 20，“宽度”为 110，“高度”为 45，选中“隐藏”复选框，在右侧“检视：动态面板”区域设置名称为 SortPanel，如图 11-68 所示。

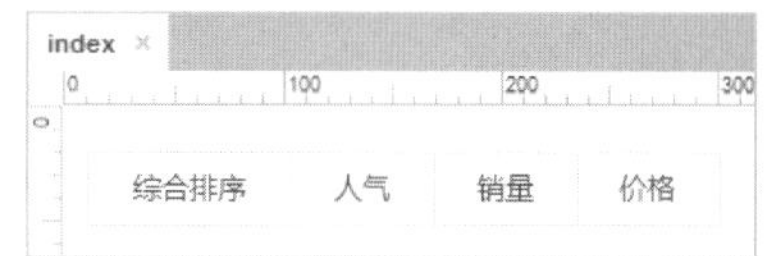

图 11-67　拖入“矩形 1”元件

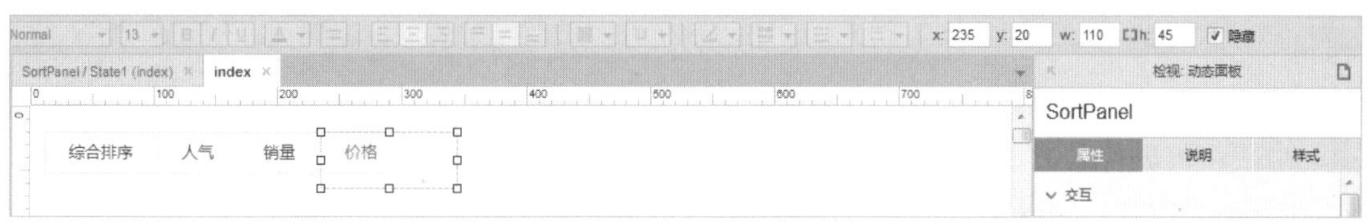

图 11-68　拖入“动态面板”元件

（4）双击“动态面板”元件，在弹出的“面板状态管理”对话框中双击 State1 选项，进入 SortPanel/State1（index）编辑区中，从“元件库”面板中拖入两次“文本标签”元件，双击分别输入文字“价格从低到高”和“价格从高到低”，如图 11-69 所示。

图 11-69　拖入“文本标签”元件

（5）按住 Ctrl 键的同时，选择“文本标签”元件，在右侧“属性”面板中单击“鼠标悬停时”超链接，弹出“交互样式设置”对话框，选中“字体颜色”复选框，单击右侧的下三角按钮，在弹出的颜色面板中选择粉红色（#FFCCCC），如图 11-70 所示。单击“确定”按钮返回至编辑区中。

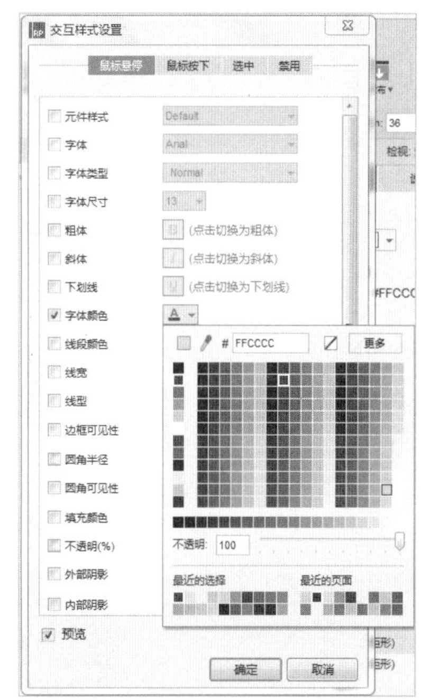

图 11-70　设置交互样式

（6）单击 index 标签切换至 index 编辑区中，在右侧“概要：页面”列表中选择“价格”矩形元件，在“属性”面板中双击“鼠标移入时”选项，弹出“用例编辑<鼠标移入时>”对话框，在左侧选择“显示”选项，在右侧选中“SortPanel（动态面板）”复选框，在下方设置“更多选项”为“弹出效果”，如图 11-71 所示。单击“确定”按钮返回至编辑区中。

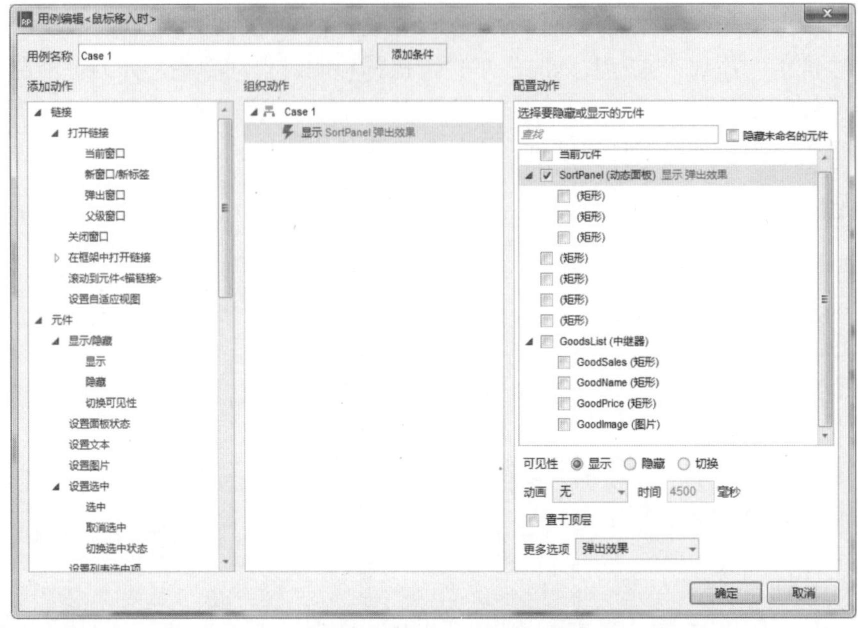

图 11-71 设置显示动态面板

（7）在“元件库”面板中将“中继器”元件拖入编辑区中，在工具栏中设置 x 为 0，y 为 65，在右侧“检视：中继器”区域设置名称为 GoodsList，如图 11-72 所示。

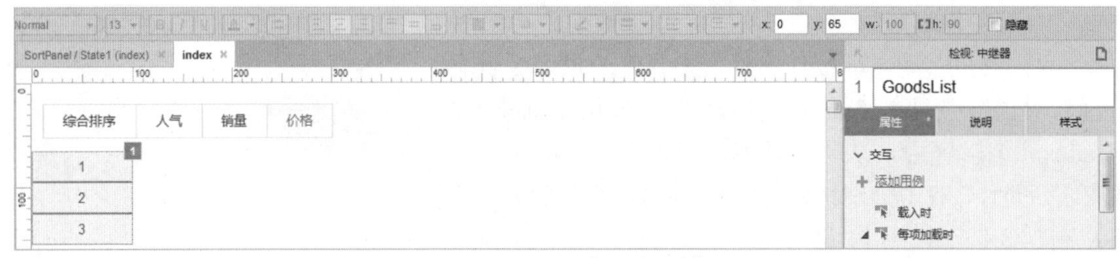

图 11-72 拖入“中继器”元件

（8）在右侧“属性”面板中的“中继器”区域，设置标题分别为 GoodPrice、GoodSales、GoodName、GoodImage，在下方添加 6 行，并分别输入相应的内容，如图 11-73 所示。

（9）单击“样式”标签切换至“样式”面板，设置“布局”为“水平”，选中“网格排布”复选框，设置“每排项目数”为 3，间距“行”为 20，“列”为 10，如图 11-74 所示。

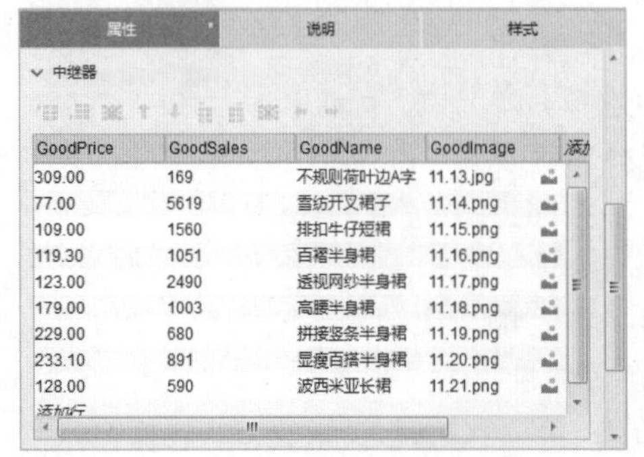

GoodPrice	GoodSales	GoodName	GoodImage
309.00	169	不规则荷叶边A字	11.13.jpg
77.00	5619	雪纺开叉裙子	11.14.png
109.00	1560	排扣牛仔短裙	11.15.png
119.30	1051	百褶半身裙	11.16.png
123.00	2490	透视网纱半身裙	11.17.png
179.00	1003	高腰半身裙	11.18.png
229.00	680	拼接竖条半身裙	11.19.png
233.10	891	显瘦百搭半身裙	11.20.png
128.00	590	波西米亚长裙	11.21.png

图 11-73 添加行到中继器

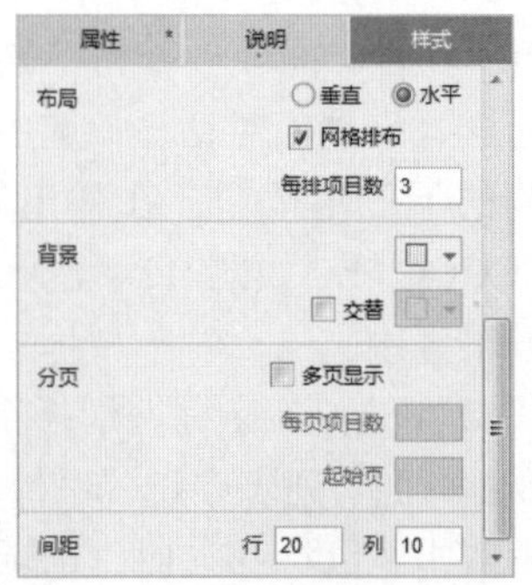

图 11-74 设置中继器样式

（10）在编辑区中双击“中继器”元件进入 GoodsList（index）编辑区中，从“元件库”面板中将“图片”元件拖入编辑区中，在工具栏中设置 x 和 y 均为 0，“宽度”为 200，“高度”为 285，在右侧“检视：图片”区域设置名称为 GoodImage，如图 11-75 所示。

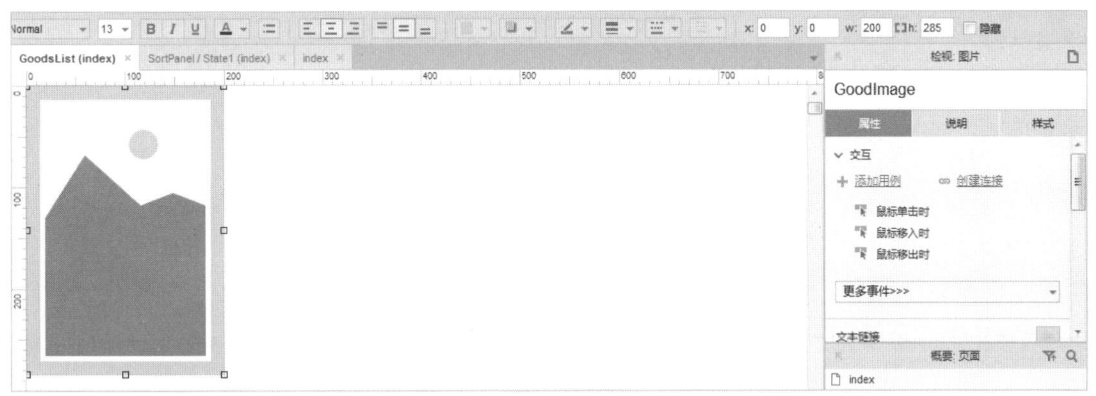

图 11-75　拖入“图片”元件

（11）从“元件库”面板中拖入 3 次“文本标签”元件至编辑区中，双击并输入相应的文字，分别设置名称为 GoodPrice、GoodName、GoodSales，设置相应的字体大小和字体颜色，如图 11-76 所示。

（12）单击 SortPanel/State1（index）标签切换至 SortPanel/State1（index）编辑区中，选择“价格从低到高”文本标签元件，在右侧“属性”面板中双击“鼠标单击时”选项，弹出“用例编辑<鼠标单击时>”对话框，在左侧选择“添加排序”选项，在右侧选中“GoodsList（中继器）”复选框，设置“名称”为 SortPrice，其他保持默认，如图 11-77 所示。

图 11-76　拖入“文本标签”元件

图 11-77　添加升序排序

（13）在左侧选择“隐藏”选项，在右侧选中“SortPanel（动态面板）”复选框，如图 11-78 所示。单击“确定”按钮返回至编辑区中。

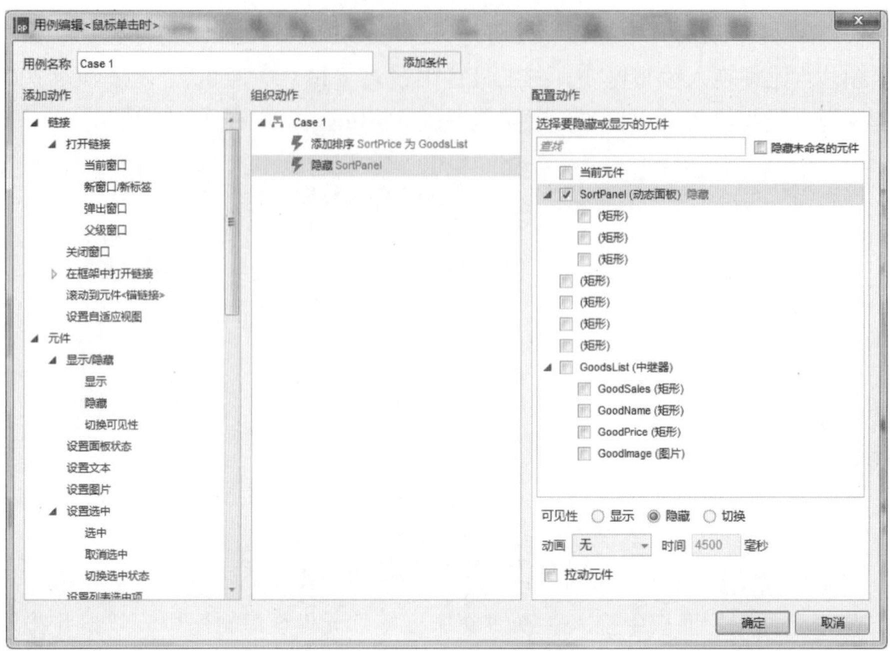

图 11-78　隐藏动态面板

（14）用同样的方法，为“价格从高到低”文本标签元件添加“鼠标单击时”事件，设置 GoodPrice 降序排序，如图 11-79 所示。单击“确定”按钮返回至编辑区中。

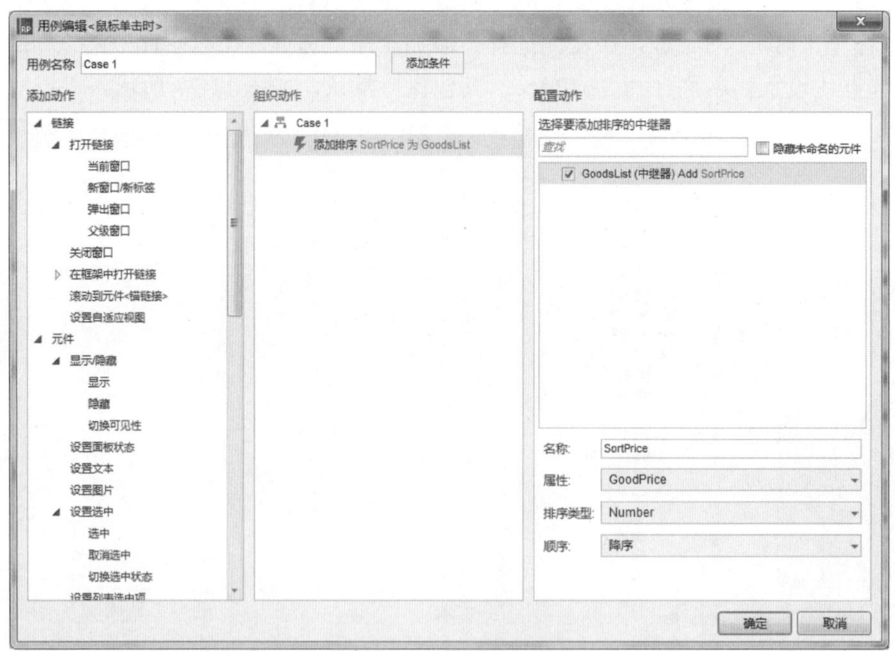

图 11-79　添加降序排序

（15）在编辑区中选择“中继器”元件，在右侧“属性”面板中双击“每项加载时”选项，弹出“用例编辑<每项加载时>”对话框，设置“文本值”和“图片”，如图 11-80 所示。

（16）按 Ctrl+S 快捷键，以“11.5”为名称保存该文件，然后按 F5 键预览效果，如图 11-81 所示。

图 11-80　设置文本值和图片

图 11-81　最终效果

11.6　产 品 分 类

案例描述

类似于淘宝、京东等网上商城产品分类。当鼠标移入某个大分类，就会显示这个大分类下的详细分类，如图 11-82 所示。

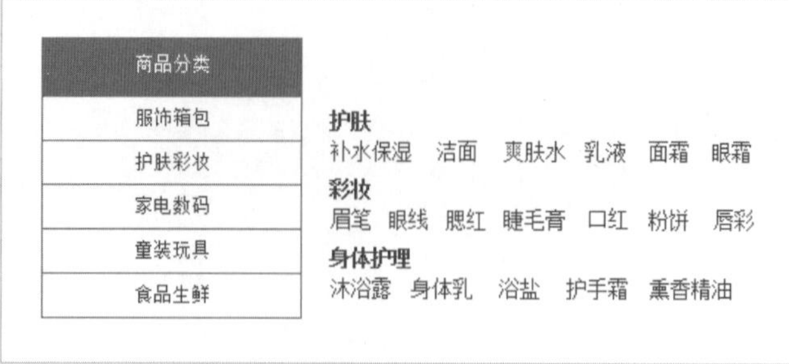

图 11-82 产品分类

思路分析

- 为“动态面板”元件添加 5 个面板状态，对应产品的 5 个分类。
- 为 5 个分类元件设置“鼠标移入时”事件，并设置相应的动作。

操作步骤

（1）按 Ctrl+N 快捷键，新建一个 Axure 的文档。

（2）将“元件库”面板中的“矩形 1”元件拖入编辑区中，并在工具栏中设置 x 和 y 分别为 70、80，“宽度”和“高度”分别为 180、40，矩形效果如图 11-83 所示。

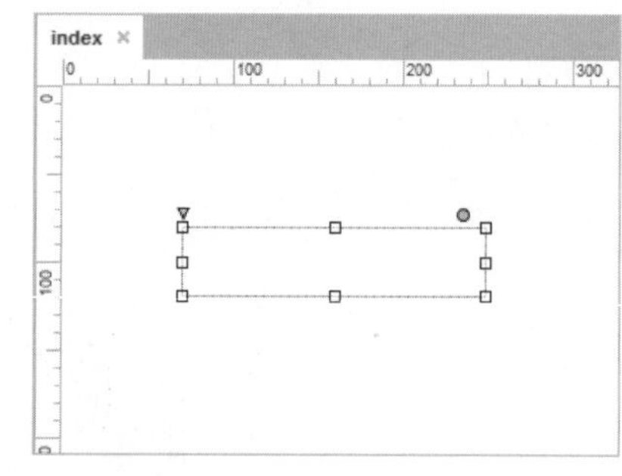

图 11-83 矩形效果

（3）在右侧“检视：矩形”区域设置名称为“分类”，在工具栏中设置元件边框为无，填充颜色为#FF3399，如图 11-84 所示。

（4）双击编辑区中的矩形元件，进入编辑状态，输入“商品分类”，在工具栏上设置字体颜色为白色，如图 11-85 所示。

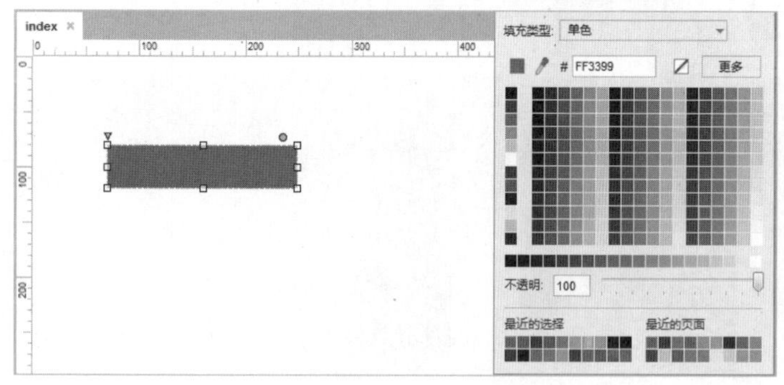

图 11-84 设置元件边框和填充颜色

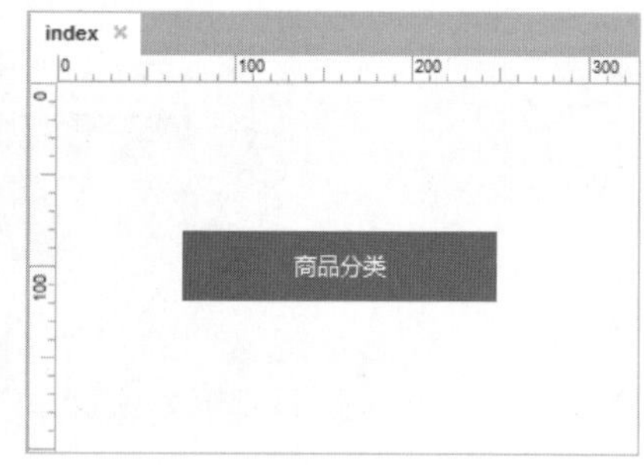

图 11-85 输入文字及设置文字颜色

（5）在编辑区中拖入一个矩形元件，在工具栏上设置 x 和 y 分别为 71、119，“宽度”和“高度”分别为 178、30，边框颜色为#FF3399，如图 11-86 所示。

（6）双击矩形元件进入编辑状态，输入“服饰箱包”，如图 11-87 所示。

（7）按住 Ctrl 键并拖动鼠标，复制 4 个矩形元件到适当的位置，并修改其输入的内容，如图 11-88 所示。

（8）在“元件库”面板中将“动态面板”元件拖入编辑区适当的位置，设置“宽度”为 410，“高度”为 145，设置名称为“详细分类”，如图 11-89 所示。

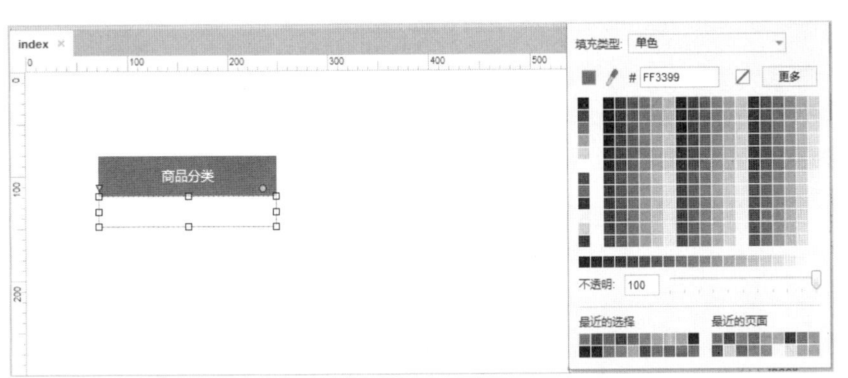

图 11-86　设置元件边框颜色

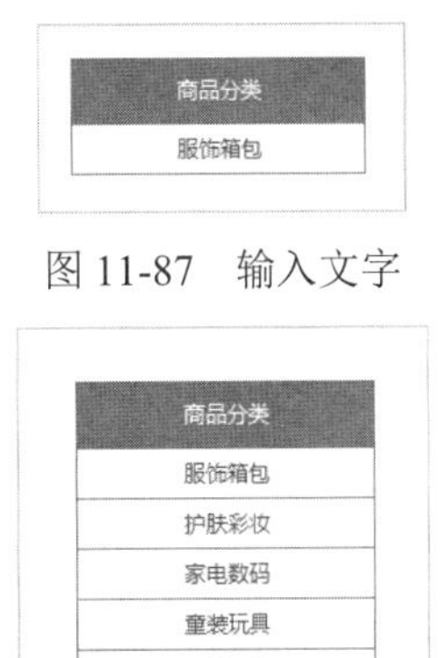

图 11-87　输入文字

图 11-88　复制元件并修改其内容

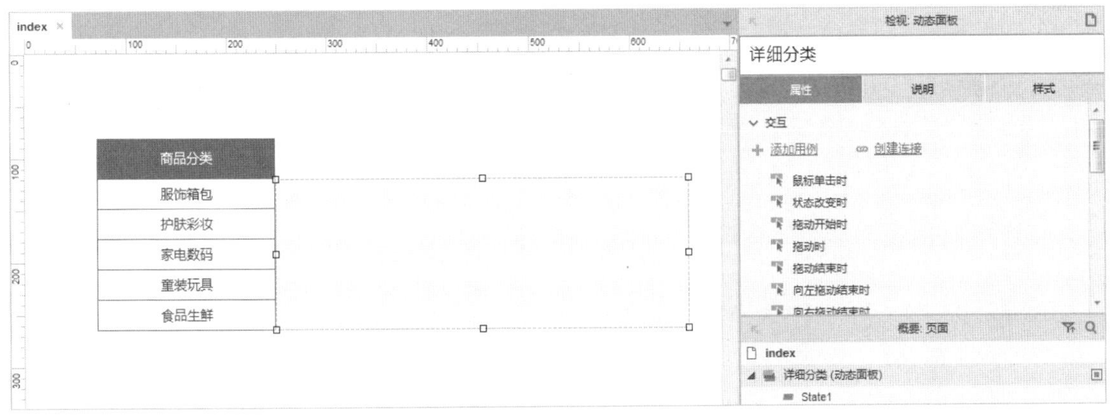

图 11-89　拖入“动态面板”元件

图 11-90　重命名

（9）双击“详细分类”动态面板元件，弹出“面板状态管理”对话框，在“面板状态”选项组中单击 4 次+按钮，新增 4 个面板状态，分别重命名为“服饰箱包”“护肤彩妆”“家电数码”“童装玩具”“食品生鲜”，如图 11-90 所示。

（10）双击“服饰箱包”面板状态，进入“详细分类/服饰箱包（index）”编辑区，拖入“文本标签”元件，输入相应的内容，如图 11-91 所示。

（11）用同样的方法，为“护肤彩妆”“家电数码”“童装玩具”“食品生鲜”添加详细分类，如图 11-92 所示。

（12）单击 index 标签，切换至 index 编辑区，选择“服饰箱包”矩形元件，在右侧“属性”面板中的“添加用例”区域双击“鼠标移入时”选项，弹出“用例编辑<鼠标移入时>”对话框，在左侧“添加动作”区域的“元件”展开项中单击“设置面板状态”，在右侧“配置动作”区域选中“详细分类（动态面板）”复选框，然后在下方“选择状态”下拉菜单中选择“服饰箱包”选项，并选中“如果隐藏则显示面板”复选框，如图 11-93 所示。

（13）在左侧“添加动作”区域展开“其他”选项，选择“等待”选项，在右侧“配置动作”区域设置“等待时间”为 3000 毫秒，如图 11-94 所示。

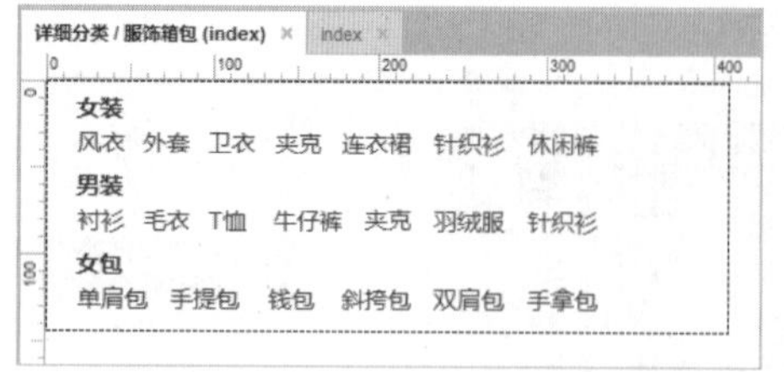

图 11-91　拖入“文本标签”元件

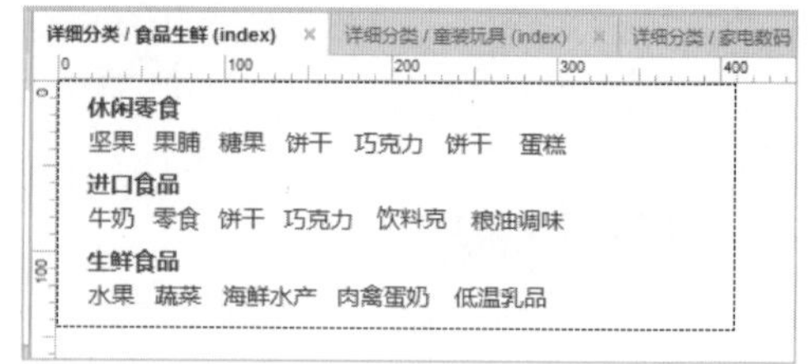

图 11-92　添加详细分类

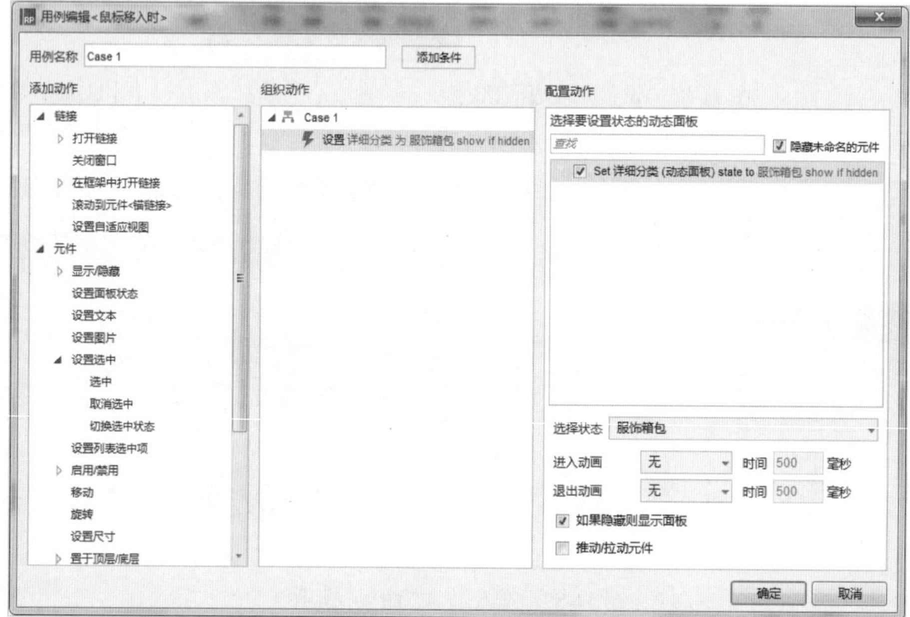

图 11-93　添加动作

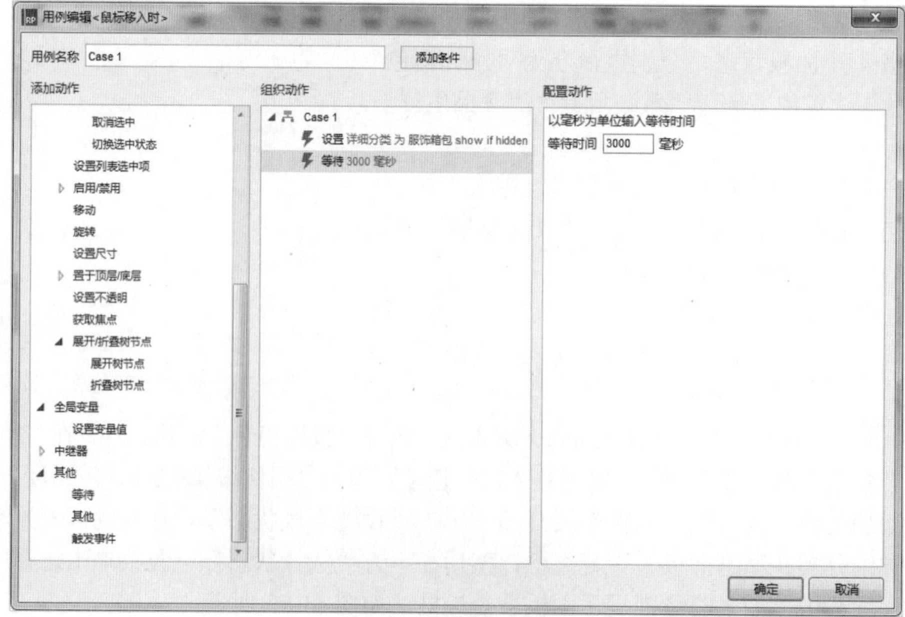

图 11-94　添加动作

（14）在左侧“添加动作”区域展开“元件”选项下的“显示/隐藏”选项，选择“隐藏”选项，在右侧“配置动作”区域选中“详细分类（动态面板）”复选框，如图 11-95 所示。单击“确定”按钮，完成了“服饰箱包”元件的交互特效。

图 11-95　添加动作

（15）用同样的方法为其他 4 个分类添加“鼠标移入时”的交互特效。按 Ctrl+S 快捷键，以“11.6”为名称保存该文件，然后按 F5 键预览效果，如图 11-96 所示。

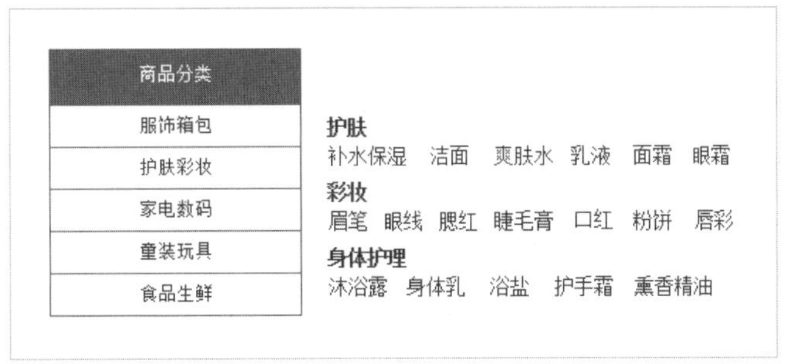

图 11-96　最终效果

11.7　根据选择数量自动计算商品总金额

案例描述

本实例实现了 3 种商品在选择购买数量时自动计算金额，可以直接输入购买数，或者单击+/−按钮增减商品数量，如图 11-97 所示。

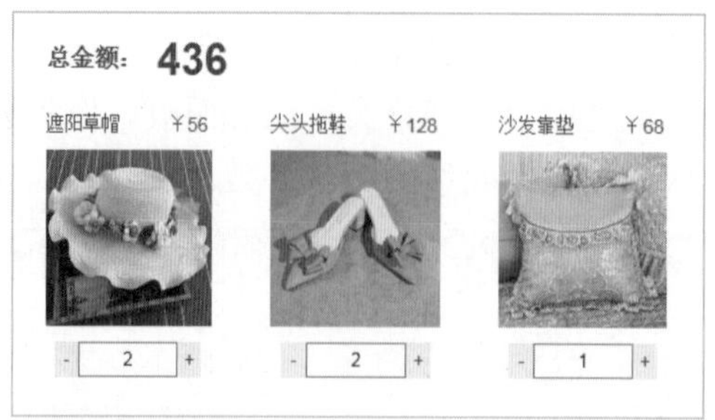

图 11-97 根据选择数量自动计算商品总金额

思路分析

- 调整商品数量时，让数量乘以单价，并把这个值储存在另一个“文本框”元件中。为了避免使用全局变量，将控件隐藏，每个商品对应一个总价。
- 当数量变化时，设置动态面板显示/隐藏。
- 当动态面板显示/隐藏时，计算每个商品的总价。

本案例的具体操作步骤请参见资源包。

11.8 动态面板滑动效果

案例描述

单击不同的按钮，可实现切换至不同的页面，如图 11-98 所示。

图 11-98 动态面板滑动效果

思路分析

- 为按钮添加“鼠标单击时”事件。
- 单击不同的按钮，就会显示相应的面板状态，并设置进入/退出动画。

本案例的具体操作步骤请参见资源包。

11.9 表格统计

案例描述

在页面载入后，计算出“学员总数”“平均年龄”“男女生比例”，如图 11-99 所示。

学员总数	15	平均年龄	27.4	男女生比例：10/5

学生编号	姓名	年龄	性别	邮箱
1	张童	26	男	zhangtong@163.com
3	杨伟	23	男	yangwei@163.com
5	李云燕	25	男	liyunyan@163.com
7	谢涛	25	女	xietao@163.com
9	付清	28	男	fuqing@163.com
11	颜凤明	32	女	yanfengming@163.com
13	胡心茹	26	女	huxinru@163.com
15	秦兵	34	男	qinbingg@163.com
17	吴建	28	男	wujian@163.com
19	杜京	32	女	dujing@163.com
21	刘子明	26	男	liuziming@163.com
23	胡月金	32	男	huyuejin@163.com
25	段飞	23	男	duanfei@163.com
27	朱先锋	29	女	zhuxianfeng@163.com
29	沈光	22	男	shenguang@163.com

图 11-99　表格统计

思路分析

- 添加“中继器”元件来完成数据与元件的连接，并设置模块之间的布局和间隔。
- 为中继器添加“每项加载时”事件。

本案例的具体操作步骤请参见资源包。

11.10　下拉框省市二级联动

案例描述

当用户切换左边下拉列表框中的选项时，右边下拉列表框的内容也会随之变化，如图 11-100 所示。

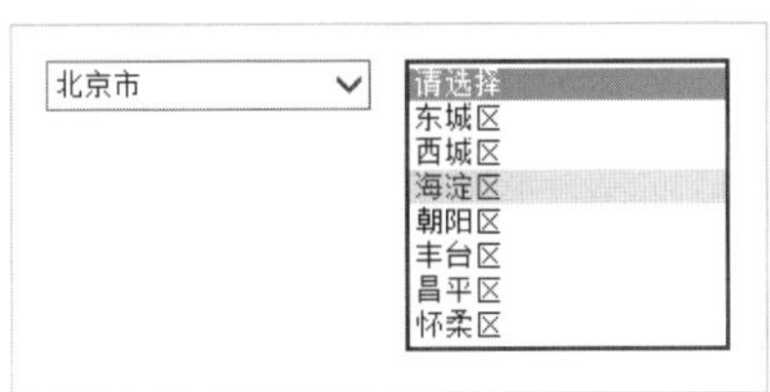

图 11-100　下拉框省市二级联动

思路分析

- 为一级下拉框添加“选项改变时”事件，有几个选项就添加几个用例，并分别设置其选项。
- 二级选项用动态面板去控制，当选择一级选项时，会切换至动态面板中不同的面板状态。

本案例的具体操作步骤请参见资源包。

第 12 章

精 益 创 新

12.1 计 算 器

案例描述

支持加、减、乘、除算法，支持多位整数和小数的计算，支持正负和百分比计算，如图 12-1 所示。

图 12-1 计算器

思路分析

➢ 添加变量 number1、number2、operate、figures、decimal、length、dot、mantissa、result。

➢ 为“矩形”元件添加“鼠标单击时”事件。

操作步骤

（1）选择“文件”|“新建”命令，新建一个 Axure 的文档。

（2）在“元件库”面板中将“矩形 2”元件拖入编辑区中，在工具栏中设置 x 为 90，y 为 60，“宽度”为 258，“高度”为 408，设置“填充颜色”为黑色（#000000），如图 12-2 所示。

（3）选择“项目”|“全局变量”命令，弹出“全局变量”对话框，添加 9 个变量，如图 12-3 所示。单击“确定”按钮返回至编辑区中。

（4）在“元件库”面板中将“文本框”元件拖入编辑区中，双击并清空默认内容，在工具栏中设置“填充颜色”为无，x 为 90，y 为 87，“宽度”为 259，“高度”为 40，在右侧“属性”面板中选中“隐藏边框”复选框，如图 12-4 所示。

图 12-2　拖入“矩形 2”元件

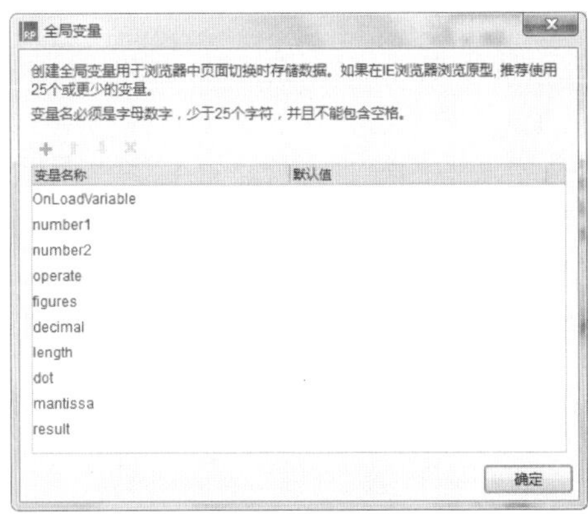

图 12-3　添加变量

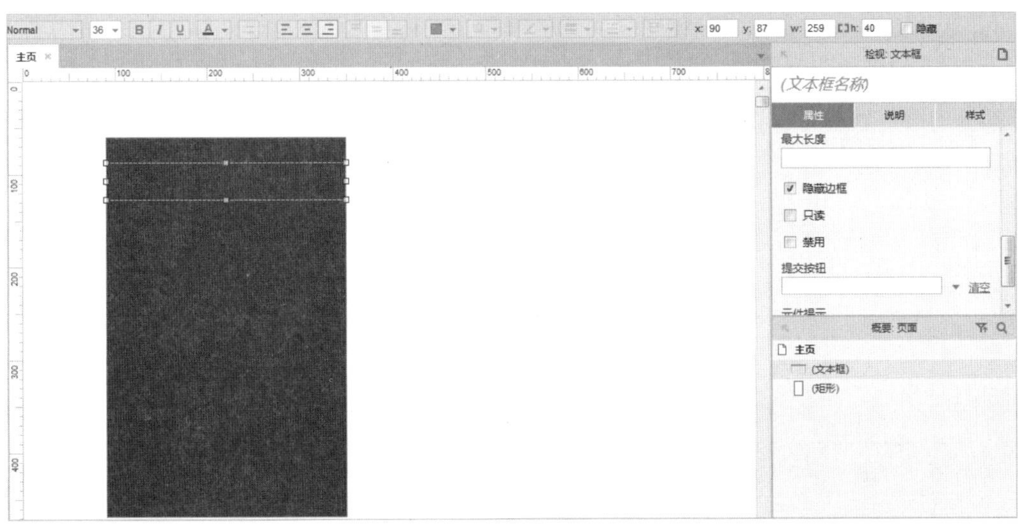

图 12-4　拖入“文本框”元件

（5）从“元件库”面板中拖入“矩形 2”元件至编辑区中，双击并输入 AC，在工具栏中设置 x 为 90，y 为 145，“宽度”和“高度”均为 63，如图 12-5 所示。

图 12-5　拖入“矩形 2”元件

（6）选择“矩形 2”元件，按住 Shift+Ctrl 快捷键的同时拖动鼠标，复制 18 个“矩形 2”元件，修改输入的内容，分别设置其“填充颜色”和大小，并调整至适当的位置，如图 12-6 所示。

（7）按住 Ctrl 键的同时选中灰色的矩形元件，在右侧“属性”面板中的“交互样式设置”区域单击“鼠标按下”超链接，弹出“交互样式设置”对话框，选中“填充颜色”复选框，单击右侧的下三角按钮，在弹出的颜色面板中选择灰色（#C9C9C9），如图 12-7 所示。

（8）用同样的方法为橙色矩形元件添加“鼠标按下”事件，设置“线段颜色”为黑色（#000000），“线宽”为 2，如图 12-8 所示。

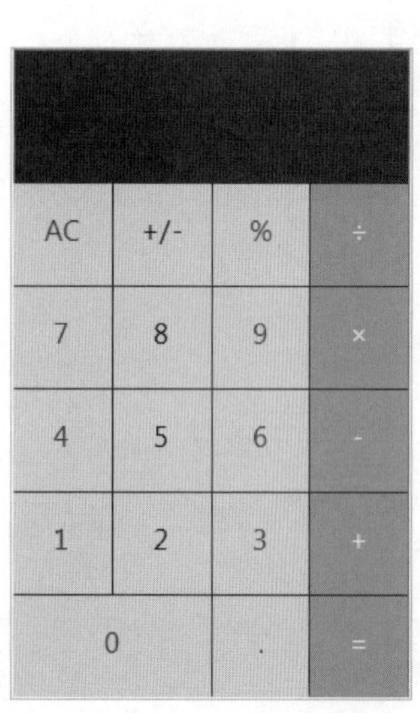

图 12-6　复制“矩形”元件

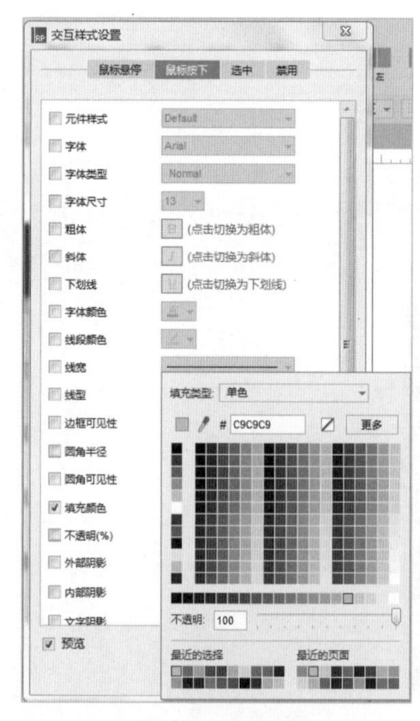

图 12-7　选择颜色

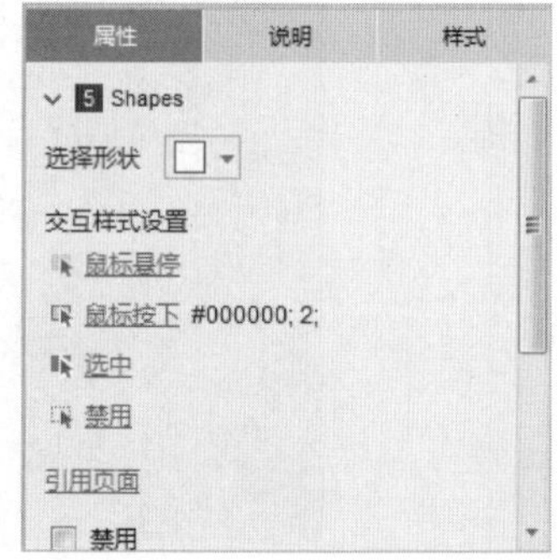

图 12-8　选择鼠标按下时的线宽

（9）选择“AC 矩形 2”元件，在右侧“属性”面板中双击“鼠标单击时”选项，弹出“用例编辑<鼠标单击时>”对话框，在左侧“添加动作”区域选择“设置变量值”选项，在右侧“配置动作”区域选中 number1 复选框，在下方设置变量值为 0，如图 12-9 所示。

图 12-9　添加动作

（10）用同样的方法设置 number2、operate、decimal、文本框值均为 0，如图 12-10 所示。单击“确定”按钮返回至编辑区中。

图 12-10　添加动作

（11）在编辑区中选择“+/-矩形”元件，在右侧双击“鼠标单击时”选项，弹出“用例编辑<鼠标单击时>”对话框，单击“添加条件”按钮，弹出“条件设立”对话框，设置“变量值”operate 等于 0，如图 12-11 所示。单击“确定”按钮返回至“用例编辑<鼠标单击时>”对话框。

（12）设置变量值 number1 等于[[number1*-1]]，文本框变量值为 number1，如图 12-12 所示。单击“确定”按钮返回至编辑区中。

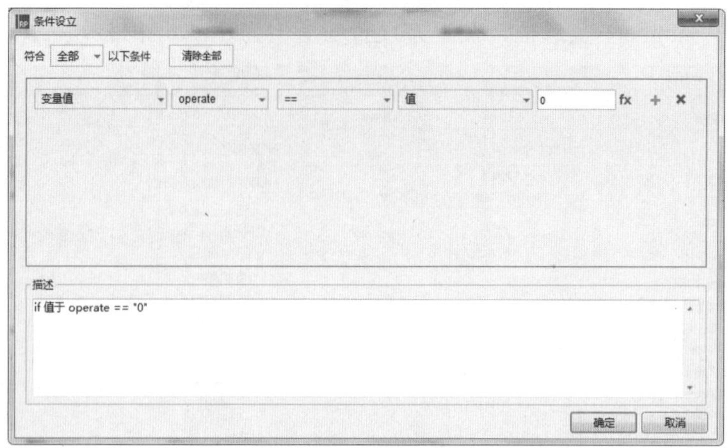

图 12-11　条件设立

图 12-12　添加动作

（13）双击“鼠标单击时”选项添加用例 2，在弹出的“用例编辑<鼠标单击时>”对话框中单击“添加条件”按钮，弹出“条件设立”对话框，设置“变量值”operate 不等于 0，如图 12-13 所示。

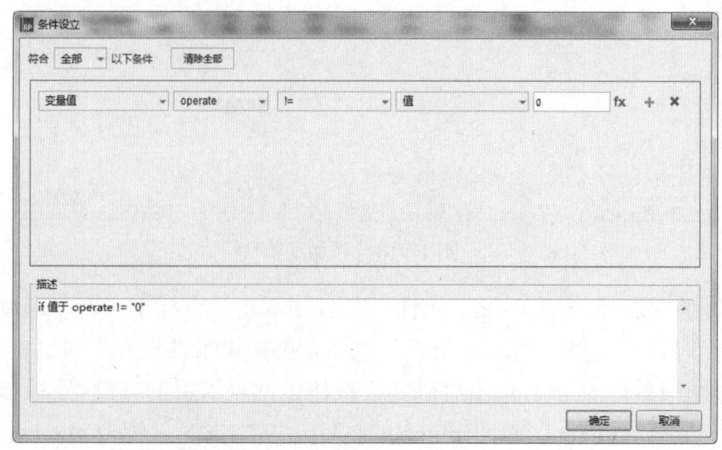

图 12-13　设立条件

（14）设置变量值 number2 等于[[number2*-1]]，文本框变量值为 number2，如图 12-14 所示。单击“确定”按钮返回至编辑区中。

图 12-14　添加动作

（15）用步骤（11）～步骤（14）的方法为其他数字元件添加“鼠标单击时”事件，设置变量值。

（16）选择“÷矩形”元件，在右侧“属性”面板中双击“鼠标单击时”选项，弹出“用例编辑<鼠标单击时>”对话框，设置变量 operete 值等于 4，decimal 值等于 0，如图 12-15 所示。

图 12-15　添加动作

（17）用同样的方法为×、−、+和=矩形元件添加动作，按 Ctrl+S 快捷键，以“12.1”为名称保存该文件，然后按 F5 键预览效果，如图 12-16 所示。

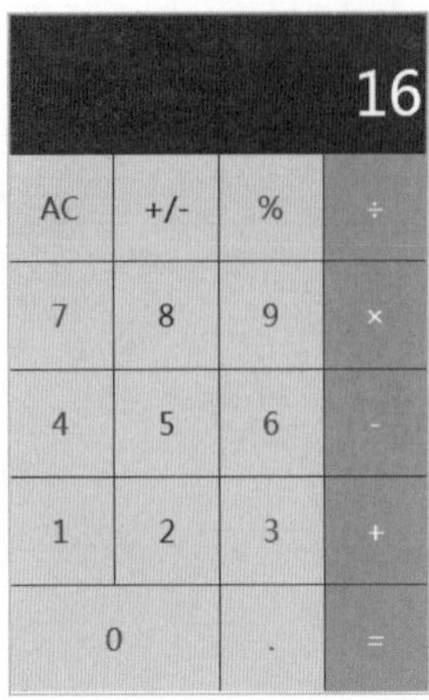

图 12-16　最终效果

12.2　统　计　图

案例描述

当页面载入时，柱状图表向上升起，如图 12-17 所示。

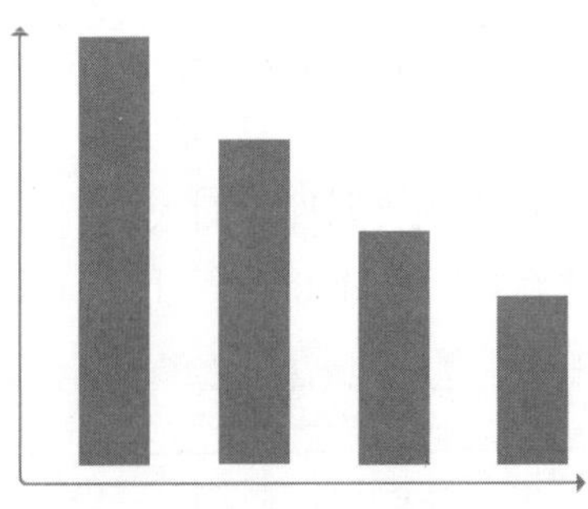

图 12-17　统计图

思路分析

- 使用连接工具画纵坐标和横坐标。
- 添加动态面板来制作柱状图条纹。
- 添加“页面载入时”事件，设置面板状态、进入动画和退出动画。

操作步骤

（1）选择“文件”|“新建”命令，新建一个 Axure 的文档。

（2）在工具栏中单击“连接”工具，在编辑区中单击鼠标左键拖动至适当的位置，在工具栏中设置 x 为 65，y 为 55，如图 12-18 所示。

（3）在工具栏中单击“箭头样式”右侧的下三角按钮，在弹出的样式面板中单击第二排的左右图标，设置连接线带箭头，如图 12-19 所示。

（4）在工具栏中将“动态面板”元件拖入编辑区中，在工具栏中设置 x 为 115，y 为 65，“宽度”为 57，“高度”为 330，在右侧“检视：动态面板”区域设置名称为 panel-1，如图 12-20 所示。

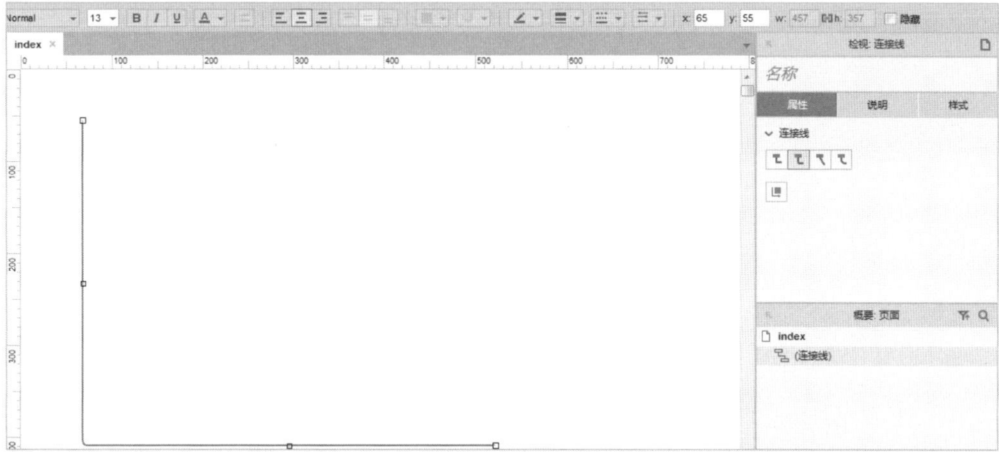

图 12-18　连接线

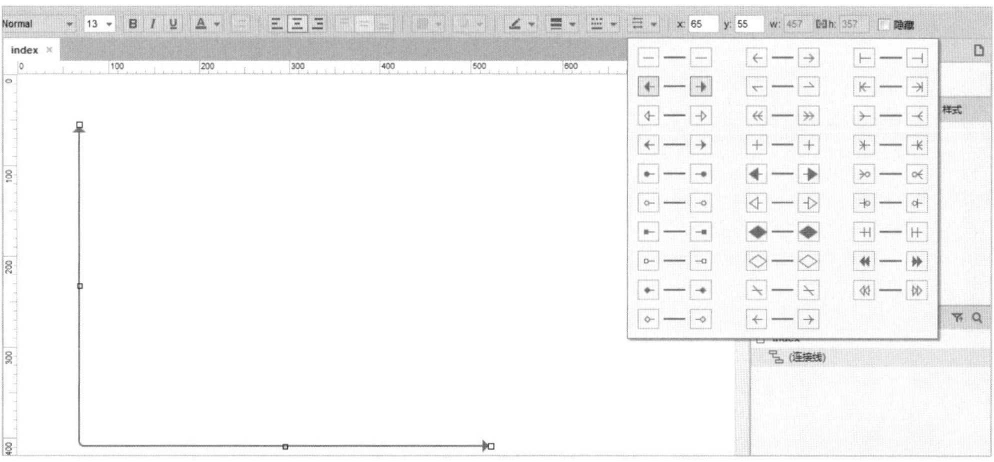

图 12-19　连接线带箭头

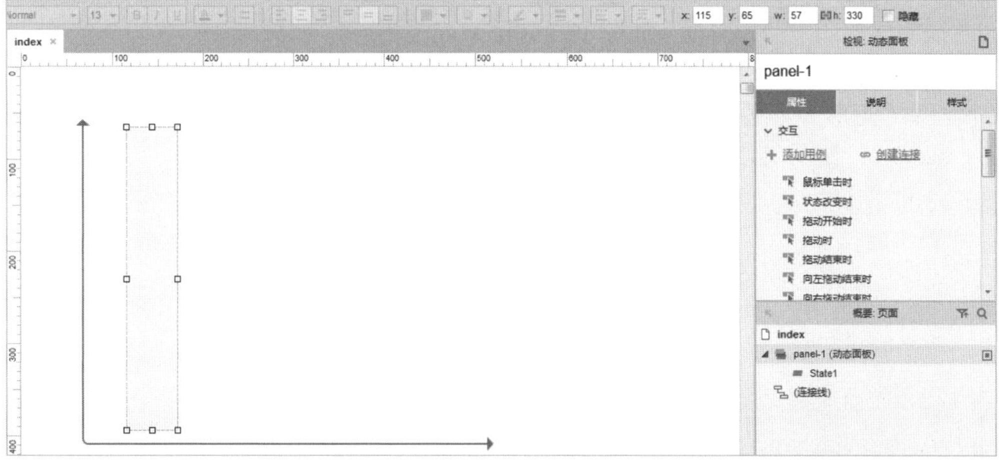

图 12-20　拖入“动态面板”元件

（5）双击“动态面板”元件，在弹出的“面板状态管理”对话框中单击“添加”按钮，添加面板状态，如图 12-21 所示。

（6）双击 State2 选项进入 panel-1/State2（index）编辑区，在“元件库”面板中将“矩形 2”元件拖入编辑区中，在工具栏中设置“填充颜色”为蓝色（#0099CC），x 和 y 均为 0，“宽度”

为 57，“高度”为 330，如图 12-22 所示。

图 12-21　添加面板状态

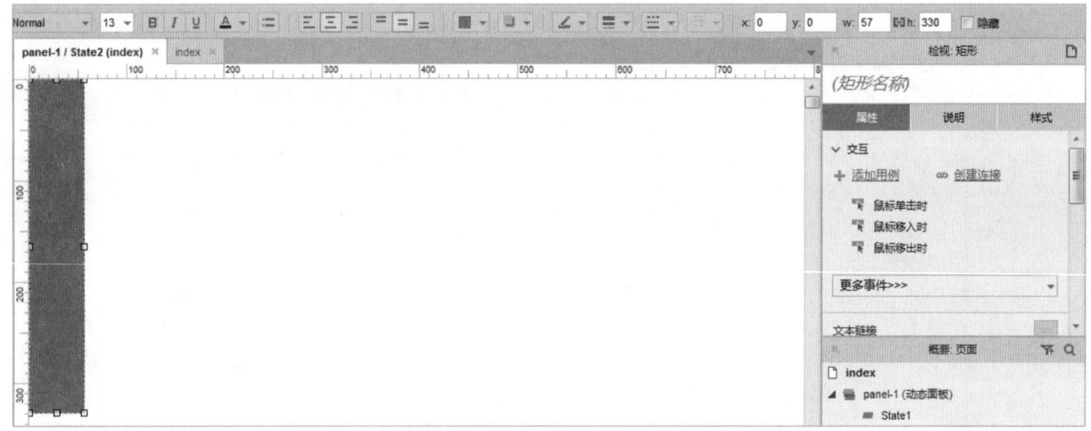

图 12-22　拖入“矩形 2”元件

（7）单击 index 标签切换至 index 编辑区，按住 Ctrl 键的同时选择“panel-1 动态面板”元件并向右拖动复制 3 个动态面板，如图 12-23 所示。

（8）在工具栏上设置复制的 3 个“动态面板”元件的高度分别为 250、180、130，并调整 State2 状态中“矩形”元件的高度，在右侧“检视：动态面板”区域分别设置其名称为 panel-2、panel-3、panel-4，如图 12-24 所示。

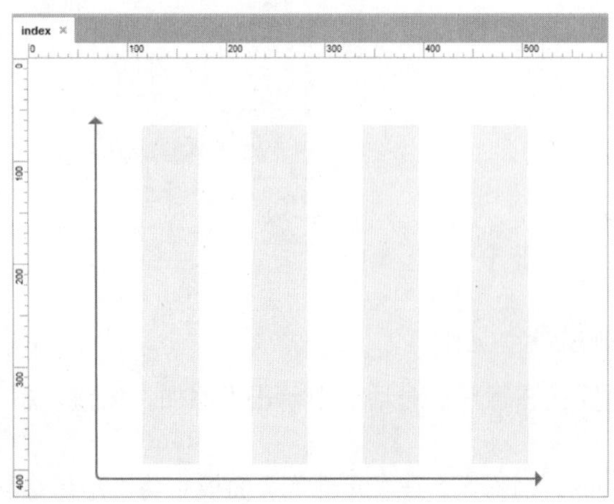

图 12-23　复制“动态面板”元件

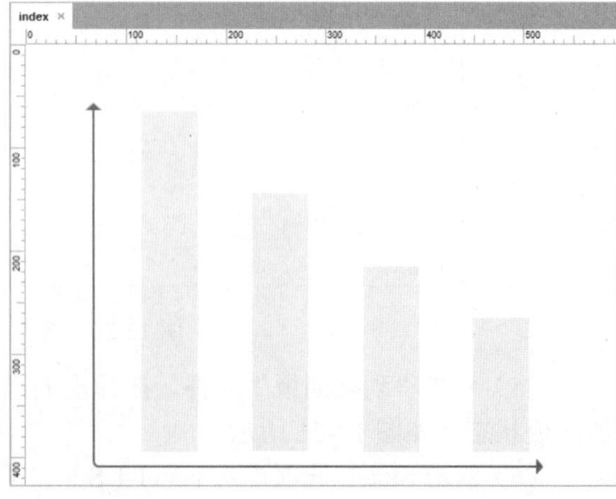

图 12-24　设置“动态面板”元件

（9）在编辑区中的空白处单击鼠标左键，在右侧“属性”面板中双击“页面载入时”选项，弹出“用例编辑<页面载入时>”对话框。在左侧选择“设置面板状态”选项，在右侧选中“panel-1（动态面板）”复选框，设置“选择状态”为 State2，“进入动画”和“退出动画”均为“向上滑动”，“时间”为 5000 毫秒，如图 12-25 所示。

图 12-25　设置面板状态

（10）用同样的方法设置 panel-2、panel-3、panel-4 的面板状态，如图 12-26 所示。

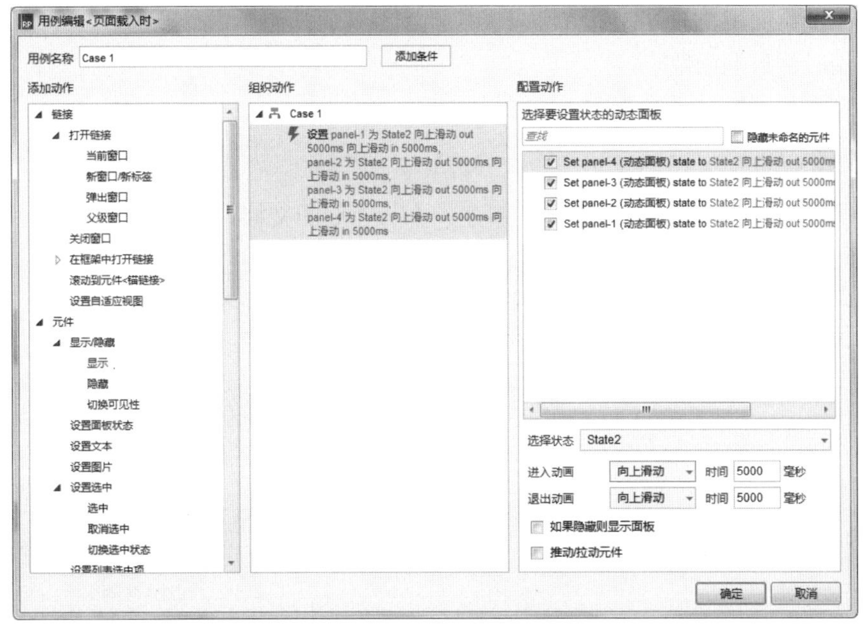

图 12-26　设置面板状态

（11）按 Ctrl+S 快捷键，以“12.2”为名称保存该文件，然后按 F5 键预览效果，如图 12-27 所示。

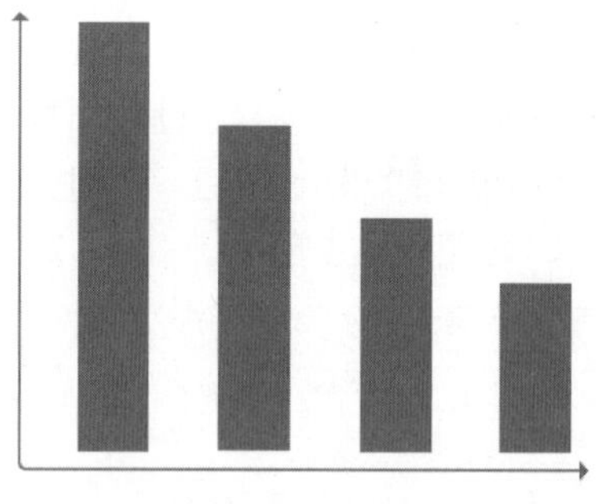

图 12-27　最终效果

12.3　获取当前时间

案例描述

页面载入时，即可获取当前的时间日期，包括年、月、日、时、分、秒、星期，如图 12-28 所示。

20 : 36 : 18
2017 年 06 月 09 日 星期 5

图 12-28　获取当前时间

思路分析

- 利用动态面板的切换状态和循环来实现。
- 为“动态面板”元件添加“显示时”和“隐藏时”事件。
- 使用时间日期函数。
- 当页面载入时显示/隐藏动态面板。

操作步骤

（1）选择“文件”|“新建”命令，新建一个 Axure 的文档。

（2）在“元件库”面板中将“矩形 1”元件拖入编辑区中，在工具栏中设置 x 为 100，y 为 95，“宽度”为 340，“高度”为 110，设置“边框颜色”为灰色（#797979），“线宽”如图 12-29 所示。

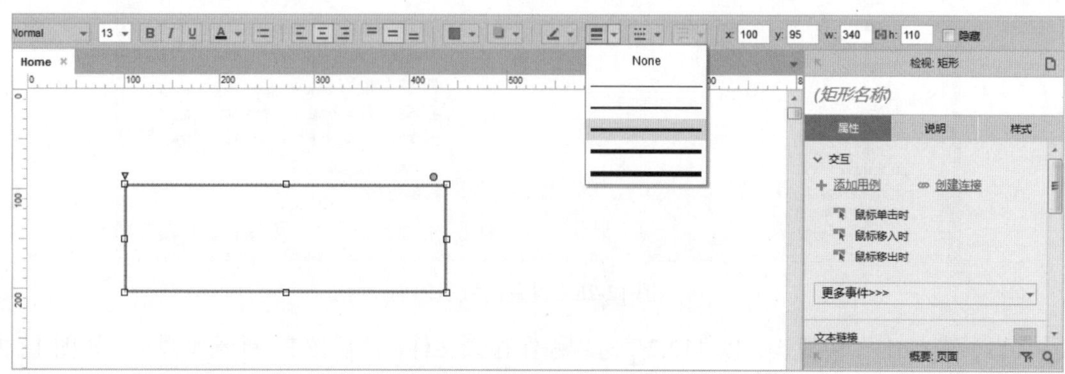

图 12-29　拖入“矩形 1”元件

（3）从“元件库”面板中拖入 5 个“文本标签”元件至编辑区中，双击并输入相应的文字，在工具栏中设置“字体尺寸”为 48，“文本颜色”为灰色（#333333），并调整至合适的位置，在右侧“检视：矩形”区域设置“时”为 hour，“分”为 minute，“秒”为 second，如图 12-30 所示。

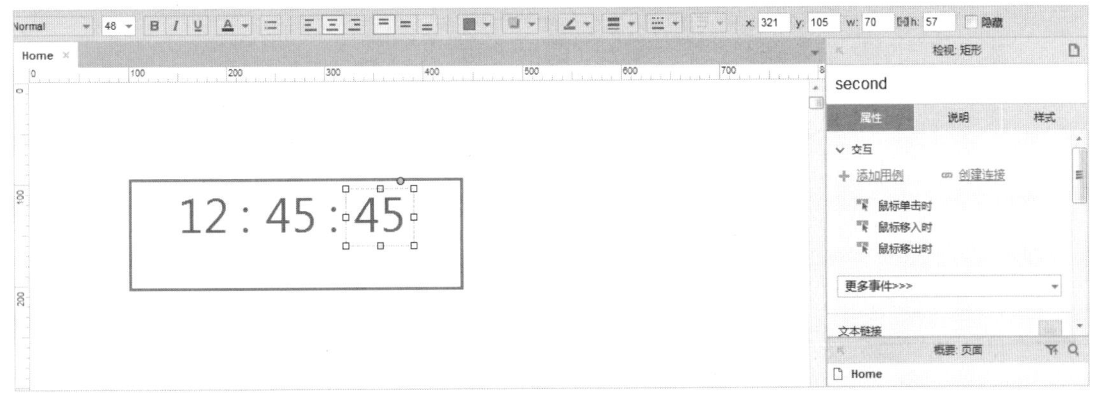

图 12-30　调整“文本标签”元件

（4）从“元件库”面板中拖入 8 个“文本标签”元件至编辑区中，双击并输入相应的文字，在工具栏中设置“字体尺寸”为 20，“文本颜色”为灰色（#333333），并调整至合适的位置，在右侧“检视：矩形”区域设置“年”为 year，“月”为 month，“日”为 date，“星期”为 week，如图 12-31 所示。

图 12-31　调整“文本标签”元件

（5）在“元件库”面板中将“动态面板”元件拖入编辑区中，在工具栏中设置 x 为 405，y 为 105，“宽度”和“高度”均为 20，在右侧“检视：动态面板”区域设置名称为 time_panel，如图 12-32 所示。

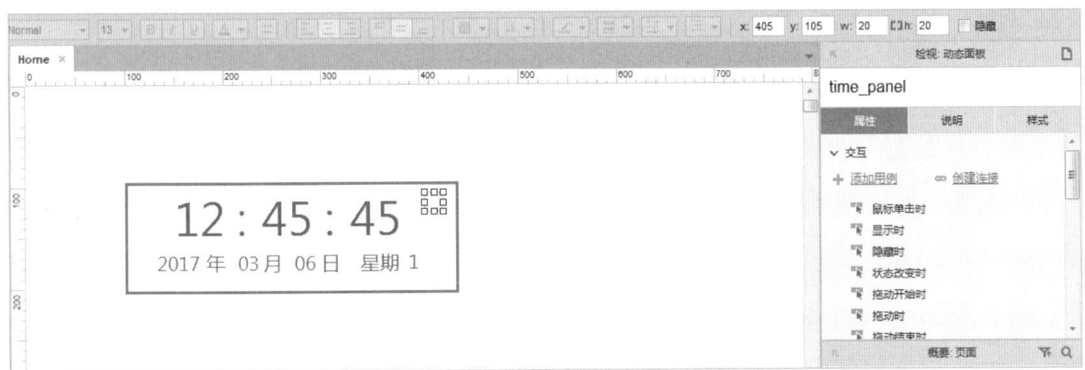

图 12-32　拖入“动态面板”元件

（6）在右侧“属性”面板中双击“显示时”选项，弹出“用例编辑<显示时>”对话框，在左侧“添加动作”区域选择“设置文本”选项，在右侧“配置动作”区域选中“year（矩形）”复选框，在下方设置文本值为[[Now.getFullYear()]]，如图 12-33 所示。

（7）用步骤（6）同样的方法设置 month、date、hour、minute、second、week 的文本值，如图 12-34 所示。

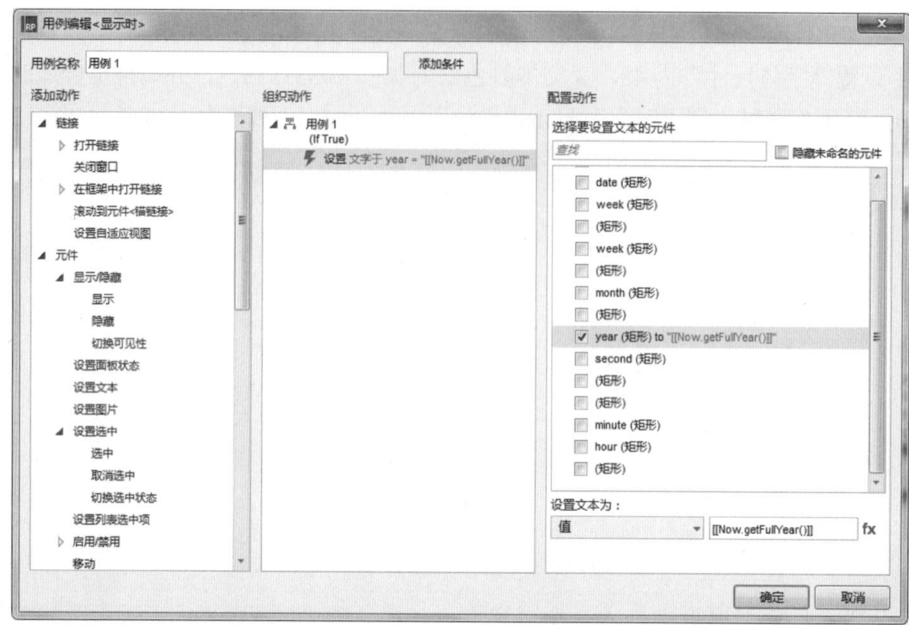

图 12-33 添加动作

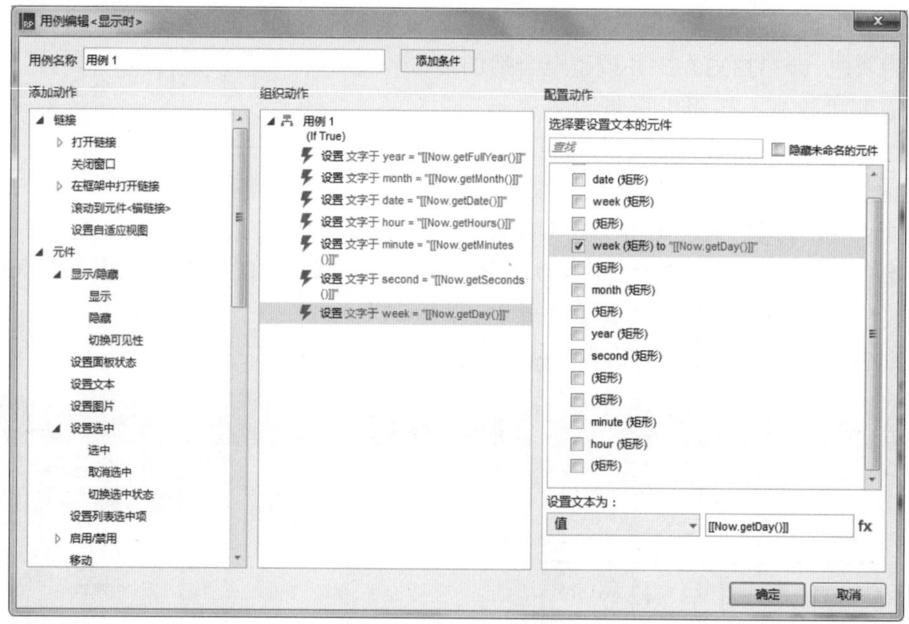

图 12-34 设置文本值

（8）在左侧“添加动作”区域选择“切换可见性”选项，在右侧“配置动作”区域选中“time_panel（动态面板）”复选框，如图 12-35 所示。单击“确定”按钮返回至编辑区中。

（9）双击“显示时”选项，弹出“用例编辑<显示时>”对话框，单击“添加条件”按钮，弹出“条件设立”对话框，在第一个下拉列表框中选择“值”，单击文本框右侧的 fx 按钮，弹出“编辑文本”对话框，在“局部变量”选项组中单击“添加局部变量”超链接，设置 pmonth 等于“元件文字”month，在上方插入变量[[pmonth.length]]，如图 12-36 所示。

（10）在第二个下拉列表框中选择“<”，在第三个下拉列表框中选择“值”，最后的文本框中输入 2，如图 12-37 所示。单击“确定”按钮返回至“用例编辑<显示时>”对话框。

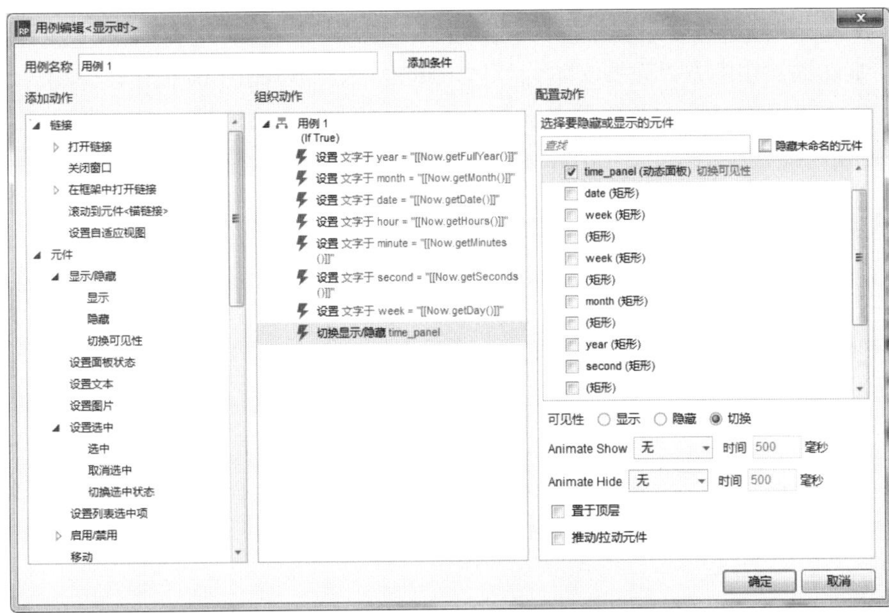

图 12-35　切换动态面板可见性

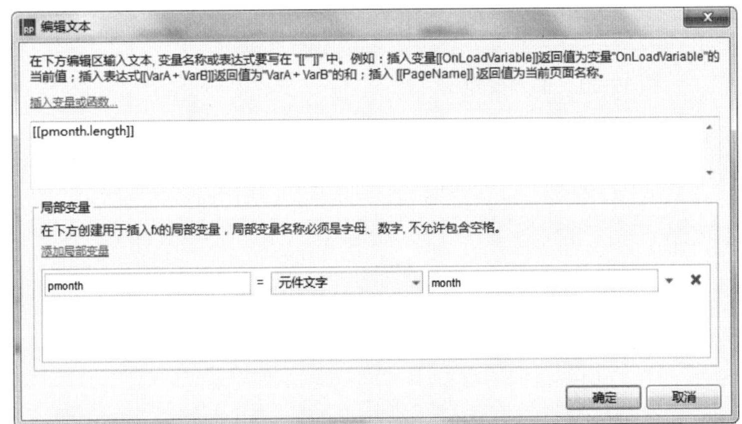

图 12-36　插入变量

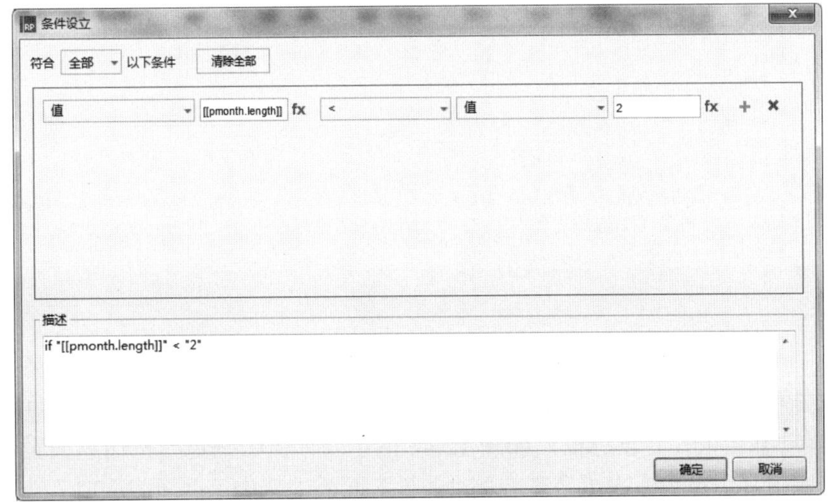

图 12-37　设立条件

（11）在左侧“添加动作”区域选择“设置文本”选项，在右侧“配置动作”区域选中“month（矩形）”复选框，在下方“设置文本为”区域单击“值”右侧的 fx 按钮，弹出“编辑文本”对话框，在下方“局部变量”选项组中单击“添加局部变量”超链接，设置 pmonth 等于“元件文字”month，在上方插入变量 0[[pmonth]]，如图 12-38 所示。单击两次“确定”按钮返回至编辑区中。

（12）用步骤（9）～步骤（11）的方法为 date、hour、minute、second 添加动作，如图 12-39 所示。

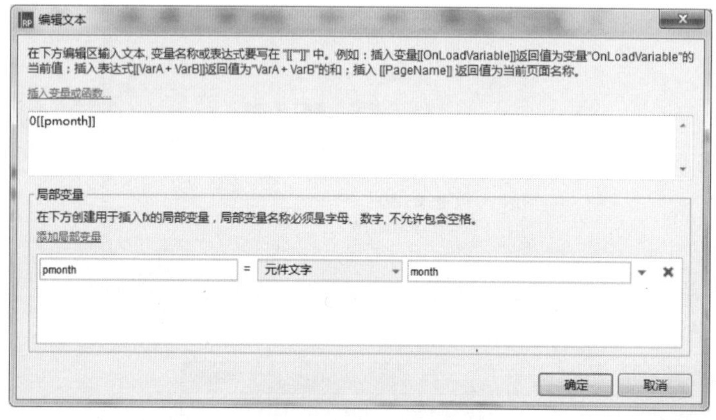

图 12-38　插入变量

图 12-39　添加动作

（13）在“属性”面板中双击“隐藏时”选项，弹出“用例编辑<隐藏时>”对话框，在左侧选择“等待”选项，在右侧设置“等待时间”为 1000 毫秒，如图 12-40 所示。

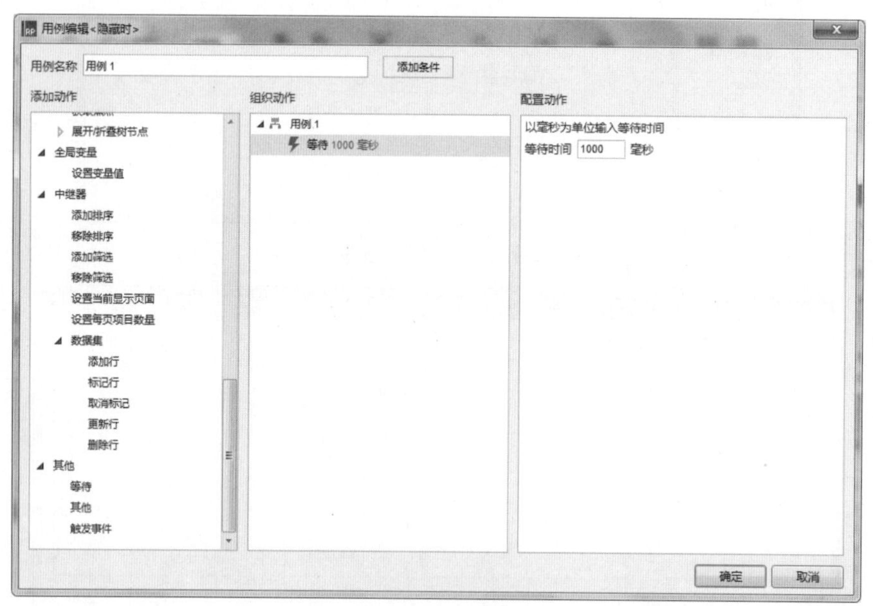

图 12-40　添加动作

（14）在左侧“添加动作”区域选择“切换可见性”选项，在右侧“配置动作”区域选中“time_panel（动态面板）”复选框，如图 12-41 所示。单击“确定”按钮返回至编辑区中。

（15）在编辑区中单击空白处，在右侧“属性”面板中双击“页面载入时”选项，弹出“用例编辑<页面载入时>”对话框，在左侧“添加动作”区域选择“切换可见性”选项，在右侧“配置动作”区域选中“time_panel（动态面板）”复选框，如图 12-42 所示。单击“确定”按钮返回至编辑区中。

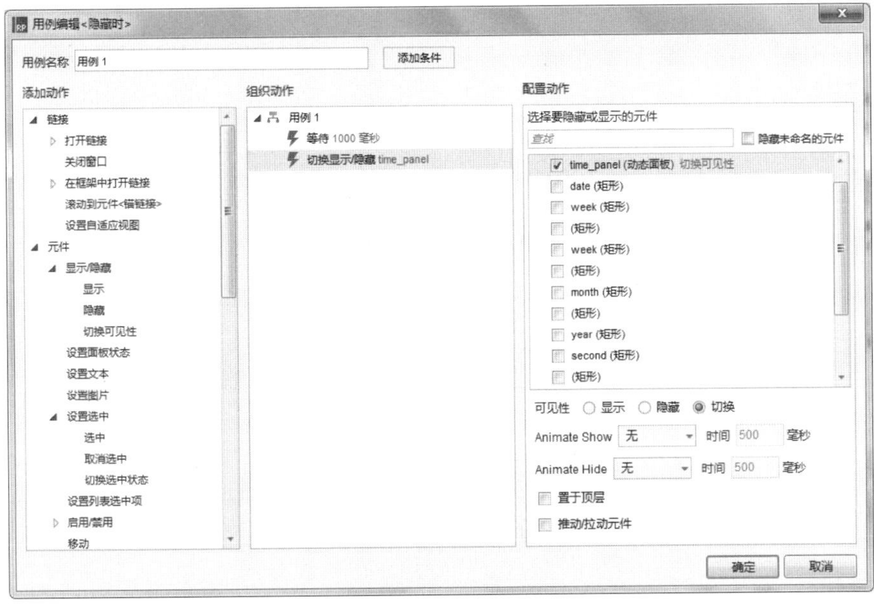

图 12-41 添加动作

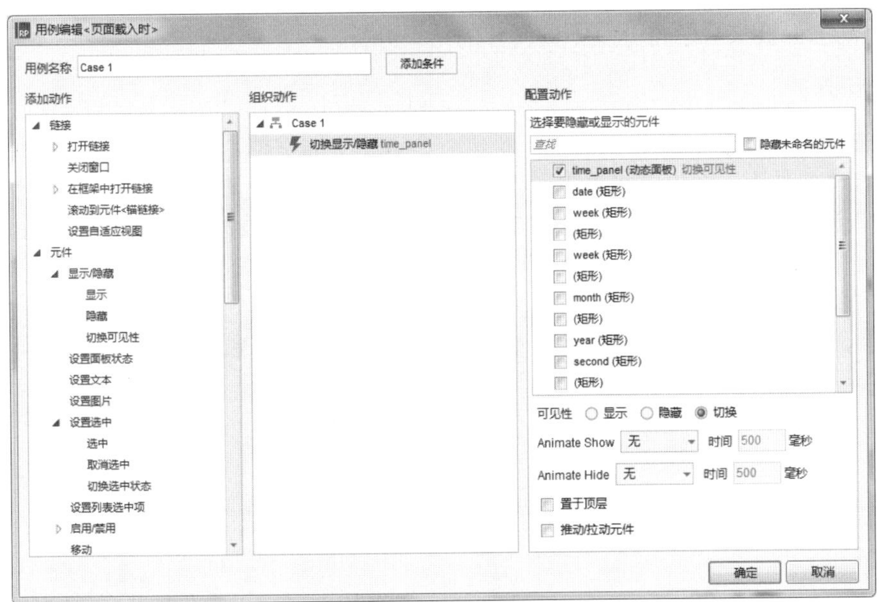

图 12-42 添加动作

（16）按 Ctrl+S 快捷键，以“12.3”为名称保存该文件，然后按 F5 键预览效果，如图 12-43 所示。

20 : 36 : 18
2017 年 06 月 09 日 星期 5

图 12-43 最终效果

12.4 心理测试

案例描述

页面载入后，单击“开始答题”按钮进行答题，单击“下一步”按钮进入第二题，以此类推，答完 15 题，按钮变成“完成”按钮，单击“完成”按钮根据你选择的题目对应的分数得出总分和答案，如图 12-44 所示。

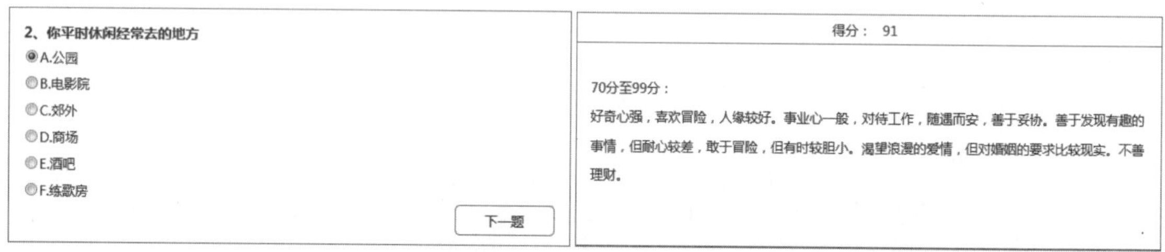

图 12-44　心理测试

思路分析

- 用两个中继器来存储题目和答案的数据，并设置模块之间的布局和间隔。
- 用动态面板来显示得分及不同得分的结果分析。

操作步骤

（1）选择“文件”|“新建”命令，新建一个 Axure 的文档。

（2）在“元件库”面板中将“矩形 1”元件拖入编辑区中，在工具栏中设置 x 为 50，y 为 50，“宽度”为 600，“高度”为 230，在右侧“检视：矩形”区域设置名称为 border，如图 12-45 所示。

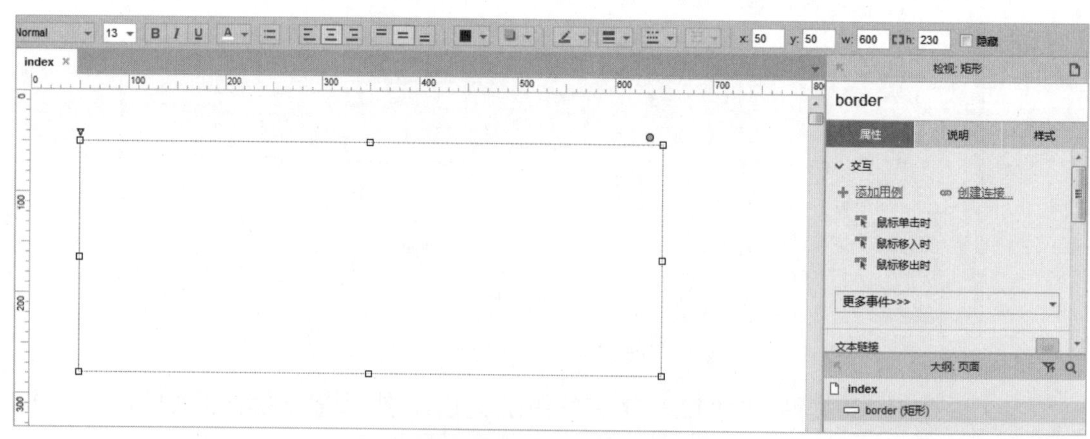

图 12-45　拖入“矩形 1”元件

（3）在“元件库”面板中将“动态面板”元件拖入编辑区中，覆盖在“矩形 1”元件上，在右侧“检视：动态面板”面板中设置名称为 start，如图 12-46 所示。

（4）在编辑区中双击“动态面板”元件，在弹出的“面板状态管理”对话框中双击 State1 选项，进入 start/State1（index）编辑区，从“元件库”面板中将“按钮”元件拖入编辑区中，在工具栏中设置 x 为 250，y 为 100，“宽度”为 100，“高度”为 30，在右侧“检视：矩形”区域设置名称为 start-btn，如图 12-47 所示。

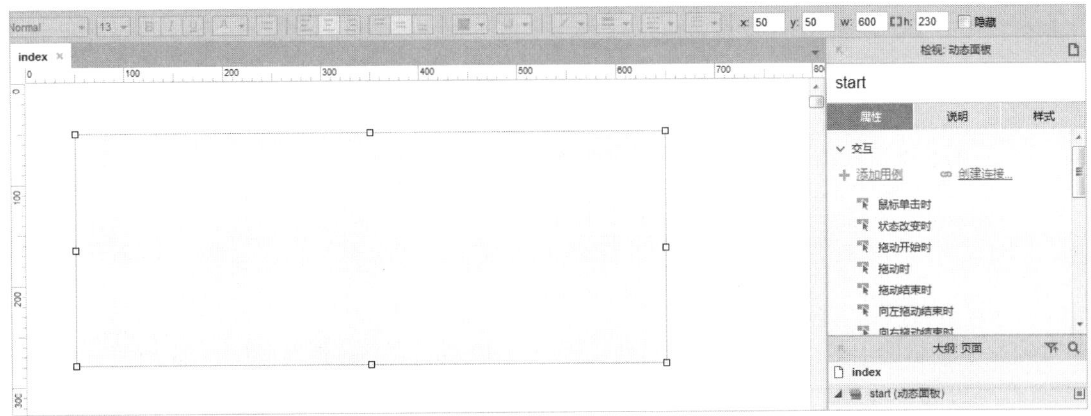

图 12-46　拖入“动态面板”元件

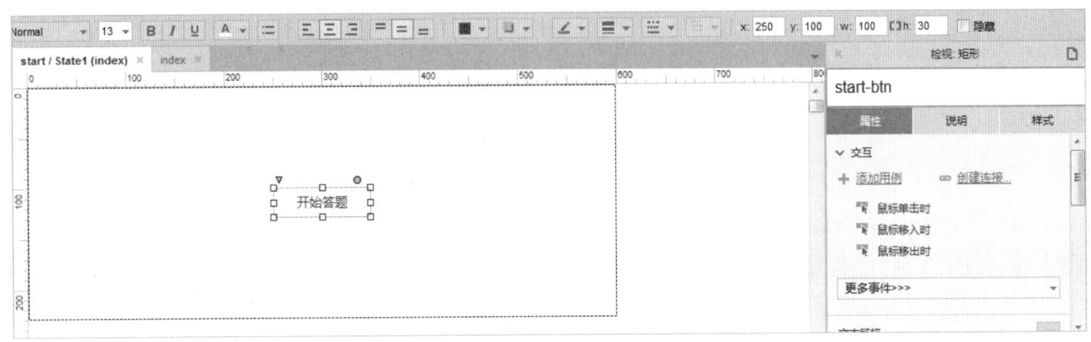

图 12-47　拖入“按钮”元件

（5）单击 index 标签切换至 index 编辑区，在“元件库”面板中拖入“中继器”元件，在右侧“检视：中继器”区域设置名称为 title，单击“样式”标签切换至“样式”面板，在“分页”区域选中“多页显示”复选框，设置“每页项目数”为 1，“起始页”为 1，如图 12-48 所示。

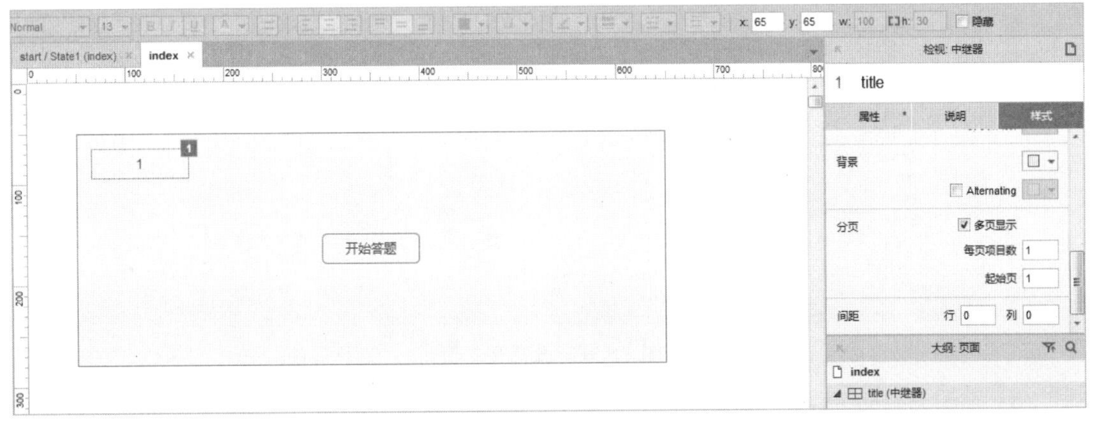

图 12-48　设置“中继器”元件

（6）在右侧单击“属性”标签切换至“属性”面板，在“中继器”区域插入行和列，并添加相应的信息，如图 12-49 所示。

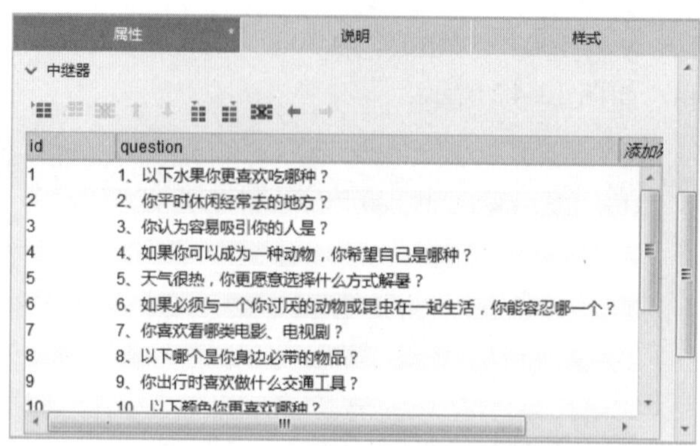

图 12-49　添加行和列到中继器

（7）在编辑区中双击“中继器”元件，进入 title（index）编辑区中，选择“矩形”元件，在工具栏中设置“线段颜色”为无，“宽度”为 570，“高度”为 25，在右侧“检视：矩形”区域设置名称为 question，如图 12-50 所示。

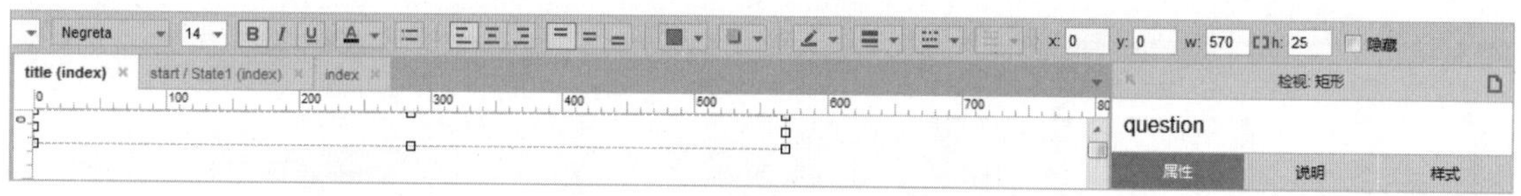

图 12-50　设置“矩形”元件

（8）单击 index 标签，选择“中继器”元件，在右侧双击“每项加载时”事件下方的 Case1，在弹出的“用例编辑<每项加载时>”对话框中修改文本值为[[Item.question]]，如图 12-51 所示。

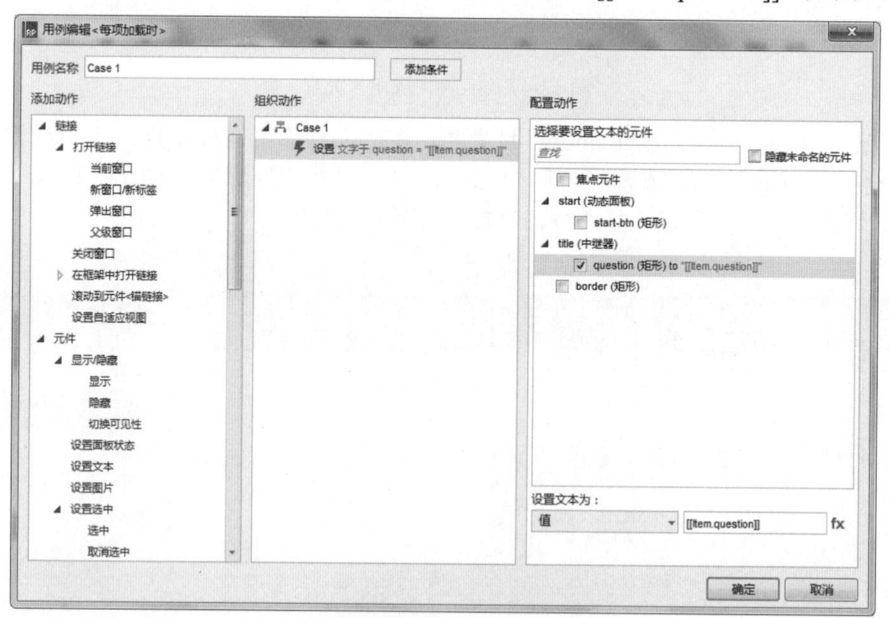

图 12-51　设置文本值

（9）单击右侧的“样式”标签切换至“样式”面板，选中“隐藏”复选框，如图 12-52 所示。

（10）在“元件库”面板中将“中继器”元件拖入编辑区中，在右侧“检视：中继器”区域设置名称为 option，单击“属性”标签切换至“属性”面板，在“中继器”区域插入行和列，并添加相应的内容，如图 12-53 所示。

图 12-52　隐藏元件

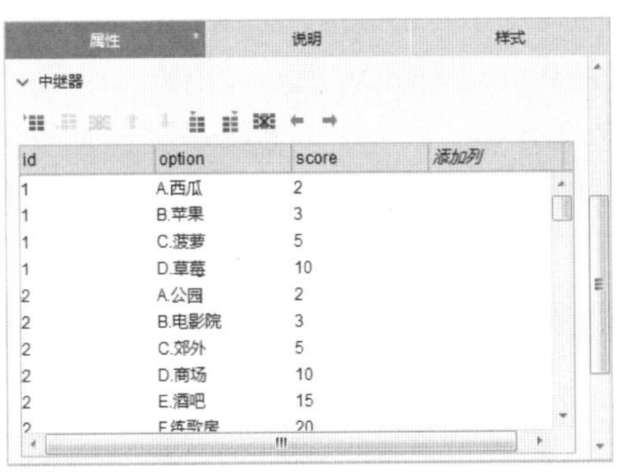

图 12-53　添加行和列到中继器

（11）双击“option 中继器”元件进入 option（index）编辑区，删除“矩形”元件，从“元件库”面板中拖入“单选按钮”元件至编辑区中，在工具栏中设置“宽度”为 570，在右侧“检视：单选按钮”区域设置名称为 radio_btn，如图 12-54 所示。

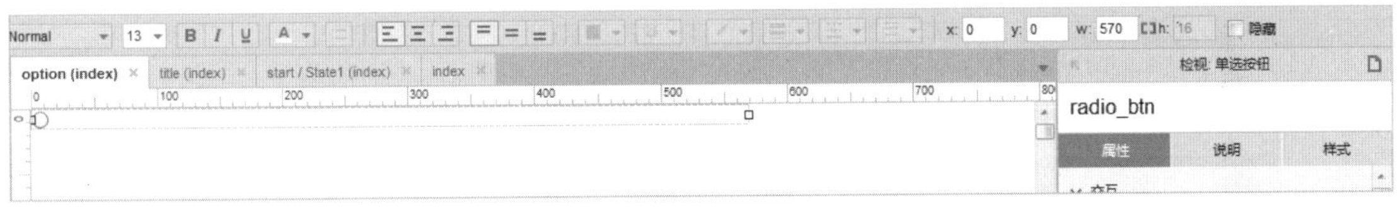

图 12-54　拖入“单选按钮”元件

（12）在“属性”面板中单击“更多事件>>>”右侧的下三角按钮，在弹出的下拉菜单中选择“选中改变时”选项，弹出“用例编辑<选中改变时>”对话框，单击“添加条件”按钮，弹出“条件设立”对话框，设置当前元件的选中状态为 true，如图 12-55 所示。单击“确定”按钮返回至“用例编辑<选中改变时>”对话框。

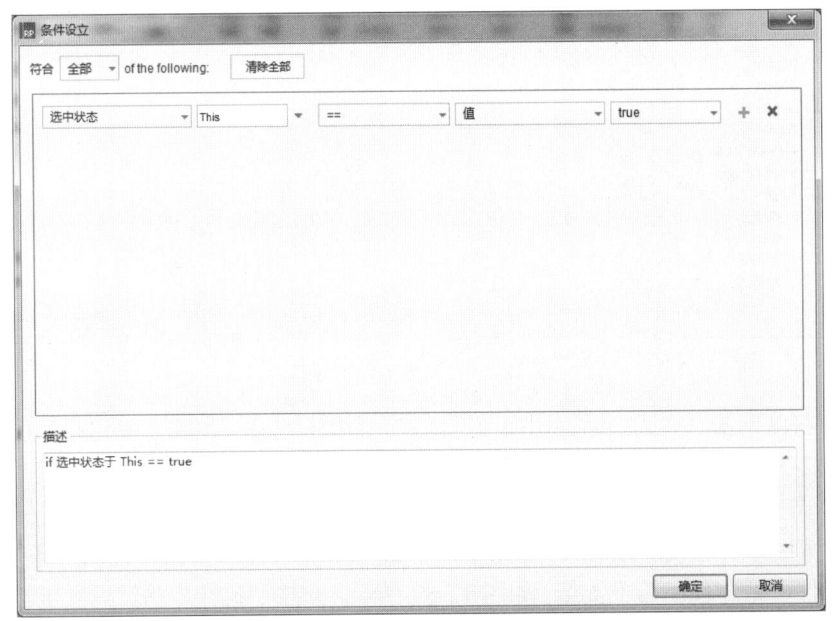

图 12-55　设置条件

（13）在左侧“添加动作”区域选择“设置变量值”选项，在右侧“配置动作”区域单击

“添加全局变量”超链接，弹出“全局变量”对话框，单击“添加”按钮，添加面板状态 score，设置值为 0，如图 12-56 所示。单击“确定”按钮返回至“用例编辑<选中改变时>”对话框中。

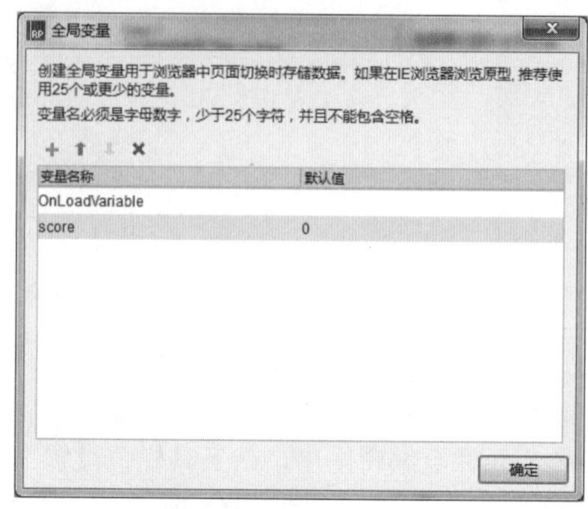

图 12-56　添加面板状态

（14）选中 score 复选框，设置全局变量的值为[[Item.score]]，如图 12-57 所示。单击“确定”按钮返回至编辑区中。

图 12-57　设置全局变量值

（15）在右侧单击“样式”标签切换至“样式”面板，选中“隐藏”复选框，设置间距“行”为 10，如图 12-58 所示。

（16）单击“属性”标签切换至“属性”面板，双击“每项加载时”事件下面的 Case1 选项，弹出“用例编辑<每项加载时>”对话框，单击“添加条件”按钮，弹出“条件设立”对话框，设置“元件可见”This 等于 true，如图 12-59 所示。单击“确定”按钮返回至“用例编辑<每项加载时>”编辑区。

（17）修改文本“radio_btn（单选按钮）”的值为[[Item.option]]，如图 12-60 所示。单击“确定”按钮返回至编辑区中。

图 12-58　设置元件样式

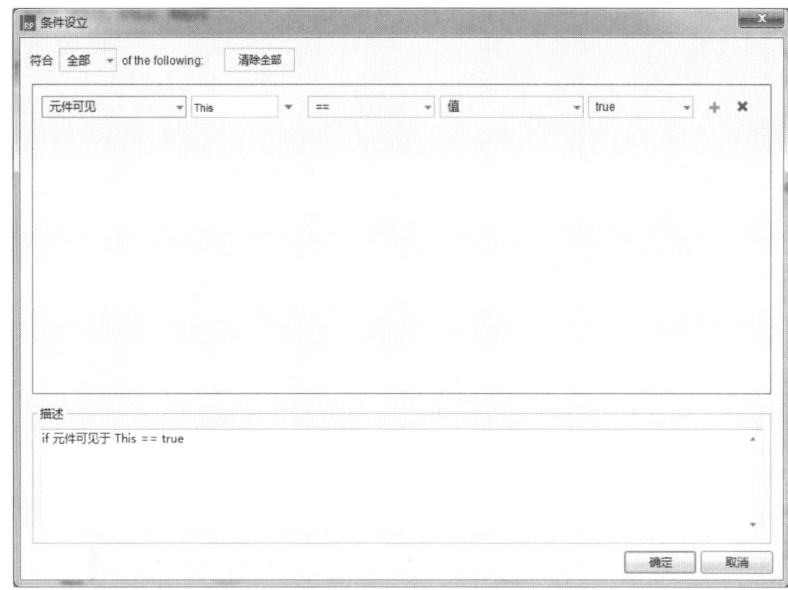

图 12-59　设立条件

图 12-60　设置文本值

（18）在“元件库”面板中将“按钮”元件拖入编辑区中，双击并输入“下一步”，在工具栏中设置 x 为 534，y 为 240，“宽度”为 100，“高度”为 30，选中“隐藏”复选框，在右侧“检视：矩形”区域设置名称为 next，如图 12-61 所示。

（19）在“元件库”面板中将“动态面板”元件拖入编辑区中，在工具栏中设置 x 和 y 均为 50，“宽度”为 600，“高度”为 30，在右侧“检视：动态面板”区域设置名称为 total，单击“样式”标签切换至“样式”面板，选中“隐藏”复选框，如图 12-62 所示。

（20）双击“total 动态面板”元件，在弹出的“面板状态管理”对话框中双击 State1 选项，从“元件库”面板中拖入“矩形 1”元件和两个“文本标签”元件至编辑区中，输入内容，设置大小和位置，并设置“得分”右侧的文本标签名称为 value，如图 12-63 所示。

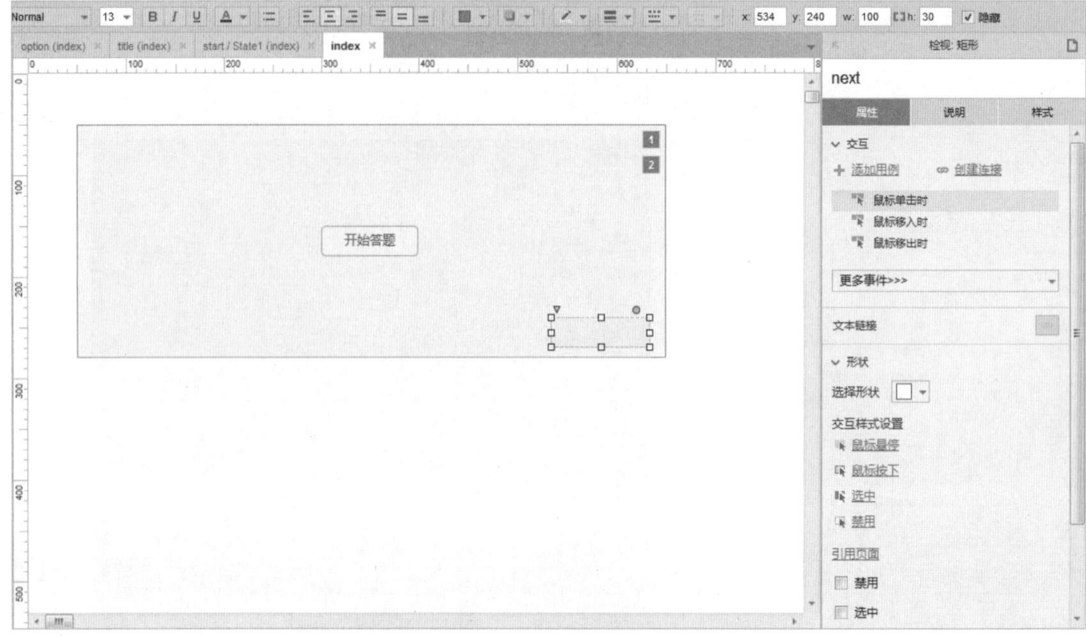

图 12-61　拖入“按钮”元件

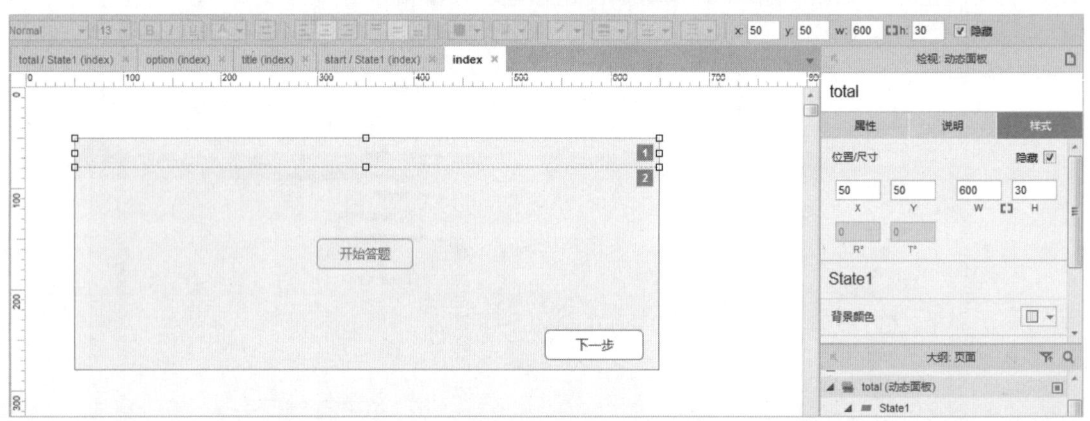

图 12-62　拖入“动态面板”元件

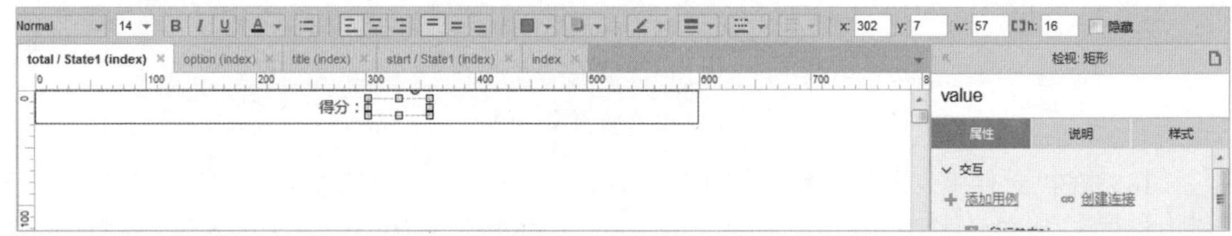

图 12-63　设置元件

（21）单击 index 标签切换至 index 编辑区中，拖入“动态面板”元件至编辑区中，设置大小并调整至适当位置，在右侧“检视：动态面板”区域设置名称为 mark，在“样式”面板中选中“隐藏”复选框，如图 12-64 所示。

（22）双击“mark 动态面板”元件，在弹出的“面板状态管理”对话框中单击“添加”按钮添加 5 个面板状态，并分别设置名称为 180、140、100、70、40、0，如图 12-65 所示。

（23）双击 180 选项，进入 mark/180（index）编辑区中，从“元件库”面板中拖入“矩形

1”元件，设置大小和位置，双击并输入相应的内容，单击“样式”标签切换至“样式”面板，设置填充“左”为 15，“右”为 15，如图 12-66 所示。

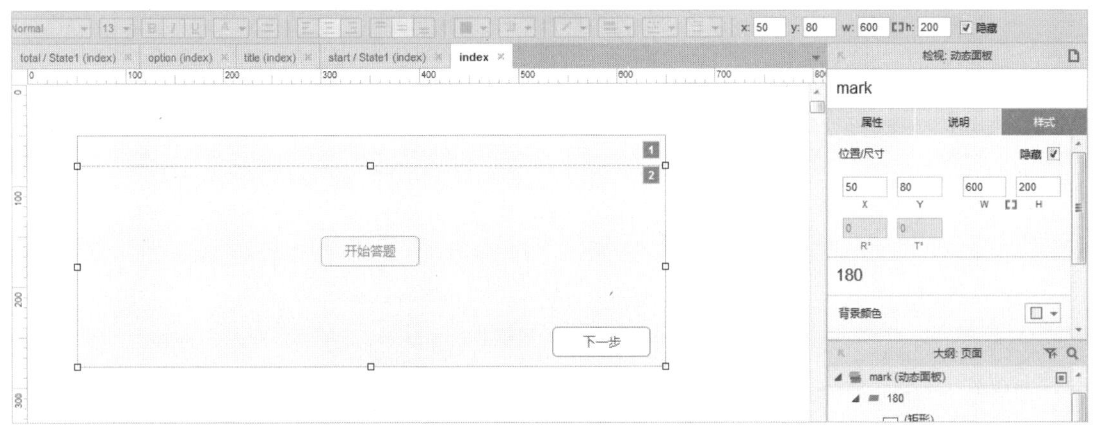

图 12-64 设置“动态面板”元件

图 12-65 添加面板状态

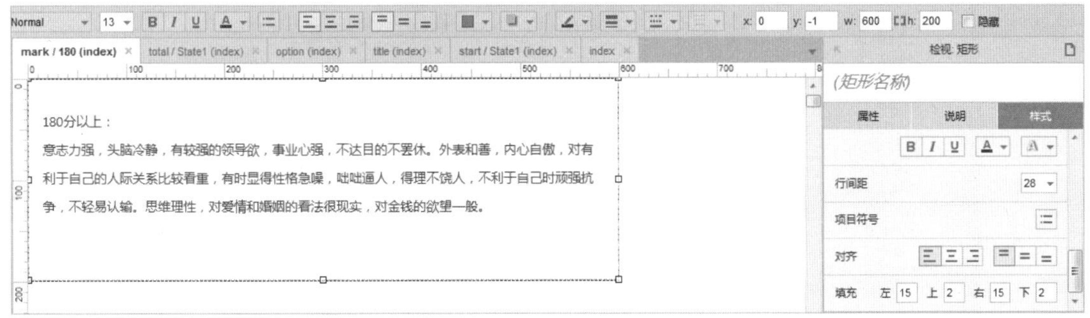

图 12-66 设置矩形元件

（24）用同样的方法为其他面板状态输入相应的内容，单击 start/State1（index）标签切换至 start/State1（index）编辑区，选择“开始答题”元件，单击“属性”标签切换至“属性”面板，双击“鼠标单击时”选项，弹出“用例编辑<鼠标单击时>”对话框，在左侧“添加动作”区域选择“显示”选项，在右侧“配置动作”区域选中“next（矩形）”复选框，如图 12-67 所示。

（25）在左侧选择“隐藏”选项，在右侧选中“start（动态面板）”复选框，如图 12-68

所示。

图 12-67　显示元件

图 12-68　隐藏动态面板

（26）在左侧选择“显示”选项，在右侧选中“option（中继器）”和“title（中继器）”复选框，如图 12-69 所示。

（27）在左侧选择“设置当前显示页面”选项，在右侧选中“title（中继器）”复选框，其他为默认，如图 12-70 所示。

（28）在左侧选择“添加筛选”选项，在右侧选中“option（中继器）”复选框，在下方设置“名称”为 gl，如图 12-71 所示。

图 12-69　显示动态面板

图 12-70　设置当前显示页面

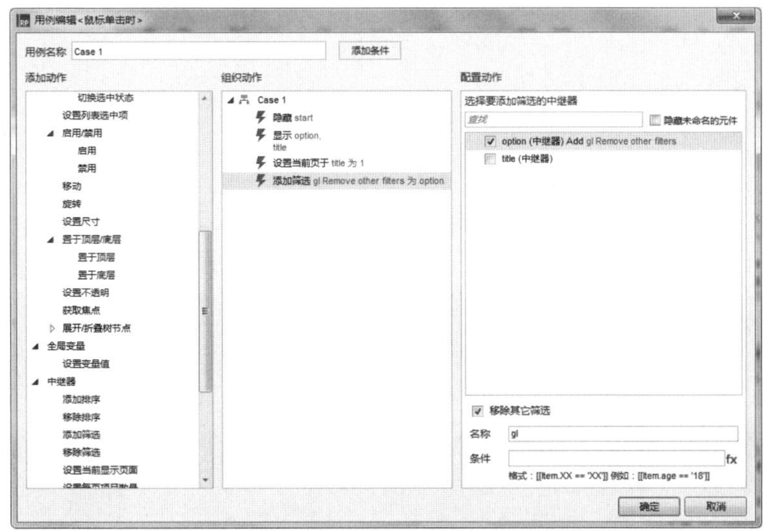

图 12-71　添加筛选

（29）单击“条件”右侧的 fx 按钮，弹出“编辑值”对话框，在“局部变量”选项组中单击“添加局部变量”超链接，设置 option 等于“元件” option，在上方插入变量[[Item.id=='1']]，如图 12-72 所示。单击两次“确定”按钮返回至编辑区中。

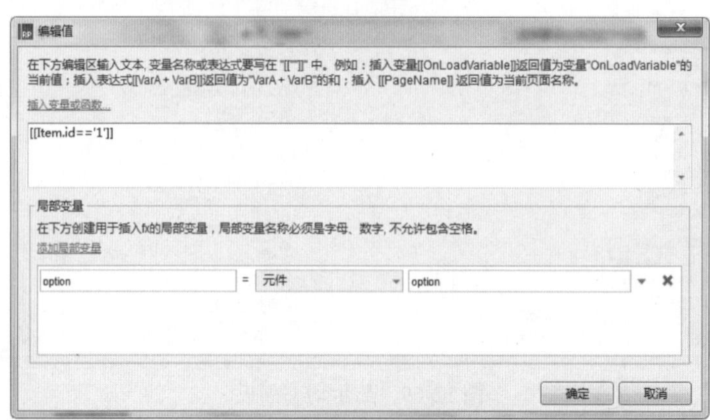

图 12-72　插入变量

（30）单击 index 标签切换至 index 编辑区中，选择“next 矩形”元件，在右侧“属性”面板中双击“鼠标单击时”选项，弹出“用例编辑<鼠标单击时>”对话框，单击“添加条件”按钮，弹出“条件设立”对话框，设置“变量值” score 不等于 0，如图 12-73 所示。

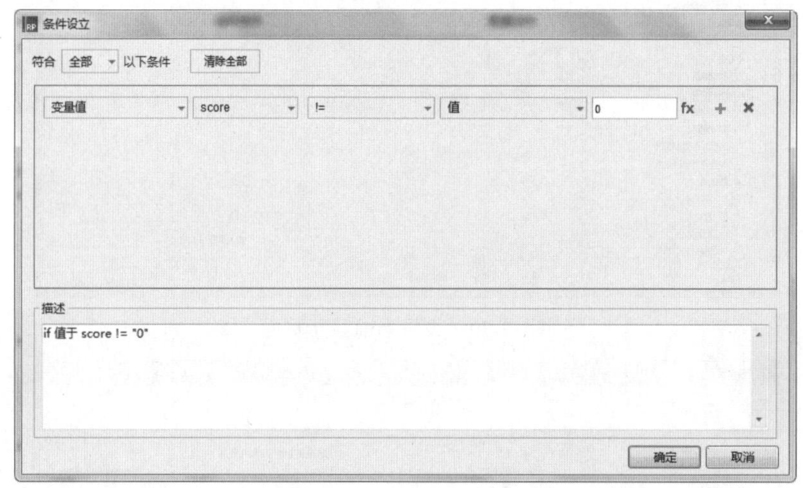

图 12-73　设立条件

（31）单击“添加行”按钮添加一行，在第一个下拉列表框中选择“值”，单击文本框右侧的 fx 按钮，弹出“编辑文本”对话框，在下方添加局部变量，设置 question 等于“元件”option，在上方插入变量[[question.pageIndex]]，如图 12-74 所示。单击“确定”按钮返回至“条件设立”对话框。

（32）设置“值” [[question.pageIndex]]小于 15，如图 12-75 所示。单击“确定”按钮返回至“用例编辑<鼠标单击时>”对话框。

（33）在左侧选择“设置文本”选项，在右侧选中“value（矩形）”复选框，在下方设置文本值为[[Target.text+score]]，如图 12-76 所示。

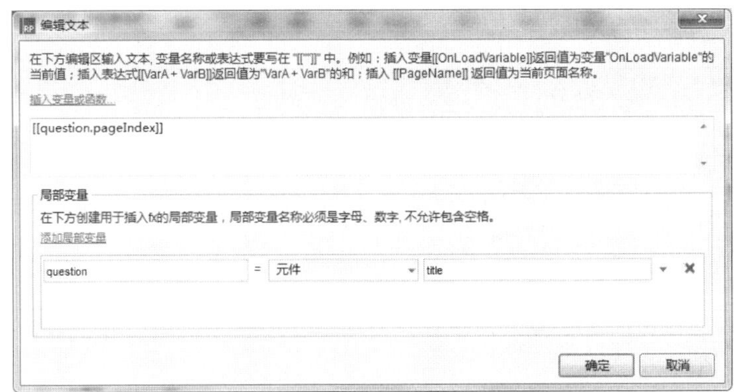

图 12-74 添加局部变量

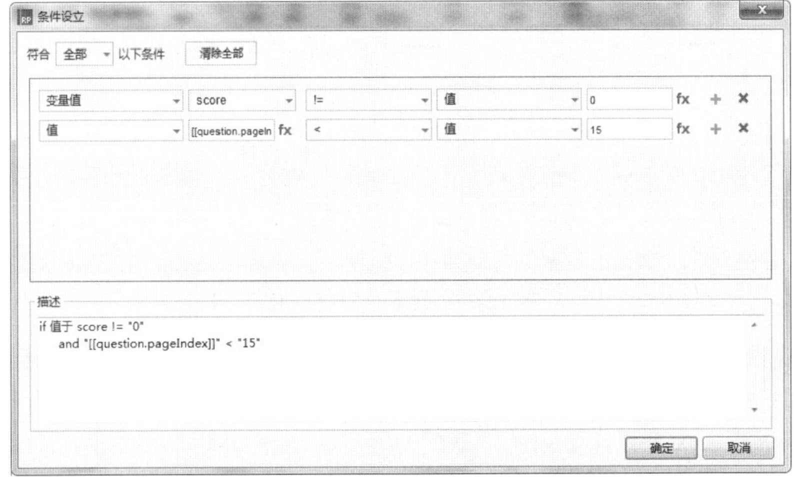

图 12-75 设立条件

图 12-76 设置文本值

（34）在左侧选择“设置变量值”选项，在右侧选中 score 复选框，在下方设置全局变量的值为 0，如图 12-77 所示。

图 12-77　设置全局变量值

（35）在左侧选择“设置当前显示页面”选项，在右侧选中“title（中继器）”复选框，设置“选择页面为”为 Next，如图 12-78 所示。

图 12-78　设置当前页面

（36）在左侧选择“移除筛选”选项，在右侧选中“option（中继器）”复选框，在下方选中“移除全部筛选”复选框，如图 12-79 所示。

图 12-79 移除筛选

（37）在左侧选择“添加筛选”选项，在右侧选中“option（中继器）”复选框，在下方设置“名称”为 page，如图 12-80 所示。

图 12-80 添加筛选

（38）单击“条件”右侧的 fx 按钮，弹出“编辑值”对话框，单击下方的“添加局部变量”超链接，设置 question 等于“元件”title，插入变量[[Item.id==question.pageIndex]]，如图 12-81 所示。单击两次“确定”按钮返回至编辑区中。

（39）根据步骤（30）～步骤（38）相同的方法添加 Case2 和 Case3，并设置相应的动作，如图 12-82 所示。

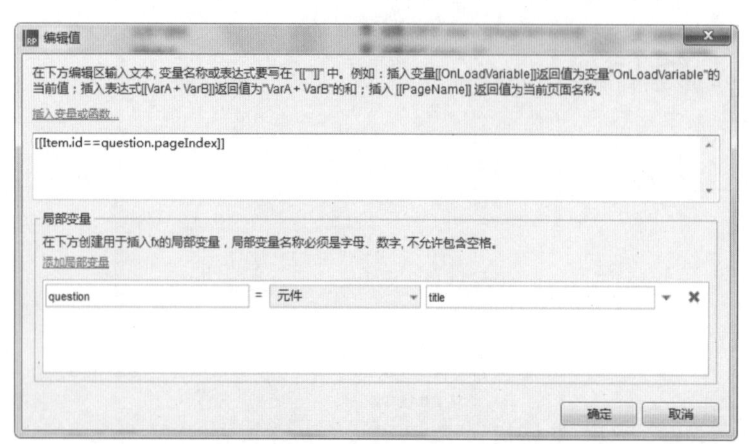

图 12-81　添加局部变量

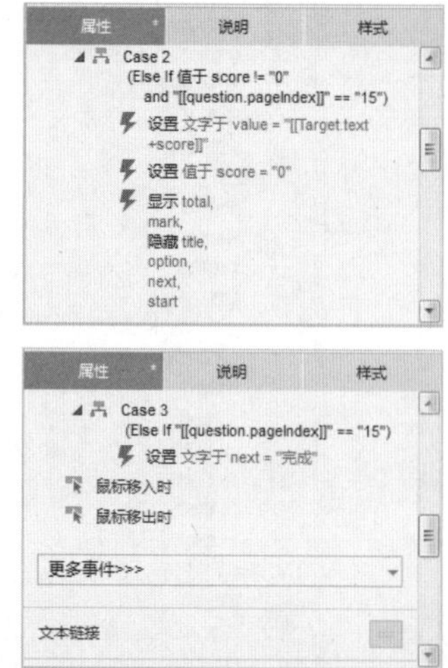

图 12-82　添加 Case2 和 Case3

（40）按 Ctrl+S 快捷键，以“12.4”为名称保存该文件，然后按 F5 键预览效果，如图 12-83 所示。

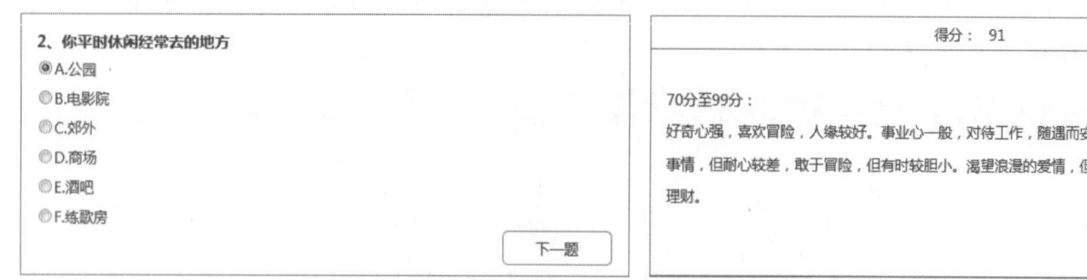

图 12-83　最终效果

12.5　键盘控制小人儿移动

案例描述

页面载入后，用键盘上的↑、↓、←、→方向键控制小人儿上、下、左、右移动，如图 12-84 所示。

图 12-84　键盘控制小人儿移动

思路分析

- 将“图片”元件转换为“动态面板”元件。
- 添加“页面载入时”事件，启用动态面板。
- 添加“页面按键按下时”事件，先判断按键按下的是哪个方向键，然后设置动态面板移动的距离。

操作步骤

（1）选择“文件”|“新建”命令，新建一个 Axure 的文档。

（2）在“元件库”面板中将“图片”元件拖入编辑区中，双击并导入相应的素材图片，在工具栏中设置 x 为 210，y 为 140，“宽度”为 104，“高度”为 182，如图 12-85 所示。

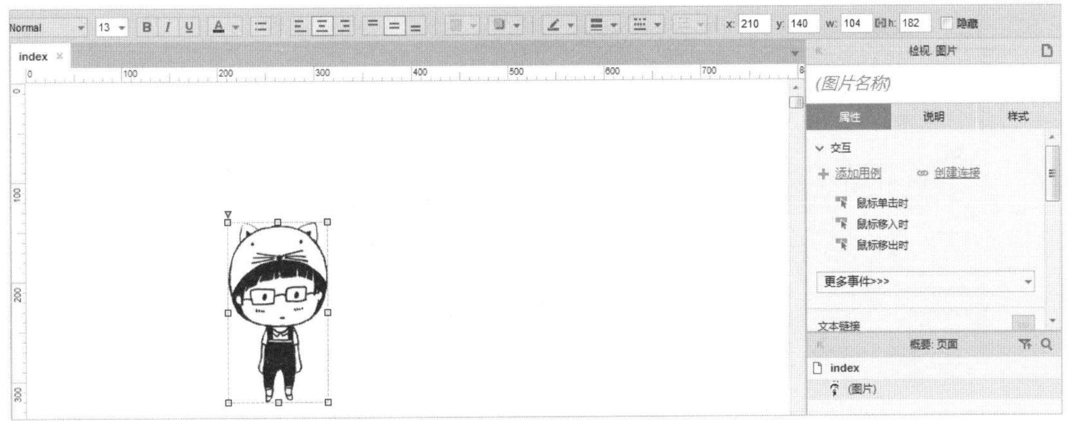

图 12-85　导入图片

（3）在“图片”元件上单击鼠标右键，在弹出的快捷菜单中选择“转换为动态面板”命令，将其转换为动态面板，如图 12-86 所示。

（4）在右侧“检视：动态面板”区域设置名称为 person，如图 12-87 所示。

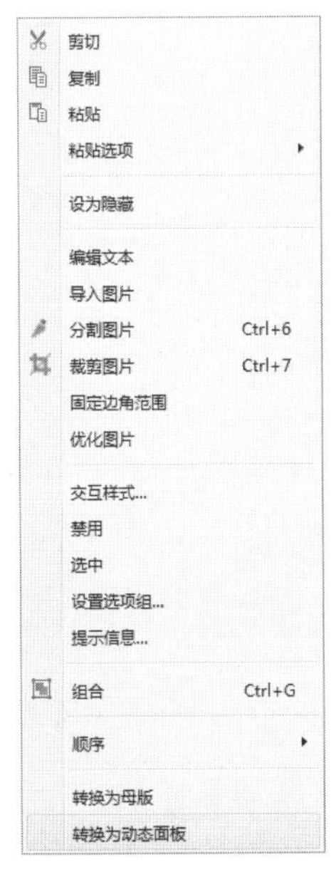

图 12-86　转换为动态面板

图 12-87　设置名称

（5）在编辑区中的空白处单击鼠标左键，在右侧双击“页面载入时”选项，弹出“用例编辑<页面载入时>”对话框，在左侧选择“启用”选项，在右侧选中“person（动态面板）”复选框，如图 12-88 所示。单击“确定”按钮返回至编辑区中。

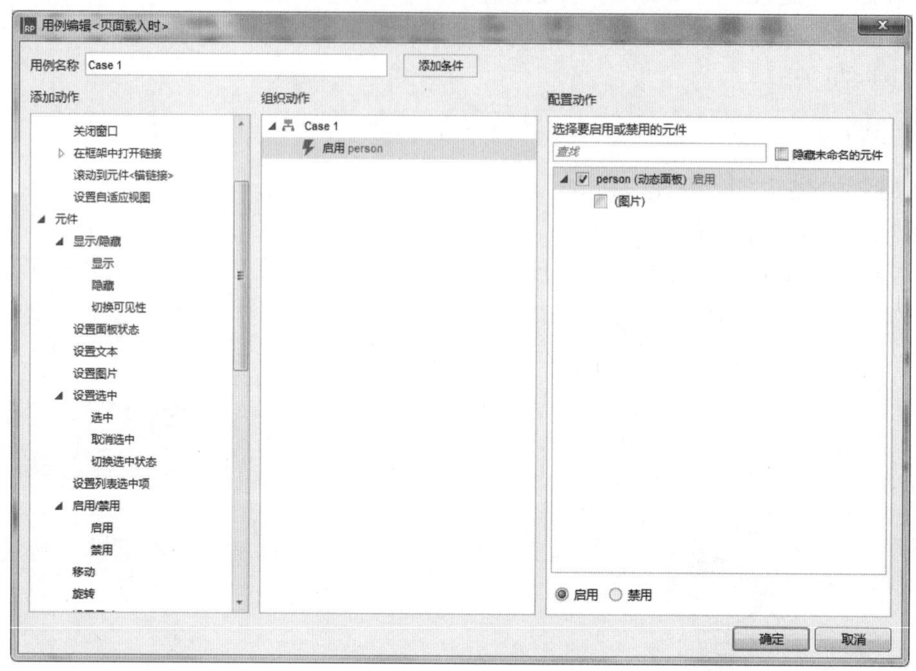

图 12-88　启用动态面板

（6）单击“属性”面板中“更多事件>>>”右侧的下三角按钮，在弹出的下拉菜单中选择“页面按键按下时”选项，如图 12-89 所示。

（7）弹出“用例编辑<页面按键按下时>”对话框，单击“添加条件”按钮，弹出“条件设立”对话框，设置“按下的键”等于“键值”Up，如图 12-90 所示，单击“确定”按钮返回至“用例编辑<页面按键按下时>”对话框。

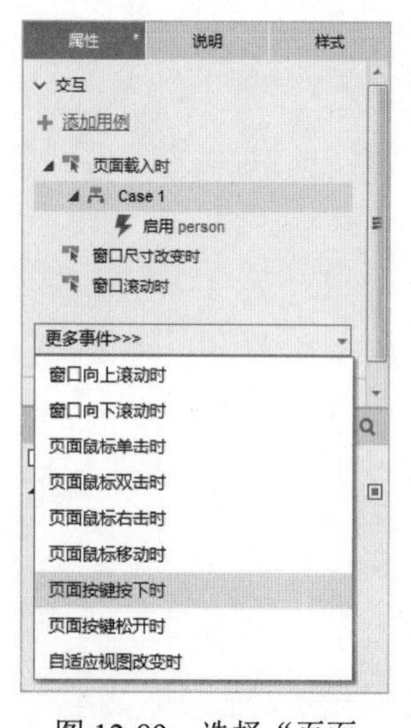

图 12-89　选择“页面按键按下时”选项

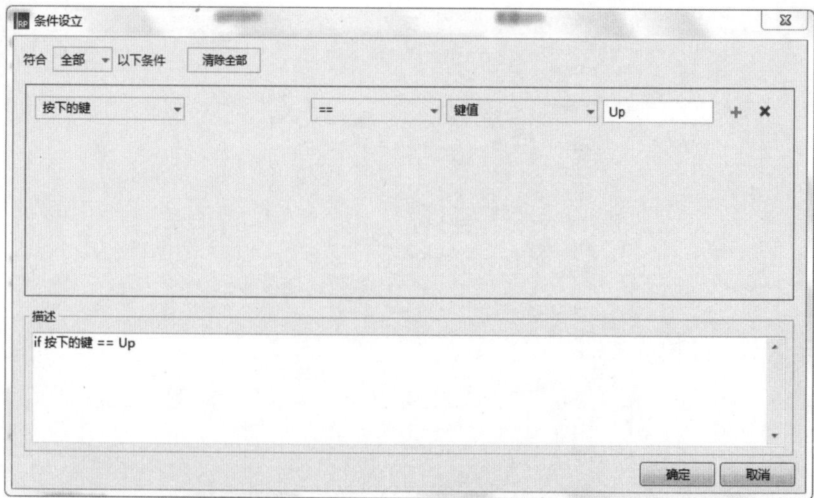

图 12-90　条件设立

（8）在左侧选择“移动”选项，在右侧选中“person（动态面板）”复选框，在下方设置 y 为-10，如图 12-91 所示。单击“确定”按钮返回至编辑区中。

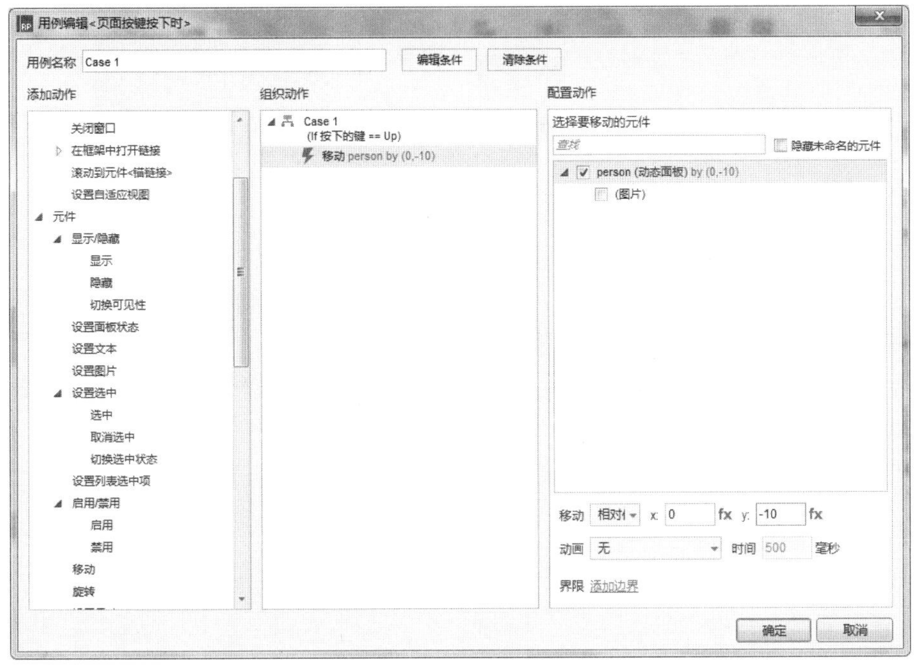

图 12-91　设置移动坐标

（9）用上述同样的方法添加用例 2、用例 3、用例 4，分别设立条件，设置移动距离，如图 12-92 所示。

（10）按 Ctrl+S 快捷键，以“12.5”为名称保存该文件，然后按 F5 键预览效果，如图 12-93 所示。

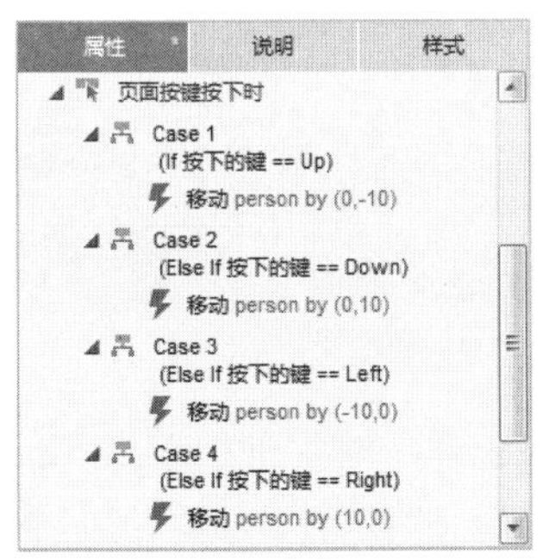

图 12-92　添加用例并设置移动坐标

图 12-93　最终效果

12.6 照　片　墙

案例描述

当在照片墙中选择其中一张照片时，图片列表中的图片边框会变成橙色，同时会在右侧预览显示，如图 12-94 所示。

图 12-94 照片墙

思路分析

- 在动态面板的面板状态中放入一个中继器，并设置中继器为 8 行，水平布局，每排 4 个，并设置“每项加载时”的事件。
- 在中继器中拖入“矩形”元件和“图片”元件，并将其转换为动态面板，添加“鼠标单击时”事件。
- 设置动态面板中的矩形元件被选中时的“线段颜色”和“线宽”。

操作步骤

（1）选择“文件”|“新建”命令，新建一个 Axure 的文档。

（2）在左侧“元件库”面板中将“动态面板”元件拖入编辑区中，在工具栏中设置 x 和 y 均为 0，“宽度”为 435，“高度”为 225，在右侧“检视：动态面板”中设置名称为 picWall，如图 12-95 所示。

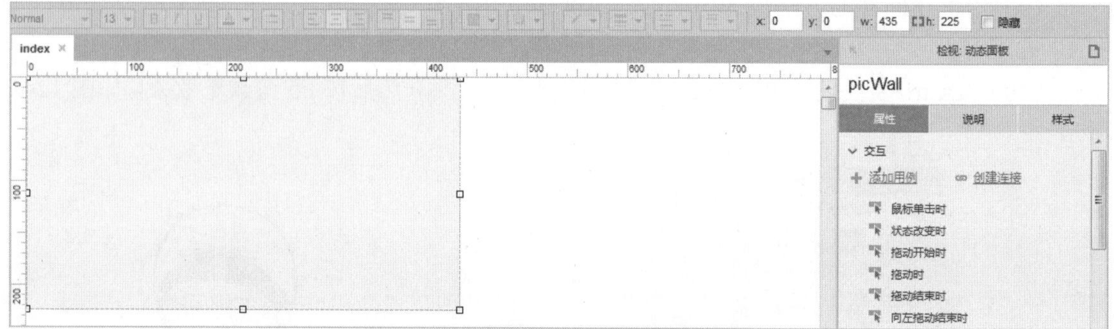

图 12-95 拖入“动态面板”元件

（3）双击“动态面板”元件，在弹出的“面板状态管理”对话框中双击 State1 选项，进入 picWall/State1（index）编辑区中，在左侧“元件库”面板中将“中继器”元件拖入编辑区中，在工具栏中设置 x 和 y 均为 0，如图 12-96 所示。

（4）在右侧“属性”面板的“中继器”区域双击 Column0 单元格，使其呈编辑状态，输入 img，选中 1 单元格，单击鼠标右键，在弹出的快捷菜单中选择“导入图片”命令，如图 12-97 所示。

（5）打开“打开”对话框，选择相应的素材文件，单击“打开”按钮即可导入图片，用相同的方法为其他单元格导入相应的图片，然后添加 5 行并导入相应的素材文件，如图 12-98 所示。

（6）单击“样式”标签切换至“样式”面板，设置“布局”为“水平”，选中“网格排布”复选框，设置“每排项目数”为 4，设置“间距”区域中的“行”和“列”均为 5，如图 12-99 所示。

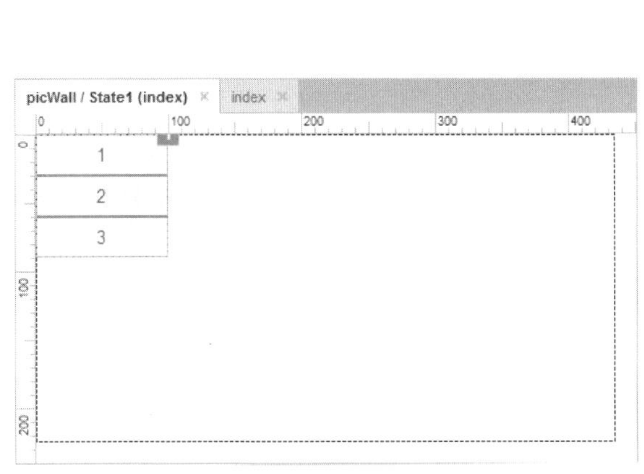

图 12-96 拖入“中继器”元件

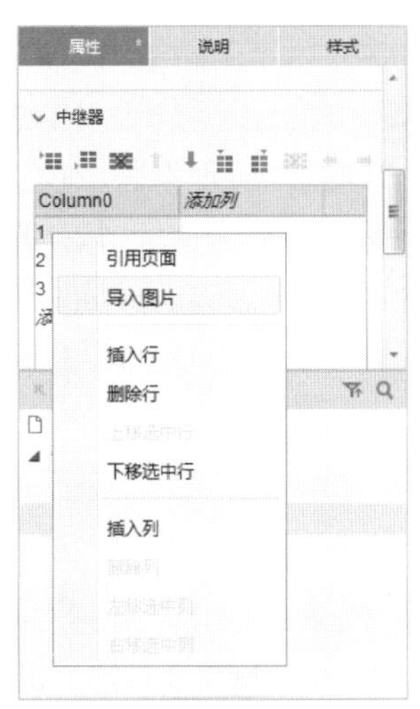

图 12-97 选择“导入图片”命令

（7）双击“中继器”元件，进入“（中继器）index”编辑区，选择“矩形”元件，在工具栏中设置“高度”为 100，单击鼠标右键，在弹出的快捷菜单中选择“转换为动态面板”命令（见图 12-100），将矩形转换为动态面板。

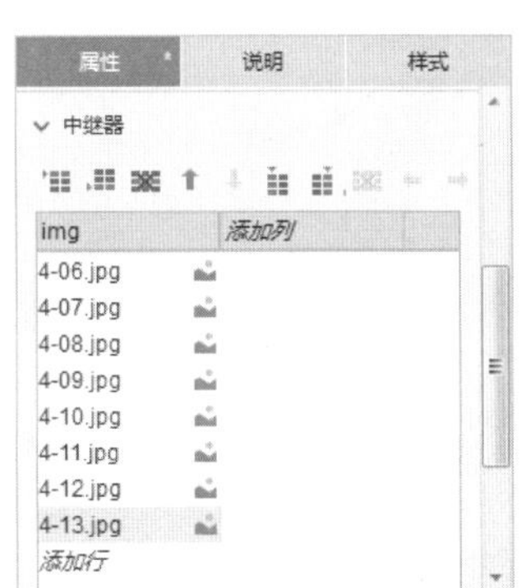

图 12-98 添加行并导入图片

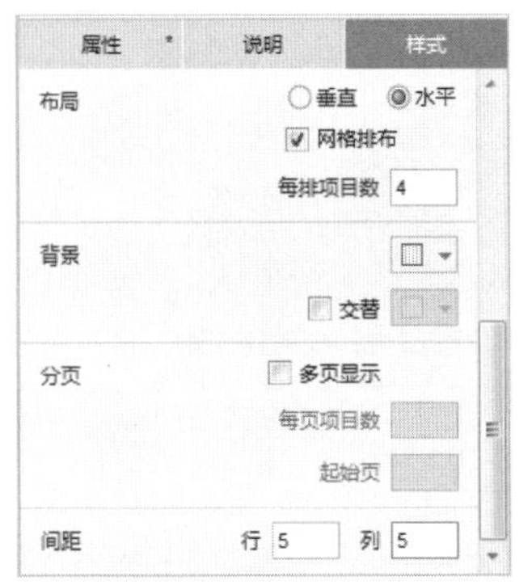

图 12-99 设置“布局”和“间距”

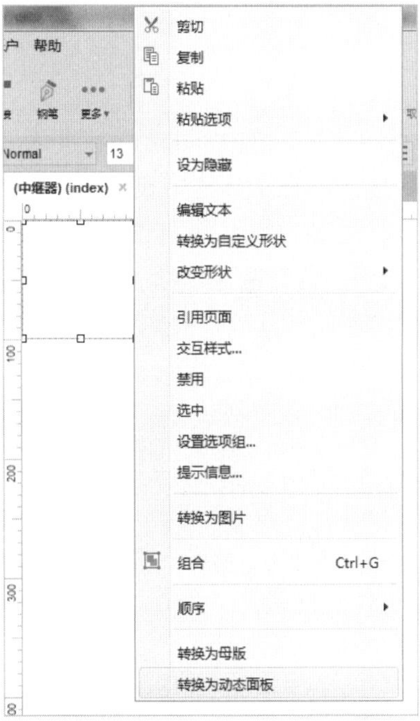

剪切
复制
粘贴
粘贴选项
设为隐藏
编辑文本
转换为自定义形状
改变形状
引用页面
交互样式...
禁用
选中
设置选项组...
提示信息...
转换为图片
组合 Ctrl+G
顺序
转换为母版
转换为动态面板

图 12-100 转换为动态面板

（8）在右侧“检视：动态面板”区域设置名称为 option，如图 12-101 所示。

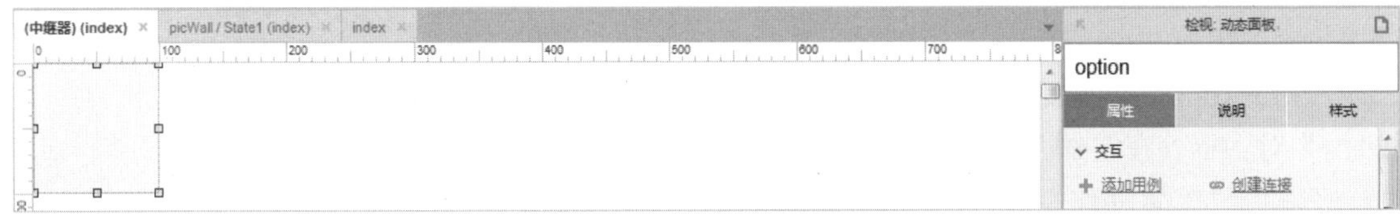

图 12-101 设置动态面板名称

（9）双击“动态面板”元件，在弹出的“面板状态管理”对话框中双击 State1 选项，进入 option/State1（index）编辑区中，选择“矩形”元件，在工具栏中设置“线段颜色”为灰色（#D7D7D7），在右侧“检视：矩形”区域设置名称为 border，单击“样式”标签切换至“样式”面板，设置“圆角半径”为 5，如图 12-102 所示。

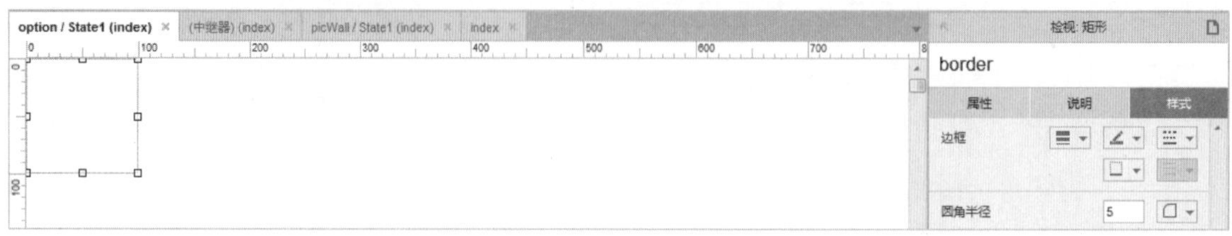

图 12-102　设置“线段颜色”和“圆角半径”

（10）在左侧“元件库”面板中将“图片”元件拖入编辑区中，在工具栏中设置 x 和 y 均为 13，“宽度”和“高度”均为 75，在右侧“检视：图片”区域设置名称为 photo，如图 12-103 所示。

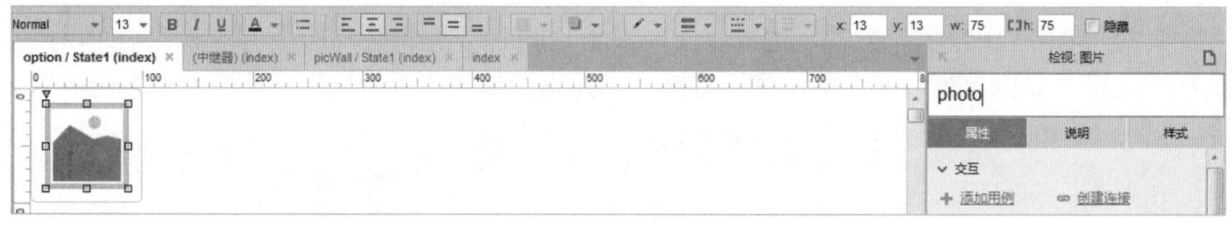

图 12-103　拖入“图片”元件

（11）单击 index 标签进入 index 编辑区，在左侧“元件库”面板中将“图片”元件拖入编辑区中，在工具栏中设置 x 为 435，y 为 10，“宽度”和“高度”均为 205，在右侧“检视：图片”区域设置名称为 preview，如图 12-104 所示。

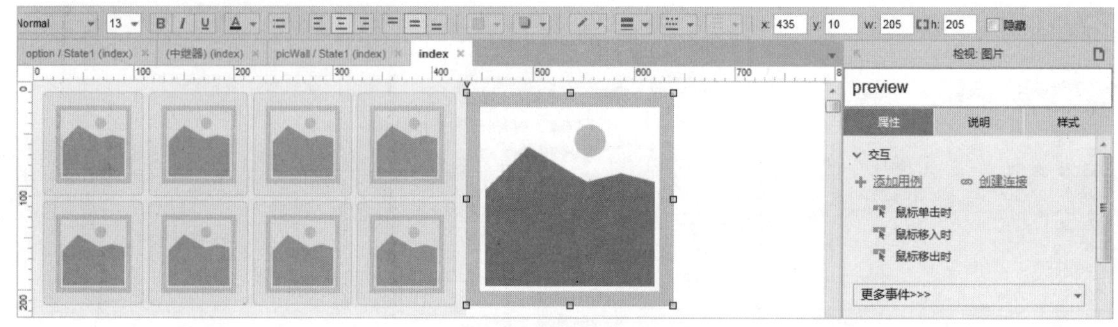

图 12-104　设置“图片”元件

（12）单击 picWall/State1（index）标签，进入 picWall/State1（index）编辑区中，选择“中继器”元件，在右侧“属性”面板中选择“每项加载时”选项，单击鼠标右键，在弹出的快捷菜单中选择“删除所有用例”命令，如图 12-105 所示，删除每项加载时的用例。

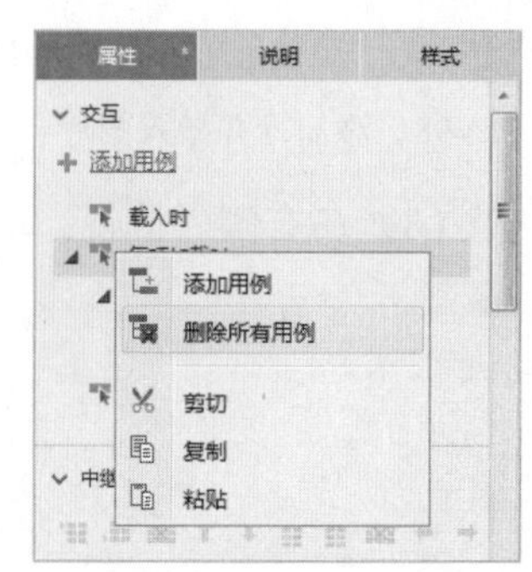

图 12-105　删除用例

（13）双击“每项加载时”选项，弹出“用例编辑<每项加载时>”对话框，在左侧“添加动作”区域选择“设置图片”选项，在右侧“配置动作”区域选中“photo（图片）”复选框，如图 12-106 所示。

图 12-106　添加动作

（14）在 Default 下方选择“值”，在右侧单击 fx 按钮，弹出“编辑值”对话框，插入函数[[Item.img]]，如图 12-107 所示。单击“确定”按钮返回至“用例编辑<每项加载时>”对话框，单击“确定”按钮返回至编辑区中。

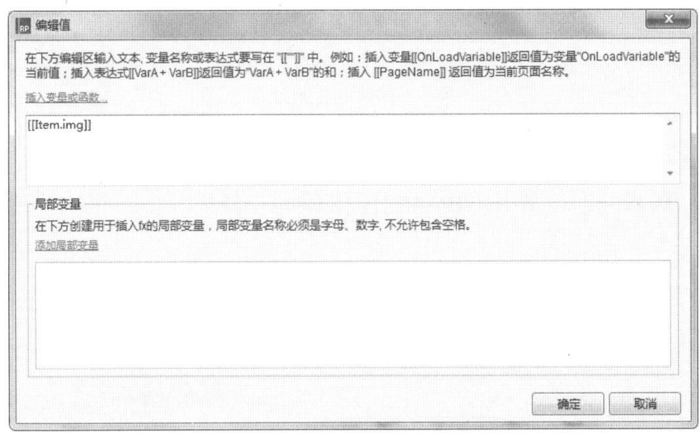

图 12-107　插入函数

（15）在右侧“属性”面板中取消选中“隔离选项组效果”复选框，如图 12-108 所示。

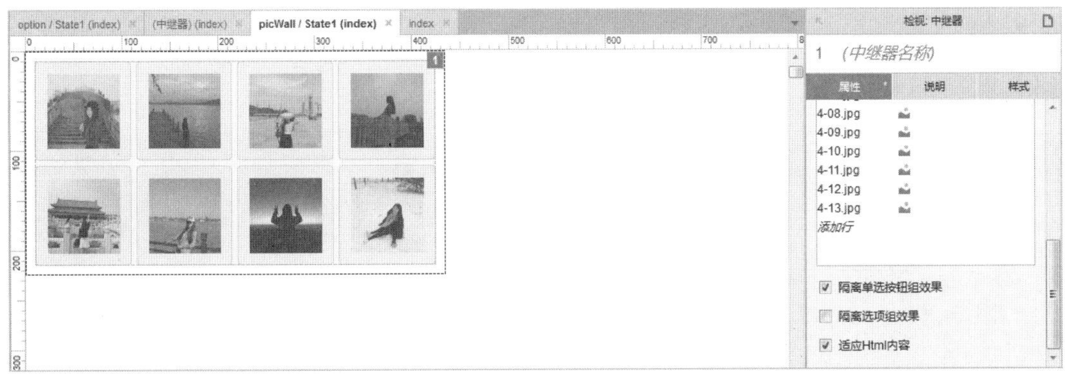

图 12-108　隔离选项组

（16）单击“（中继器）（index）”标签切换至“（中继器）（index）”编辑区，选择“动态面板”元件，在右侧“属性”面板中双击“鼠标单击时”选项，弹出“用例编辑<鼠标单击时>”对话框，在左侧“添加动作”区域选择“选中”选项，在右侧“配置动作”区域选中“option（动态面板）”和“border（矩形）”复选框，其他保持默认，如图 12-109 所示。

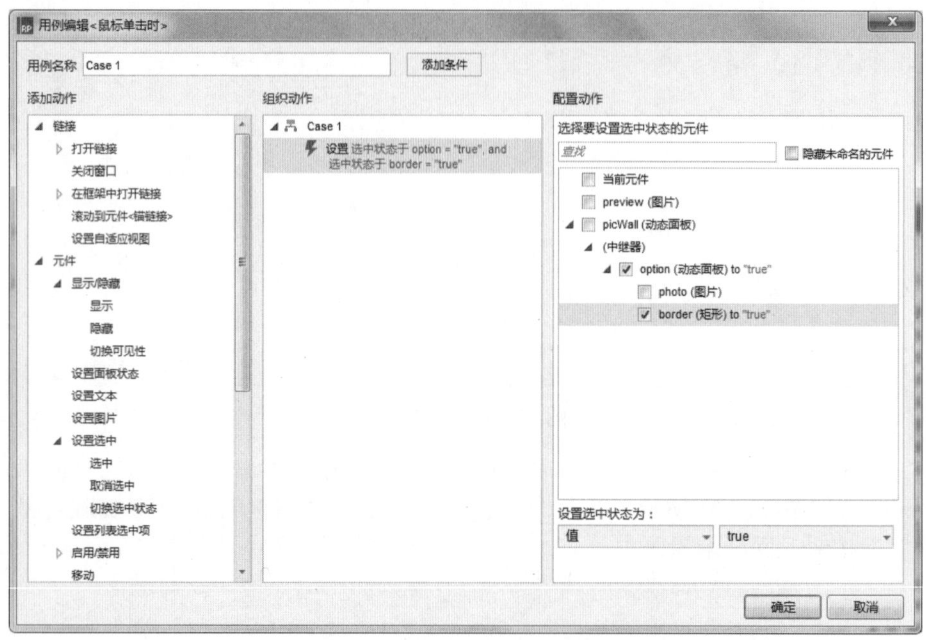

图 12-109　添加动作

（17）在左侧“添加动作”区域选择“设置图片”选项，在右侧“配置动作”区域选中“preview（图片）”复选框，设置“值”为[[Item.img]]，如图 12-110 所示。单击“确定”按钮返回至编辑区中。

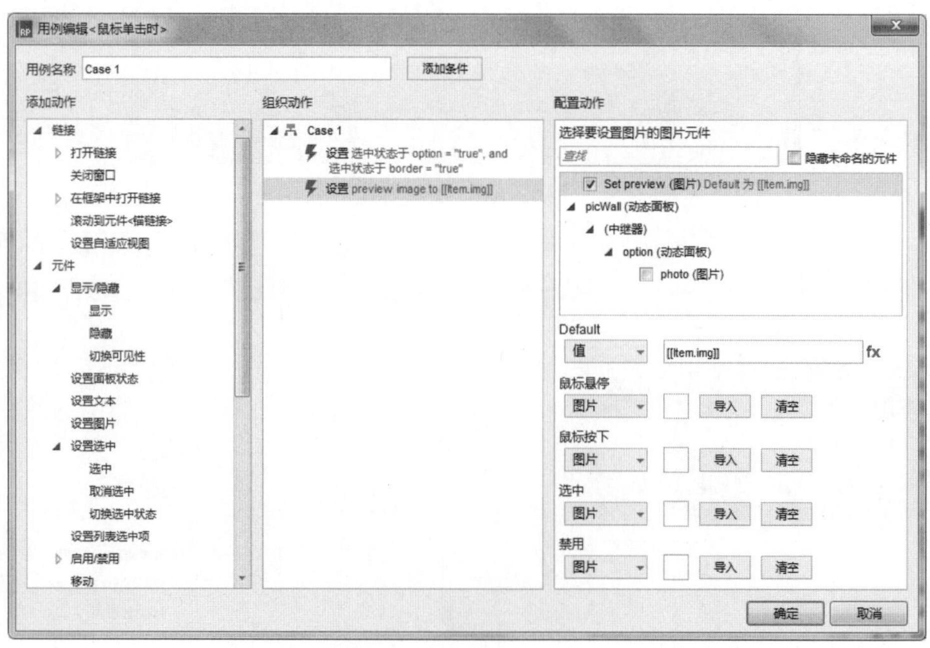

图 12-110　为图片添加动作

（18）按 Ctrl+S 快捷键，以“12.6”为名称保存该文件，然后按 F5 键预览效果，如图 12-111 所示。

图 12-111　最终效果

12.7　手风琴菜单

案例描述

单击一级菜单，下方弹出二级菜单，当单击其他的一级菜单时，下方弹出二级菜单的同时折叠前面弹出的二级菜单，如图 12-112 所示。

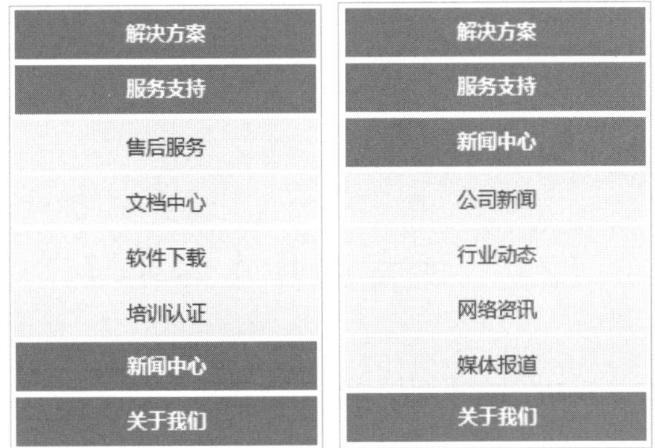

图 12-112　手风琴菜单

思路分析

- 在动态面板中嵌入中继器，用来存放二级菜单数据。
- 为“矩形”元件添加“鼠标单击时”事件，判断当前元件是否为选中状态。

本案例的具体操作步骤请参见资源包。

12.8　人际沟通风格测试制作

案例描述

页面加载后，测试者选择选项来答题，每个答案选完后自动跳到下个题目，不允许修改答案，也不允许返回上一个题目，所有题目回答完之后，会显示出测试者的沟通风格，如图 12-113 所示。

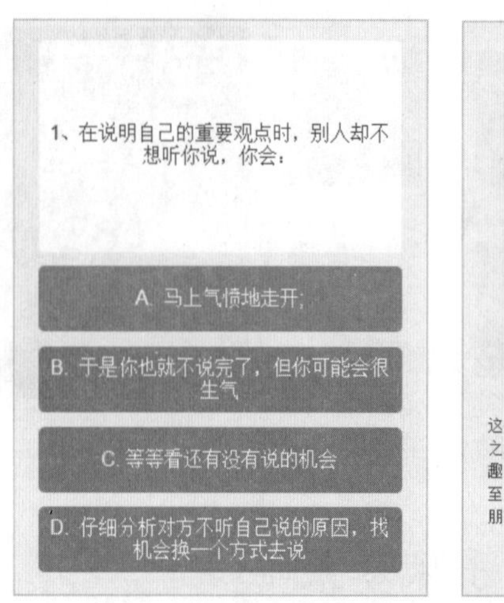

图 12-113　人际沟通风格测试制作

思路分析

- 用两个中继器来存储题目和选项，以及每个选项的沟通风格，并设置模块之间的布局和间隔。
- 使用全局变量来记录每种沟通风格的得分，例如测试者第一题的答案为风格 A，那么就记 1 分，以此类推，并且对分值进行累加。最终根据每种风格得分的高低来匹配最终的测试结果。

本案例的具体操作步骤请参见资源包。

12.9　橱窗图片左右轮换

当鼠标单击左侧的箭头按钮，图片向左移动；当单击右侧的箭头按钮时，图片向右移动，如图 12-114 所示。

图 12-114　橱窗图片左右轮换

思路分析

- 动态面板中嵌套动态面板，用来存放图片。
- 为左右箭头按钮添加“鼠标单击时”事件，并添加左、右侧边界。

本案例的具体操作步骤请参见资源包。

12.10 长按 3 秒显示图片

案例描述

页面载入后，按住键盘上的 Enter 键 3 秒后，显示图片，如图 12-115 所示。

图 12-115 长按 3 秒显示图片

思路分析

- 添加“页面按键按下时”事件，设置条件，当按下 Enter 键 30s 后，显示图片。
- 添加“页面按键松开时”事件，设置全局变量值为 0。

本案例的具体操作步骤请参见资源包。

第 5 部分

高手终极篇

第 13 章　绚丽多彩

13.1　分享到 QQ 空间

案例描述

在文章右上角单击“分享到 QQ 空间”图标，弹出 QQ 空间分享页面，单击“分享”按钮，弹出“账号密码登录”窗口，单击“登录”按钮，进入“分享成功”页面；在“账号密码登录”窗口单击右上角的“关闭”图标，关闭“账号密码登录”窗口，如图 13-1 所示。

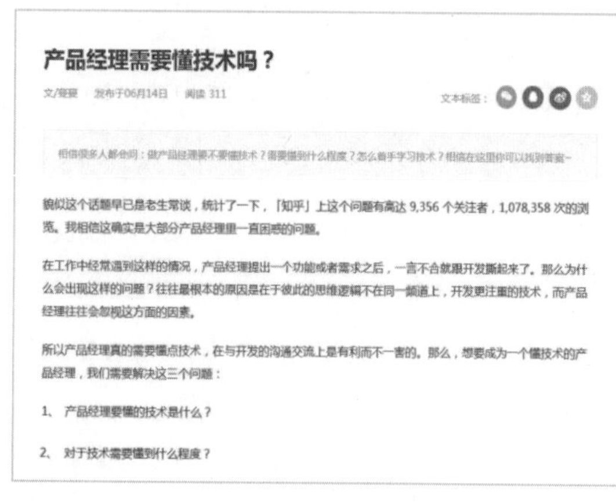

图 13-1　分享到 QQ 空间

思路分析

- 为按钮添加“鼠标单击时”事件，打开新的窗口。
- 使用动态面板来实现页面的显示/隐藏。

操作步骤

（1）选择“文件”|“新建”命令，新建一个 Axure 的文档。

（2）从“元件库”面板中将“图片”元件拖入编辑区中，双击并导入相应的素材图片，在工具栏中设置 x 和 y 均为 0，在右侧“检视：图片”区域设置名称为 content，如图 13-2 所示。

（3）从“元件库”面板中将“文本标签”元件拖入编辑区中，在工具栏中设置“字体颜色”为#999999，x 为 600，y 为 100，如图 13-3 所示。

（4）从“元件库”面板中将“图片”元件拖入编辑区中，双击并导入相应的素材图片，在工具栏中设置 x 为 790，y 为 93，“宽度”为 32，“高度”为 30，在右侧“检视：图片”区域设置名称为 QQ，如图 13-4 所示。

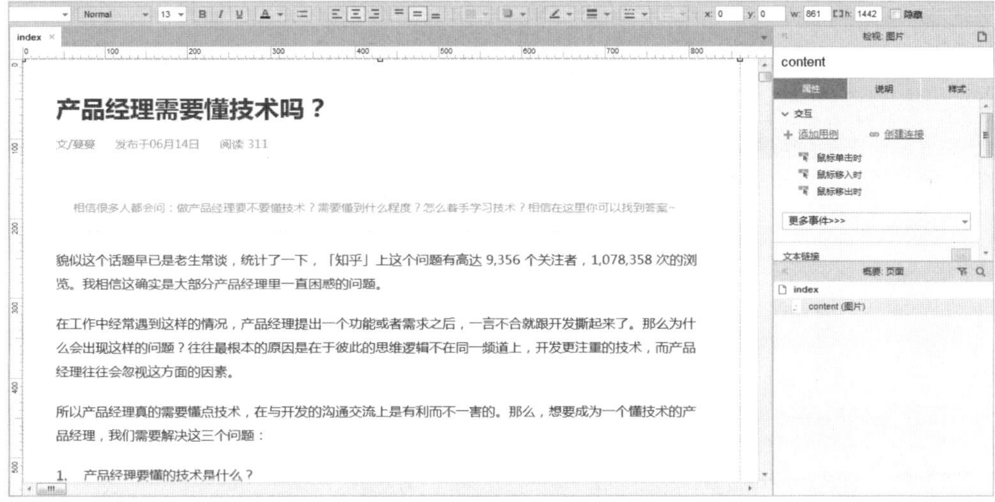

图 13-2　导入“图片”元件

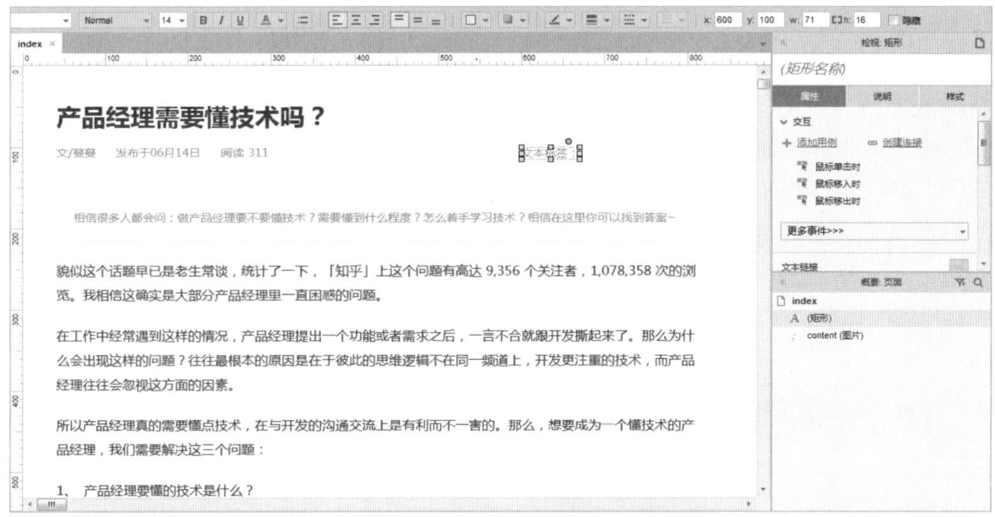

图 13-3　拖入“文本标签”元件

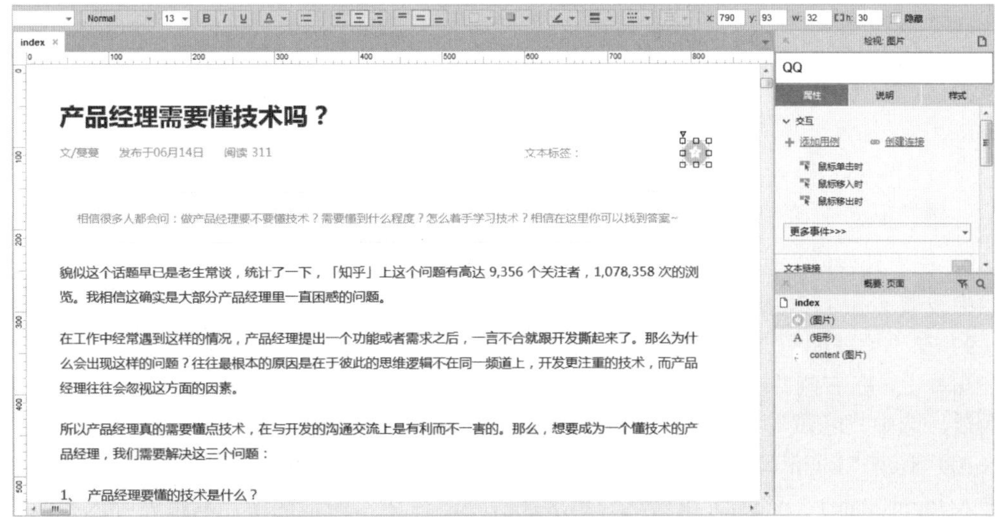

图 13-4　导入“图片”元件

（5）用同样的方法导入其他小图标，设置大小并调整至适当的位置，如图 13-5 所示。

图 13-5　导入“图片”元件

（6）在左侧“页面”面板双击 page1 选项，进入 page1 编辑区，如图 13-6 所示。

（7）在“元件库”面板中将“图片”元件拖入编辑区中，双击并导入相应的素材图片，在工具栏中设置 x 和 y 均为 0，如图 13-7 所示。

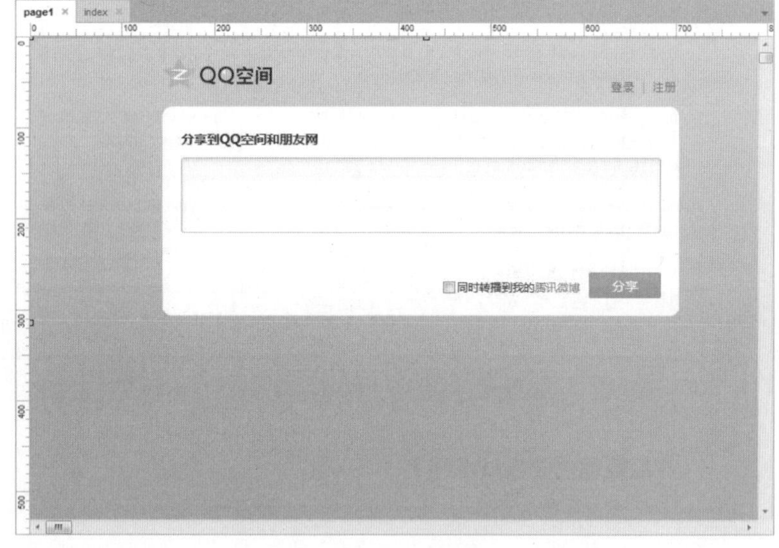

图 13-6　选择 page1 页面

图 13-7　导入图片

（8）在“元件库”面板中将“文本标签”元件拖入编辑区中，双击并输入相应的内容，在工具栏中设置 x 为 175，y 为 174，如图 13-8 所示。

（9）在“元件库”面板中将“动态面板”元件拖入编辑区中，设置大小位置和图片一样，覆盖在图片上，在右侧“检视：动态面板”区域设置名称为 login，单击“样式”标签切换至“样式”面板，选中“隐藏”复选框隐藏动态面板，如图 13-9 所示。

（10）双击“login 动态面板”元件，在弹出的“面板状态管理”对话框中双击 State1 选项，进入 login/State1（page1）编辑区，将“图片”元件拖入编辑区中，双击并导入相应的素材图片，在工具栏中设置 x 和 y 均为 0，如图 13-10 所示。

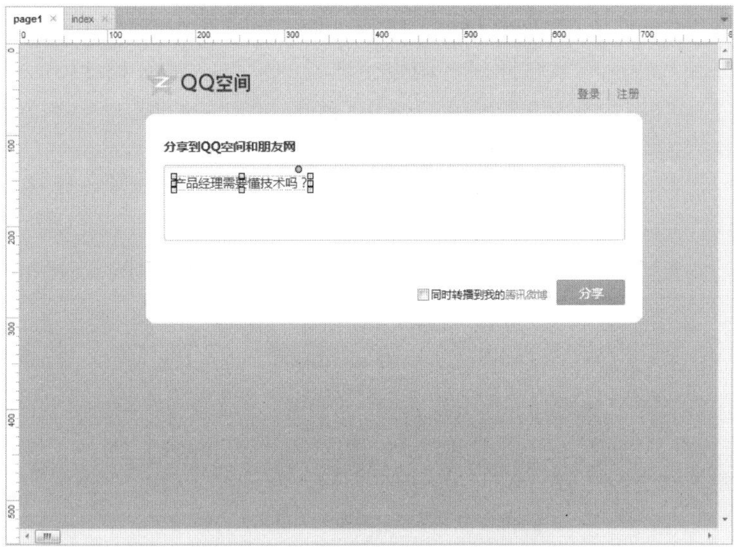

图 13-8　拖入“文本标签”元件

图 13-9　拖入“动态面板”元件

图 13-10　导入图片

（11）在左侧“页面”面板双击 page2 选项，进入 page2 编辑区中，将“图片”元件拖入编辑区中，双击并导入相应的素材图片，调整至适当的位置，如图 13-11 所示。

图 13-11　导入图片

（12）单击 index 标签切换至 index 编辑区中，在编辑区中选择“QQ 图片”元件，在右侧“属性”面板中双击“鼠标单击时”选项，弹出“用例编辑<鼠标单击时>”对话框，在左侧展开“打开链接”选项，选择“新窗口/新标签”选项，在右侧“配置动作”区域选择 page1 选项，如图 13-12 所示。单击“确定”按钮返回至编辑区中。

（13）单击 page1 标签切换至 page1 编辑区，在右侧“概要：页面”区域，单击“login（动态面板）”右侧的“从视图中隐藏”按钮，隐藏动态面板，如图 13-13 所示。

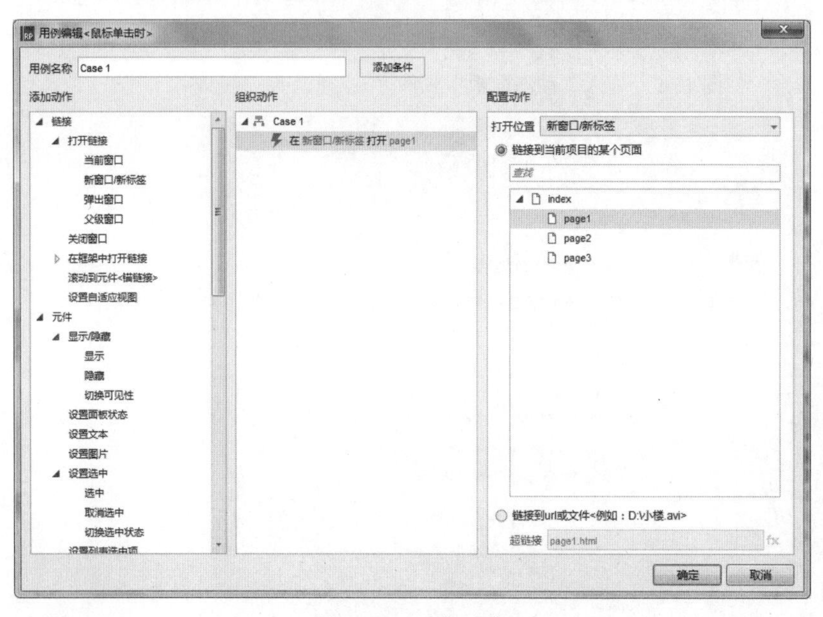

图 13-12　添加动作

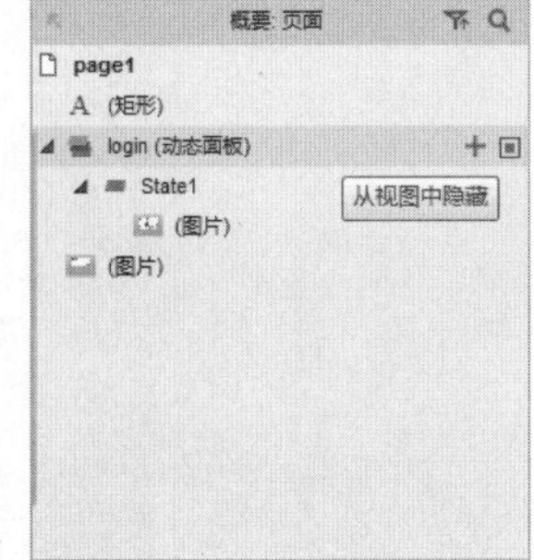

图 13-13　隐藏动态面板

（14）从“元件库”面板中将“热区”元件拖入编辑区中，在工具栏中设置 x 为 605，y

为 259，“宽度”为 79，“高度”为 29，如图 13-14 所示。

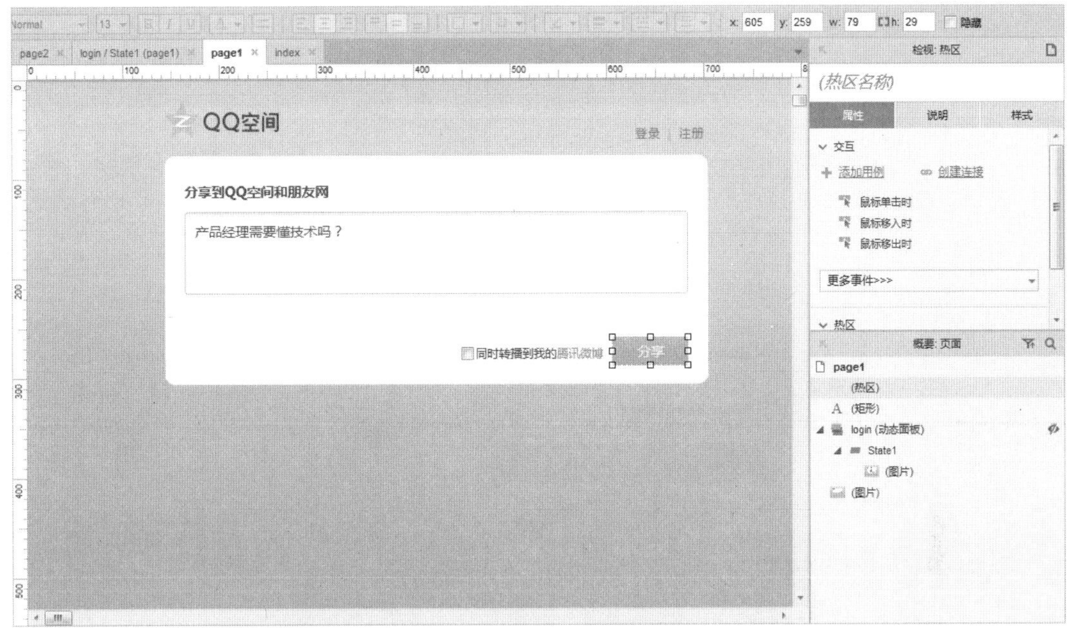

图 13-14　拖入“热区”元件

（15）在右侧双击“鼠标单击时”选项，弹出“用例编辑<鼠标单击时>”对话框，在左侧“添加动作”区域选择“显示”选项，在右侧选中“login（动态面板）”复选框，如图 13-15 所示。单击“确定”按钮返回至编辑区中。

图 13-15　添加动作

（16）在右侧“概要：页面”区域，再次单击“login（动态面板）”右侧的按钮，显示动态面板，单击 login/State1（page1）标签切换至 login/State1（page1）编辑区，从“元件库”面板中拖入“热区”元件至编辑区中，设置大小并调整至适当的位置，在右侧“检视：热区”区域设置名称为 login-btn，如图 13-16 所示。

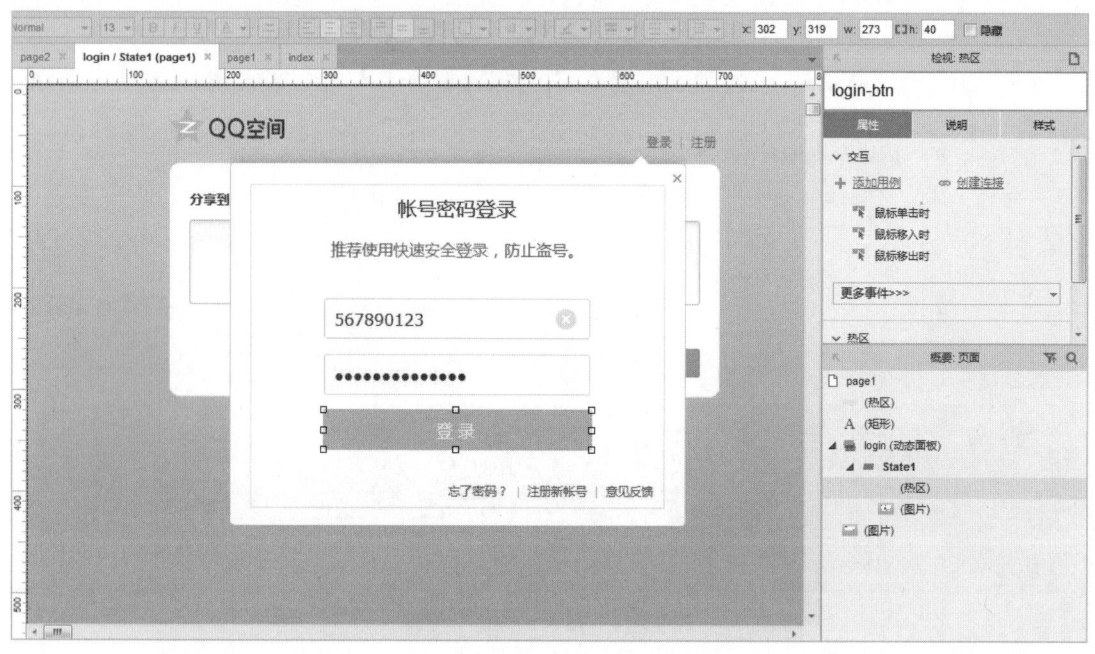

图 13-16　拖入“热区”元件

（17）在右侧双击“鼠标单击时”选项，弹出“用例编辑<鼠标单击时>”对话框，在左侧“添加动作”区域选择“当前窗口”选项，在右侧“配置动作”区域选择 page2 选项，如图 13-17 所示。单击“确定”按钮返回至编辑区中。

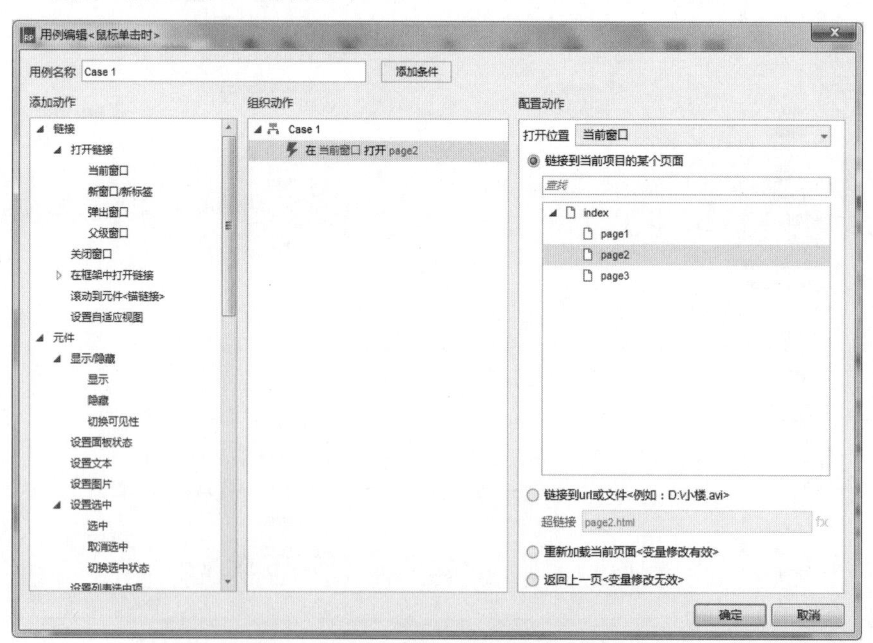

图 13-17　添加动作

（18）用同样的方法拖入“热区”元件至编辑区，设置大小并调整至关闭图标区域，在右侧“检视：热区”区域设置名称为 close-btn，如图 13-18 所示。

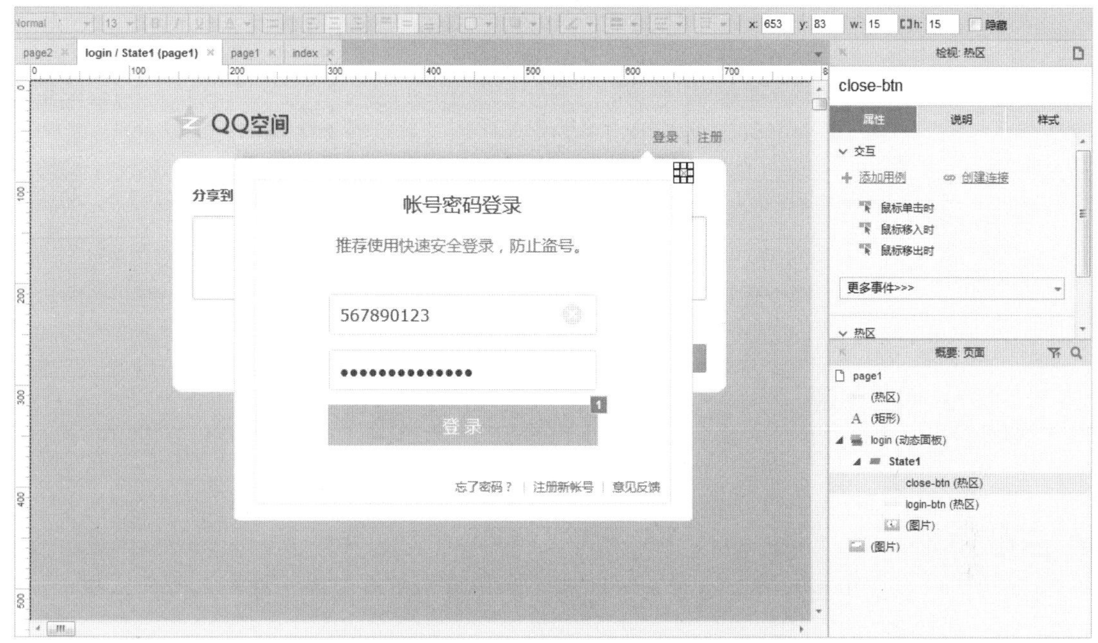

图 13-18 拖入“热区”元件

（19）在右侧“属性”面板的“交互”区域双击“鼠标单击时”选项，弹出“用例编辑<鼠标单击时>”对话框，在左侧选择“隐藏”选项，在右侧选中“login（动态面板）”复选框，如图 13-19 所示。单击“确定”按钮返回至编辑区中。

图 13-19 添加动作

（20）按 Ctrl+S 快捷键，以“13.1”为名称保存该文件，然后按 F5 键预览效果，如图 13-20 所示。

图 13-20　最终效果

13.2　图片拖动定位

案例描述

页面载入时，选中图片的同时并水平拖动，图片将定位在同样宽度和高度的矩形中，如图 13-21 所示。

图 13-21　图片拖动定位

思路分析

- 复制“矩形”元件。
- 添加动态面板，并为其添加“拖动时”事件，设置水平移动动态面板；添加“拖动结束时”事件，设置移动的相对位置。

操作步骤

（1）选择“文件”|“新建”命令，新建一个 Axure 的文档。

（2）从“元件库”面板中将“矩形 1”元件拖入编辑区中，在工具栏中设置“填充颜色”为灰色（#FAFAFA），“线段颜色”为灰色（#E4E4E4），x 为 10，y 为 85，“宽度”为 110，“高度”为 150，如图 13-22 所示。

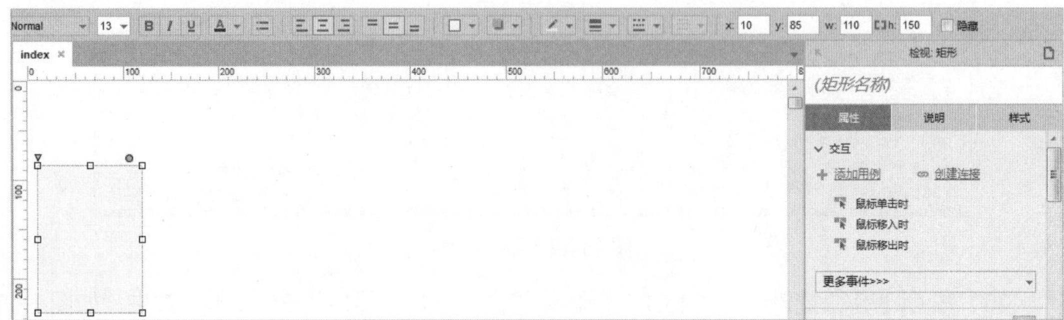

图 13-22　拖入“矩形 1”元件

（3）按住 Shift+Ctrl 快捷键的同时，向右拖动复制 6 个“矩形”元件，如图 13-23 所示。

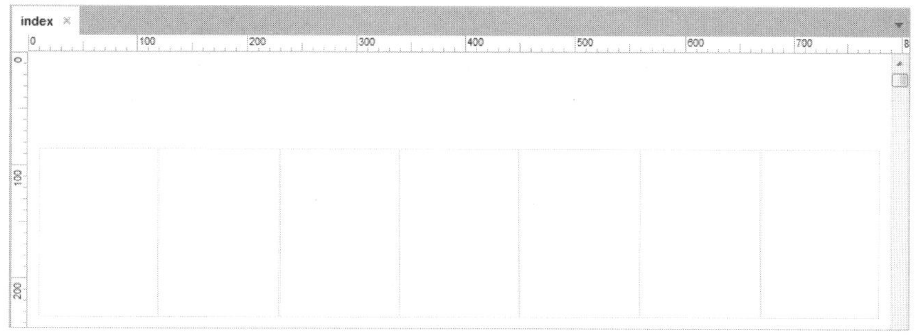

图 13-23　复制“矩形 1”元件

（4）在“元件库”面板中将“图片”元件拖入编辑区中，在工具栏中设置 x 为 228，y 为 85，“宽度”为 110，“高度”为 150，如图 13-24 所示。

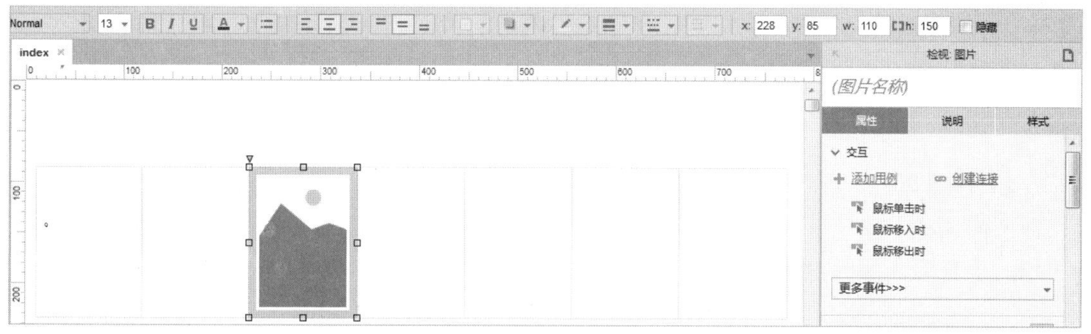

图 13-24　拖入“图片”元件

（5）在“图片”元件上单击鼠标右键，在弹出的快捷菜单中选择“转换为动态面板”命令，将“图片”元件转换为动态面板，在右侧“检视：动态面板”区域设置名称为 img-panel，如图 13-25 所示。

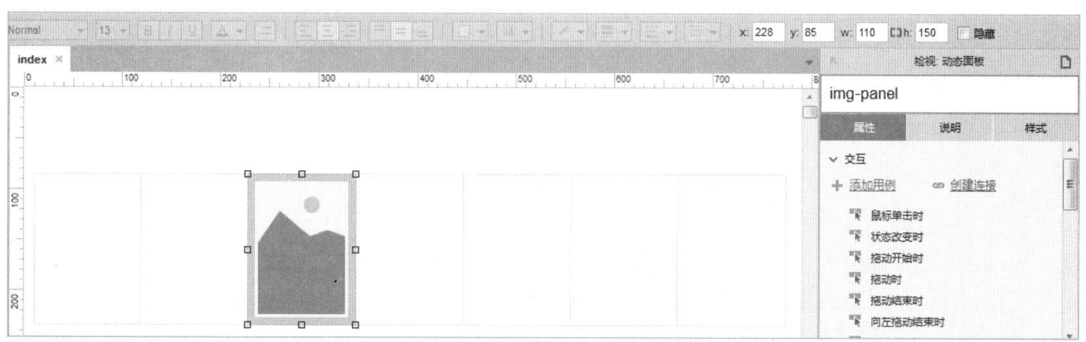

图 13-25　转换为动态面板

（6）双击“动态面板”元件，在弹出的“面板状态管理”对话框中双击 State1 选项，进入 img-panel/State1（index）编辑区中，双击“图片”元件导入相应的素材图片，如图 13-26 所示。

（7）单击 index 标签切换至 index 编辑区中，选择“动态面板”元件，在右侧“属性”面板中双击“拖动时”选项，弹出“用例编辑<拖动时>”对话框，在左侧选择“移动”选项，在右侧选中“img-panel（动态面板）”复选框，在下方设置“移动”为“水平拖动”，如图 13-27 所示。单击“确定”按钮返回至编辑区中。

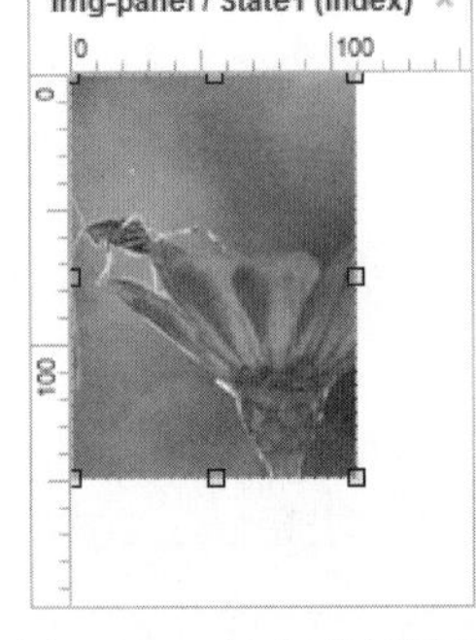

图 13-26　导入素材图片　　　　　　　　　　　　图 13-27　设置移动动态面板

（8）在“属性”面板中双击“拖动结束时”选项，弹出“用例编辑<拖动结束时>”对话框，在左侧选择“移动”选项，在右侧选中“img-panel（动态面板）”复选框，设置“移动”为“相对位置”，如图 13-28 所示。

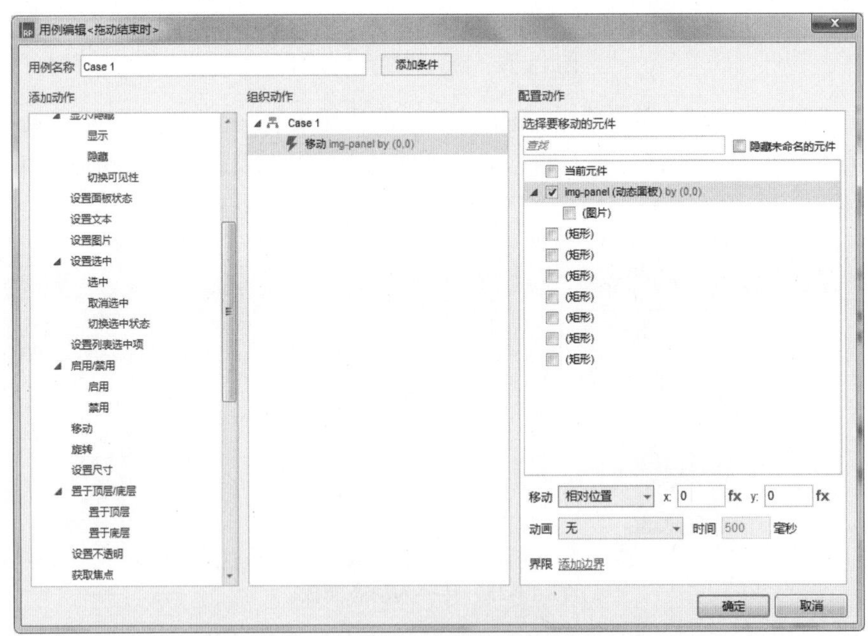

图 13-28　设置移动动作

（9）单击 x 右侧的 fx 按钮，弹出“编辑值”对话框，插入变量如图 13-29 所示。单击两次“确定”按钮返回至编辑区中。

（10）按 Ctrl+S 快捷键，以“13.2”为名称保存该文件，然后按 F5 键预览效果，如图 13-30 所示。

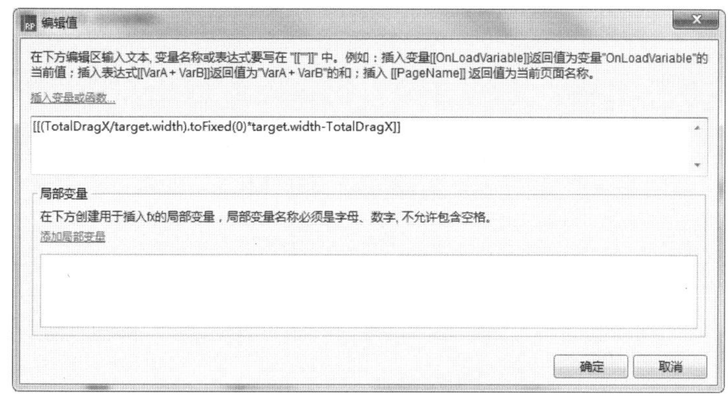

图 13-29　插入变量

图 13-30　最终效果

13.3　ios 单选按钮交互效果

案例描述

单击单选按钮时，白色圆形按钮左移，单选按钮背景颜色由绿色变为白色，下方的通话自定义区域向上滑动至隐藏；再次单击单选按钮，白色圆形按钮右移，单选按钮背景颜色由白色变为绿色，下方的通话自定义区域向下滑动并显示，如图 13-31 所示。

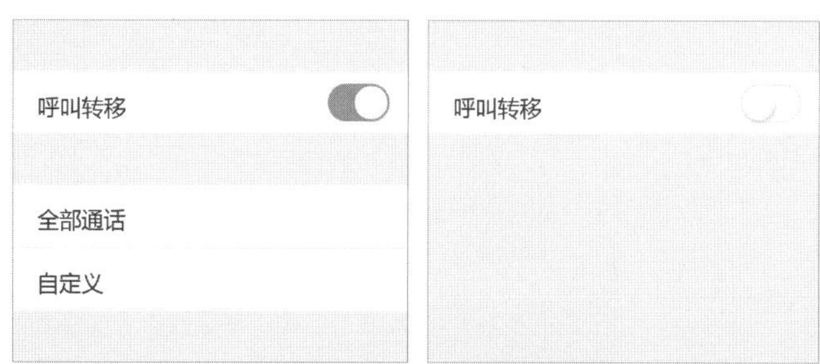

图 13-31　ios 单选按钮交互效果

思路分析

- 设置单选按钮有两种状态：close 和 open。
- 为单选按钮添加“鼠标单击时”事件，触发动态面板显示/隐藏，设置单选按钮状态的改变和移动的距离。

操作步骤

（1）选择“文件”|“新建”命令，新建一个 Axure 的文档。

（2）从“元件库”面板中将“矩形 2”元件拖入编辑区中，在工具栏中设置“线段颜色”为黑色（#797979），x 为 100，y 为 10，“宽度”为 640，“高度”为 540，如图 13-32 所示。

图 13-32　拖入“矩形 2”元件

（3）从“元件库”面板中将“矩形 1”元件拖入编辑区中，在工具栏中设置“线段颜色”为无，x 为 100，y 为 90，“宽度”为 640，“高度”为 100，如图 13-33 所示。

图 13-33　拖入“矩形 1”元件

（4）从“元件库”面板中将“文本标签”元件拖入编辑区中，在工具栏中设置“字体尺寸”为 36，x 为 140，y 为 122，“宽度”为 145，“高度”为 43，如图 13-34 所示。

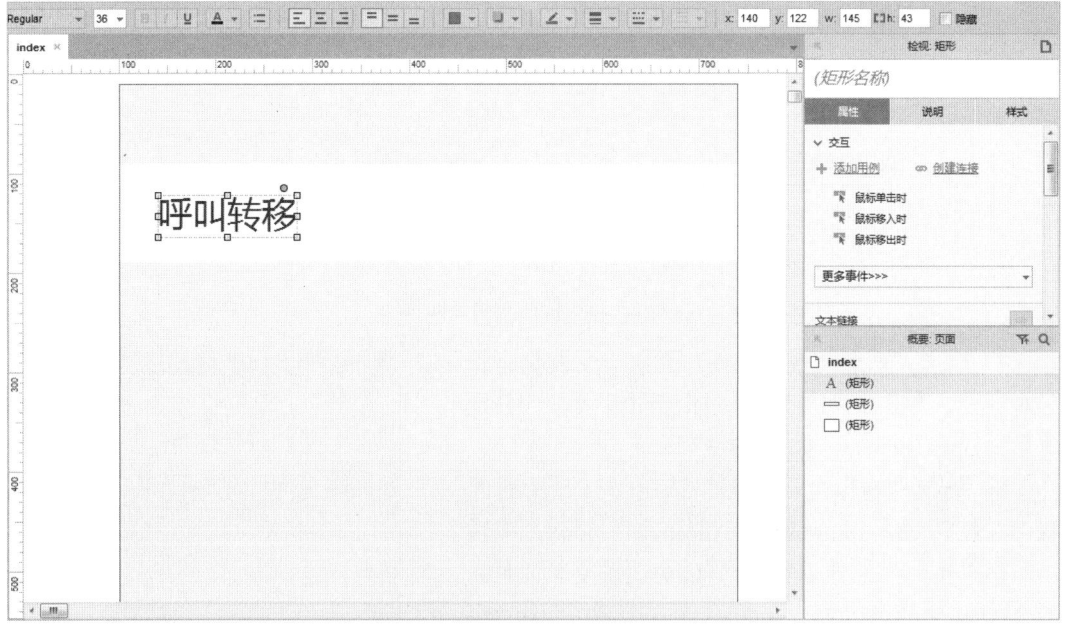

图 13-34　拖入“文本标签”元件

（5）从“元件库”面板中将“矩形 2”元件拖入编辑区中，在工具栏中设置“填充颜色”为绿色（#00CC99），x 为 610，y 为 110，“宽度”为 100，“高度”为 60，单击“样式”标签切换至“样式”面板，设置“圆角半径”为 30，如图 13-35 所示。

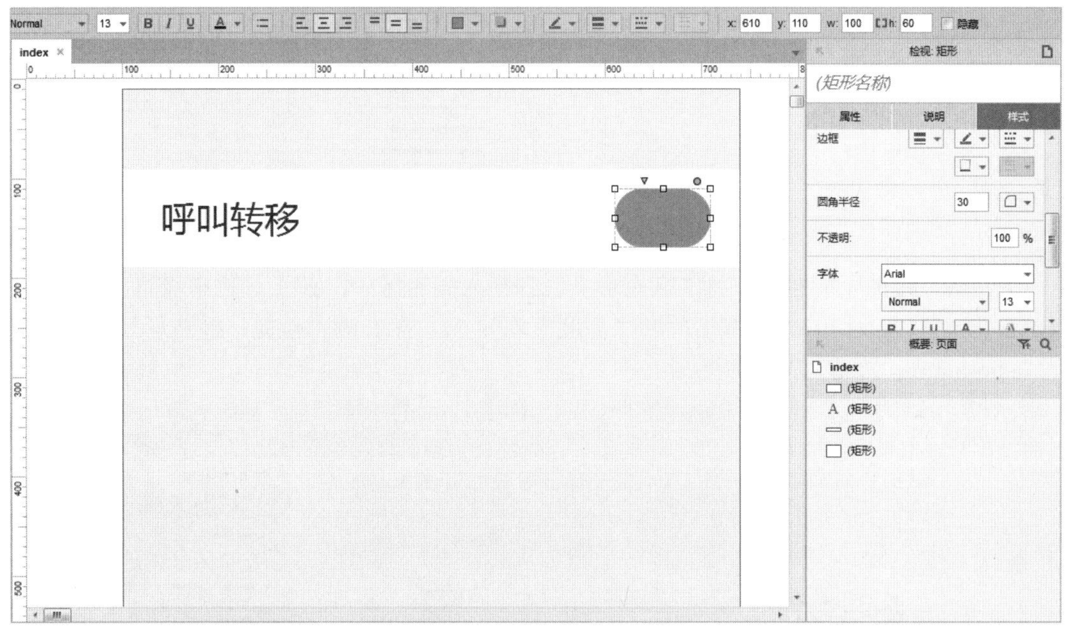

图 13-35　拖入“矩形 2”元件

（6）在编辑区中的“矩形 2”元件上单击鼠标右键，在弹出的快捷菜单中选择“转换为动态面板”命令，将矩形转换为动态面板，在右侧“检视：动态面板”区域设置名称为 pannel-control，如图 13-36 所示。

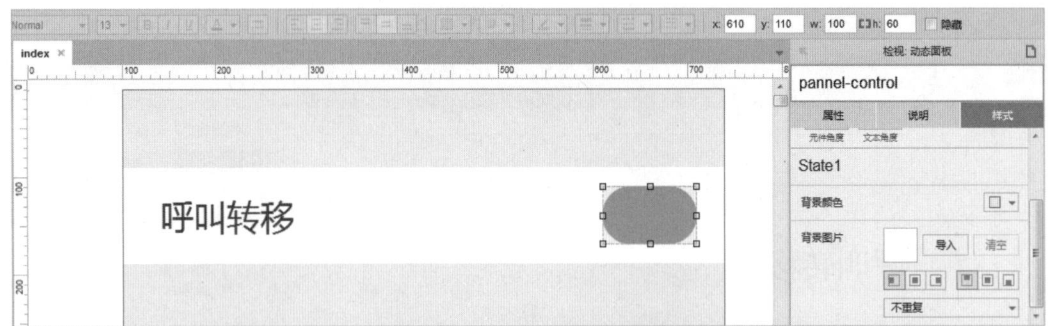

图 13-36　转换为动态面板

（7）双击“动态面板”元件，弹出“面板状态管理”对话框，单击“添加”按钮添加面板状态，分别重命名为 open、close，如图 13-37 所示。

图 13-37　添加面板状态

（8）单击“编辑全部状态”按钮，打开所有面板状态，默认进入 pannel-control/open（index）编辑区，选择“矩形”元件，按 Ctrl+C 快捷键复制元件，单击 pannel-control/close（index）标签切换至 pannel-control/close（index）编辑区中，按 Ctrl+C 快捷键粘贴元件，在工具栏中设置“填充颜色”为白色（#FFFFFF），“线段颜色”为灰色（#E8E8E8），“线宽”为第二种，如图 13-38 所示。

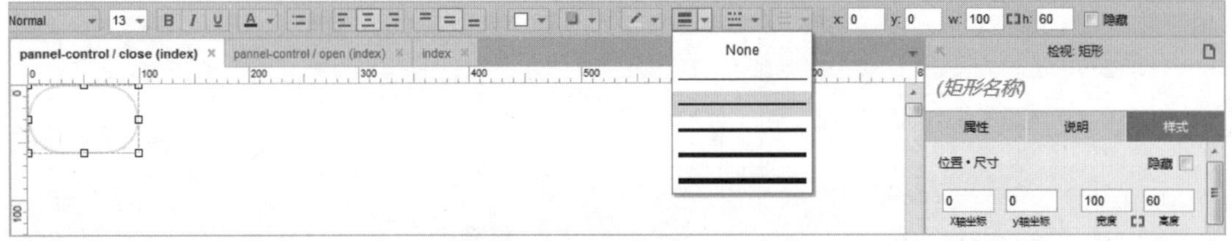

图 13-38　复制“矩形”元件

（9）从“元件库”面板中将“椭圆形”元件拖入编辑区中，在工具栏中设置“线段颜色”为无，x 为 653，y 为 113，“宽度”和“高度”均为 54，在右侧“检视：椭圆形”区域设置名称为 radio-button，如图 13-39 所示。

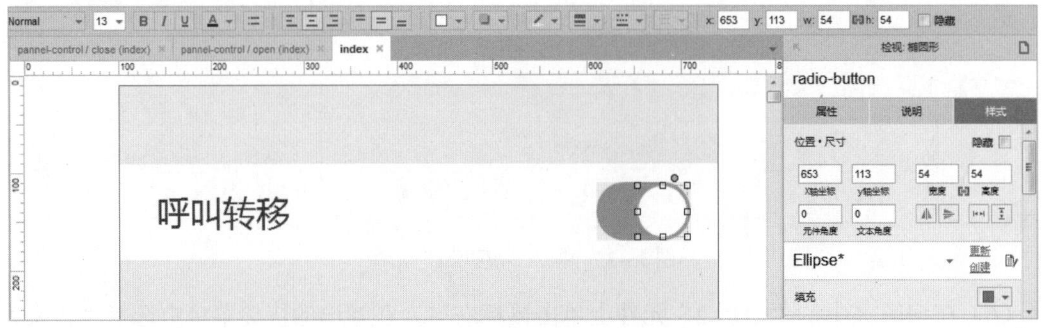

图 13-39　拖入“椭圆形”元件

（10）单击“外部阴影”右侧的下三角按钮，在弹出的面板中设置偏移 x 为 2，y 为 5，“模糊”为 5，单击右侧的“颜色”下三角按钮，在弹出的颜色面板中选择灰色色块（#A1A1A1），如图 13-40 所示。

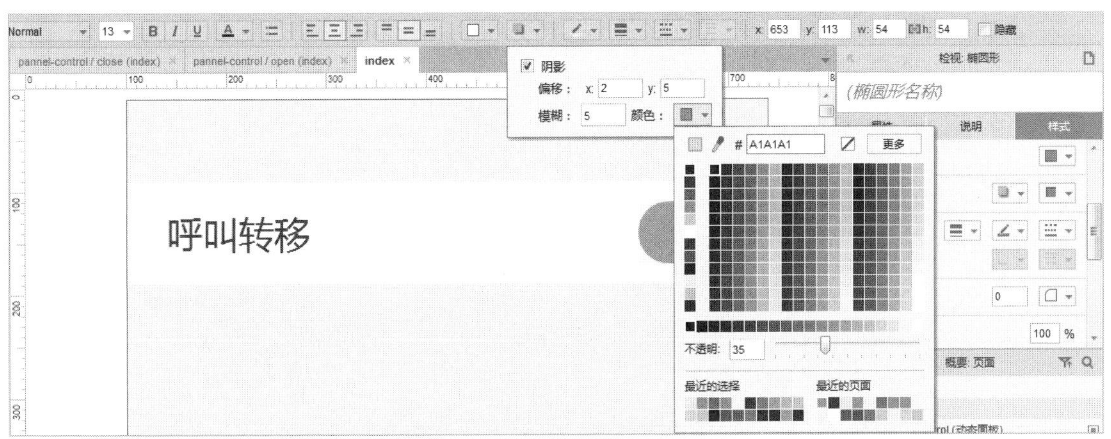

图 13-40　设置椭圆形外部阴影

（11）在“元件库”面板中将“矩形 1”元件拖入编辑区中，在工具栏中设置“线段颜色”为无，x 为 100，y 为 270，“宽度”为 640，“高度”为 100，如图 13-41 所示。

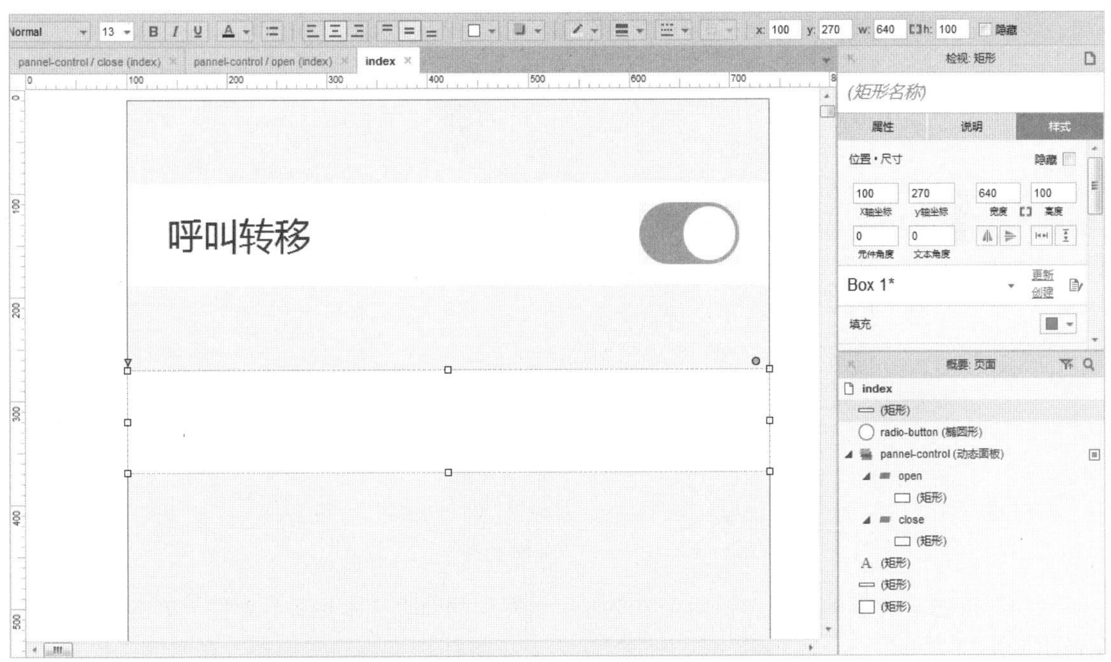

图 13-41　拖入“矩形 1”元件

（12）在“元件库”面板中将“文本标签”元件拖入编辑区中，双击并输入“全部通话”，在工具栏中设置“字体尺寸”为 36，x 为 140，y 为 299，“宽度”为 145，“高度”为 42，如图 13-42 所示。

（13）按住 Ctrl 键的同时，选择“矩形”和“文本标签”元件，拖动鼠标进行复制，并调整至适当的位置，双击“文本标签”元件重新输入“自定义”，如图 13-43 所示。

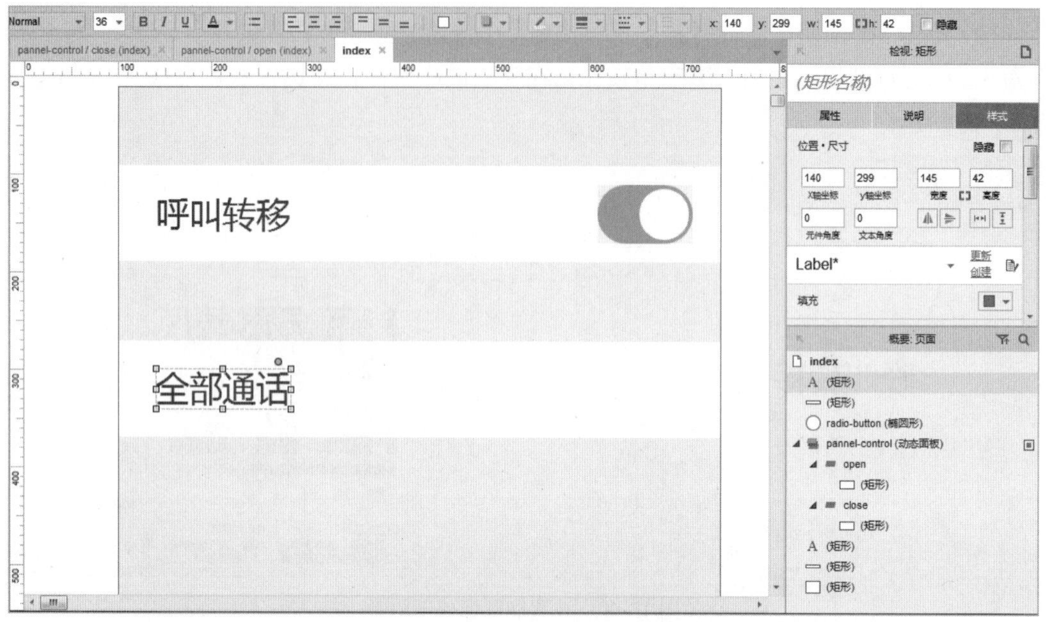

图 13-42　拖入“文本标签”元件

图 13-43　复制元件

（14）按住 Ctrl 键的同时选择两个“矩形”元件和两个“文本标签”元件，单击鼠标右键，在弹出的快捷菜单中选择“转换为动态面板”命令，将其转换为动态面板，在右侧“检视：动态面板”区域设置名称为 list-panel，如图 13-44 所示。

（15）在编辑区中选择“pannel-control 动态面板”元件，在右侧“属性”面板中双击“鼠标单击时”选项，弹出“用例编辑<鼠标单击时>”对话框，单击“添加条件”按钮，弹出“条件设立”对话框，设置“面板状态”This 等于“状态”open，如图 13-45 所示。单击“确定”按钮返回至“用例编辑<鼠标单击时>”对话框。

（16）在左侧“添加动作”区域选择“隐藏”选项，在右侧选中“list-panel（动态面板）”复选框，设置“动画”为“向上滑动”，“时间”为 500 毫秒，如图 13-46 所示。

图 13-44　转换为动态面板

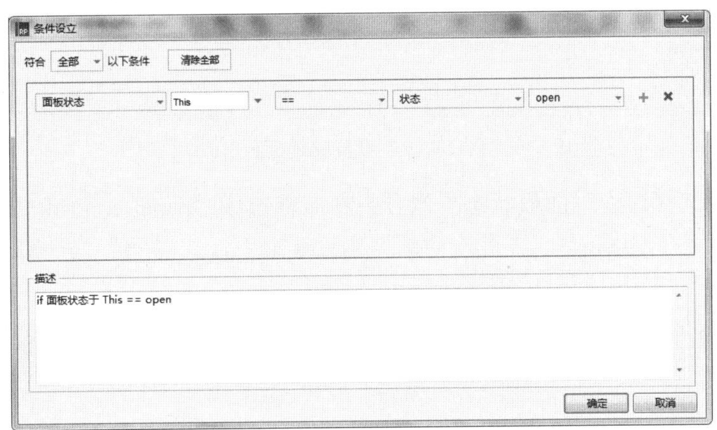

图 13-45　设立条件

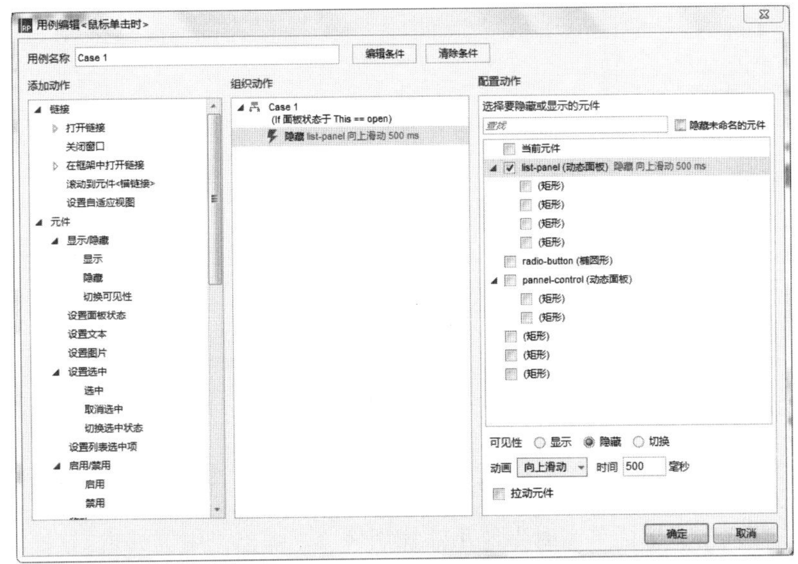

图 13-46　隐藏动态面板

（17）在左侧选择“移动”选项，在右侧选中“radio-button（椭圆形）”复选框，在下方设置 x 为-40，“动画”为“线性”，“时间”为 300 毫秒，如图 13-47 所示。

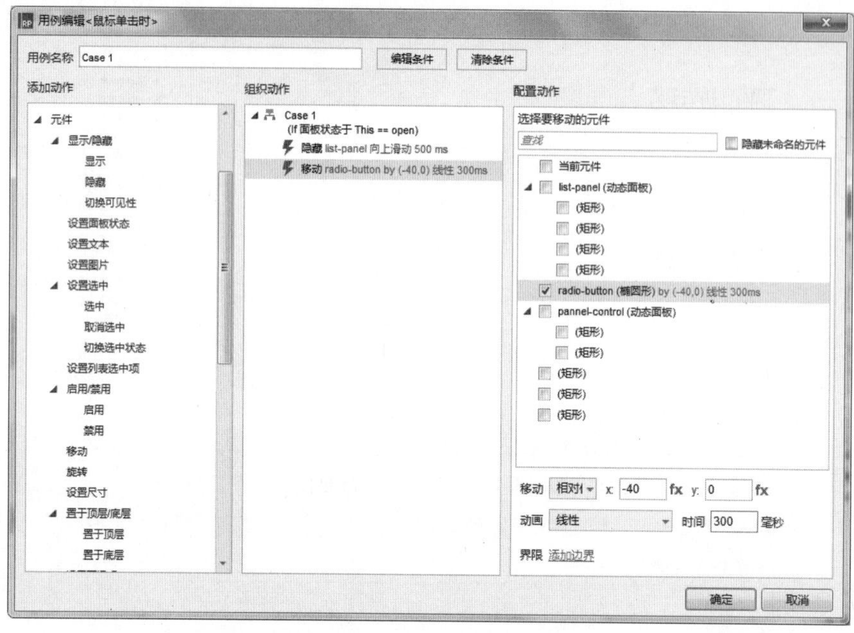

图 13-47　设置移动元件

（18）在左侧选择“设置面板状态”选项，在右侧选中“panel-control（动态面板）”复选框，设置“选择状态”为 close，“进入动画”为“逐渐”，“时间”为 300 毫秒，如图 13-48 所示。单击“确定”按钮返回至编辑区中。

图 13-48　设置面板状态

（19）在右侧双击“鼠标单击时”选项添加用例 2，弹出“用例编辑<鼠标单击时>”对话框，单击“添加条件”按钮，弹出“条件设立”对话框，设置“面板状态”This 等于“状态”

close，如图 13-49 所示。单击“确定”按钮返回至“用例编辑<鼠标单击时>”对话框。

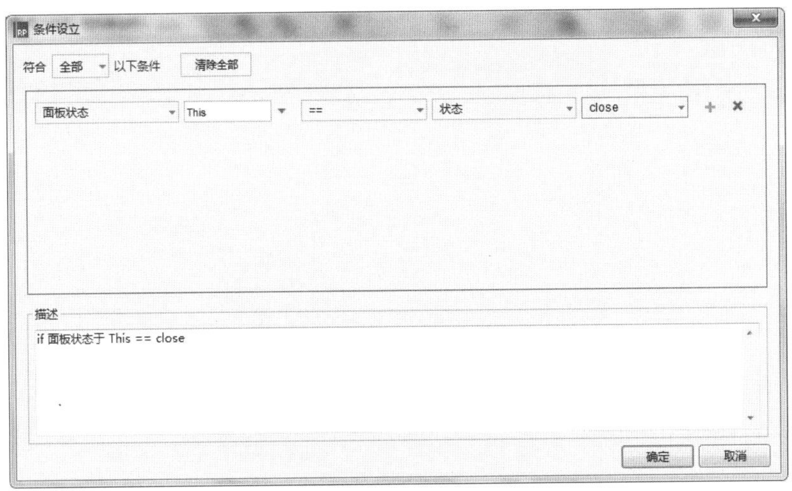

图 13-49 设立条件

（20）在左侧“添加动作”区域选择“显示”选项，在右侧选中“list-panel（动态面板）”复选框，设置“动画”为“向下滑动”，“时间”为 500 毫秒，如图 13-50 所示。

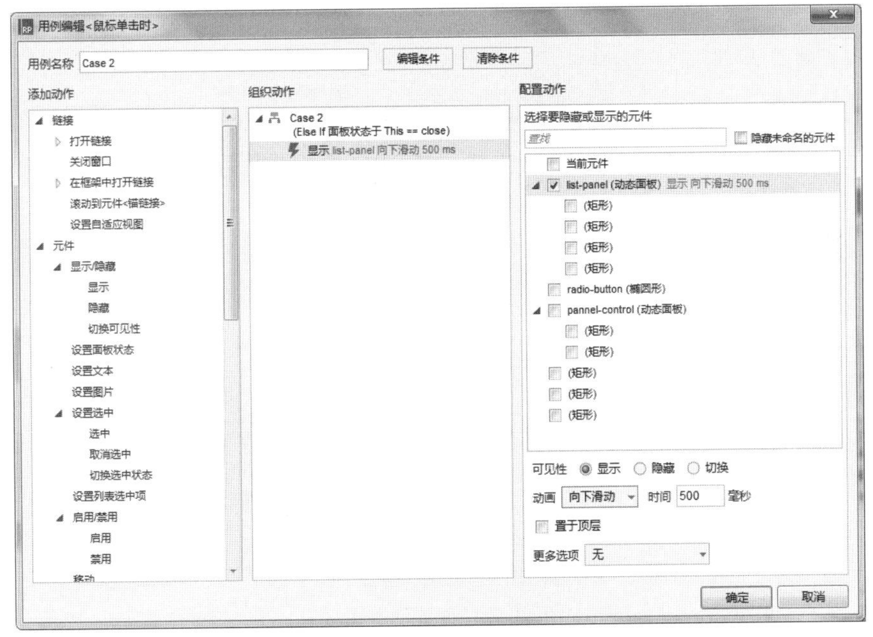

图 13-50 设置显示动态面板

（21）在左侧选择“移动”选项，在右侧选中“radio-button（椭圆形）”复选框，在下方设置 x 为 40，“动画”为“线性”，“时间”为 300 毫秒，如图 13-51 所示。

（22）在左侧选择“设置面板状态”选项，在右侧选中“pannel-control（动态面板）”复选框，设置“进入动画”为“逐渐”，“时间”为 300 毫秒，如图 13-52 所示。单击“确定”按钮返回至编辑区中。

（23）按 Ctrl+S 快捷键，以“13.3”为名称保存该文件，然后按 F5 键预览效果，如图 13-53 所示。

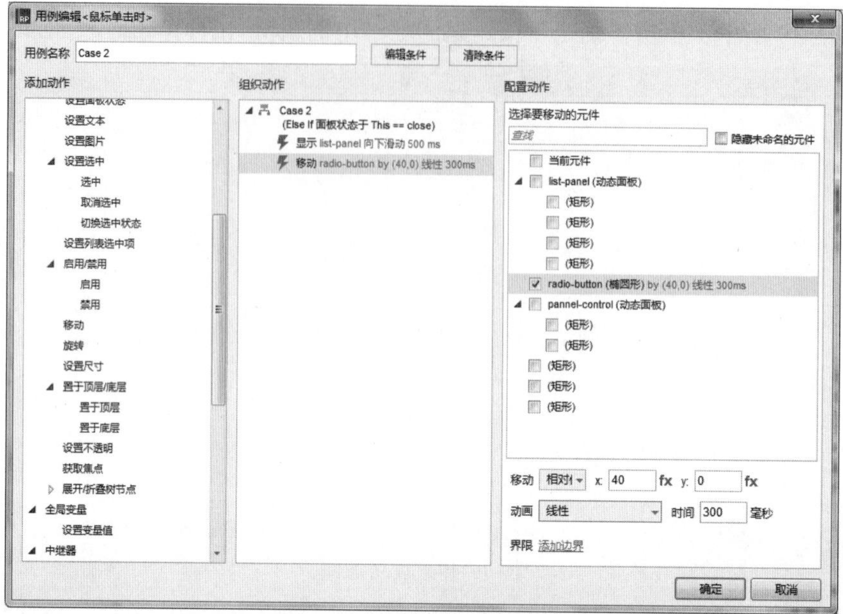

图 13-51　设置移动元件

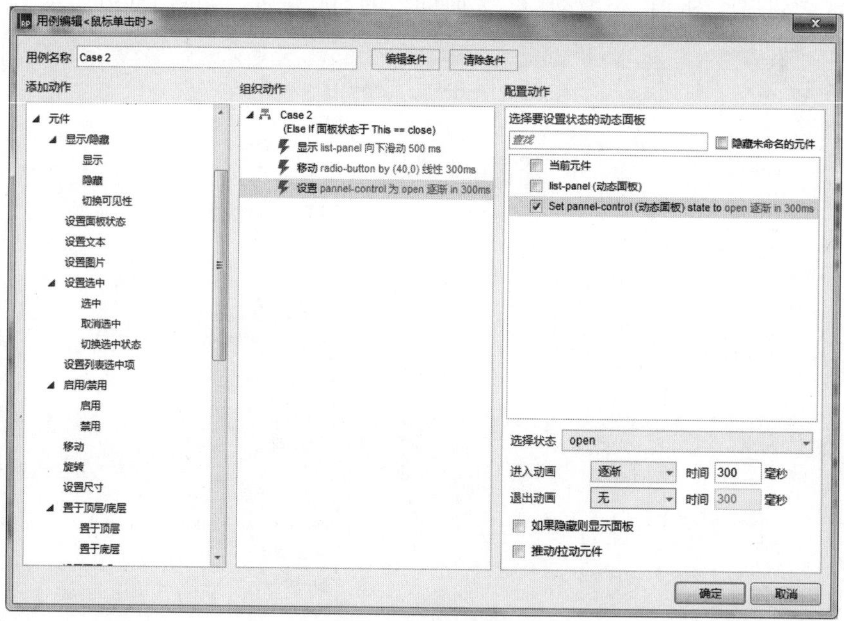

图 13-52　设置动态面板

图 13-53　最终效果

13.4　通讯录字母导航

案例描述

页面载入时，单击右侧字母，左侧的通讯录定位到相应的字母开头列表，如图 13-54 所示。

图 13-54　通讯录字母导航

思路分析

➢ 在动态面板中嵌套动态面板，用来存储所有的联系人。

➢ 为字母添加“鼠标单击时”事件，设置动态面板移动的高度。

操作步骤

（1）选择“文件”|“新建”命令，新建一个 Axure 的文档。

（2）从“元件库”面板中将“矩形 2”元件拖入编辑区中，双击并输入“通讯录”，在工具栏中设置“字体大小”为 14，字体为粗体，“填充颜色”为黑色（#333333），x 和 y 均为 0，“宽度”为 320，“高度”为 45，如图 13-55 所示。

图 13-55　设置“矩形 2”元件

（3）从“元件库”面板中将“文本标签”元件拖入编辑区中适当的位置，双击并输入“+”，在工具栏中设置“字体尺寸”为 20，“字体颜色”为白色，如图 13-56 所示。

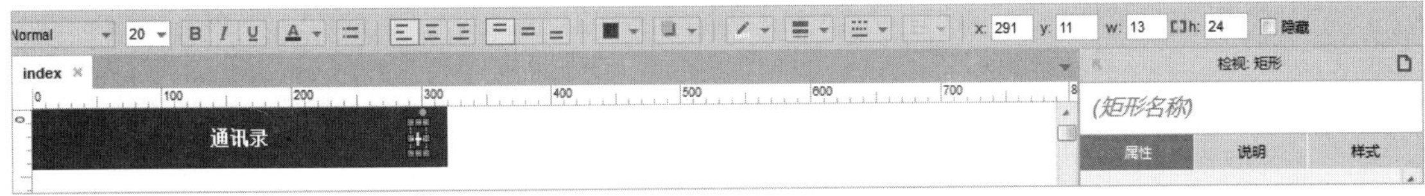

图 13-56　设置“文本标签”元件

（4）从“元件库”面板中将“矩形 2”元件拖入编辑区中，在工具栏中设置 x 为 0，y 为 45，“宽度”为 320，“高度”为 40，如图 13-57 所示。

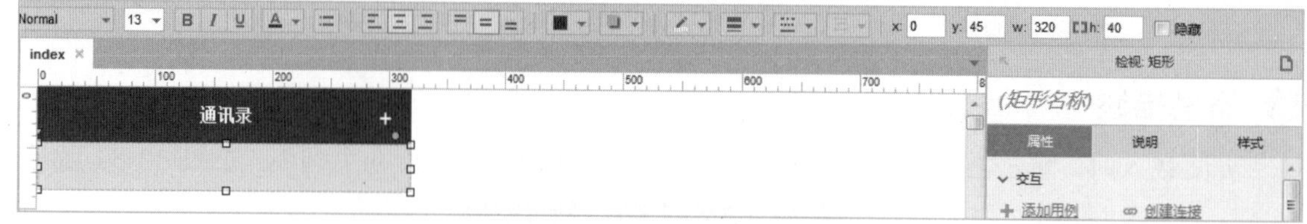

图 13-57　设置“矩形 2”元件

（5）在“元件库”面板中将“矩形 2”元件拖入编辑区中，双击并输入“搜索”，在工具栏中设置 x 为 10，y 为 53，“宽度”为 300，“高度”为 25，在右侧单击“样式”标签切换至“样式”面板，设置“圆角半径”为 5，如图 13-58 所示。

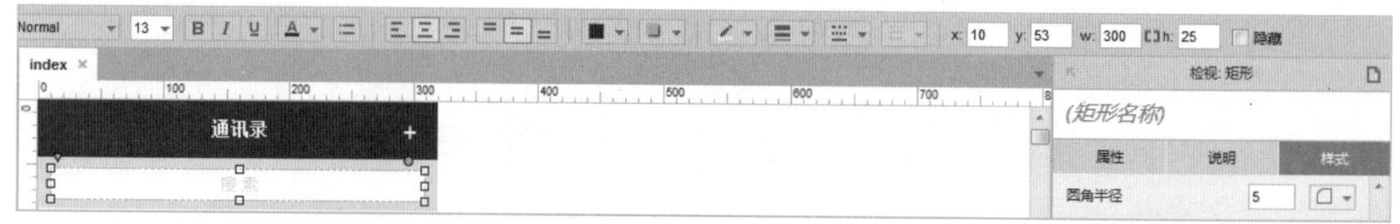

图 13-58　设置“矩形 2”元件

（6）在“元件库”面板中将“动态面板”元件拖入编辑区中，在工具栏中设置 x 为 0，y 为 85，“宽度”为 320，“高度”为 339，如图 13-59 所示。

图 13-59　拖入“动态面板”元件

（7）在“元件库”面板中将“图片”元件拖入编辑区中，双击并导入相应的素材图片，在工具栏中设置 x 为 1，y 为 424，“宽度”为 318，“高度”为 42，如图 13-60 所示。

（8）双击“动态面板”元件，在弹出的“面板状态管理”对话框中双击 State1 选项，进入“（动态面板）/State1（index）”编辑区，在“元件库”面板中将“动态面板”元件拖入编辑区中，在工具栏中设置 x 为 1，y 为 0，“宽度”为 320，“高度”为 1050，在右侧“检视：动态面板”区域设置名称为 address-list，如图 13-61 所示。

（9）双击“address-list 动态面板”元件，进入 address-list/State1（index）编辑区中，在“元

件库”面板中将“矩形 2”元件拖入编辑区中，双击并输入 A，在工具栏中设置 x 和 y 均为 0，“宽度”为 298，“高度”为 25，在右侧“样式”面板中设置填充“左”为 15，如图 13-62 所示。

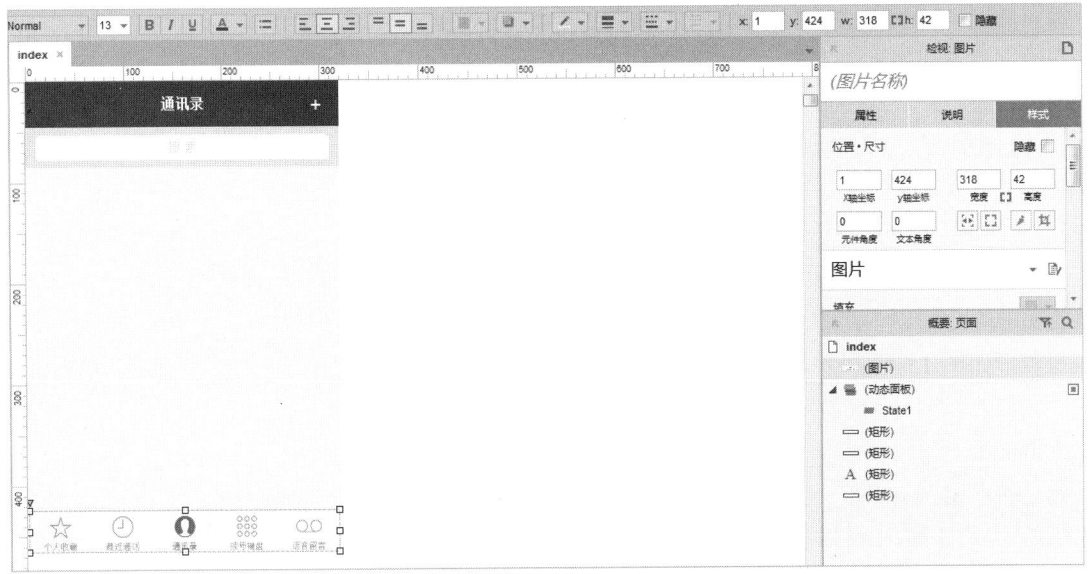

图 13-60　导入图片

图 13-61　拖入“动态面板”元件

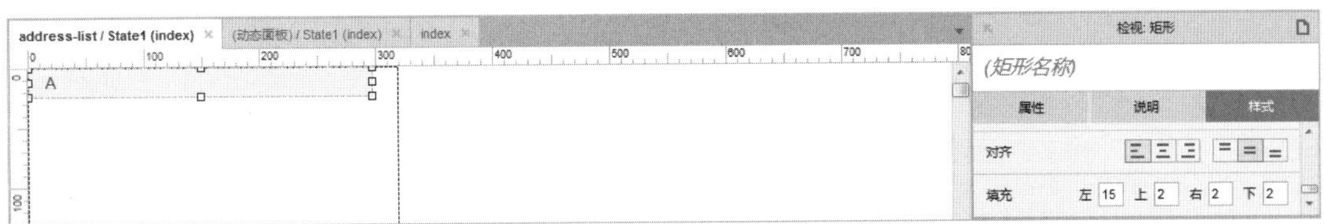

图 13-62　拖入“矩形 2”元件

（10）从“元件库”面板中将“文本标签”元件拖入编辑区中，双击并分别输入相应的内容，再拖入“水平线”元件，在工具栏中设置“线段颜色”为灰色（#D7D7D7），调整至适当的位置，如图 13-63 所示。

（11）复制元件，用同样的方法设置其他字母文本列表，如图 13-64 所示。

图 13-63　设置元件

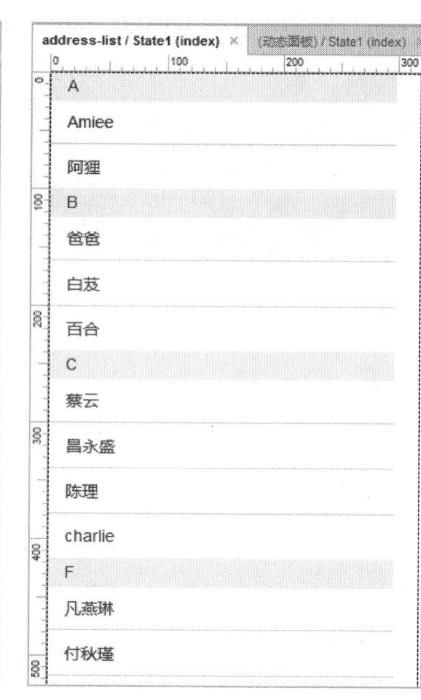

图 13-64　复制元件

（12）单击 index 标签切换至 index 编辑区中，在“元件库”面板中将“文本标签”元件拖入编辑区中，双击输入 A，在工具栏中设置“字体尺寸”为 10，“字体颜色”为蓝色（#0000FF），复制“文本标签”元件并输入其他字母，调整至适当位置，如图 13-65 所示。

（13）选择“A 矩形”元件，在右侧单击“属性”标签切换至“属性”面板，双击“鼠标单击时”选项，弹出“用例编辑<鼠标单击时>”对话框，在左侧选择“移动”选项，在右侧选中“address-list（动态面板）”复选框，设置“移动”为“绝对位置”，如图 13-66 所示。单击“确定”按钮返回至编辑区中。

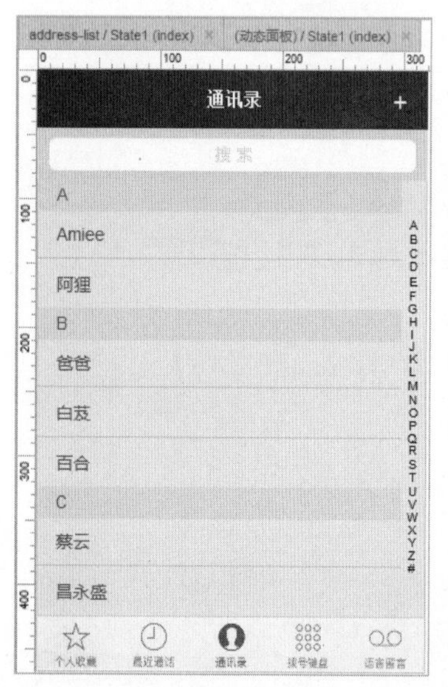

图 13-65　设置“文本标签”元件

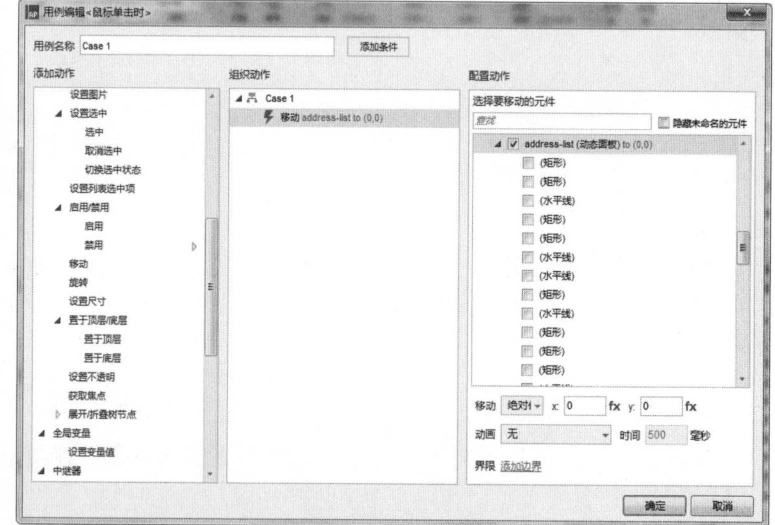

图 13-66　设置移动动态面板

（14）用同样的方法为 B、C、F、T 字母添加“鼠标单击时”事件，按 Ctrl+S 快捷键，以“13.4”为名称保存该文件，然后按 F5 键预览效果，如图 13-67 所示。

图 13-67　最终效果

13.5　签 到 效 果

案例描述

单击“签到”按钮，右上方总的财富值会相应的增加，“签到”按钮会切换成“签到成功”，下方提示“已成功签到 10 天，明天可领取*个财富值”，单击“下一天”按钮，时间和星期会随着改变，如图 13-68 所示。

图 13-68　签到效果

思路分析

- 签到动态面板分两种状态：一种是“签到”；另一种是“签到成功”。
- 添加两个复选框，设置为隐藏，用来添加计算日期的方法和增加财富的方法。
- 为“下一天”按钮添加“鼠标单击时”事件。

操作步骤

（1）选择“文件”|“新建”命令，新建一个 Axure 的文档。

（2）在“元件库”面板中将“动态面板”元件拖入编辑区中，在工具栏中设置 x 为 210，y 为 45，“宽度”为 295，“高度”为 222，在右侧“检视：动态面板”区域设置名称为 sign-panel，如图 13-69 所示。

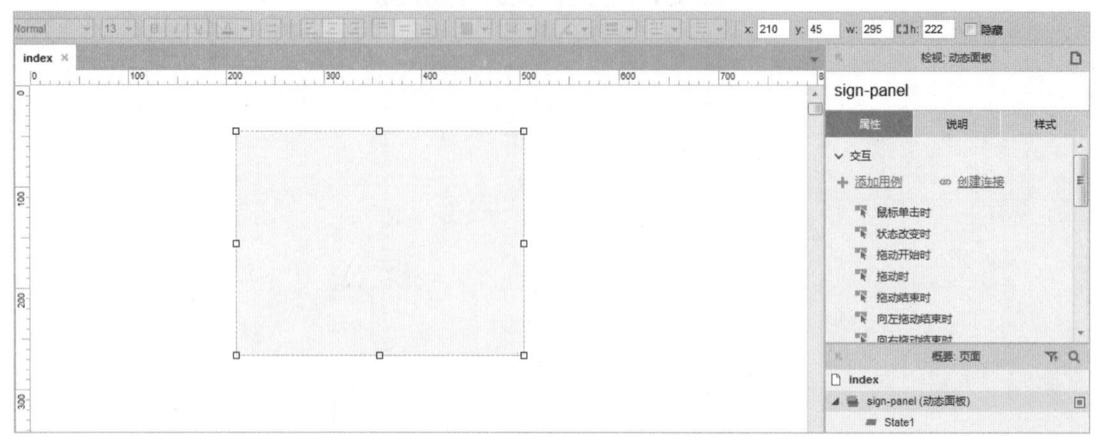

图 13-69　拖入“动态面板”元件

（3）双击“动态面板”元件进入 sign-panel/State1（index）编辑区中，从“元件库”面板中将“矩形 1”元件拖入编辑区中，在工具栏中设置“宽度”为 295，“高度”为 222，单击“样式”标签切换至“样式”面板，设置“圆角半径”为 5，如图 13-70 所示。

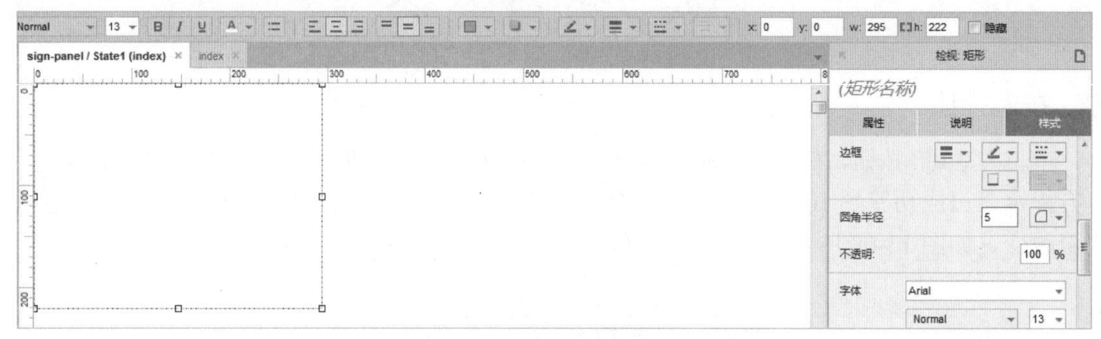

图 13-70　拖入“矩形 1”元件

（4）在“元件库”面板中将“图片”元件拖入编辑区中，双击并导入相应的素材图片，在工具栏中设置 x 为 15，y 为 20，“宽度”和“高度”均为 50，如图 13-71 所示。

（5）在“元件库”面板中将“文本标签”元件拖入编辑区中，双击并输入“阿丽拉拉”，在工具栏中设置“字体尺寸”为 16，调整至适当位置，如图 13-72 所示。

（6）从“元件库”面板中将“矩形 2”元件拖入编辑区中，在工具栏中设置“宽度”为 30，“高度”为 20，在编辑区中的“矩形”元件上单击灰色小圆点，在弹出的形状面板中选择相应的形状，如图 13-73 所示。

（7）双击并输入 2，在右侧设置名称为 rank，并调整至适当的位置，如图 13-74 所示。

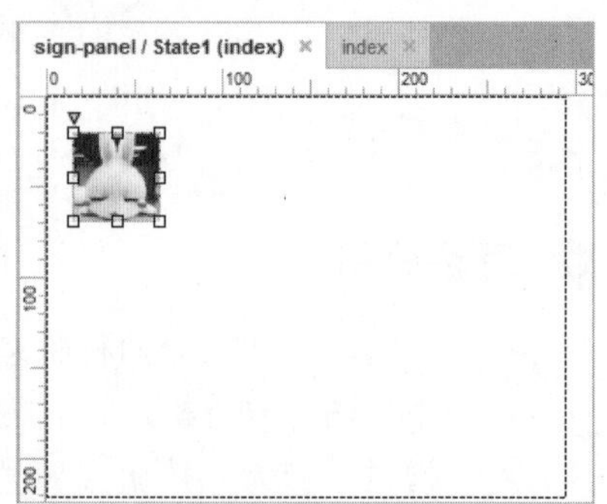

图 13-71　导入素材图片

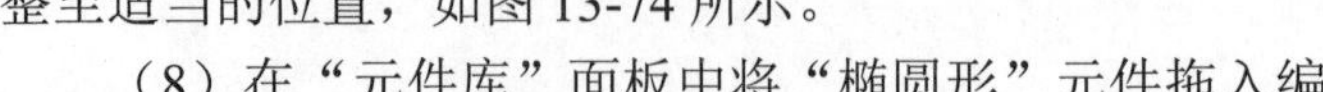

（8）在“元件库”面板中将“椭圆形”元件拖入编辑区中，在工具栏中设置“宽度”和“高度”均为 20，单击“填充颜色”图标右侧的下三角按钮，在填充颜色面板中选择“填充类型”为“渐变”，单击左侧的滑块，设置颜色值为#FFCC00，单击右侧的滑块，设置颜色值为#FF9933，如图 13-75 所示。

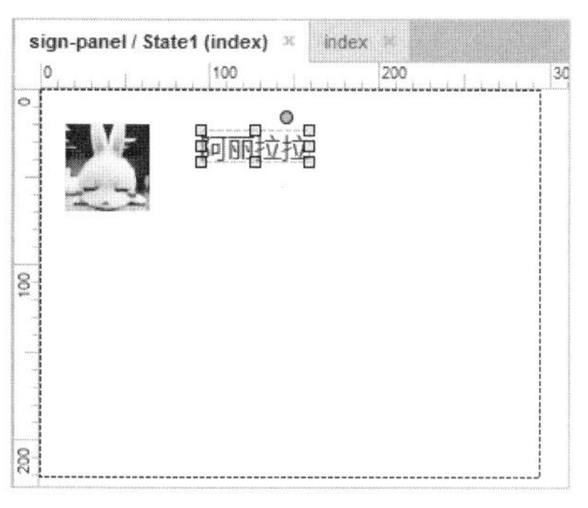

图 13-72　拖入“文本标签”元件

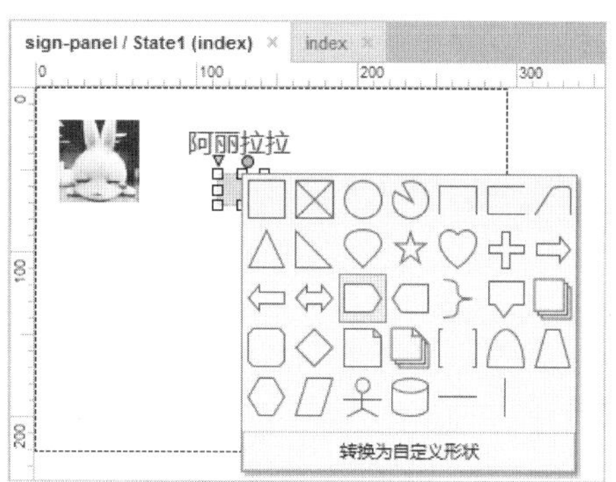

图 13-73　设置形状

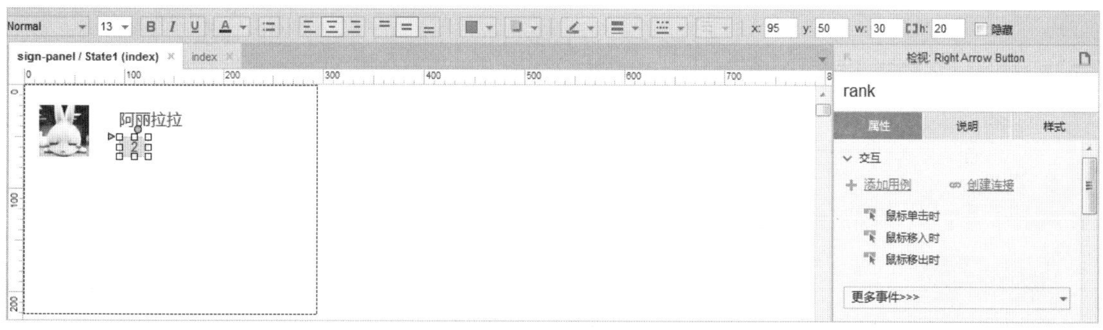

图 13-74　设置名称

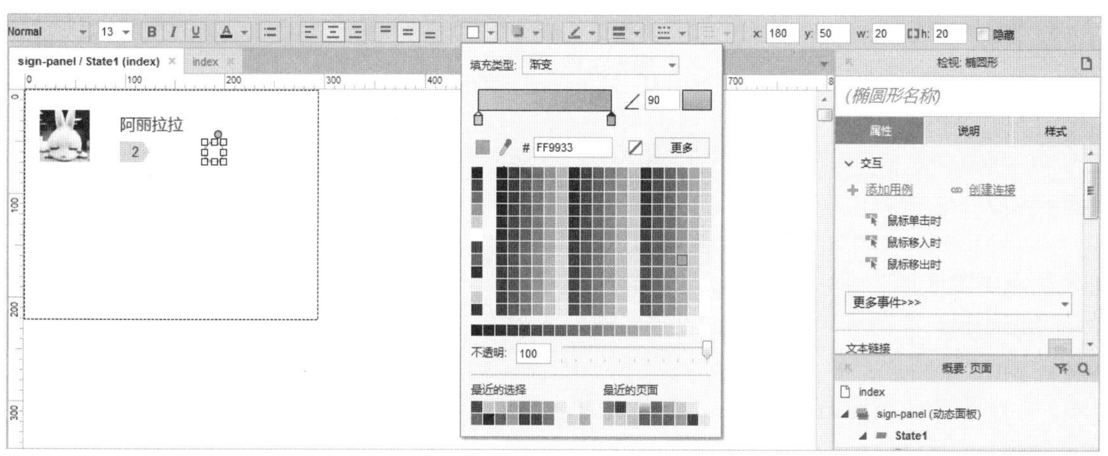

图 13-75　设置“椭圆形”元件

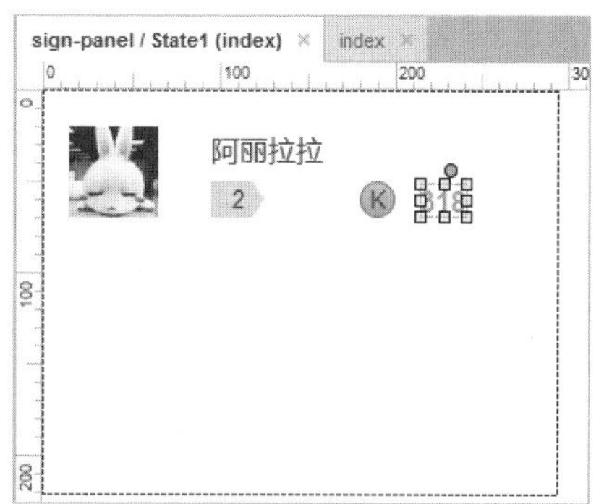

图 13-76　设置“文本标签”元件

（9）双击并输入 K，并调整至适当的位置，将“文本标签”元件拖入编辑区中适当的位置，双击并输入 318，在工具栏中设置“字体尺寸”为 16，“字体颜色”为橙色（#FF9900），设置粗体，并调整至适当的位置，如图 13-76 所示。

（10）从“元件库”面板中将“矩形 1”元件拖入编辑区中，在工具栏中设置 x 为 12，y 为 100，“宽度”为 270，“高度”为 90，如图 13-77 所示。

（11）从“元件库”面板中将“矩形 2”元件拖入

编辑区中，在工具栏中设置“填充颜色”为蓝色（#0066CC），x 为 12，y 为 100，“宽度”为 155，“高度”为 50，如图 13-78 所示。

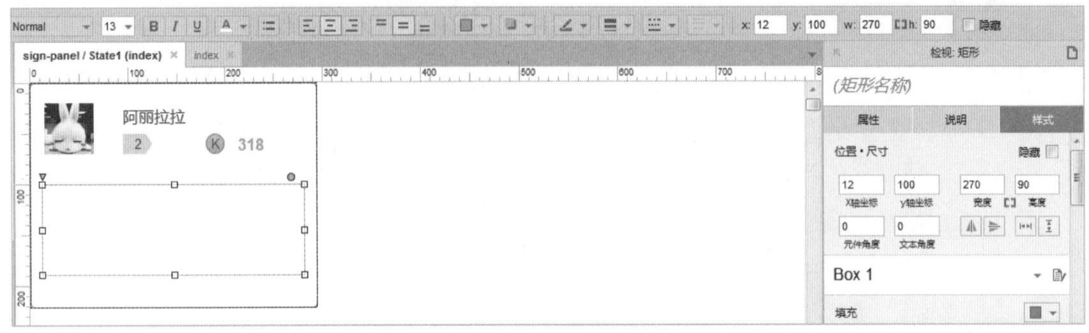

图 13-77　拖入“矩形 1”元件

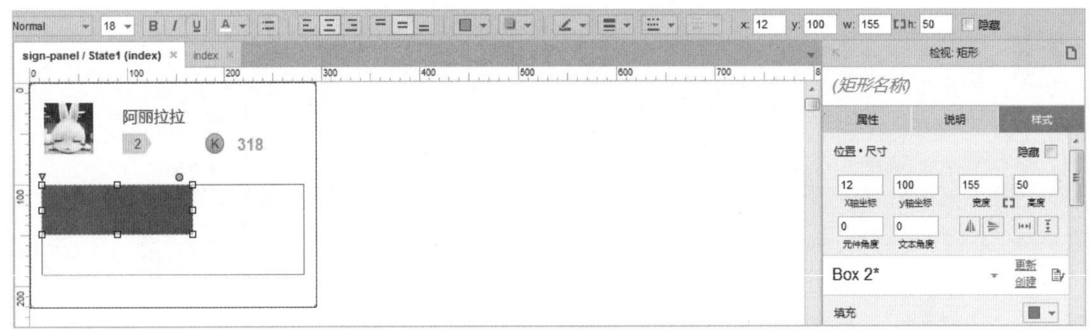

图 13-78　设置矩形

（12）双击“矩形”元件并输入“签到”，在工具栏中设置“字体尺寸”为 18，“文本颜色”为白色，如图 13-79 所示。

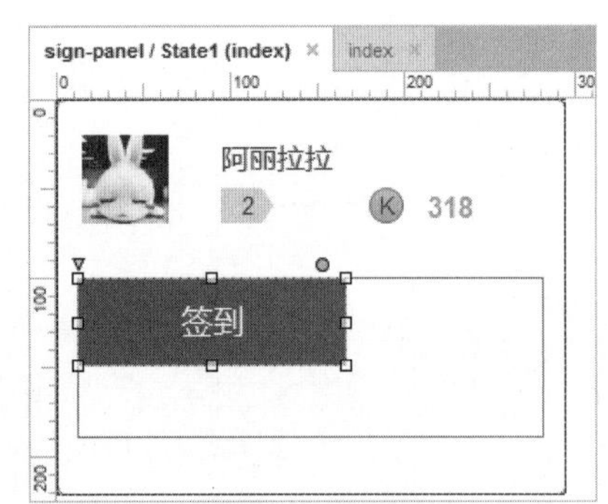

图 13-79　设置文字

（13）在“矩形”元件上单击鼠标右键，在弹出的快捷菜单中选择“转换为动态面板”命令，将其转换为动态面板，如图 13-80 所示。设置名称为 sign-panel。

（14）双击“动态面板”元件，在弹出的“面板状态管理”对话框中单击“添加”按钮，添加 State2，如图 13-81 所示。

（15）单击“编辑全部状态”按钮，打开所有面板状态，默认进入 sign-panel/State1（index）编辑区，选择“矩形”元件，按 Ctrl+C 快捷键复制，单击 sign-panel/State2（index）标签切换至 sign-panel/State2（index）编辑区中，按 Ctrl+V 快捷键粘贴“矩形”元件，双击并在后面输入“成功”，如图 13-82 所示。

（16）将文字调整至适当位置，从“元件库”面板中将“图片”元件拖入编辑区中，双击并导入相应的素材图片，并设置“宽度”和“高度”均为 26，如图 13-83 所示。

（17）从“元件库”面板中将“文本标签”元件拖入两次至编辑区中，分别输入“5.26”和“周五”，在工具栏中设置“字体尺寸”为 13，分别设置名称为 date、weekLabel，如图 13-84 所示。

图 13-80 转换为动态面板

图 13-81 添加面板状态

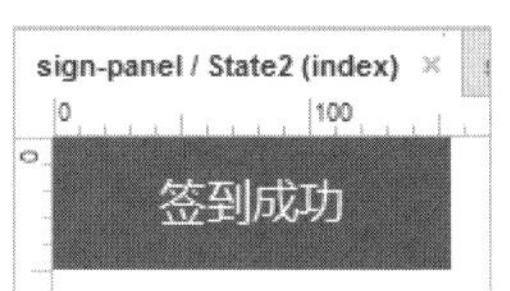

图 13-82 复制元件

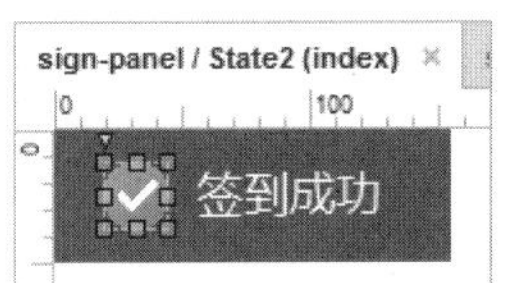

图 13-83 导入图片

图 13-84 设置文本

（18）在“元件库”面板中将“矩形 1”元件拖入编辑区中，在工具栏中设置“填充颜色”为灰色（#E4E4E4），x 为 12，y 为 150，“宽度”为 270，“高度”为 40，如图 13-85 所示。

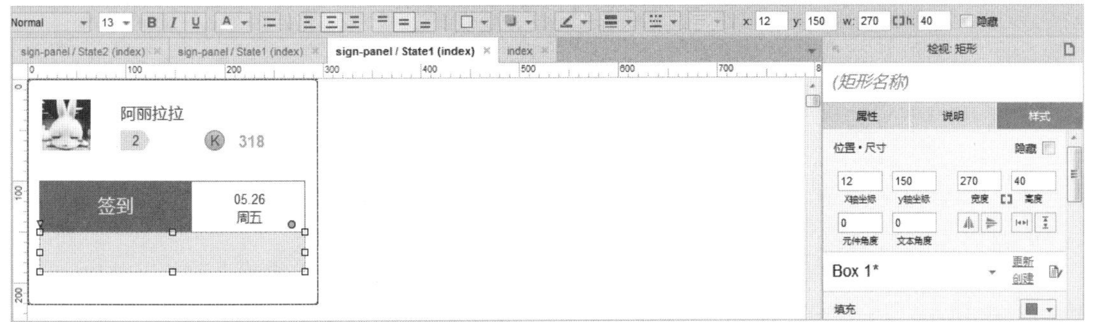

图 13-85 拖入“矩形 1”元件

（19）在“元件库”面板中将“文本标签”元件拖入编辑区中，双击并输入相应的内容，在工具栏中设置“字体尺寸”为 10，设置名称为 sign-tips，并调整至适当位置，如图 13-86 所示。

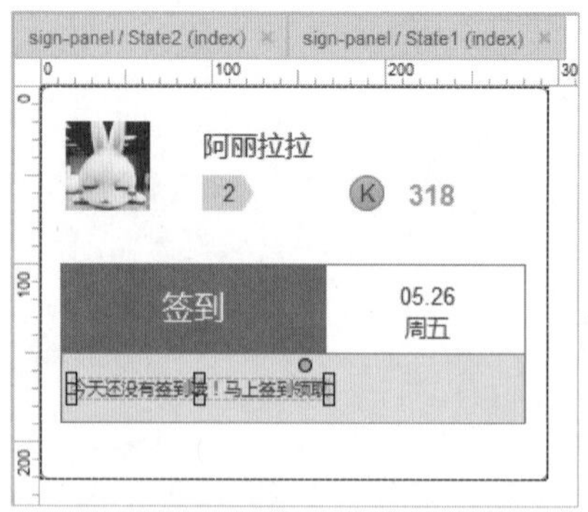

图 13-86　设置“文本标签”元件

（20）将“文本标签”元件拖入编辑区中，在工具栏中设置文字为粗体，“字体尺寸”为16，“文本颜色”为橙色（#ff9900），调整至适当的位置，在右侧“检视：矩形”区域设置名称为 getWealth，如图 13-87 所示。

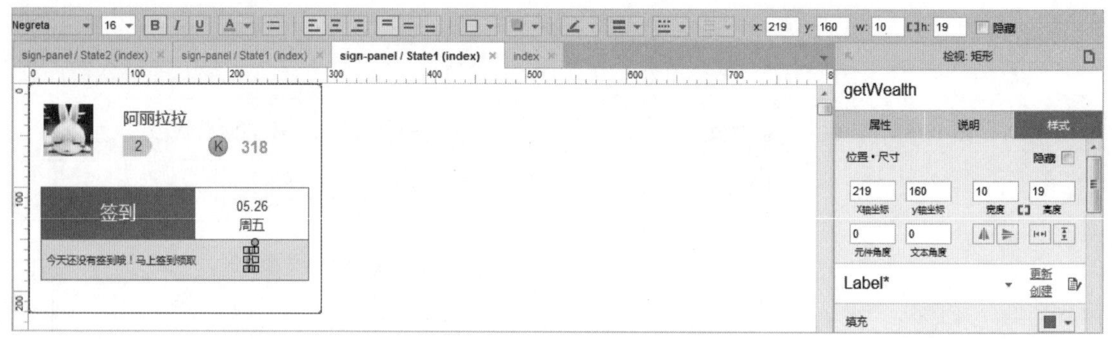

图 13-87　设置“文本标签”元件

（21）在编辑区中选择“椭圆形”元件，按 Ctrl+C 快捷键复制椭圆，按 Ctrl+V 快捷键粘贴，并调整至适当的位置，在右侧“检视：椭圆形”区域设置名称为 wealthData，如图 13-88 所示。

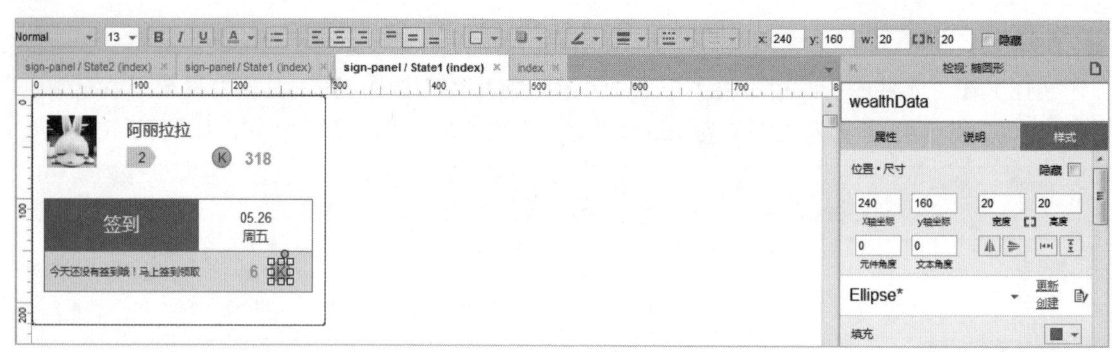

图 13-88　复制椭圆

（22）再次复制一个“椭圆形”元件，并将其转换为动态面板，修改名称为 wealth-panel，如图 13-89 所示。

（23）单击 index 标签切换至 index 编辑区中，在“元件库”面板中将“按钮”元件拖入编辑区中的适当位置，设置“宽度”为 85，“高度”为 35，在右侧“检视：矩形”区域设置名称为 next-day，如图 13-90 所示。

图 13-89　复制椭圆并转换为动态面板

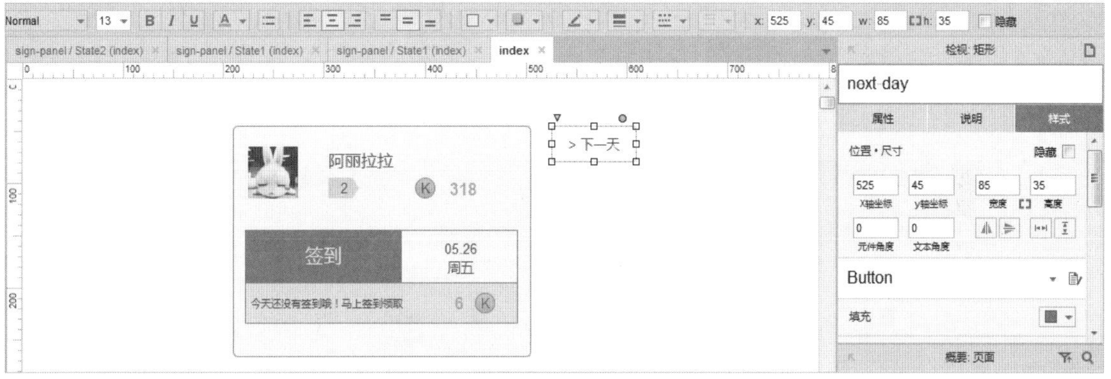

图 13-90　拖入“按钮”元件

（24）从“元件库”面板中拖入“矩形”元件，双击并输入“2017-05-26”，在工具栏中选中“隐藏”复选框，在右侧“检视：矩形”区域设置名称为 simulate-date，如图 13-91 所示。

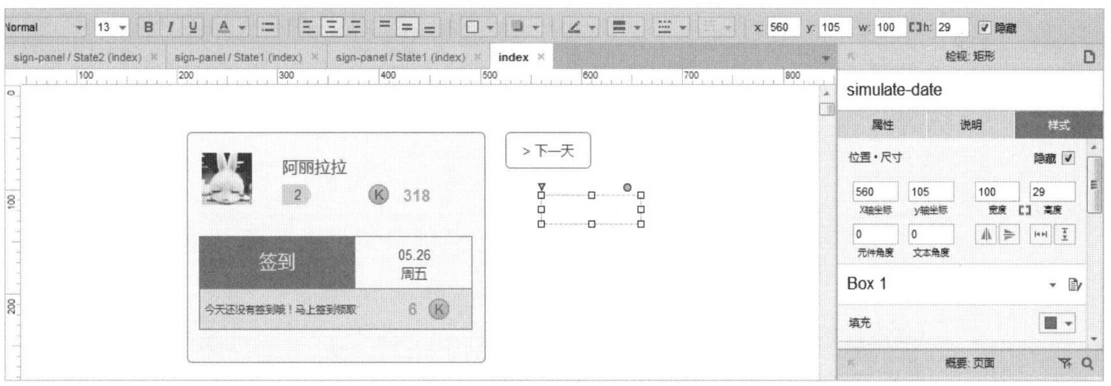

图 13-91　拖入“矩形”元件

（25）从“元件库”面板中拖入 7 个“矩形”元件和两个“复选框”元件至编辑区中，设置元件为“隐藏”，并依次设置名称为 addDate、totalSign、cycleTimes、compute-date、addWealth、year、month、day、week，如图 13-92 所示。

（26）选择“next-day 按钮”元件，单击“属性”标签切换至“属性”面板，双击“鼠标单击时”选项，弹出“用例编辑<鼠标单击时>”对话框，在左侧选择“设置文本”选项，在右侧选中“addDate（矩形）”复选框，如图 13-93 所示。

（27）在下方设置文本值右侧单击 fx 图标，弹出“编辑文本”对话框，在下方单击“添加局部变量”超链接，设置 adddays 等于“元件文字”addDate，在上方插入变量[[adddays+1]]，如图 13-94 所示。单击“确定”按钮返回至“用例编辑<单击鼠标时>”对话框。

图 13-92　拖入并设置元件

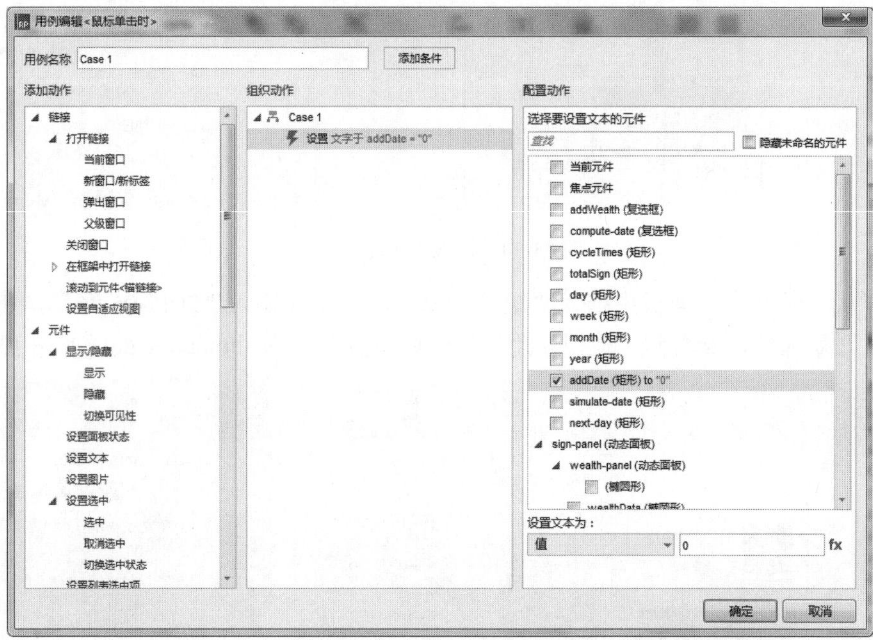

图 13-93　拖入并设置元件

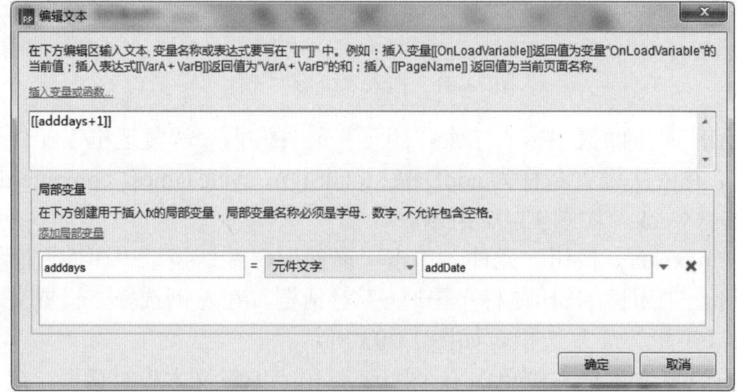

图 13-94　插入变量

（28）在左侧选择“选中”选项，在右侧选中“compute-date（复选框）”复选框，在下方设置选中状态值为 toggle，如图 13-95 所示。

图 13-95 设置选中状态

（29）在左侧选择“设置面板状态”选项，在右侧选中“sign-panel（动态面板）”复选框，在下方设置“选择状态”为 State1，“进入动画”和“退出动画”均为“向下滑动”，“时间”为 500 毫秒，如图 13-96 所示。

图 13-96 设置面板状态

（30）在左侧选择“设置文本”选项，在右侧选中“sign-tips（矩形）”复选框，在下方设置文本为“富文本”，单击右侧的“编辑文本”按钮，在弹出的“输入文本”对话框中输入文本“今天还没有签到哦！马上签到领取”，如图 13-97 所示。单击“确定”按钮返回至“用例编辑<鼠标单击时>”对话框。

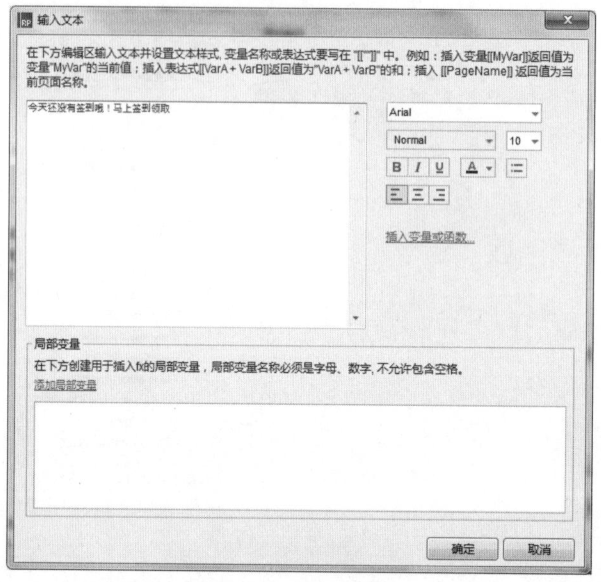

图 13-97 输入文本

（31）在左侧选择“设置文本”选项，在右侧选中“cycleTimes（矩形）”复选框，在下方设置文本值为 1，如图 13-98 所示。单击“确定”按钮返回至编辑区中。

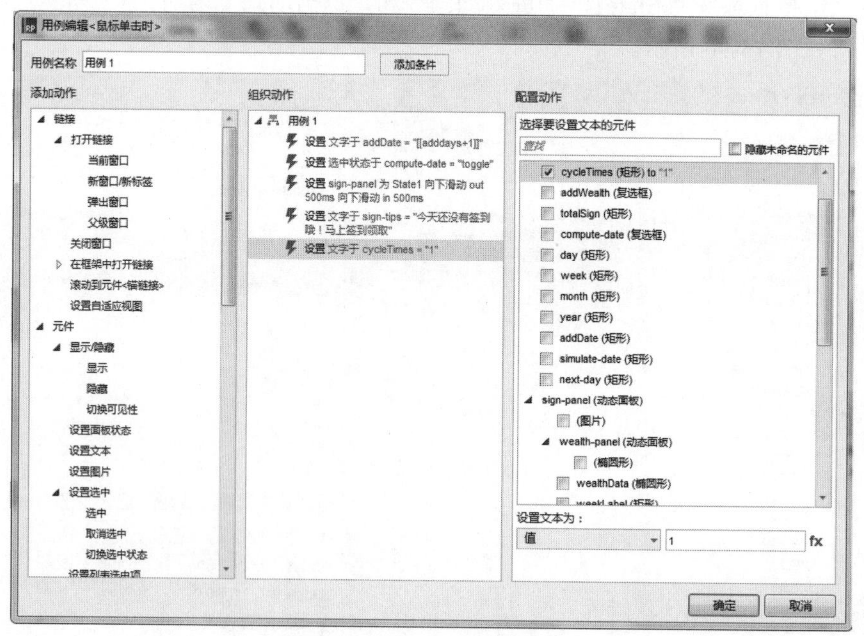

图 13-98 设置文本

（32）用同样的方法为“compute-date 复选框”“addWealth 复选框”添加“选中改变时”事件，如图 13-99 所示。

（33）单击 sign-panel/State1（index）标签切换至 sign-panel/State1（index）编辑区中，选

中“矩形”元件，在右侧“属性”面板中双击“鼠标单击时”选项，弹出“用例编辑<鼠标单击时>”对话框，在左侧选择“设置文本”选项，在右侧选中“sign-tips（矩形）”复选框，如图 13-100 所示。

图 13-99 添加事件

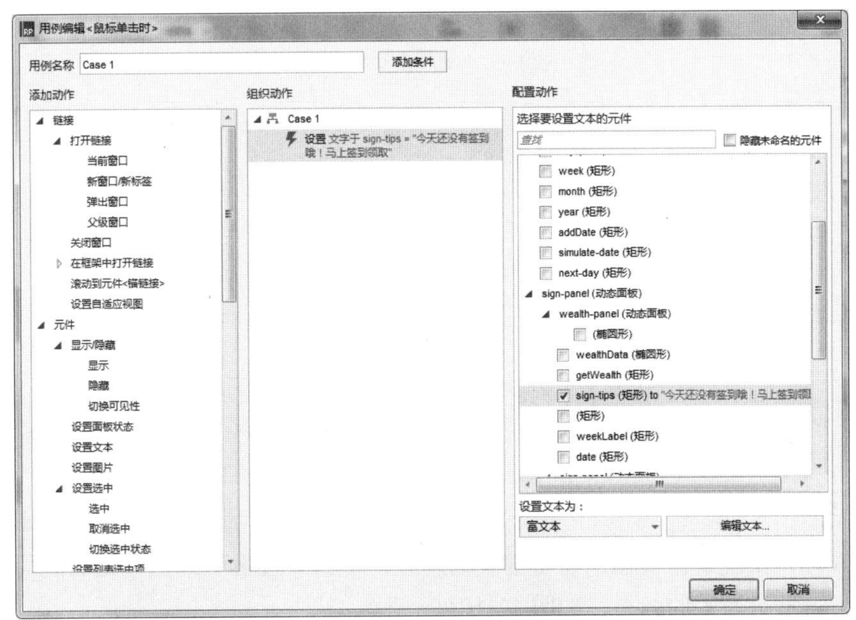

图 13-100 设置文本

（34）单击“编辑文本”按钮，弹出“输入文本”对话框，在下方单击“添加局部变量”超链接，设置 totaldays 等于“元件文字”totalSign，在上方输入文本“已成功签到[[totaldays]]天，明天可领取”，如图 13-101 所示。单击两次“确定”按钮返回至编辑区中。

（35）用同样的方法添加 Case2、Case3，如图 13-102 所示。

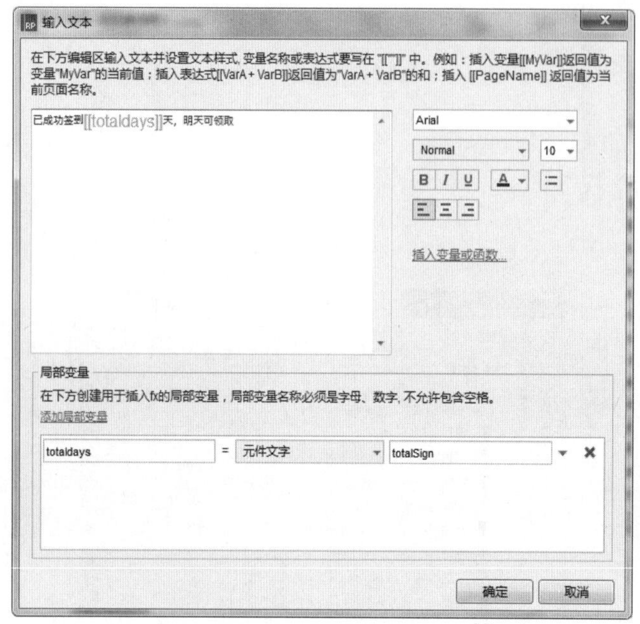

图 13-101　输入文本

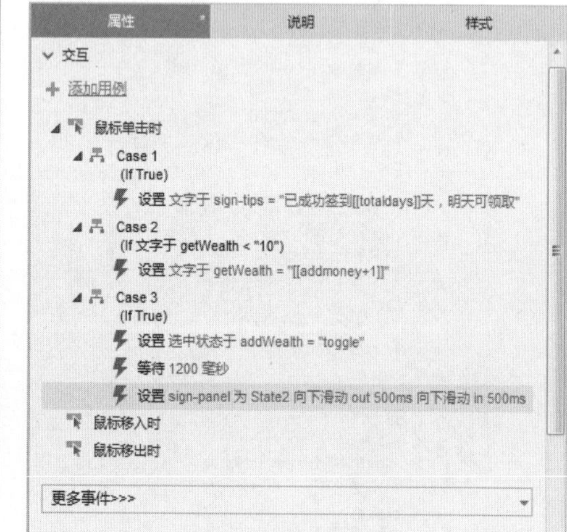

图 13-102　添加用例

（36）单击 index 标签切换至 index 编辑区中，按 Ctrl+S 快捷键，以“13.5”为名称保存该文件，然后按 F5 键预览效果，如图 13-103 所示。

图 13-103　最终效果

13.6　搜索引擎

案例描述

页面载入时，在搜索框中输入需要搜索的内容，单击“搜索”按钮，在右侧显示“搜索历史”，并在下方展示搜索的结果，如图 13-104 所示。

图 13-104　搜索引擎

思路分析

- 添加内联框架，链接百度搜索 API。
- 使用中继器来完成数据与元件的连接，并设置模块之间的布局和间隔。
- 为“搜索”按钮添加“鼠标单击时”事件。

本案例的具体操作步骤请参见资源包。

13.7　底部返回按钮效果

案例描述

页面载入时，往下拉右侧滚动条查看下面的内容，当用户须放回顶部时，单击右侧“顶部”向上箭头按钮，即可返回顶部，如图 13-105 所示。

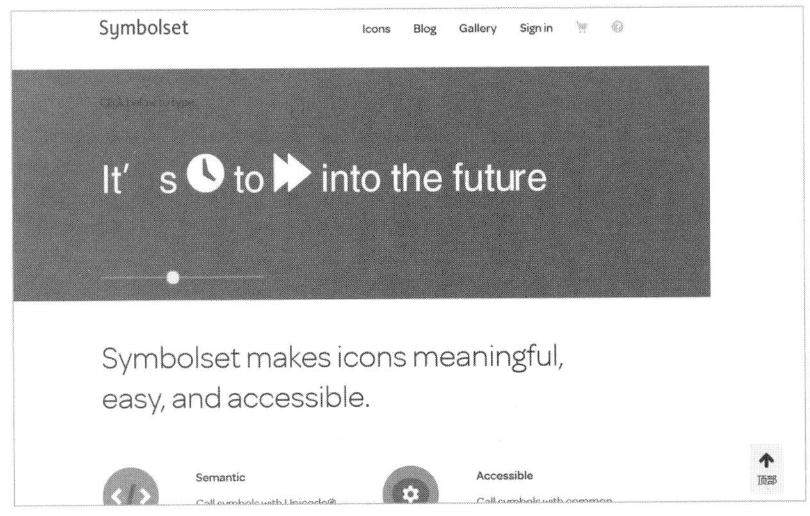

图 13-105　底部返回按钮效果

思路分析

- 设置“动态面板”元件固定到浏览器的水平位置和垂直位置。
- 为返回“顶部”按钮添加“鼠标单击时”事件，设置锚链接。

本案例的具体操作步骤请参见资源包。

13.8 手机拨号效果

案例描述

在拨号盘上单击需要输入的手机号码，如果输入有误，可单击退格按键进行删除，输入好后，单击拨号按键，进入“正在呼叫...”页面，如图 13-106 所示。

图 13-106 手机拨号效果

思路分析

- 为拨号盘上的按键添加“鼠标单击时”事件，鼠标单击按键时，在文本框中依次显示单击的数字。
- 添加“动态面板”元件，当单击拨号按键时，切换至“正在呼叫...”页面。

本案例的具体操作步骤请参见资源包。

13.9 商城列表页页面布局

案例描述

当页面载入后，默认进入列表布局页面，单击右上角的切换图标，实现列表布局和大图布局之间的切换，如图 13-107 所示。

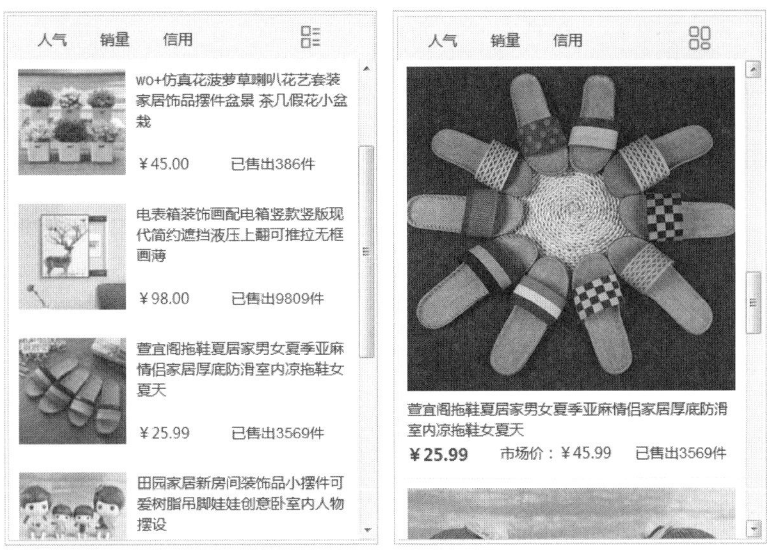

图 13-107　商城列表页页面布局

思路分析

- 为“动态面板”元件添加两个面板状态，并为动态面板设置“鼠标单击时”事件，设置动态面板状态。
- 添加“中继器”元件，并设置模块之间的布局和间隔，以实现数据与元件的连接。

本案例的具体操作步骤请参见资源包。

13.10　模块跟随鼠标移动方向滑动效果

案例描述

当鼠标从左移入图片中，则图片信息向右滑动覆盖在图片上；当向下移出鼠标时，面板信息跟随鼠标向下移出，如图 13-108 所示。

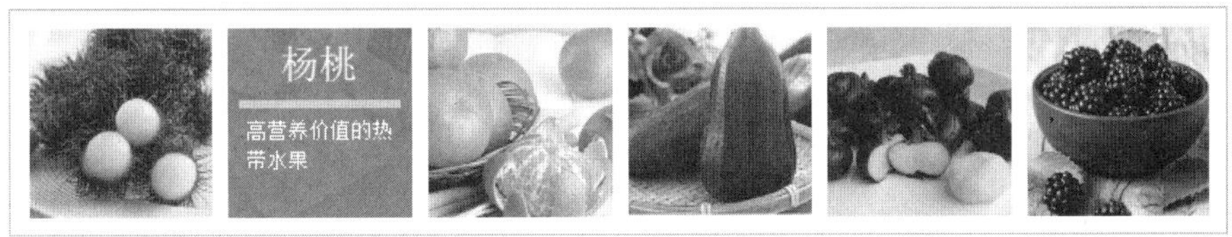

图 13-108　模块跟随鼠标移动方向滑动效果

思路分析

- 添加两个全局变量 CursorX、CursorY。
- 为“热区”元件添加“鼠标移入时”和“鼠标移出时”事件。
- 动态面板滑动的方向设置为向左、向右、向上、向下。

本案例的具体操作步骤请参见资源包。

第 14 章

趣 味 游 戏

14.1　九宫格拼图游戏

案例描述

单击页面中的图片，图片随机排列，当单击空白区域相邻的图片时，图片移动到该空白区域，如果没有空白区域，单击无效，依次循环重复此操作，直至拼成原图，如图 14-1 所示。

图 14-1　九宫格拼图游戏

思路分析

- 使用中继器来完成数据与元件的连接，并设置模块之间的布局和间隔。
- 为图片添加“鼠标单击时”事件，设置更新行，最后隐藏原图。
- 设置“页面载入时”事件，添加“更新行”和“添加排序”动作。

操作步骤

（1）选择“文件” | “新建”命令，新建一个 Axure 的文档。

（2）在“元件库”面板中将“矩形 1”元件拖入编辑区中，在工具栏中设置 x 为 4，y 为 27，“宽度”和“高度”均为 350，如图 14-2 所示。

（3）在“元件库”面板中将“中继器”元件拖入编辑区中，在工具栏中设置 x 为 19，y 为 40，在右侧“检视：中继器”区域设置名称为 img-repeater，如图 14-3 所示。

（4）在右侧“属性”面板的“中继器”区域设置表头名称依次为 piture、sortid、id、x、y、move，添加 6 行，并导入相应的素材图片，设置相应的值，如图 14-4 所示。

（5）单击“样式”标签切换至“样式”面板，设置“布局”为“水平”，选中“网格排布”复选框，设置“每排项目数”为 3，设置间距“行”为 10，“列”为 10，如图 14-5 所示。

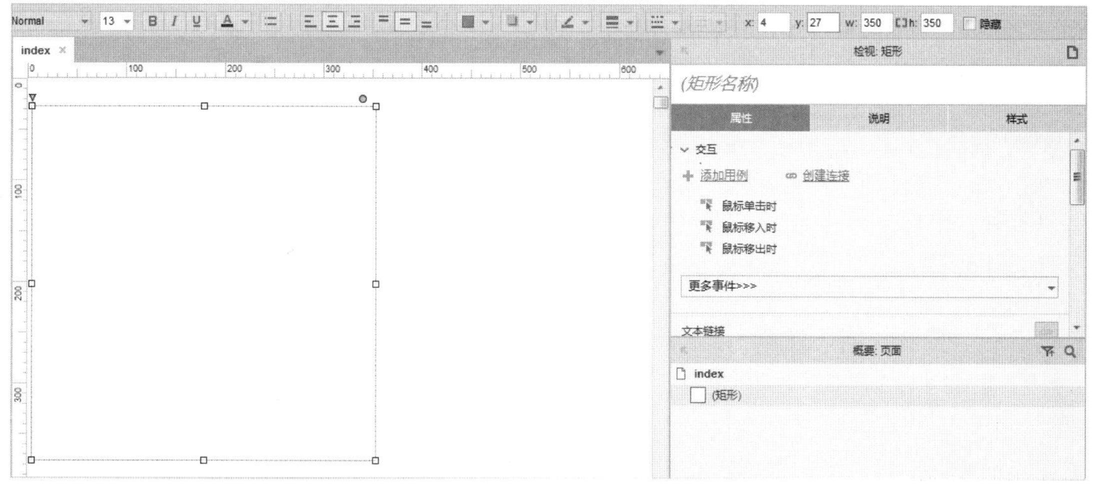

图 14-2　拖入“矩形 1”元件

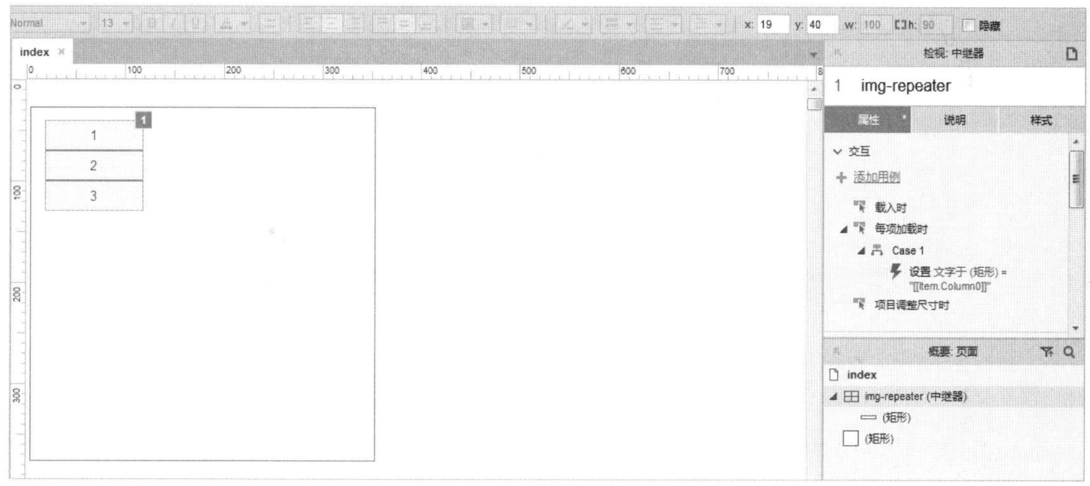

图 14-3　拖入“中继器”元件

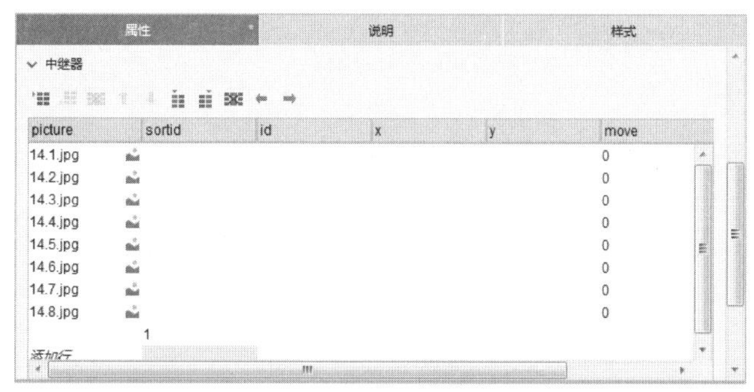

图 14-4　设置“中继器”元件

图 14-5　设置“中继器”样式

（6）双击“中继器”元件，进入 img-repeater（index）编辑区中，删除“矩形”元件，在左侧“元件库”面板中将“图片”元件拖入编辑区中，在工具栏中设置“宽度”和“高度”均为 100，如图 14-6 所示。

（7）单击“属性”标签切换至“属性”面板，双击“鼠标单击时”选项，弹出“用例编辑<鼠标单击时>”对话框，单击“添加条件”按钮，弹出“条件设立”对话框，设置“值”[[Item.move]]

等于“值”1，如图 14-7 所示。单击“确定”按钮返回至“用例编辑<鼠标单击时>”对话框。

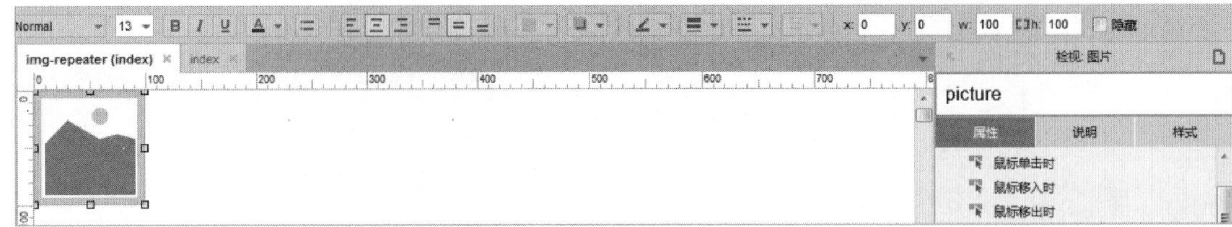

图 14-6　拖入“图片”元件

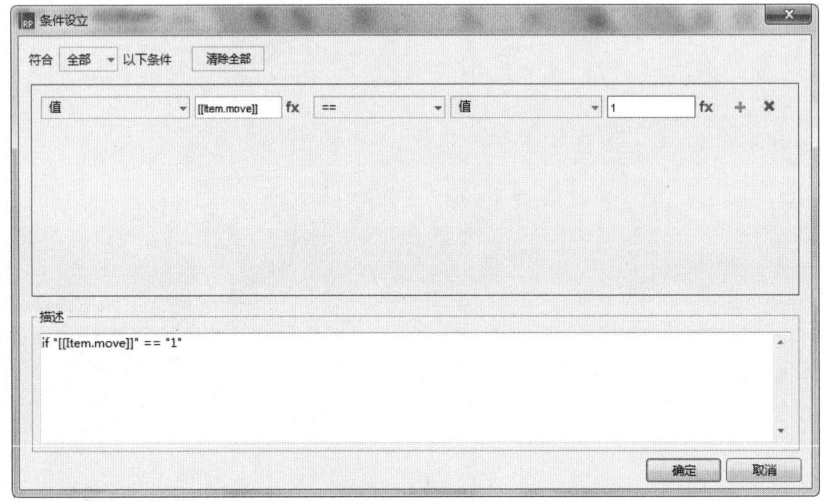

图 14-7　设立条件

（8）在左侧选择“更新行”选项，在右侧选中“img-repeater（中继器）”复选框，在下方选中“条件”单选按钮，如图 14-8 所示。

图 14-8　更新行

（9）单击“条件”右侧的 fx 按钮，弹出“编辑值”对话框，插入变量如图 14-9 所示。单击“确定”按钮返回至“用例编辑<鼠标单击时>”对话框。

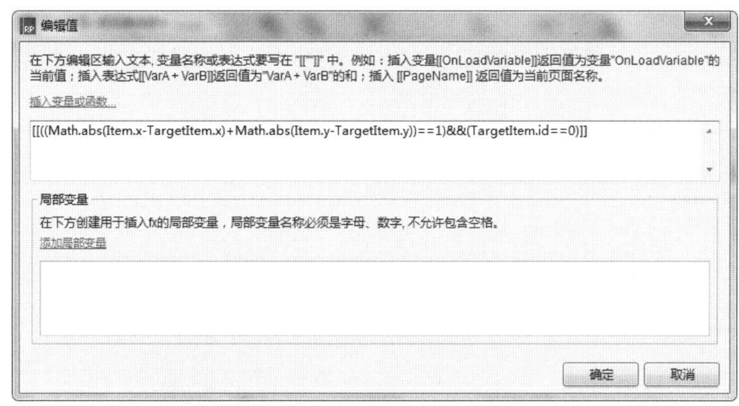

图 14-9　插入变量

（10）单击“选择列”下方的 picture 选项，在列表中单击 Value 下方的 fx 按钮，在弹出的“编辑值”对话框中插入变量[[Item.picture]]，如图 14-10 所示。单击“确定”按钮返回至“用例编辑<鼠标单击时>”对话框。

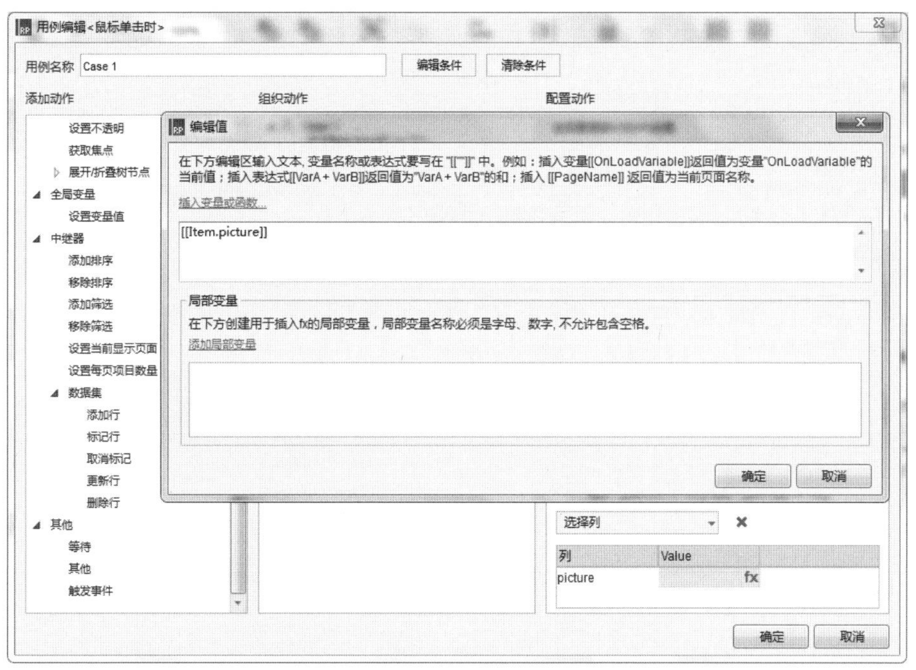

图 14-10　插入变量

（11）用同样的方法添加行，设置 value，如图 14-11 所示。

（12）按照步骤（8）～步骤（11）的方法更新行，如图 14-12 所示。

（13）单击 index 标签切换至 index 编辑区中，选择“中继器”元件，在“属性”面板中双击 Case1 选项，弹出“用例编辑<鼠标单击时>”对话框，删除已有的动作，在左侧选择“设置图片”选项，在右侧选中“picture（图片）”复选框，在下方设置“值”为[[Item.picture]]，如图 14-13 所示。单击“确定”按钮返回至编辑区中。

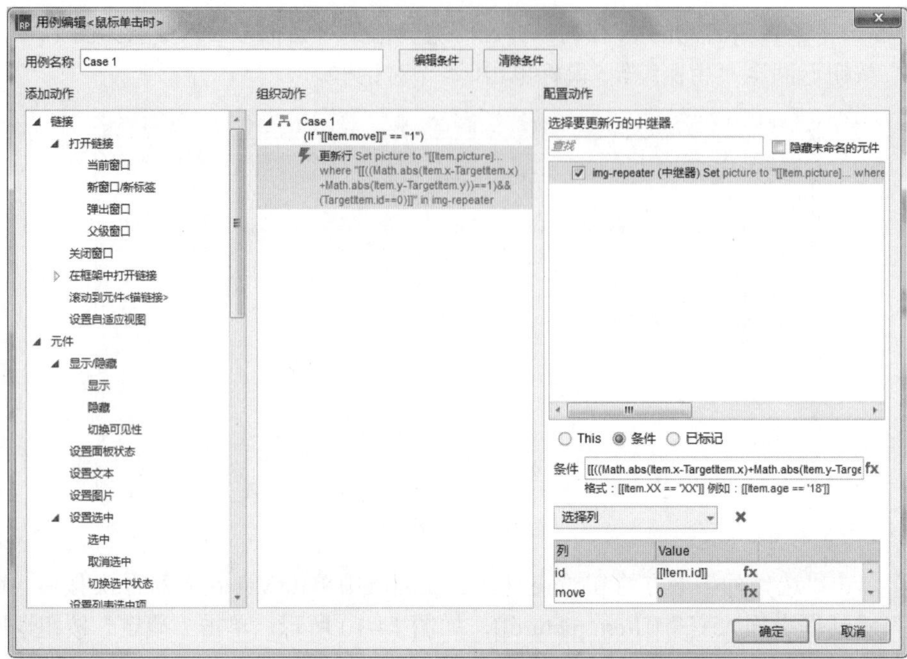

图 14-11 设置 Value

图 14-12 更新行

（14）从“元件库”面板中将“图片”元件拖入编辑区中，双击并导入相应的素材图片，在工具栏中设置 x 为 19，y 为 40，“宽度”和“高度”均为 320，在“检视：图片”区域设置名称为 original-pic，如图 14-14 所示。

（15）在右侧“属性”面板中双击“鼠标单击时”选项，弹出“用例编辑<鼠标单击时>”对话框，在左侧选择“更新行”选项，在右侧选中“img-repeater（中继器）”复选框，如图 14-15 所示。

图 14-13　设置图片

图 14-14　拖入“图片”元件

图 14-15　更新行

（16）用同样的方法设置添加动作，如图 14-16 所示。单击“确定”按钮返回至编辑区中。

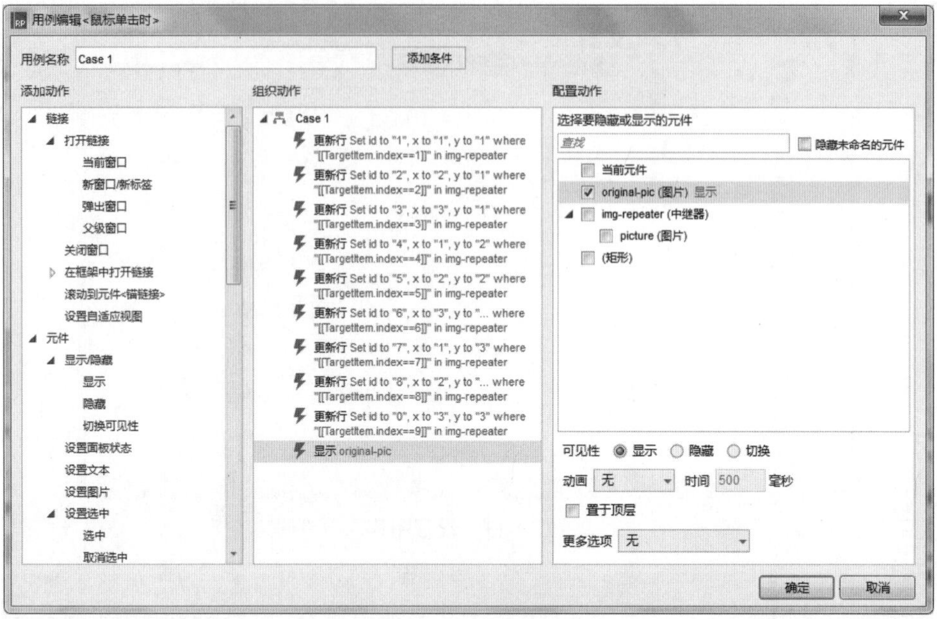

图 14-16　添加动作

（17）单击编辑区中的空白区域，双击“页面载入时”选项，弹出“用例编辑<页面载入时>”对话框，在左侧选择“更新行”选项，在右侧选中“img-repeater（中继器）”复选框，单击“条件”右侧的 fx 按钮，弹出“编辑值”对话框，插入变量[[TargetItem.sortid!=1]]，如图 14-17 所示。单击“确定”按钮返回至“用例编辑<页面载入时>”对话框。

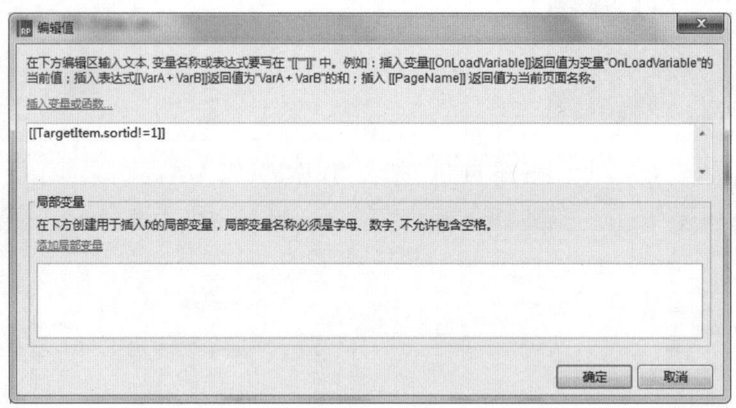

图 14-17　插入变量

（18）在“选择列”菜单选择 sortid，单击右侧的 fx 按钮，弹出“编辑值”对话框，插入变量为[[Math.random()]]，如图 14-18 所示。

（19）在左侧选择“添加排序”选项，在右侧选中“img-repeater（中继器）”复选框，设置“属性”为 sortid，“排序类型”为 Number，“顺序”为“升序”，如图 14-19 所示。单击“确定”按钮返回至编辑区中。

（20）按 Ctrl+S 快捷键，以“14.1”为名称保存该文件，然后按 F5 键预览效果，如图 14-20 所示。

图 14-18　编辑值

图 14-19　添加排序

图 14-20　最终效果

14.2　幸运大转盘

案例描述

单击“奖”按钮后，转盘旋转直至停止，指针随机指向的位置即为获奖奖项，包括“一等奖”“二等奖”“三等奖”“谢谢参与”，如图 14-21 所示。

图 14-21　幸运大转盘

思路分析

- 转盘抽奖可以选择转盘旋转，也可以选择指针旋转，本实例通过转盘旋转来实现抽奖效果。
- 在“椭圆形”元件上添加“鼠标单击时”事件。
- 添加“旋转”动作，并设置“角度”为[[100000+Math.random()*360]]，“锚点”为“中心”，“动画”为“线性”。

操作步骤

（1）选择“文件”|“新建”命令，新建一个 Axure 的文档。

（2）在“元件库”面板中将“矩形 2”元件拖入编辑区中，在右侧圆点上单击鼠标左键弹出图形面板，选择 Pie Chart 图形，如图 14-22 所示。

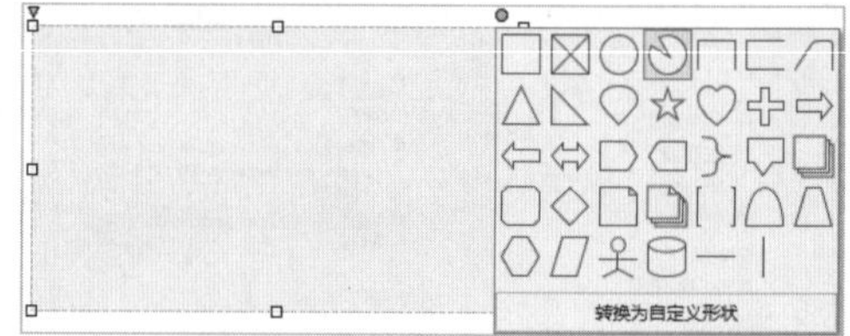

图 14-22　图形面板

（3）在工具栏中设置“高度”为 300，在编辑区中拖动 Pie Chart 元件上橙色的点至适当的位置，使其形成一个扇形，在 Pie Chart 元件上单击鼠标右键，在弹出的快捷菜单中选择“改变形状”|“合并”命令，如图 14-23 所示。

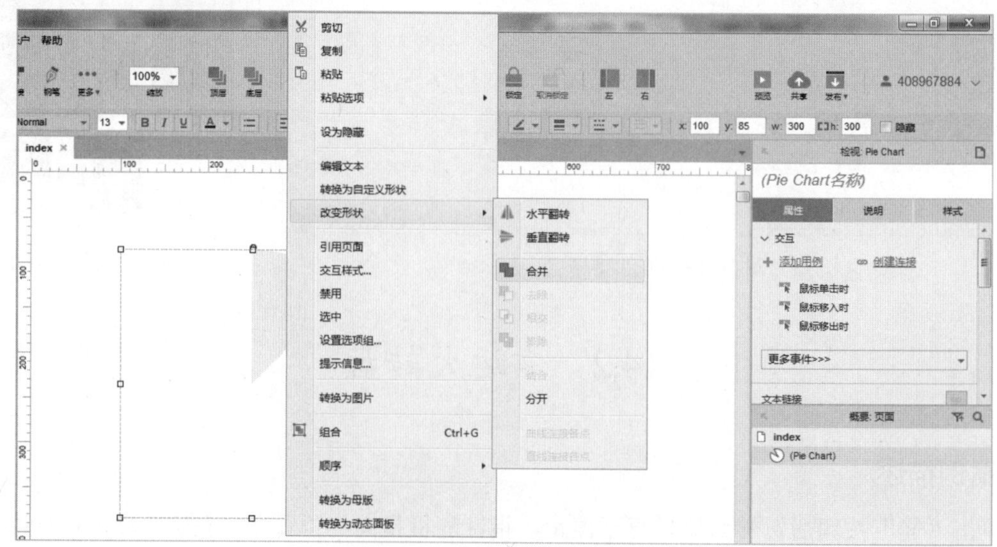

图 14-23　改变形状并组合

（4）在工具栏中设置“填充颜色”为橙色（#FFCC66），如图 14-24 所示。

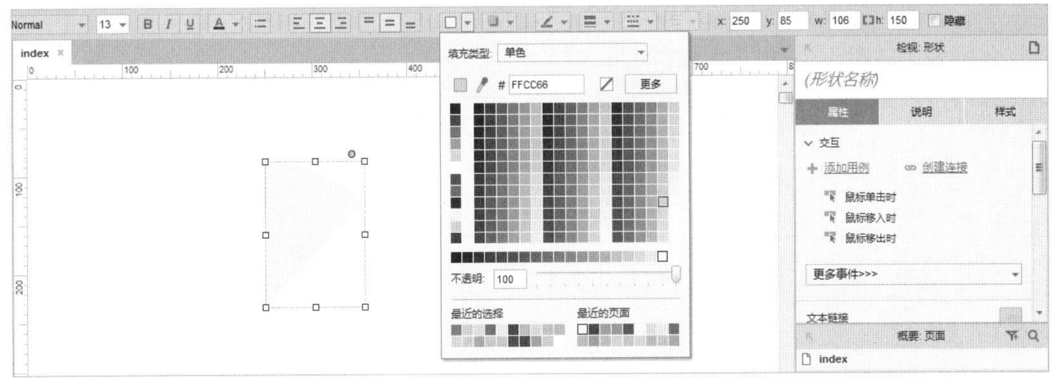

图 14-24　设置填充颜色

（5）在编辑区中复制一个扇形，在右侧单击“样式”标签切换至“样式”面板，在“位置 • 尺寸”区域设置“元件角度”为 45，在工具栏中设置“填充颜色”为浅蓝色（#66CCFF），如图 14-25 所示。

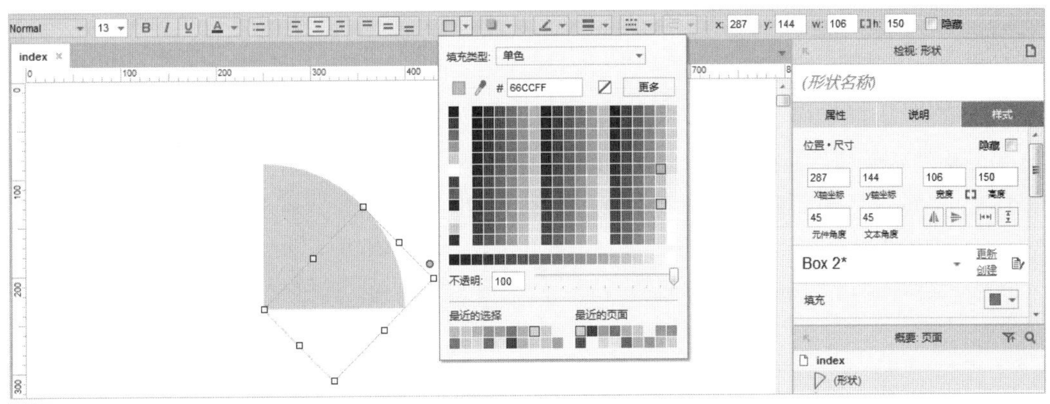

图 14-25　设置填充颜色

（6）用相同的方法复制 6 个扇形，并一一设置“元件角度”和“充填颜色”，效果如图 14-26 所示。

（7）从“元件库”面板中拖入“文本标签”元件至编辑区适当的位置，输入“一等奖”，按住 Ctrl 键当鼠标指针变成带箭头的圆形时，拖动鼠标至适当的位置，如图 14-27 所示。

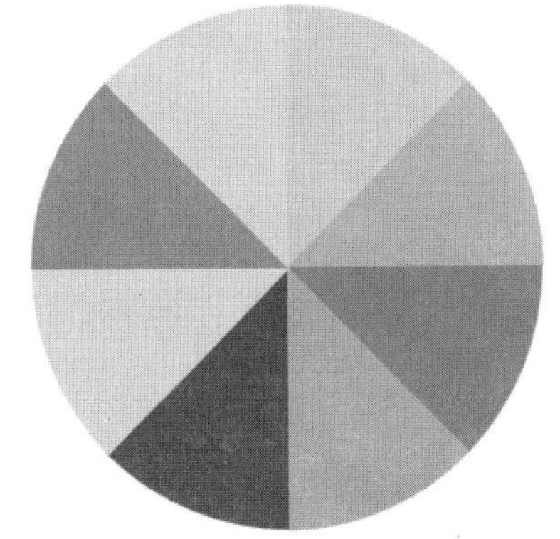

图 14-26　复制扇形

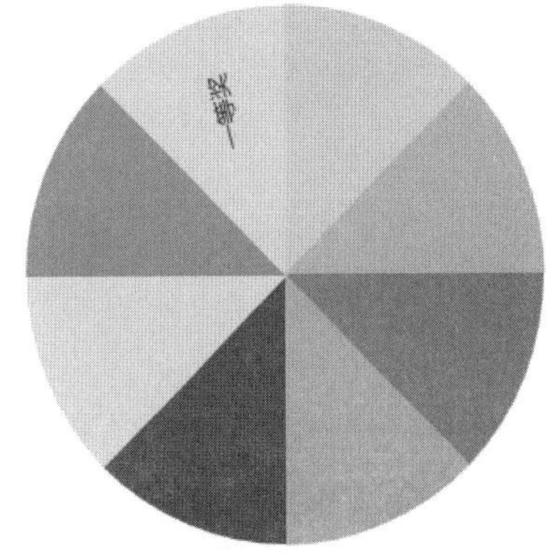

图 14-27　拖入“文本标签”元件并设置内容

（8）用相同的方法设置其他扇形的文本标签内容，文本标签的文字内容为“一等奖”“二等奖”“三等奖”，其余的皆为“谢谢参与”，将以上所有“扇形元件”和“文本标签”元件组合并命名为“转盘”，如图 14-28 所示。

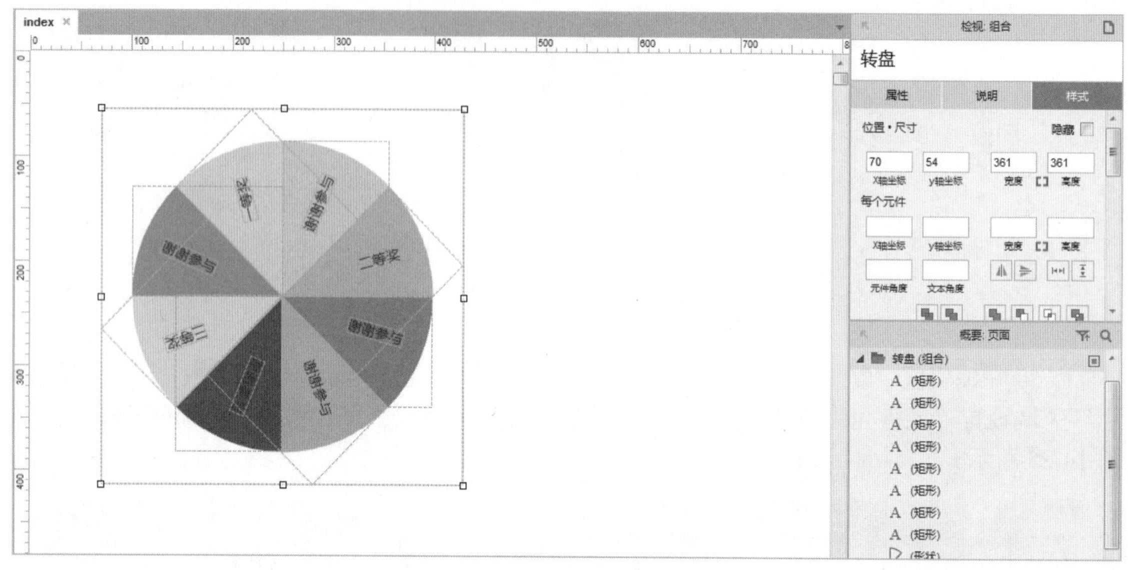

图 14-28　复制文本元件并组合

（9）从“元件库”面板中拖入“椭圆形”元件至编辑区中，在工具栏中设置 x 和 y 分别为 200、185，“宽度”和“高度”均为 100，如图 14-29 所示。

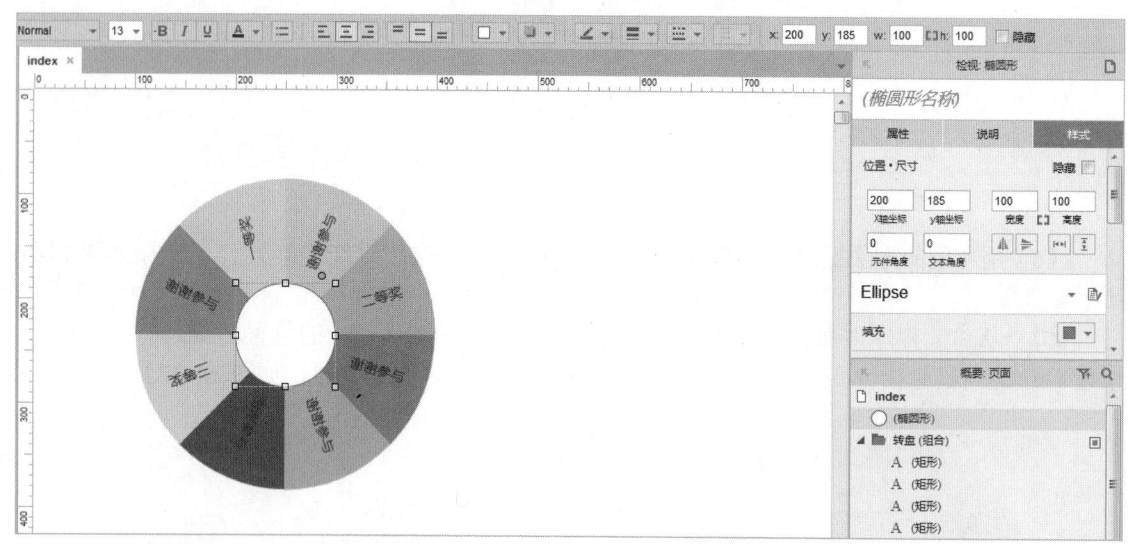

图 14-29　设置“椭圆形”元件

（10）在编辑区中双击“椭圆形”元件，输入“奖”，在工具栏中设置“字体尺寸”为 48，“文本颜色”为红色（#FF0000），并设置“填充颜色”为灰色（#E4E4E4），在右侧“检视：椭圆形”区域设置名称为“抽奖”，如图 14-30 所示。

（11）从“元件库”面板中拖入“矩形 2”元件至编辑区中，在右侧圆点上单击鼠标左键弹出图形面板，选择三角形图形，如图 14-31 所示。

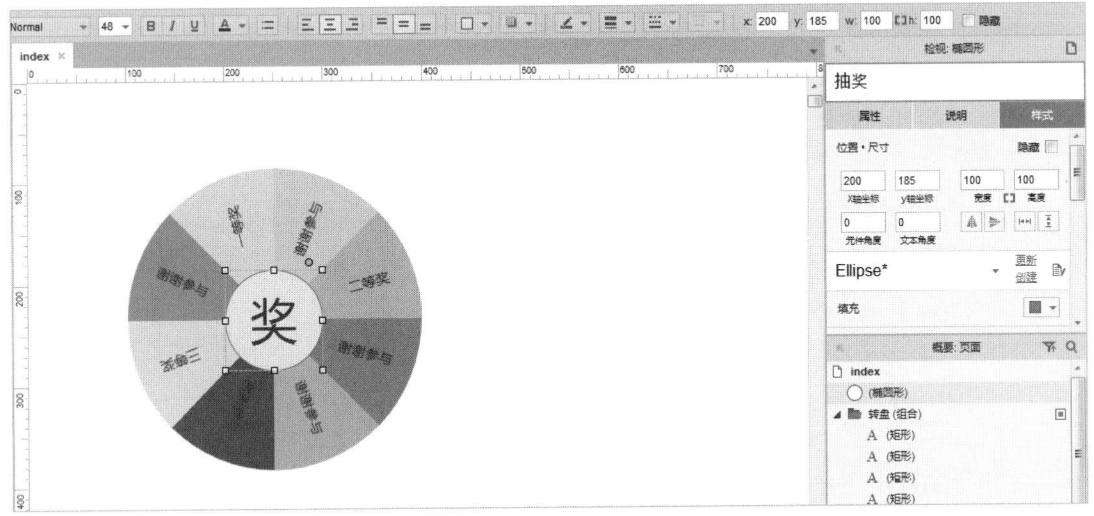

图 14-30 设置“椭圆形”元件

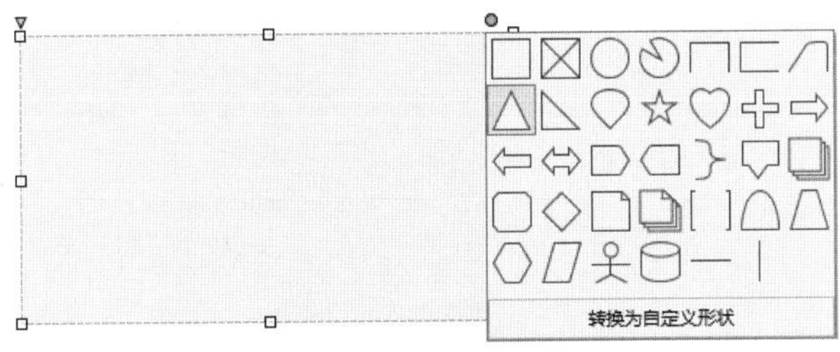

图 14-31 选择三角形图形

（12）在工具栏中设置 x 和 y 分别为 227、155，“宽度”和“高度”分别为 45、35，在右侧“检视：三角形”区域设置名称为“指针”，在“三角形”元件上单击鼠标右键，在弹出的快捷菜单中选择“顺序”|“下移一层”命令，如图 14-32 所示。

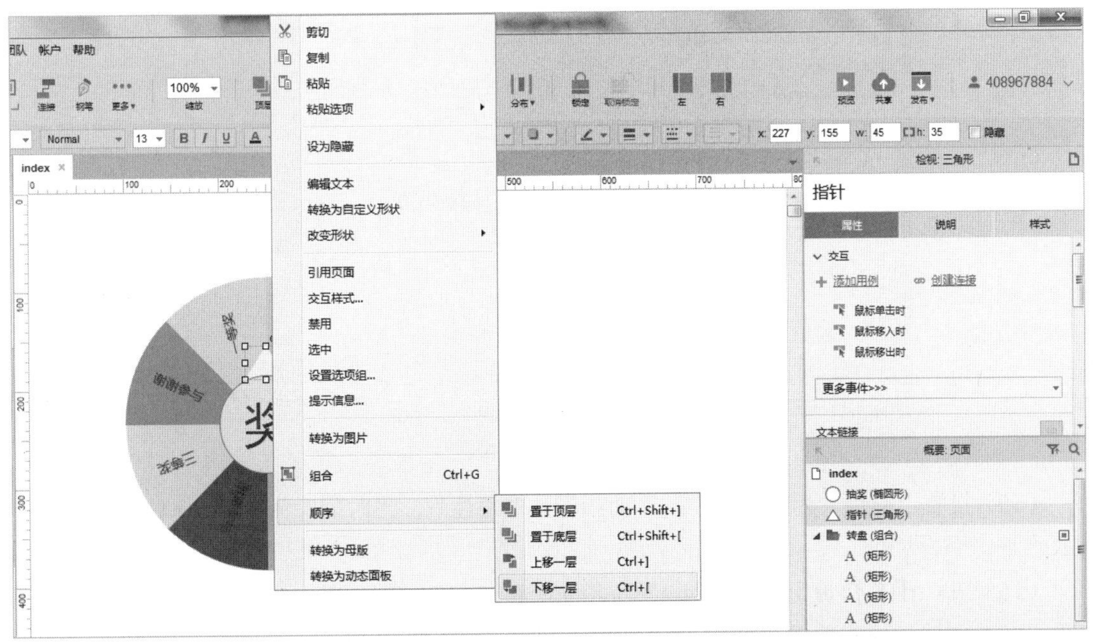

图 14-32 下移图层

（13）在编辑区中选择“椭圆形”元件，单击右侧“属性”标签切换至“属性”面板，在“交互”区域双击“鼠标单击时”选项，弹出“用例编辑<鼠标单击时>”对话框，在左侧“添加动作”区域选择“旋转”选项，在右侧“配置动作”区域选中“转盘（组合）”复选框，如图 14-33 所示。

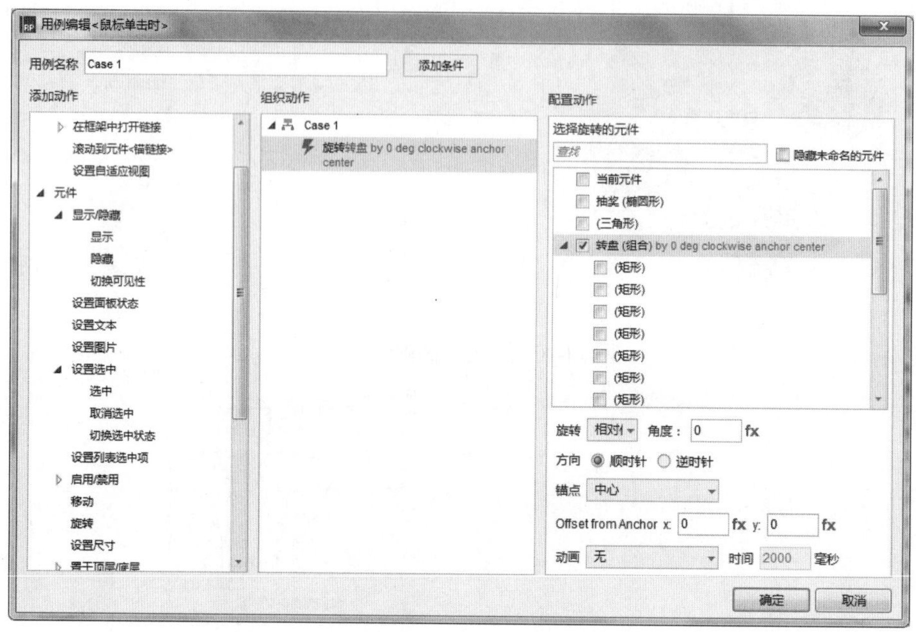

图 14-33　添加动作

（14）单击“角度”右侧的 fx 按钮，弹出“编辑值”对话框，设置函数为[[100000+Math.random()*360]]，如图 14-34 所示。单击“确定”按钮返回至“用例编辑<鼠标单击时>”对话框。

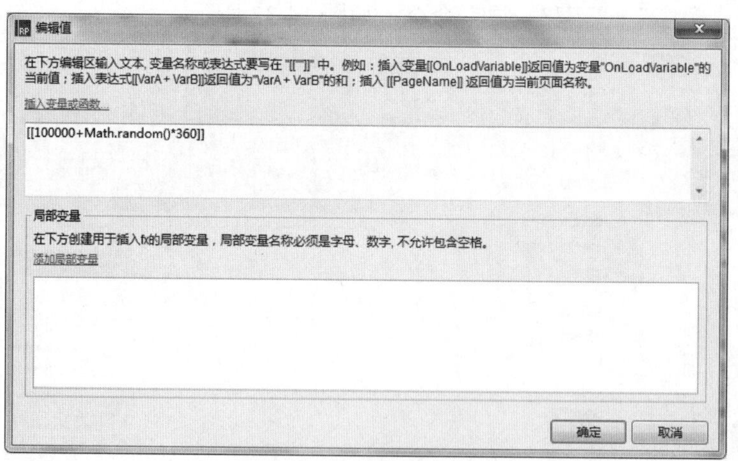

图 14-34　设置函数

（15）设置“锚点”为“中心”，“动画”为“线性”，“时间”为 2000 毫秒，如图 14-35 所示。

（16）按 Ctrl+S 快捷键，以“14.2”为名称保存该文件，然后按 F5 键预览效果，单击“奖”按钮即可看到转盘抽奖效果，如图 14-36 所示。

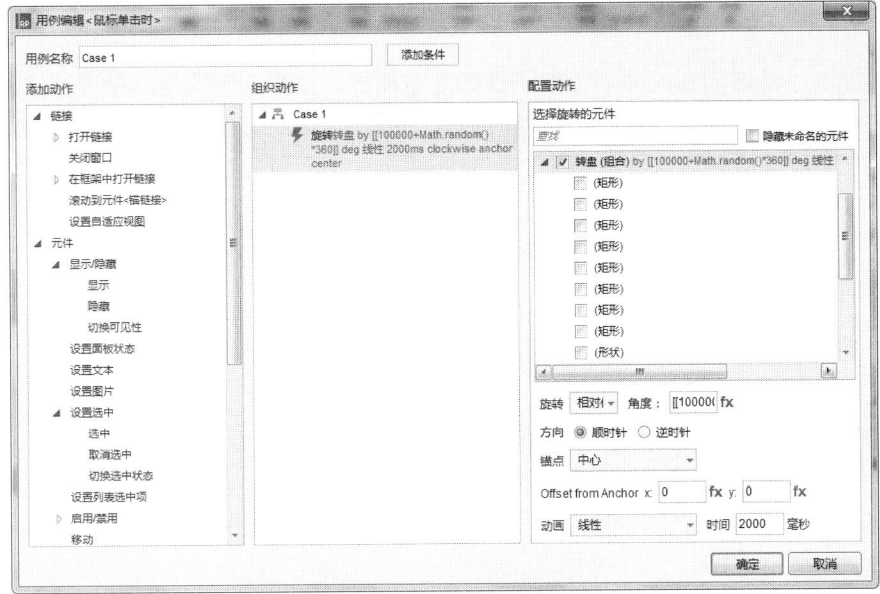

图 14-35　设置锚点和动画

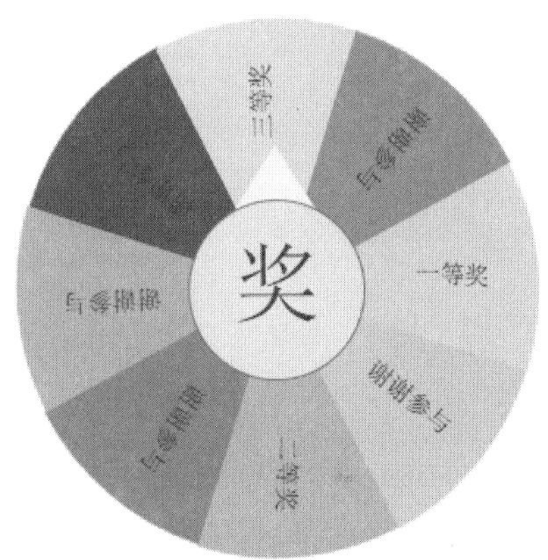

图 14-36　最终效果

14.3　掷骰子猜大小

案例描述

页面载入后单击“掷骰子”按钮，骰子一直弹跳直至停止在第几点，如图 14-37 所示。

图 14-37　掷骰子猜大小

思路分析

➢ 添加 3 个动态面板，分别为骰子弹跳动态面板、结果动态面板、循环方法面板。骰子弹跳动态面板用来实现骰子弹跳时的 6 个面，结果动态面板用来实现骰子最后出的是第几点，而循环方法面板用来实现前面两个动态面板的显示/隐藏。
➢ 添加“复选框”元件用来设置文本框的值和骰子弹垫的坐标。
➢ 为“主要按钮”元件添加“鼠标单击时”事件，设置显示/隐藏动态面板、循环次数变量的值、循环输出结果值。

操作步骤

（1）选择“文件”|“新建”命令，新建一个 Axure 的文档。

（2）在“元件库”面板中将“动态面板”元件拖入编辑区中，在工具栏中设置 x 为 200，y 为 145，“宽度”和“高度”均为 100，在右侧“检视：动态面板”区域设置名称为 craps-panel，如图 14-38 所示。

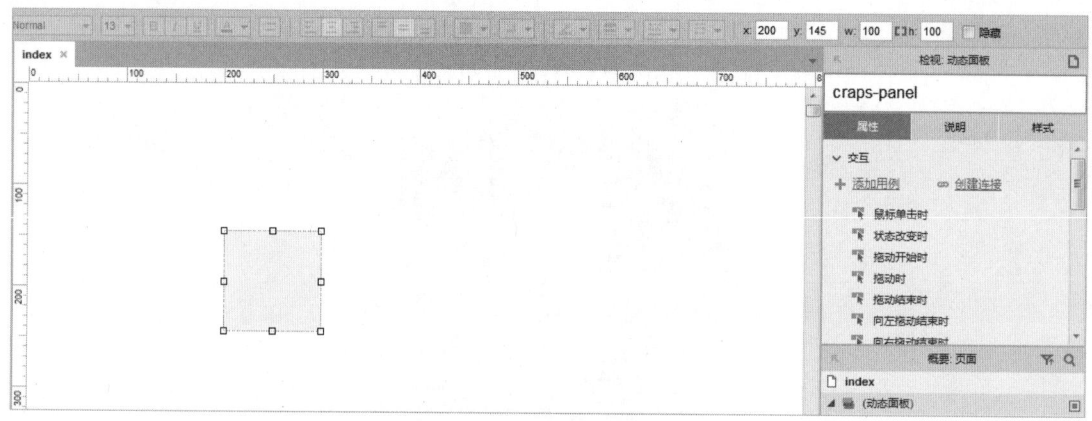

图 14-38　拖入“动态面板”元件

（3）双击“动态面板”元件，在弹出的“面板状态管理”对话框中单击“添加”按钮，添加 9 个面板状态，如图 14-39 所示。

（4）单击“编辑全部状态”按钮，打开所有面板状态，默认进入 craps-panel/State1（index）编辑区，将“图片”元件拖入编辑区中，双击并导入素材图片，设置大小并调整至适当的位置，如图 14-40 所示。

图 14-39　添加面板状态

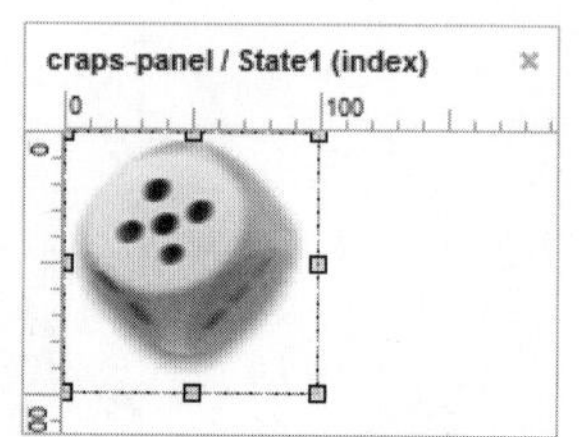

图 14-40　导入素材图片

（5）用同样的方法依次在其他面板状态导入相应的素材图片。

（6）单击 index 标签切换至 index 编辑区中，按住 Ctrl 键的同时，拖动“craps-panel 动态面板”元件进行复制，并调整至与“craps-panel 动态面板”元件重合，修改其名称为 result-panel，如图 14-41 所示。

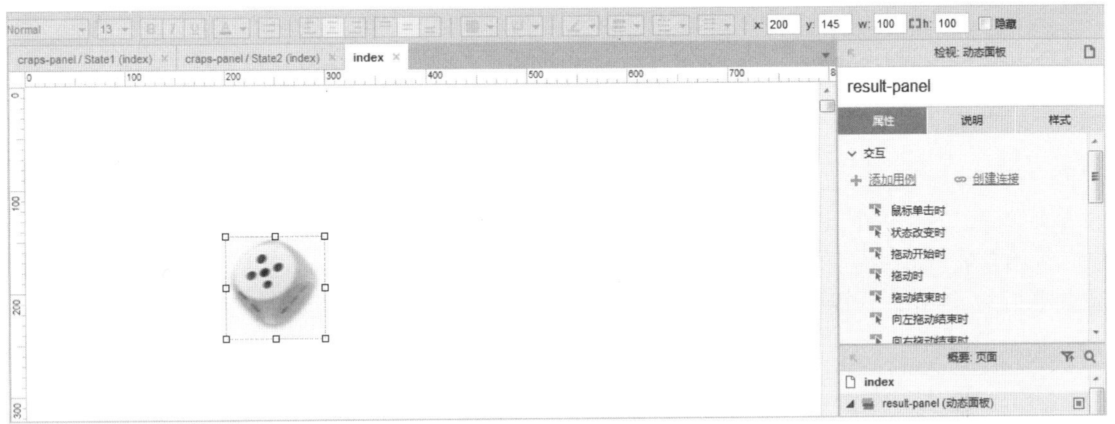

图 14-41 复制动态面板

（7）在编辑区中双击“result-panel 动态面板”元件，在弹出的“面板状态管理”对话框中删除 State1～State4 面板状态，并重新修改名称依次为 State1、State2、State3、State4、State5、State6，如图 14-42 所示。单击“确定”按钮返回至编辑区中。

（8）在“result-panel 动态面板”元件上单击鼠标右键，在弹出的快捷菜单中选择“顺序”|“下移一层”命令，如图 14-43 所示。将动态面板下移一层。

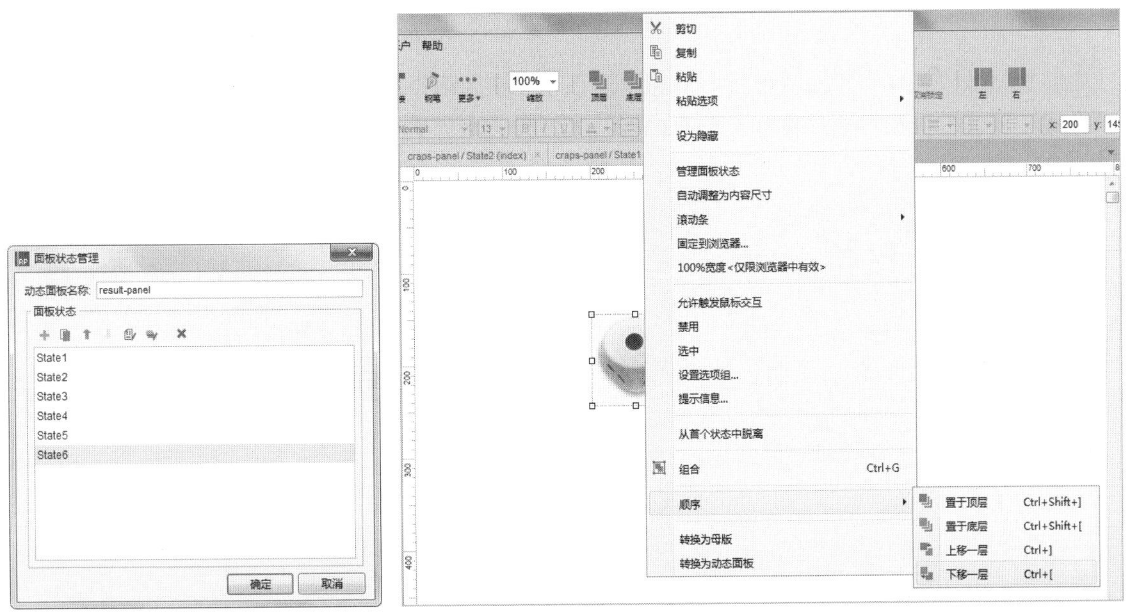

图 14-42 删除面板状态　　　　图 14-43 设置元件顺序

（9）单击 index 标签切换至 index 编辑区中，从“元件库”面板中分别拖入 3 次“文本标签”元件至编辑区中，调整至适当位置，双击并均输入 0，设置名称分别 random-var、random-result、output-label，并设置隐藏元件，如图 14-44 所示。

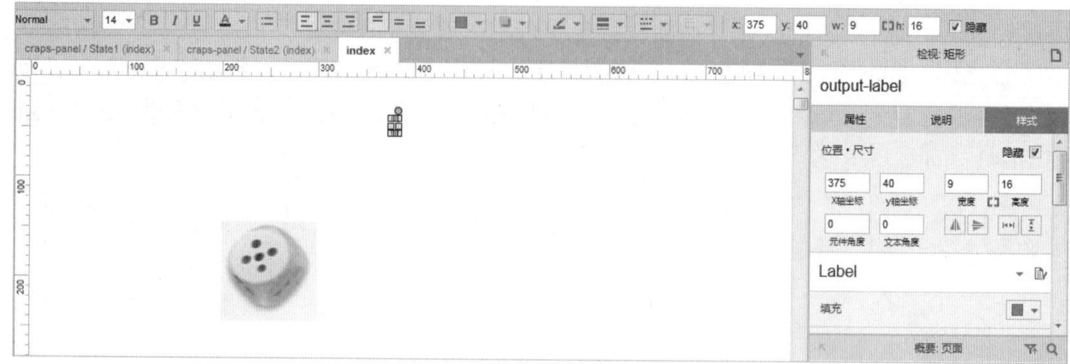

图 14-44　设置“文本标签”元件

（10）从“元件库”面板中拖入 3 次“矩形 1”元件至编辑区中，调整至适当位置，双击并分别输入-1、1 和 10，分别设置名称为 move-x、move-y、cycle-var，并隐藏元件，如图 14-45 所示。

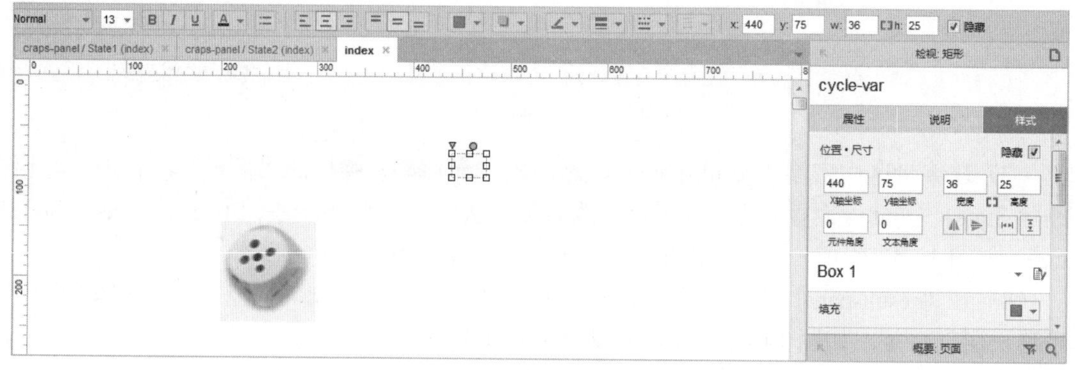

图 14-45　设置“矩形 1”元件

（11）从“元件库”面板中将“动态面板”元件拖入编辑区中的适当位置，在工具栏中选中“隐藏”复选框，在右侧“检视：动态面板”区域设置名称为 cycle-panel，如图 14-46 所示。

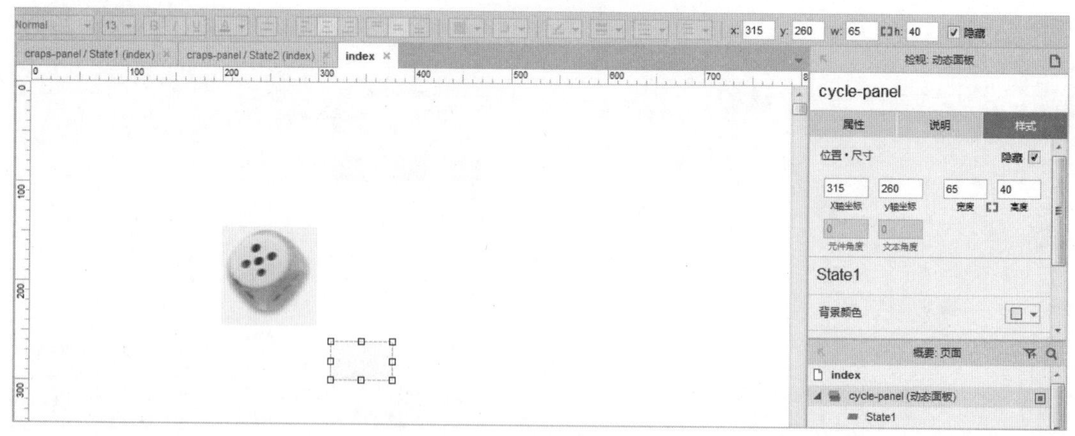

图 14-46　设置“动态面板”元件

（12）从“元件库”面板中将“复选框”元件拖入编辑区中的适当位置，在工具栏中选中“隐藏”复选框，在右侧“检视：复选框”区域设置名称为 dice-random，如图 14-47 所示。

（13）从“元件库”面板中将“主要按钮”元件拖入编辑区中，在工具栏中设置 x 为 125，y 为 70，“宽度”为 90，“高度”为 30，在右侧“检视：矩形”区域设置名称为 cast-btn，如

图 14-48 所示。

图 14-47　拖入“复选框”元件

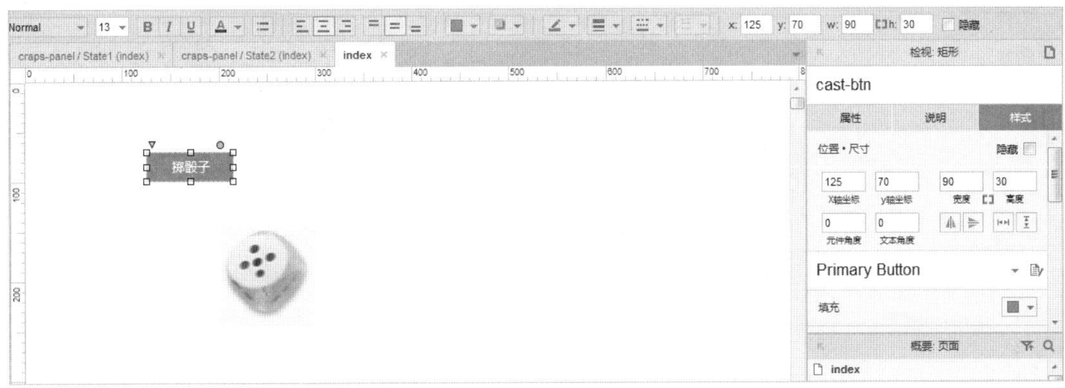

图 14-48　拖入“主要按钮”元件

（14）在右侧单击“属性”标签切换至“属性”面板，双击“鼠标单击时”选项，弹出“用例编辑<鼠标单击时>”对话框，在左侧“添加动作”区域选择“设置文本”选项，在右侧“配置动作”区域选中“cycle-var（矩形）”复选框，在下方设置文本值为 20，如图 14-49 所示。

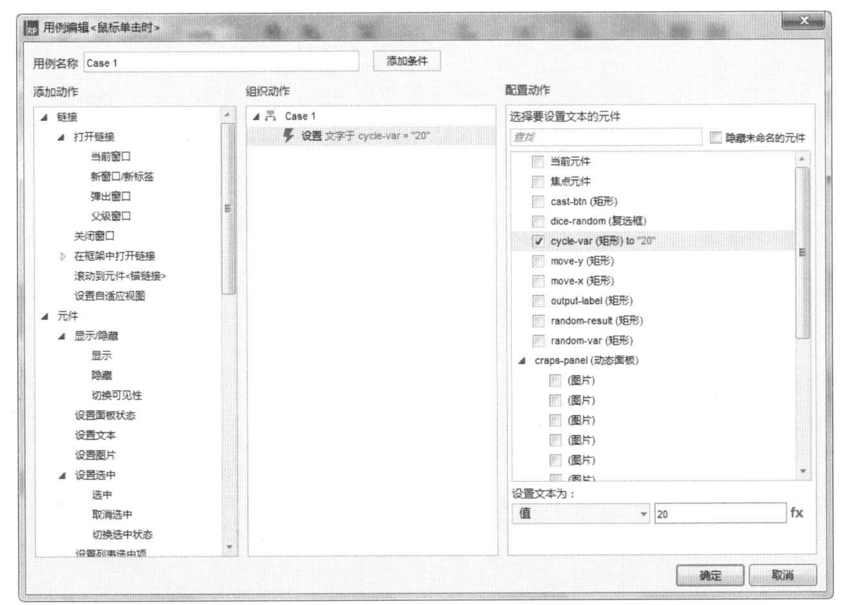

图 14-49　设置文本

（15）用同样的方法设置 output-label 文本值为 0，切换显示/隐藏 cycle-panel（动态面板），如图 14-50 所示。单击“确定”按钮返回至编辑区中。

（16）在编辑区中选择“dice-random 复选框”元件，在右侧“属性”面板中单击“更多事件>>>”右侧的下三角按钮，在弹出的下拉菜单中选择“选中改变时”选项，如图 14-51 所示。

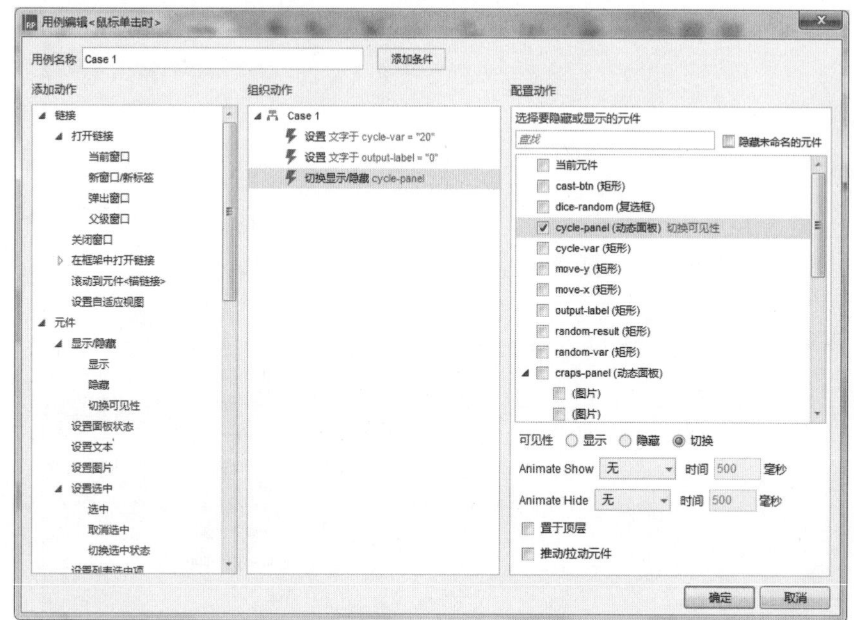

图 14-50　添加动作

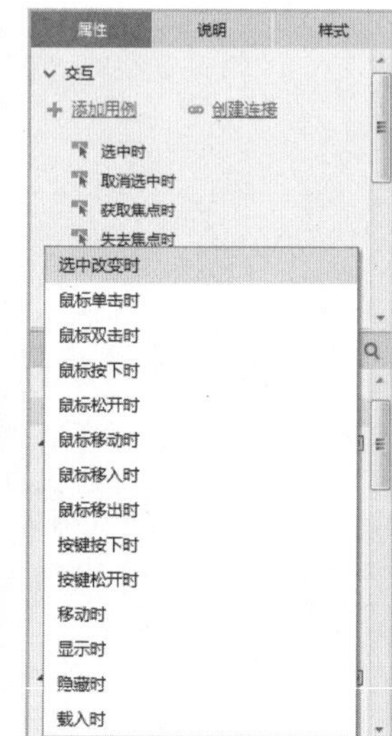

图 14-51　选择“选中改变时”选项

（17）弹出“用例编辑<选中改变时>”对话框，在左侧选择“设置文本”选项，在右侧选中“random-var（矩形）”复选框，设置文本值为[[Math.random()*100%10]]，如图 14-52 所示。

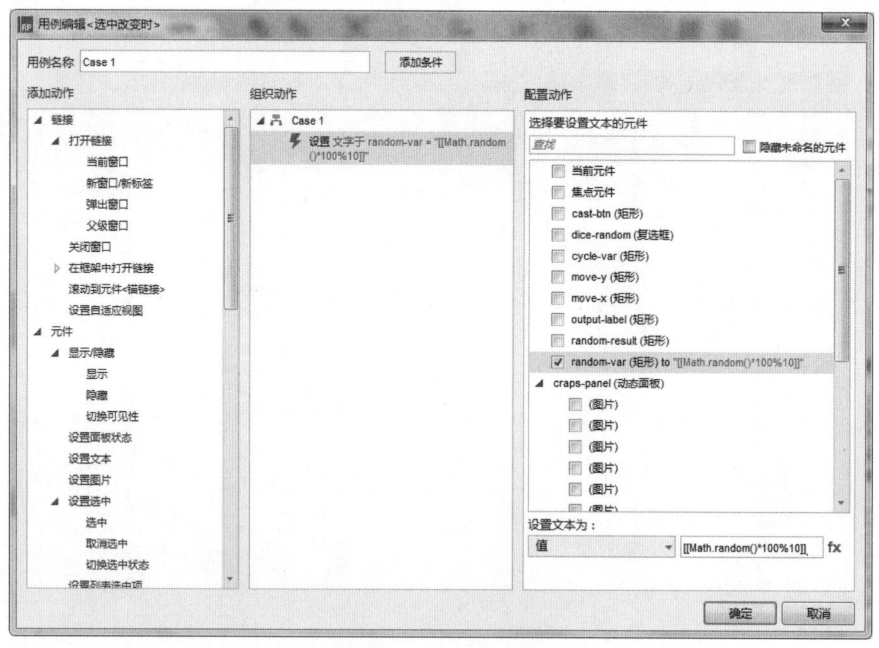

图 14-52　设置文本值

（18）用同样的方法设置其他动作，如图 14-53 所示。单击“确定”按钮返回至编辑区中。

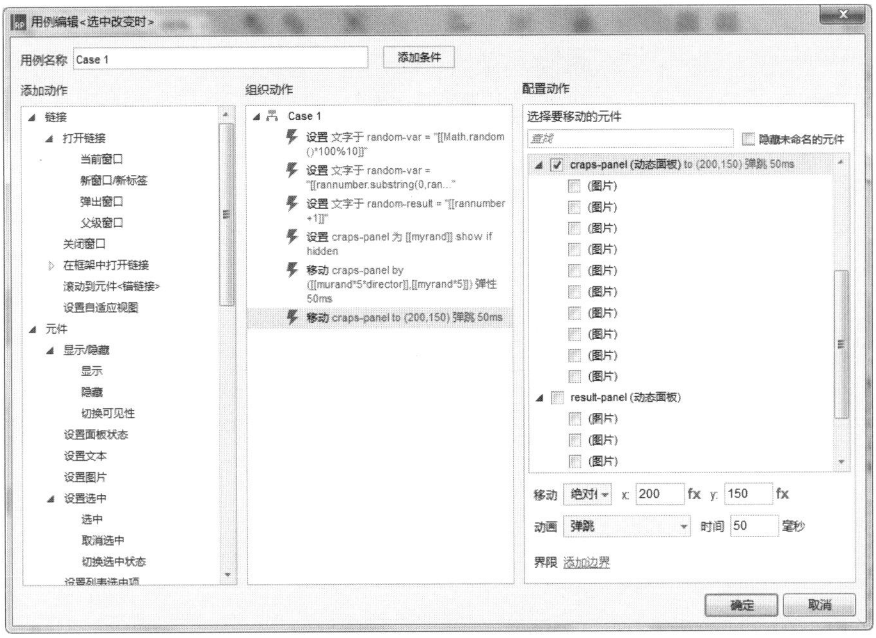

图 14-53　添加动作

（19）选择“cycle-panel 动态面板”元件，在右侧“属性”面板中单击“更多事件>>>”右侧的下三角按钮，在弹出的下拉菜单中选择“显示时”选项，如图 14-54 所示。

（20）弹出“用例编辑<显示时>”对话框，单击“添加条件”按钮，弹出“条件设立”对话框，设置“元件文字”cycle-var 大于“值”0，如图 14-55 所示。单击“确定”按钮返回至“用例编辑<显示时>”对话框。

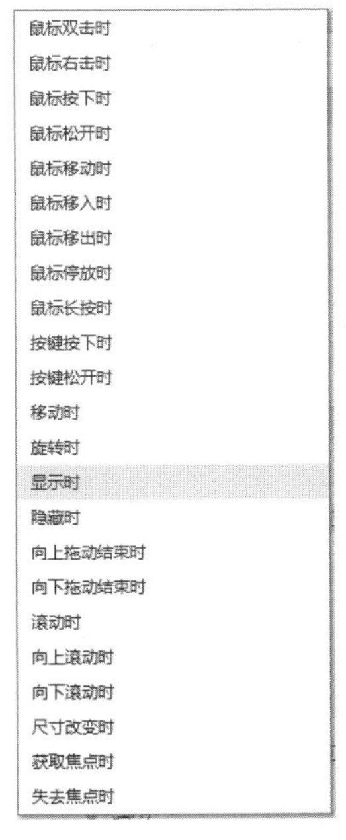

图 14-54　选择“显示时”选项

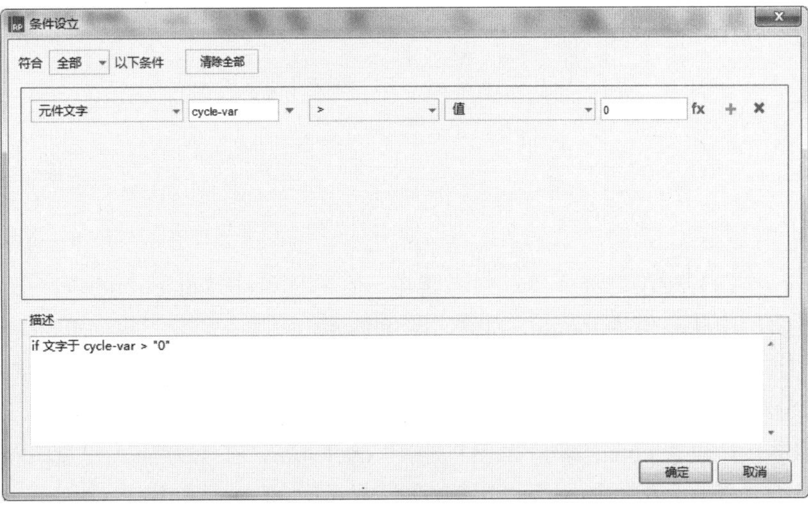

图 14-55　条件设立

（21）在左侧选择“设置文本”选项，在右侧选中“output-label（矩形）”复选框，如图 14-56 所示。

图 14-56　添加动作

（22）单击“设置文本为”右侧的 fx 按钮，弹出“编辑文本”对话框，单击“添加局部变量”超链接，设置 result 等于“元件文字”output-label，如图 14-57 所示。单击“确定”按钮返回至“用例编辑<显示时>”对话框。

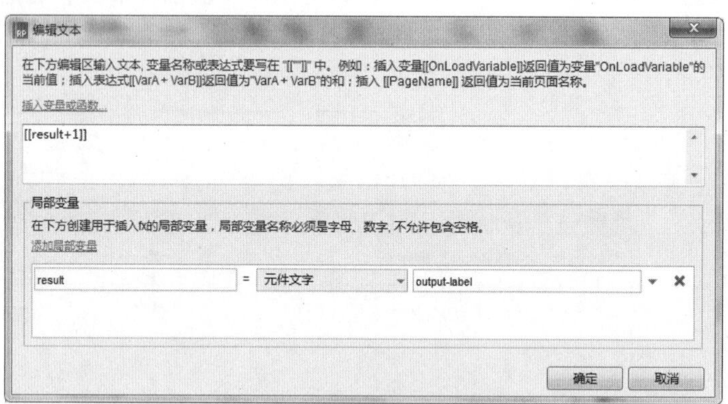

图 14-57　添加局部变量

（23）在左侧选择“选中”选项，在右侧选中“dice-random（复选框）”复选框，在下方设置选中状态值为 toggle，如图 14-58 所示。

（24）在左侧选择“设置文本”选项，在右侧选中“cycle-var（矩形）”复选框，在下方单击“设置文本为”右侧的 fx 按钮，弹出“编辑文本”对话框，在下方单击“添加局部变量”超链接，设置 count 等于“元件文字”cycle-var，在上方插入变量[[count-1]]，如图 14-59 所示。单击“确定”按钮返回至“用例编辑<显示时>”对话框中。

（25）在左侧选择“切换可见性”选项，在右侧选中“cycle-panel（动态面板）”复选框，如图 14-60 所示。单击“确定”按钮返回至编辑区中。

图 14-58　设置选中状态

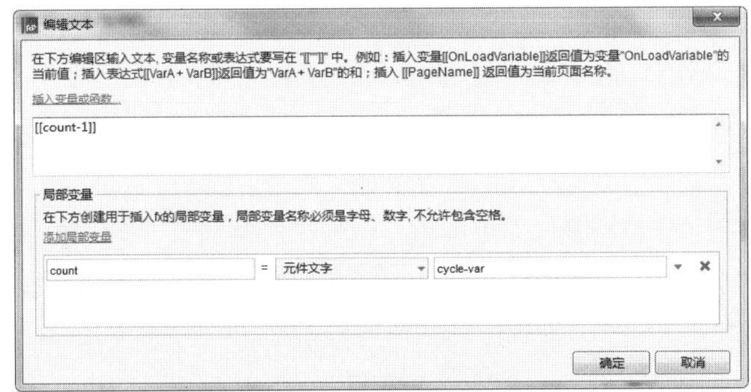

图 14-59　添加局部变量

图 14-60　设置显示/隐藏动态面板

（26）为“显示时”事件添加用例 2，用上述同样的方法添加动作，如图 14-61 所示。

（27）在右侧“属性”面板中单击“更多事件>>>”右侧的下三角按钮，在弹出的下拉菜单中选择“隐藏时”选项，如图 14-62 所示。

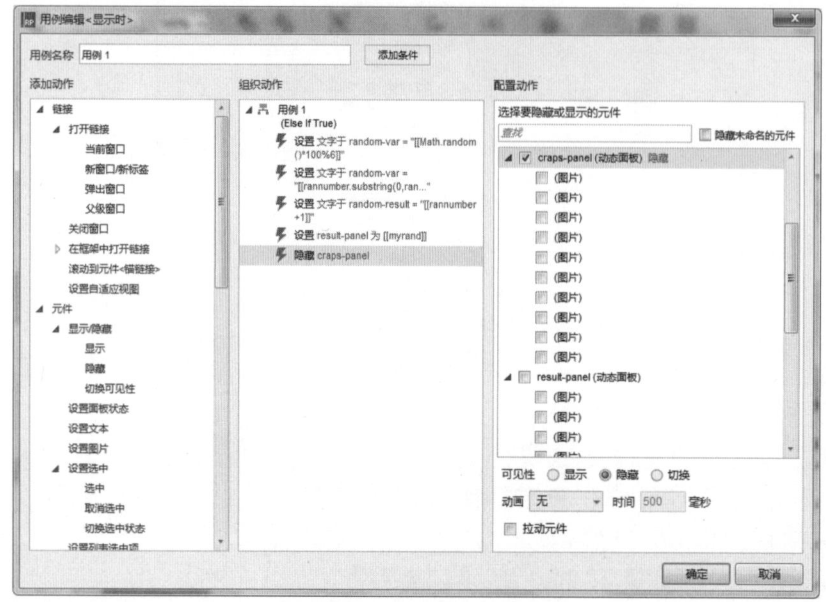

图 14-61　添加动作

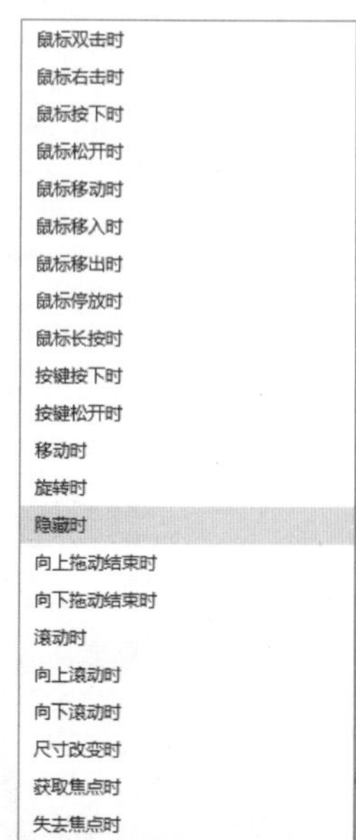

图 14-62　选择“隐藏时”选项

（28）弹出“用例编辑<隐藏时>”对话框，设置“等待时间”为 200 毫秒，在左侧选择“设置文本”选项，在右侧选中“move-y（矩形）”复选框，如图 14-63 所示。

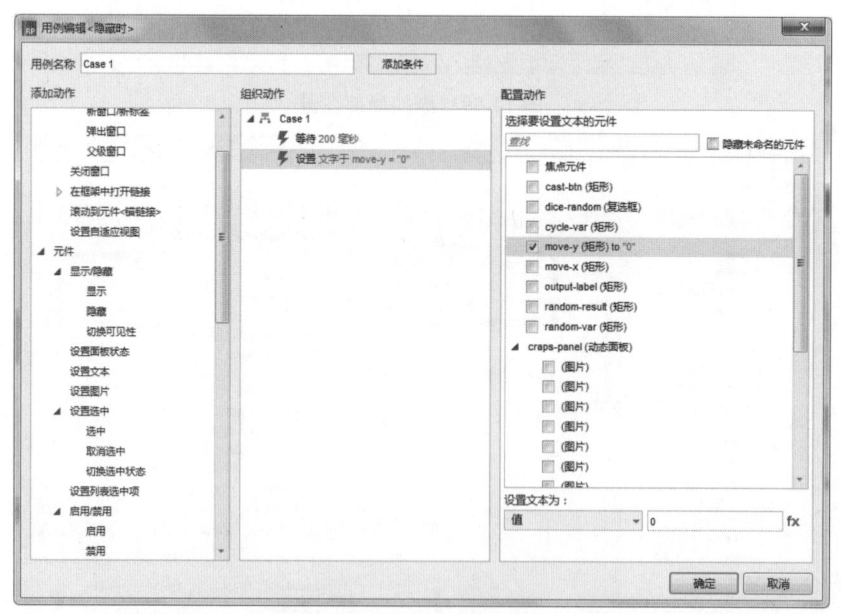

图 14-63　添加动作

（29）在下方单击“设置文本为”右侧的 fx 按钮，弹出“编辑文本”对话框，在下方单击“添加局部变量”超链接，设置 director 等于“元件文字”move-y，在上方插入变量[[director*(-1)]]，如图 14-64 所示。单击“确定”按钮返回至“用例编辑<隐藏时>”对话框。

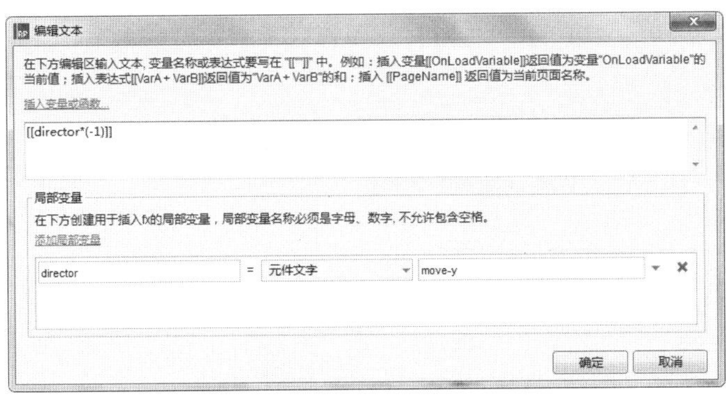

图 14-64　插入变量

（30）在右侧选中“move-x（矩形）”复选框，在下方单击“设置文本为”右侧的 fx 按钮，弹出“编辑文本”对话框，在下方单击“添加局部变量”超链接，设置 director 等于“元件文字”move-x，在上方插入变量[[director*(-1)]]，如图 14-65 所示。单击“确定”按钮返回至“用例编辑<隐藏时>”对话框。

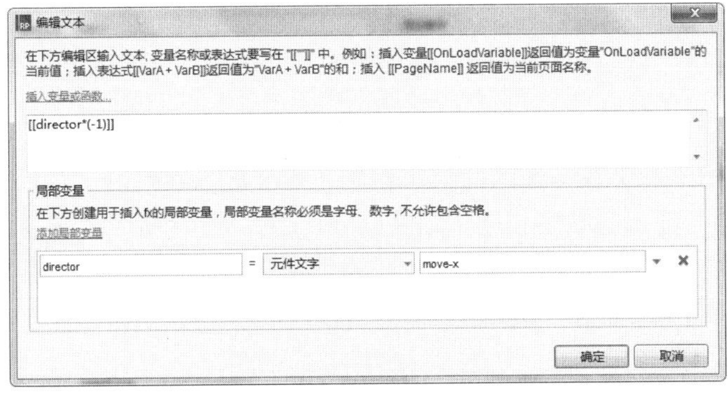

图 14-65　添加局部变量

（31）在左侧选择“切换可见性”选项，在右侧选中“cycle-panel（动态面板）”复选框，如图 14-66 所示。单击“确定”按钮返回至编辑区中。

图 14-66　切换可见性

（32）按 Ctrl+S 快捷键，以“14.3”为名称保存该文件，然后按 F5 键预览效果，如图 14-67 所示。

图 14-67　最终效果

14.4　抽奖赢金币

案例描述

在输入框中输入一位数字，单击“抽奖”按钮，如果有一个开奖数字与输入的数字相同，奖励 10 金币；当有两个开奖数与输入的数字相同，则奖励 30 金币，

当有 3 个开奖数与输入的数字相同，则奖励 40 金币，均会提示“恭喜您！中奖啦！”；当没有一个数字与输入的数字相同时，则会扣 10 金币，并提示“很遗憾！再来一次！”；当金币为 0 时，则提示“呜呜呜～金币用完啦～”，如图 14-68 所示。

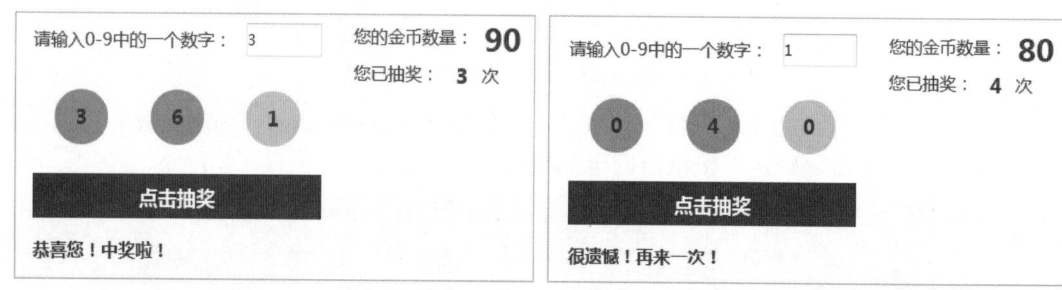

图 14-68　抽奖赢金币

思路分析

- 添加 3 个全局变量，random 默认为空，用来保存随机数；coin 记录金币数量，初始值为 100；times 用来记录抽奖次数，初始值为 0。
- 为抽奖按钮添加“鼠标单击时”事件，并设置条件，分别为当产生随机数时、中奖时、没中奖时、金币用完时、输入框为空时 5 种情况。

操作步骤

（1）选择“文件”|“新建”命令，新建一个 Axure 的文档。选择“项目”|“全局变量”命令，弹出“全局变量”对话框，单击“添加”按钮，添加 3 个变量，分别设置名称为 random、coin、times，默认值分别为“空”、100、0，random 用来记录保存随机数，coin 默认值为 100，如图 14-69 所示。单击“确定”按钮返回至编辑区中。

图 14-69　添加全局变量

（2）在“元件库”面板中将“文本标签”元件拖入编辑区中，在工具栏中设置“字体尺寸”为 16，x 为 100，y 为 64，“宽度”为 188，“高度”为 19，如图 14-70 所示。

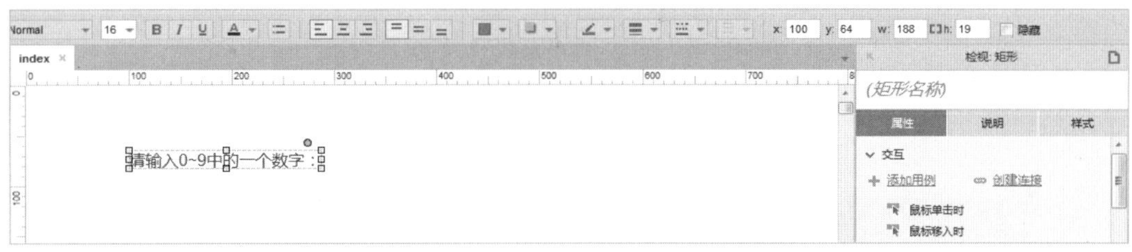

图 14-70　拖入“文本标签”元件

（3）在“元件库”面板中将“文本框”元件拖入编辑区中，在工具栏中设置 x 为 300，y 为 60，“宽度”为 70，“高度”为 30，在右侧“检视：文本框”区域设置名称为 input，如图 14-71 所示。

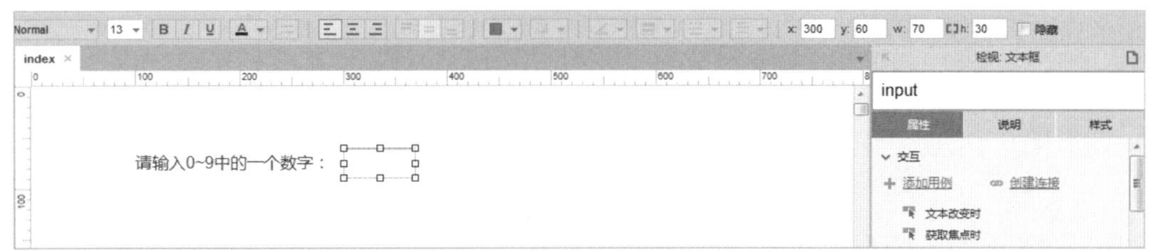

图 14-71　拖入“文本框”元件

（4）在“元件库”面板中将“椭圆形”元件拖入编辑区中，在工具栏中设置 x 和 y 均为 120，“宽度”和“高度”均为 50，选中“隐藏”复选框，隐藏椭圆，在右侧“检视：椭圆形”区域设置名称为 one，如图 14-72 所示。

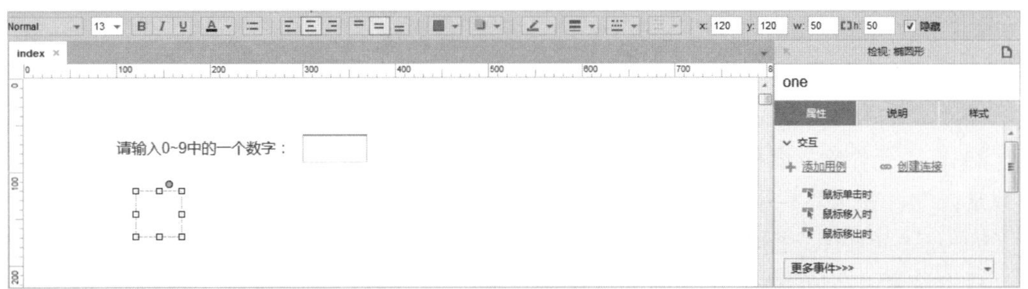

图 14-72　拖入“椭圆形”元件

（5）按住 Ctrl 键的同时，向右拖动复制两个“椭圆形”元件，并调整至适当位置，分别设置名称为 two、three，如图 14-73 所示。

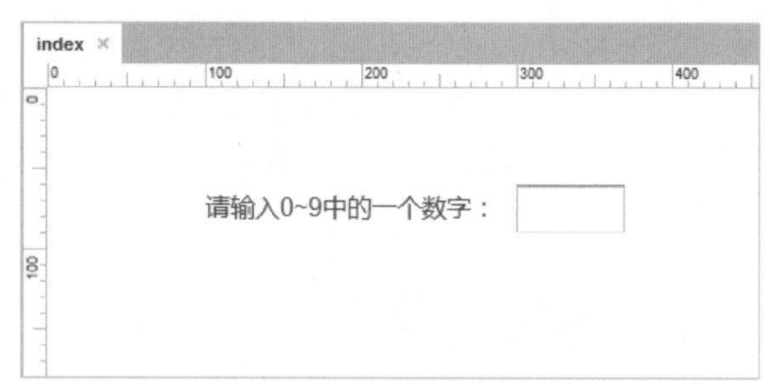

图 14-73　复制“椭圆形”元件

（6）在“元件库”面板中将“矩形 2”元件拖入编辑区中，双击“抽奖”，在工具栏中设置“字体类型”为 Bold，“字体尺寸”为 18，“字体颜色”为白色，“填充颜色”为红色（#FF0000），x 为 100，y 为 196，“宽度”为 270，“高度”为 40，在右侧“检视：矩形”区域设置名称为 prize-btn，如图 14-74 所示。

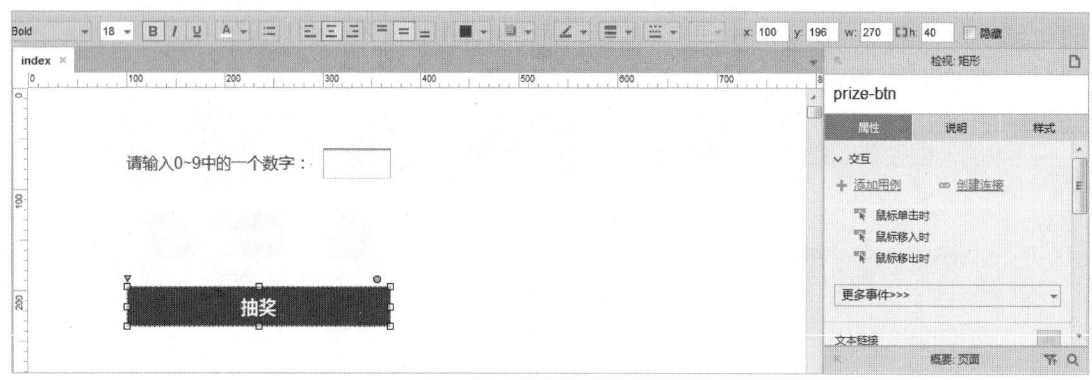

图 14-74　设置“矩形”元件

（7）从“元件库”面板中将“文本标签”元件拖入编辑区中适当的位置，双击并清空默认内容，在工具栏中设置“字体尺寸”为 16，在右侧“检视：矩形”区域设置名称为 tips，如图 14-75 所示。

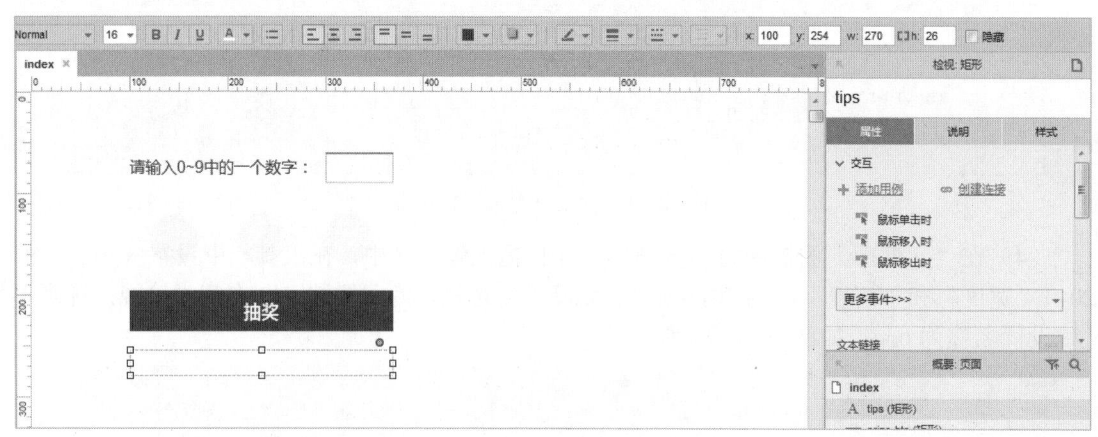

图 14-75　设置“文本标签”元件

（8）在“元件库”面板中将“文本标签”元件拖入编辑区中适当的位置，双击输入“您的金币数量：”，在工具栏中设置“字体尺寸”为 16，如图 14-76 所示。

（9）在“元件库”面板中将“文本标签”元件拖入编辑区中适当的位置，双击输入 100，在工具栏中设置“字体类型”为 Bold，“字体尺寸”为 28，“字体颜色”为红色（#FF0000），在右侧“检视：矩形”区域设置名称为 coin，如图 14-77 所示。

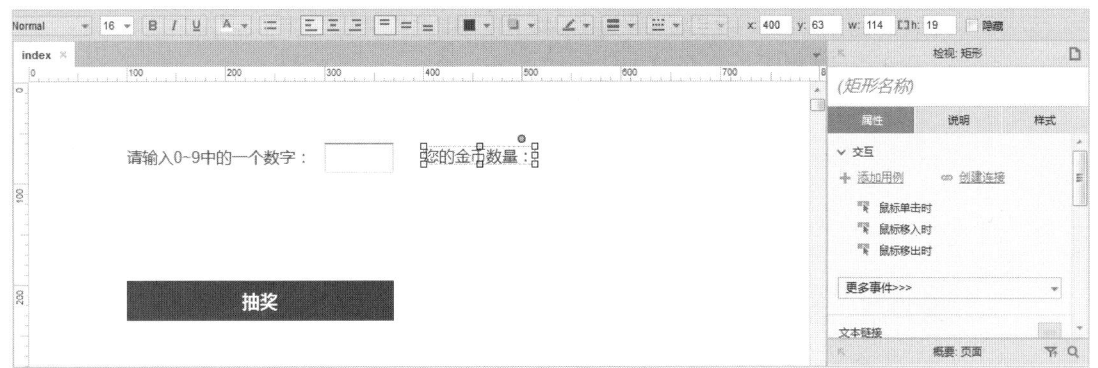

图 14-76　拖入“文本标签”元件

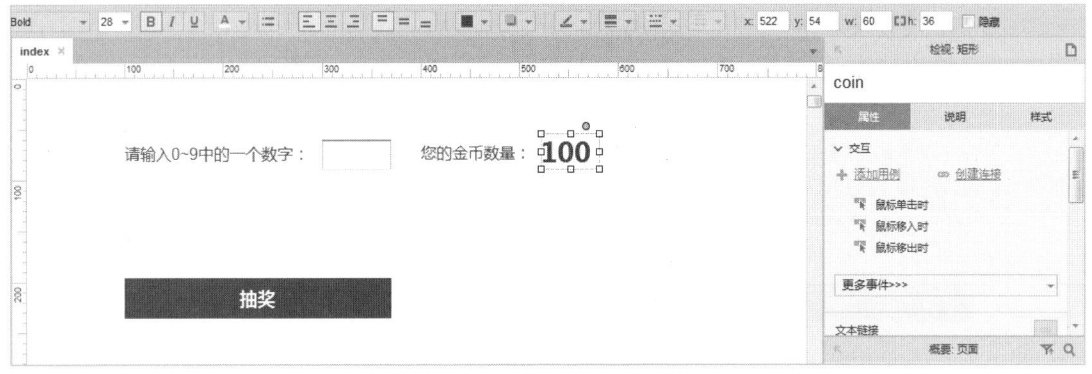

图 14-77　设置“文本标签”元件

（10）在“元件库”面板中将“文本标签”元件拖入编辑区中适当的位置，双击输入“您已抽奖：”，在工具栏中设置“字体尺寸”为 16，如图 14-78 所示。

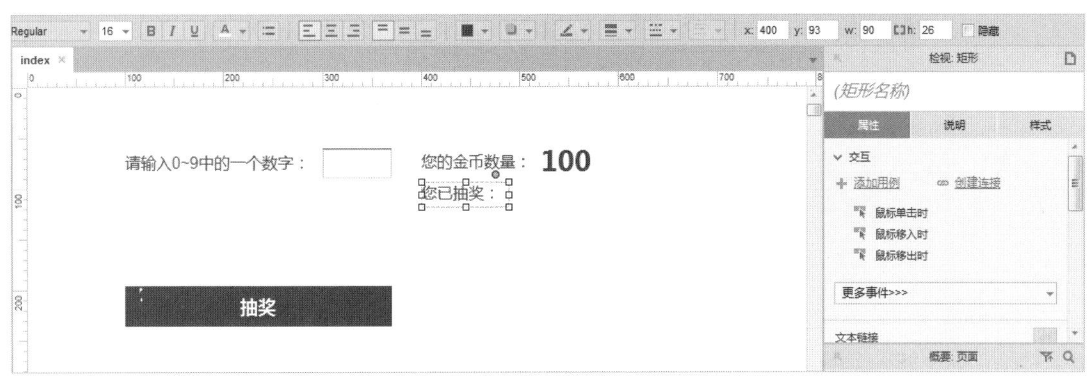

图 14-78　拖入“文本标签”元件

（11）在“元件库”面板中将“文本标签”元件拖入编辑区中适当的位置，双击输入 0，在工具栏中设置“字体类型”为 Bold，“字体尺寸”为 18，在右侧“检视：矩形”区域设置名称为 times，如图 14-79 所示。

（12）在“元件库”面板中将“文本标签”元件拖入至编辑区中适当的位置，双击输入“次”，在工具栏中设置“字体尺寸”为 16，如图 14-80 所示。

（13）选择“prize-btn 矩形”元件，在右侧“属性”面板中双击“鼠标单击时”选项，弹出“用例编辑<鼠标单击时>”对话框，单击“添加条件”按钮，弹出“条件设立”对话框，设置“变量值”coin 大于 0，如图 14-81 所示。

图 14-79　拖入“文本标签”元件

图 14-80　拖入“文本标签”元件

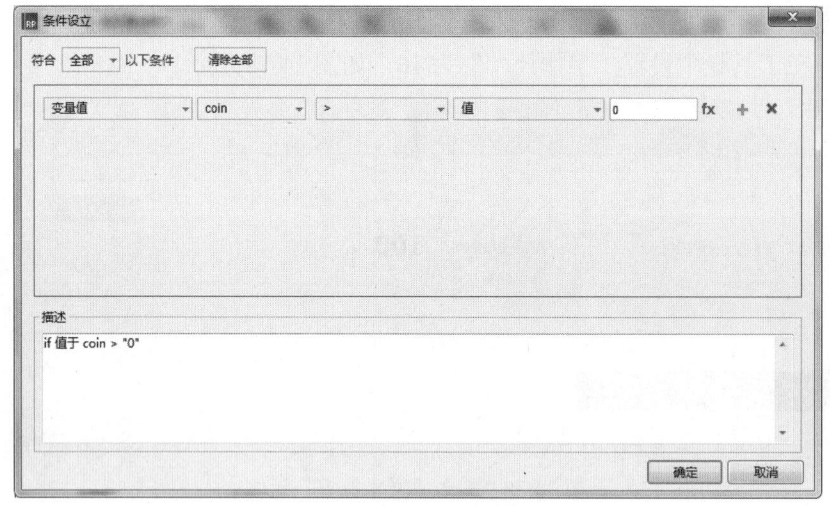

图 14-81　设立条件

（14）单击“添加行”按钮，添加一行，设置“元件文字”input 为空，如图 14-82 所示。单击“确定”按钮返回“用例编辑<鼠标单击时>”对话框。

（15）在左侧“添加动作”区域选择“显示”选项，在右侧“配置动作”区域选中“one（椭圆形）”“two（椭圆形）”“three（椭圆形）”复选框，如图 14-83 所示。

（16）在左侧选择“移动”选项，在右侧选中“one（椭圆形）”复选框，设置“移动”y 为-10，“动画”为“线性”，“时间”为 15 毫秒，如图 14-84 所示。

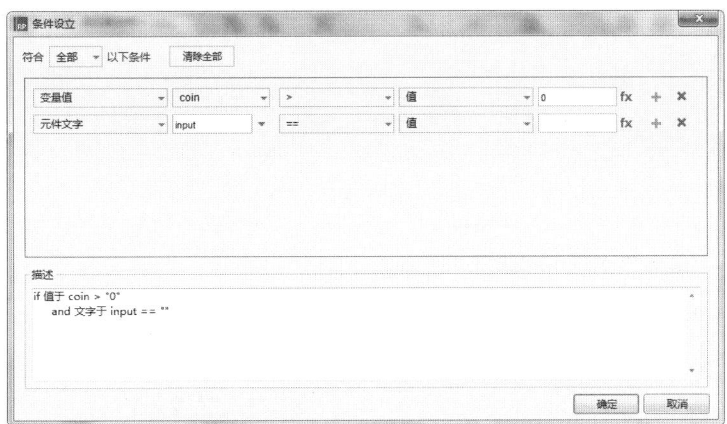

图 14-82　设立条件

图 14-83　设置显示元件

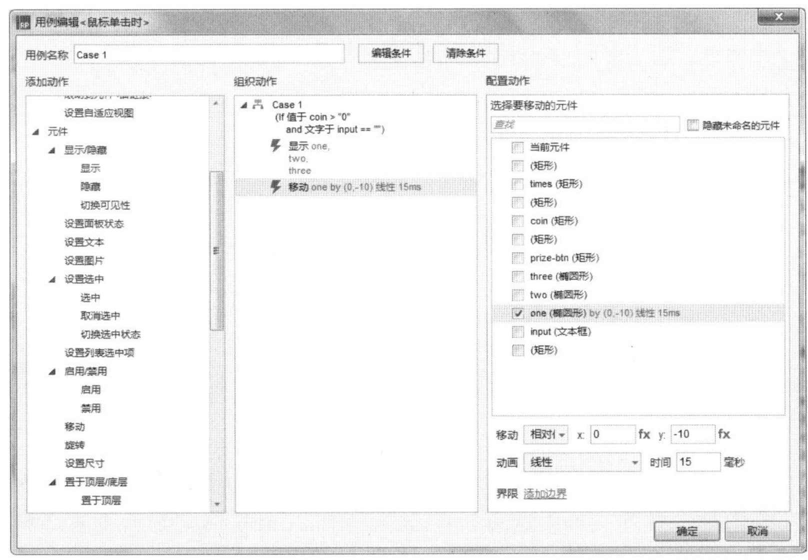

图 14-84　设置移动元件

（17）用上述同样的方法设置移动动作，如图 14-85 所示。

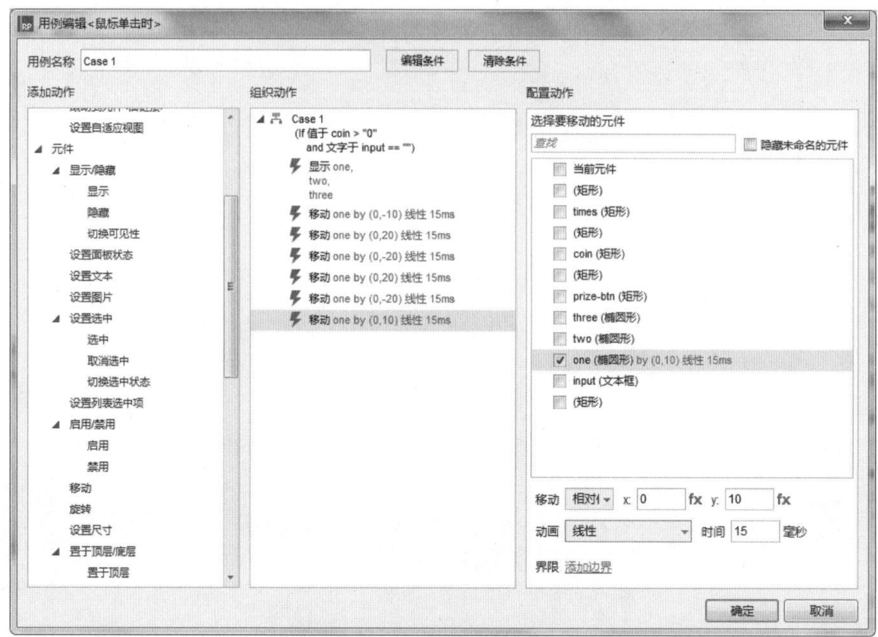

图 14-85 设置移动元件

（18）在左侧选择“设置变量值”选项，在右侧选中 random to 复选框，设置全局变量值为[[Math.random()*10]]，如图 14-86 所示。

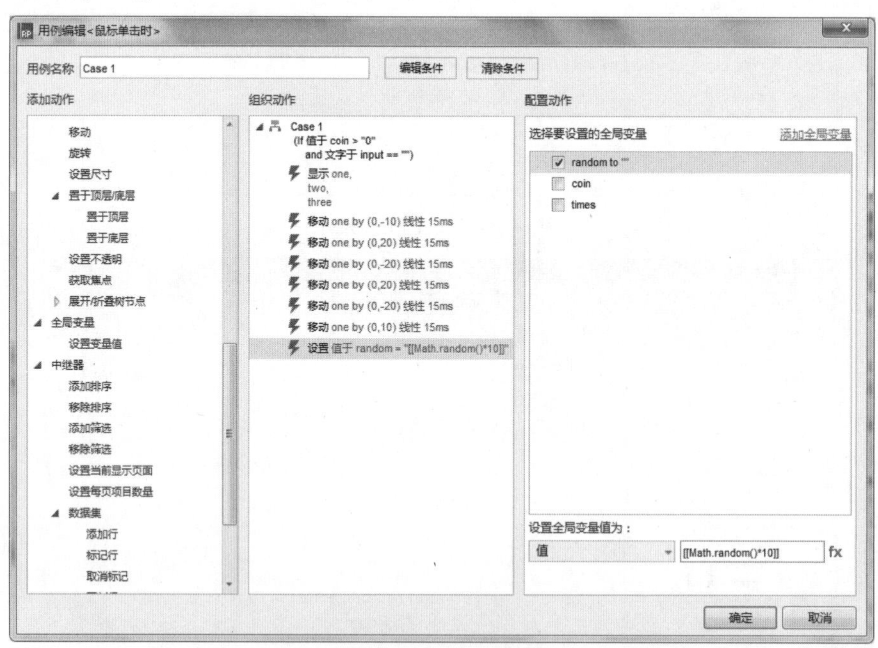

图 14-86 设置变量值

（19）用上述相同的方法设置全局变量值为[[random.substring(0,1)]]，如图 14-87 所示。

（20）在左侧选择“设置文本”选项，在右侧选中“one（椭圆形）”复选框，在下方“设置文本为”区域选择“富文本”选项，如图 14-88 所示。

图 14-87　设置变量值

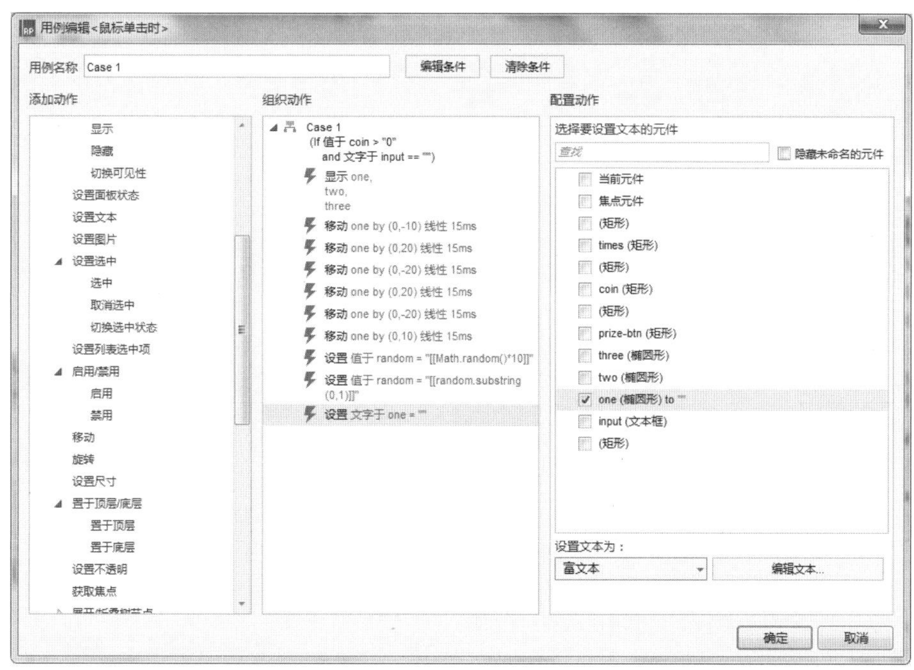

图 14-88　设置文本

（21）单击“编辑文本”按钮，弹出“输入文本”对话框，插入变量[[random]]，如图 14-89 所示。单击“确定”按钮返回至“用例编辑<鼠标单击时>”对话框中。

（22）用同样的方法为其他两个“椭圆形”元件添加动作，如图 14-90 所示。

（23）添加用例 2、用例 3、用例 4，设置当中奖时相应的条件和动作，如图 14-91 所示。

（24）添加用例 5，设置当没中奖时相应的条件和动作，如图 14-92 所示。

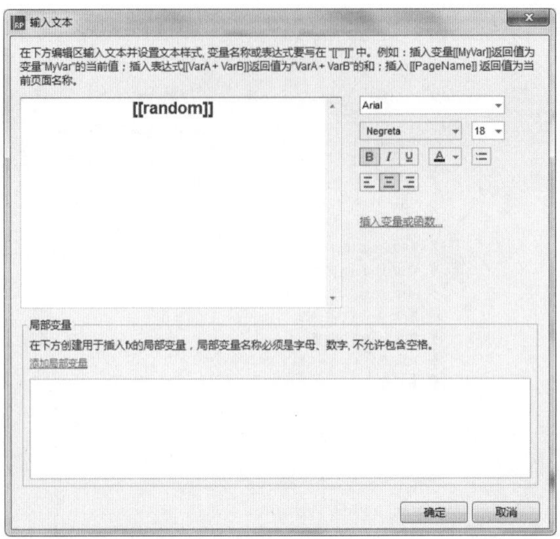

图 14-89　编辑文本

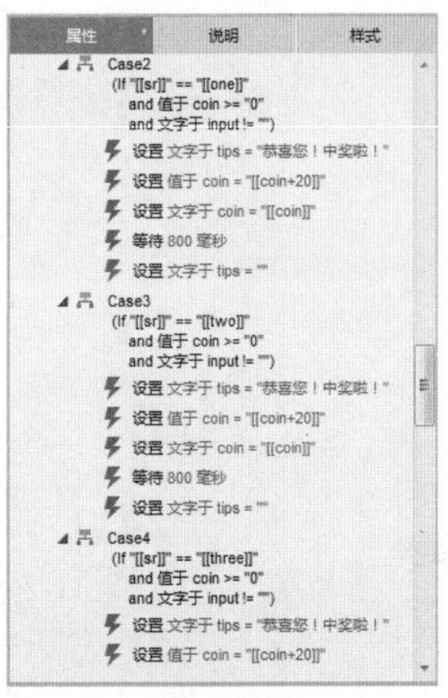

图 14-90　添加动作　　图 14-91　添加动作

（25）添加用例 6，设置当金币用完时相应的条件和动作，如图 14-93 所示。

（26）添加用例 7，当输入框为空时，设置相应的条件和动作，如图 14-94 所示。

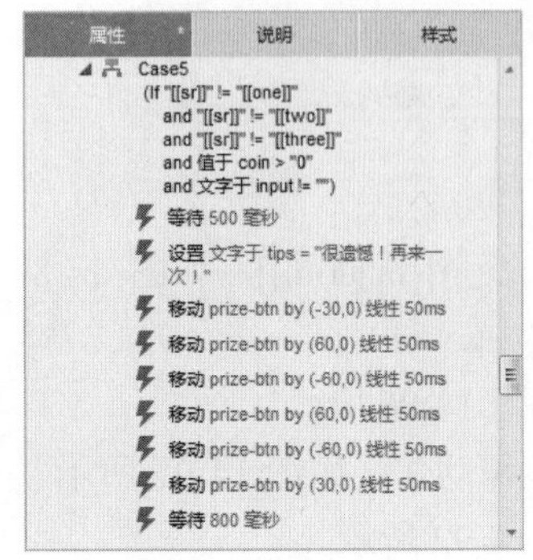

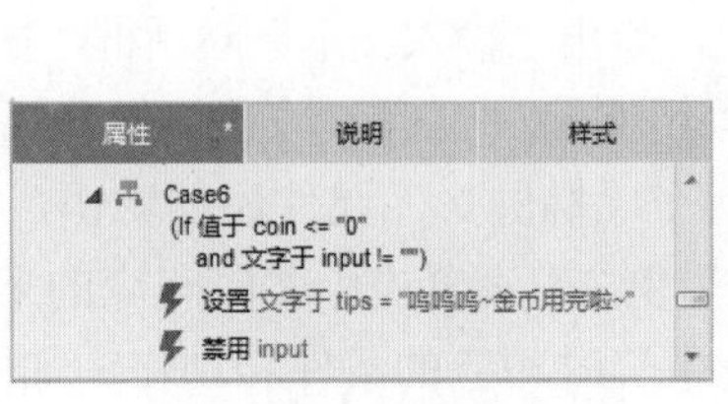

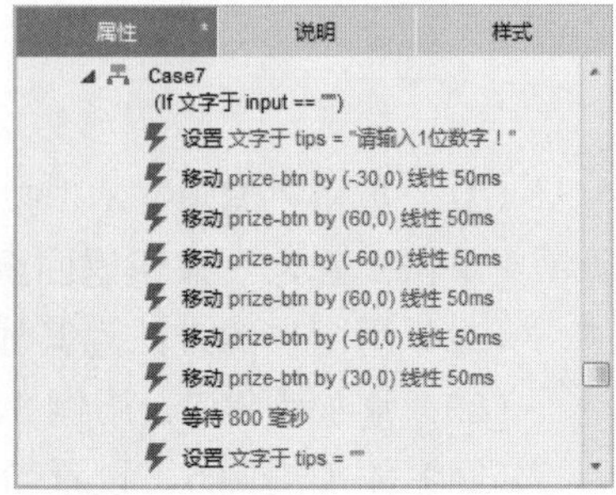

图 14-92　添加动作　　图 14-93　添加动作　　图 14-94　添加动作

（27）按 Ctrl+S 快捷键，以“14.4”为名称保存该文件，然后按 F5 键预览效果，如图 14-95 所示。

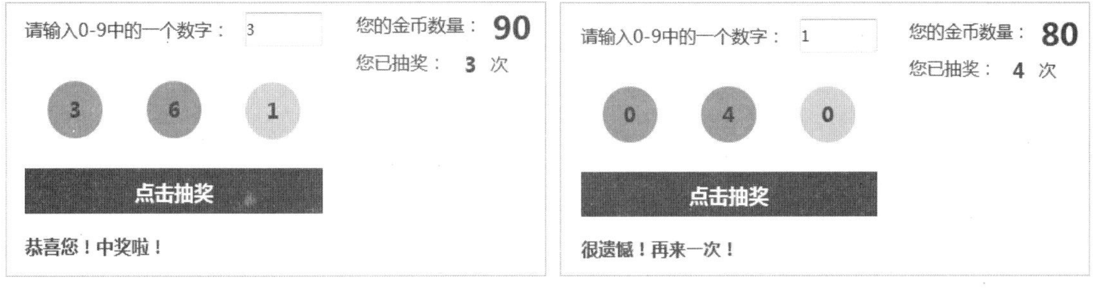

图 14-95　最终效果

14.5　石头剪刀布游戏

案例描述

上方为机器方出招，下方的剪刀、石头、布为用户方选择，中间是表情，当用户方赢了，显示笑脸；当用户方输了，显示不开心的标签；当平局时，表情淡然，如图 14-96 所示。

图 14-96　石头剪刀布游戏

思路分析

➢　添加动态面板，机器方随机出招，而用户方固定选择。

➢　对比每局用户方固定值和机器随机值进行比较，判断输赢或平局。

操作步骤

（1）选择“文件”|“新建”命令，新建一个 Axure 的文档。

（2）在右侧单击“样式”标签切换至“样式”面板，单击“背景颜色”右侧的下三角按钮，在弹出的颜色面板中选择灰色色块（#E4E4E4），如图 14-97 所示。

（3）在“元件库”面板中将“动态面板”元件拖至编辑区中，在工具栏中设置 x 为 265，y 为 40，“宽度”为 100，“高度”为 130，在右侧“检视：动态面板”区域设置名称为 random-panel，如图 14-98 所示。

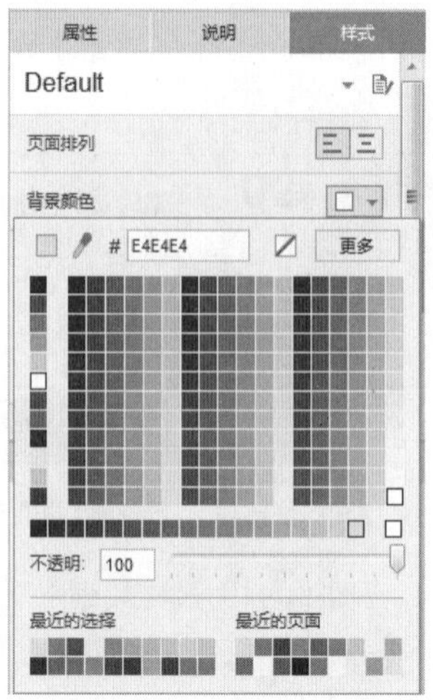

图 14-97　设置背景颜色

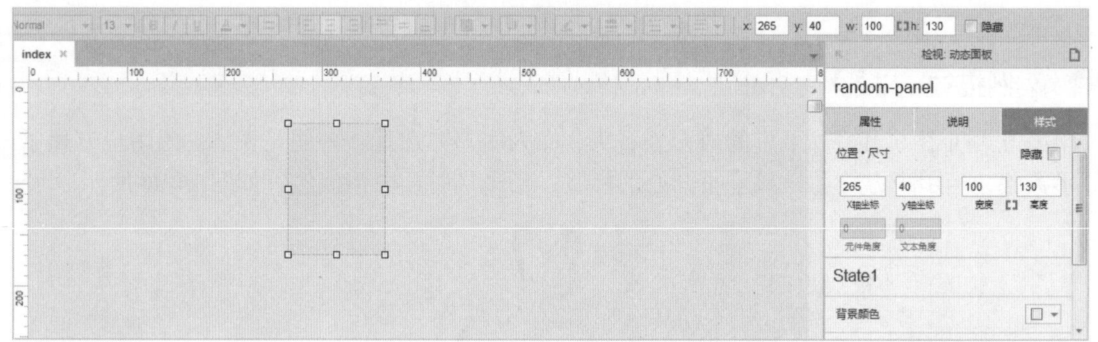

图 14-98　拖入“动态面板”元件

（4）双击“动态面板”元件，在弹出的“面板状态管理”对话框中单击“添加”按钮，添加两个面板状态，分别设置名称为 scissor、stone、cloth，如图 14-99 所示。

图 14-99　添加面板状态

（5）单击“编辑全部状态”按钮，打开所有状态面板编辑区，默认进入 random-panel/scissor（index）编辑区，从“元件库”面板中拖入“图片”元件至编辑区中，双击并导入相应的素材图片，设置大小并调整至适当的位置，在右侧“检视：图片”区域设置名称为 scissor，如图 14-100 所示。

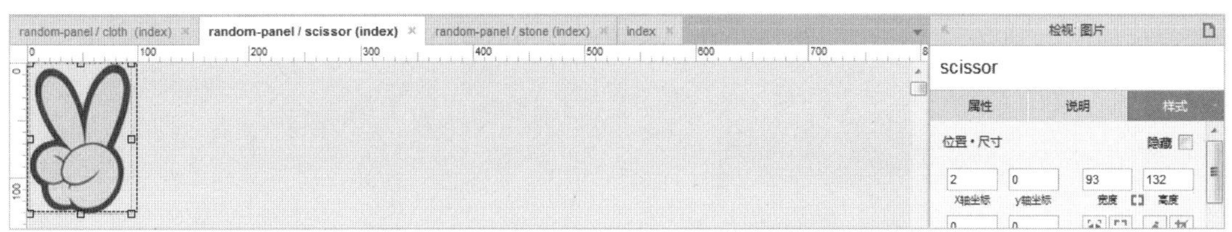

图 14-100　导入素材图片

（6）用上述相同的方法，在其他两个面板状态中导入相应的素材图片，设置大小调整至适当的位置，并设置相应的名称，如图 14-101 所示。

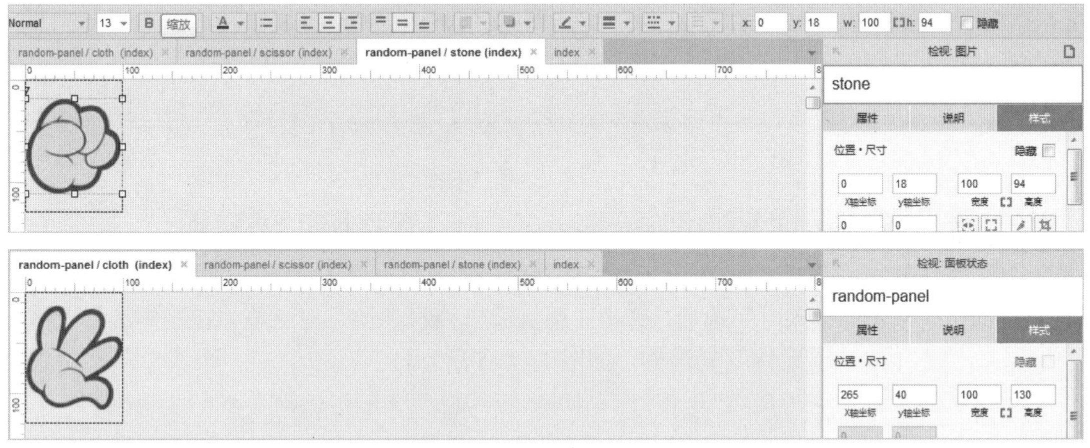

图 14-101　导入素材图片

（7）单击 index 标签切换至 index 编辑区，在“元件库”面板中将“动态面板”元件拖至编辑区中，在工具栏中设置 x 为 255，y 为 230，“宽度”和“高度”均为 128，在右侧“检视：动态面板”区域设置名称为 micro-exp，如图 14-102 所示。

图 14-102　拖入“动态面板”元件

（8）用步骤（4）～步骤（6）相同的方法添加面板状态，并在每一个面板状态中导入相应的标签图片，如图 14-103 所示。

（9）单击 index 标签切换至 index 编辑区中，从“元件库”面板中拖入 3 次“图片”元件至编辑区中，并分别导入相应的素材图片，设置名称分别为 1、2、3，如图 14-104 所示。

图 14-103　添加面板状态并导入素材图片

图 14-104　导入素材图片

（10）在编辑区中选择“random-panel 动态面板”元件，在右侧单击“属性”标签切换至“属性”面板，双击“载入时”选项，弹出“用例编辑<载入时>”对话框，在左侧选择“移动”选项，在右侧选中“当前元件”复选框，如图 14-105 所示。

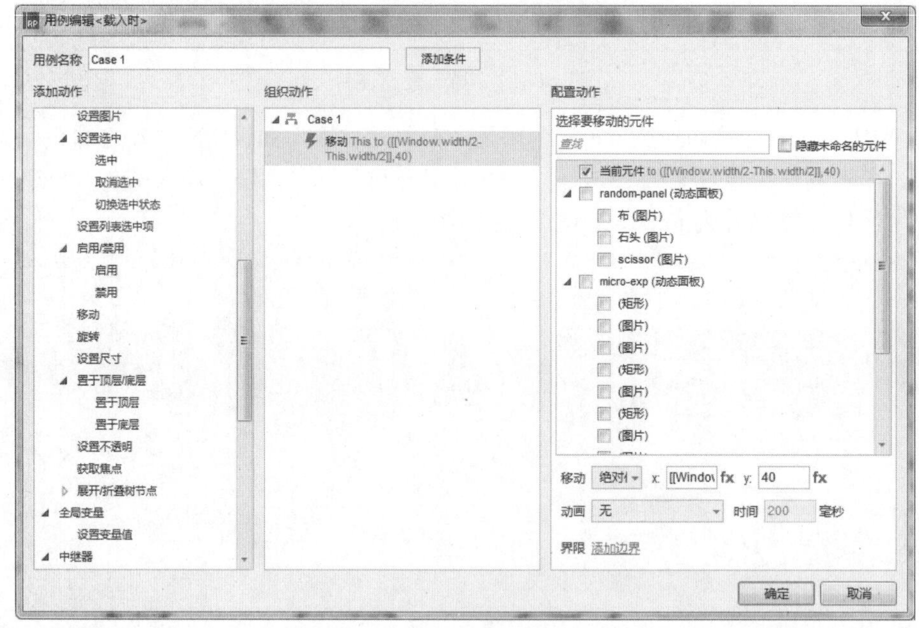

图 14-105　移动当前元件

（11）设置“移动”为“绝对位置”，单击 x 右侧的 fx 按钮，弹出“编辑值”对话框，插入变量[[Window.width/2-This.width/2]]，如图 14-106 所示。单击“确定”按钮返回至编辑区中。

（12）设置 y 为 40，其他保持默认，如图 14-107 所示。单击“确定”按钮返回至编辑区中。

（13）选择“micro-exp 动态面板”元件，在右侧双击“载入时”选项，用同样的方法添加动作，如图 14-108 所示。

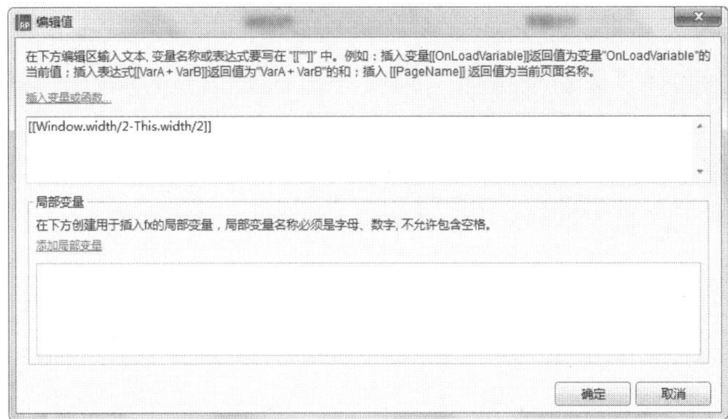

图 14-106　插入变量

图 14-107　设置移动距离

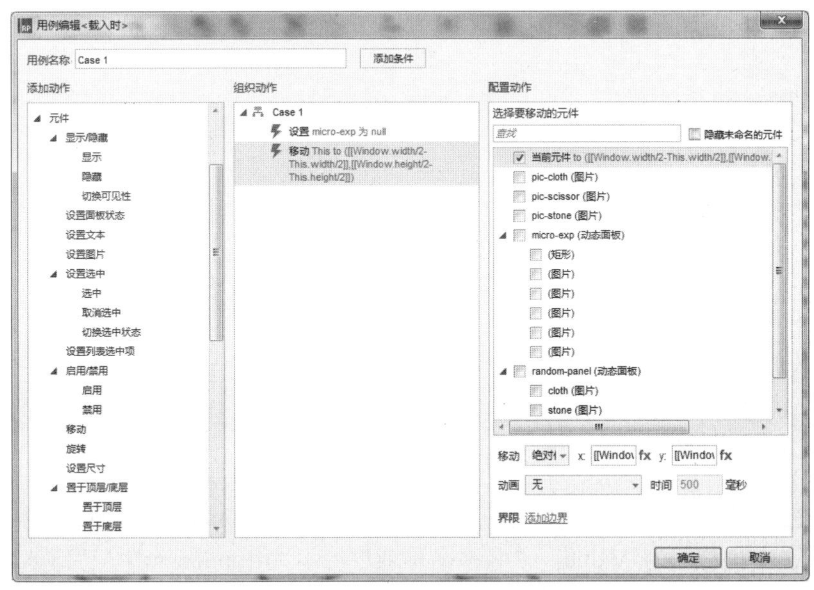

图 14-108　添加动作

（14）选择“图片”元件，在右侧双击“鼠标单击时”选项，弹出“用例编辑<鼠标单击时>”对话框，在左侧选择“设置变量值”选项，在右侧单击“添加全局变量”超链接，弹出“全局变量”对话框，单击“添加”按钮，添加变量，并设置名称为 opponent，如图 14-109 所示。单击“确定”按钮返回至“用例编辑<鼠标单击时>”对话框。

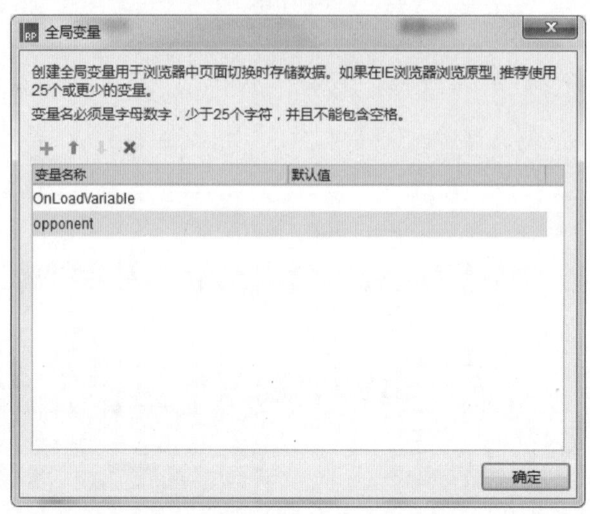

图 14-109　添加变量

（15）在“配置动作”区域选中 opponent 复选框，设置全局变量值为[[Math.ceil(Math.random()*3)]]，如图 14-110 所示。

图 14-110　设置全局变量值

（16）在左侧选择“设置面板状态”选项，在右侧选中“random-panel（动态面板）”复选框，设置“选择状态”为 Value，“状态名称或序号”为[[opponent]]，“进入动画”为“向下滑动”，“退出动画”为“向上滑动”，“时间”为 200 毫秒，如图 14-111 所示。

图 14-111　设置动态面板

（17）在左侧选择“设置面板状态”选项，在右侧选中“micro-exp（动态面板）”复选框，设置“选择状态”为 Value，“状态名称或序号”为[[This.name-opponent+3]]，设置“进入动画”和“退出动画”均为“向上滑动”，“时间”为 200 毫秒，选中“如果隐藏则显示面板”复选框，如图 14-112 所示。

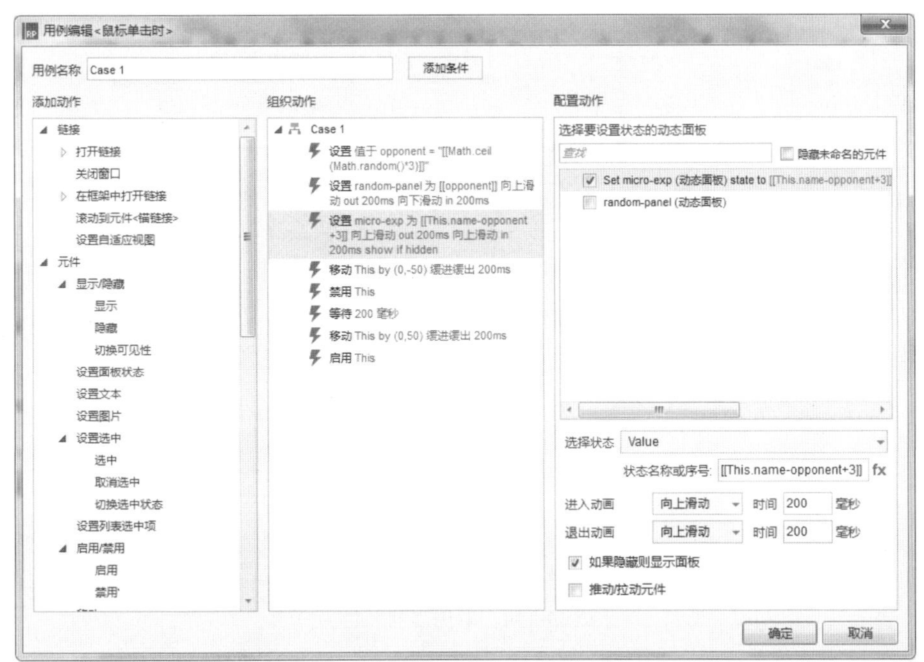

图 14-112　设置面板状态

（18）在左侧选择“移动”选项，在右侧选中“当前元件”复选框，设置 y 为-50，“动画”

为“缓进缓出”，“时间”为 200 毫秒，如图 14-113 所示。

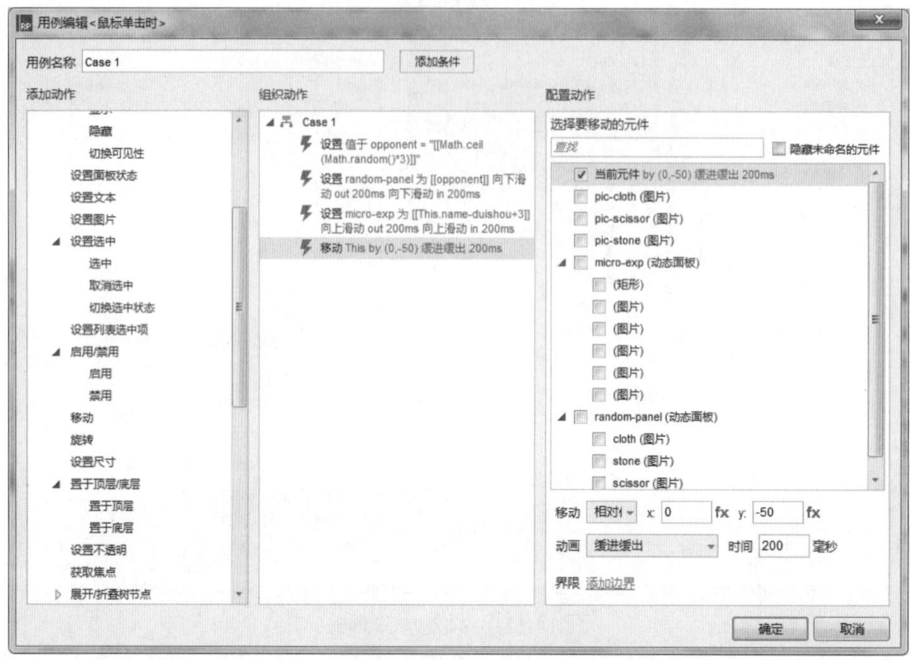

图 14-113　设置移动距离

（19）在左侧选择“禁用”选项，在右侧选中“当前元件”复选框，如图 14-114 所示。

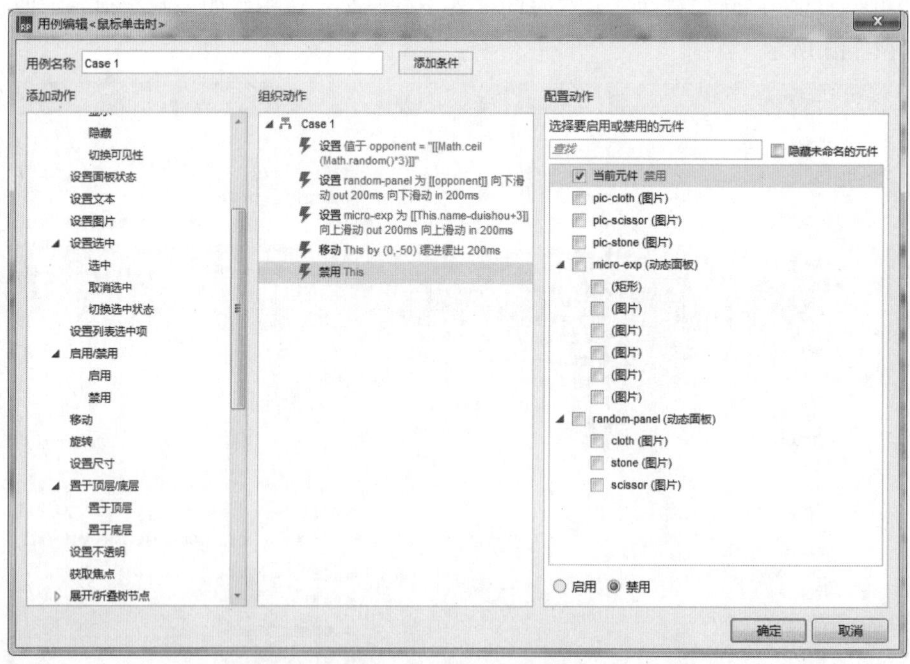

图 14-114　禁用当前元件

（20）在左侧选择“等待”选项，在右侧设置“等待时间”为 200 毫秒，如图 14-115 所示。

（21）在左侧选择“移动”选项，在右侧选中“当前元件”复选框，设置 y 为 50，“动画”为“缓进缓出”，“时间”为 200 毫秒，如图 14-116 所示。

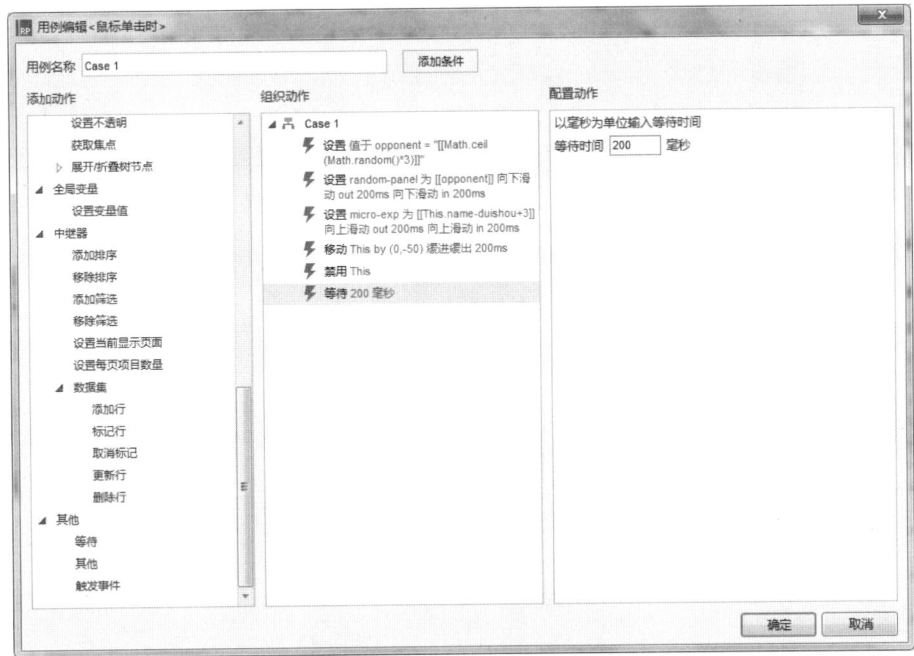

图 14-115　设置“等待时间”

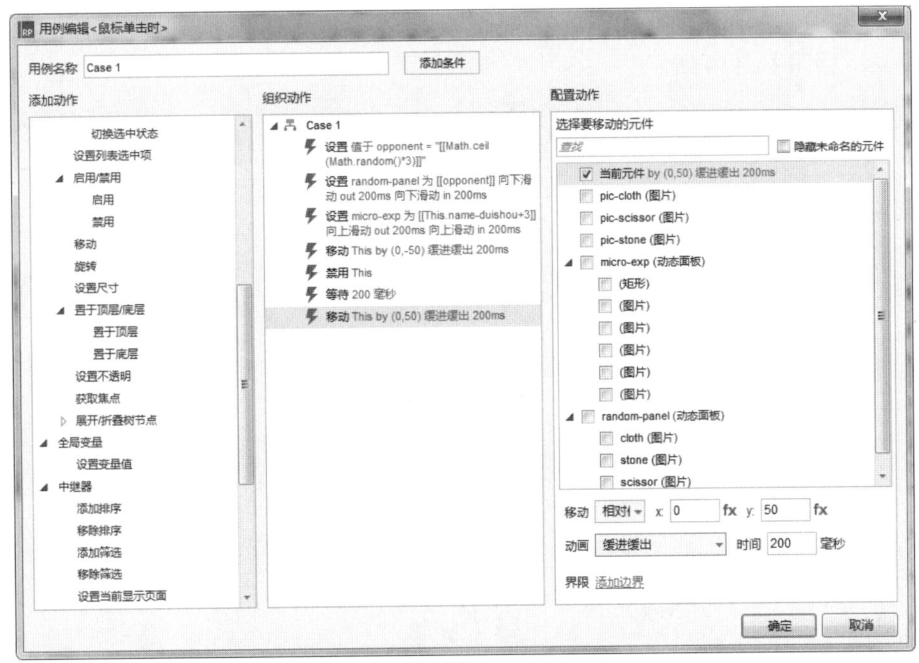

图 14-116　设置移动距离

（22）在左侧选择“启用”选项，在右侧选中“当前元件”复选框，如图 14-117 所示。单击“确定”按钮返回至编辑区中。

（23）在右侧“属性”面板中选择“鼠标单击时”选项，单击鼠标右键，在弹出的快捷菜单中选择“复制”命令复制事件，在编辑区中选择“2 图片”元件，在右侧“属性”面板中选择“鼠标单击时”选项，单击鼠标右键，在弹出的快捷菜单中选择“粘贴”命令，粘贴事件，同样选择“3 图片”元件粘贴“鼠标单击时”事件，如图 14-118 所示。

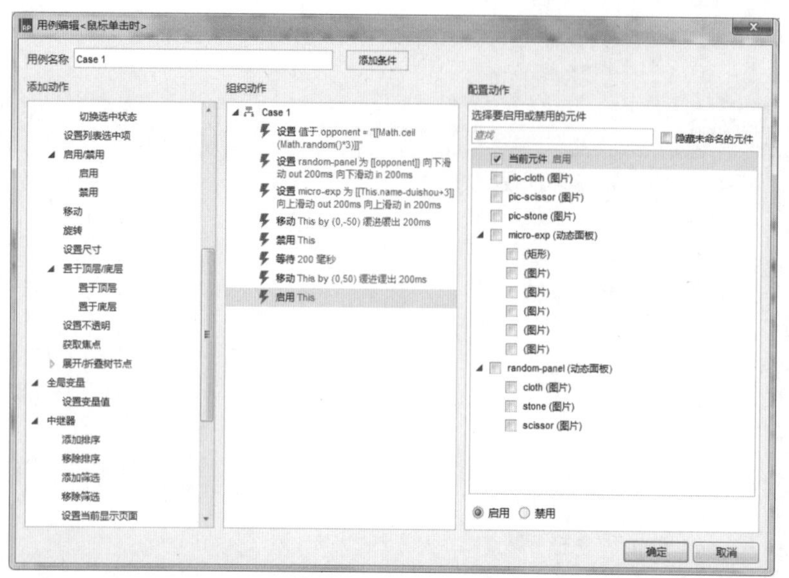

图 14-117　启用当前元件

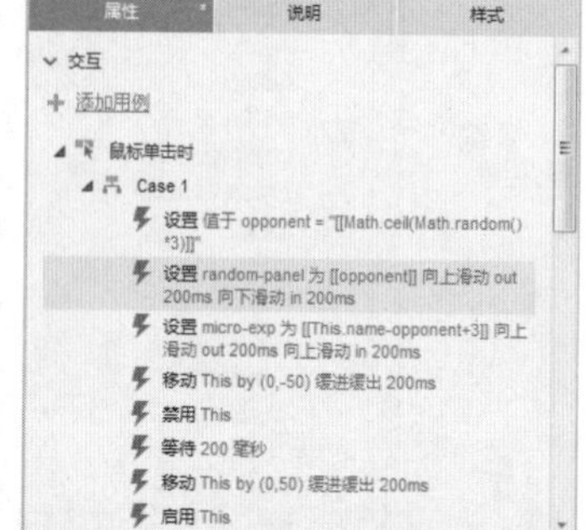

图 14-118　粘贴“鼠标单击时”事件

（24）按住 Ctrl 键的同时，在编辑区中选择 pic-scissor 元件、pic-stone 元件和 pic-cloth 元件，单击鼠标右键，在弹出的快捷菜单中选择“组合”命令，组合“图片”元件，在右侧设置名称为 group，如图 14-119 所示。

图 14-119　组合“图片”元件

（25）在右侧“属性”面板中单击“更多事件>>>”右侧的下三角按钮，在弹出的下拉菜单中选择“载入时”选项，弹出“用例编辑<载入时>”对话框，在左侧选择“移动”选择，在右侧选中“当前元件”复选框，设置“移动”为“绝对位置”，x 为[[Window.width/2-This.width/2]]，y 为[[Window.height-This.height-80]]，如图 14-120 所示。

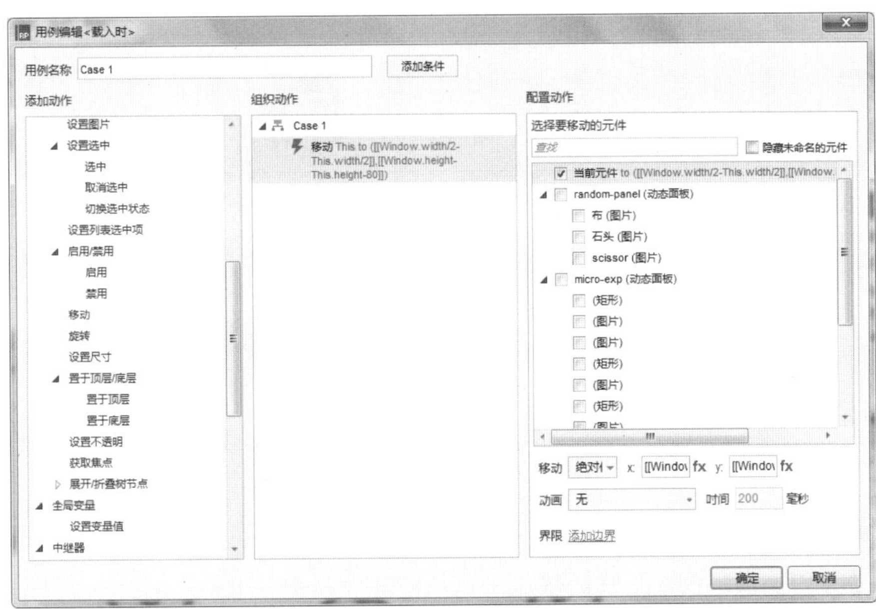

图 14-120　添加动作

（26）按 Ctrl+S 快捷键，以“14.5”为名称保存该文件，然后按 F5 键预览效果，如图 14-121 所示。

图 14-121　最终效果

14.6　抓阄小游戏

案例描述

页面加载进入引导页，单击右下角进入游戏。单击+图标添加选项，保存在列表中，添加完后单击下方的“开始”按钮，进入摇一摇页面，单击“点击模拟摇动手机”超链接，左右摇动几下，显示抓阄结果。在摇一摇页面中，单击左上角的按钮，弹出“继续抓阄”和“结束抓阄”面板，选择你是否要继续还是要结束，如图 14-122 所示。

图 14-122　抓阄小游戏

思路分析

- 添加动态面板，设置面板状态。
- 添加中继器，实现抓阄列表选项。
- 为按钮添加“鼠标单击时”事件。

本案例的具体操作步骤请参见资源包。

14.7　记忆连连看游戏

案例描述

记忆连连看游戏是考验你的记忆力类型的小游戏，在连续翻出两张卡片后，如果第二张和第一张相同，则说明配对成功，否则翻出的卡片会还原，此时需要记住上一次翻牌的位置，这样几轮之后，就可以将所有的牌都成功配对，游戏完成，如图 14-123 所示。

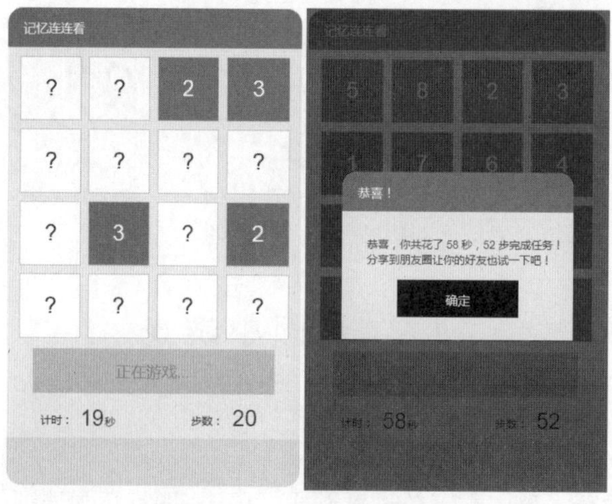

图 14-123　记忆连连看游戏

思路分析

- 使用中继器显示卡片，中继器里每一项都是一个正方形，中继器里有 16 条数据，分别为 1～8，其中每个数字都有两个，用于配对，中继器里每一项都是一个动态面板，有两个状态，第一个状态显示的是初始的问号，第 2 个状态显示的是实际的数字 1～8。

- 中继器的样式为水平布局，网格分布，每行 4 个，行列间距为 10。
- 单击“开始”按钮，清空中继器所有默认数据，再添加 16 条随机数据：实现方式为标记所有行，然后删除所有标记的内容添加 16 条数据，中继器里有一项数据是使用了数学的随机函数，生成 0～1 之间的数字。
- 对中继器数据进行排序，对随机数那一列按数字排序，这样就达到随机数的目的。
- 记录第一次单击和第二次单击牌时的数字，并标记一下，在第 2 次单击时判断上一次的数字和这一次是否相同，如果相同，则更新一下当前数据为选中状态（所有选中状态的中继器项都显示了对应的数字，动态面板的第 2 个状态）；如果不同，则将刚才标记的两条数据状态更新为非选中状态，这里是依靠前一步的中继器的标记功能。
- 定义变量，分别用来计时、计步数、统计成功配对的数量，如果达到 8 时，表示全部配对成功，游戏通过，显示通过提示框。

本案例的具体操作步骤请参见资源包。

14.8　随机双色球

案例描述

当页面载入时，单击“开始抽奖”按钮，按钮将变成“抽奖中......”，上方会从左至右随机显示 6 个红色球号码和 1 个蓝色球号，随后按钮变成“重新抽奖”，可单击进行重新抽奖，如图 14-124 所示。

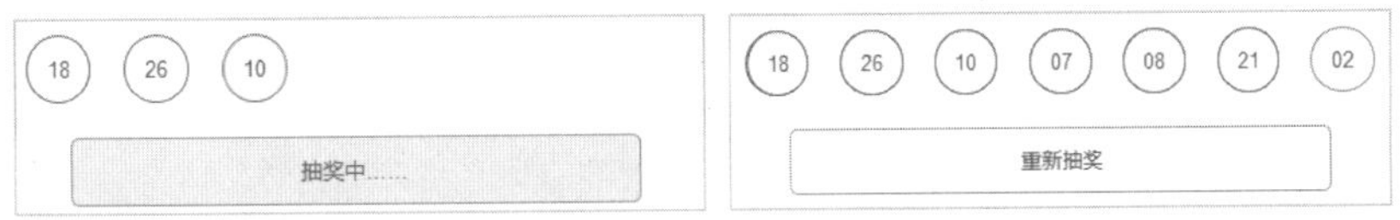

图 14-124　随机双色球

思路分析

- 添加两个中继器，用来存放双色的红球和篮球。
- 添加 4 个全局变量：red、blue、random、value，red 用来存放红球的编号数值；blue 用来存放篮球的编号数值；random 存放生成的随机数；value 用来获取从变量 red 或 blue 中截取到的号码。
- 为“按钮”元件添加“鼠标单击时”事件，分两种情况：开始抽奖和重新抽奖。

本案例的具体操作步骤请参见资源包。

14.9　眼睛跟随鼠标转动的小熊

案例描述

当页面载入后，将鼠标移动到熊的眼睛周围并转动，熊的眼睛会跟随鼠标转动，如图 14-125

所示。

图 14-125　眼睛跟随鼠标转动的小熊

思路分析

在页面中添加“页面鼠标移动时”事件，分别设置两个“椭圆形”元件的绝对位置。

本案例的具体操作步骤请参见资源包。

14.10　飞扬的小鸟

案例描述

在页面中单击“开始”按钮，小鸟向下坠落，单击鼠标左键，小鸟向上飞，前方的障碍向左匀速运动，当小鸟碰到障碍物时，游戏结束；当小鸟成功的飞过一个障碍物，加 1 分，飞过两个障碍物，加 2 分，每顺利飞过一个障碍物，加 1 分，如图 14-126 所示。

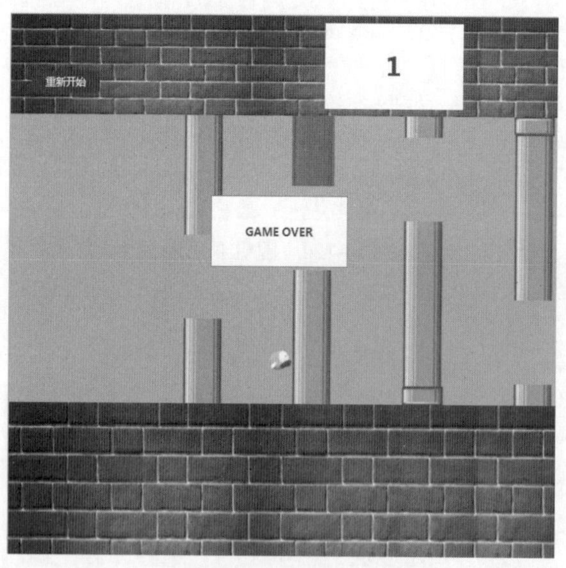

图 14-126　飞扬的小鸟

思路分析

- 添加全局变量 OnLoadVariable、random y、begin。
- 动态面板中嵌套动态面板，添加“鼠标单击时”事件。

本案例的具体操作步骤请参见资源包。

第 15 章 天衣无缝

15.1 手机滑动删除效果

案例描述

在信息列表中选择一条记录并向左滑动，在右侧显示“删除”按钮，单击“删除”按钮即可删除此条信息，且后续列表自动上移补位，如图 15-1 所示。

图 15-1　手机滑动删除效果

思路分析

- 为列表添加“向左滑动结束时”事件，设置移动距离，显示“删除”按钮。
- 为“删除”按钮添加“鼠标单击时”事件，设置隐藏当前记录，设置后面列表的移动距离。

操作步骤

（1）选择“文件”|“新建”命令，新建一个 Axure 的文档。

（2）在“元件库”面板中将“图片”元件拖入编辑区中，双击并导入相应的素材图片，在工具栏中设置 x 为 20，y 为 0，“宽度”为 300，“高度”为 627，在“检视：图片”区域设置名称为 iphone，如图 15-2 所示。

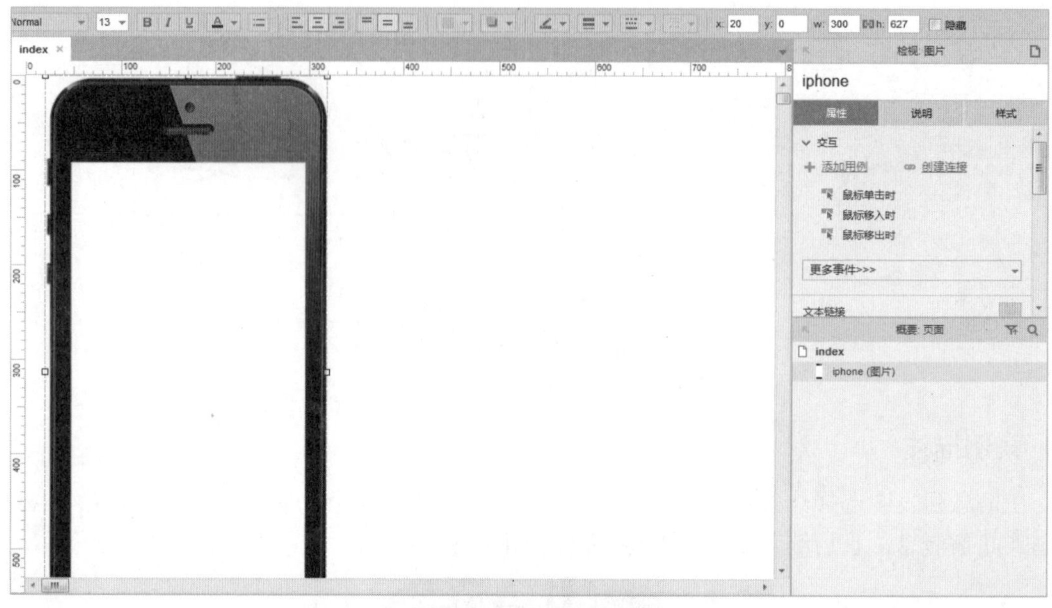

图 15-2　导入图片

（3）在“元件库”面板中将“矩形 2”元件拖入编辑区中，在工具栏中设置“填充颜色”为黑色（#333333），x 为 46，y 为 91，“宽度”为 251，“高度”为 40，如图 15-3 所示。

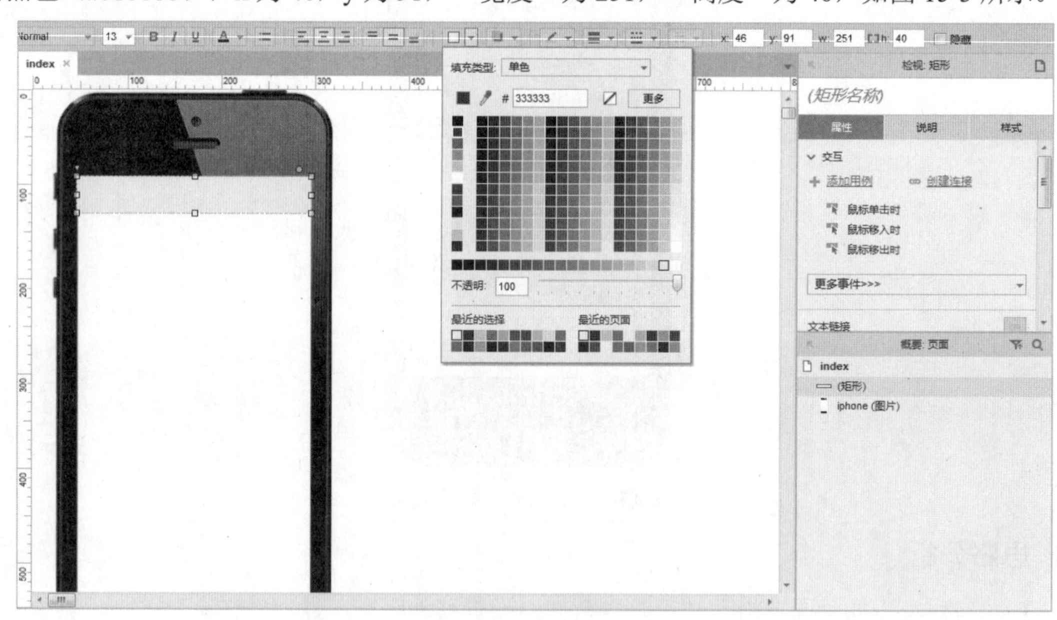

图 15-3　拖入“矩形 2”元件

（4）在“元件库”面板中将“矩形 2”元件拖入编辑区中，双击并输入“目录”，在工具栏中设置 x 为 47，y 为 130，“宽度”为 250，“高度”为 35，单击“样式”标签切换至“样式”面板，单击“粗体”和“左侧对齐”按钮，设置填充“左”为 15，如图 15-4 所示。

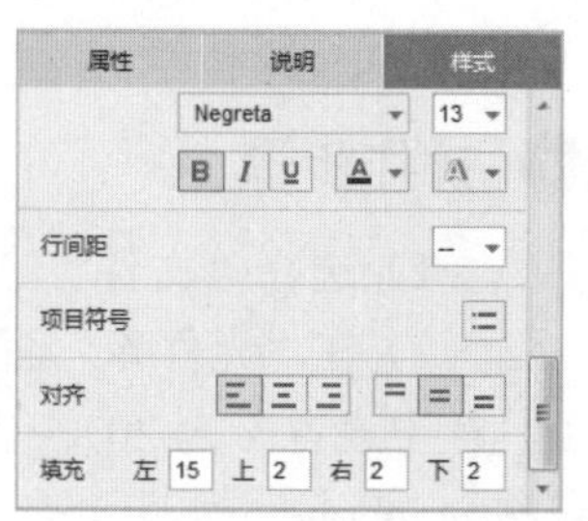

图 15-4　设置样式

（5）在“元件库”面板中将“动态面板”元件拖入编辑区中，在工具栏中设置 x 为 47，y 为 164，“宽度”为 250，“高度”为

369，在右侧“检视：动态面板”区域设置名称为 list，如图 15-5 所示。

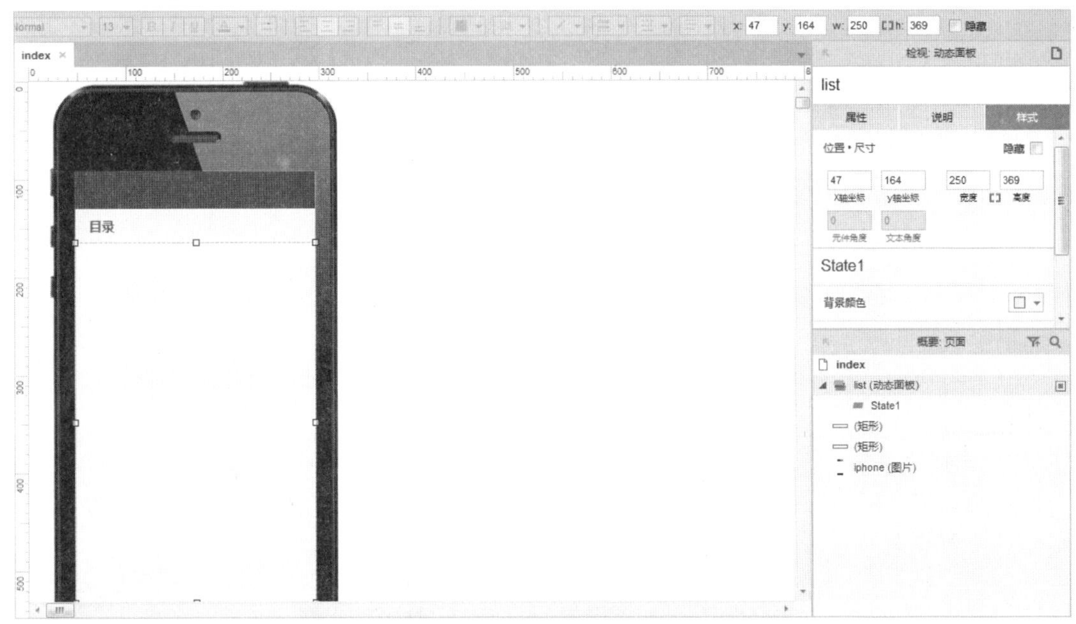

图 15-5　拖入“动态面板”元件

（6）双击“动态面板”元件，在弹出的“面板状态管理”对话框中双击 State1 选项，进入 list/State1（index）编辑区中，在“元件库”面板中将“动态面板”元件拖入编辑区中，在工具栏中设置 x 和 y 均为 0，“宽度”为 252，“高度”为 35，在右侧“检视：动态面板”区域设置名称为 list1，如图 15-6 所示。

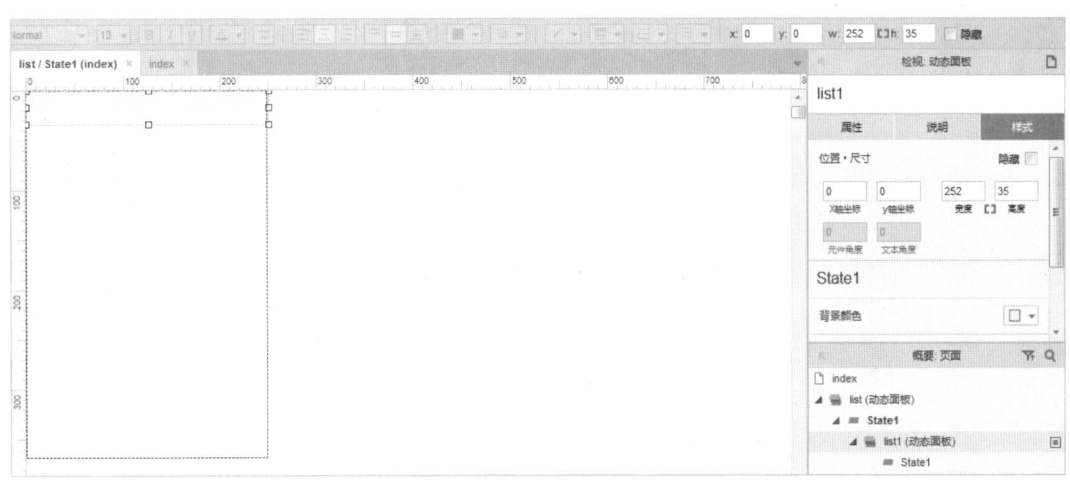

图 15-6　拖入“动态面板”元件

（7）双击“动态面板”元件，在弹出的“面板状态管理”对话框中双击 State1 选项，进入 list1/State1（index）编辑区中，在“元件库”面板中将“文本标签”元件拖入编辑区中，双击并输入“手机滑动删除效果”，在工具栏中设置 x 为 15，y 为 10，“宽度”为 113，“高度”为 16，如图 15-7 所示。

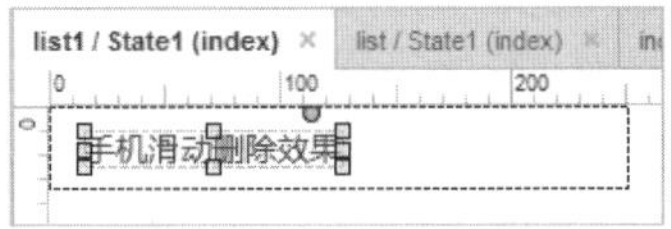

图 15-7　拖入“文本标签”元件

（8）在“元件库”面板中将“主要按钮”元件拖入编辑区中，双击并输入“删除”，在工具栏中设置 x 为 187，y 为

6，“宽度”为 55，“高度”为 22，“填充颜色”为红色（#CC0033），如图 15-8 所示。

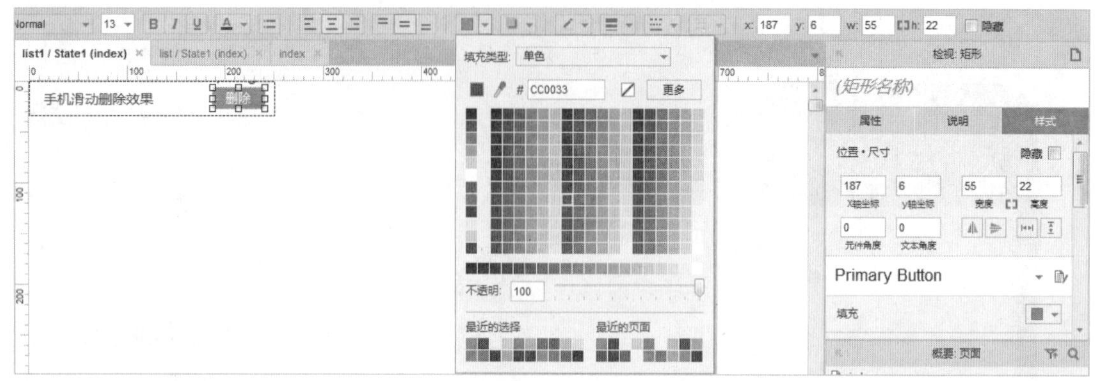

图 15-8　设置“主要按钮”元件

（9）选择“主要按钮”元件，单击鼠标右键，在弹出的快捷菜单中选择“转换为动态面板”命令，将其转换为动态面板，在右侧“检视：动态面板”区域设置名称为 btn-del1，在“样式”面板中选中“隐藏”复选框，如图 15-9 所示。

图 15-9　转换为动态面板并设置隐藏

（10）在“元件库”面板中将“水平线”元件拖入编辑区中，在工具栏中设置 x 为 0，y 为 34，“宽度”为 252，“线段颜色”为灰色（#CCCCCC），如图 15-10 所示。

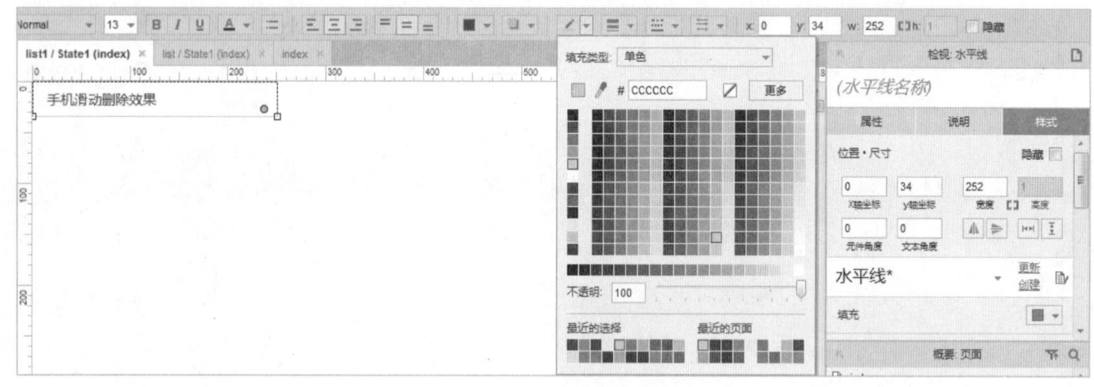

图 15-10　设置水平线

（11）单击 list/State1（index）标签切换至 list/State1（index）编辑区中，选择“list1 动态面板”元件，按住 Shift+Ctrl 快捷键向下拖动鼠标，复制 9 个“动态面板”元件，依次修改动态面板的名称，进入动态面板，修改相应的内容和删除按钮的名称，如图 15-11 所示。

（12）单击 list/State1（index）标签切换至 list/State1（index）编辑区中，在右侧单击“属性”标签切换至“属性”面板，双击“向左拖动结束时”选项，弹出“用例编辑<向左拖动结束时>”对话框，在左侧“添加动作”区域选择“设置面板状态”选项，在右侧“配置动作”区域选中“btn-del1（动态面板）”复选框，如图 15-12 所示。

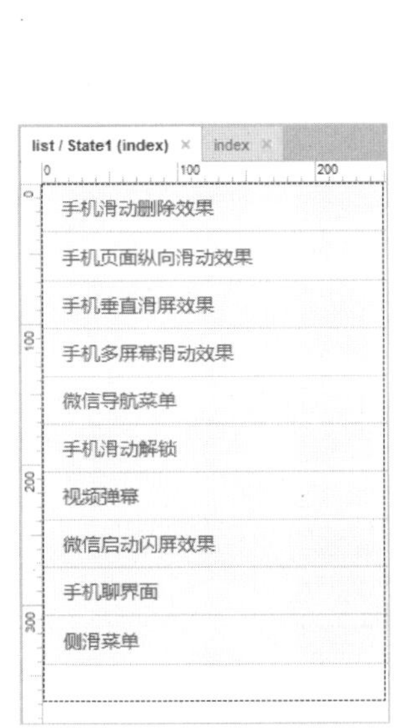

图 15-11　复制并修改内容

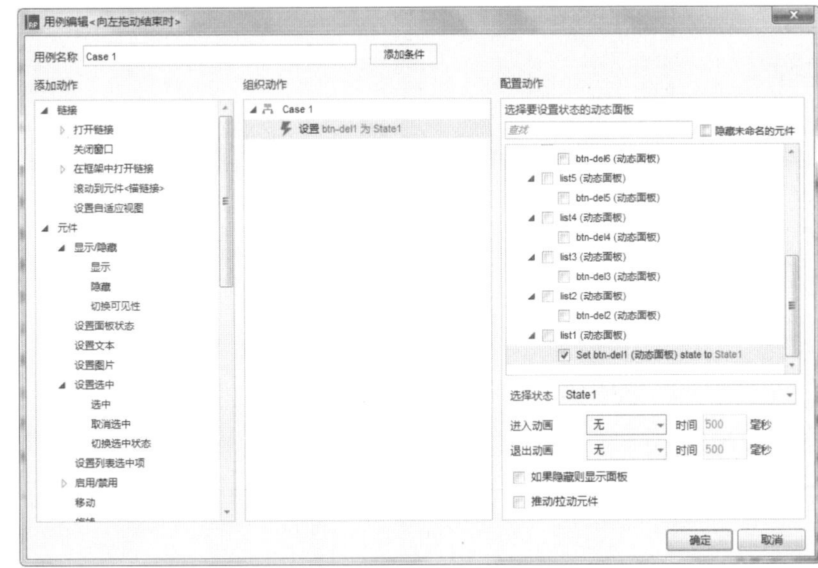

图 15-12　添加动作

（13）在下方设置“选择状态”为 State1，设置“进入动画”为“向左滑动”，“时间”为 100 毫秒，“退出动画”为“无”，选中“如果隐藏则显示面板”复选框，如图 15-13 所示。单击“确定”按钮返回至编辑区中。

（14）用步骤（3）相同的方法为其他“动态面板”元件添加“向左拖动结束时”事件，如图 15-14 所示。

图 15-13　设置状态

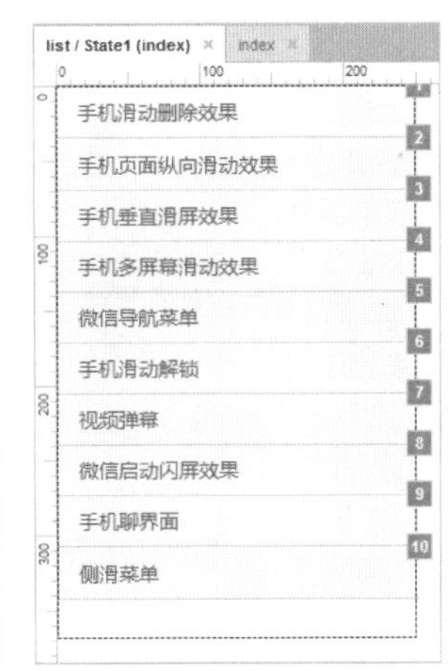

图 15-14　添加事件

（15）单击 list1/State1（index）标签切换至 list1/State1（index）编辑区中，双击“btn-del1 动态面板”元件，在弹出的“面板状态管理”对话框中双击 btn-del1/State1（index）编辑区，选择“矩形”元件，在右侧“属性”面板中双击“鼠标单击时”选项，弹出“用例编辑<鼠标单击时>”对话框，在左侧“添加动作”区域选择“隐藏”选项，在右侧“配置动作”区域选中“list1（动态面板）”复选框，如图 15-15 所示。

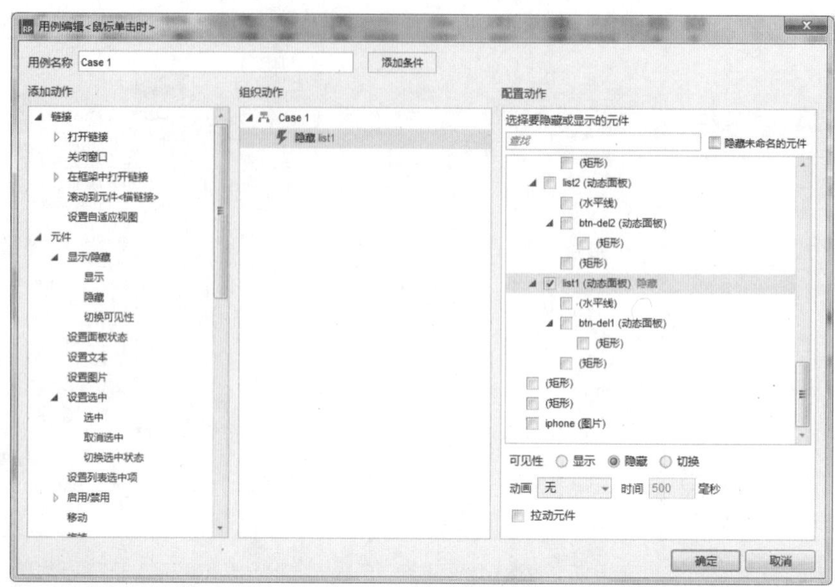

图 15-15　添加动作

（16）在左侧“添加动作”区域选择“移动”选项，在右侧“配置动作”区域选中“list2（动态面板）”复选框，设置“移动”为“相对位置”，y 为-35，“动画”为“线性”，“时间”为 100 毫秒，如图 15-16 所示。

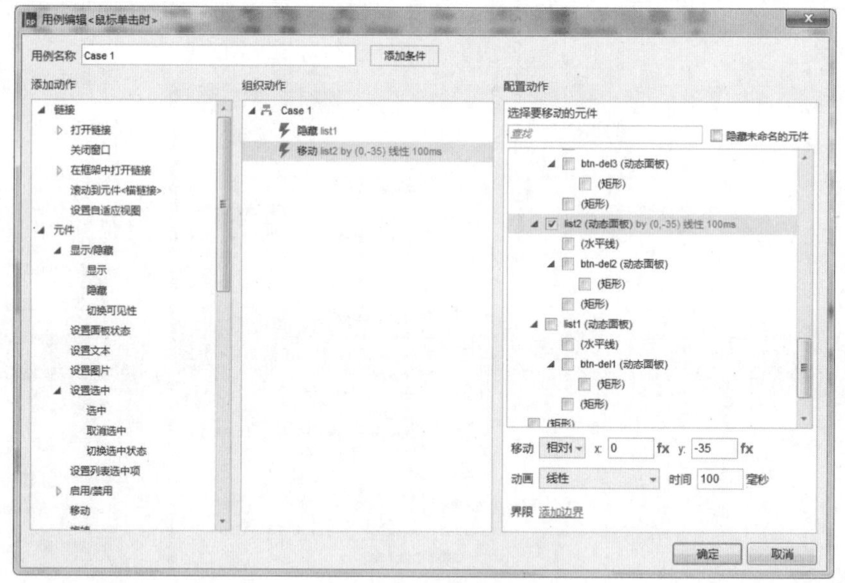

图 15-16　添加动作

（17）用步骤（16）的方法设置 list3、list4、list5、list6、list7、list8、list9、list10 的移动位置、动画和时间，如图 15-17 所示。

（18）在左侧“添加动作”区域选择“设置变量值”选项，在右侧“配置动作”区域单击“添加全局变量”超链接，弹出“全局变量”对话框，单击“添加”按钮添加变量，设置变量名称为 varList，如图 15-18 所示。

（19）在右侧选中 varList 复选框，设置全局变量值为[[varList-1]]，如图 15-19 所示。单击“确定”按钮返回至编辑区中。

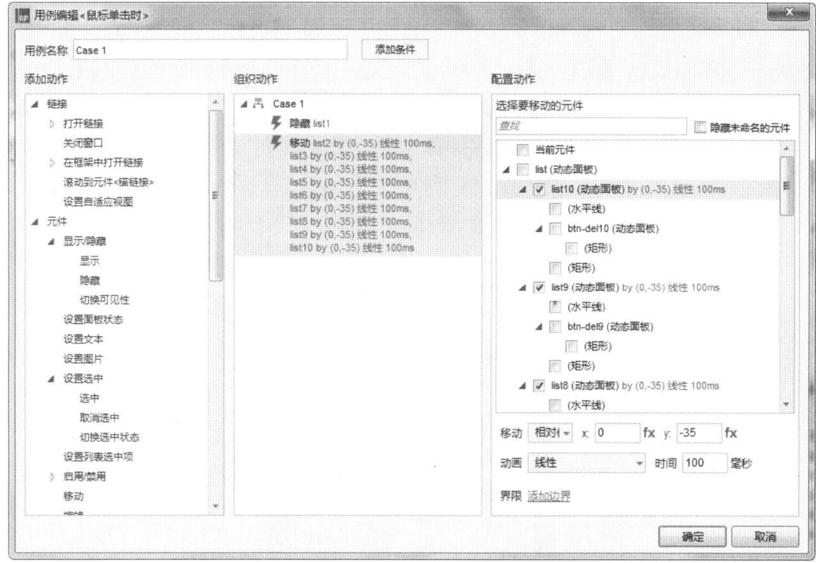

图 15-17 添加动作

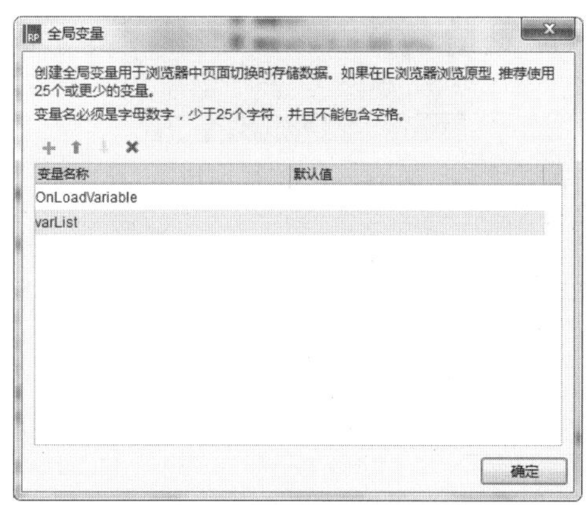

图 15-18 添加变量

图 15-19 设置变量值

（20）用同样的方法为其他删除按钮添加“鼠标单击时”事件。单击 index 标签切换至 index 编辑区中，按 Ctrl+S 快捷键，以“15.1”为名称保存该文件，然后按 F5 键预览效果，如图 15-20 所示。

图 15-20　最终效果

15.2　微信看一看下拉刷新

案例描述

在微信看一看界面的文章列表中，下拉后释放，会自动更新些新的文章，在更新等待的过程中，上方有 3 个小圆圈来回切换，如图 15-21 所示。

图 15-21　微信看一看下拉刷新

思路分析

- 为动态面板添加“拖动时”事件和“拖动结束时”事件。
- 添加中继器，并修改中继器表格数据，实现列表信息。

操作步骤

（1）选择“文件”|“新建”命令，新建一个 Axure 的文档。

（2）在左侧“元件库”面板中单击“选项”按钮，在弹出的下拉菜单中选择“载入”|“元件库”选项，选中需要载入的素材元件，如图 15-22 所示。

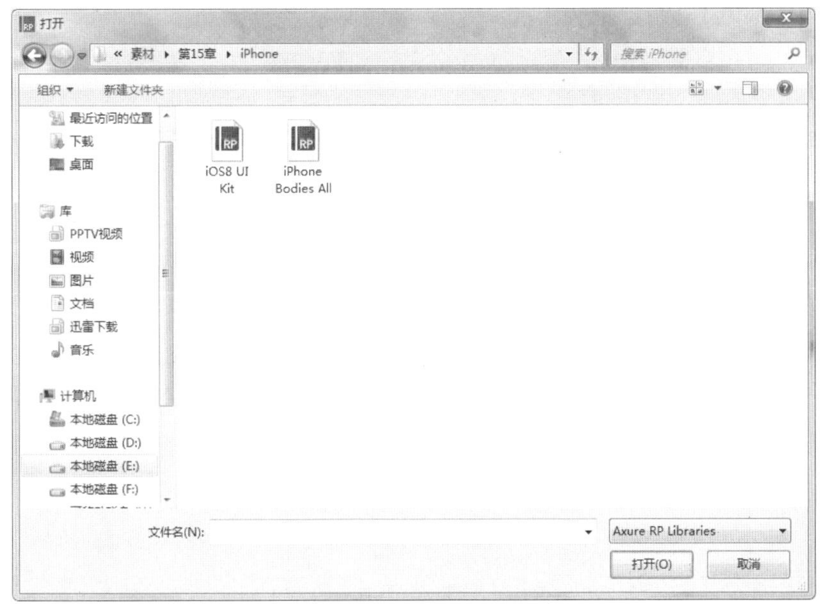

图 15-22 载入素材元件

（3）在左侧“库”面板中单击“选择全部”选项后面的下三角按钮，在弹出的下拉菜单中选择 iPhone Bodies All 选项，如图 15-23 所示。将 6 Sliver 元件拖入编辑区中，在工具栏中设置 x 和 y 均为 0。

图 15-23 选择元件库

（4）返回至“选择全部”元件，将“矩形 1”元件拖入编辑区中，在工具栏中设置 x 和 y 分别为 30、195，“宽度”和“高度”分别为 312、417，“填充颜色”为灰色（#CCCCCC），如图 15-24 所示。

（5）在左侧“库”面板中单击 iPhone Bodies All 选项后面的下三角按钮，在弹出的下拉菜单中选择 iOS8 UI Kit 选项，如图 15-25 所示。

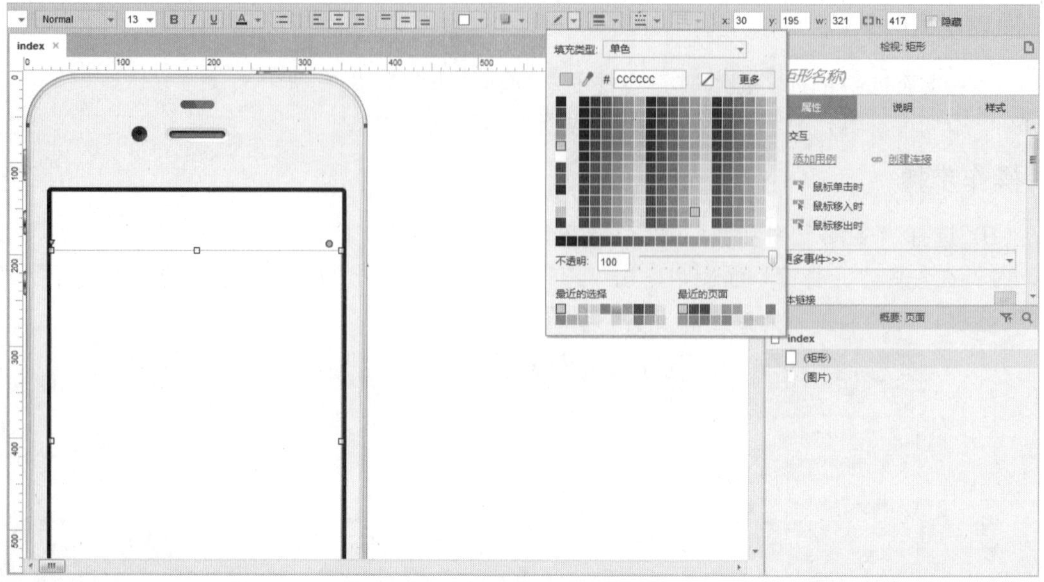

图 15-24　设置元件位置和大小

图 15-25　选择元件库

（6）从“元件库”面板中将“矩形 2”元件拖入编辑区中，在工具栏上设置 x 为 31，y 为 131，“宽度”为 320，“高度”为 64，如图 15-26 所示。

图 15-26　设置“矩形”元件

（7）在“元件库”面板中将 Status Bar black Status Bar black(lockscreen)元件拖入编辑区中，在工具栏中设置 x 和 y 分别为 35、134，“宽度”和“高度”分别为 311、12，如图 15-27 所示。

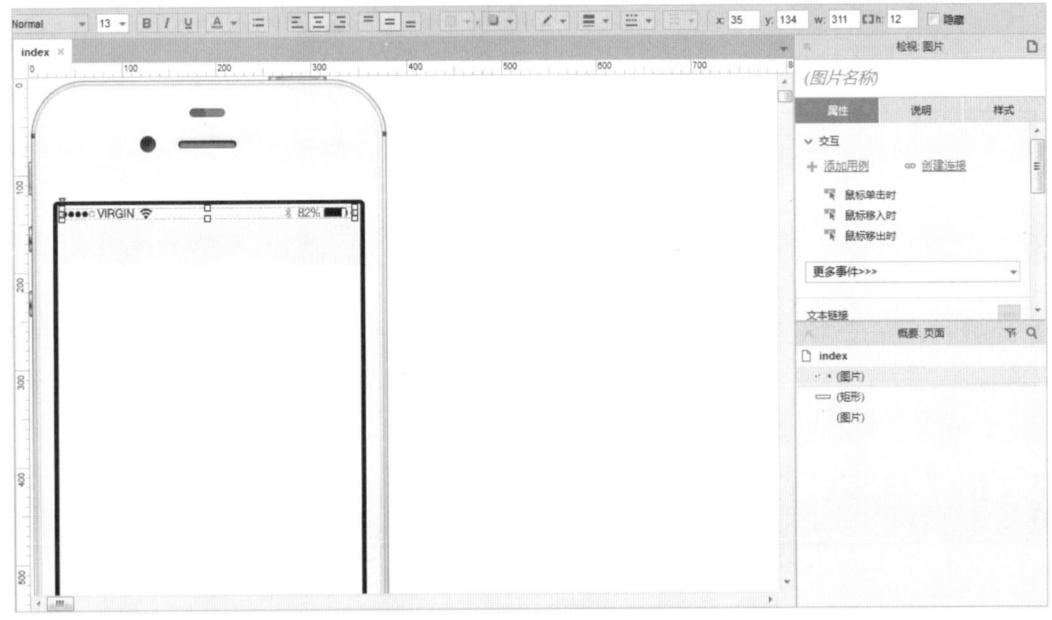

图 15-27　拖入元件并设置相关属性

（8）从“元件库”面板中将“图片”元件拖入编辑区中，并导入相应的素材文件，在工具栏中设置 x 为 42，y 为 168，“宽度”为 16，“高度”为 15，在“检视：图片”区域设置名称为 arrow，如图 15-28 所示。

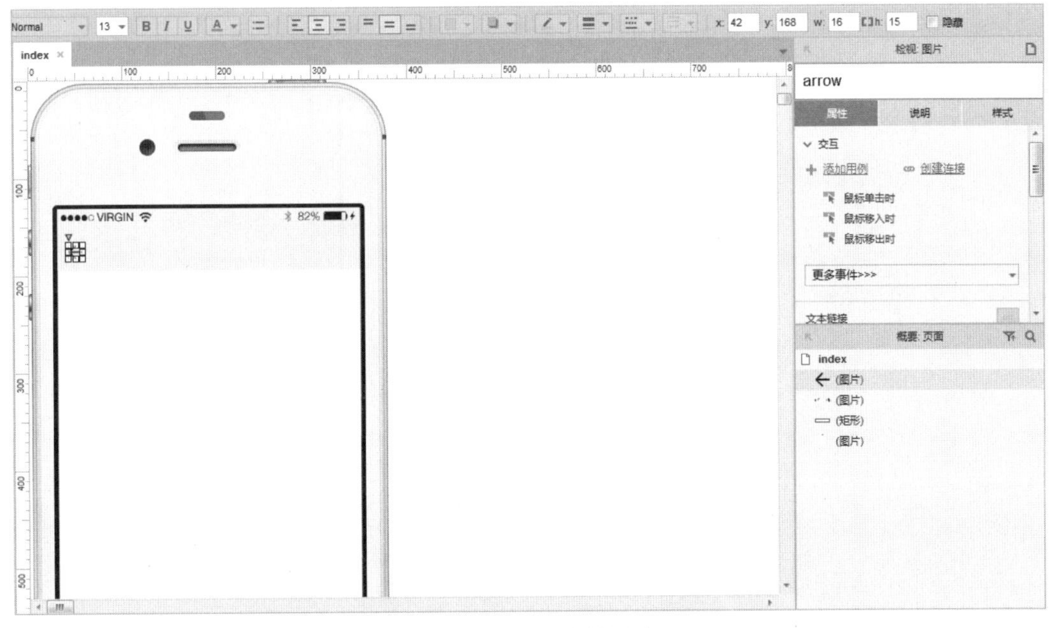

图 15-28　导入素材图片

（9）从“元件库”面板中将“垂直线”元件拖入编辑区中相应的位置，在工具栏中设置“线段颜色”为灰色（#CCCCCC），x 为 71，y 为 167，“高度”为 18，如图 15-29 所示。

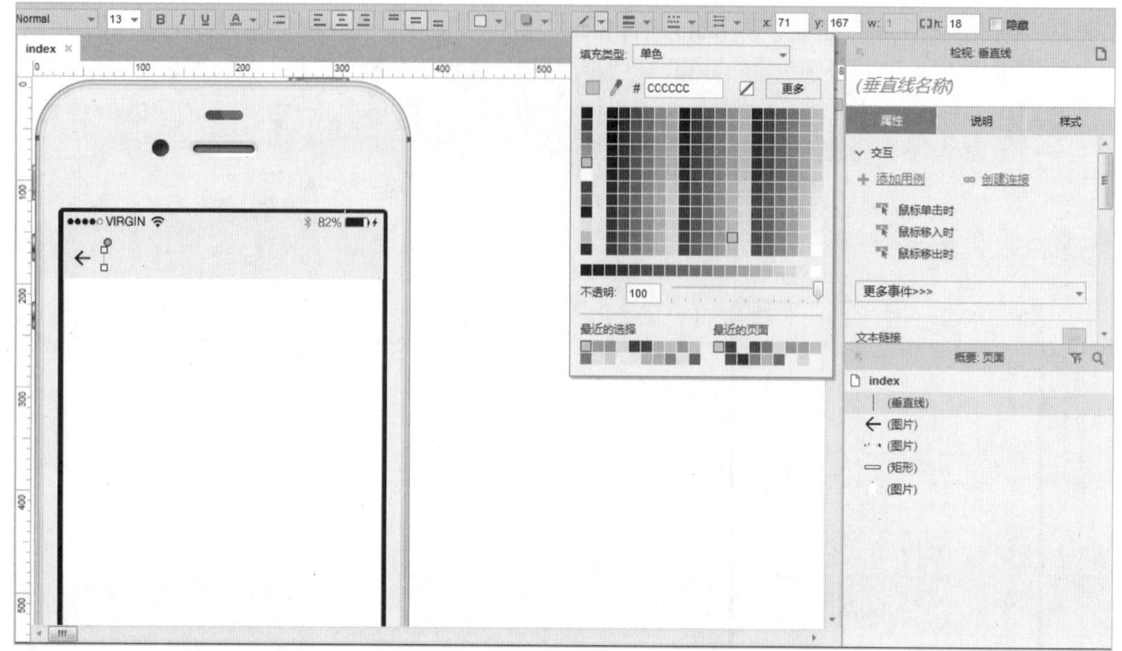

图 15-29　设置垂直线

（10）从“元件库”面板中将“文本标签”元件拖入编辑区合适的位置，双击并输入“看一看”，如图 15-30 所示。

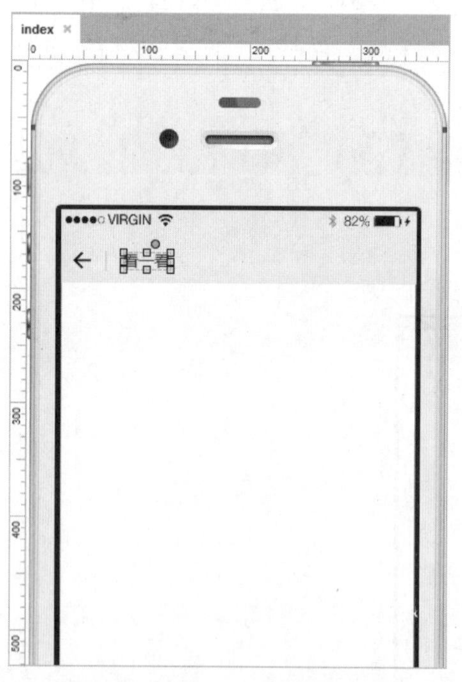

图 15-30　拖入“文本标签”元件

（11）从“元件库”面板中将“矩形”元件拖入编辑区中，在工具栏中设置 x 为 30，y 为 195，“宽度”为 321，“高度”为 417，“线段颜色”为灰色（#CCCCCC），在右侧“检视：矩形”区域设置名称为 conent-box，如图 15-31 所示。

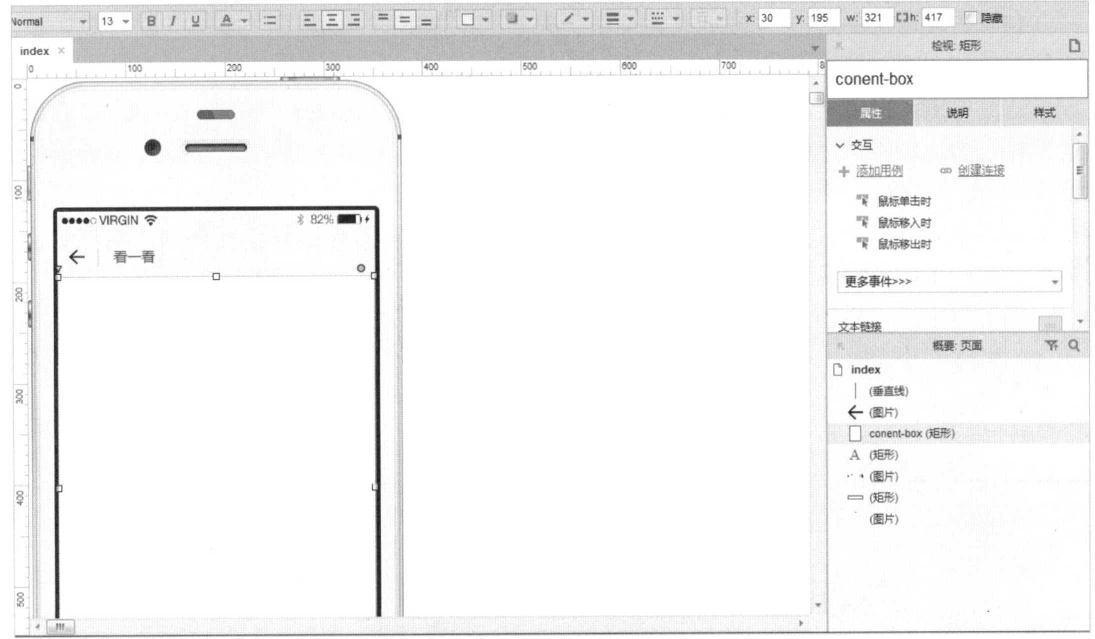

图 15-31　拖入“矩形”元件

（12）从“元件库”面板中将“椭圆形”元件拖入编辑区中合适的位置，调整大小并设置“填充颜色”为灰色（#CCCCCC），选择“椭圆形”元件，按住 Ctrl 键拖动复制两个，并设置第一个“椭圆形”元件的“填充颜色”为橙色（#FF9900），如图 15-32 所示。

（13）按住 Ctrl 键连续单击“椭圆形”元件，同时选择 3 个“椭圆形”元件，单击鼠标右键，在弹出的快捷菜单中选择“转换为动态面板”命令，如图 15-33 所示，将其转换为动态面板，在右侧“检视：动态面板”区域设置名称为 circle。

图 15-32　复制“椭圆形”元件

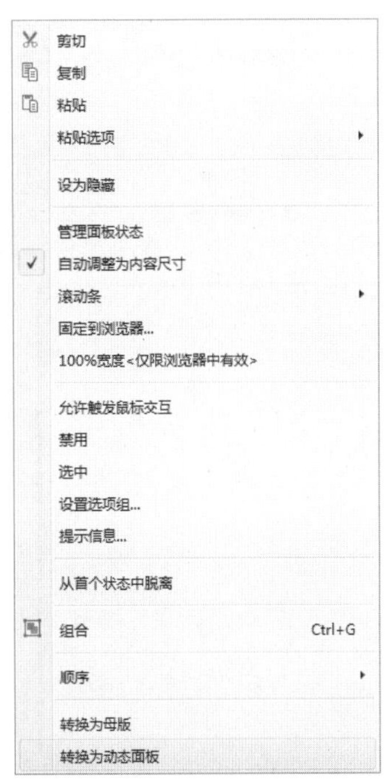

图 15-33　转换为动态面板

（14）在编辑区中双击“circle 动态面板”元件，在弹出的“面板状态管理”对话框中单击“添加”按钮，添加两个面板状态，如图 15-34 所示。

（15）单击“编辑全部状态”按钮，默认进入 circle/State1（index）编辑区，单击空白处并拖动鼠标，全选编辑区中的元件，按 Ctrl+C 快捷键复制元件，单击 circle/State2（index）标签切换至 circle/State2（index）编辑区中，按 Ctrl+V 快捷键粘贴元件，并调整至合适的位置，重新设置第一个“椭圆形”元件的“填充颜色”为灰色，第二个“椭圆形”元件的“填充颜色”为橙色，如图 15-35 所示。

（16）用上述同样的方法复制并设置“椭圆形”元件，如图 15-36 所示。

图 15-34　添加面板状态

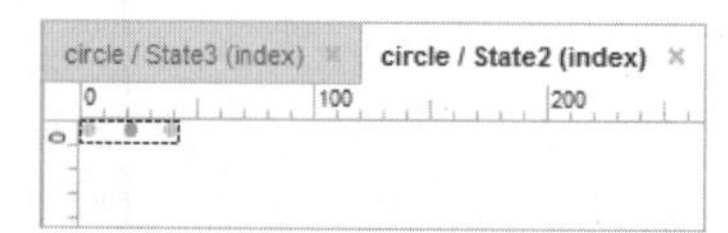

图 15-35　复制并设置“椭圆形”元件

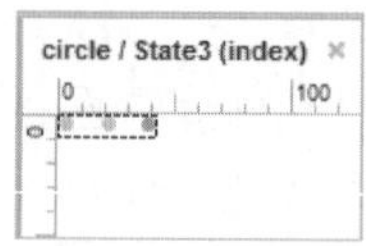

图 15-36　复制并设置“椭圆形”元件

（17）单击 index 标签切换至 index 编辑区中，在“元件库”面板中将“矩形 1”元件拖入编辑区中，在工具栏中设置 x 为 30，y 为 195，“宽度”为 321，“高度”为 417，“线段颜色”为灰色（#CCCCCC），在右侧“检视：矩形”区域设置名称为 conent-box，如图 15-37 所示。

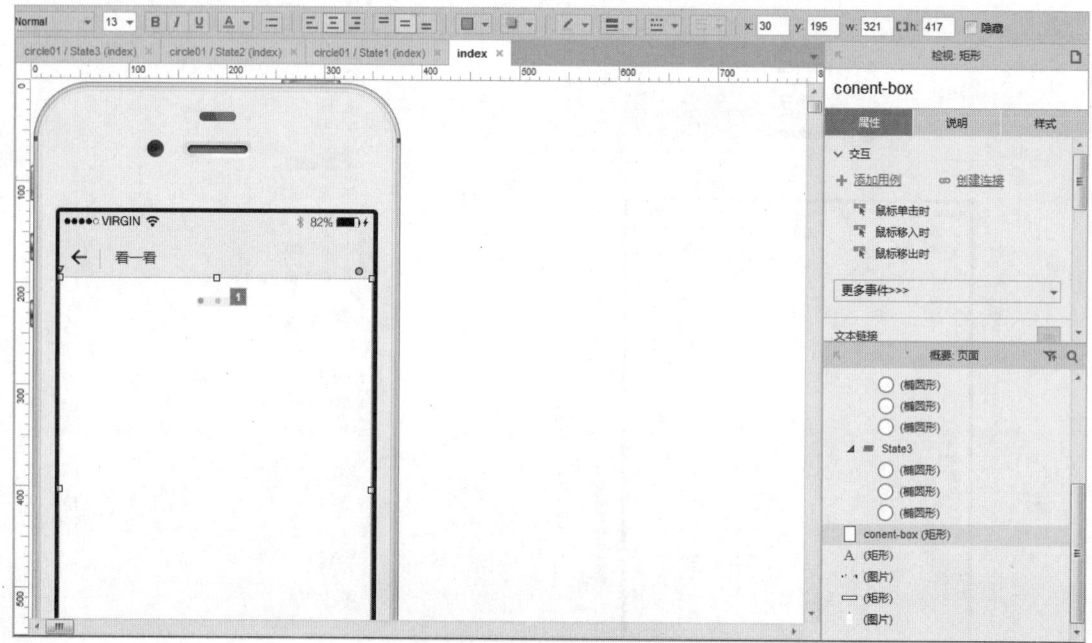

图 15-37　设置“矩形”元件

（18）从“元件库”面板中将“动态面板”元件拖入编辑区中，调整位置并设置大小，在右侧“检视：动态面板”区域设置名称为 list，在“动态面板”区域设置“滚动条”为“自动显示垂直滚动条”，如图 15-38 所示。

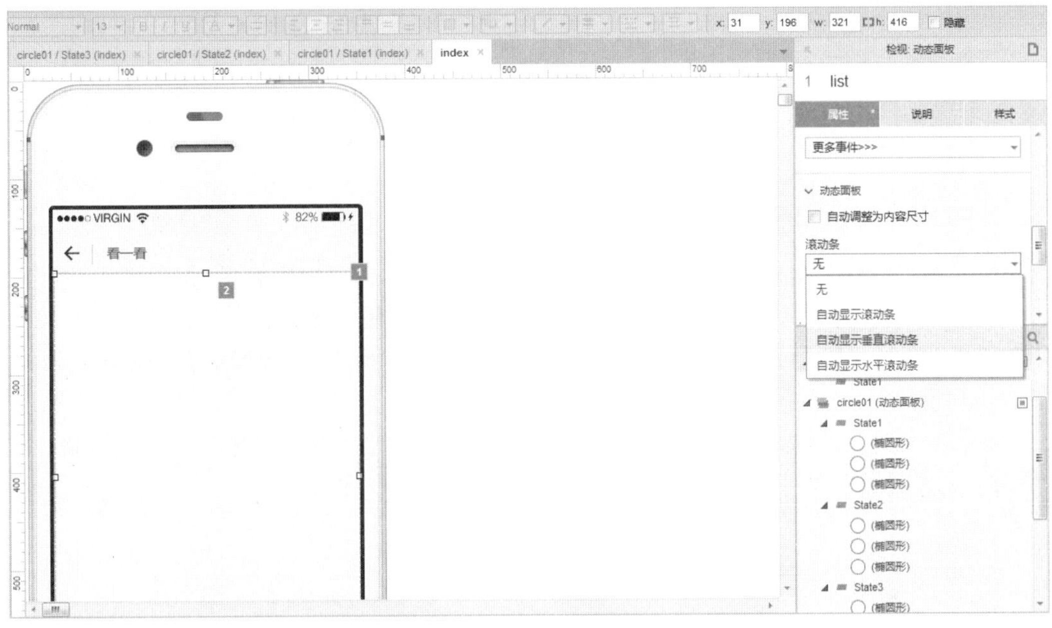

图 15-38　设置“动态面板”元件

（19）双击“动态面板”元件，在弹出的“面板状态管理”对话框中双击 State1 选项，进入 list/State1（index）编辑区中，从“元件库”面板中将“中继器”元件拖入编辑区中适当的位置，在右侧“检视：中继器”区域设置名称为 info_list，如图 15-39 所示。

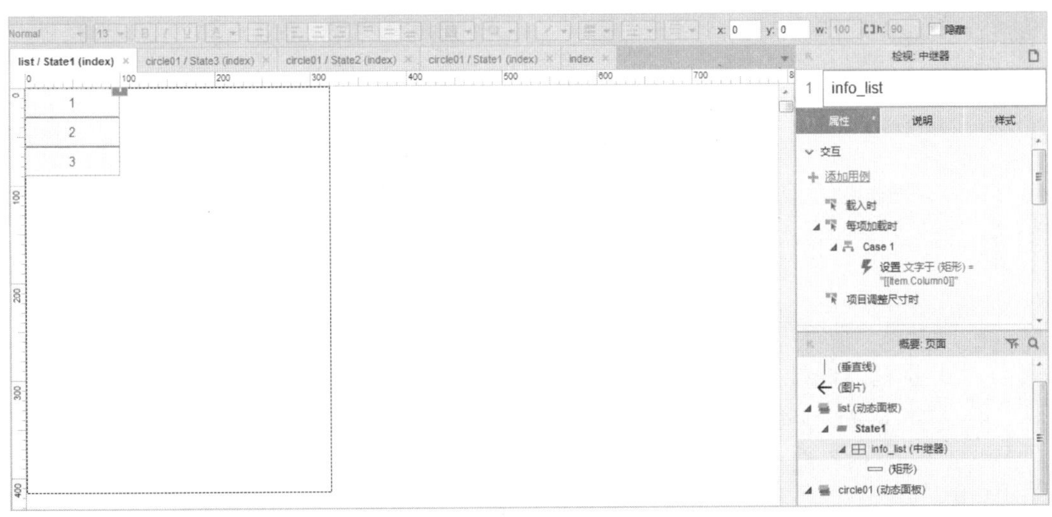

图 15-39　设置“中继器”元件

（20）双击“中继器”元件，进入 info_list（index）编辑区中，从“元件库”面板中拖入两个“文本标签”元件、一个“图片”元件和一个“水平线”元件，设置大小并调整至适当的位置，分别设置名称为 title、content、image、line，并设置“水平线”元件的“线段颜色”为灰色，如图 15-40 所示。

（21）单击 list/State1（index）标签进入 list/State1（index）编辑区中，在右侧“中继器”区域添加一列，设置表头名称分别为 title、content、image，并添加相应的内容，如图 15-41 所示。

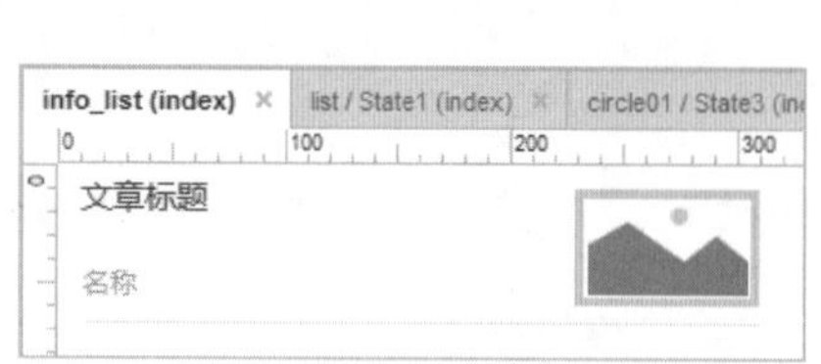

图 15-40　拖入元件至编辑区中

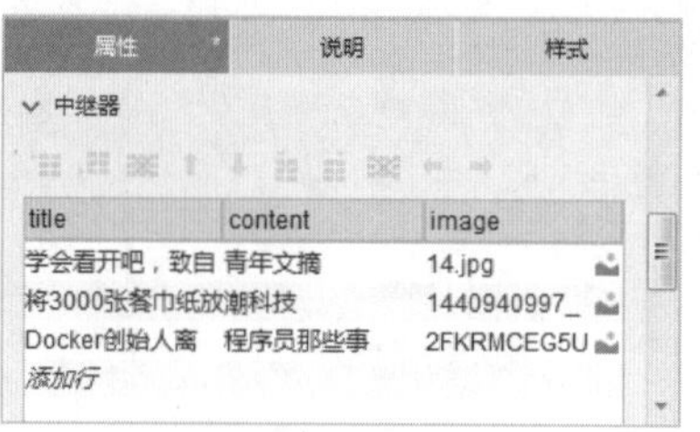

图 15-41　设置中继器内容

（22）在“属性”面板中双击“每项加载时”选项，弹出“用例编辑<每项加载时>”对话框，在左侧“添加动作”区域选择“设置文本”选项，在右侧“配置动作”区域选中“title（矩形）”和“content（矩形）”复选框，在下方分别设置文本值为[[Item.title]]、[[Item.content]]，如图 15-42 所示。

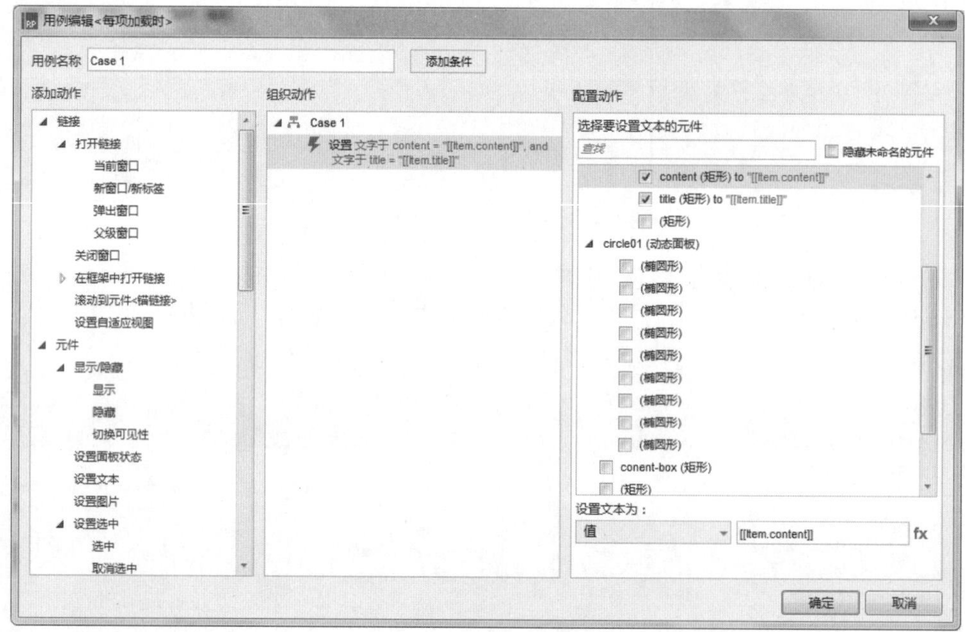

图 15-42　设置文本

（23）在左侧“添加动作”区域选择“设置图片”选项，在右侧“配置动作”区域选中“image（图片）”复选框，设置 Default 值为[[Item.image]]，如图 15-43 所示。

（24）单击 index 标签切换至 index 编辑区中，选择“list 动态面板”元件，在右侧“属性”面板中双击“拖动时”选项，弹出“用例编辑<拖动时>”对话框，在左侧选择“移动”选项，在右侧选中“当前元件”复选框，在下方设置“移动”为“垂直拖动”，如图 15-44 所示。

（25）在“属性”面板中双击“拖动结束时”选项，弹出“用例编辑<拖动结束时>”对话框，单击“添加条件”按钮，弹出“条件设立”对话框，在第一个下拉列表框中选择“值”选项，单击“文本框”后面的 fx 按钮，弹出“编辑文本”对话框，单击下方的“添加局部变量”超链接，设置 LVAR1 等于“元件文字”line，在上方插入变量[[This.y]]，如图 15-45 所示。单击“确定”按钮返回至“条件设立”对话框。

图 15-43　为图片添加动作

图 15-44　设置动作

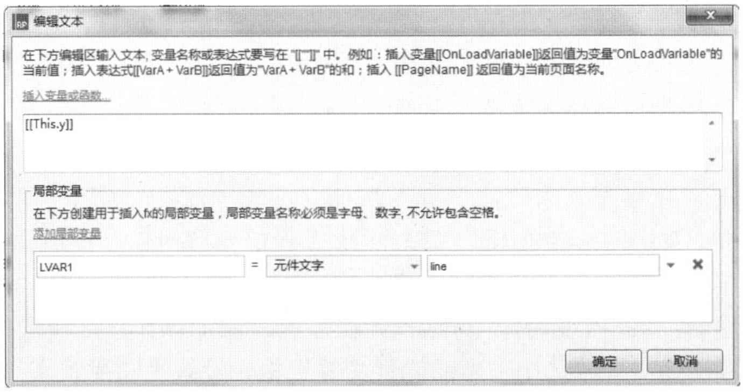

编辑文本

在下方编辑区输入文本，变量名称或表达式要写在 "[[""]]" 中。例如：插入变量[[OnLoadVariable]]返回值为变量"OnLoadVariable"的当前值；插入表达式[[VarA + VarB]]返回值为"VarA + VarB"的和；插入 [[PageName]] 返回值为当前页面名称。

插入变量或函数...

[[This.y]]

局部变量

在下方创建用于插入fx的局部变量，局部变量名称必须是字母、数字，不允许包含空格。

添加局部变量

LVAR1 = 元件文字 line

确定　取消

图 15-45　插入变量

（26）在第二个下拉列表框中选择>选项，第三个默认为“值”，最后“文本框”设置为20，如图 15-46 所示。单击“确定”按钮返回至“用例编辑<拖动结束时>”对话框。

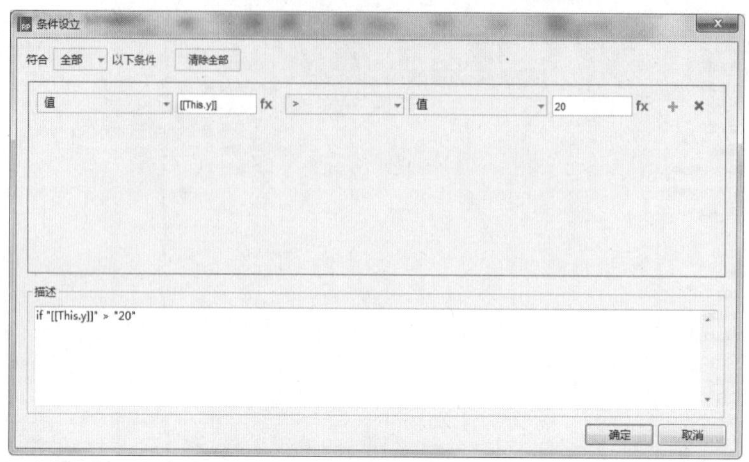

图 15-46　设立条件

（27）在左侧“添加动作”区域选择“移动”选项，在右侧“配置动作”区域选中“当前元件”复选框，设置“移动”为“绝对位置”，x 为 30，y 为 255，“动画”为“缓慢退出”，“时间”为 300 毫秒，如图 15-47 所示。

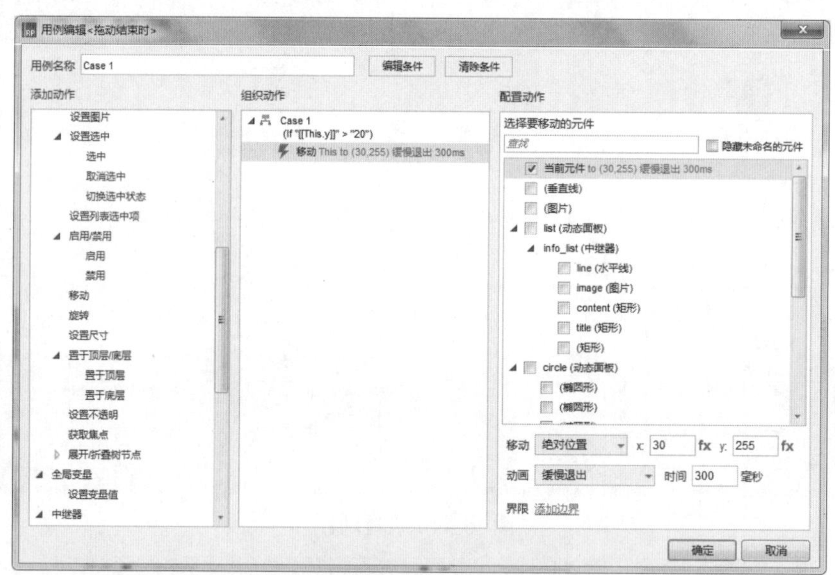

图 15-47　添加动作

（28）用上述同样的方法添加动作，如图 15-48 所示。

（29）在左侧“添加动作”区域选择“添加行”选项，在右侧“配置动作”区域选中“info_list（中继器）”复选框，在下方单击“添加行”按钮，弹出“添加行到中继器”对话框，添加相应的内容到中继器中，如图 15-49 所示。单击两次“确定”按钮返回至编辑区中。

（30）在编辑区中选择“circle 动态面板”元件，在右侧“属性”面板中双击“状态改变时”选项，弹出“用例编辑<状态改变时>”对话框，在左侧“添加动作”区域选择“设置面板状态”选项，在右侧“配置动作”区域选中“当前元件”复选框，设置“选择状态”为 Next，选中“向后循环”和“循环间隔”复选框，设置“循环间隔”为 300 毫秒，如图 15-50 所示。单击“确定”按钮返回至编辑区中。

图 15-48　添加动作

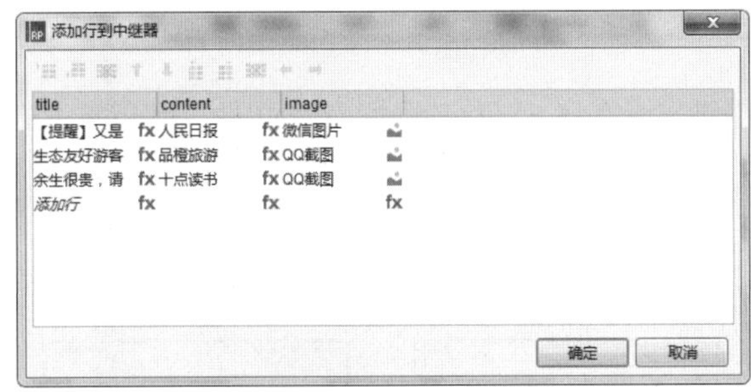

图 15-49　添加行

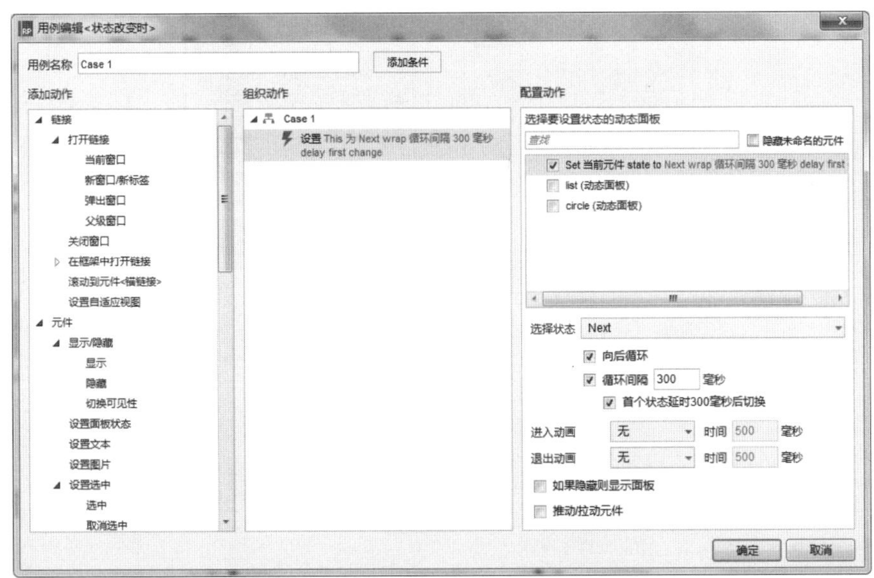

图 15-50　添加动作

（31）在“属性”面板中双击“载入时”选项，弹出“用例编辑<载入时>”对话框，在左侧选择“设置面板状态”选项，在右侧选中“当前元件”复选框，设置“选择状态”为 State2，如图 15-51 所示。单击“确定”按钮返回至编辑区中。

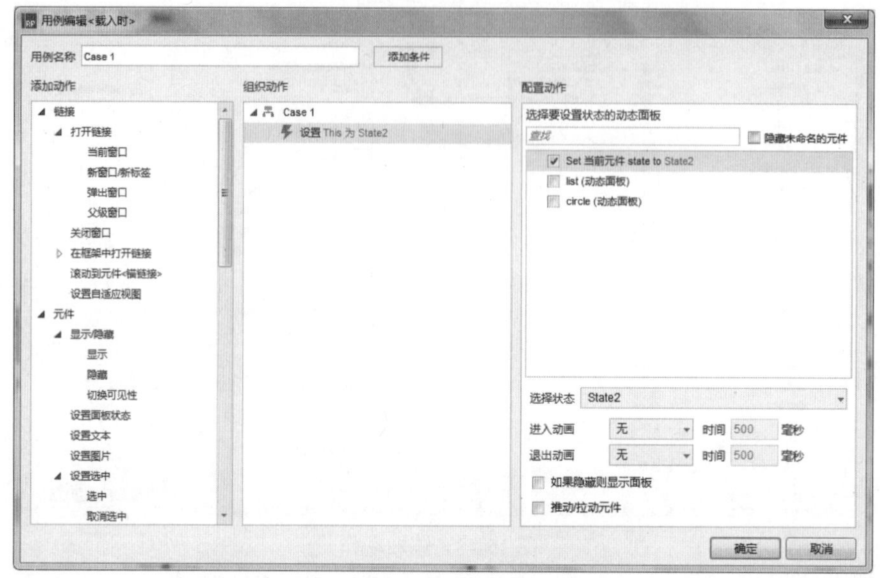

图 15-51　添加动作

（32）按 Ctrl+S 快捷键，以“15.2”为名称保存该文件，然后按 F5 键预览效果，如图 15-52 所示。

图 15-52　最终效果

15.3　手机垂直划屏效果

案例描述

当拖动屏幕文章内容时，可以向上或者向下拖动，上下边界小于 5，大于等于 600，如图 15-53

所示。

图 15-53　手机垂直划屏效果

思路分析

➢ 在动态面板中嵌套动态面板。

➢ 添加鼠标“拖动时”事件，设置垂直拖动的边界。

操作步骤

（1）选择“文件”|“新建”命令，新建一个 Axure 的文档。

（2）在左侧“库”面板中单击“选择全部”选项后面的下三角按钮，在弹出的下拉菜单中选择 iPhone Bodies All 选项，如图 15-54 所示。将 6 Sliver 元件拖入编辑区中，在工具栏中设置 x 和 y 均为 0。

图 15-54　选择元件库

（3）返回至“选择全部”元件，将“矩形 1”元件拖入编辑区中，在工具栏中设置 x 和 y 分别为 25、97，“宽度”和“高度”分别为 380、672，“填充颜色”为灰色（#F9F9F9），如图 15-55 所示。

（4）在左侧“库”面板中单击 iPhone Bodies All 选项后面的下三角按钮，在弹出的下拉菜单中选择 iOS8 UI Kit 选项，如图 15-56 所示。

（5）将 Status Bar black Status Bar black(lockscreen)元件拖入编辑区中，在工具栏中设置 x 和 y 分别为 35、110，“宽度”和“高度”分别为 365、13，如图 15-57 所示。

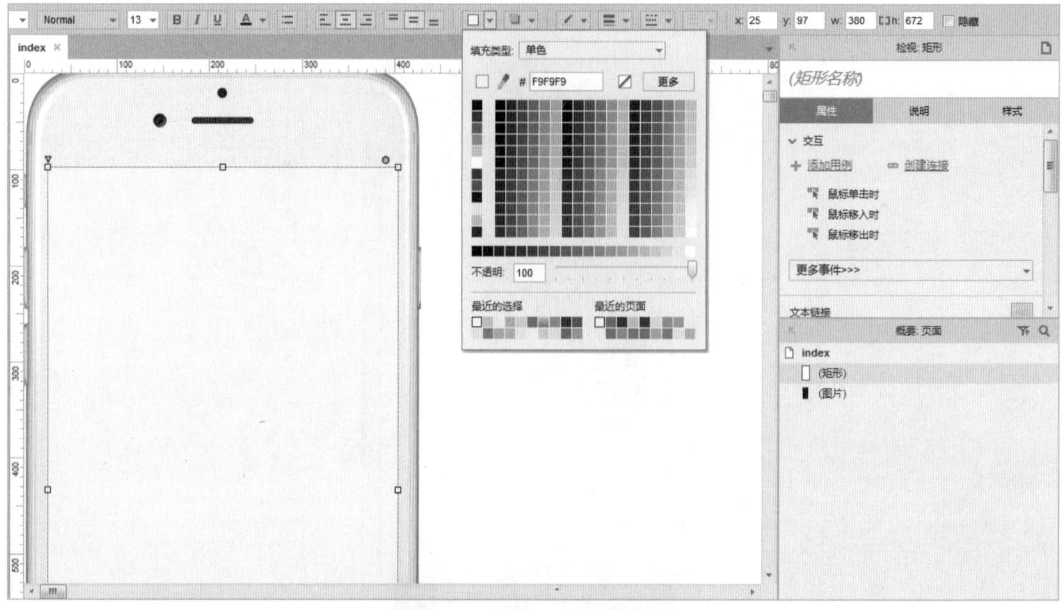

图 15-55　设置元件位置和大小

图 15-56　选择元件库

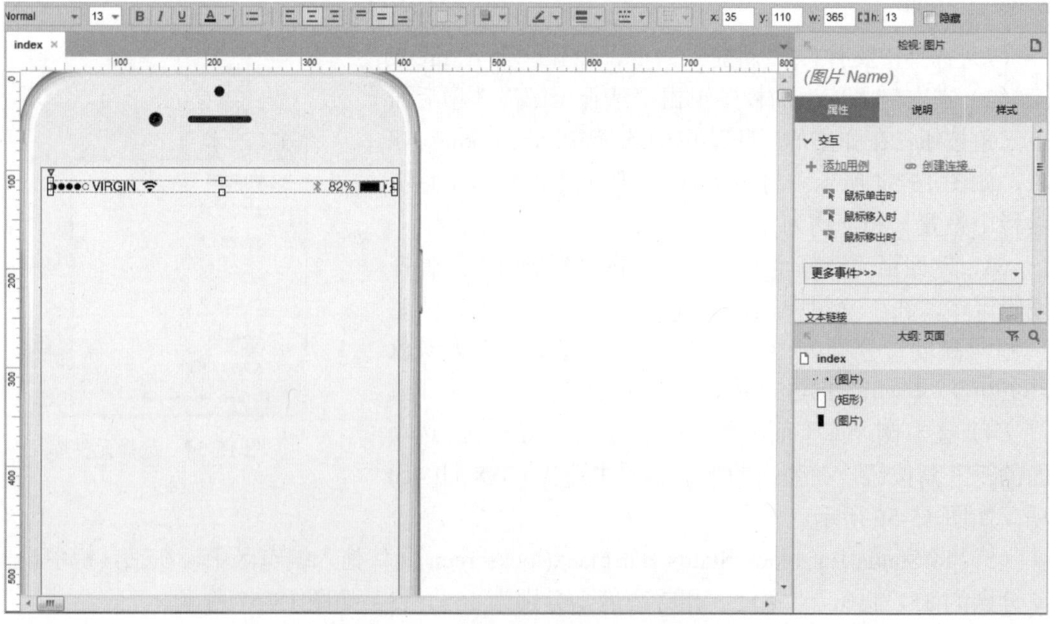

图 15-57　拖入元件并设置相关属性

（6）在左侧“元件库”面板中将“动态面板”元件拖入编辑区中，在工具栏中设置 x 和 y 分别为 25、130，“宽度”和“高度”分别为 380、640，在右侧“检视：动态面板”区域设置名称为 content，如图 15-58 所示。

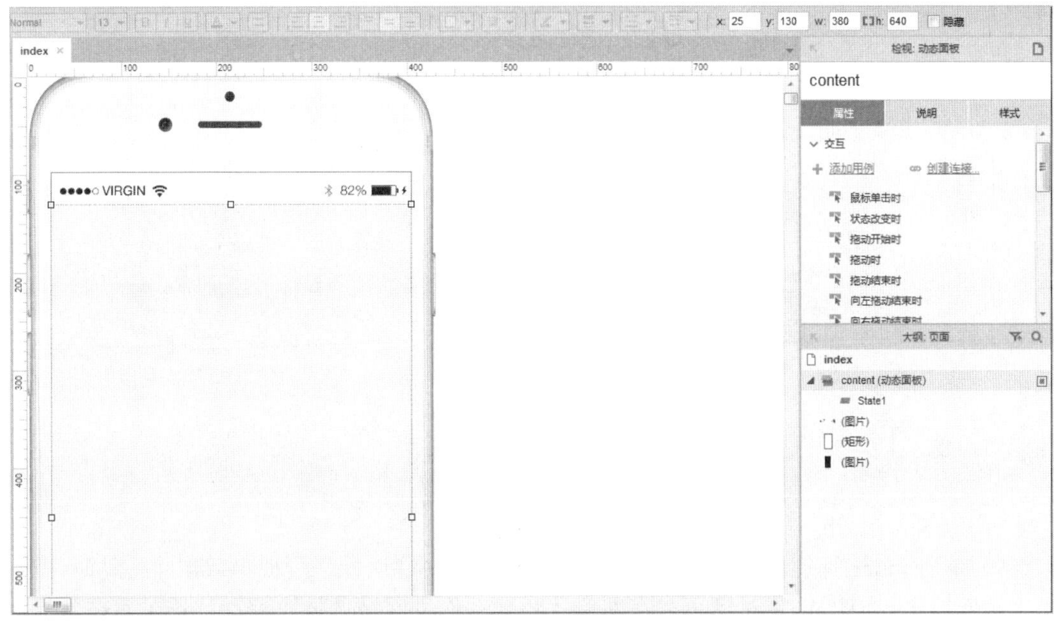

图 15-58　设置动态面板

（7）在编辑区中双击 content 动态面板，在弹出的“面板状态管理”对话框中双击 State1 面板状态，切换至 content/State1（index）编辑区中，在“元件库”面板中拖入一个“图片”元件，双击并导入相应的图片，调整至合适的位置，如图 15-59 所示。

图 15-59　导入图片

（8）在“图片”元件上单击鼠标右键，在弹出的快捷菜单中选择“转换为动态面板”命令，将其转换为动态面板，在右侧“检视：动态面板”区域设置名称为“滑动”，如图 15-60 所示。

图 15-60　转换为动态面板

（9）单击 index 标签切换至 index 编辑区中，在右侧“属性”面板中双击“拖动时”选项，弹出“用例编辑<拖动时>”对话框，在左侧“添加动作”区域选择“移动”选项，在右侧“配置动作”区域选中“滑动（动态面板）”复选框，如图 15-61 所示。

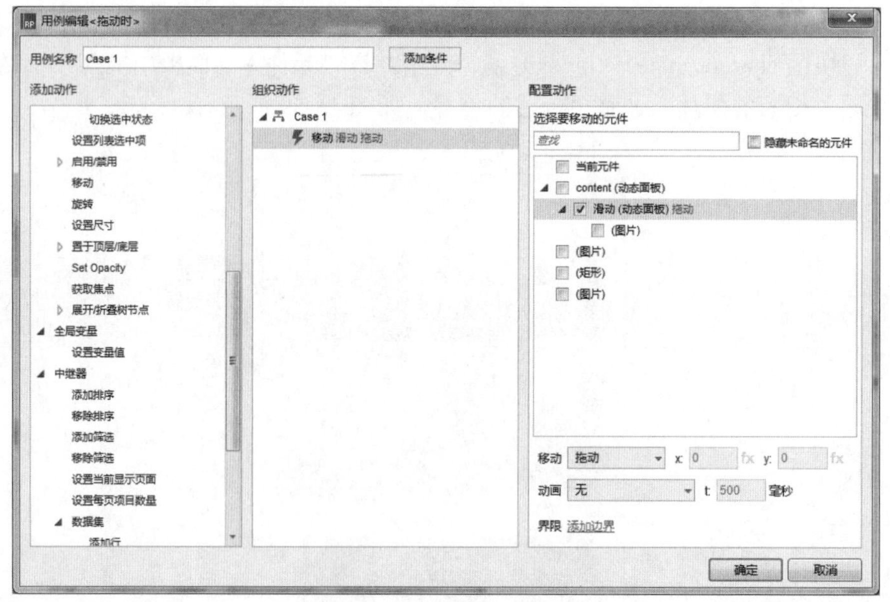

图 15-61　添加动作

（10）在下方设置“移动”为“垂直拖动”，单击两次“界限”右侧的“添加边界”超链接添加边界，设置“顶部”小于 5，“底部”大于等于 550，如图 15-62 所示。单击“确定”按钮返回至编辑区中。

（11）按 Ctrl+S 快捷键，以“15.3”为名称保存该文件，然后按 F5 键预览效果，如图 15-63 所示。

图 15-62　设置动作

图 15-63　最终效果

15.4　手机多屏幕滑动

案例描述

当横向向右拖动鼠标，屏幕向右滑动；当横向向左拖动鼠标，屏幕向左滑动，如图 15-64 所示。

图 15-64　手机多屏幕滑动

思路分析

利用动态面板的拖动事件，分别设置向左/向右拖动的选中状态，以及进入/退出动画的状态和事件。

操作步骤

（1）选择“文件”|“新建”命令，新建一个 Axure 的文档。

（2）在编辑区中拖入“动态面板”元件，在工具栏中设置 x 和 y 均为 0，“宽度”和“高度”分别为 320、569，在右侧“检视：动态面板”区域设置名称为 screen，如图 15-65 所示。

图 15-65　设置动态面板

（3）双击“动态面板”元件，在弹出的“面板状态管理”对话框中单击“添加”按钮+，再添加两个面板状态，并分别命名为 screen1、screen2、screen3，如图 15-66 所示。

（4）双击 screen1，进入 screen/screen1（index）编辑区中，在素材文件中选中要添加的图片文件，按 Ctrl+C 快捷键复制图片文件后，返回至编辑区并单击鼠标右键，在弹出的快捷菜单中选择“粘贴选项”|“粘贴为图片”命令粘贴图片，如图 15-67 所示。

图 15-66　添加面板状态

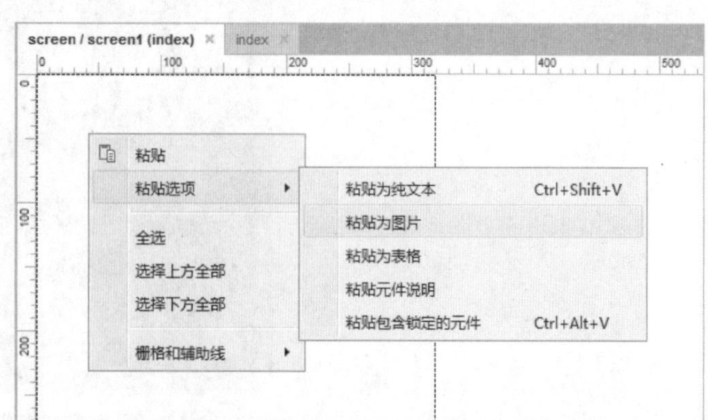

图 15-67　选择“粘贴为图片”命令

（5）在工具栏中设置 x 和 y 均为 0，“宽度”和“高度”分别为 320、569，如图 15-68 所示。

（6）用同样的方法，将另外两张素材屏幕图片添加至 screen 动态面板的状态 screen2 和

screen3 中，然后开始为其添加滑动效果。

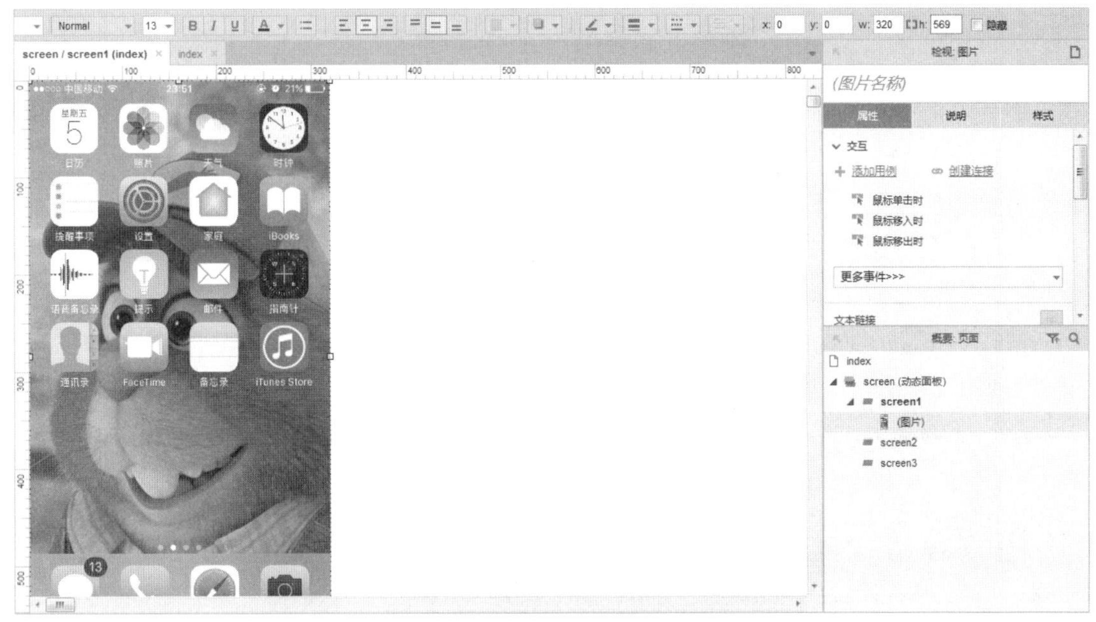

图 15-68　设置图片

（7）单击 index 标签切换至 index 编辑区中，选中“screen 动态面板”元件，在右侧“属性”面板中双击“向左拖动结束时”事件，弹出“用例编辑<向左拖动结束时>”对话框，在左侧“添加动作”区域选择“设置面板状态”选项，在“配置动作”区域选中“screen（动态面板）”复选框，如图 15-69 所示。

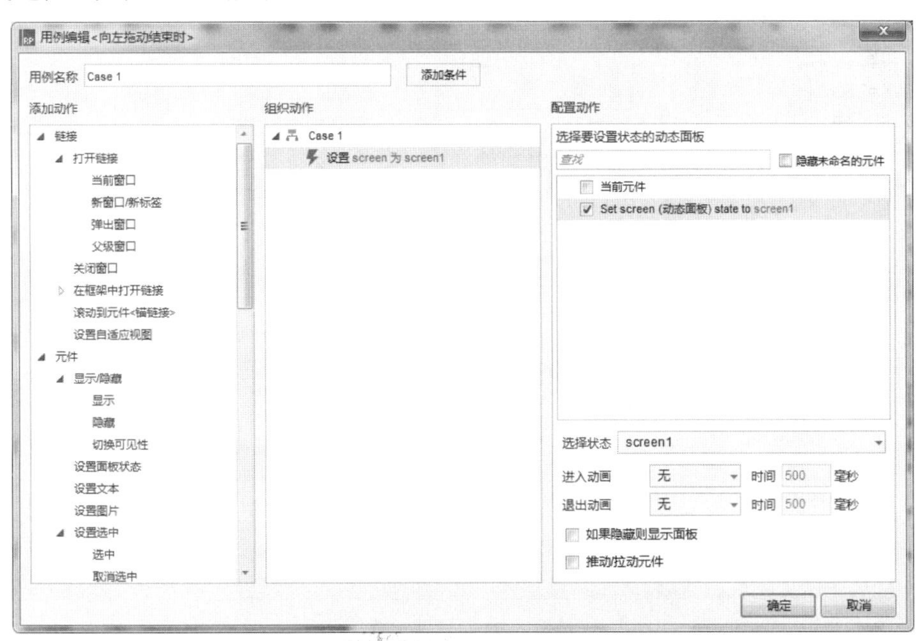

图 15-69　设置动作

（8）在下方设置“选择状态”为 Next，“进入动画”和“退出动画”均为“向左滑动”，“时间”为 250 毫秒，如图 15-70 所示。单击“确定”按钮返回至编辑区中。

图 15-70　设置动画

（9）在右侧“属性”面板中双击“向右拖动结束时”选项，弹出“用例编辑<向右拖动结束时>”对话框，在左侧“添加动作”区域选择“设置面板状态”选项，在右侧“配置动作”区域选中“screen（动态面板）”复选框，在下方设置“选择状态”为 Previous，“进入动画”和“退出动画”均为“向右滑动”，“时间”为 250 毫秒，如图 15-71 所示。单击“确定”按钮返回至编辑区中。

图 15-71　设置动作

（10）按 Ctrl+S 快捷键，以“15.4”为名称保存该文件，然后按 F5 键预览效果，如图 15-72 所示。

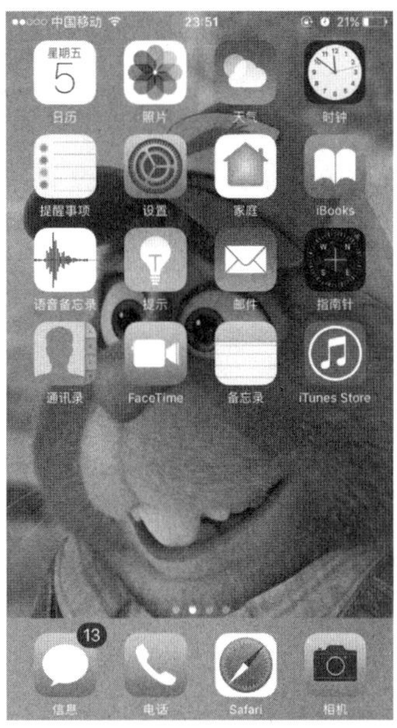

图 15-72　最终效果

15.5　微信导航菜单

案例描述

单击微信底部的导航菜单，上面会展示相应的内容，被单击的菜单会高亮显示，如图 15-73 所示。

图 15-73　微信导航菜单

思路分析

➢　使用动态面板来实现内容的切换。

➢ 为导航菜单添加“鼠标单击时”事件，设置动态面板的状态和进入/退出的动画。

操作步骤

（1）选择“文件”|“新建”命令，新建一个 Axure 的文档。

（2）在“元件库”面板中将“动态面板”元件拖入编辑区中，在工具栏中设置 x 和 y 均为 0，“宽度”为 420，“高度”为 724，在“检视：动态面板”区域设置名称为 content，如图 15-74 所示。

图 15-74　设置动态面板

（3）双击“content 动态面板”元件，弹出“面板状态管理”对话框，在“面板状态”选项组中单击 3 次“添加”按钮，并设置名称分别为“微信”“通讯录”“发现”“我”，如图 15-75 所示。

图 15-75　添加面板动态

（4）双击“微信”选项，进入“content/微信（index）”编辑区，在“元件库”面板中将“图片”元件拖入编辑区中，在工具栏中设置 x 和 y 均为 0，“宽度”为 420，“高度”为 669，如图 15-76 所示。

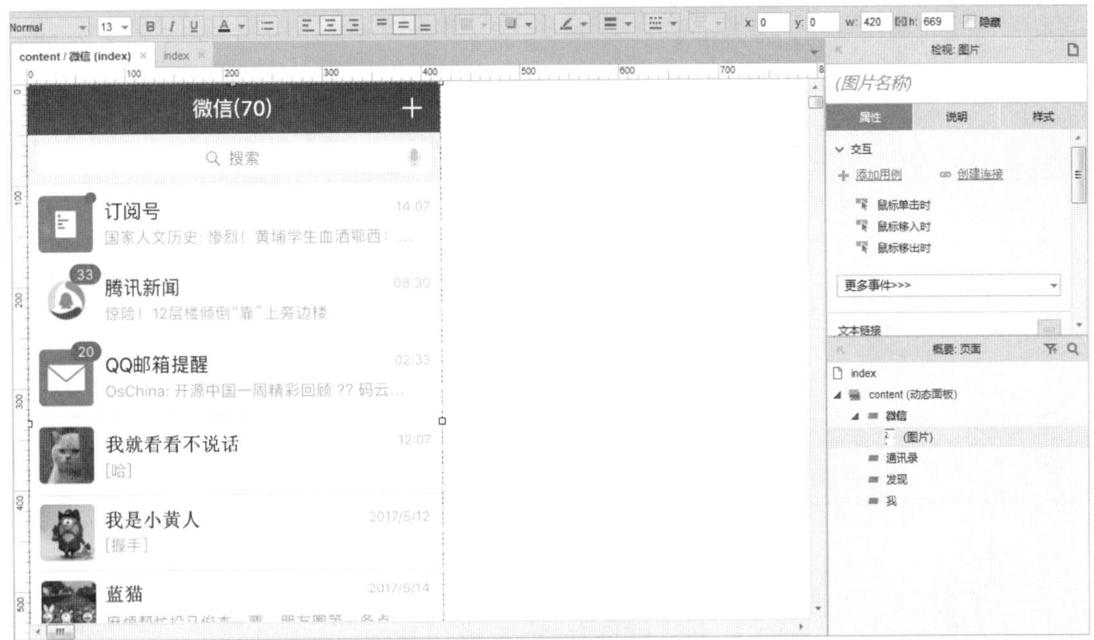

图 15-76　拖入“图片”元件

（5）在图片下方拖入 4 个“图片”元件，双击并导入相应的素材图片，并分别设置名称为 mWeChat、mAddress、mFind、mMe，如图 15-77 所示。

图 15-77　导入图片

（6）选择 mWeChat 图片元件，在右侧“属性”面板中双击“鼠标单击时”选项，弹出“用例编辑<鼠标单击时>”对话框，在左侧“添加动作”区域选择“设置面板状态”选项，在右侧“配置动作”区域选中“content（动态面板）”复选框，设置“选择状态”为“微信”，“进入动画”和“退出动画”均为“逐渐”，“时间”为 500 毫秒，如图 15-78 所示。单击“确定”按钮返回至编辑区中。

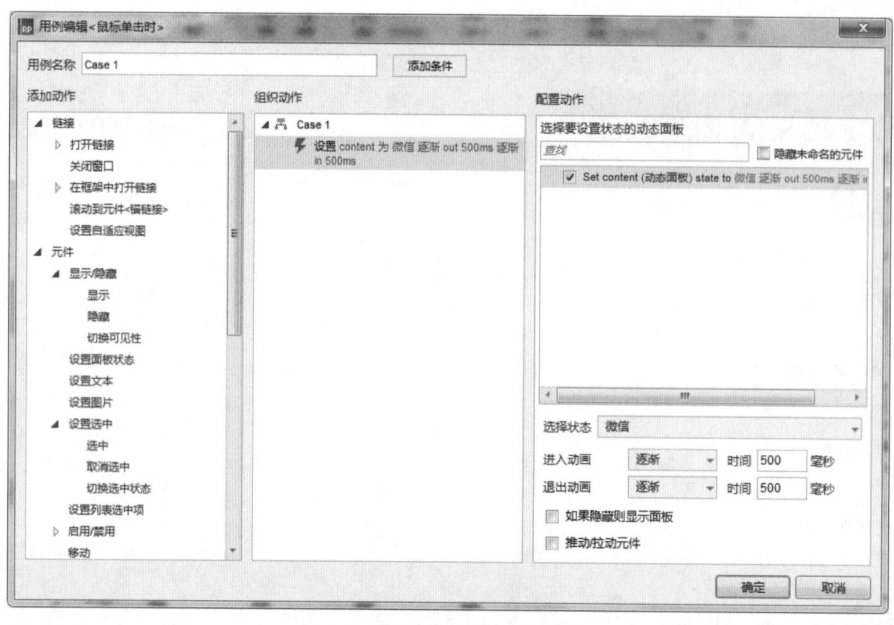

图 15-78　添加动作

（7）用同样的方法为其他 3 个“图片”元件添加“鼠标单击时”事件，按照步骤（4）～步骤（6）的方法为其他面板状态添加菜单图片元件，并依次为其添加“鼠标单击时”事件，按 Ctrl+S 快捷键，以“15.5”为名称保存该文件，然后按 F5 键预览效果，效果如图 15-79 所示。

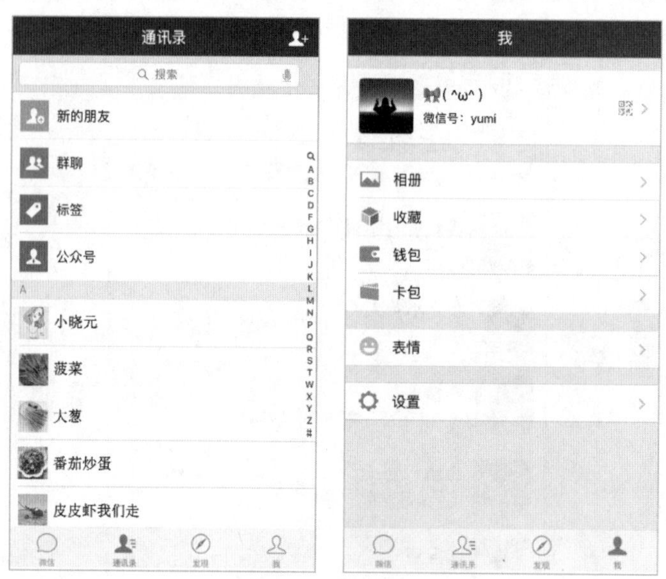

图 15-79　最终效果

15.6　手机滑动解锁

案例描述

手机滑动解锁一般是从左滑向右，到指定位置即可进入 screen 屏幕，否则退回原处，如图 15-80 所示。

图 15-80　手机滑动解锁

思路分析

- 设定动态面板完成拖曳时的交互。
- 拖曳到指定位置进入 screen 界面。
- 未到指定位置则返回原处。

本案例的具体操作步骤请参见资源包。

15.7　微信启动闪屏效果

案例描述

在手机桌面点击微信图标后，进入微信登录界面，然后自动登录进入微信消息列表页，如图 15-81 所示。

图 15-81　微信启动闪屏效果

思路分析

- 为“微信图标”添加“鼠标单击时”事件。
- 设置动态面板的显示/隐藏状态。

本案例的具体操作步骤请参见资源包。

15.8 视 频 弹 幕

案例描述

当页面加载时，屏幕会自动弹出字幕，如图 15-82 所示。

图 15-82 视频弹幕

思路分析

- 弹幕使用动态面板的显示/隐藏来实现。
- 为“动态面板”元件添加“载入时”和“显示时”事件。
- 设置弹幕文字都在 x 轴方向向左相对移动“弹幕”动态面板宽度的距离。

本案例的具体操作步骤请参见资源包。

15.9 手机聊天对话框

案例描述

在输入框中输入要发送的内容，单击“发送”按钮显示在聊天对话框中，每增加一条数据动态面板会增加指定高度，并向上移动相对距离，如图 15-83 所示。

图 15-83　手机聊天对话框

思路分析

➢ 添加两个中继器，实现聊天列表信息。
➢ 为“发送”按钮添加“鼠标单击时”事件，并添加判断条件。
➢ 添加行到中继器，并设置移动的坐标和尺寸。

本案例的具体操作步骤请参见资源包。

15.10　侧 滑 菜 单

案例描述

当按住鼠标左键向右滑动屏幕时，展示菜单列表；当向左滑动屏幕时，展示内容页面；单击左上角的按钮时，对菜单列表和内容页面进行切换，如图 15-84 所示。

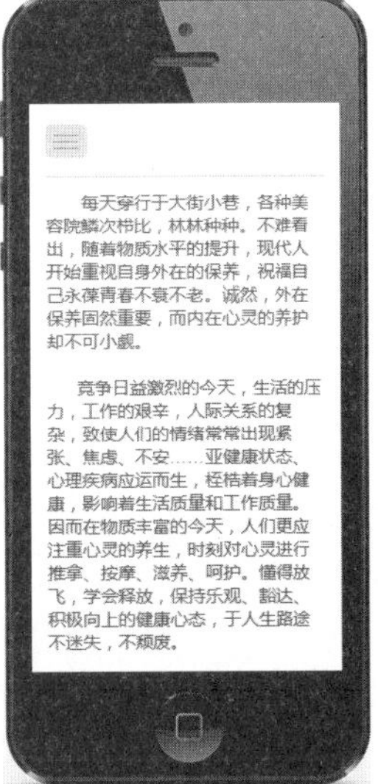

图 15-84　侧滑菜单

思路分析

- 添加两个动态面板：一个存储内容；一个是遮罩层，并设置“移动”动作。
- 针对两个动态面板添加“向左拖动结束时”和“向右拖动结束时”事件，设置移动的水平距离、动态面板状态和遮罩层的可见性。
- 将按钮转换为动态面板，并添加两种状态，添加“鼠标单击时”事件。

本案例的具体操作步骤请参见资源包。

软件项目开发全程实录

◎ 当前流行技术+10个真实软件项目+完整开发过程

◎ 94集教学微视频，手机扫码随时随地学习

◎ 160小时在线课程，海量开发资源库资源

◎ 项目开发快用思维导图

（以《Java项目开发全程实录（第4版）》为例）